JN416997

선박용 전자제어엔진

김성완 · 남정길 · 류영현 · 류지호 · 박종식 · 박중식

이상득 · 이원주 · 이지웅 · 조권회 · 최재혁 지음

도서출판 GS인터비전

Preface

2000년대 초반, 선박 엔진으로부터 배출되는 유해 물질에 대한 강화된 글로벌 환경 규제와 엔진의 효율 개선에 대한 선주의 요구를 동시에 만족시키기 위해 선박용 2행정 전자제어엔진이 도입되었다. 이후, 지속적으로 전자제어엔진이 시장에 공급되고 점유율이 확대되었으며, 현재는 선박용 2행정 저속 디젤엔진의 양대 개발사인 MAN-ES사와 WinGD사 모두 선주의 특별한 요청이 없는 한 기존의 캠에 의해서 연료분사 및 배기밸브 등이 제어되는 기계식 엔진은 생산하지 않고, 캠의 역할을 대신하는 유압과 전기전자 신호에 의해서 제어되는 전자제어엔진이 주로 선박에 탑재되고 있다.

대형 선박에서는 상기와 같이 주기관의 트렌드가 변화하고 있음에도 불구하고, 교육의 현장에서는 이러한 변화에 대한 교육의 대응이 더디게 진행될 뿐만 아니라 출판된 전자제어엔진의 도서 또한 없는 실정으로 저자들은 전자제어엔진 도서집필의 당위성에 대해 공감 하였다. 선박용 전자제어엔진을 주로 다루면서 실무적으로도 활용이 가능한 저서를 출판하기 위하여 선박용 전자제어엔진을 주로 강의하는 양 해양대학교 교수진과 선박용 Two-stroke 전자제어엔진의 시장을 양분하고 있는 개발사의 집필진이 2019. 1. 15. 선주협회 부산사무소에서 첫 회의를 개최하여 약 1년 6개월 만에 본서를 출판하게 되었다.

본서에서는 Two-stroke 전자제어엔진에 대해서 주로 다루고 있지만, 그 외에도 전자제어엔진의 탄생 배경인 환경문제와 결부되는 X-DF, ME-GI, Four-stroke DF 엔진 및 Emission 동향에 대해서도 기술하고 있다. 상기 파트들을 통합하여 현장에서 근무하는 기관사들의 니즈에도 부합할 수 있는 내용들을 실무적으로 정리하였으므로, 대학의 실습 교재뿐만이 아니라 선박 기관실 현장의 참고서로도 충분히 활용될 수 있으리라 생각된다.

본 저서의 집필소식은 학교뿐만 아니라 선사, 중공업 등과 같은 관련 산업계에서도 큰 관심을 가지고 있고 이는 현재까지 전자제어엔진을 다루는 저서가 없었기 때문인 것으로 생각되어 저자들은 본 저서에 대한 책임감을 가지고 본서를 집필해야 할 의무감을 느끼게 되었다.

본서에서는 선박 엔진의 운전과 정비에 관련된 업무를 하는 현장의 모든 엔지니어들이 활용할 수 있도록 이론적 내용과 함께 실무적인 내용을 많이 전달하는데 중점을 두어 집필하였다.

서론에서는 디젤엔진의 역사적 발전 배경부터 WinGD사와 MAN-ES사의 전자제어 엔진에 이르는 변천사를 다루었으며, 2장과 3장에서 MAN-ES사와 WinGD사의 전자 제어엔진의 세부적인 내용을 운전, 정비, 관리 관점에서 내용이 집필되었다. 4장에서는 4행정 DF 엔진의 기술에 대하여 소개하였으며, 5장에서는 글로벌 환경규제와 대응을 위한 기술을 함께 다루어 전체 내용을 한층 더 풍성하게 하였다.

본서를 통하여 선박 전자제어엔진을 공부하고 싶은 이들을 위한 저서가 많이 출판되기를 희망하고 저자들은 지속적인 엔진의 발전과 트렌드의 변화를 놓치지 않고 본 저서의 개정을 이어가도록 하겠다.

2020년 9월 저자일동

Contents

CHAPTER 5.

1.1 선박용 디젤엔진의 개발배경과 전자제어엔진
1.2 Winterthur Gas & Diesel사의 전자제어엔진
1.3 MAN Energy Solutions사의 전자제어엔진

Overview of electronically controlled engine

1
CHAPTER

1.1 선박용 디젤엔진의 개발배경과 전자제어엔진

1893년 디젤엔진의 첫 시운전 이래, 1897년 최초의 상업적 디젤엔진이 시장에 소개 된다. 초창기의 디젤엔진은 MAN AG의 Heinrich von Buz의 투자로 Roudolf Diesel이 개발한 단기통 Four-stroke 엔진이었으며, 최대 출력 20HP, 상용 출력 17.8HP의 효율 26.2%로 스팀엔진 대비 2.5배 이상의 우수한 효율을 보여주었다.

엔진은 출력증대와 효율향상에 목적을 두고 끊임없이 발전해 왔다. 산업화와 제조업의 발전은 고출력 엔진을 요구하게 되었고, 엔진의 크기는 서서히 증가하게 되었다. 1904년 MAN에 의해 개발된 Four-stroke 디젤엔진을 이용한 육상 발전소가 설립되었다. 1905년 Sulzer는 처음으로 역전이 가능한 559 kW Two-stroke 선박용 엔진을 개발하였고 1911년 밸브가 없는 선박용 추진엔진을 설치한 이탈리아 선적의 연안선 Romagna호를 선보였다. 그 이후 1912년 덴마크의 B&W 조선소에서 건조된 원양 화물선 M/S Selandia호에 Four-stroke 디젤엔진 2대(총출력 2,100 HP)를 적용하고, 동일시기에 Sulzer사는 1,250 kW급 밸브가 없는 크로스 헤드형 엔진을 소개하게 된다.

그림 1-1 First diesel engine(1897)

그림 1-2 M/V Selnadia

디젤엔진은 선박추진용 기관뿐만이 아니라 선박용 발전기, 육상용 발전 시스템과 기관차 등에도 그 사용이 확대 된다. 1920년대를 지나며 디젤엔진의 수요는 급증하며, MAN은 1924년 터보차져 시스템을 선박용 엔진에 도입하게 된다. 1930년대에 이르러 Sulzer는 무기 연료분사 방식을 선보이며 효율을 향상시키고 정비 주기를 연장시킨다. 1946년 Sulzer 또한 터보차져를 장착한 6TAD48 엔진을 시장에 선보이게 된다. 1951년에는 Dorthe Maersk라는 선박의 Two-stroke B&W 엔진에 터보차져를 장착하게 된다.

그림 1-3 Dorthe Maersk

그림 1-4 M/V Venator, powered with a low-speed dual-fuel 7RNMD90 engine

터보차져의 도입 이래 출력의 향상과 엔진의 중량 및 설치공간의 감소를 얻는 획기적인 발전을 거듭하게 되고 이러한 시스템은 1950년대에 이르러 Two-stroke 선박용 엔진의 기준이 되게 된다. 이 시기에 이르러 Sulzer는 R 시리즈 엔진을 소개하게 된다.

1972년에 Sulzer는 최초로 LNG를 연료로 사용하는 저속 Two-stroke 엔진(모델: 7RNMD90, 7기통, 실린더 직경: 900 mm)을 개발하여, 노르웨이 29K LNG 운반선 Venator호의 추진용 엔진으로 사용되었다.

1982년 MAN은 세계 최초로 열효율 50%를 넘는 Two-stroke 디젤엔진을 선보였고, 1983년 Sulzer는 유니플로우 소기 방식이 소개되며 엔진의 실린더 직경 또한 380 mm에서 960 mm까지 생산이 가능해져 출력이 증대 되었다. 기존의 기계식엔진의 변화는 출력 증대와 효율향상을 가져왔지만, 더 나은 효율을 위해서는 연료분사 시스템의 개선이 필요하여 전자제어식 연료분사 시스템이 Four-stroke 디젤엔진에 도입되었다.

선박으로부터 배출되는 배출가스에 대한 규제가 IMO에 의해 논의 되고, 이는 출력 및 효율뿐만이 아닌 배출가스 규제를 만족하여야 하는 과제를 안게 되었다. 기존의 엔진이라고 불리는 캠 구동식 엔진의 모든 구조적인 부분은 현대 엔진에서도 그대로 사용되고 있다. 하지만, 기존 캠을 사용한 기계식엔진의 경우 특정 부하 영역에서만 최적의 운전 효율을 구현하기에 저부하에서 성능이 저하될 수 밖에 없는 한계를 가지고 있다. 또한 배출가스의 제어에 있어서도 연료분사의 제어는 가능하나, 배기밸브의 개폐시기 제어는 불가하기에 유연한 운전의 한계가 있었다. 이러한 한계를 개선하기 위하여 연료분사뿐만 아니라 배기밸브제어 시기 또한 제어 가능한 전자제어엔진이 시장에 소개 되었다. 전자제어엔진은 전 부하영역에 걸쳐 연료분사시기 및 연료분사량 조절이 가능하며, 배기밸브의 제어를 통해 배출가스 제어가 가능하기에 기존 디젤엔진의 한계를 뛰어 넘을 수가 있었다.

2010년대에 이르러, 황산화물과 질소산화물 저감에 대응하기 위하여 가스연료를 사용하는 엔진이 시장에 도입되었다. 가스엔진으로는 오토 사이클을 사용하는 WinGD(구 Wartsila)의 X-DF가 2013년 시장에 출시되었으며, 디젤 사이클을 사용하는 MAN-ES의 ME-GI엔진이 2011년 시운전을 시작으로 2013년 시장에 소개되었다.

그림 1-5 X-DF

그림 1-6 ME-GI

그림 1-7 SCR, EGR

가스연료를 사용하면 황산화물 규제를 만족할 뿐만 아니라 질소산화물 및 이산화탄소의 저감 효과도 얻을 수 있다. 가스연료 엔진은 기존 디젤엔진에 추가적인 가스시스템과 안전시스템이 필요하여 기존 디젤엔진보다 구조적으로 복잡하게 된다. 또한 제작사별 차이가 있으나 질소산화물 저감을 위하여 그림 1-7과 같은 SCR(Selective catalytic reduction) 및 EGR(Exhaust gas recirculation)과 같은 장치들이 부가적으로 설치가 필요하다.

디젤엔진은 이산화탄소 저감을 위해 꾸준히 엔진의 효율 개선이 이루어져 왔지만 Zero emission으로 가기에는 한계가 있다. 이에 선박 선형의 개선, 프로펠러의 개선, 엔진의 행정 증대, 연료밸브의 최적화 외에도 하이브리드 시스템 도입을 통한 엔진 시스템 효율개선 등의 방법을 사용하고 있으며, 여기에 추가하여 카본 제로(Carbon zero) 연료를 사용하여 이산화탄소 무배출을 위한 시도가 이루어지고 있다.

1.2 Winterthur Gas & Diesel사의 전자제어엔진

Winterthur Gas & Diesel(이하, WinGD)사는 선박용 추진 Two-stroke 엔진의 개발 및 설계하는 회사이다. 1834년 스위스 빈터투어시에, Sulzer사로 설립되어 다양한 산업의 기술을 가진 종합 중공업회사로 성장했으며, 1860년대에 증기기관 및 선박건조 등으로 사업 확장 및 지속

그림 1-8 Sulzer 4-stroke diesel engine(260mm cylinder & 14.7kW) in 1898

그림 1-9 WinGD 첫번째 14RT-flex96C-B 엔진 공장 시운전

적인 성장을 했으며, 1893년 Rudolf Diesel씨와의 기술 협약을 통해 Sulzer 디젤엔진을 설계 및 제작, 생산을 시작했다.

이후 지속적인 발전을 통해 1905년 최초로 역전이 가능한 Two-stroke 디젤엔진의 개발과 1946년 최초로 과급기가 설치된 Two-stroke 디젤엔진을 개발했으며, 현재까지 과급기는 모든 저속 Two-stroke 엔진의 기본사양으로 적용되고 있다.

1990년 디젤엔진사업부가 New Sulzer Diesel사로 분사되었으며, 1997년 Wartsila사에 합병되어 Wartsila NSD사가 되었다.

그림 1-10 WinGD 6RT-flex50DF 실물 크기의 DF 테스트 엔진

1981년부터 시작된 전자제어방식의 연료 분사시스템의 개발을 토대로, 1998년에 세계 최초로 전자제어방식인 Common-rail(커먼레일) 연료 분사시스템을 개발하여, 스위스 Diesel Technology Centre(R&D 센터)의 Two-stroke 저속 테스트엔진에서 실증하였다. 이 축적된 기술을 바탕으로, 마침내 2001년 9월 첫 번째 상용화된 RT-flex 커먼레일 엔진(모델: 6RT-flex58T-B)이 출시 되었다. 그리고 세계에서 가장 출력이 높은 디젤엔진인 14RT-flex96C-B(실린더 직경: 960 mm, 최대 출력: 80,089 kW / 108,920 bhp)가 2006년 9월에 제작되어 대형 컨테이너선에서 추진기관으로 운전되고 있다.

2011년 2월, 국제적으로 강화되는 환경 규제에 대한 방안으로 Two-stroke 저속 Dual-Fuel (이하, DF) 가스엔진 개발에 착수하였으며, 약 7개월 지난 9월 19일에 실물 크기(6RT-flex50DF)의 테스트 엔진에서 그 기술을 실증하였다.

테스트 엔진에서의 축적된 기술을 바탕으로, 2013년 X-DF 엔진 모델 시리즈를 시장에 출시하였으며, 2015년 4월 첫 번째 상용화 DF 엔진(5RT-flex50DF)을 제작하여, 모든 선급 검사관의 입회하에, 성공적으로 형식승인 테스트를 마쳤다. 현재까지, X-DF 엔진 모델은 지속적인 기술 개발과 성장을 통해 12기통 X92DF(실린더 직경: 920 mm, 최대 출력: 63,840 kW) 엔진까지 확대되어, LNG 운반선 및 원유 운반선, 대형 컨테이너선 등 대형 상선의 추진 기관으로 사용되고 있다.

DF 엔진의 개발과 병행하여, 시장에서 요구하는 친환경 및 고효율 Two-stroke 디젤 엔진을 개발에 착수하여, 2011년 후반에 2세대 전자제어방식인 저속 Two-stroke 디젤엔진 X 엔진

그림 1-11 WinGD 5RT-flex50DF 선급 형식 승인 테스트

그림 1-12 WinGD 첫 번째 12X92DF 엔진 공장 시운전

모델을X35엔진(실린더 직경 350 mm)의 개발 및 출시로 시작하여, 현재까지 X 엔진 모델은 지속적인 기술 개발과 성장을 통해 12기통 X92(실린더 직경: 920 mm, 최대 출력: 77,400 kW) 엔진까지 확대되었다.

Two-stroke 엔진의 집중 개발과 Two-stroke 엔진 시장의 요구에 효과적으로 대응하기 위해, 2015년 Wartsila Two-stroke 엔진사업부는 Wartsila사로부터 완전히 분리되어, Winterthur Gas & Diesel사로 독립을 하였다.

한국 엔진 시장에서는 1975년도에 현대중공업 및 한국중공업(현재, HSD엔진사)과 기술 협약을 통해 국내 Two-stroke 엔진 시장에 진출하였으며, 당시의 기계제어방식인 Two-stroke 디젤엔진에서부터 현재 전자제어방식인 X-DF 및 X 엔진들을 성공적으로 제작하여, 주로 대형 상선의 추진 기관으로 사용되고 있다.

WinGD사의 전자제어엔진은 엔진 컨트롤 시스템 사양으로 구분할 수가 있으며, 2001년 9월 세계 최초로 조선 시장에 출시된 Two-stroke 전자제어엔진(모델: 6RT-flex58T-B) 부터 WECS-9520이 개발 및 적용되었으며, 현재 제작되는 RT-flex 엔진 및 X 엔진에도 계속 적용되고 있으며, 이후 UNIC-flex가 추가로 개발되어 X 엔진 및 X-DF(Dual Fuel) 엔진에 적용되고 있다. 그림 1-13은 WinGD 엔진 식별의 예시이며, 첫 번째의 숫자는 기통 수(5기통 – 14기통)를 표시한 것이며, 두 번째 영문은 엔진 사양(RT-flex 엔진 또는 X 엔진)을 나타내며, 세 번째 숫자는 실린더 직경(35 cm – 96 cm)을 표시한다. 만약 동 사양 및 직경의 디젤 엔진이 업그레이드가 되었을 경우에는, 실린더 직경 표시 다음에 업그레이드 버전 표시(-B, 또는 -D, -E)를 추가한다.

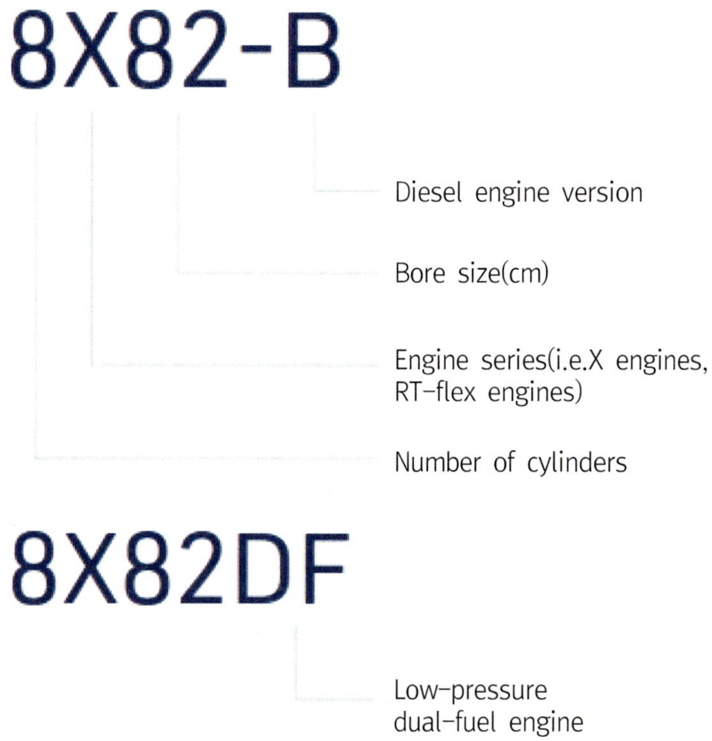

그림 1-13 WinGD 엔진의 식별 예시

그리고 X-DF 엔진의 경우에는, 실린더 직경 다음에 DF 표시를 추가하여 구분한다.

그림 1-14 및 1-15는 WinGD 엔진들의 사양 및 직경, 기통, 버전에 따라 구분하여 표시한 엔진들의 출력 및 속도의 범위를 나타낸다. 기준은 2019년 4월 기준이다.

- 진한 파란색 : RT-flex engines
- 녹색 : X diesel engines
- 연한 파란색 : DF engines

WinGD 전자제어엔진의 장점은, 연료유 및 유압 작동유의 Common Rail 방식으로, 특히 연료 분사 제어의 경우에는 연료유가 Common Rail에 약 700 bar로 가압되어 있다가 짧은 지연 시간(WECS-9520 제어 엔진: 약 15 ms & UNIC-flex 제어 엔진: 약 2 ms)의 전자 제어를 통해 연료 분사 밸브에 전달하여 분사한다. 즉, 정확하고 빠른 분사 시작 및 끝을 통해 좀더 나은 연소 특성을 가진다. 그리고 가변적인 배기 밸브의 개폐 시점 및 연료 분사 시점을 통해 매연 및 질소산화물 등 오염물질 배출이 적으며, 강화된 환경규제 준수 하에 연료소모율은 훨씬 적다. 또한, X-DF 엔진의 Gas mode 운전 시에는, SCR 또는 EGR 등 외부 질소산화물 절감 장치 없이, 현재 발효 중인 IMO NOx Tier Ⅲ 규제 조건을 충족한다.

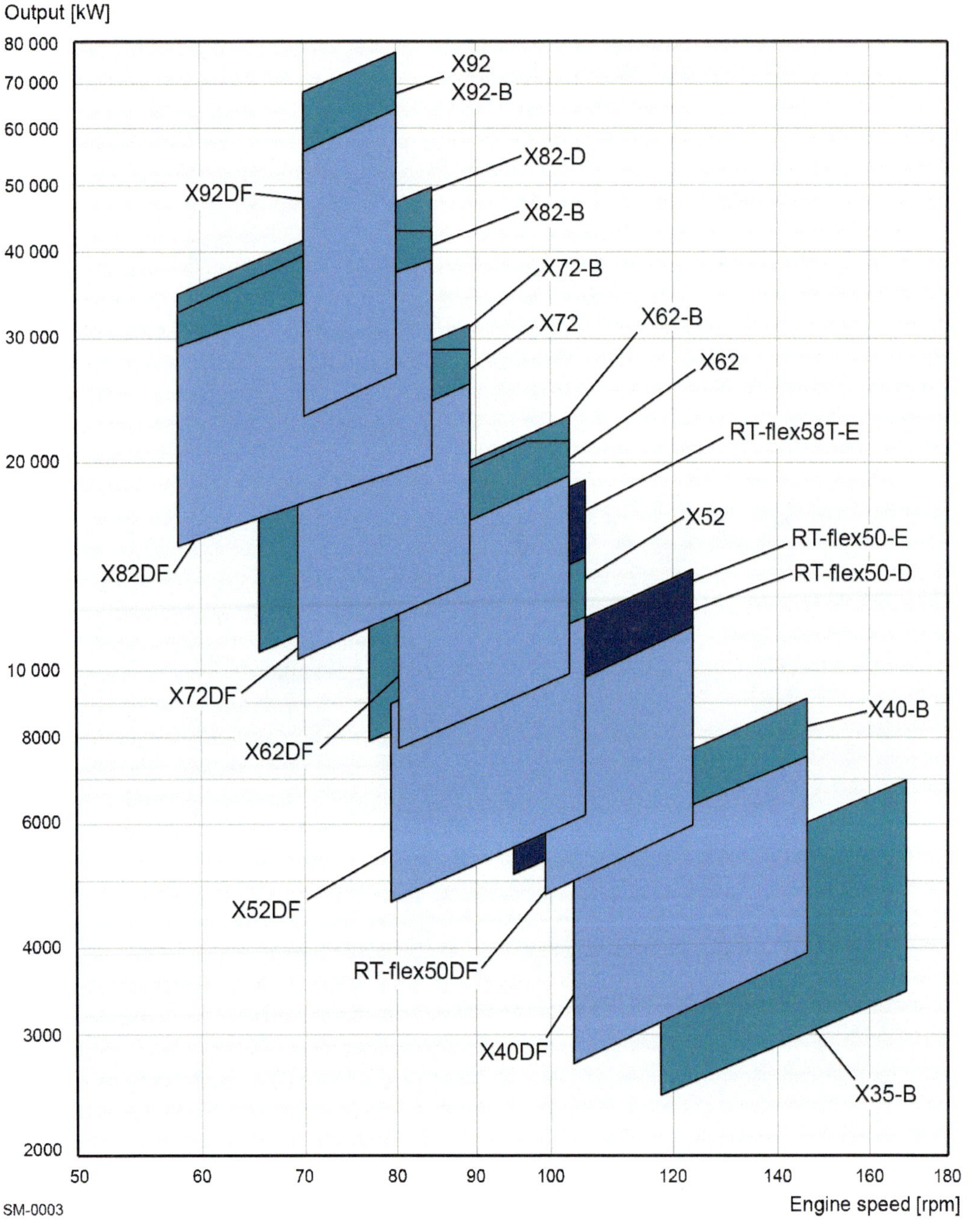

그림 1-14 WinGD 엔진들의 출력 및 속도의 범위-1

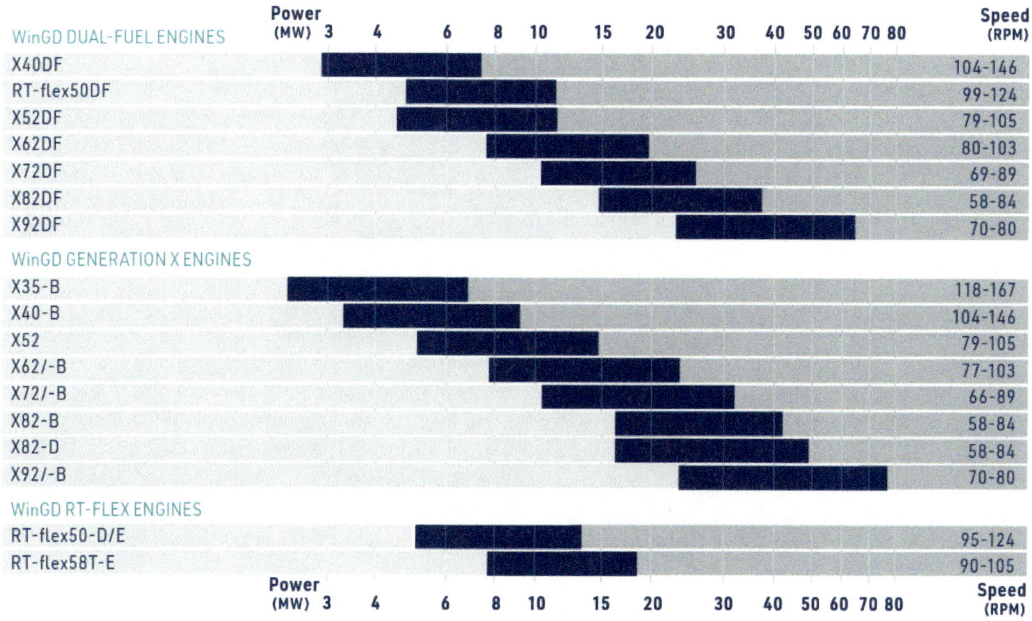

그림 1-15 WinGD 엔진들의 출력 및 속도의 범위-2

1.3 MAN Energy Solutions사의 전자제어엔진

그림 1-17은 MAN사의 엔진 프로그램 개발 과정을 보여주고 있다. 1984년에 MC엔진의 다양한 행정 및 직경을 가진 엔진들이 소개되어 선박의 크기와 종류에 따라 널리 적용되어 왔으며, 2000년대 들어오면서 IMO의 환경규제 강화에 대응하고 출력 향상을 위해 소개된 전자제어엔진의 사용이 급속히 증가되었다. 오늘날에는 거의 모든 선박용 Two-stroke 저속디젤엔진이 전자제어 방식을 채택하고 있다고 할 수 있다.

K type 엔진은 주로 컨테이너 선박에 적용되어 왔으며, 2010년대 이후에 G type이라 불리는 초장행정(Ultra long stroke) 엔진이 시장에 소개되어 추진 효율을 향상 시키는데 크게 기여하고 있다.

2014년에 이중 연료 엔진인 ME-GI 엔진이 시장에 소개되었으며, 2020 sulphur cap 규정을 만족하기 위한 하나의 대안으로 LNG 운반선뿐만 아니라 일반선박에도 LNG fueled 엔진 적용이 계속적으로 증가될 것으로 예상된다.

그림 1-16 ME engine

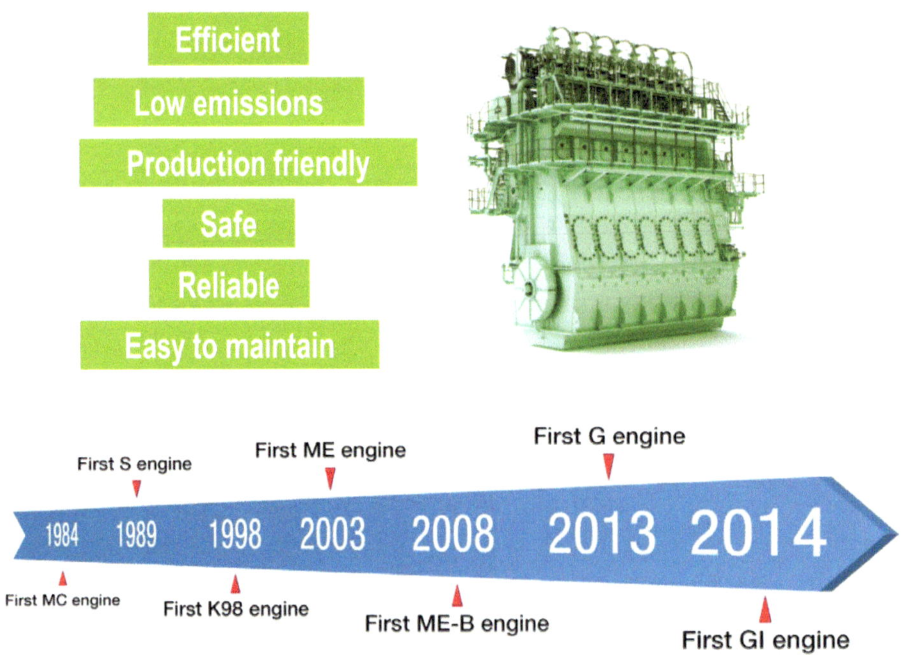

그림 1-17 MAN - Engine programme development

K98MC-C Engine

G90ME-C Mk10.5

그림 1-18 MC(Camshaft) vs ME(Electronically controlled)

그림 1-18은 캠샤프트 구동엔진과 전자제어엔진의 단면을 보여준다. 그림에 보이는 바와 같이 모든 구조물에 있어 동일한 디자인을 사용하고 있으며, 큰 차이점은 캠의 존재 유무에 따른 디자인의 변화를 들 수 있다.

그림 1-19는 MC엔진과 ME엔진의 연료분사시스템(Fuel injection system)을 보여주고 있다. 그림 (A)의 연료분사펌프(Fuel injection pump)는 캠에 의해 구동되는 방식으로 1980년 초에 시장에 소개되어, 2003년 전자제어엔진이 개발되어 시장에 도입되기 전까지 다양한 모델이 소개되어 널리 적용되어 왔다. 2010년까지 전자제어엔진과 함께 다양한 선박의 주기관에 이용되다가, 그 이후에 새롭게 건조되는 선박은 대부분 전자제어엔진으로 대체되었다.

그림 (B)는 ME엔진의 연료분사시스템을 보여주고 있다. 관련 시스템의 상세는 제 2장에서 소개하게 된다.

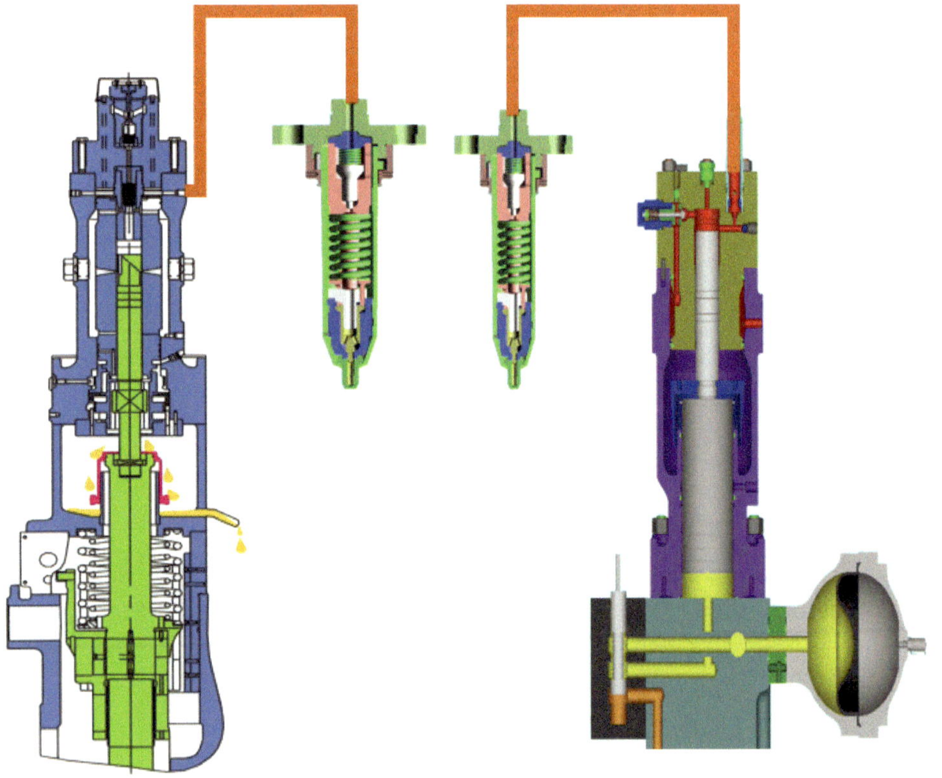

그림 1-19 engine & fuel injection system

그림 1-20은 MC엔진과 ME엔진의 배기밸브제어시스템을 보여준다. MC엔진의 배기밸브 구동은 액츄에이터(Actuator)를 작동하기 위해서 캠 운동을 통하여 고압의 유압을 만들고 배기변을 동작시킨다. ME엔진은 고압의 유압을 Hydraulic power supply system에서 공급받아 FIVA 밸브라 불리는 제어 밸브(Control valve)를 전자신호에 의해 구동하는 시스템이다.

선박으로부터 배출되는 배출가스에 대한 규제 물질로는 황산화물(SOx), 질소산화물(NOx), 이산화탄소(CO_2) 등이 있다. 우선 황산화물에 대한 규제는 년도 별 및 항해 지역별로 제한하는 기준치가 다르다. 이러한 규제는 저유황유, 가스 연료, 배기가스 세정장치 등의 방법을 사용하여 만족시킬 수가 있다. 하지만 고온, 고압 하에서 연소되는 디젤 엔진의 연소 특성상 질소산화물은 디젤엔진에서 다량 발생되어 해상에서 NOx 규제의 시작과 함께 전자제어엔진의 필요성을 야기하게 되었다. 즉, 전자제어엔진의 엔진 파라미터 조작으로 연료를 2단 분사할 수 있다면 최고 폭발온도를 낮추어 질소산화물 배출량을 낮출 수가 있다. 전자제어엔진의 도입으로 질소산화물 배출가스 양의 조절이 가능하게 되었다. 하지만 국제사회는 단계적으로 질소산화물 배출의 감소를 요구하기에 Miller cycle을 적용한 Tier Ⅱ 엔진을 시장에 소개하게 된다.

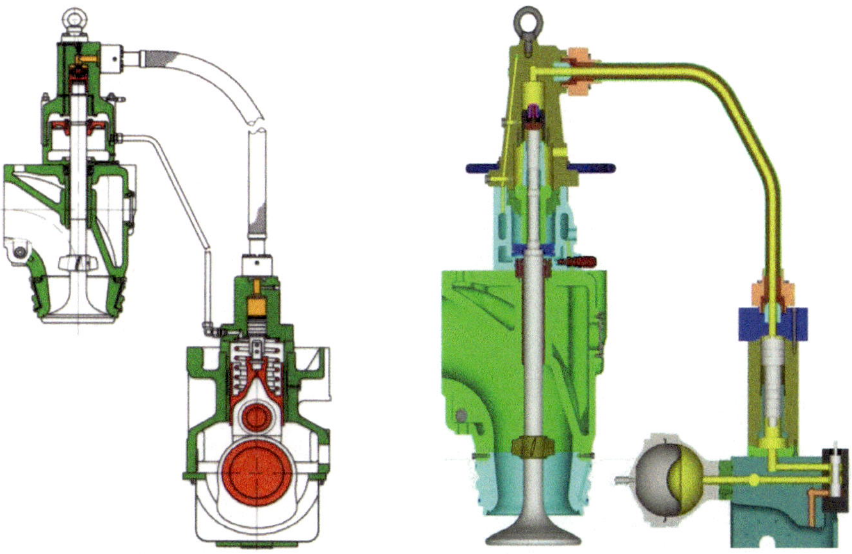

(A) MC engine (B) ME engine

그림 1-20 MC engine & exhaust valve control system

이는 기존의 기계식 엔진으로는 복잡한 구조로 인하여 구현이 어렵다. Tier Ⅲ에서는 질소산화물 감소의 요구 조건이 강화되어 SCR 및 EGR과 같은 부가 시스템을 이용하여 질소산화물 규제 조건을 만족시키고 있다.

또한 전자제어엔진의 유연한 연료분사시기 조절은 최대폭발압력 조정을 가능하게 하고, 저부하시 연료펌프의 분사압력이 낮아지는 단점을 보완하는 기술이 되었다. 즉 일정한 압력의 유입을 사용하는 전자제어엔진은 펌프를 가압할 때 사용하는 압력이 일정하기에 저부하에서도 동일한 힘으로 연료분사가 가능하여 연소 효율을 높여 이산화탄소 배출 저감에도 유리하다.

효율 향상과 배출가스 저감이라는 목표를 달성하기 위해 연료분사시기, 연료분사량, 배기밸브 개폐시기를 유연하게 조정함으로써 부하별로 달라지는 엔진의 효율을 최적화하고 우수한 성능을 유지할 수 있었다. 이러한 성능향상에 있어 매우 중요한 부분이 바로 기계식 캠을 제거한 것이다. 기계식 캠을 제거하고 캠이 전달하는 신호역할을 Tacho 시스템이 도입되어 대체하게 되었고, 캠의 힘 전달 역할을 유압이 대체하게 되었다. 정확한 타이밍과 일정한 힘은 엔진의 효율 향상과 배출가스 저감에 큰 역할을 하였다. 전자제어엔진에는 기계식엔진에서 캠이 없어지는 대신 유압을 얻기 위한 유압 시스템과 전기전자 신호를 사용하는 새로운 장비들이 부착되었다. 앞서 이야기한 연료분사시기 및 연료분사량의 제어와 배기밸브 제어뿐만 아니라, 실린더 오일의 주유 및 시동공기 시스템 또한 전자제어식으로 바뀌어 실린더 오일과 시동공기 소모량을 효율적으로 관리할 수 있게 되었다.

그림 1-21 ME-LGIP

Zero emission으로 나아가기 위하여, MAN-ES사는 LPG 엔진개발을 시작으로 암모니아를 연료로 사용하는 기술을 통해 이산화탄소 배출 저감상용화에 박차를 가하고 있다. 또한 엔진개발 초기부터 기술의 가능성을 선보인 Bio fuel 엔진과 질소산화물배출 저감의 또 다른 방법인 Water in fuel 원리를 이용한 새로운 Tier Ⅲ 기술을 시장에 선보이고 있다.

선박용 디젤엔진은 출력뿐만 아니라 효율을 넘어 환경규제 만족을 위해 끊임없이 연구개발 되어왔으며, 그 결과물이 바로 전자제어엔진이다. 여기에 각종 추가적인 시스템이 사용되어 효율향상 및 배출가스의 저감을 가져올 수 있다.

MAN - ES ME Engine(전자제어엔진)

2
CHAPTER

2.1 ME engine system

선박 엔진은 하나의 부품이 아닌 여러 시스템으로 이루어져 있다. 유체를 기준으로 본다면 연료유, 냉각수, 윤활유 및 공기 시스템을 들 수 있으며, 추가적으로 제어 및 통신 시스템이 필요하게 된다. 전자제어엔진의 경우 이러한 시스템에 추가하여 기존의 캠 역할을 대신하는 Tacho 시스템과 Hydraulic 시스템이 추가 되었다. 그리고 엔진의 성능을 전자 장비로 계측하고 모니터링 할 수 있는 PMI 시스템과 CoCos-EDS가 새롭게 도입되었다.

2.1.1 ME engine control system

기존의 MC 엔진의 경우 BMS(Bridge manoeuvring system)에 의해 제어가 이루어져 왔으나, 전자제어엔진의 경우 ECS(Engine control system)에 의해 엔진 제어가 이루어지며, 선교 및 기관실에서의 원격제어는 기존의 BMS의 제어를 따른다. 선박의 감항성 확보를 위하여 어떠한 경우에라도 주기관의 운전성능은 확보되어야 하기에, 주기관 설계 시 어느 하나의 문제가 발생하여도 그것이 전체 시스템의 고장에 영향을 미치지 않도록 하기 위하여 시스템의 이중화(Redundancy system)가 적용되었다. 이는 엔진 제어를 관장하는 Control unit 개소뿐만이 아니라 이를 계측하는 센서의 위치 및 개수에도 영향을 주었다. 그림 2-1과 같이 전자제어엔진을 관장하는 ECS는 엔진 측의 여러 보조기기와 연결되어 있으며, 엔진과 직접적으로 연관된 기기 및 계측장비들만 ME-ECS에 의해 제어 및 감시되고 있으며, 나머지 센서 및 기기들은 선박의 경보 시스템인 AMS(Alarm monitoring system) 혹은 Safety alarm system등에 연결 된다.

앞서 이야기한 이중화 기능으로 인해 ME-ECS를 구성하는 Control unit들은 중요 개소의 경우 A, B로 구성되어 있으며, 보조시스템의 경우 단일 개별 Unit으로 제어된다. 이들은 이중화 설비가 구성되어 있지 않지만 다른 Unit의 기능으로 시스템의 안전성 및 엔진의 지속적인 운전을 담당하고 있다. 또한 BMS의 문제 또는 이를 ME-ECS와 연결하는 EICU(Engine interface control unit) A, B가 모두 고장이 난 경우에도 기관의 운전을 유지하기 위해 LOP (Local operating panel)를 도입하여 현장에서 운전이 가능하도록 하였다. 이는 기존 엔진의 Emergency control stand 시스템과 유사한 것으로 보이나, Local에서 운전을 함에도 불구하고 ECU(Engine control unit)와 연결된 Governor 기능 및 안전 기능을 그대로 유지하기에 운전의 안전성이 높아지고, 예전의 Emergency control stand의 역할을 넘어서 Local에서 정상적인 운전을 가능하게 하였다.

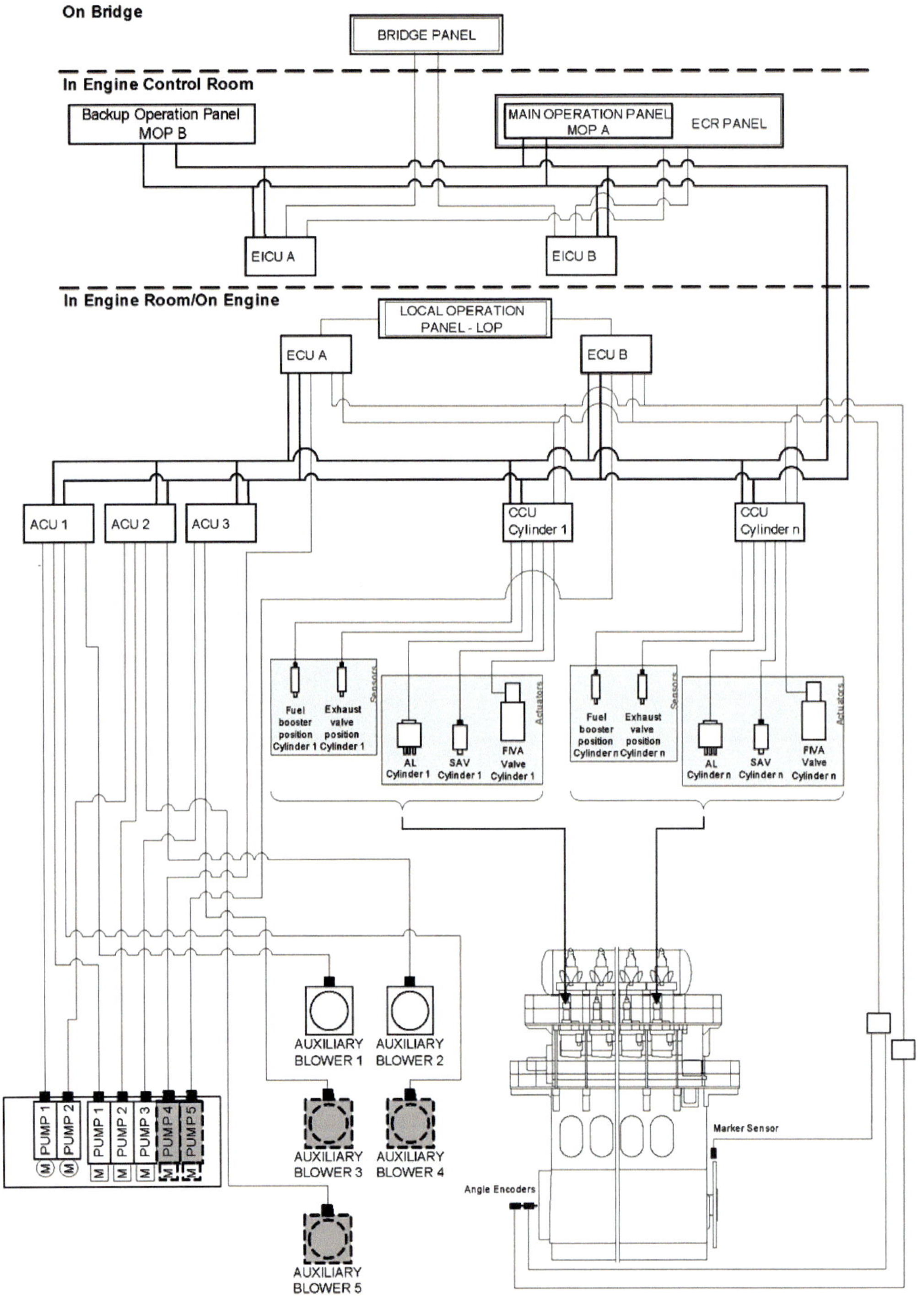

그림 2-1 ME engine system

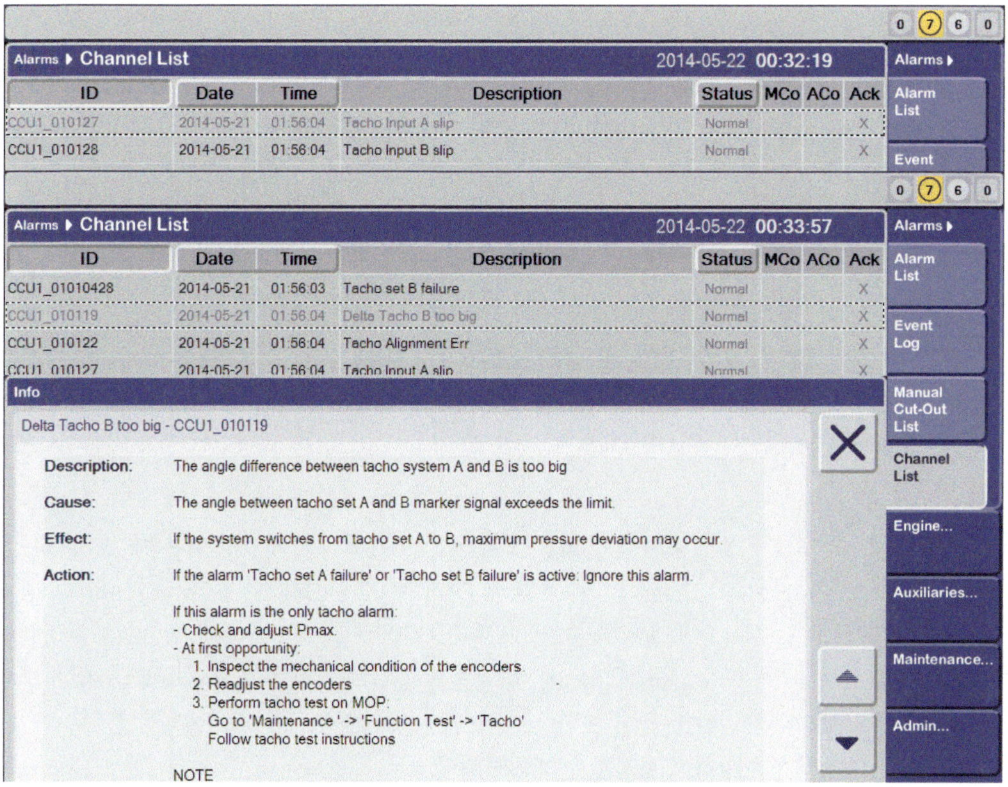

그림 2-2 MOP,Alarm description

모든 Control unit은 서로 신호를 주고받기 위하여 네트워크를 통해 통신을 유지하고 있으며, 이중화 되어 하나의 시스템 문제가 전체 시스템에 영향을 주지 않도록 구성되어 있다.

각 유닛별로 중요 장비에 연결된 센서 또는 컨트롤 밸브는 전기적으로 연결 되어 있으며, 이들의 정보는 실시간으로 HMI(Human machine interface unit)로 전달이 되어, 사용자가 손쉽게 시스템의 관리를 할 수가 있다. ME 엔진에 있어서 HMI Panel은 MOP(Main operating panel)라고 불린다. MOP는 시스템의 모니터링과 정보의 저장에 매우 중요하고 큰 역할을 하고 있다. MOP에 문제가 발생한다 하더라도 개별 제어 유닛에 의해 엔진은 동작할 수 있도록 구성되어 있다. 기존의 MC 엔진의 경우 문제 발생 시, 사용자가 현상에 가서 모든 상황을 직접 계측 및 조정하였다면, ME 엔진의 경우 현장의 전기적 신호를 측정하지 않고도 MOP를 통해 실시간 관측이 가능하기에 문제의 원인에 대한 파악이 용이하다. 또한, 그림 2-2와 같이 MOP 상의 알람 정보가 단순한 알람 인식용이 아닌, 문제의 상황, 원인 및 해결책에 대한 정보를 제공하기에 엔진 운영자에게 많은 도움이 되고 있다.

1) Network system

ME-ECS의 Network system은 Arc net 방식을 사용하는 통신 방식이다. 추가되는 Unit이 있다 하더라도 Address No.를 부여한다면 쉽게 시스템을 확장할 수 있으며, 하나의 Control unit 문제가 Network system에 영향을 주지 않으며, 실시간으로 신호를 주고받는다. 앞서 언급한 바와 같이 Network system은 2개의 네트워크를 가지고 있고, 이는 시스템의 이중화로 안전성을 확보하기 위한 것이다. 하나의 Network system에 문제가 생기면 바로 다른 시스템이 자동으로 백업하게 되어 있으며, 운전 중인 엔진의 성능에 영향을 주지 않는다.

그림 2-3에 보이는 바와 같이 네트워크 선의 경우, Unit별 직렬로 연결되어 있다. 하지만 Unit상 선의 연결은 Connector에서 병렬로 연결되기에 Connector를 취외 하더라도 전체 시스템에 영향을 주지 않는다. 하지만 네트워크 선 중간에서의 단선은 전체 시스템에 영향을 주게 된다.

네트워크 선 끝단에 위치한 종단 저항은 신호의 안정을 유지하기 위해 필요하다. 저항의 손상은 네트워크 신호의 불안정을 가져와 통신 불능을 야기하고, 종단 저항의 설치 위치는 엔진의 종류 및 크기에 따라 달라지고 네트워크 끝단에 위치하게 된다.

네트워크 신호는 Control units와 MOP간에 서로를 모니터링 하고 있기에 세부 통신의 문제는 MOP를 통해 알림을 주고 있다. 또한 네트워크 통신의 문제가 발생 시에는 그림 2-4와 같이 노란색, 빨간색을 이용하여 문제를 알려주게 된다.

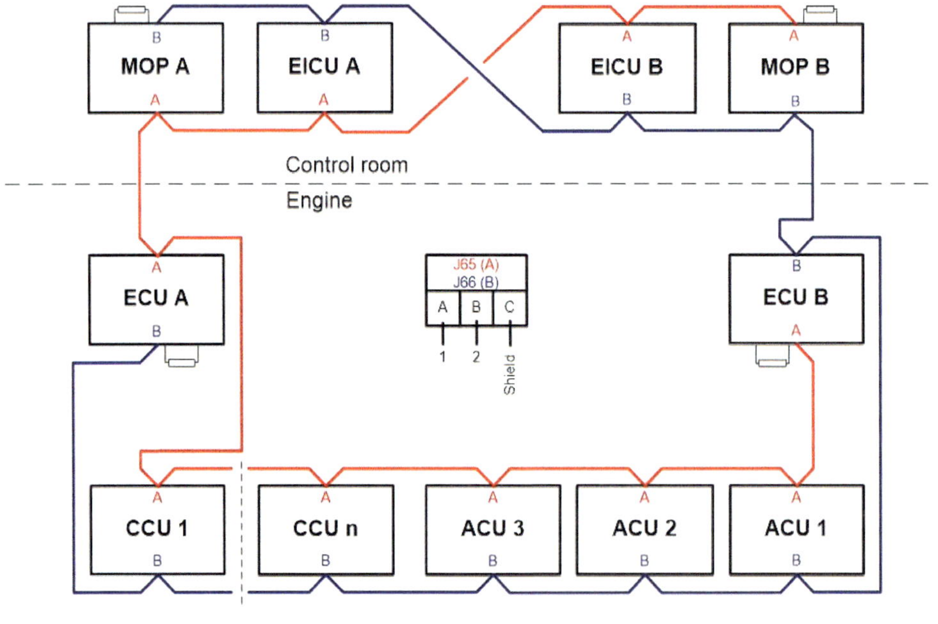

그림 2-3 Network system

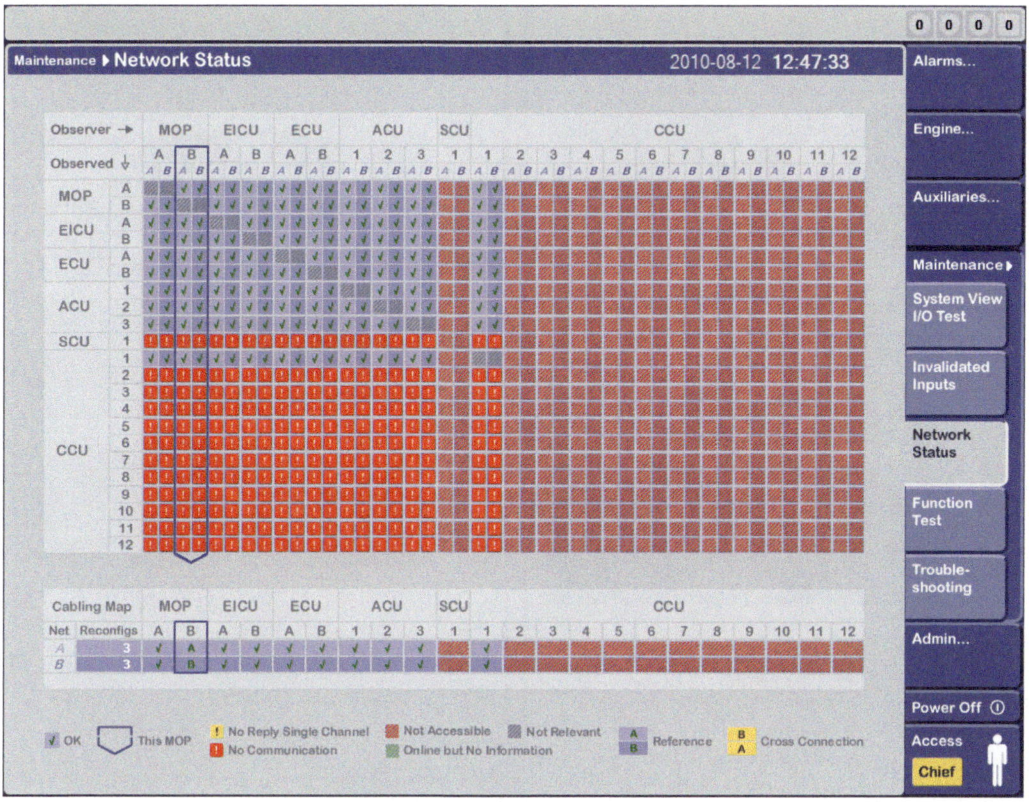

그림 2-4 MOP, Network

EICU 네트워크 케이블의 경우 Control room 안에 설치되어 외부 기기의 시스템과 신호를 주고받으며, 그 외 Control unit 네트워크 케이블의 경우 기관실 내에 설치되어 있기 때문에 외부의 백색 노이즈로 부터 보호를 받아야 한다. 이에 그림 2-5와 같이 꼬임 쌍선 기법 및 Shield를 사용하여 노이즈의 침입방지, 감쇄 및 드레인을 하고 있다.

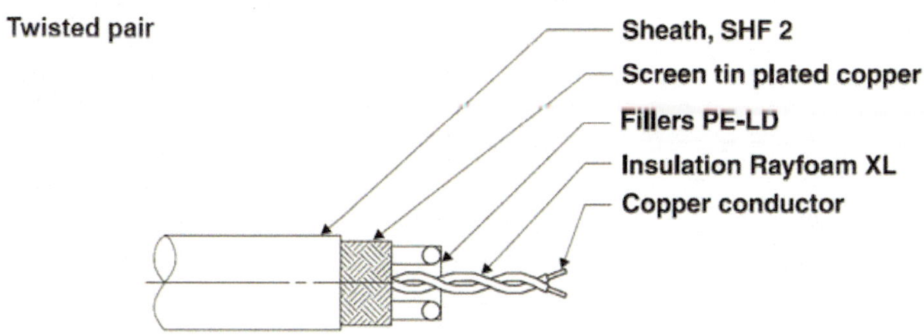

그림 2-5 Network cable

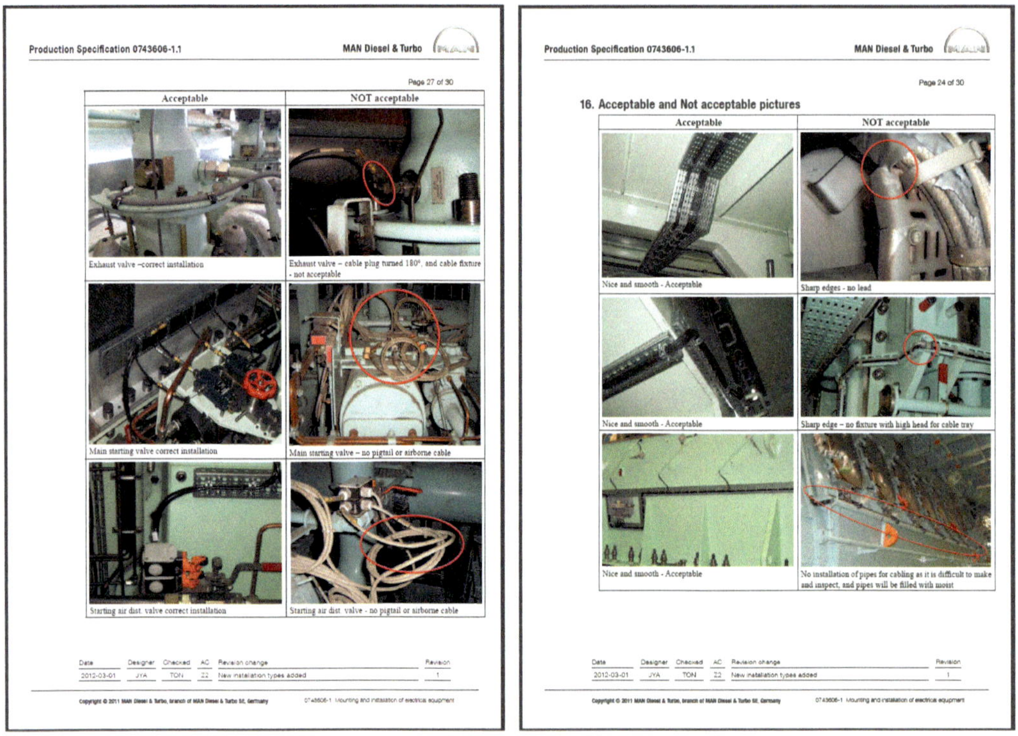

그림 2-6 Cable installation criterion

네트워크의 문제는 주로 종단 저항의 손상, 네트워크 선의 절단과 같은 물리적인 현상과 노이즈에 의한 신호의 교란 등이 있는데, 그림 2-6에서와 같이 노이즈를 차단하기 위해 앞서 언급한 사항 외에 전원 라인과 통신 라인을 함께 포설하지 않도록 하고 있다.

2) MPC

ME-ECS의 구성에 있어서 가장 중요한 전기, 전자 부품이 그림 2-7의 MPC(Multi purpose controller)이다. 이는 일종의 독립된 컴퓨터의 개념으로 CPU, RAM, ROM, 통신 포트 및 I/O Channel을 모두 가지는 모듈이다. 이러한 하드웨어는 사용하고자 하는 목적에 따라 소프트웨어를 설치할 수 있으며, 사용할 위치의 주소를 ID key라는 전기전자 하드웨어로 인식 받게 된다. MPC의 경우 그림 2-8과 같이 개별 Unit의 캐비닛(Cabinet)에 설치되었으나, 현재에는 Unit을 묶어 캐비닛에 설치를 하기도 한다. 이러한 캐비닛의 디자인 기준은 IP 66 Code에 따른다. 또한 MPC 캐비닛 내부에 설치된 케이블의 재 조임(secondary tightening)이 약할 경우 발생하는 내부 Dust에도 사용자의 주의를 요한다.

그림 2-7 MPC

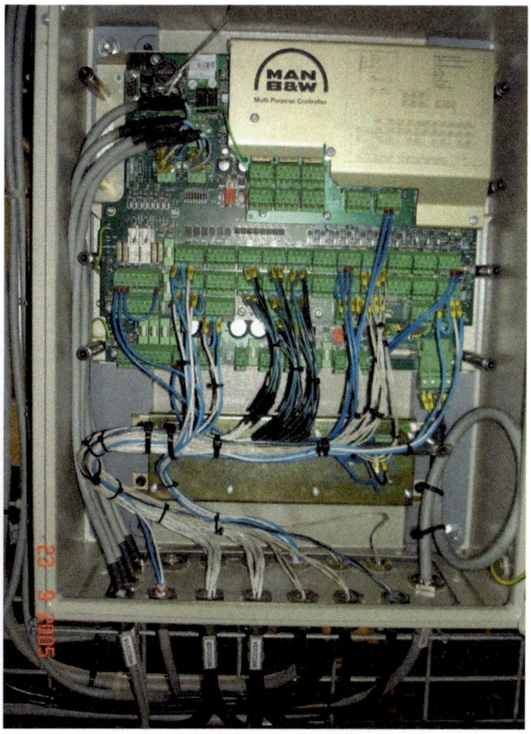

그림 2-8 Cabinet

MPC는 모든 하드웨어가 동일하며, 소프트웨어의 다운로드는 설치 시 자동으로 이루어진다. 이때 소프트웨어를 자동으로 실행하기 위해서는 ID key, 네트워크 케이블, 파워 케이블의 연결이 반드시 필요하며, MOP와의 통신 연결이 되어 있어야 한다. 모든 소프트웨어는 MOP로부터 다운로드를 받게 되어있다.

MPC Board의 기본 구성은 Power filter board, CPU board, Control main I/O board, AO DO daughter board(Output board)로 되어있으며, -40 ~ +80도를 견디는 조건이다. 여기에는 I/O Channel, Fuse, Power, ID Key connector, S1 dip switch, CPU dip switch, LED indicator 등으로 나뉘어져 있다. I/O Channel의 경우 아날로그 신호와 디지털 신호로 나뉘며, 이는 입력 신호와 출력 신호로 나뉘게 된다. 신호의 크기는 4~20 mA 또는 0~24 V DC를 사용하고 있다. 만약 출력 신호가 큰 전압, 전류를 요구하는 경우 증폭기(Amplifier)를 이용하기도 한다. 퓨즈의 경우 그림 2-9와 같은 진동 조건에 강한 Sand filled fuse를 사용한다. 퓨즈의 위치나 사용 목적에 따라 각기 다른 사이즈와 용량이 요구된다. 또한 퓨즈는 한 Channel 또는 여러 개의 Channel을 동시에 보호하게 된다.

전원의 경우 24 V DC를 사용하며, 이 또한 Redundancy로 설계되어 있다.

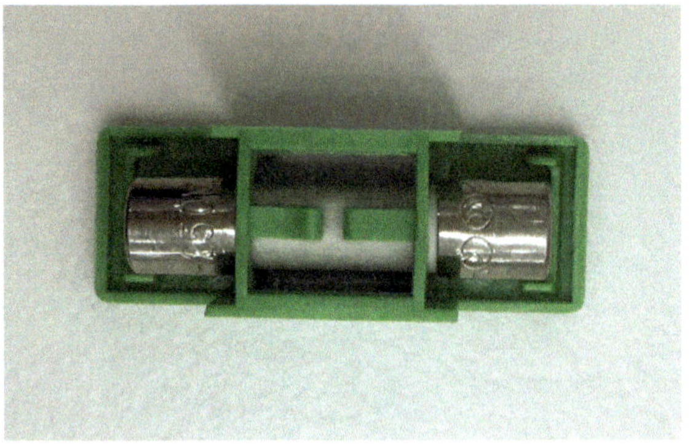

그림 2-9 Sand filled fuse

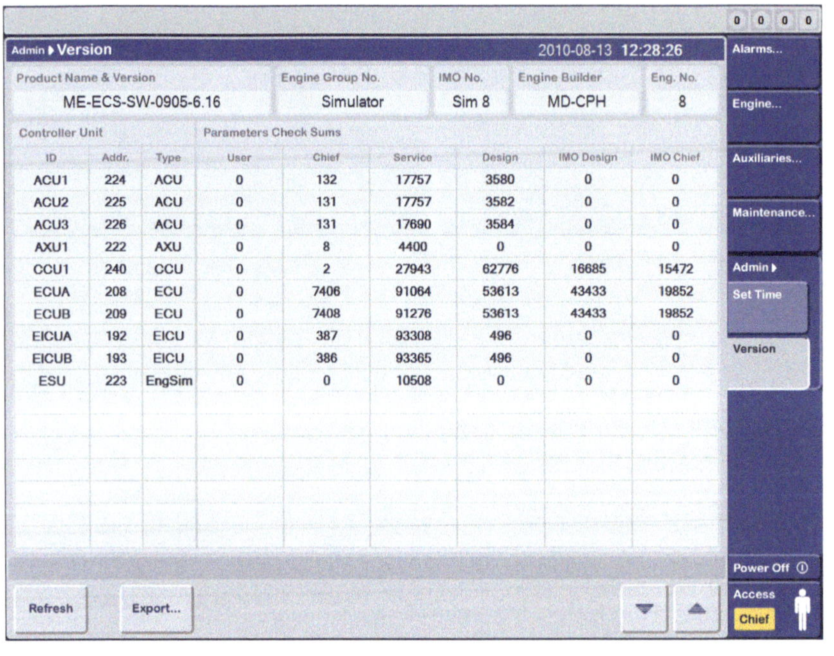

ID	Addr.	Type	User	Chief	Service	Design	IMO Design	IMO Chief
ACU1	224	ACU	0	132	17757	3580	0	0
ACU2	225	ACU	0	131	17757	3582	0	0
ACU3	226	ACU	0	131	17690	3584	0	0
AXU1	222	AXU	0	8	4400	0	0	0
CCU1	240	CCU	0	2	27943	62776	16685	15472
ECUA	208	ECU	0	7406	91064	53613	43433	19852
ECUB	209	ECU	0	7408	91276	53613	43433	19852
EICUA	192	EICU	0	387	93308	496	0	0
EICUB	193	EICU	0	386	93365	496	0	0
ESU	223	EngSim	0	0	10508	0	0	0

그림 2-10 MOP, Address number

그 외에도 서비스 엔지니어가 외부에서 접속할 수 있는 Connector와 MPC의 소프트웨어 설치에 필요한 각 고유의 Address를 인식하기 위한 장치인 ID Key도 연결이 되어 있다. ID key의 인식 번호는 각 Control unit별로 다르며, 이 번호는 MOP에서 확인 가능하다. 또한 현재의 MPC 상태는 전체 네트워크 통신을 통해서 MOP에 실시간으로 전달이 되며, 그림 2-11과 같이 각 Channel의 정보를 확인할 수가 있다.

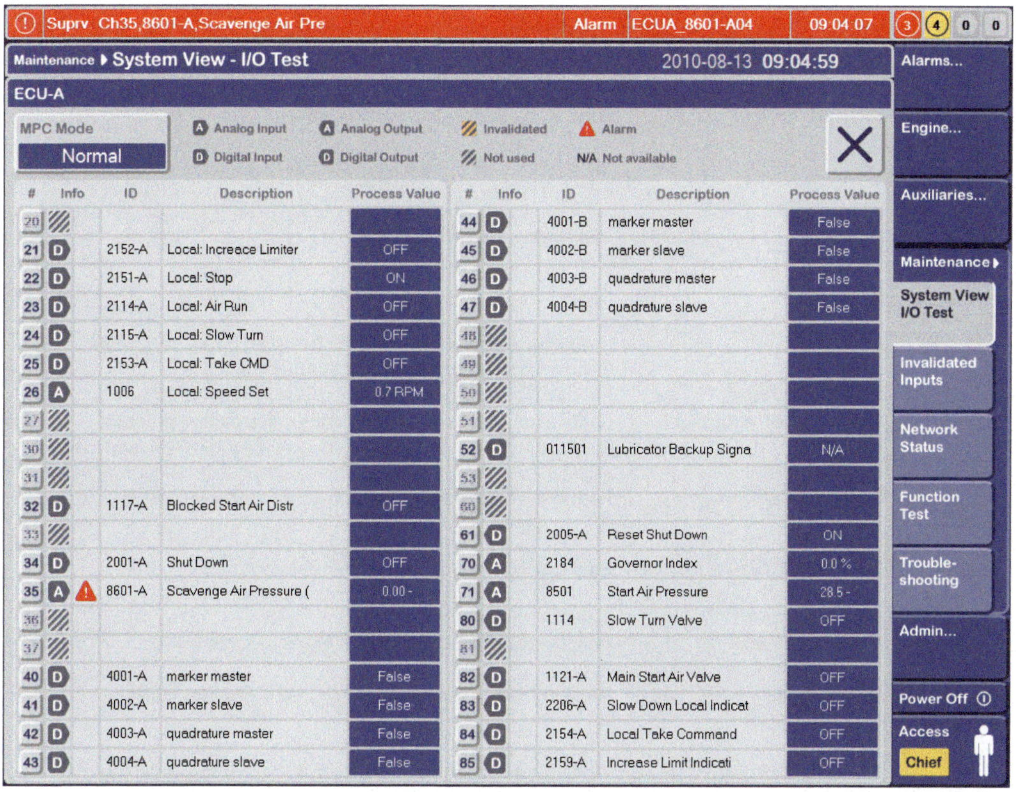

그림 2-11 MOP, System view I/O test

MPC 자체의 상태를 확인하기 위해서는 LED indicator가 필요하다. LED indicator는 색깔과 점등의 표시 차이로 MPC의 상태를 사용자로 하여금 인식이 가능하게 한다. 그림 2-12에서 보는 바와 같이 MPC의 다양한 현재 상태를 LED indicator는 나타내어 준다.

MPC의 소프트웨어를 강제로 다운로드 하거나 ID key를 설정하고자 할 때에 그림 2-13의 CPU dip switch를 사용하거나, S1 dip switch를 설정하게 된다. MPC 소프트웨어의 다운로드는 정상적인 경우 자동으로 다운로드가 되지만, 사용자가 기존의 프로그램을 강제로 지우고 다시 다운로드 하고자 한다면 강제다운로드 절차를 따라야 하는데, 그 때 CPU dip switch의 4번 Dip switch 가 사용된다.

Constant

Colour	Short name	Short description
Red	ERROR	Either early initialization or fatal error
Orange	INIT	Initialization, no parameters available or non-normal node mode
Green	NORMAL	Application up and running

Flashing

Digits	Short name	Short description
(1,1)	CTRL_PRG	Onboard control programming in progress
(2,1)	APPLOAD_SCAN	Application download in progress – scanning for server
(2,2)	APPLOAD_DOWNLOAD	Application download in progress – downloading program
(2,3)	APPLOAD_DIP	Application download completed – reset yellow DIP switch set to ON
(3,1)	BOOTLOAD_SCAN	Boot loader download in progress – scanning for server
(3,2)	BOOTLOAD_DOWNLOAD	Boot loader download in progress – downloading program
(4,1)	DONGLE_VERIFY	Checking node ID dongle
(4,2)	DONGLE_ERROR	Dongle error – missing, broken or not programmed
(4,3)	DONGLE_DIP	Node ID DIP switch not correctly reset – reset it to 0x00
(4,4)	DONGLE_FORMAT	Waiting for confirmation to reformat the records in the Dongle with Start up and Persistent Data Area information.
(4,5)	DONGLE_DIP_CONFLICT	ID key not connected, no usable address supplied from DIP or Service Terminal.
(5,1)	DIP_ILLEGAL_RANGE	The selected address is outside the defined range 0xC0 – 0xFF (192 - 255).

그림 2-12 LED information

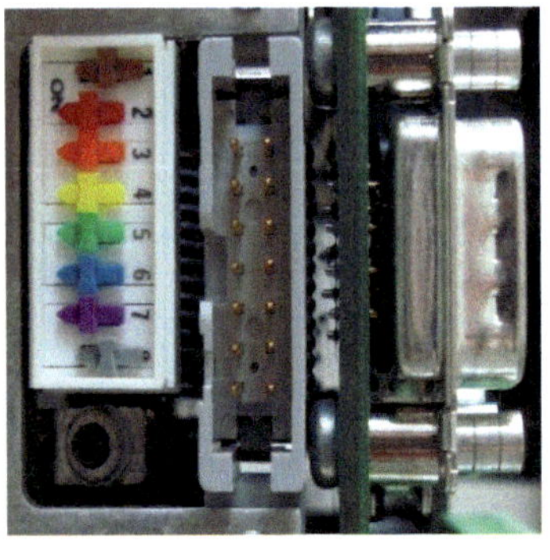

그림 2-13 CPU dip switch & S1 dip switch

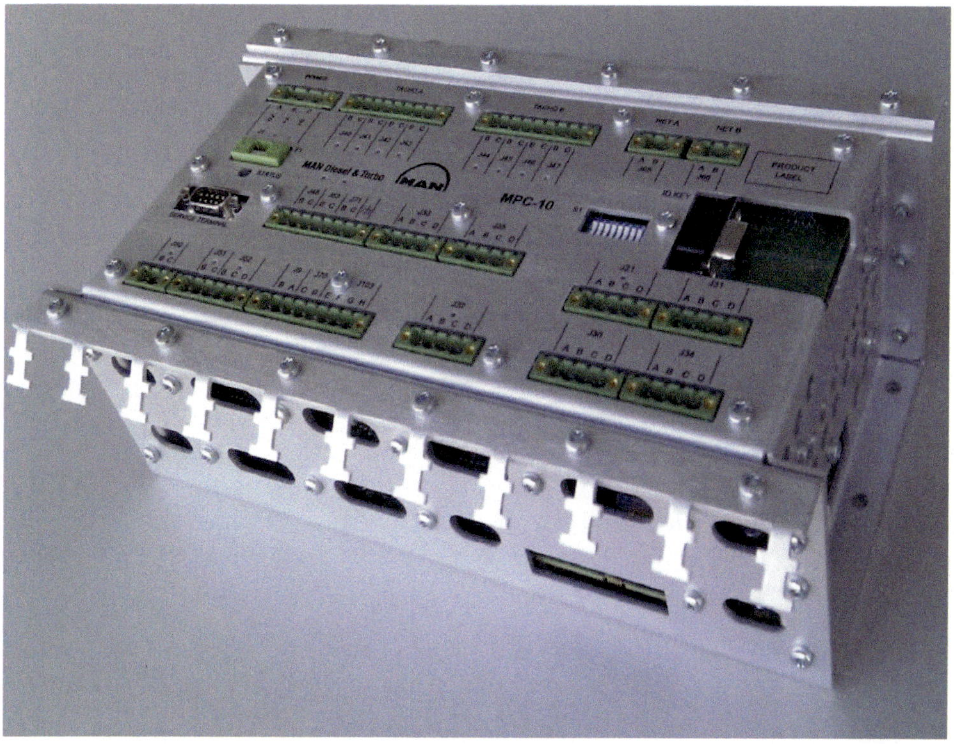

그림 2-14 MPC 10

MPC는 프로그램을 다운로드 한 이후에 추가적인 절차 없이 바로 사용이 가능하다.

MPC의 배터리는 시스템의 시간을 맞추기 위한 용도로 사용이 되며, 만약 이 배터리의 에너지가 낮은 경우 MOP상에 알람이 나타나면서 사용자가 인식할 수 있고, 엔진의 운전에는 전혀 지장이 없다. 하지만 배터리를 교환하는 과정에서 MPC의 전원이 인가된 상태로 배터리를 취외 또는 장착하는 순간, 전기적인 Fault로 인해 MPC가 정지할 수도 있으며, 이는 전체 엔진 시스템에 영향을 주게 된다. 하나의 Control unit에서라도 배터리가 수명을 다하는 경우 MOP를 포함한 ME-ECS의 전원 전체가 상실되고, 다시 복귀된 경우에 MOP상의 시간 설정이 00:00:00으로 되게 된다. MOP의 시간 신호는 MOP가 자체적으로 생성하기에 사용자는 이를 재설정 해주어야 한다. 이는 기관 사고 발생 시 알람의 발생 시간이 사고원인 분석에 있어 매우 중요한 자료이기 때문이다.

일반적인 컴퓨터처럼 MPC에도 Reset 버튼이 존재하고, 이 Reset 버튼을 누르면 MPC는 재부팅 된다. 즉 MOP와의 네트워크 통신을 통해 MPC자체의 소프트웨어 정보를 인식하고, 입력 신호와 출력 신호에 대해 송수신을 중지하고 자체 점검을 하게 된다. 이후 문제가 없다면 LED indicator상에 램프 색이 빨간색에서 초록색으로 변하게 되며, 만약 빨간색이 계속 유지된다면 MPC board 전체를 교환할 필요가 있다. MPC를 재부팅하는 경우에 ID Key와 MPC 정보가 일치한다면, 소프트웨어를 다운로드 하지 않기 때문에 짧은 시간 내에 재부팅이 이루어지지만 그렇지 않은 경우 Control unit에 따라 10~20분가량 소요된다.

MPC의 기대수명은 64,000시간으로 안내되어 있으나 환경적 요인에 따라 그 수명은 달라질 수 있다. MPC는 소요 개수가 많기 때문에 엔진의 초기 가격 및 운전비용에도 영향을 줄 수 있으므로 이를 줄이기 위한 노력이 진행되어 왔다. Control unit 중에서 가장 많이 사용되고 있는 MPC를 CCU(Cylinder control unit)용으로만 디자인하여 가격을 낮추었다. 다만, Channel의 수와 Board의 사이즈를 줄여 가격을 낮출 수가 있었지만, 제한된 Channel수로 인해 CCU 외의 Control unit에 사용이 불가하다는 단점이 있다.

3) Control units

ME-ECS를 구성하고 있는 요소 중, 각 Unit별로 기능을 가지고 개별 동작하는 요소가 Control unit이다. 이는 서로의 정보를 네트워크 통신을 통해 끊임없이 전달하고 있으며, 중요 개소에 대해서는 A, B unit을 구성하고 있다. A, B unit 은 전기, 전자 장비이기에 항상 전원 및 입력 신호가 인가되고 있으며, 문제 발생 시에 Hot stand by 되어 있던 Unit의 출력을 발생시키게 된다. 이에 항상 A가 Control 위치를 유지하고 있다. 그림 2-15에서 보듯이, ECS를 구성하고 있는 요소로는 EICU(Engine interface control unit), ECU(Engine control unit), CCU(Cylinder control unit), ACU(Auxiliaries control unit)가 있으며 추가적으로 필요 시 SCU(Scavenge air control unit), CWCU(Cooling water control unit) 등이 구성된다. EICU의 경우 외부시스템과 ME-ECS의 정보 연결 역할을 하고 있으며, ECU의 경우 가버너(Governor) 및 제어 역할을 하고 ACU의 경우 보조시스템인 보조 블로워 그리고 Hydraulic power supply system을 제어하고, CCU는 각 실린더 별 Hydraulic cylinder unit을 제어하게 된다. 각 Unit은 MPC라는 동일한 하드웨어를 사용하지만, 기능은 모두 다르기에 전기적 연결장치 또한 다르게 된다.

EICU는 BMS만이 아닌 AMS, SAS, PMS 등과 같은 외부시스템과의 Interface역할을 담당한다. 만약 EICU A, B가 모두 손상되었을 경우, LOP에서 엔진을 운전하여야 하지만 이 경우에도 밸브 Shut down 기능은 매우 중요하기에 EICU를 통해서가 아닌 직접 연결된 신호 선을 통해 CCU, ACU측으로 엔진 정지 기능을 전달하게 된다. EICU의 또 다른 주요 기능으로는 Speed modifier가 있으며, 현재의 엔진 rpm에 대해 BMS로 오는 rpm의 요구사항을 수정하는 역할을 하고 있다. ECU의 경우 모든 제어의 중앙처리장치 역할을 하고 있으며, ECU가 없이는 정상 운전뿐만 아니라 LOP에서의 운전도 불가하다. LOP는 ECU를 통해 ME-ECS에 연결이 되어 있기 때문이다.

ACU는 유압 펌프와 보조 블로워의 동작을 제어한다. 이는 각각의 펌프 제어뿐만 아니라 엔진의 부하에 따른 시스템의 필요한 유압 압력을 맞추어 주는 역할도 수행하며, 엔진의 소기 압력에 따라 보조 블로워의 운전 또한 제어한다. CCU의 경우 연료분사, 배기밸브제어, 실린더 오일 주유와 시동공기 제어를 맡게 된다. 하지만 각 기통별로 분리 되어 있기 때문에 하나의 CCU에 문제가 발생한다면 해당 실린더는 출력에 영향을 주지 못하게 된다. 하지만 엔진은 다른 실린더에 의해 비상 운전이 가능하게 된다.

전자제어엔진에 있어 가장 중요하게 바뀐 부분은 바로 연료 분사와 배기밸브의 작동에 있어 보다 정밀하게 제어하여 엔진의 전 운전 구간에 걸쳐 압축과 폭발 과정을 최적화한 운전이 가능하여 연료소모량 까지도 개선 할 수 있다는 점이다.

또한, 실린더 오일 주유 및 시동 공기 공급의 최적화 역시 전자제어엔진의 큰 장점이라고 할 수 있다.

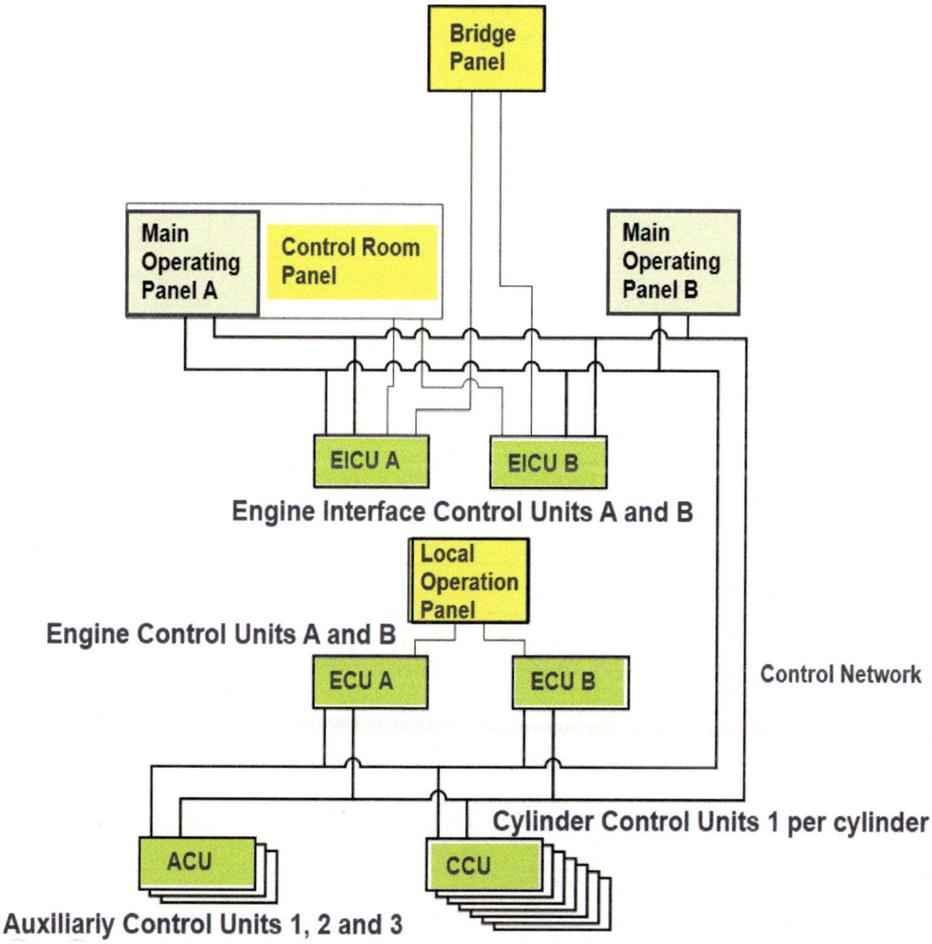

그림 2-15 ME engine control system

(1) EICU

EICU는 그림 2-16과 같이 외부의 신호를 ME-ECS에 전달하는 역할을 한다. 즉 EICU 전체에 문제가 생긴다면, 외부의 신호를 받아들일 수 없게 된다. 예를 들어 AMS의 신호가 전달되지 않으면 엔진에 Slow down을 요청할 수가 없게 된다. 이는 LOP에서 운전을 해도 마찬가지이며, 사용자는 이를 인지하고 스스로 EICU의 역할을 해야 한다. 따라서 EICU의 기능을 사용자가 인지하는 것은 매우 중요하다.

EICU의 세부적인 기능으로는 Speed modifier를 들 수 있다. 그림 2-17과 같이 BMS의 Ordered rpm은 현재의 rpm과 비교되어 Modified rpm을 입력으로 주게 된다. 그림 2-18은 EICU의 기능을 나타내고 있다. BMS에서 임의의 신호를 주어도 현재의 엔진 상태에 따라 안전한 운전을 도모한다. 과도한 rpm변화 및 위험 반원에서의 운전은 엔진의 기기적인 손상을 가져오기에 이를 방지하기 위한 안전장치이며, BMS 시스템의 파라미터 값과 겹치는 부분은 ME-ECS의 파라미터를 우선시하게 된다.

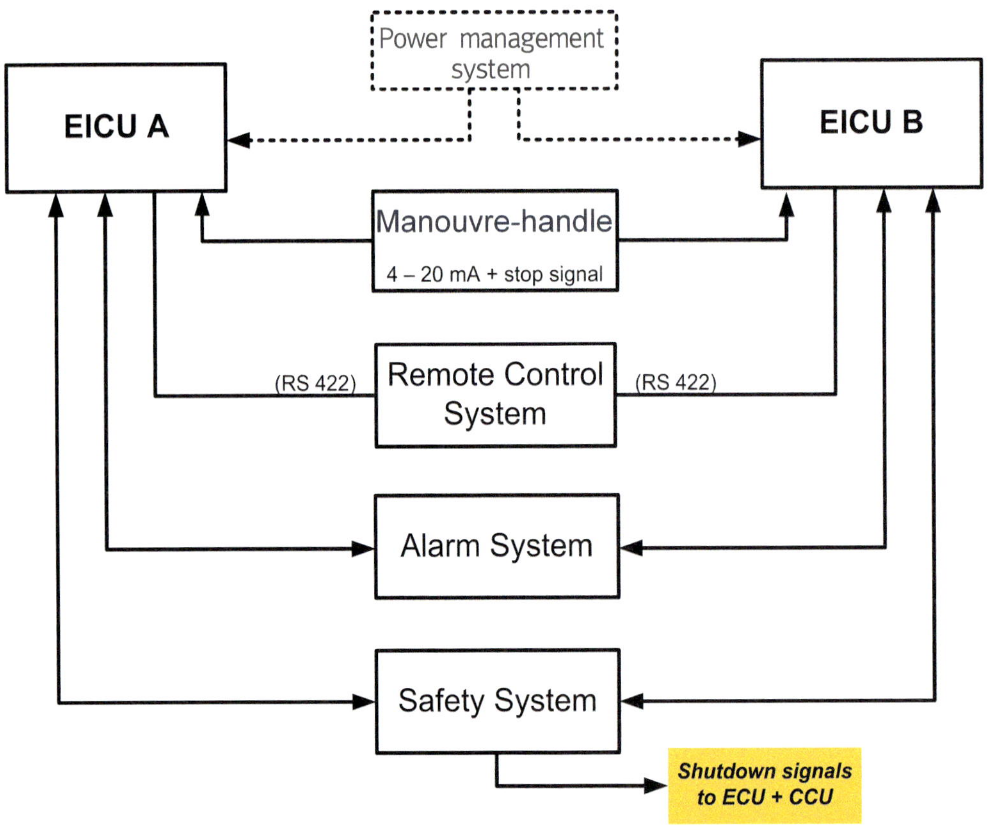

그림 2-16 Interface with other systems

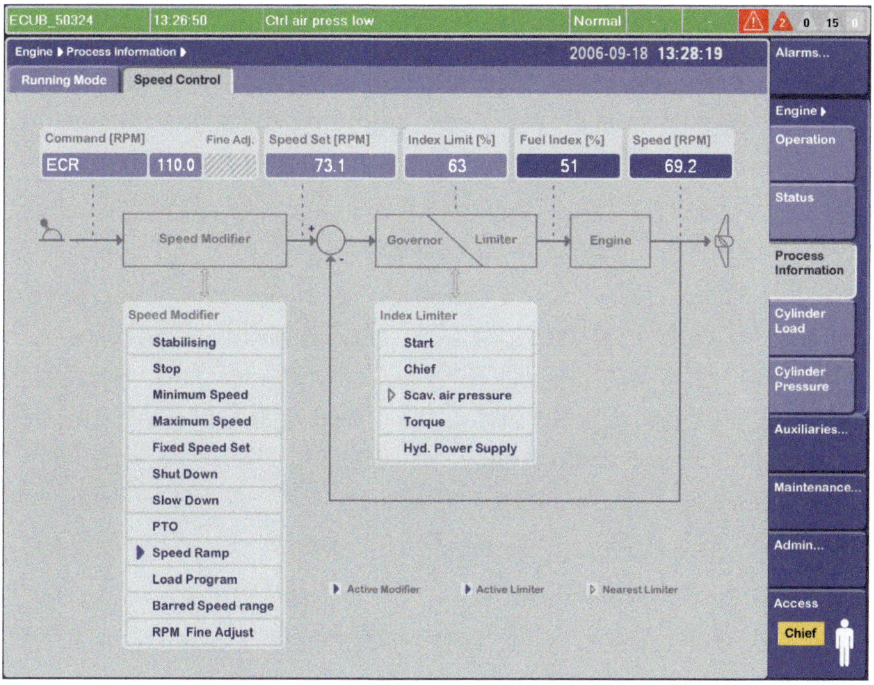

그림 2-17 MOP, Process information

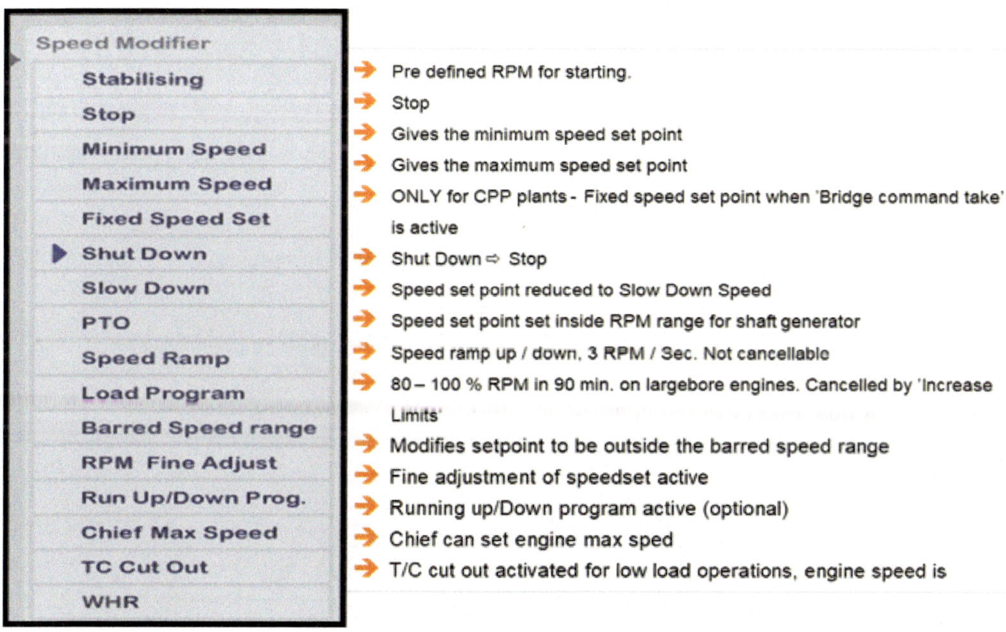

그림 2-18 MOP, Speed modifier

(2) ECU(Engine control unit)

ECU는 EICU와 동일하게 A, B unit을 가지고 있으며, ECU A, B 모두 문제가 되는 경우 엔진은 작동이 불가능하게 된다. 엔진의 운전에 있어서 필요한 모든 데이터를 수집, 연산, 전달하는 역할을 수행하고 있기에 엔진 제어에 있어서 핵심 Unit이라고 할 수 있다. ECU의 주요 기능으로는 조속기(Governor) 역할이 있다. 기존 엔진의 경우 기계식 조속기나, 전자식 조속기를 사용하였으나, 전자제어엔진의 경우 ECU에 필요한 파라미터를 MPC에 입력함으로써 조속기의 기능이 소프트웨어에 의해 처리가 된다. 엔진의 부하에 따른 연료의 분사 시기와 분사량을 계산하고 CCU에 전달하며, 부하 별 필요한 유압의 압력과 양을 고려하여 ACU에 전달하게 된다. 하지만 ECU A, B가 전적으로 100% 동일한 기능을 가지지는 않는다. 예를 들어 4번 Engine driven pump의 경우 ECU A에 의해서만 제어가 이루어지며, 5번 Engine driven pump의 경우 ECU B에 의해 제어가 이루어진다. 그 외에도 주 시동공기용 솔레노이드 밸브, Slow turn용 솔레노이드 밸브, 그리고 비상 주유 Channel 등은 ECU A, B가 분리된 기능을 가지고 있다.

이 외에도 ECU는 안전장치 기능으로써 그림 2-21에서 보여주고 있는 Index limiter의 기능이 있다. 엔진의 기동 시 조건을 ECU에서 관장하여 이를 만족할 수 없을 시에 엔진은 기동이 되지 않는다. 소기 압력에 따라 연료의 분사량을 제한하는 Scav. air limit 기능이 있고, 엔진의 부하에 대해 rpm과 Torque의 관계에 따라 연료의 양을 제한하는 Torque limit 기능이 있다. 또한, 기관장이 설정할 수 있는 Chief index limit, 엔진의 유압 압력이 설정압력보다 낮을 경우 FIVA(Fuel injection valve actuation)의 작동에 지장을 주어 엔진의 정확한 운전이 불가한 상황을 방지하기 위한 Hyd. press limit 등의 안전장치가 있다.

한편, 각 설정의 제한치를 사용자가 조정할 수 있으며, 이 버튼이 바로 Increase limit 버튼이다. 이를 누르게 되면, Load program 해제, Automatic slow turn 해제, Scav. air limit 15% 상승, Torque limit 15% 상승이 가능해진다.

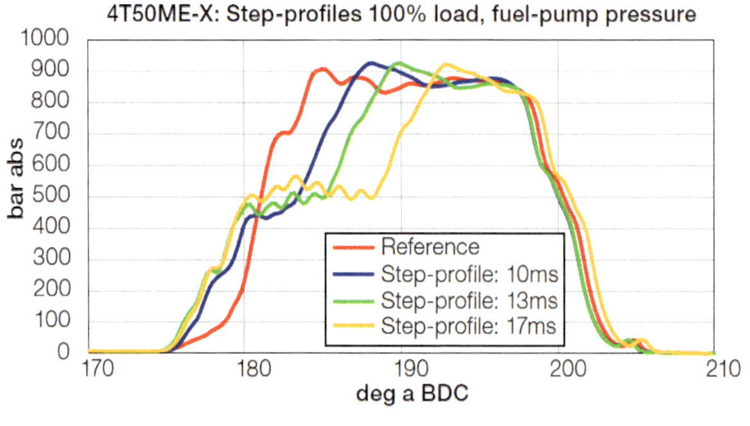

그림 2-19 Injection profile

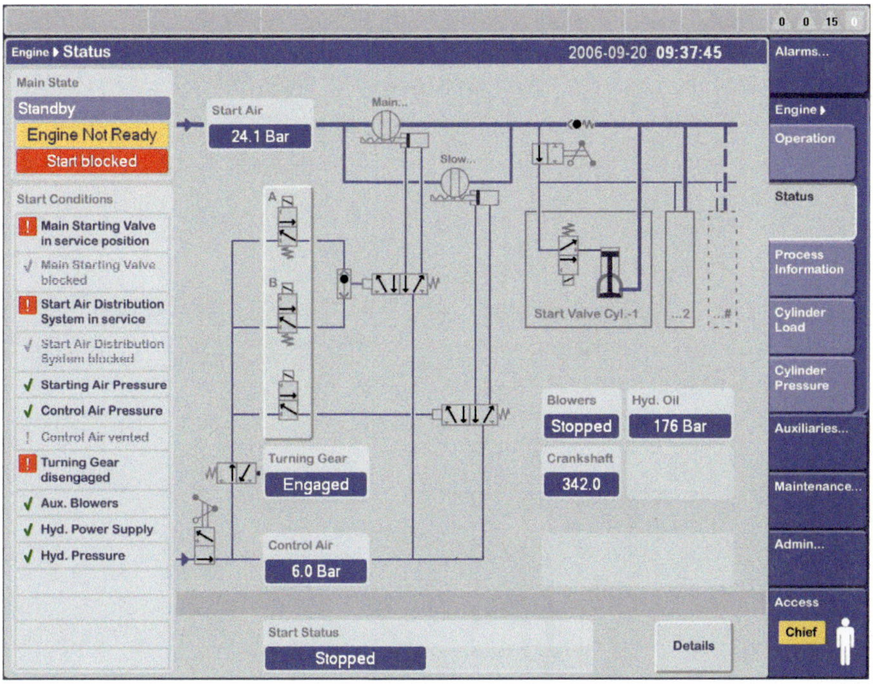

그림 2-20 MOP, Start block

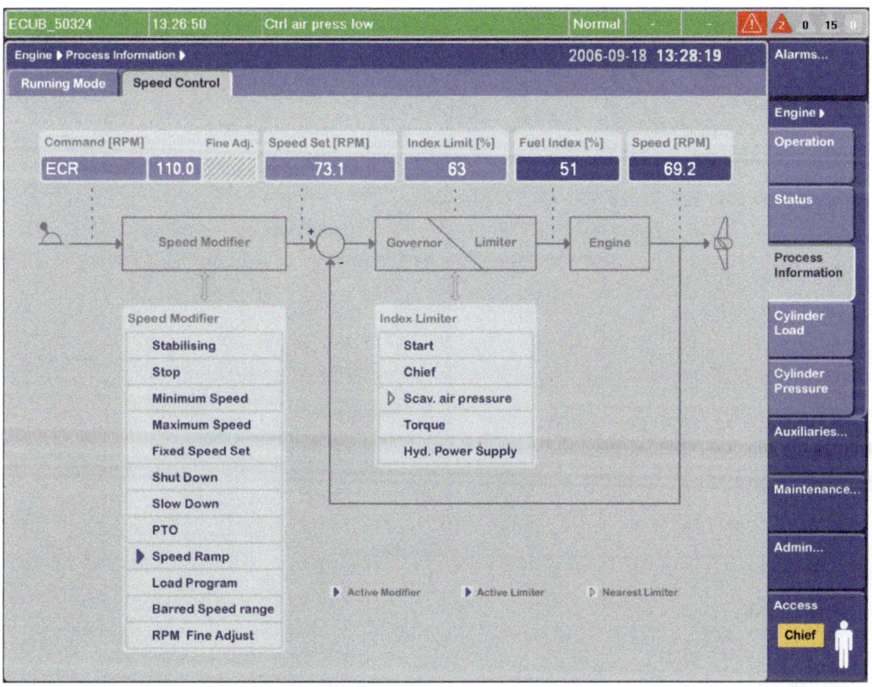

그림 2-21 MOP, Index limiter

(3) ACU(Auxiliary control unit)

ACU는 보조시스템을 관장하며, 보조 블로워와 유압 공급 시스템을 제어하게 된다. ACU에 문제가 발생할 경우 Unit에 연결된 기기 및 시스템의 기능은 정지하게 된다. 다른 Unit의 도움으로 엔진은 정상운전이 가능하지만, 다수의 ACU가 소실될 경우 엔진의 정상 운전에 큰 영향을 주게 된다. 그림 2-22는 보조 블로워 시스템과 ACU Unit별 제어관계를 나타낸다.

엔진의 현재 소기압력에 따라서 보조 블로워의 기동, 운전, 정지가 제어되고 이를 직접 제어하는 것이 ACU이다. ACU가 작동이 불가능하게 될 경우에는 보조 블로워를 현장에서 제어할 수 있다.

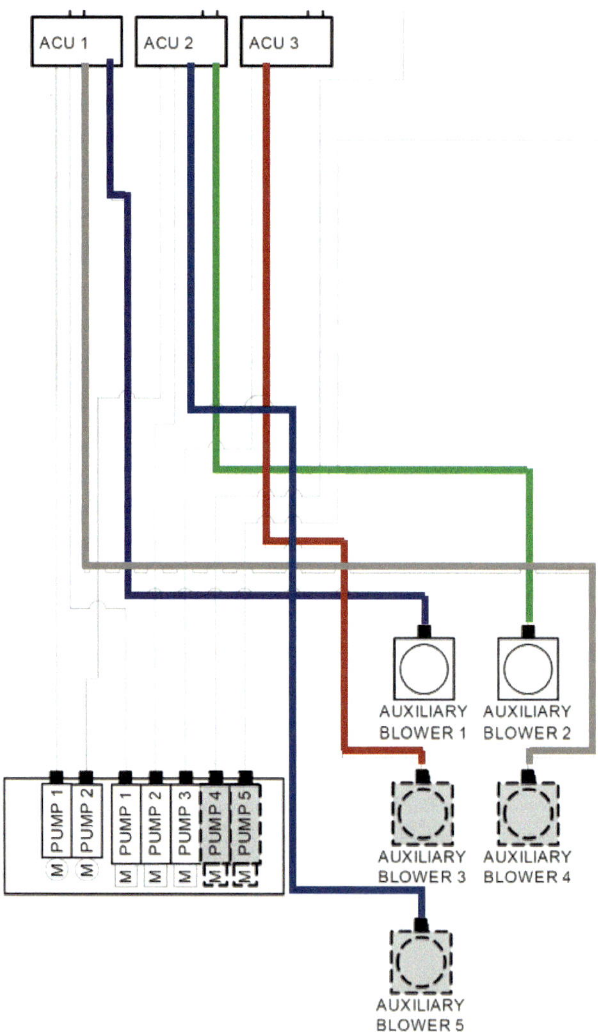

그림 2-22 ACU, Auxiliary blower

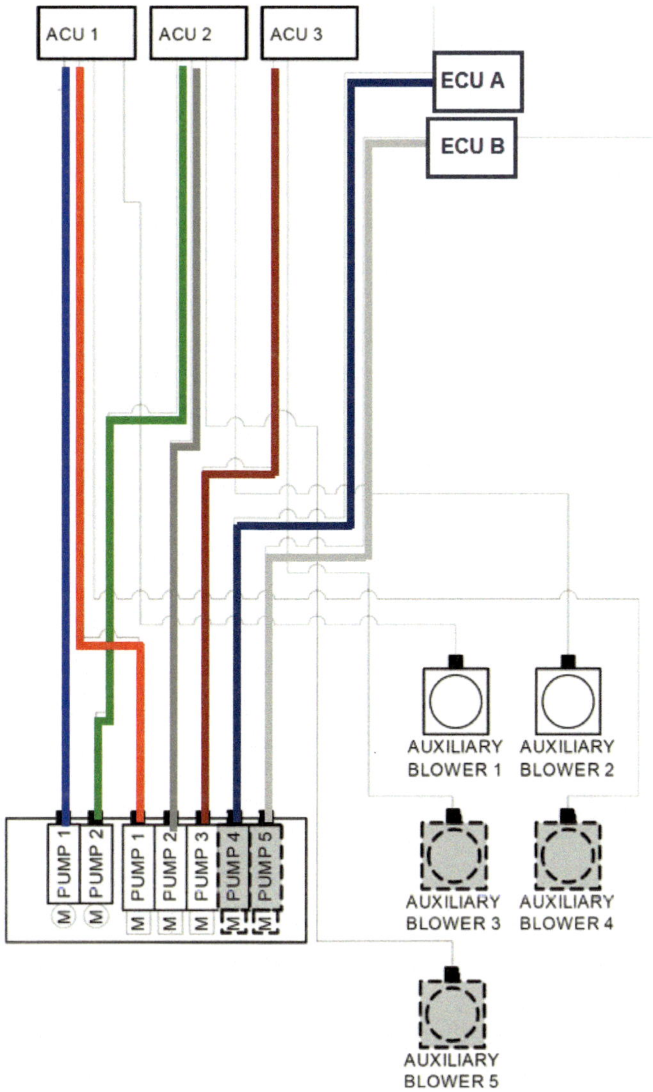

그림 2-23 ACU, Hydraulic power supply system

그 외, ACU는 그림 2-23, 2-24와 같이 Hydraulic power supply system의 유압과 흐름을 제어하기 위해 유압 펌프를 제어하게 된다. 유압 시스템에는 전기 모터에 의해 운전되는 Electric driven pump와 엔진에 의해 기기적으로 운전이 되는 Engine driven pump가 있다. Engine driven pump의 경우 엔진 정지 중에는 펌프도 정지되기 때문에 엔진 기동 시에 필요한 유압을 형성하기 위하여 Electric start pump를 기동하게 된다. 이러한 모든 유압 Pump는 Axial piston pump를 사용하여 펌프의 부하 제어가 가능하며, 펌프의 작동 원리 등에 대해서는 2.1 Components장에서 자세히 다루도록 한다.

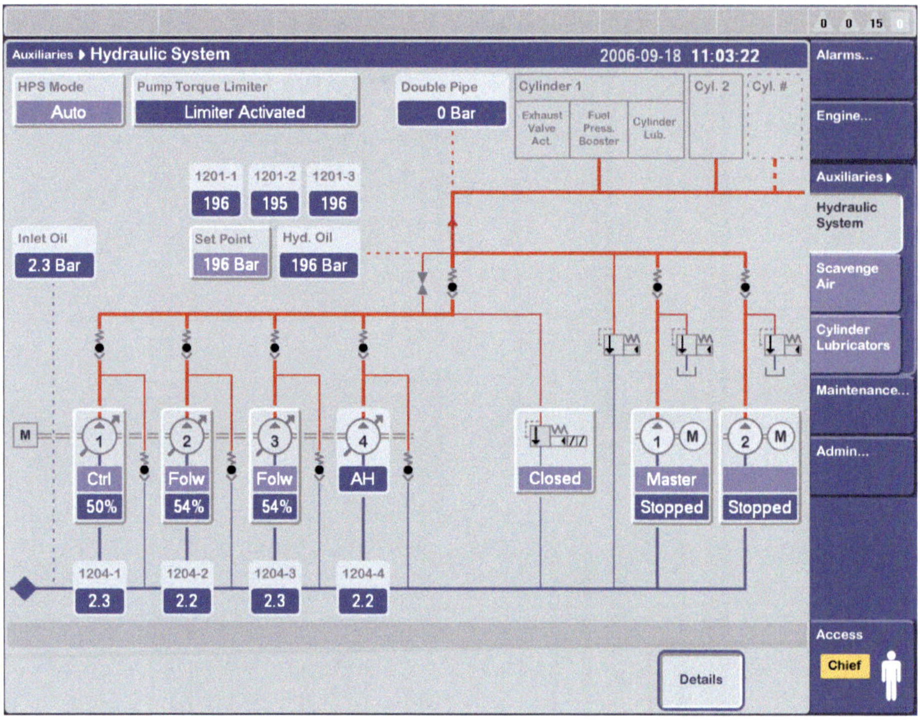

그림 2-24 MOP, Hydraulic power supply system

엔진에 필요한 유압의 제어는 엔진의 부하에 따라 미리 정해진 유압을 설정 값으로 하여 이를 현재의 유압과 비교한 뒤 이 차이에 따른 필요한 펌프의 부하를 상승 또는 하강하는 방법을 취한다. 엔진의 크기 및 형식에 따라서 사용하고 발생하는 유압이 다르기에 펌프의 사이즈 및 대수 또한 다양하다. Operation과 관련된 부분은 MOP장에서 자세히 다루도록 한다.

(4) CCU(Cylinder control unit)

CCU는 개별 Cylinder를 제어하며, 각 Cylinder의 HCU(Hydraulic cylinder unit)를 관장한다.

그림 2-25의 HCU에는 연료분사, 배기밸브제어, 실린더오일을 주유하는 구성요소가 있고, 이를 제어하기 위해 Pilot 밸브에 신호를 전달하여야 한다.

전자제어엔진에서 핵심 부품이라고 할 수 있는 FIVA(Fuel injection valve actuation)는 연료 분사와 배기밸브 제어를 담당한다. 그림 2-26은 FIVA의 실물이다. 일반적으로, FIVA 밸브의 Pilot 밸브로 전기신호를 보내면 내부의 스풀(spool)이 움직여 이 스풀의 움직임에

그림 2-25 Hydraulic cylinder unit

그림 2-26 FIVA

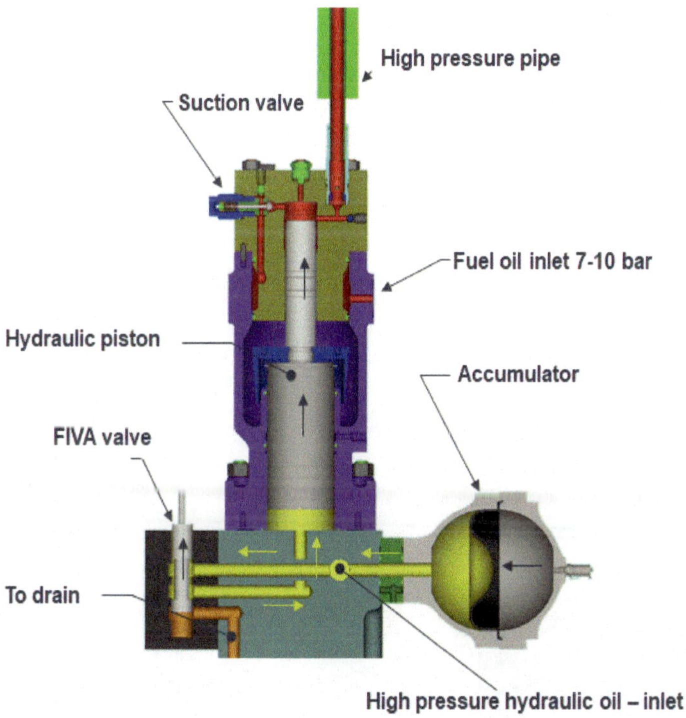

그림 2-27 Fuel injection system

따른 유압 흐름의 변화로 FIVA밸브의 메인 스풀의 위치가 바뀌게 되고, 이로 인해 대기하고 있던 유압이 그림 2-27, 2-28과 같이 Fuel oil pressure booster나 배기밸브 액추에이터 하부로 공급된다. 공급된 유압은 액츄에이터 피스톤을 작동시켜 가압된 연료유가 연료밸브를 열거나, 가압된 유압유가 배기밸브를 열어주게 된다.

기기의 작동을 모니터링하고 문제 발생 시 확인하기 위해 피드백 센서(Feedback sensor)가 부착이 된다. FIVA 피드백 센서, Fuel oil pressure booster 피드백 센서, 배기 밸브 피드백 센서 등이 그 역할을 하며, 엔진 운전상의 문제 발생 시, 엔진의 rpm을 Slow down rpm 구간으로 자동으로 낮추어 엔진 손상을 방지한다.

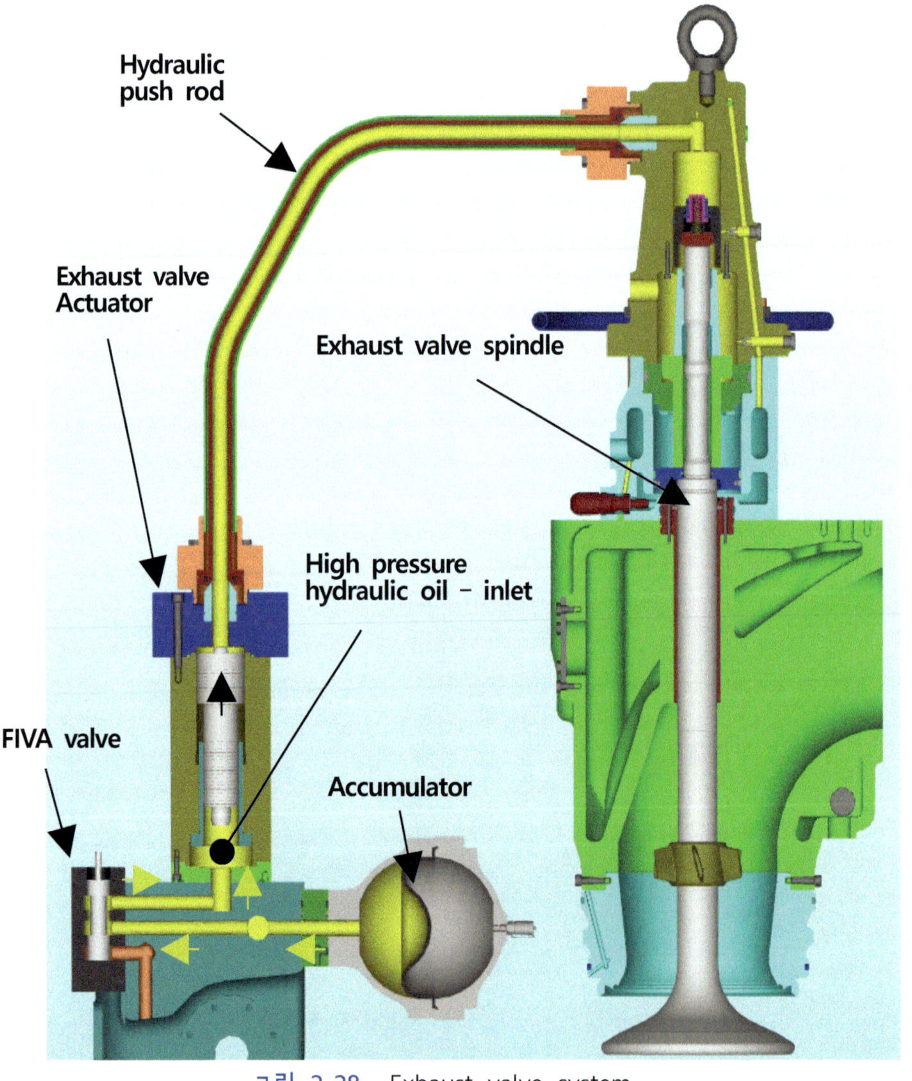

그림 2-28 Exhaust valve system

CCU는 상기 제어 외에도, 그림 2-29의 방법으로 실린더 오일 주유를 제어한다. 엔진의 rpm 또는 마력에 따라 계산된 실린더 오일을 분사하기 위해 HCU측의 ME lubricator의 솔레노이드 밸브로 신호를 주면 대기하고 있던 유압이 액츄에이터 피스톤으로 공급이 되면서 실린더 오일은 Injection plunger에 의해 주유된다. 액츄에이터 피스톤의 움직임은 ME lubricator 피드백 센서에 의해 상태가 확인된다. 실린더오일의 레벨은 레벨센서를 통해 실시간 모니터링 되고, 이 두 개의 센서에 문제가 발생할 경우 앞서 언급한 피드백 센서와 동일하게 Slow down을 발생 시키게 된다.

CCU의 또 다른 기능으로는 시동공기밸브(Starting air valve) 제어가 있다. 기존의 기계식엔진의 경우 시동공기 분배기(Starting air distributor)에 의해 공기압 신호가 시동 밸브로 전달이 되어 시동 공기를 엔진으로 공급하였지만, 솔레노이드 밸브를 이용한 전자제어엔진의 시동공기밸브는 Tacho에 의한 엔진 각 기통 별 피스톤 위치를 전기신호로 인식하기에 기계식엔진보다 더 정확하고 효율적으로 공기가 공급되어 시동 공기의 소모량도 줄어들게 된다.

그림 2-30과 2-31에서 보듯이 시동공기 시스템이 기존 Pneumatic과 비교 시 간결해진 시스템으로 바뀌었으며 사용자의 운영이나 정비가 용이해졌다. 하지만 시동공기밸브의 경우 피드백 센서가 존재하지 않으며, 각 Control unit과 솔레노이드 밸브와의 제어 개념을 이해하여야 한다.

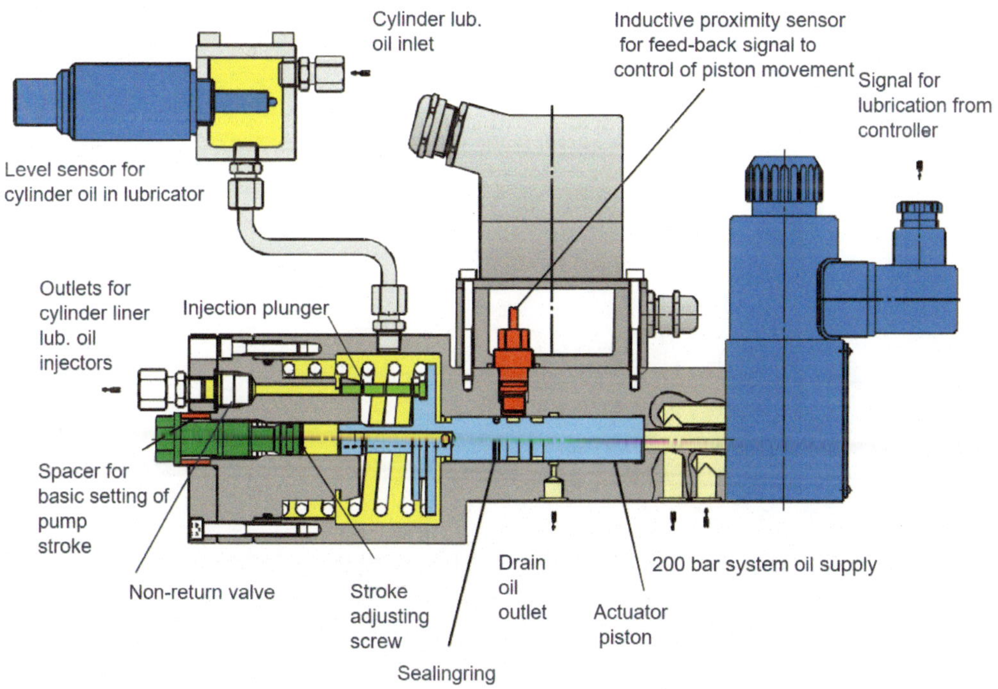

그림 2-29 ME lubricator

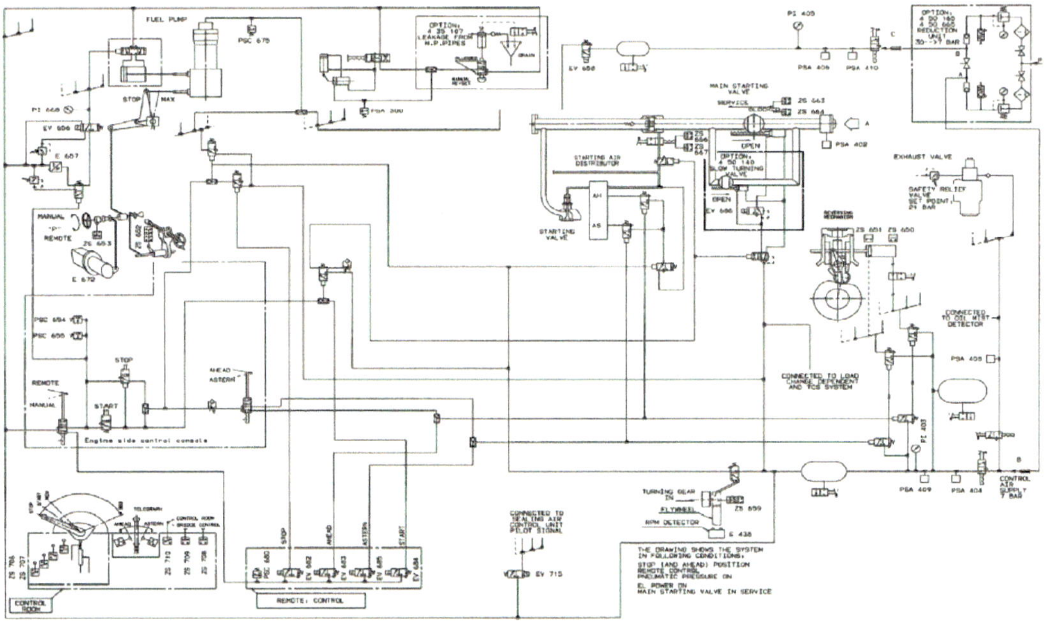

그림 2-30 Pneumatic maneuvering system(MC engine)

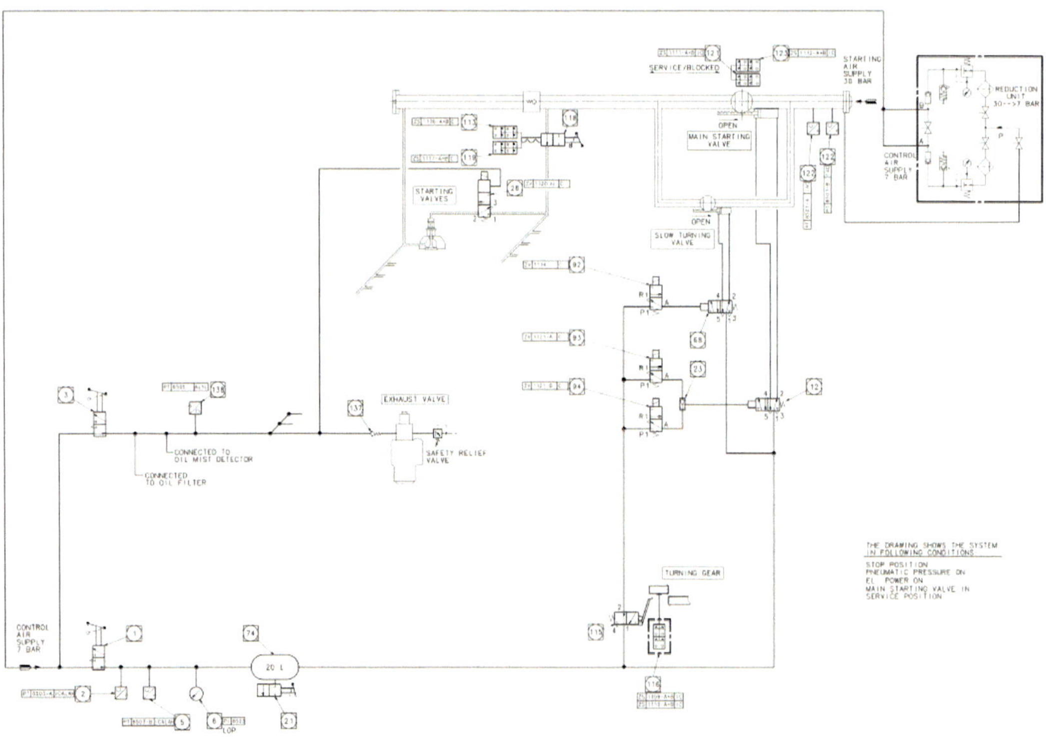

그림 2-31 Pneumatic maneuvering system(ME engine)

(5) MOP

현대의 많은 시스템은 사용자가 시스템의 전체를 이해 할 수 있도록 인간의 언어로 표현되는 소프트웨어를 가진 운용 체제를 가지려 한다. 이러한 장치를 일컬어 HMI(Human machine interface) unit 또는 Panel 이라고 한다. ME 엔진에서 이 역할을 하는 것이 그림 2-32의 MOP(Main operating panel)이다.

MOP의 경우 네트워크로 연결된 모든 Unit의 정보를 받아들이고, 사용자가 MOP에서 일부 기능을 수행하고 모니터링 할 수 있도록 하고 있다. 즉 네트워크 통신을 통해 전달된 신호들은 각 Control unit에 연결된 센서와 파일럿 밸브들의 신호에 영향을 주게 된다.

하지만, MOP의 주된 기능이 제어가 아닌 모니터링이기에 모든 중요한 소프트웨어와 기능들은 각각의 Control unit들이 가지게 된다. 즉, MOP에 문제가 생긴다고 하더라도 사용자가 엔진 시스템의 상태를 확인 못하는 어려움이 있을 뿐 엔진은 개별 Control unit의 작동에 의해서 운전이 계속 이루어진다.

MOP를 통해 엔진을 준비 및 기동하고, 시스템을 테스트하고, 각 Channel을 확인할 수도 있으며, 알람정보를 받을 수 있지만, 사용자가 파라미터 값을 변경하는 것은 제한된다. 엔진의 운전과 관련된 파라미터의 변경은 오로지 MAN 또는 엔진 제작사의 엔지니어에 의해서만 이루어진다.

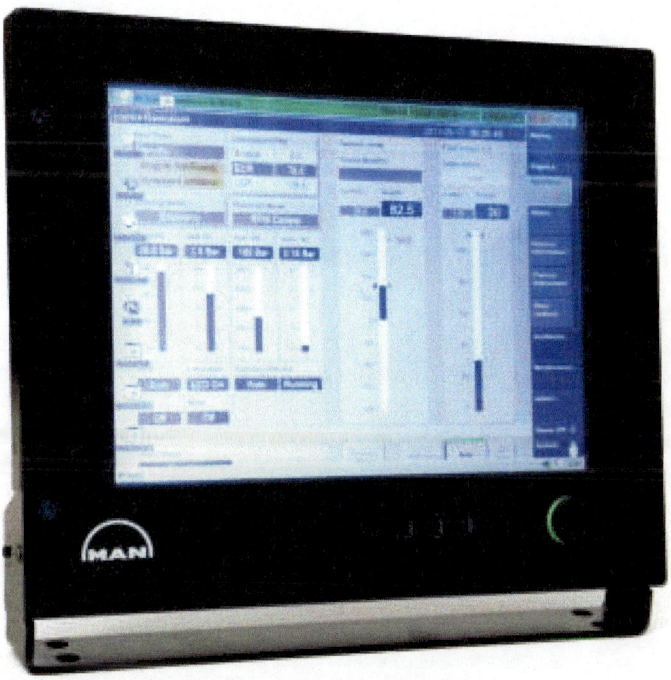

그림 2-32 Main operating panel

(6) LOP(Local operation panel)

그림 2-33과 2-34의 LOP는 엔진 옆에 위치하고 있으며, 전자제어 시스템과 긴밀하게 연결되어 있어 전체적인 연료유 제어 및 안전장치 속에서 엔진 운전을 할 수 있다. 따라서 지난 기계식엔진 시스템에서 보았던 수동 운전에 필요한 많은 장치들이 전자제어엔진에서 사라지게 되었다.

LOP에서 운전 시 사람은 EICU의 역할을 하여야 한다. EICU의 문제가 있던지 없던지 관계없이 LOP에서 엔진 운전을 하게 되는 경우에는 사용자가 EICU의 Speed modifier, Interface with external system의 기능을 모두 수행할 줄 알아야 한다. LOP에서 운전하는 사용자의 조작은 오직 연료와 관계된 부분이 엔진의 Parameter에 의해 제어가 이루어지기 때문이다. 이에 LOP에서 운전하는 사람은 전자제어엔진에 대한 전문교육을 받은 후 엔진을 다루어야만 대형 기관 고장 사고를 미연에 방지할 수 있을 것이다.

LOP는 선박의 종류에 따른 엔진의 적용 사양에 따라 두 가지로 나뉘며, FPP(Fixed pitch propeller)와 CPP(Controlled pitch propeller) type이 있다.

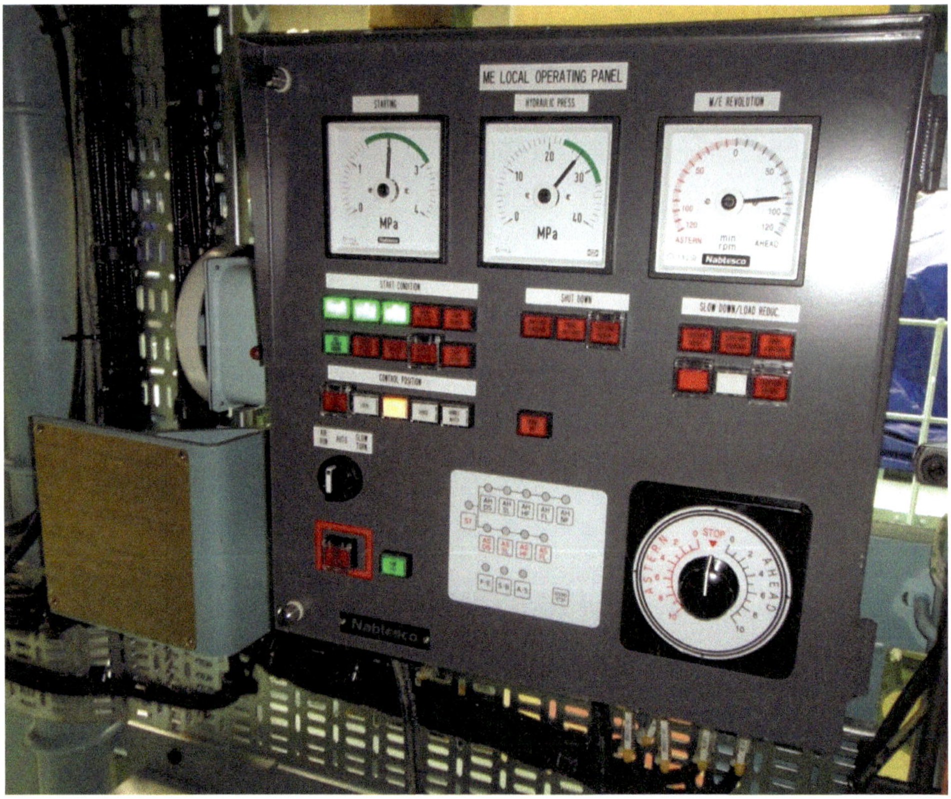

그림 2-33 Local operation panel (FPP)

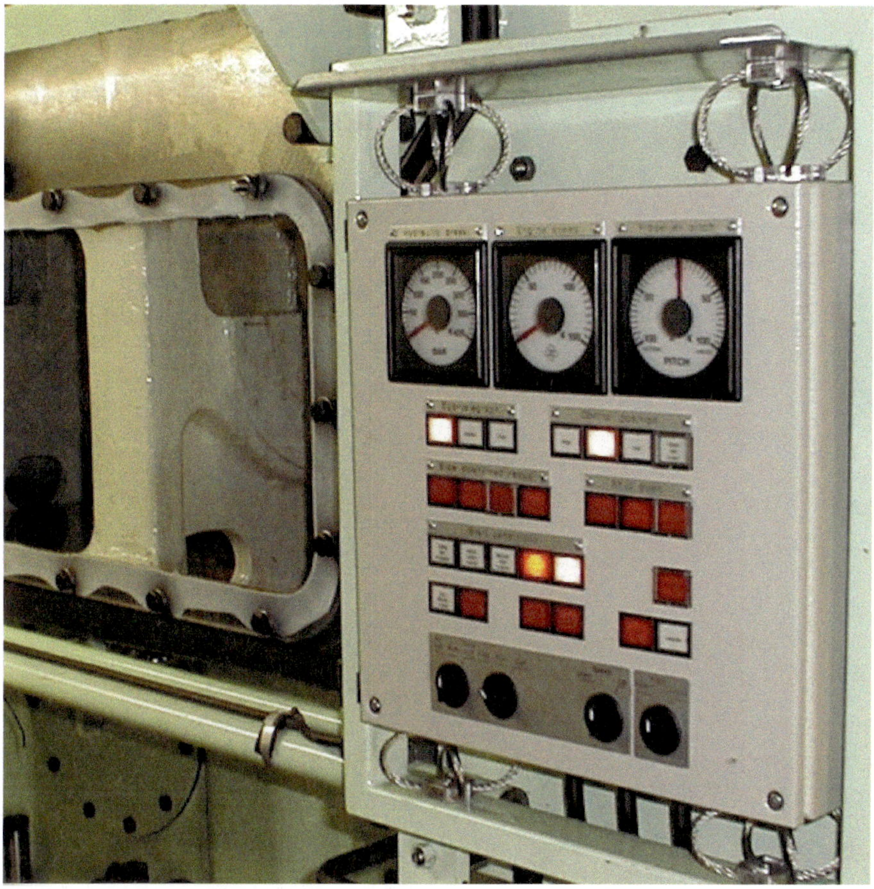

그림 2-34 Local operation panel(CPP)

2.1.2 Tacho system

전자제어엔진의 도입으로 인해 캠과 캠축이 사라진 것이 기존 기계식엔진에서 전자제어엔진으로 바뀐 가장 큰 변화이다. 캠이 사라짐에 따라 엔진은 더 이상 각 실린더의 피스톤 위치를 인식할 수가 없게 되었는데, 이 역할을 대신한 것이 엔진의 회전축에 연결된 각도센서(Angle encoder) 이다. 전기, 전자 신호를 형성하고 이 신호가 ME-ECS로 전달되어 각 기통별 피스톤 위치를 읽음으로써 정확한 연료분사, 배기밸브제어, 실린더 오일 주유 등의 모든 제어가 가능하게 되었다. 즉 Angle encoder를 사용하는 Tacho system 없이는 전자제어엔진의 제어가 불가능하다고 할 수 있다.

1) System

Tacho system에 고장이 발생할 경우, 엔진의 운전이 불가능하기 때문에 엔진의 설계 개념에 따라, 시스템의 이중화가 반드시 필요하다. 시스템의 이중화를 위해 그림 2-35와 같이 Tacho system은 A, B system으로 나뉘게 된다. A 시스템이 문제가 발생해도 B 시스템에 의해 엔진이 작동을 하고, B 시스템이 문제가 생겨도 A 시스템에 의해 엔진 작동이 가능해진다.

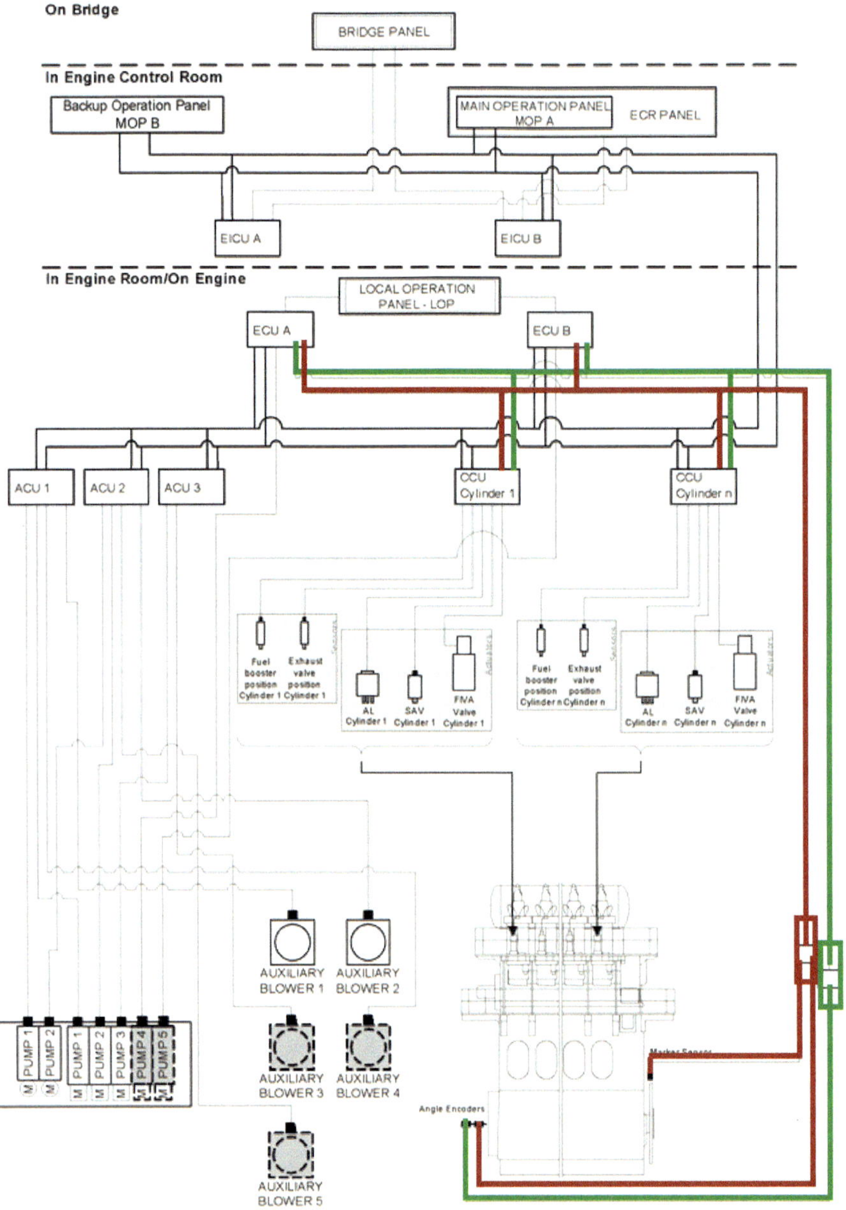

그림 2-35 Tacho system

그림 2-36 Angle encoder

그림 2-36에서 보듯이 Angle encoder는 엔진의 앞쪽(FWD)에 위치하고 있으며, 엔진 내측에 있는 것이 Angle encoder A이고 바깥쪽에 있는 것이 Angle encoder B이다. 엔진의 종진동을 상쇄하기 위한 Axial Damper와 함께 설치되어 있으며, 사용자의 주기적인 점검이 요구된다.

2) 작동원리

Tacho 시스템의 작동원리는 24VDC 전원을 Angle encoder에 공급을 하여 내부의 광 다이오드 빛 신호에 의해 발생된 펄스 신호와 TDC의 기준점이 되는 신호(Trigger signal)를 비교하여, 트리거 신호를 기준으로 펄스 신호가 하나씩 추가될 때마다 1 도씩 가산하여 크랭크축의 위치를 계산하는 방법이다. 이러한 위치는 시간에 따라 나누어지며 엔진의 rpm으로 환산이 되고, Angle encoder 내부 두 개의 Quadrature 센서의 신호 인식 순서에 따라 엔진의 회전 방향이 결정 된다. 이러한 Tacho 신호는 ECU, CCU에 실시간으로 전달되며 연료 분사, 배기 밸브 제어 및 실린더 오일 주유의 시기를 결정하는 매우 중요한 신호이다. 또한 엔진 기동 시에 사용하는 시동 공기 제어에도 사용 된다.

Angle encoder 신호는 엔진에 설치된 Amplifier를 통해 ME-ECS에 전달된다. 그림 2-37에서 내부에 MMA, MSA, MMB, MSB라는 Marker 센서가 존재함을 알 수 있다. 이 Marker 센서의 설치 각도는 45도 기준으로 차이를 보이고 있는데 이유는 정전(Black out)이 발생하였을 때 엔진의 비상 기동이 가능할 수 있도록 엔진의 Estimated degree를 인지하기 위함이다. Marker센서 신호와 Semi circular ring의 만남으로 발생되는 Trigger신호가 정전으로 인해 상실된 엔진 위치의 정보를 대신하여 기관실 전원 복귀 후 엔진을 기동하게 되는 시점의 엔진

예상 위치를 알려 줌으로써 엔진 기동에 문제가 없도록 한다. 만약 엔진을 전진 및 후진해도 엔진이 기동되지 않는다면 엔진을 터닝기어(Turning gear)로 한 바퀴 돌리면 전원이 인가된 Tacho system은 자연스럽게 엔진의 위치를 계산하여 엔진을 기동할 수 있게 만들어 준다.

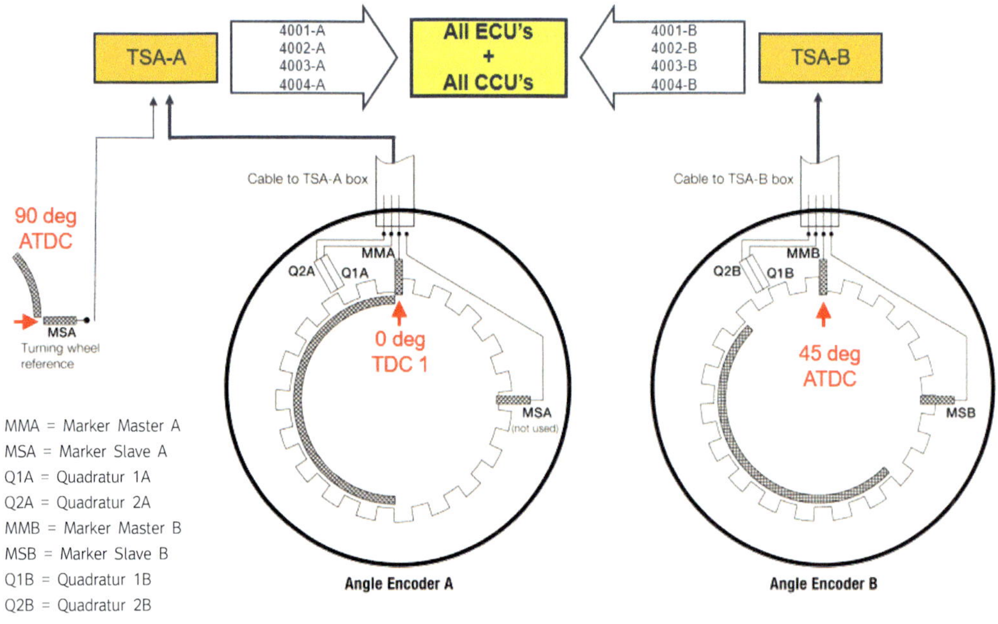

그림 2-37 Angle encoder

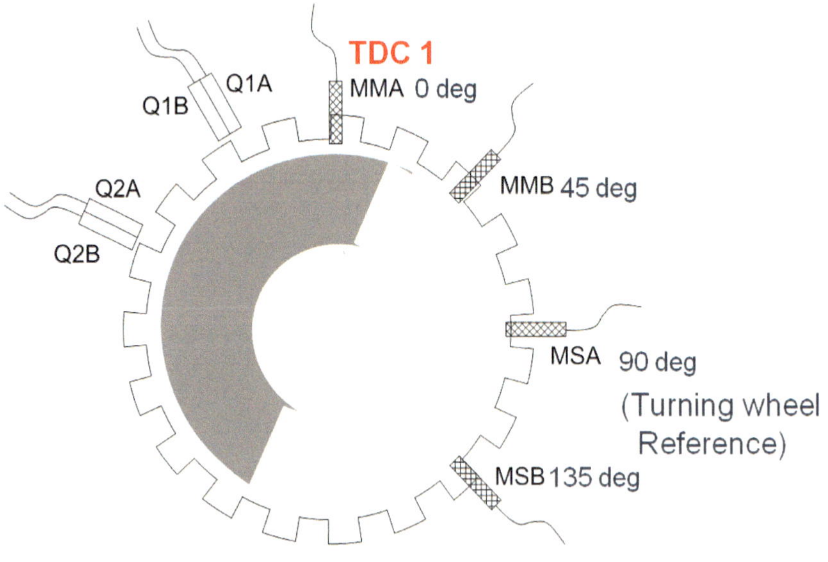

그림 2-38 Marker sensor position

그림 2-39 Marker slave A sensor

그림 2-39의 MSA(Marker slave A) 센서의 경우 Angle encoder A센서 내부의 Marker신호를 사용하지 않고, 엔진의 Flywheel측에 MSA센서를 사용한다. 이유는 엔진에 의해 회전하는 Angle encoder A와 B가 동시에 슬립(Slip)이 발생할 경우, 이를 인지하기 위한 절대값이 필요하기 때문이며, 엔진의 고정부에 장착된 MSA센서의 신호를 기준 값으로 하여, Angle Encoder A, B의 신호와 비교하여 문제점 발생 시 알람을 발생시키는 역할을 한다. 이 MSA센서는 플라이 휠 측의 대형 Semi circular ring과 만나 신호 형성 역할을 하게 되며, 현장의 센서 및 링의 주기적인 소제 및 간극 점검이 매우 중요하다.

전자제어엔진에도 기계식엔진처럼 플라이 휠 측에 설치된 Pick up 센서는 BMS와 SAS를 위한 센서이다.

2.1.3 PMS(Pneumatic maneuvering system)

기계식 Two-stroke 엔진에서는 시동 공기 시스템을 제어하기 위해서 캠축에 설치되는 기계식 시동 공기 분배기를 사용하였다. 전자제어밸브를 사용하는 경우도 있었지만, 그림 2-40과 같이 대부분 공압식 밸브를 사용하였고 이로 인해 많은 부품들이 장착되어 사용자로 하여금 Trouble shooting을 어렵게 하는 점이 있었다.

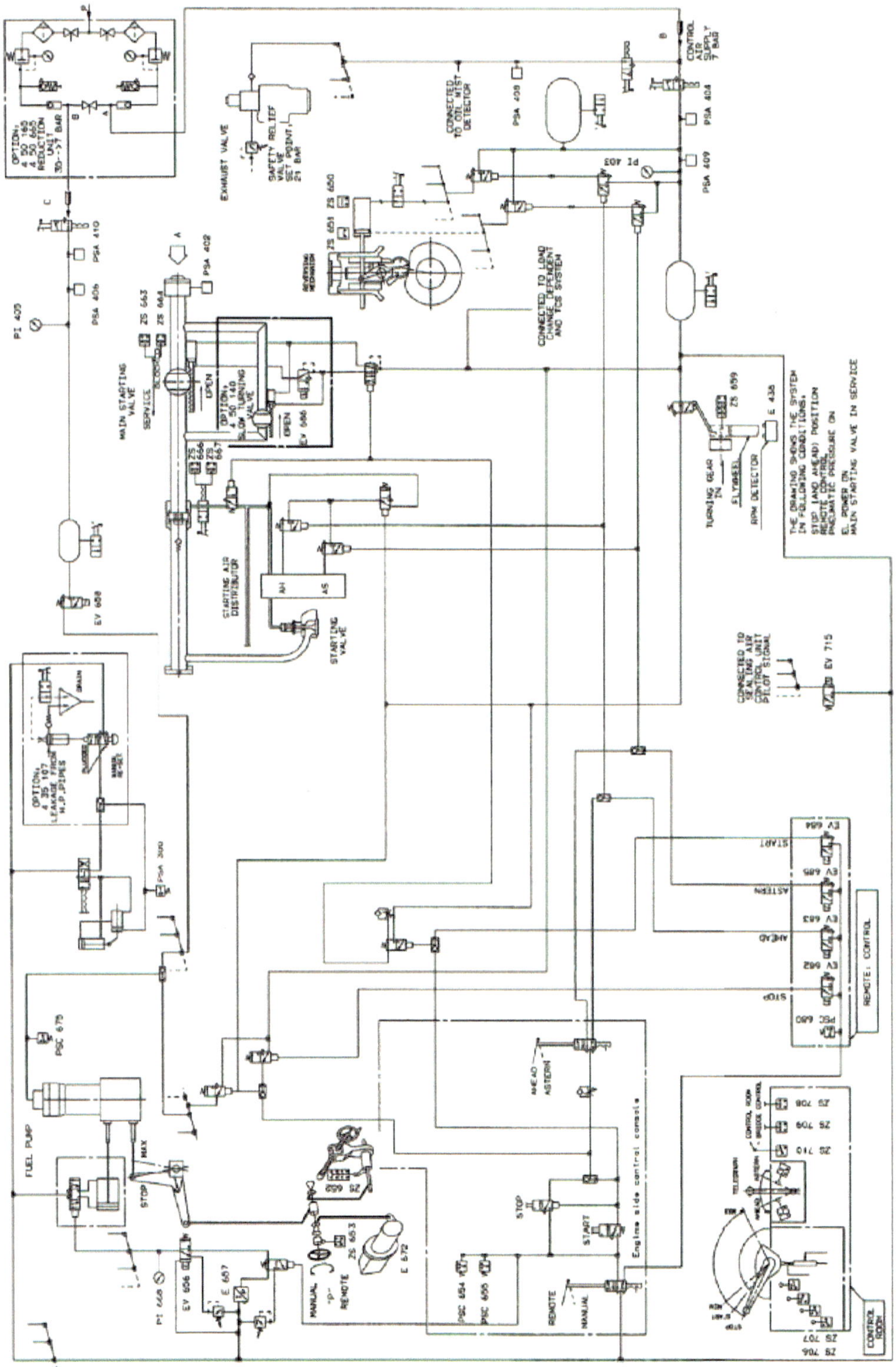

그림 2-40 Pneumatic maneuvering system(MC engine)

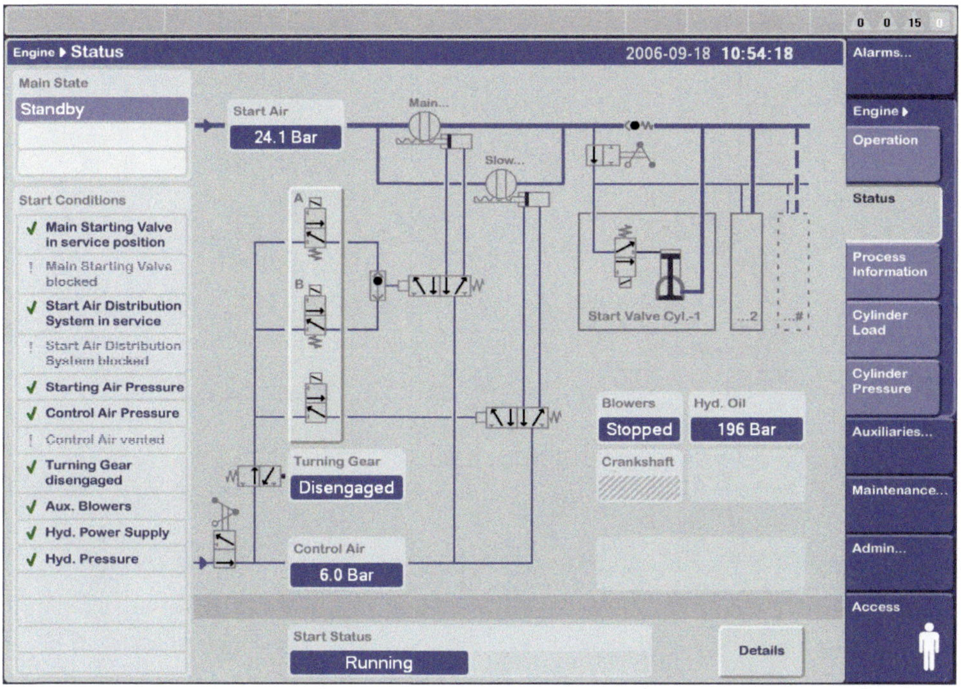

그림 2-41 MOP, Air control valve test

하지만 전자제어엔진의 경우 기계식 캠 장치가 사라지면서 기계식엔진 대비 많은 구성 부품 또한 사라지게 되었다. 또한 현장의 전자 밸브를 그림 2-41의 MOP에서 실시간 작동 테스트 할 수 있고, 현장의 신호와 MOP측의 신호를 비교할 수 있어 사용자로 하여금 운영의 용이성을 가져오게 되었다. 뿐만 아니라 시동 공기 밸브의 제어를 정확한 디지털신호를 이용하여, TDC에서 시동 공기가 공급될 수 있도록 제어하기 때문에 시동 공기의 소모량을 효율적으로 절약할 수 있게 되었다.

시동 공기 시스템은 기존 기계식엔진과 동일하게 30 bar의 압력을 사용하고 제어 신호로 7bar를 사용하게 된다. 조타실(Wheel house)에서의 엔진 기동 테스트 후 엔진에 따라 일정 압력 이하가 되면 기관실에서만 엔진 기동이 가능하게 된다.

그림 2-42에서 보는 바와 같이 메인 라인을 통해 들어온 30 bar의 공기는 사용자의 명령에 따라 Main starting air valve 또는 Slow turning 밸브를 통해 공급된다. 공기는 시동공기분배기용 밸브를 지나 각 기통에 공급되게 된다. 실린더에 장착된 Starting air valve는 CCU로부터 신호를 전달받아 각 실린더의 피스톤이 TDC에 도달하였을 때 밸브가 작동한다. 메인 라인에서 Control air supply unit을 통해 7 bar로 감압된 공기는 배기 밸브의 Spring air 또는 Control air로 공급이 되고 Control air로 공급된 공기가 Main starting air valve와 Slow turn 밸브를 제어하는 솔레노이드 밸브와 Pneumatic 밸브에 공급되어 사용되게 된다. Turning gear는 Interlock 역할을 가지고 있고 Main starting valve는 수동으로 열고 닫을 수 있다.

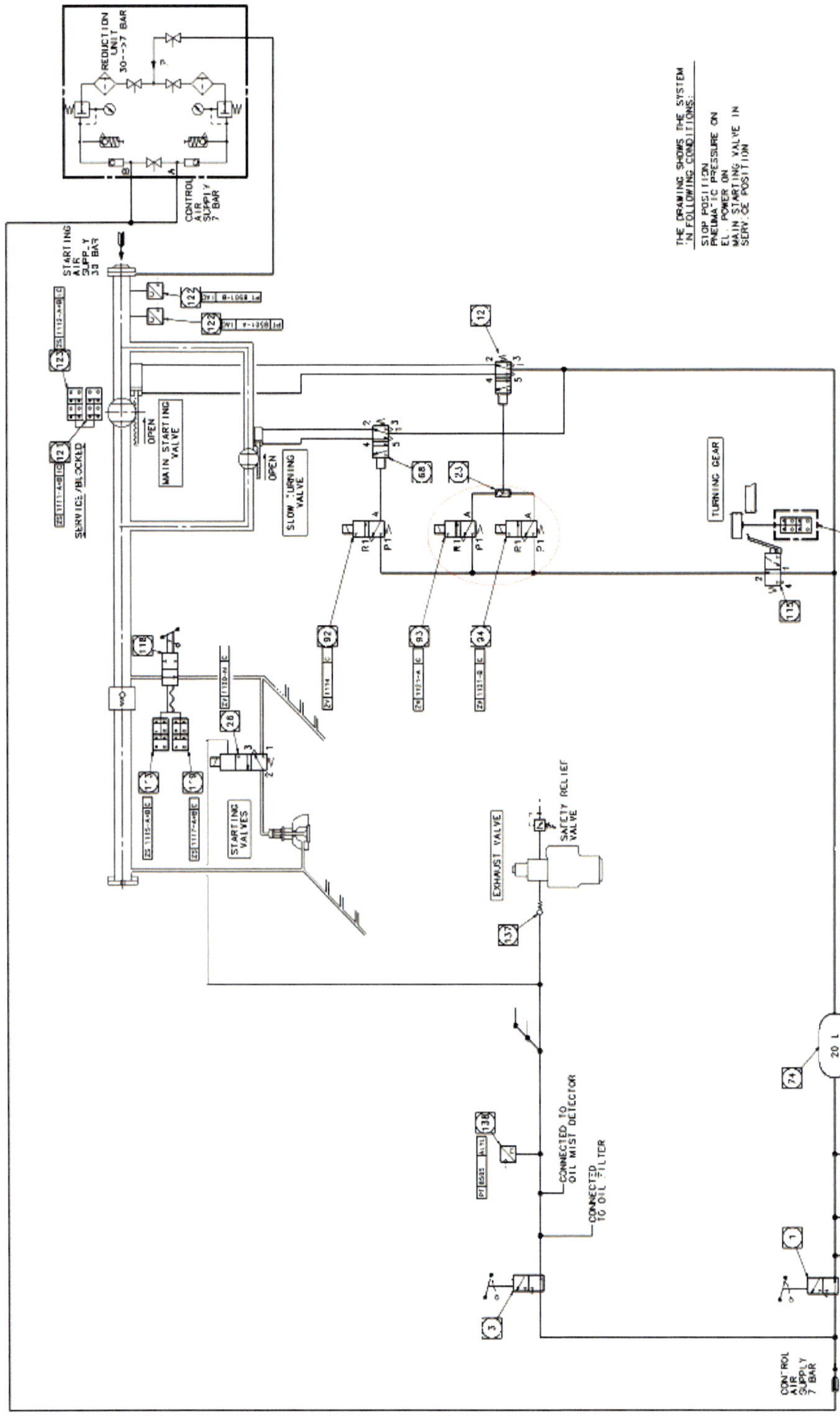

그림 2-42 Pneumatic maneuvering system(ME engine)

2.1.4 Hydraulic system

Tacho system이 캠의 신호 형성 역할을 대신한다면, 유압은 힘을 전달하는 캠의 두 번째 역할을 대신하게 된다. 기계식엔진의 경우 엔진의 회전에 따라서 캠의 회전이 영향을 받고, 엔진의 회전속도에 따라 액츄에이터 피스톤을 밀어주는 힘이 변하기 때문에 배기밸브작동, 실린더 오일 주유, 연료 분사에도 영향을 미치게 되고, 저 부하에서의 엔진 효율이 떨어지게 되는 문제를 피할 수가 없었다. 하지만 액츄에이터 피스톤으로 공급되는 힘이 일정하다면, 엔진의 부하가 변하더라도 연료 분사 효율의 개선과 정확한 배기 밸브 제어, 실린더 오일 주유가 가능하게 된다. 유압의 소모량은 유압 펌프 구동 에너지의 소모량으로 엔진에 의해 구동되는 유압 펌프를 사용하는 Two-stroke 저속 디젤 전자제어엔진의 경우 연료소모량에 영향을 미치기 때문에 엔진 부하 및 엔진 회전 수, 유압 에너지 소모량, 유압 펌프의 대수에 따라 다양한 운전 모드를 가지고 있다. 그림 2-43과 같이 펌프에 의해 형성된 유압은 HCU(Hydraulic cylinder unit)로 공급되어 전기신호에 의한 전기전자 밸브들의 작동 및 센서들의 피드백 회로 신호로 엔진을 운전하게 된다.

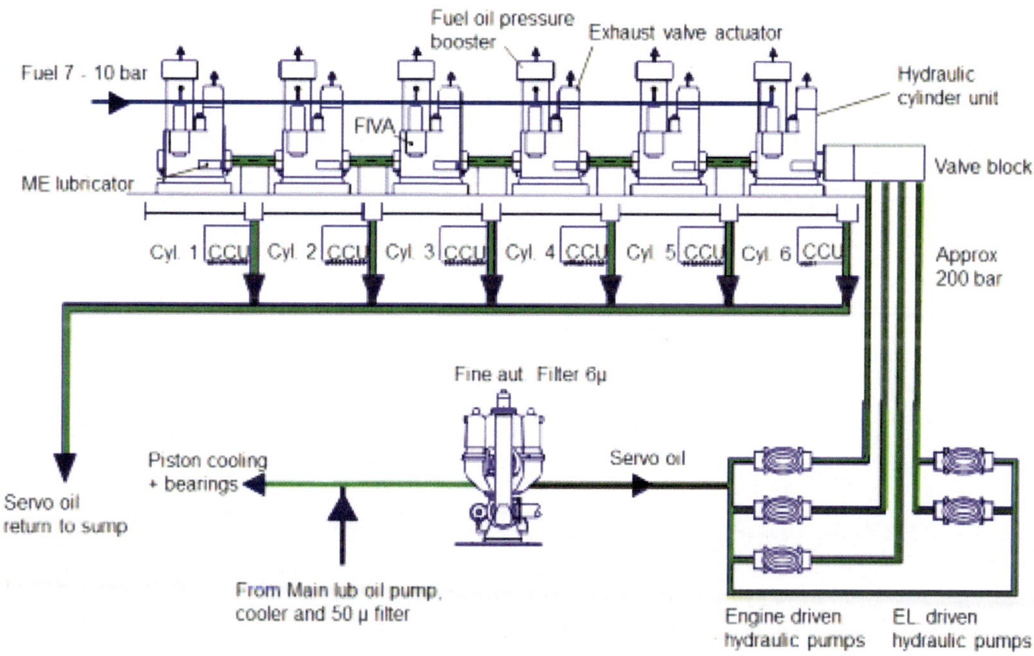

그림 2-43 Hydraulic system

1) System

전자제어엔진의 초기 디자인은 그림 2-44, 2-45와 같이 유압시스템의 유압이 200 bar였다. 하지만 같은 힘을 얻는데 있어 압력이 낮다면 더 많은 유량을 요구하고, 이는 펌프 대수의 증가가 될 수밖에 없어 그림 2-46과 같이 유압을 300 bar로 증가하게 되었다. 또한 엔진의 행정/내경비(Stroke/bore ratio)는 유압 소모량에 큰 영향을 주게 되는데 K type의 경우 200 rpm에 가깝기에 S, G type대비 더욱 많은 유압소모량을 가지고 있었다. 같은 마력의 출력을 가지는 엔진임에도 유압의 소모량이 다르며, rpm에 비례하는 유압 펌프의 회전은 생산하는 유량을 다르게 만들었다.

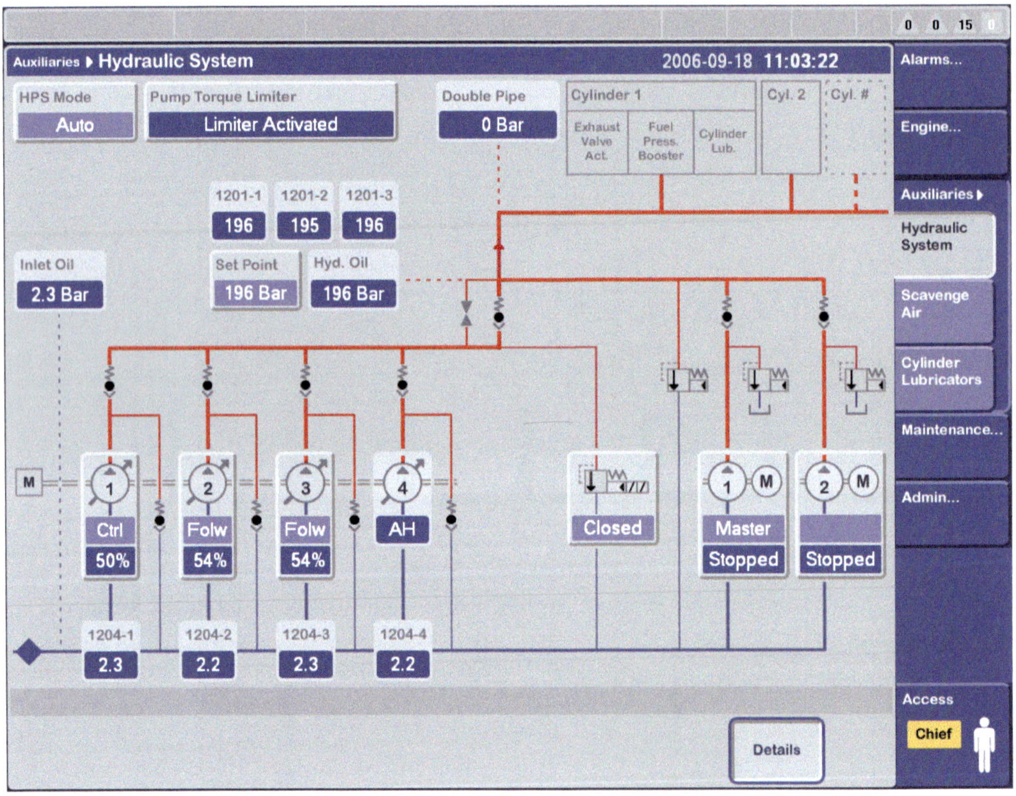

그림 2-44 MOP, Hydraulic power supply system(200 bar system)

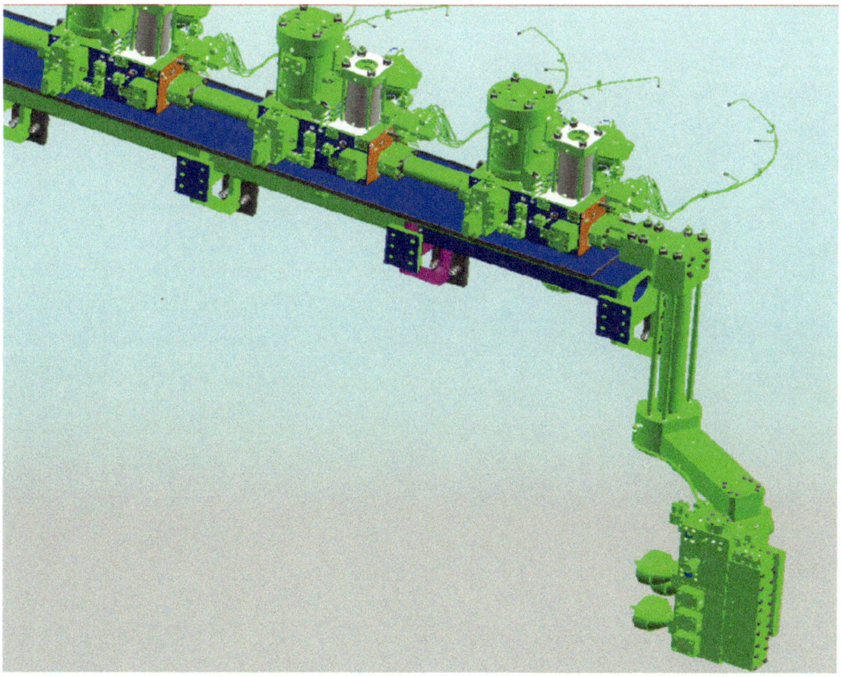

그림 2-45 Hydraulic power supply system (200 bar system)

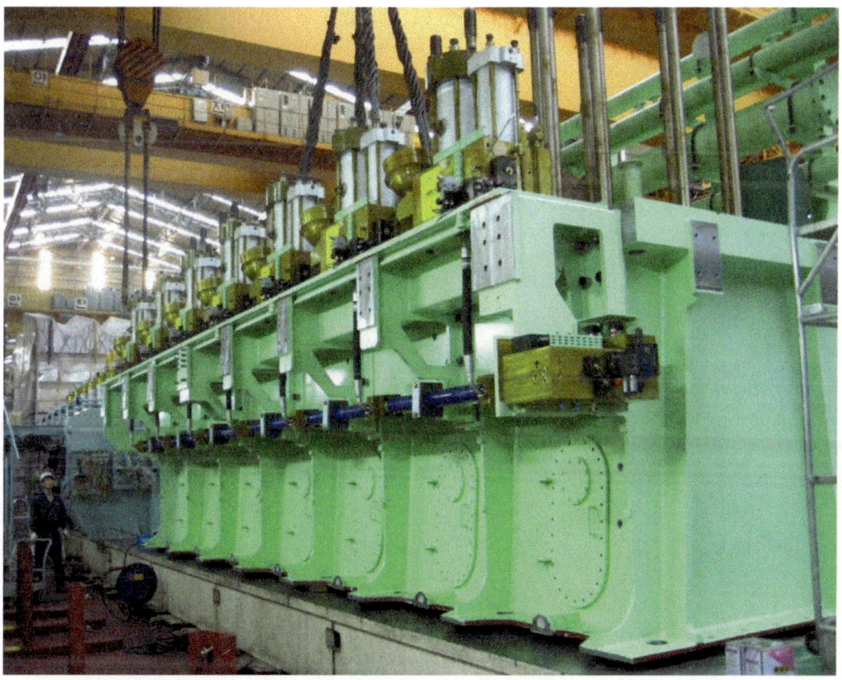

그림 2-46 Hydraulic power supply system(300 bar system)

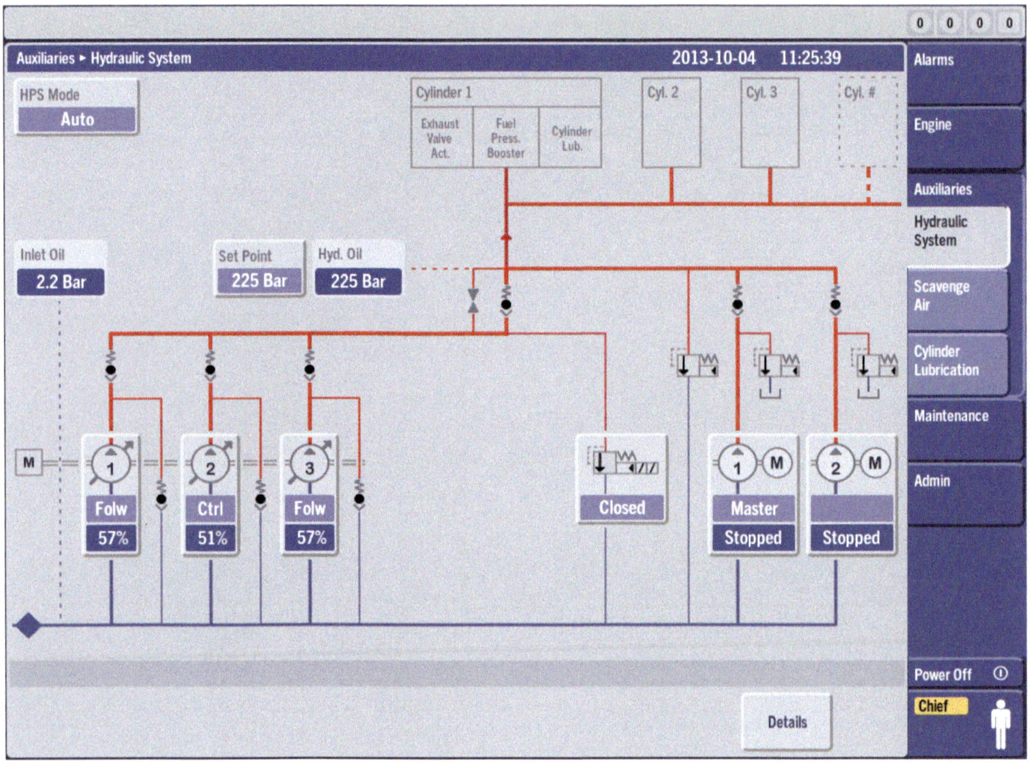

그림 2-47 MOP, Hydraulic power supply system(300 bar system)

그림 2-47, 2-48에 보이는 바와 같이 유압 시스템의 경우 엔진에 의해 운전되는 Engine driven pump와 전기 모터에 의해 운전되는 Electric start up pump로 나뉘게 되는데 Engine driven pump의 경우 체인 또는 기어로 구동이 되며, 엔진 정지 시 유압을 형성할 수가 없기에 보조 펌프를 필요로 한다. 이것이 전기 모터에 의해 구동되는 Electric start up pump이다. 즉, 엔진 기동에 필요한 유압을 Electric start up pump로 형성하고 엔진이 기동 되고 난 후에는 Engine driven pump에 의해 유압을 형성한다. Electric driven pump의 경우 전기 모터에 의해 구동이 이루어져 추가적인 Electric start up pump가 불필요하나, Electric driven pump는 대용량의 전기모터를 사용하기에 발전기의 용량을 고려하여야 한다.

300 bar 시스템으로 개선된 디자인을 선보이면서 제작 및 사용, 보수의 용이를 위해 Flexible hose를 사용하고 안전을 위해 Cover plate를 설치하였다. 유압시스템의 구성에 있어 그림 2-49와 같이 유압유는 메인 엔진의 시스템 오일을 사용하며, 이에 Main lube oil pump의 기동으로 공급된 윤활유가 50 ㎛ 사이즈의 L.O filter를 지나고 그 다음으로 6 ㎛ Hydraulic 용 L.O filter를 지나서 유압 펌프의 입구로 전달되게 된다.

그림 2-48 Hydraulic power supply system(300 bar system)

Main L.O. pump가 정지된 상태에서는 Electric start up pump를 기동해서는 안 된다. 기기 및 센서 오작동을 간과할 수 없기에 반드시 유압 펌프 입구 측 윤활유의 공급을 확인하고 Electric start up pump를 기동하여야 한다. 만약 Electric start up pump가 윤활유 공급 없이 운전하게 될 경우에는 Electric start up pump의 Dry running으로 인해 초기 유압을 형성 할 수 없게 되고, 펌프 손상으로 인해 엔진의 운전이 불가능한 문제가 초래되기도 했다. 그러나 최근에는 Interlock system이 설치되어 Main L.O pump의 운전이 되지 않은 상태에서는 Electric start up pump 기동이 되지 않도록 시스템이 보완 되었다.

Hydraulic system의 중요한 부분은 윤활유의 청정도 이다. 윤활유 청정도의 요구조건은 ISO 4406 16/14 또는 NAS code 8을 따르도록 하고 있다. ISO code 4406 16/14의 의미는 6 ㎛ 이물질에 대한 윤활유 100 ml당 32,000~64,000개의 이물질을 수용하고, 14마이크로미터 이물질에 대해서는 4,000~8,000개의 이물질을 허용한다는 의미이다. 즉 그림 2-50과 같은 6 ㎛ 필터의 정비 작업은 각종 유압 장비 보호를 위해 반드시 엔진과 펌프의 정지 중에 하는 것이 좋다. 그렇지 않으면 이러한 이물질로 인해 유압 부품들의 수명 및 내구성에 영향을 주거나, 심한 경우 오작동을 일으켜 엔진의 손상을 야기하게 된다. 따라서 필터의 상태와 윤활유 청정기의 유지보수 관리가 매우 중요하다.

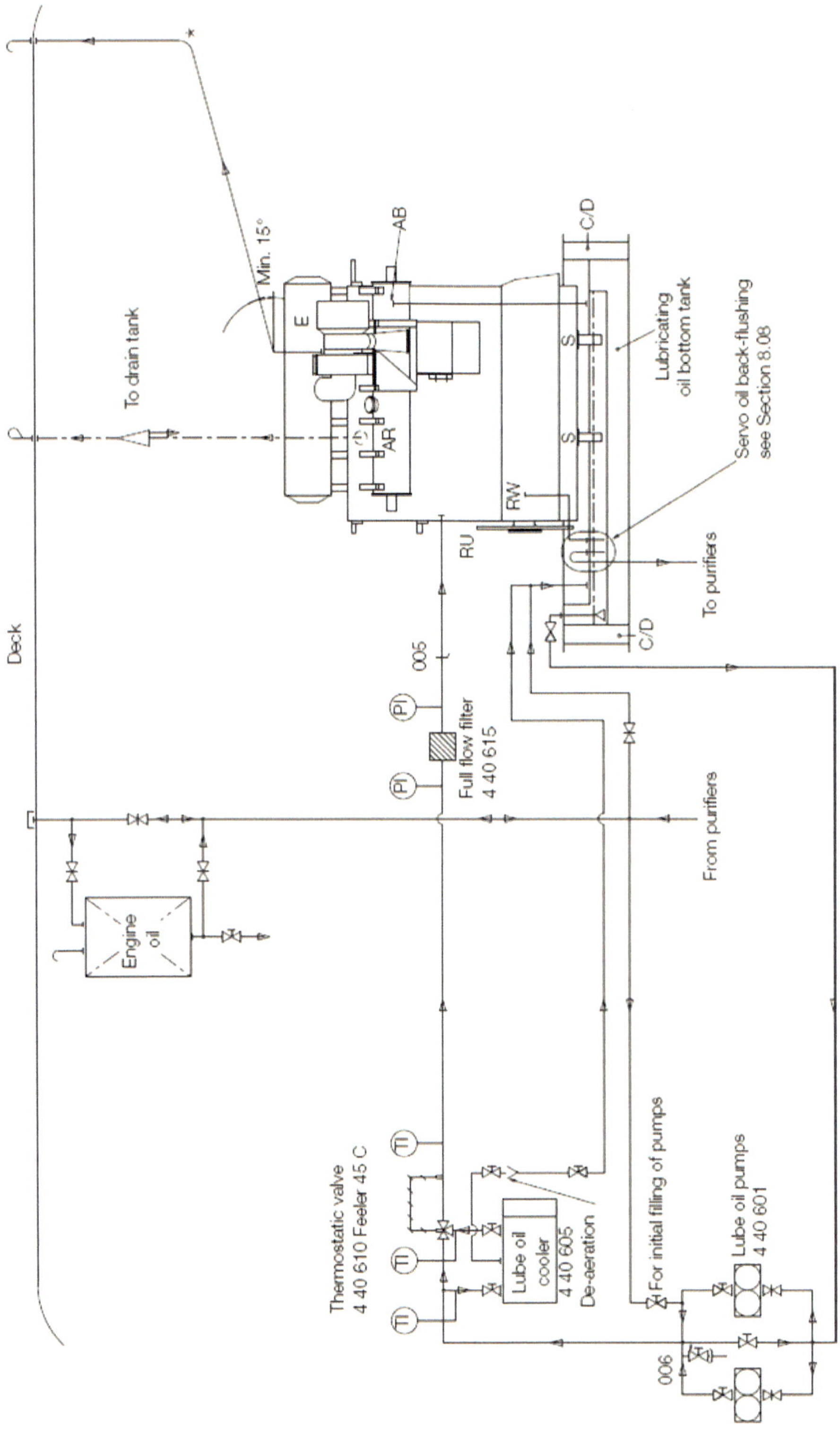

그림 2-49 Lube oil system

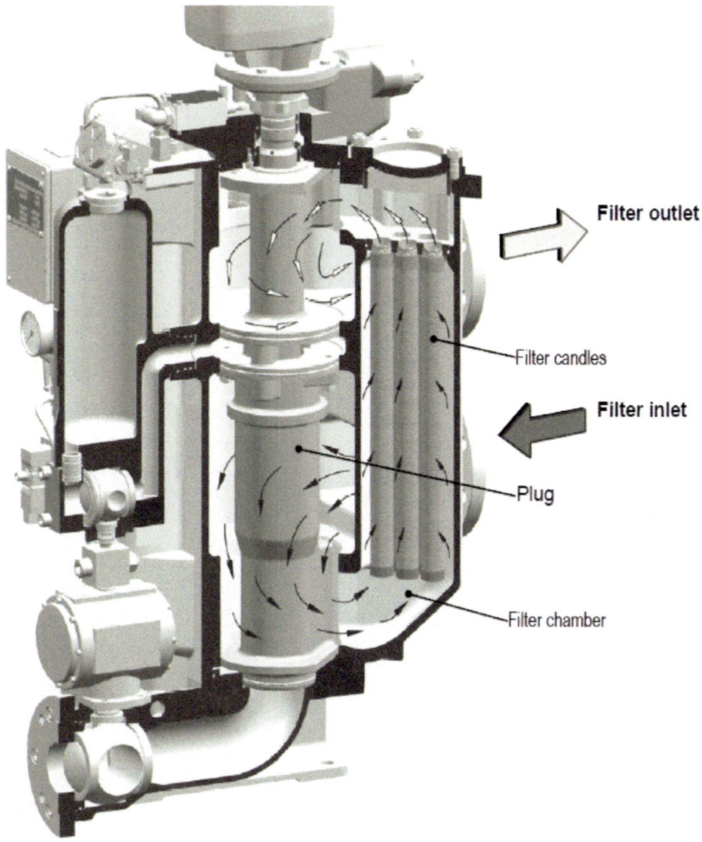

그림 2-50 Auto back flushing filter

그림 2-51과 같이 작동유는 고압으로 가는 경우와 저압으로 공급되는 경우로 나뉘게 되는데, FIVA밸브, ME lubricator의 경우 고압 작동유를 사용하고, FIVA 밸브로 공급되는 고압유는 Fuel oil pressure booster와 배기밸브 액츄에이터로 공급된다. 저압유의 경우 FIVA밸브와 배기 밸브 및 배기 유압파이프로 공급되는데, 그 중 FIVA밸브가 작동하지 않는 경우에 라인 내의 작동유를 채워 공기의 혼입을 막기 위해 저압유를 공급하게 된다.

고압유는 그림 2-52의 Accumulator에 저장된 질소의 압축 팽창 작용에 의해 유압 시스템의 유압을 안정되게 만들어 준다.

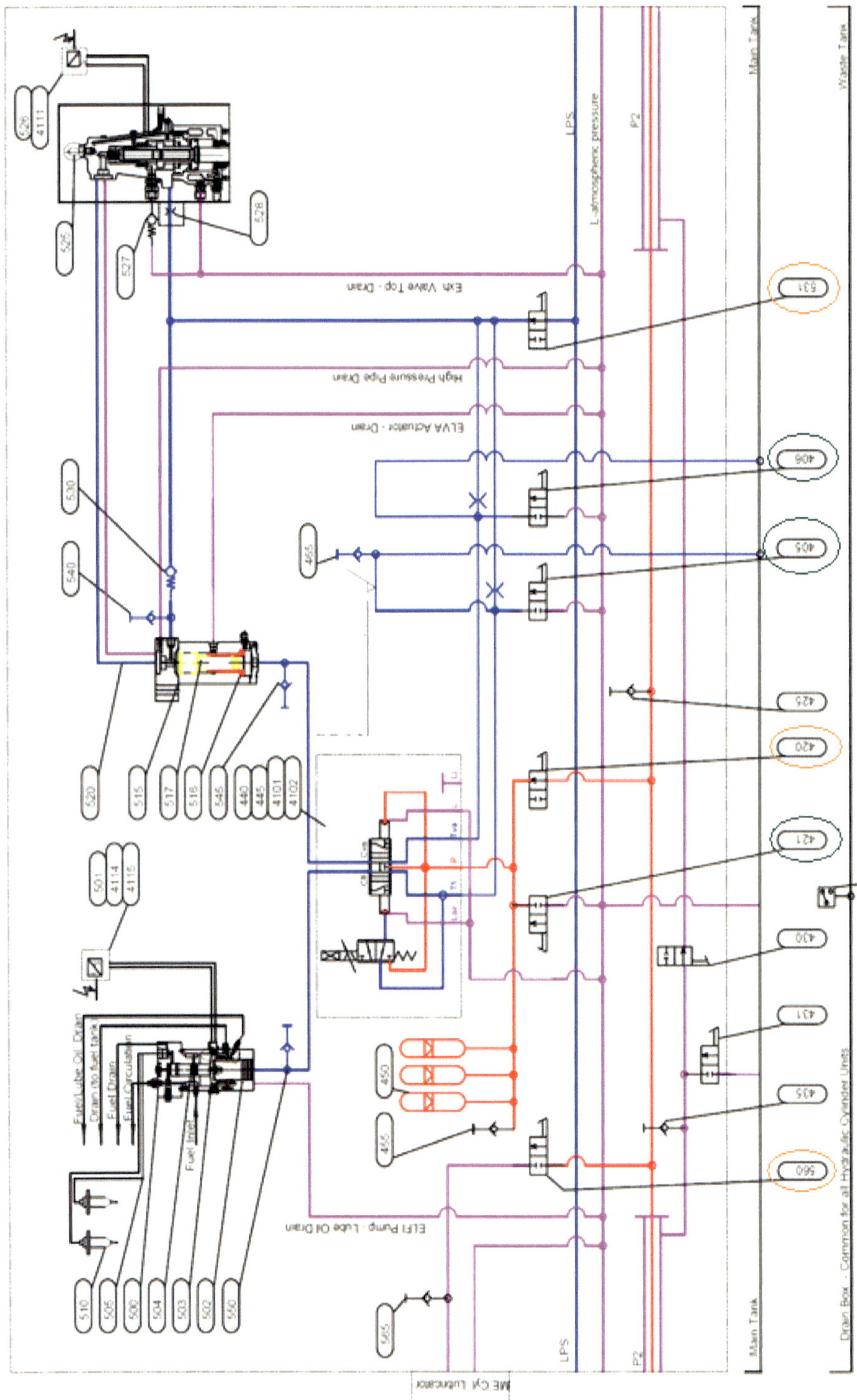

그림 2-51 HCU diagram

그림 2-52 Accumulator

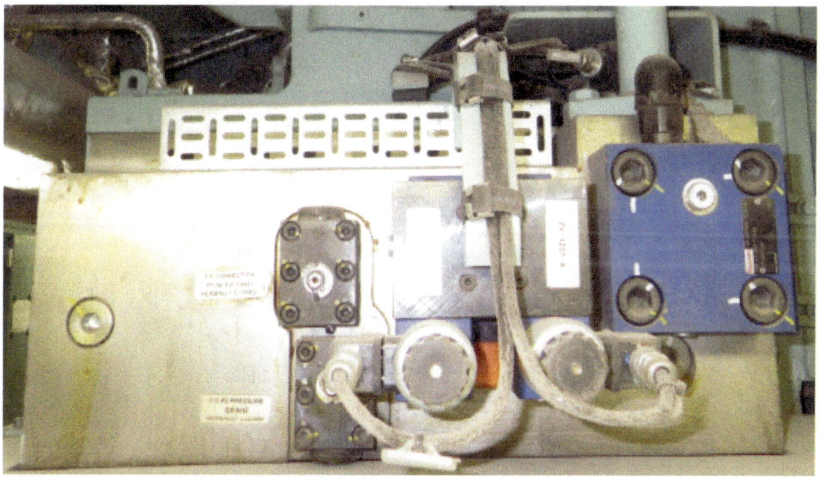

그림 2-53 block

유압이 안정적으로 제어가 되지 않는다면 매우 위험하다. 통상적으로 유압은 엔진 부하에 따라 정해진 파라미터 값에 의해 설정이 되고, 현재의 유압과 비교하여 유압 펌프의 부하를 제어함으로써 필요한 만큼의 유압과 유량을 형성하는데, 만약 제어에 문제가 생기게 된다면 라인 전체에 큰 문제가 발생하거나 기기 사고 및 안전사고를 유발할 수가 있다. 이에 안전장치로 그림 2-53과 같이 안전밸브가 블록에 설치되어 있거나 펌프 측에 설치 되어있다.

그림 2-54 Leakage level sensor

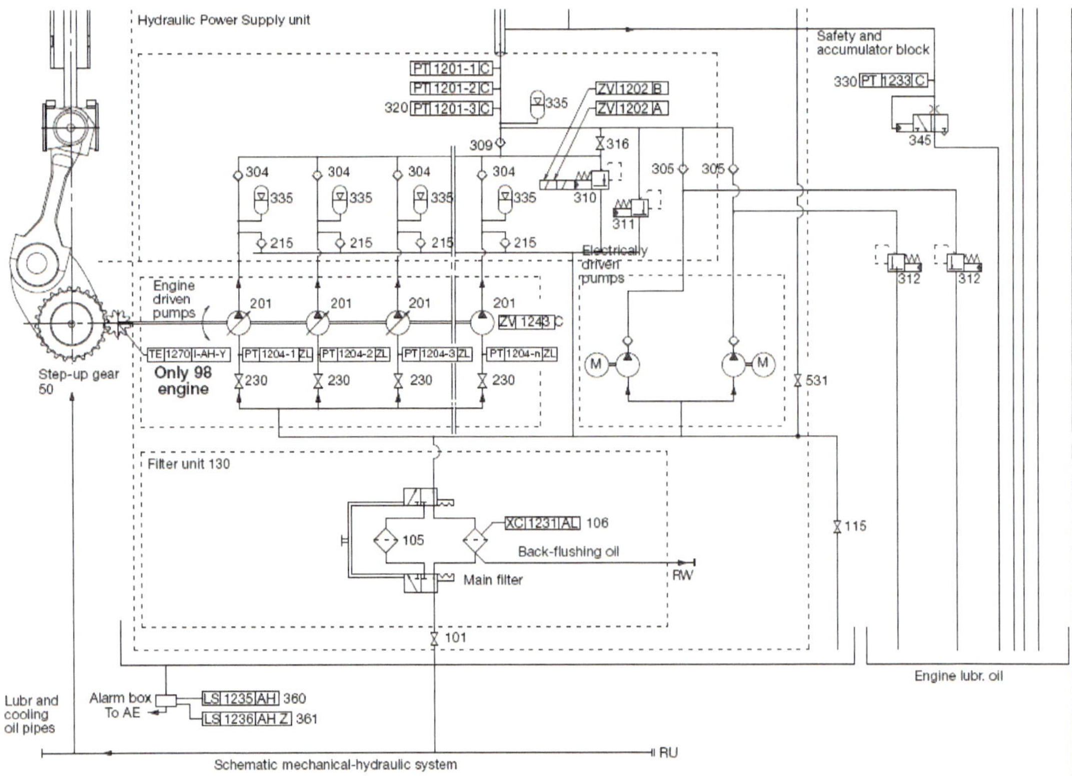

그림 2-55 HPS diagram

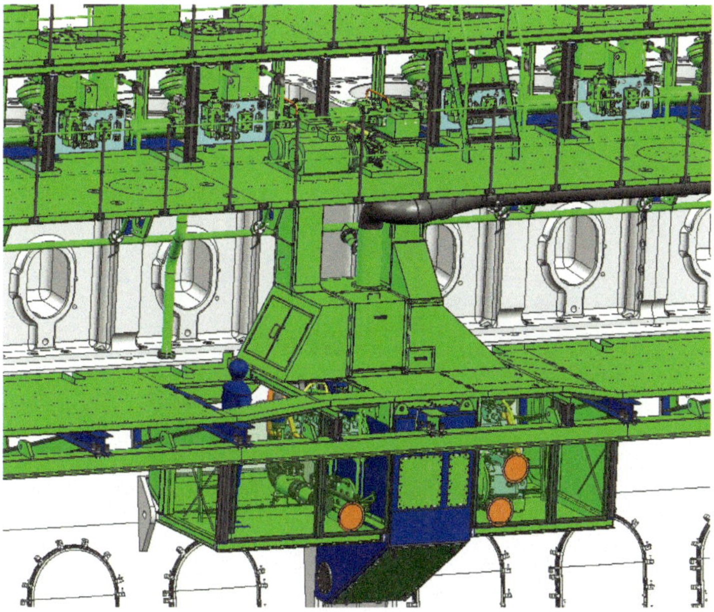

그림 2-56 HPS system

여기에 추가로 외부 누설이 발생한 경우 이를 감지하기 위해 그림 2-54와 같은 Leakage 센서가 있으며, 누설이 감지될 경우 Shut down을 발생 시킨다.

또한 펌프 입구 쪽의 센서 외에도 토출 센서가 있으며 이는 설정된 압력에 의해 엔진 Shut down을 유도하게 된다.

대형 엔진의 경우 그림 2-56과 같이 HPS 시스템은 엔진의 중앙에 위치하게 된다.

2.1.5 PMI system

엔진의 성능을 측정하거나 고장 진단을 확인하기 위해 Two-stroke 기계식엔진의 경우 주로 그림 2-57과 같은 Mihak indicator를 사용하여 엔진의 최대폭발압력, 최대압축압력, 평균유효압력선도 등을 취득하였다. 하지만 평균유효압력을 측정하기 위해서는 반드시 엔진의 위치에 대한 신호가 필요하게 되는데 캠이 사라진 전자제어엔진의 경우, 이 신호를 받을 수 있는 방법이 사라졌다.

이에 Tacho 신호를 이용하여 엔진의 각 실린더 별 위치를 파악하게 되고, 압력센서를 이용하여 P-V 선도를 그릴 수가 있게 되었다. 이와 같이 Tacho 신호를 이용한 전기 전자식 기반의 엔진성능 측정 장치를 PMI(Pressure mean indicator) 라고 한다.

그림 2-57 Mihak indicator

1) PMI system

PMI system의 목적은 엔진 성능 측정에만 있는 것이 아니라, 엔진 고장 진단 및 Tacho system의 각도 센서의 보정 작업에도 사용이 된다. PMI 시스템 개발이 시작되었을 때에는 그림 2-58과 같은 Off line PMI 시스템을 이용하여 단순히 사용자가 현장에서 직접 측정을 하면 그 데이터가 PMI 컴퓨터로 전달되어 소프트웨어에 의해 계산 값을 제시하고, 사용자는 조정하고자 하는 실린더의 성능을 MOP에서 변경 하였다. 그 이후 그림 2-59와 같이 On line PMI 시스템이 도입되면서 측정에서부터 계산에 이르기까지 자동으로 행해지며, 사용자가 MOP에서 조정결정을 할 수 있도록 사용자 편의를 증대시켰다.

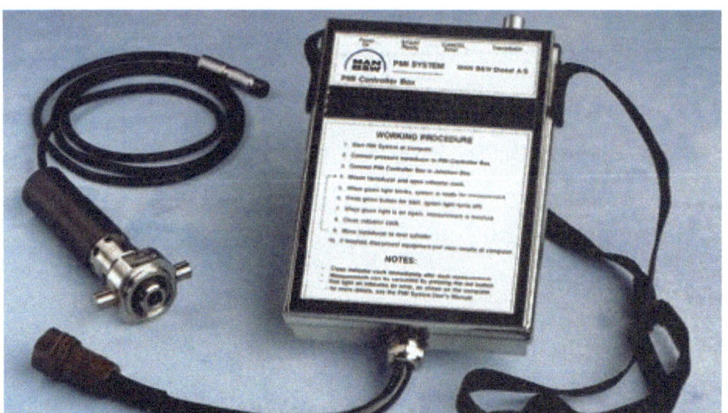

그림 2-58 Off line PMI system

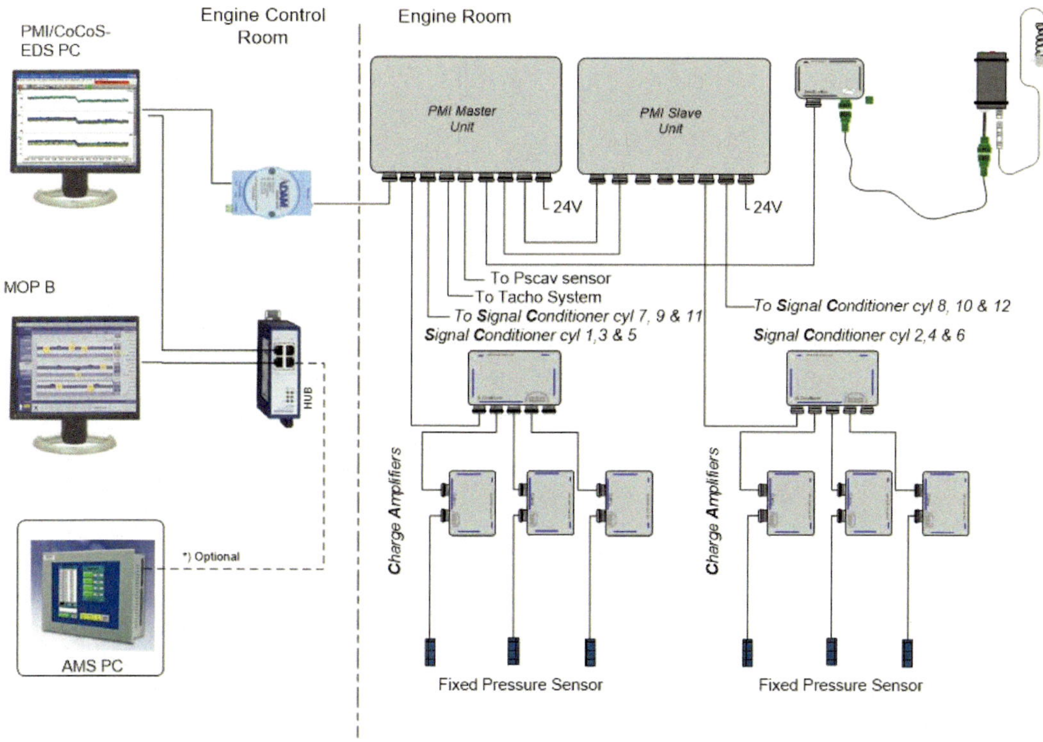

그림 2-59 On line PMI system

PMI 시스템을 활용하기 위해서는 기본적으로 엔진의 성능 분석에 대한 지식을 필요로 한다. 단순히 엔진 성능 수치만을 가지고 성능을 조정하려 한다면, 이는 엔진을 더욱 악조건으로 몰고 가게 된다. 최대압축압력, 최대폭발압력이 의미하는 바와 평균유효압력이 의미하는 바를 이해하고 성능 정보를 변경 하여야 한다. PMI 시스템 보급을 통한 사용자의 편의 증대로 인해 현재 선박에는 On line PMI시스템이 필수 제공되고 있다. 하지만 PMI 시스템을 올바르게 사용하기 위해서는 PMI 사용 시 주의사항과 PMI 컴퓨터 프로그램 사용방법 그리고 MOP 조정 방법을 알아야 한다. PMI 시스템을 사용함으로써 엔진 성능 향상 및 고장 진단과 이에 따른 연비향상 효과를 얻을 수 있으며, 이산화탄소 배출 저감에도 기여를 하게 된다. 또한 최적의 상태로 운전이 가능하기에 엔진의 정비 주기를 연장시킬 수가 있다.

2) PMI data의 이해

PMI data의 경우 최대폭발압력, 최대압축압력, 평균유효압력이 그림 2-60에서 2-64와 같이 각 실린더 별로 각도에 따라 나타나게 된다. 이는 그래프로도 지시가 되고 최고압력이나 평균압력들은 숫자로도 지시를 하게 된다. 또한 엔진의 부하를 실시간으로 제시해 주기도 한다.

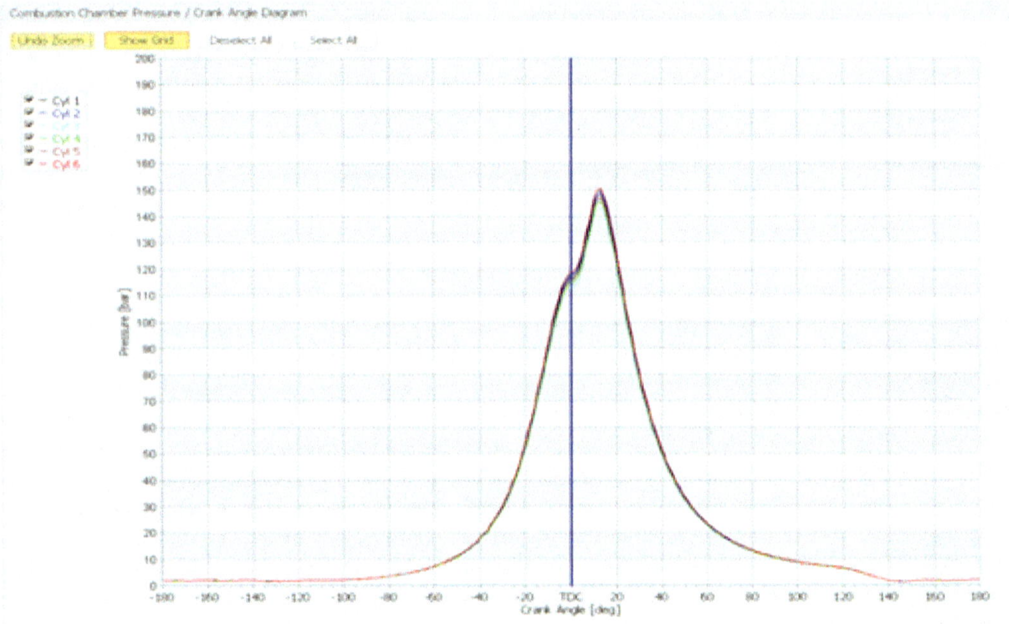

그림 2-60 PT curve

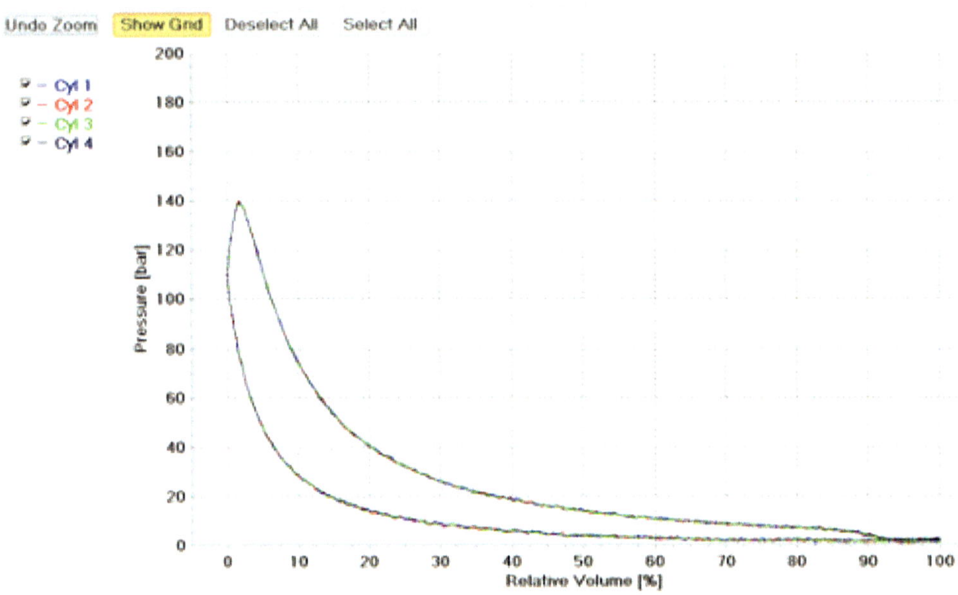

그림 2-61 PV curve

최대폭발압력과 최대압축압력은 각 실린더 간의 편차가 ±3 bar 이내로 들어와야 하고, 평균 유효압력의 경우 ±0.5 bar 이내여야 한다. 이 압력들의 평균값은 엔진의 부하에 따른 파라미터 상에 설정된 값을 따라가야 한다. 하지만 실제 측정된 값들이 각 실린더 별 편차나, 설정 값과 현재 평균값의 편차가 있다면 이를 조정하기 위해 MOP를 사용하여야 한다.

PMI는 사용자로 하여금 10번의 측정값을 한 번에 계산하여, 하나의 값을 제시하게 된다.

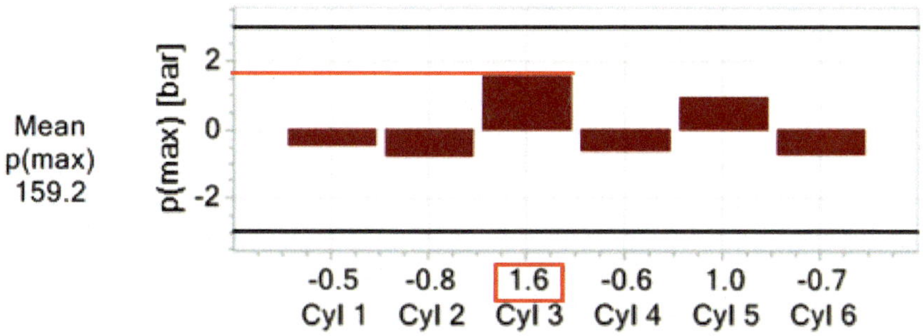

그림 2-62 Each cylinder Pmax

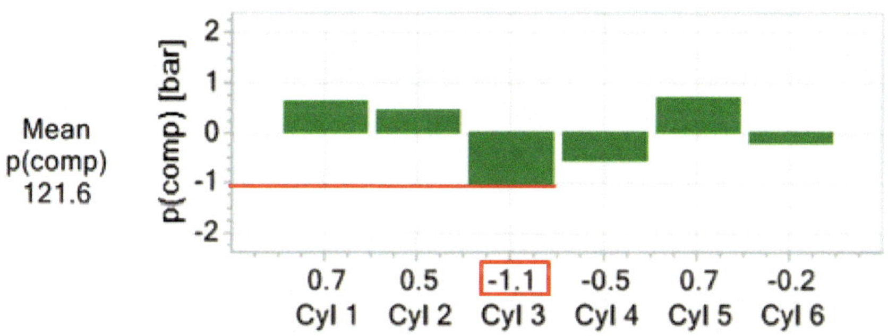

그림 2-63 Each cylinder Pcomp

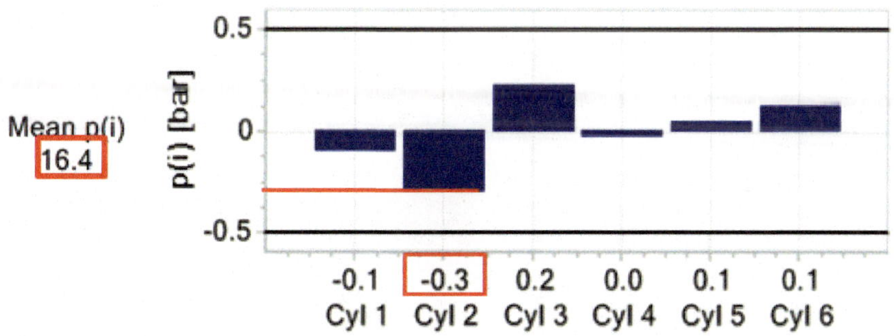

그림 2-64 Each cylinder Pi

3) MOP 조정

최대폭발압력의 경우 연료분사시기를 조정함에 따라 증감이 이루어지고, 최대압축압력의 경우 배기 밸브를 닫는 시기의 조정에 따라 변화가 나타난다. 평균유효압력의 경우 연료 양에 영향을 받고 이러한 조정을 위해서는 엔진측이 아닌 MOP에서 조정이 가능하다.

엔진의 성능을 조정하기 위해서는 몇 가지 선행 조건이 구비가 되어야 한다. PMI시스템이 정상 작동하며 센서의 보정이 이루어져야 하고, 기상상태가 안정적이여서 엔진의 부하 변동이 적어야 하며, 엔진의 기계적인 부분과 연료유 계통에 문제가 없어야 한다.

그 이후 엔진에서 측정된 부하가 계산된 부하와 일치되도록 조정을 한 뒤, 측정된 데이터에 따라 Pi, Pcomp, Pmax순으로 조정을 하게 된다. 이때, Pcomp의 경우는 기기적으로 문제가 없다는 것이 확인된 이후에 조정해야 한다.

그림 2-66은 Off line PMI용 조정 방법이며, On line PMI의 경우 그림 2-67과 같은 창에서 사용할 수 있다. On line PMI는 개별 실린더를 조정하는 것이 아니라 한 번에 모든 실린더의 편차를 조정할 수 있는 편의 기능을 가지고 있다. 또한 엔진 부하에 따른 평균 디자인 값을 설정치로 비교해 두었기에 사용자가 편리하게 엔진의 최적 성능을 가질 수 있게 되었다.

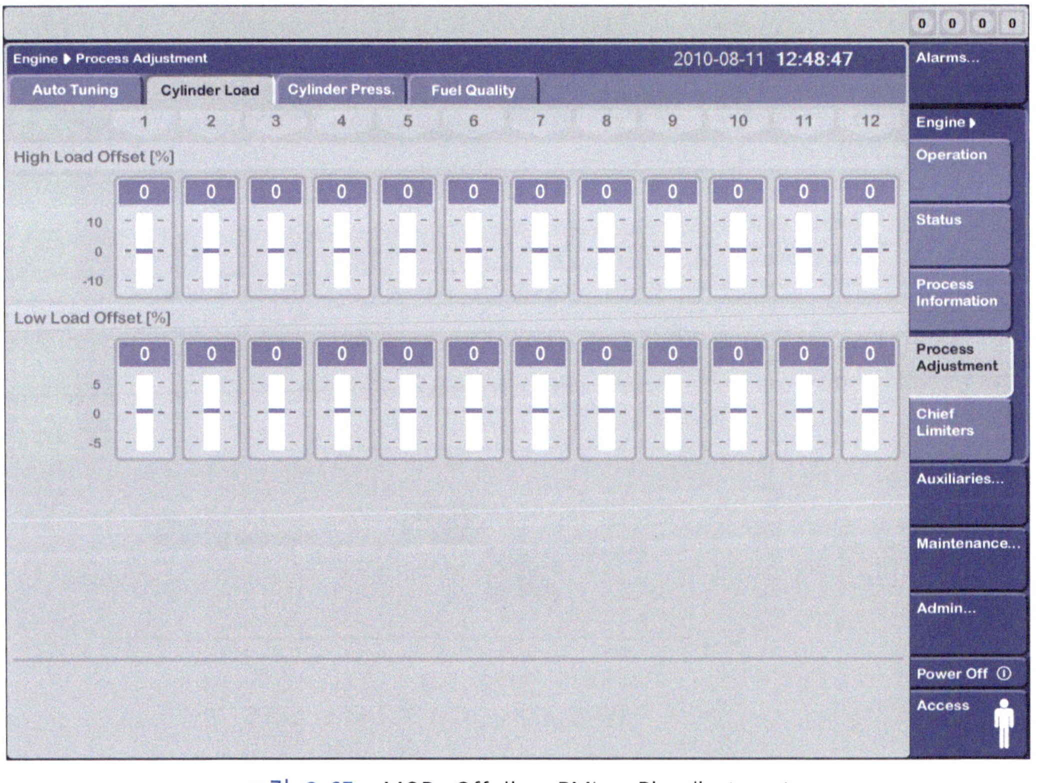

그림 2-65 MOP, Off line PMI - Pi adjustment

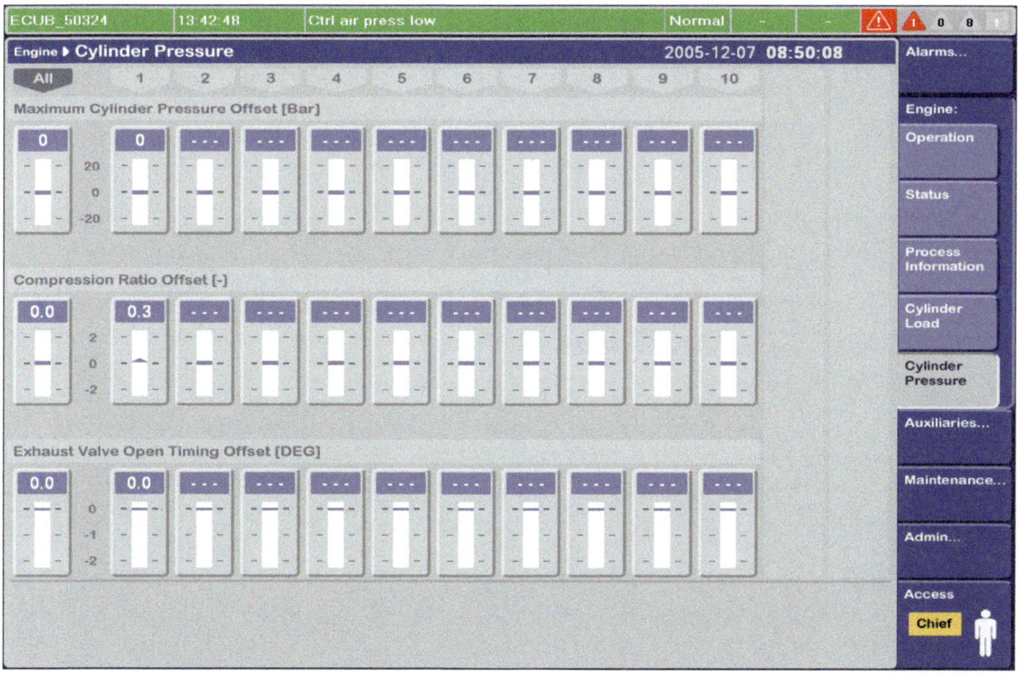

그림 2-66 MOP, Off line PMU - Pmax, Pcom adjustment

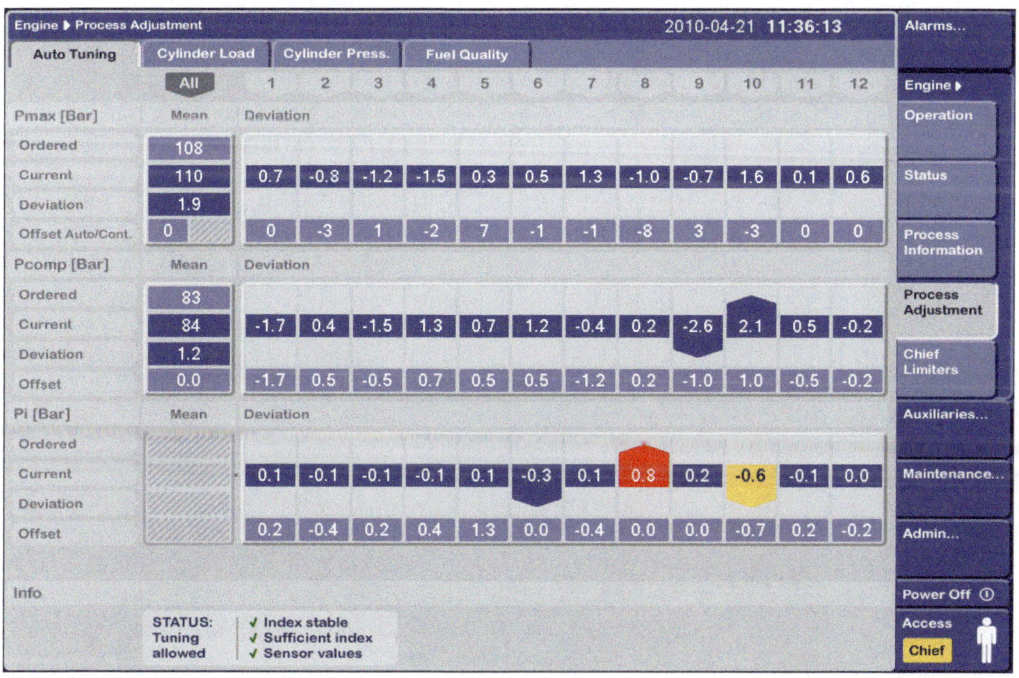

그림 2-67 MOP, On line PMI

2.1.6 CoCoS-EDS(Computer controlled surveillance engine diagnostics system)

엔진으로부터 발생하는 모든 데이터를 기존에는 AMS(Alarm monitoring system)을 이용하여 저장하였으나, 전자제어엔진은 별도의 저장 장치를 가지고 있다. 이는 기존의 압력과 온도에 관한 신호뿐만이 아니라, 각종 제어 신호에 대한 전기적인 신호 크기를 숫자로 나타내거나 시간에 따라 그래프 등을 이용하여 나타내게 되었다. 이를 통해 엔진에서 발생한 문제의 현상을 나타내는 압력과 온도 외에도 제어에 사용된 모든 신호와 피드백 신호 등에 대해서도 디스플레이와 분석이 가능하기 때문에 문제의 원인을 파악하는데 유리한 점이 있다. 또한 문제가 발생하기 전에 현재 엔진의 운전 상태를 확인하고 이를 사용자에게 미리 알려주는 기능도 가지고 있다.

많은 엔진 데이터를 어떻게 처리하며, 이용할 것인가에 대한 지속적인 논의가 되어 왔으며, CoCos-EDS가 그 대안이다. 방대한 양의 엔진 자료는 시간 주기를 기준으로 저장이 되며, 사용자의 편리에 따라 확인 및 다운로드 전송이 가능하다. 이러한 CoCos-EDS 시스템은 크게 두 가지로 나뉘게 된다. 그림 2-69, 2-70과 같이 Basic 버전과 Full 버전으로 나뉘는데 Full 버전

그림 2-68 DAU, PMI sensor

의 경우 ME-ECS, PMI 시스템과의 연결 이외에도 AMS와의 연결 기능을 통해 사용자에게 한 번에 엔진과 관련된 모든 정보를 줄 수 있도록 하고 있다. 엔진과 관련된 모든 신호는 자동 저장되나, 데이터의 방대함으로 인해 모든 데이터를 제한 없이 저장하는 것은 불가능하기 때문에 데이터의 종류에 따라 정해진 시간 동안만 저장이 가능하도록 설정 되어있다.

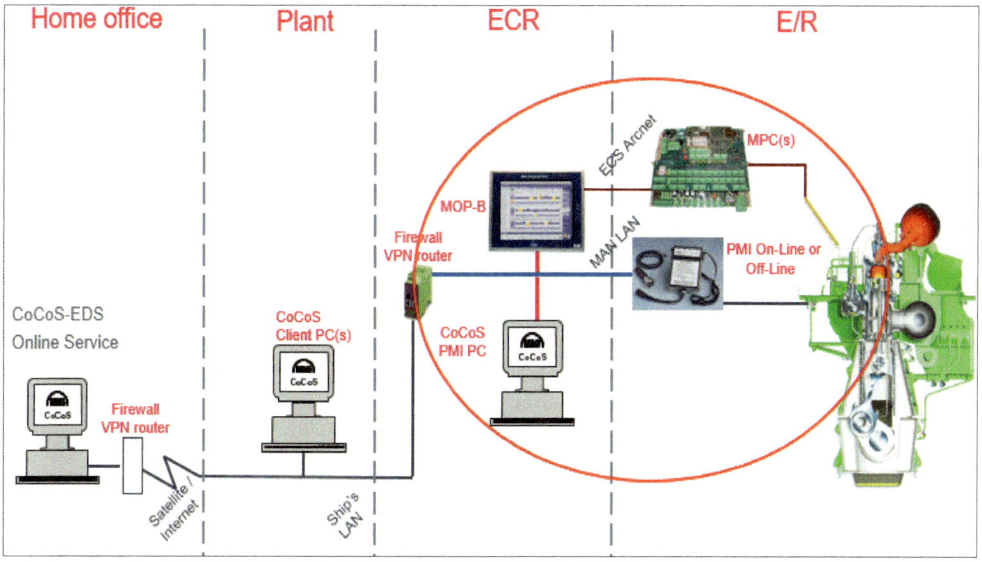

그림 2-69 CoCos-EDS, Basic version

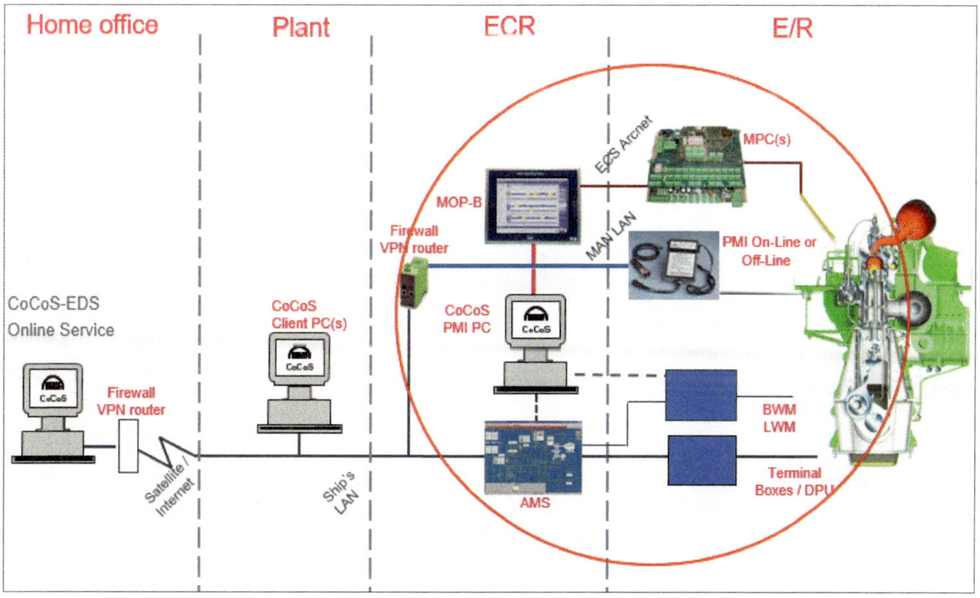

그림 2-70 CoCoS-EDS, Full version

사용자는 필요한 데이터를 분류하여 다운로드 및 전송이 가능하며, CoCoS-EDS는 Data logging, Monitoring, Performance analysis and diagnostics(full ver.), Trend logging 1TIME/1SEC, Reporting의 기능을 가지고 있다.

엔진의 정보는 선박에만 저장되지 않고 사용자의 필요에 따라 그림 2-71과 같이 On line service 인공위성을 통해 자료가 전달 될 수 있으며, 외부에서의 엔진 시스템에 대한 접근도 가능하다.

하지만, On line 시스템의 문제는 보안 문제로 이어지게 된다. 바이러스 감염에 의한 문제 외에도 사이버 테러에 의한 외부인의 엔진 시스템 접속 및 제어는 큰 문제를 야기할 수도 있다.

이에 MAN-ES 경우 그림 2-72와 같이 EMS(Engine management system)을 도입함으로써 방화벽과 바이러스감지를 위한 시스템을 사용하고 있다. CoCoS-EDS의 추가적인 기능으로는 현재의 모든 데이터를 실시간으로 보여주는 기능 외에도 그림 2-73에서 보듯이 엔진의 성능을 측정하지 않아도 엔진의 성능에 관한 데이터가 모두 자동으로 Display 및 저장되며, 사용자가 원하는 항목을 선정하고 실시간으로 데이터를 확인할 수가 있다. 또한 사용자가 현재의 데이터를 영구적으로 저장하고자 한다면, 알람이 발생하였을 때 자동으로 저장되는 기능 이외에도 수동으로 저장을 할 수가 있다. 그림 2-74에서 2-77과 같이 많은 데이터의 표현은 실시간 수치 데이터, 점선 그래프, 꺾은선 그래프, 막대 그래프와 같은 사용자가 원하는 방식으로 확인이 가능하다.

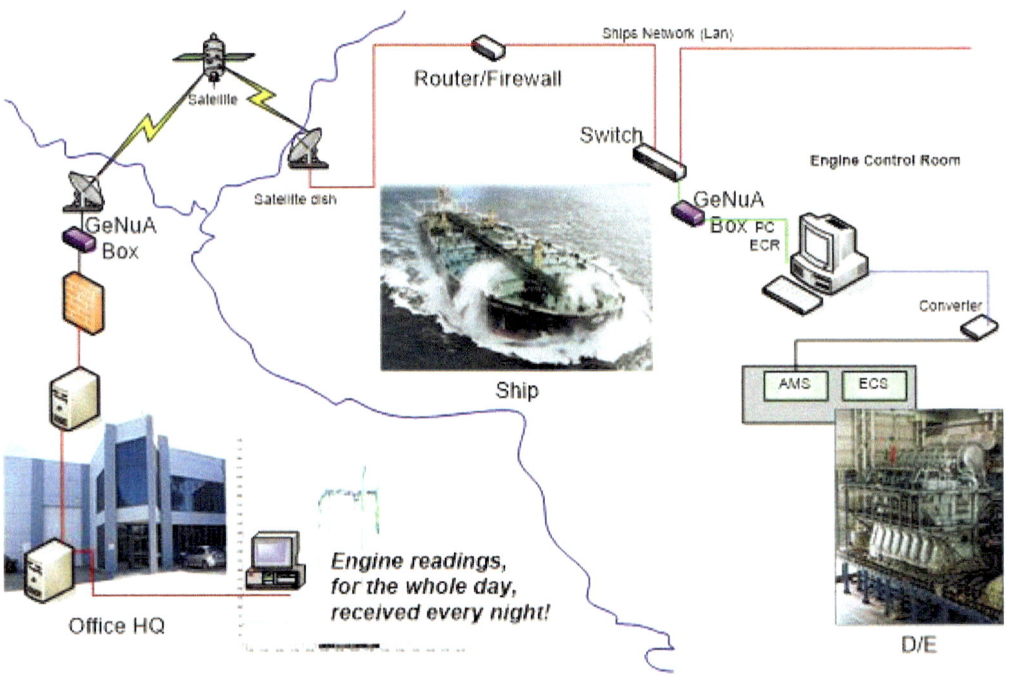

그림 2-71 CoCoS-EDS, On line system

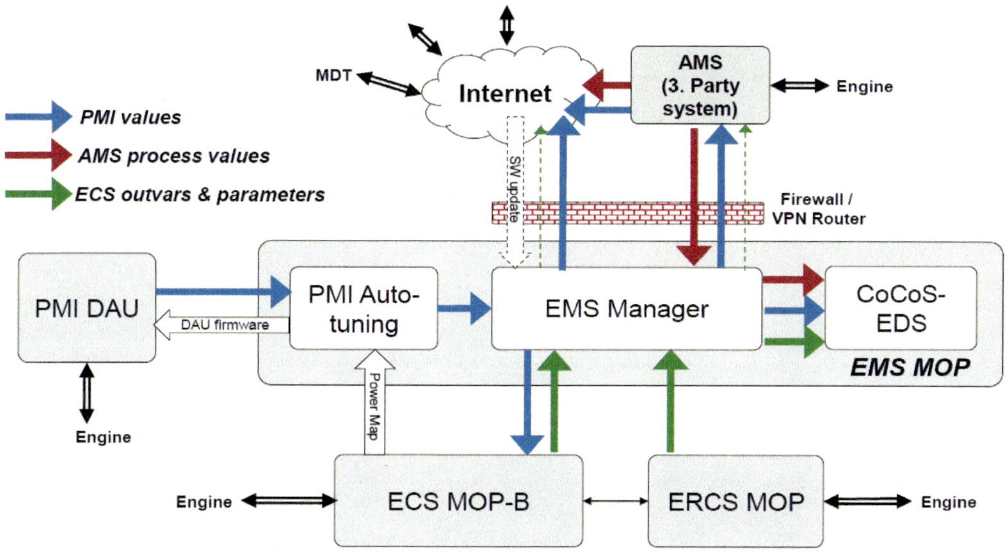

그림 2-72 Engine management system

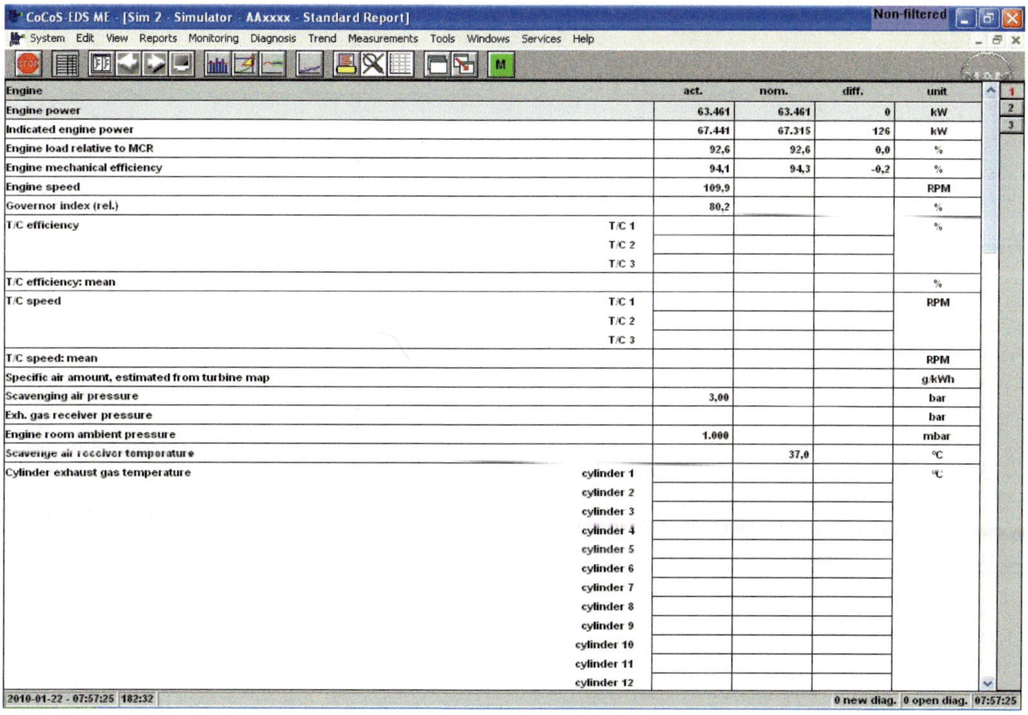

그림 2-73 CoCoS-EDS data

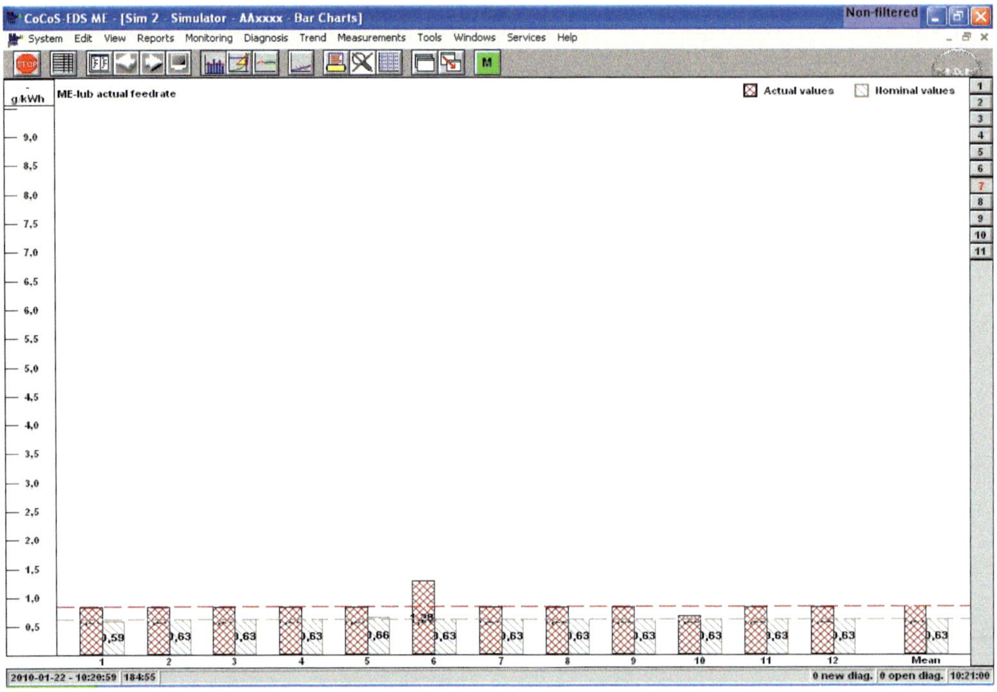

그림 2-74 CoCoS-EDS data (Bar graph)

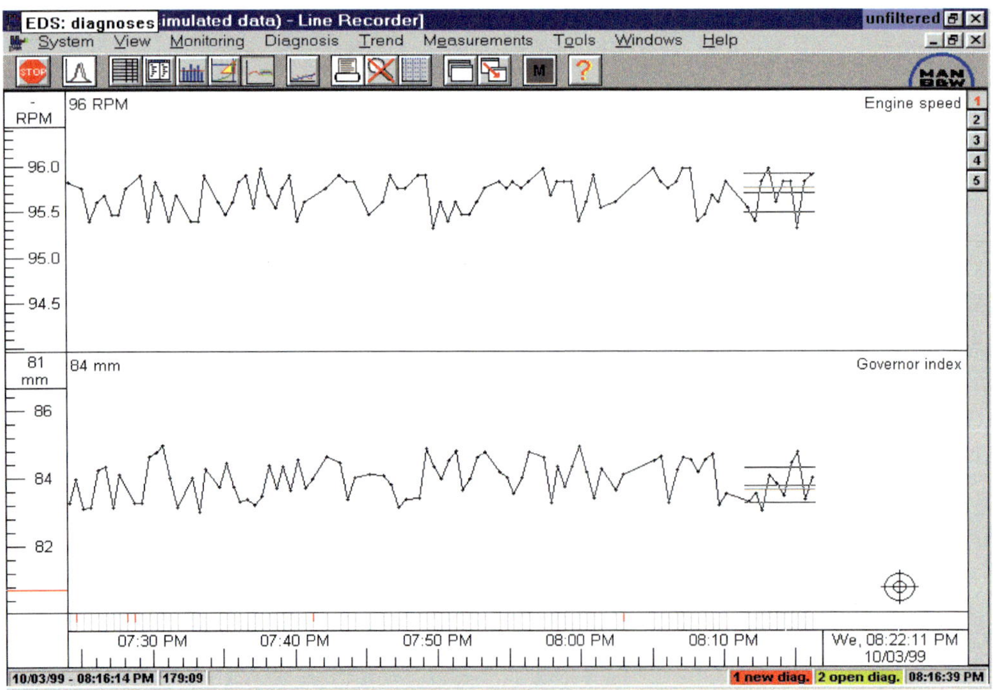

그림 2-75 CoCoS-EDS data (Line graph)

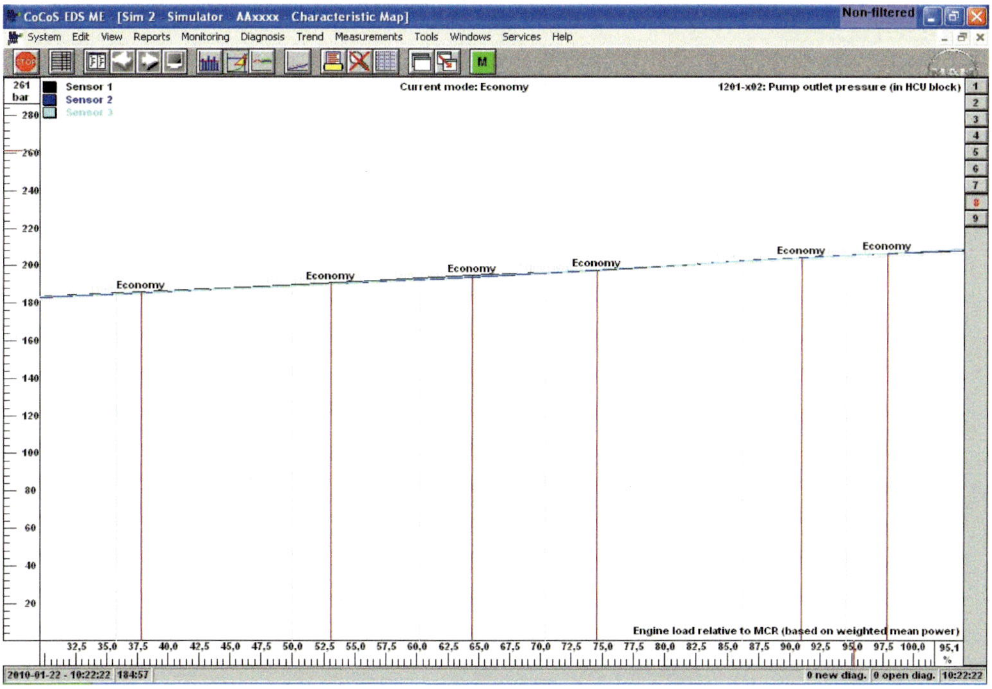

그림 2-76 CoCoS-EDS data

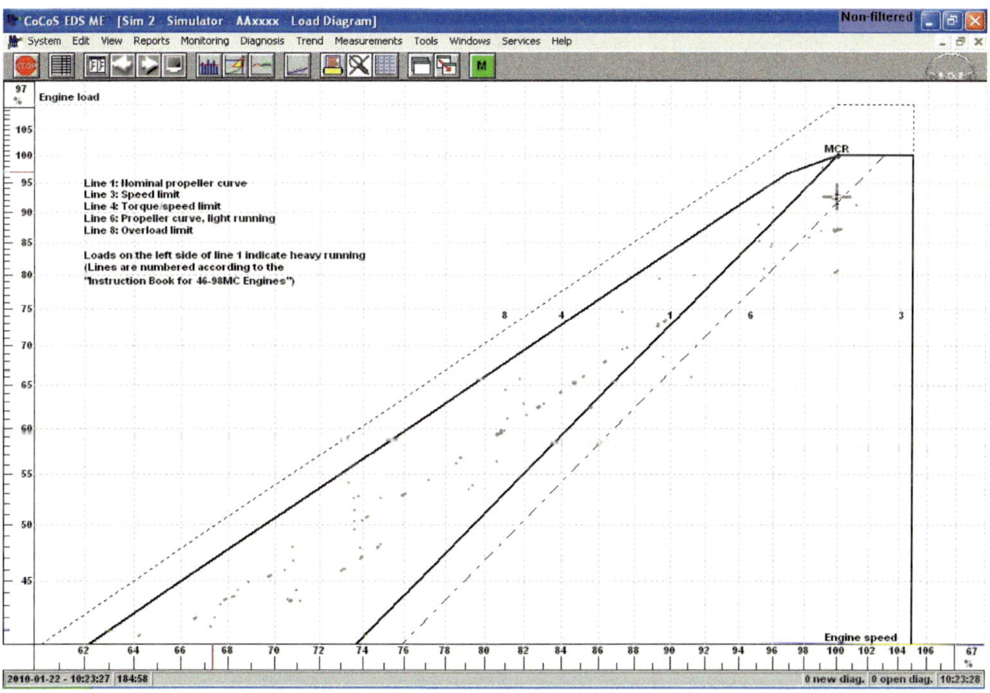

그림 2-77 CoCoS-EDS data (Load diagram)

2.2 Components

전자제어엔진의 도입으로 캠의 제거는 주요 부품에 있어 많은 디자인 변화를 가져 오게 되었다. 기계적인 힘의 전달을 위한 롤러가이드와 액츄에이터가 사라지게 되었으며, 유압에 의해 작동이 이루어지는 시스템으로 전반적인 디자인이 기존 기계식 작동시스템과 비교하여 획기적으로 단순화 되었다.

기존 연료분사펌프(Fuel pump), 배기밸브 액츄에이터(Exhaust valve actuator) 및 실린더 주유기(Cylinder lubricator) 등이 하나의 유닛으로 구성 되어 HCU(Hydraulic cylinder unit)라는 이름으로 도입되었다.

전자제어엔진은 제어를 위해 전기신호를 이용하여 전자부품을 사용하지만, 힘의 전달은 유압을 통해 이루어진다. 이러한 유압은 유압펌프에 의해 형성이 되는데 유압펌프의 구동방식에 따라 전기모터에 의해 구동되는 방식을 Electric driven pump, 엔진에 의해 구동되는 방식을 Engine driven pump라고 한다.

2.2.1 HCU(Hydraulic cylinder unit)

MAN Energy Solutions 사의 전자제어엔진(ME)은 기존의 기계식엔진(MC)의 디자인을 기반으로 출발하는데, 기계식엔진은 각 실린더별 연료분사펌프, 롤러가이드 및 배기밸브 액츄에이터 등을 가지고 있으며, 전자제어엔진 또한 각 실린더별로 기기의 사용 및 제어가 가능하도록 Fuel oil pressure booster 및 배기밸브 액츄에이터를 가지고 있어, 운전의 안전성, 정비의 효율성 및 비상 시 운전을 보다 용이하게 할 수 있게 하였다. 또한 CCU가 각 실린더를 제어할 수 있으므로 문제 발생 시에 해당 유닛만 감통 운전이 가능하도록 설계 되었다.

1) Distribution block

전자제어엔진은 각 부품별 유압을 공급하기 위해 별도의 파이프라인을 사용하는 대신, 유압의 공급, 차단 및 드레인이 가능한 Distribution block을 사용한다.

제작 과정에 있어, 내 외부에 많은 구멍들이 있는데, 드릴링 작업 후 발생되는 내부의 이물질 제거 작업이 대단히 중요하다. 고압이 형성되는 부품으로써 여러 가지 중요한 기능을 하는 밸브들이 부착되므로, 가공 후 소제 및 검사과정에 있어서도 상당한 시간을 필요로 한다. 전자제어엔진은 고압의 유압이 사용되며, 연료분사와 같은 제어를 담당하는 유압 밸브의 스풀(spool)은 2 kHz의 주파수로 움직이게 되는데 여기에 이물질이 존재 할 경우, 밸브의 오작동을 유발하거나 급속한 마모를 가져올 수 있기 때문에 작동유의 청정도는 매우 중요하다.

Distribution block은 초기에 200 bar 시스템 작동유 압력을 공급하는 시스템이 적용되었으나, 최근에는 운전 성능을 고려하여 300 bar 시스템으로 바뀌면서 유압펌프의 수량이 줄어, 부품의 비용 절감 및 시스템의 단순화를 가져왔다.

그림 2-79, 2-80은 200 bar 시스템과 300 bar 시스템의 Hydraulic diagram을 보여준다.

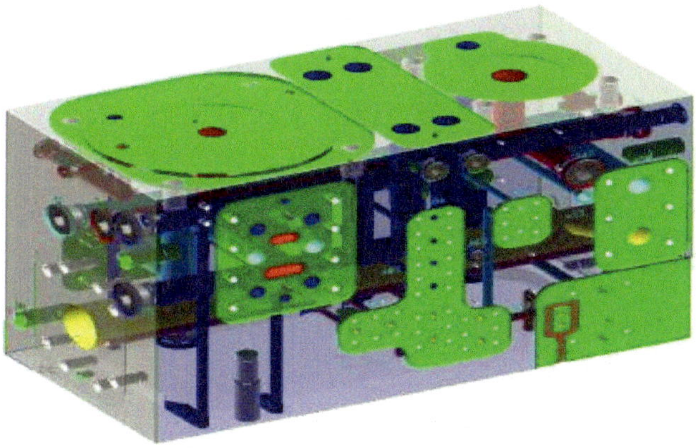

그림 2-78 Distribution block

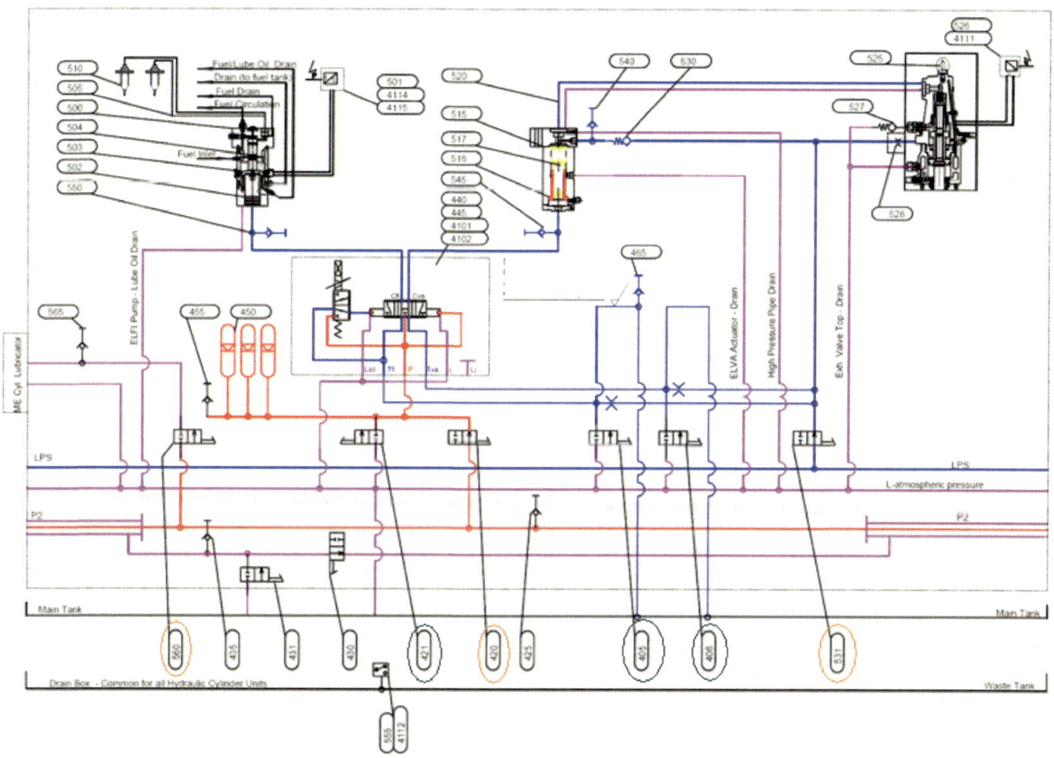

그림 2-79 Hydraulic diagram(200 bar system)

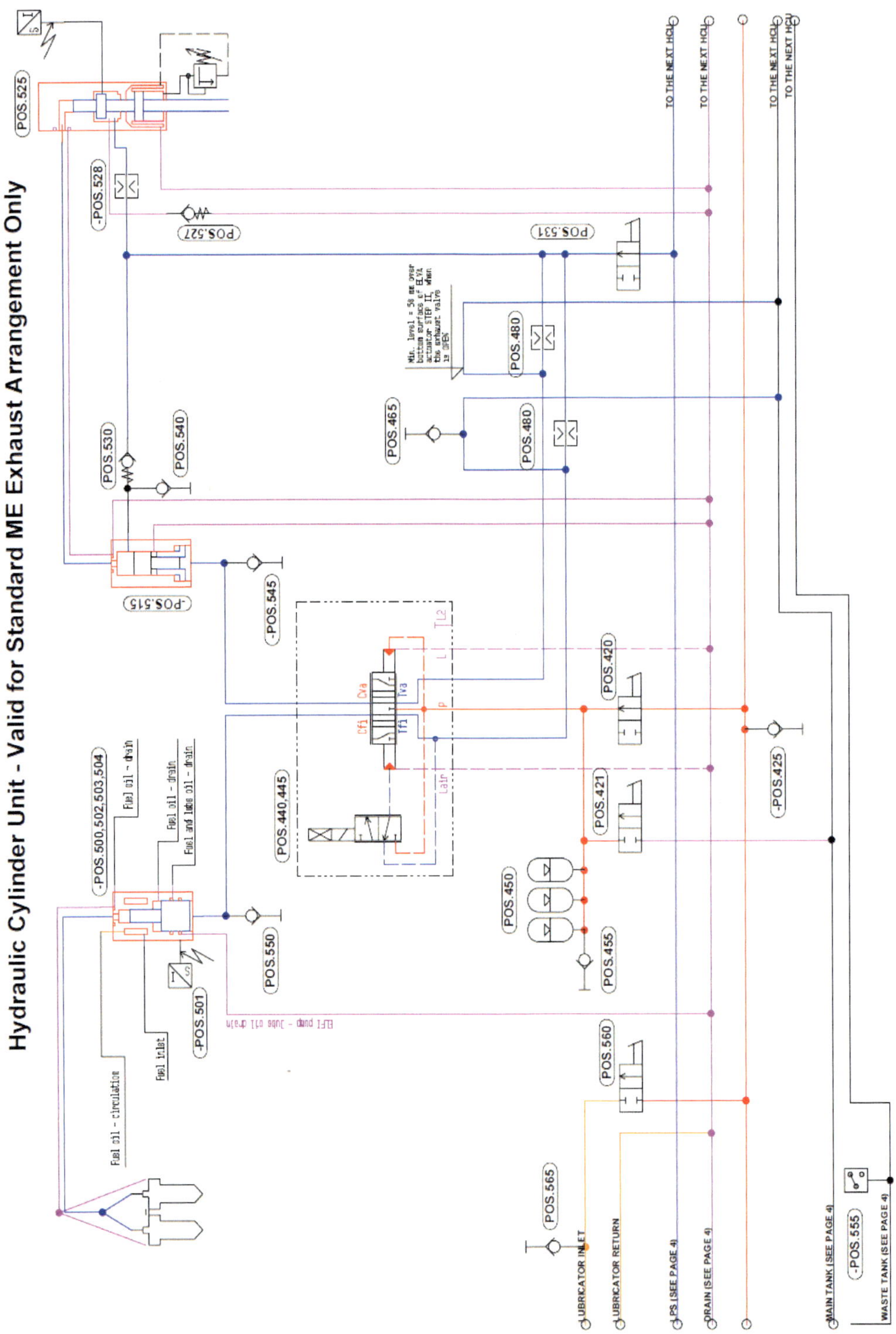

그림 2-80 Distribution block(300bar system)

200 bar 시스템과 300 bar 시스템의 차이는 그림 2-80상의 405, 406 볼밸브를 사용하는 저압 라인상의 드레인 밸브 개소 유무를 들 수 있다. 해당 부분은 공동현상(Cavitation)으로 인해 누설이 발생하는 문제로 이를 제거하게 되었다. 또한, 200 bar 시스템은 이중관 파이프를 사용하고, 300 bar 시스템의 경우 플렉시블 호스(Flexible hose)를 사용하여 유압을 공급하게 된다.

유압의 흐름을 살펴보면, 고압유와 저압유 드레인 라인으로 구분을 할 수가 있다. 고압유는 Distribution block으로 공급된 유압이 FIVA밸브를 통해 Fuel oil pressure booster로 공급되거나, 배기밸브 액츄에이터(Exhaust valve actuator)로 공급되어 연료분사와 배기밸브 제어를 담당하게 된다. 그리고 ME lubricator로 공급되어 실린더오일 주유를 담당하게 된다. 이러한 고압 작동유는 유압의 공급과 사용에 따른 압력의 변화가 크며 이는 엔진의 불안정한 운전을 초래할 수 있다. 이에 멤브레인 다이어프램에 질소가 충전된 어큐뮬레이터(Accumulator)를 설치하여 유압의 사용에 따른 라인상의 압력 맥동을 최소화하여 안정적인 엔진 운전이 가능토록 한다.

저압유의 경우 FIVA밸브, 배기밸브 및 배기밸브 액츄에이터에 공급이 되고, 저압유의 공급 목적은 고압 작동유를 사용하지 않을 때 관내에 저압유를 채워줌으로써 라인 상에 공기가 누적되지 않도록 하는데 있다. 배기밸브 측의 경우 밸브 작동에 의한 유압유의 온도상승을 방지하기 위해 지속적으로 누설되는 저압유를 보충하는 용도로 저압유가 공급된다. 배기밸브 라인에 제거되지 않은 공기가 있을 경우 배기밸브작동이 원활하지 않고 또한 노킹이 발생할 수 있다. 그리고 배기밸브 개폐 시 발생되는 충격을 흡수하기 위해 오일 댐퍼에 저압유를 공급한다.

이중관(Double wall pipe) 시스템은 파이프가 이중으로 되어 있어, 누설이 발생 할 경우 누유 부위의 압력 형성 및 저하를 확인할 수 있는 점검 시스템이 설치되어 있다.

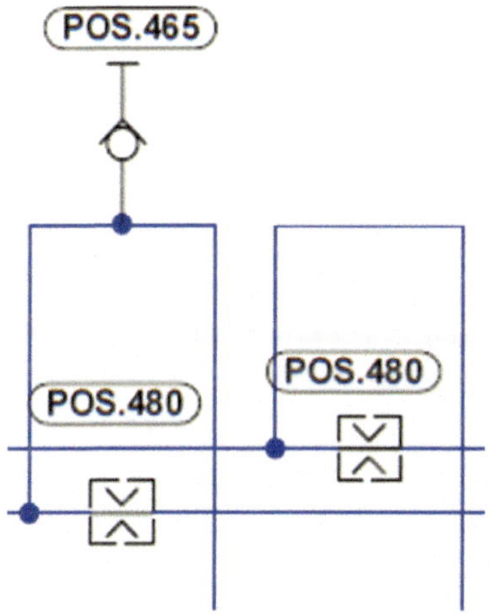

그림 2-81 Overflow pipe

그림 2-82 Double wall pipe

표 2-1 Valve Nos. mounted on distribution block

Valve No.	Valve name
405	DRAIN V/V FOR FIVA V/V
406	DRAIN V/V FOR FIVA V/V
420	MAIN H.P. OIL SUP TO FIVA V/V
421	DRAIN V/V FOR DISTRIBUTION
430	VALVE FOR DOUBLE WALL PIPE LEAKAGE DETECTION
431	DRAIN V/V FOR OUTER PIPE OIL
455	MINI-MESS COUPLING FOR MEASUREMENT OF THE OIL PRESSURE(HIGH P. SIDE)
560	SUPPLY V/V OF HIGH PRESSURE OIL TO ME LUBRICATOR

유압의 흐름을 공급, 차단하기 위한 밸브는 Distribution block에 설치된 볼 밸브(Ball valve)로 수동 개폐가 가능하다. 밸브의 No.는 표 2-1과 같이 각인이 되어 있다. 밸브의 잘못된 조작으로 인해 어큐뮬레이터의 사고가 빈번히 발생하였기 때문에 작업자의 안전을 위해 주의가 요구된다.

2) Fuel oil pressure booster

연료펌프의 경우, 기존의 인젝션 펌프에서 보였던 VIT(Variable injection timing)와 연료 래크(Fuel rack)가 사라졌다는 점이 큰 변화이다. 기계적으로 연료의 분사시기와 분사량을 조절했던 것에 비해 전자제어엔진의 경우 작동유의 공급시기와 기간에 따라 연료펌프의 동작이 일어나며, 이러한 유압 공급은 제어신호에 의한 파일럿 밸브의 움직임에 따라 조절이 된다.

즉 작동유의 공급으로 인해 액츄에이터가 움직이게 되고 작동유의 압력에 의해 발생한 힘을 플런저(plunger)로 공급하며 가압을 하게 된다. 톱 커버(top cover)가 기존의 바렐(Barrel)역할을 대신하며 공급되는 유압에 의해 연료분사가 결정이 된다.

즉 FIVA 밸브가 모든 것을 관장하게 된다. FIVA 밸브의 작동신호는 Angle encoder에 의한 엔진 각 실린더 피스톤의 위치와 rpm정보를 이용하여 CCU가 제어를 담당하고 엔진의 부하에 따른 ECU의 연료소모량 계산에 따라 각 실린더별로 연료 분사량의 분배가 일어나게 된다.

Fuel oil pressure booster의 경우 Plunger의 움직임을 감지하기 위해 Fuel oil pressure booster 피드백 센서를 사용한다. 이 센서의 작동은 연료의 분사가 필요한 시기에만 분사가 일어나고 있는지를 감지하고 문제 발생 시 Slow down이 발생되도록 한다.

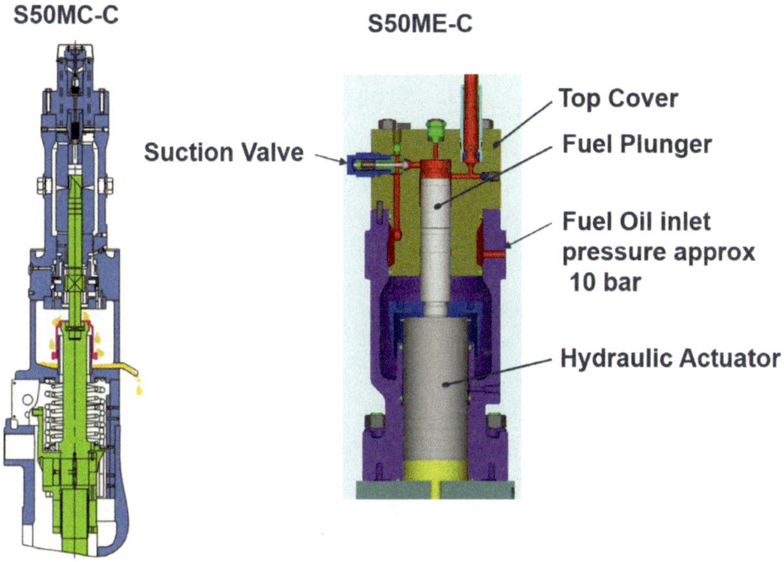

그림 2-83 Fuel oil pressure booster

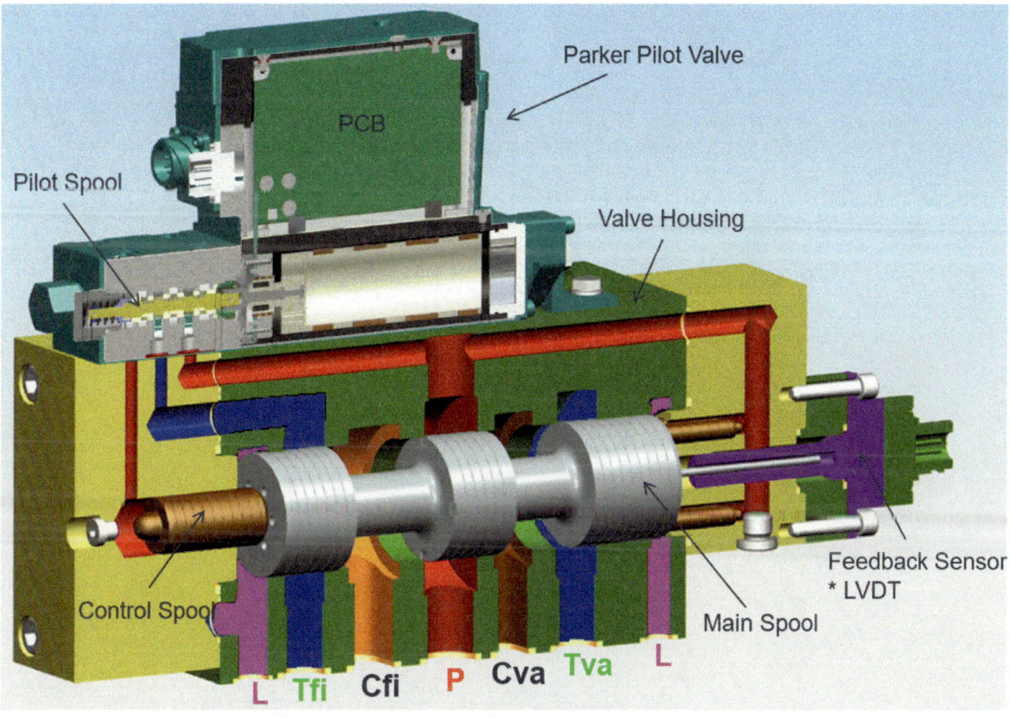

그림 2-84 FIVA operation

Fuel oil pressure booster 피드백 센서 외에도 FIVA 피드백 센서는 FIVA밸브 움직임의 이상 유무를 감지하여 문제 발생 시 Slow down이 발생하도록 한다. 이러한 센서의 작동은 엔진의 안전에 매우 중요하기에 반드시 점검이 필요하다. MOP를 통해 정비가 끝난 HCU를 대상으로 Function test를 실시할 수 있으며, Function test는 각 요소의 작동상태를 확인하고, 이 움직임을 피드백 센서를 통해 인지를 하게 된다. 만약 이 수치가 정상 범위에 들어가지 않는 경우, 그 값은 저장할 수가 없고 원인을 찾아 반드시 해결해야 한다.

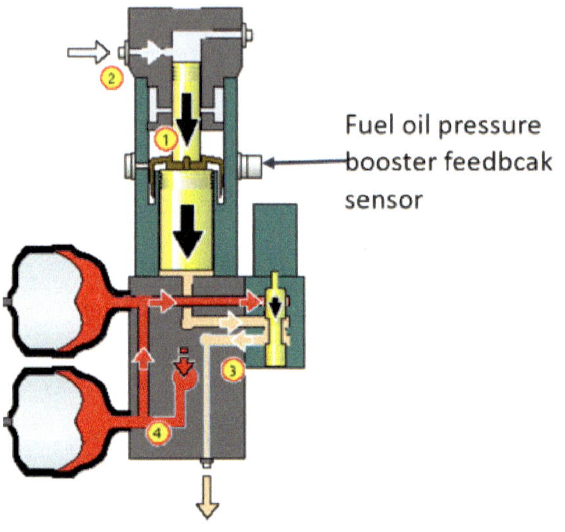

그림 2-85 Fuel oil pressure booster feedback sensor

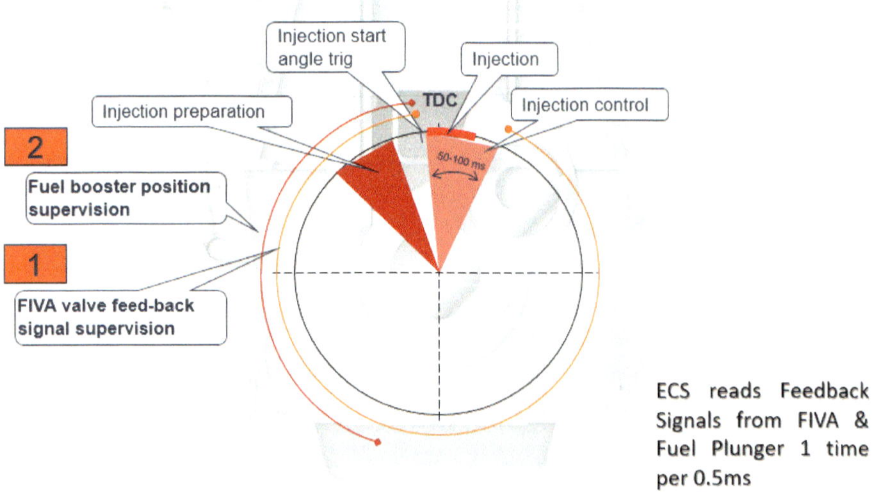

그림 2-86 Supervision

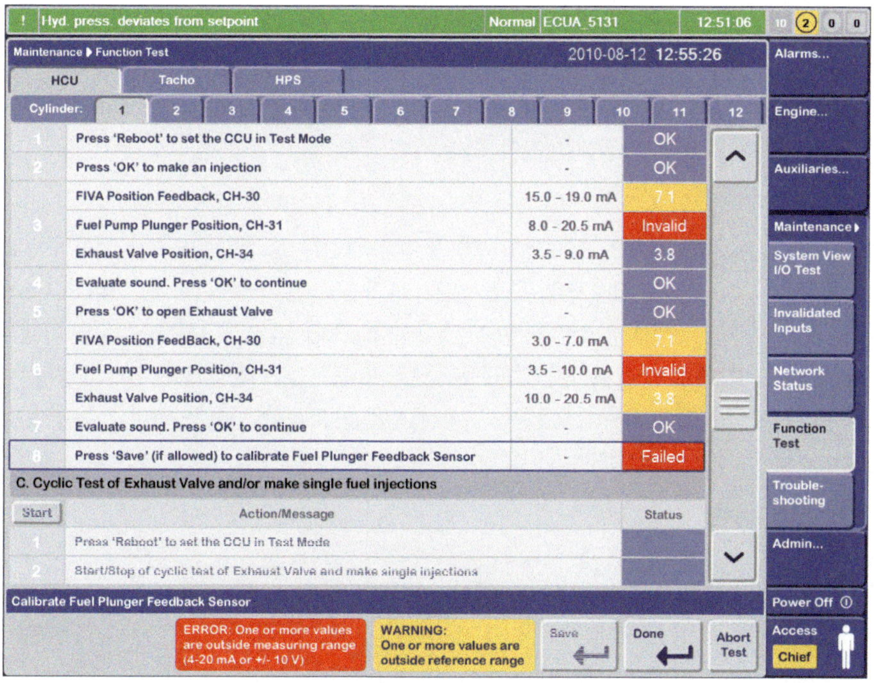

그림 2-87 MOP, Function test

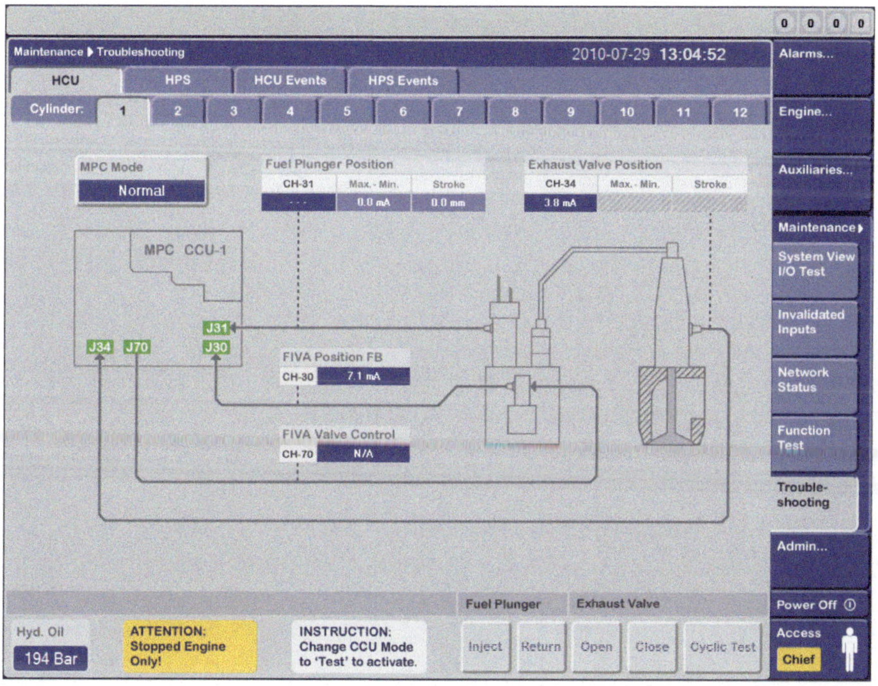

그림 2-88 MOP, Troubleshooting

발생된 문제를 확인하기 위하여 기계식엔진의 경우, 사용자가 테스터기를 이용하여 현장의 신호를 직접 계측하여야 했지만, 전자제어엔진의 경우 MOP상에 실시간 계측치(4~20 mA)가 나타나게 된다. 문제의 원인을 유추할 수 있는 정보를 활용하여 전기적인 요소와 기계적인 요소의 점검을 통해 문제를 해결해 나가야 한다.

전자제어엔진의 도입으로 추가된 시스템과 구성요소는 많아 보일지 모르나, Tacho, HPS, HCU, MOP 및 ECS로 나누어 볼 수 있으며 문제의 원인을 일으키는 요소가 제한적이라는 것을 알 수 있다. 이에 사용자는 MOP의 활용방법과 ECS에 대한 충분한 이해, 그리고 Components의 개별 요소에 대한 작동 원리의 파악이 필요하다. 또한 전자제어엔진은 기존 기계식엔진과 기본적인 구조 및 원리가 상이하지 않으므로 엔진의 문제를 해결하고자 한다면 기존 엔진 시스템의 이해를 바탕으로 기계적 요소 및 전기적 부분을 고려할 필요가 있다.

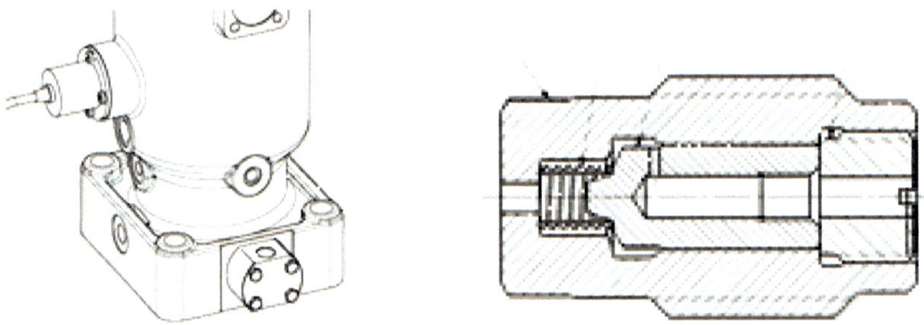

그림 2-89 Throttle valve

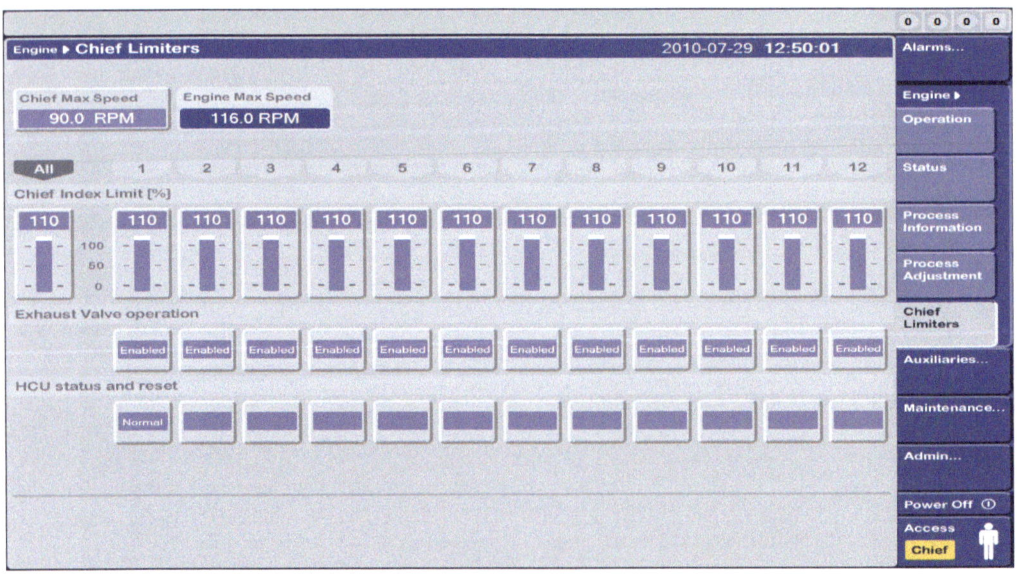

그림 2-90 MOP, Index limiter

Fuel oil pressure booster의 구조를 자세히 살펴보면 유압에 의해 작동하는 부분의 공기 혼입은 Time delay를 유발하게 된다. 공기를 배출하기 위해 스로틀 밸브(throttle valve)가 장착되어 있으며, 이 밸브는 저압유 공급 시 누유가 일어나며 공기를 배출하고, 고압유가 공급되게 되면 밸브가 닫혀 작동유의 소모를 방지한다.

연료의 차단이 필요한 경우에는 MOP상의 Index limiter를 0으로 놓으면 연료가 차단된다. 즉, 기존의 기계식엔진에 비하여 아주 간단히 감통 운전이 가능하다.

3) Exhaust valve actuator

Fuel oil pressure booster와 동일하게 배기밸브 시스템 또한 더 이상 캠을 사용하지 않기 때문에 배기밸브 캠을 대신하여 유압을 사용하기 위한 디자인으로 변화했다. 모든 시스템이 유압을 사용하고 유압 소모량은 엔진의 효율에 영향을 줄 수 있으므로 이를 고려한 제어 방법 및 디자인이 제시되었다. 배기밸브 액츄에이터의 경우 2단으로 나눠진 액츄에이터를 도입하게 되었고, 배기밸브의 경우 유압 소모량을 줄이기 위해 Spring air량을 줄이거나 액츄에이터의 지름을 변경하는 방법을 선택하였다.

그림 2-92에 보이는 바와 같이 step 1에서는 모든 피스톤이 유압의 힘을 받아 움직이게 된다. 그러다가 1st step 피스톤은 일정 위치에서 하우징(housing)에 의해 이동이 정지가 된다. 초기 디자인의 경우 Glue effect에 의해 1st step 피스톤을 움직이기가 어려워지는 문제가 발생하여, 불안전하게 힘이 전달되고 하우징 내부와 충돌이 일어나 1st Step 피스톤 손상이 발생하기도 하였다. 이에 1st Step 하부에 방사형 홀을 가공하여 이 문제를 해결하였다. 또한, 1st step 피스톤 외측에는 실링 링(Sealing ring)이 존재하지 않는데, 피스톤 표면과 하우징 내측을 통해 L.O가 조금씩 공기와 함께 Venting 되어 액츄에이터 측의 공기가 제거된다.

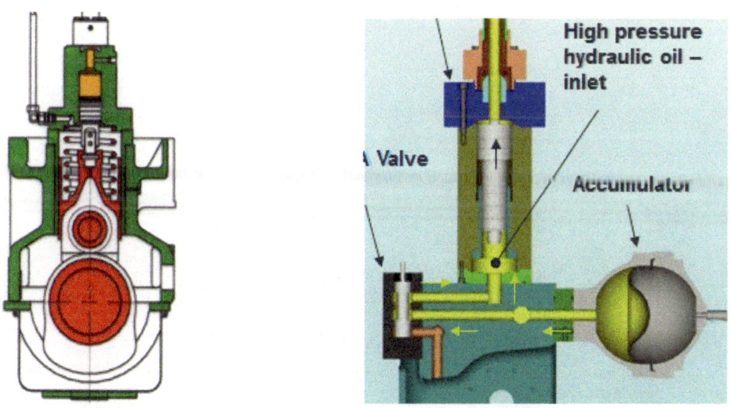

(MC) (ME)

그림 2-91 Exhaust valve actuator

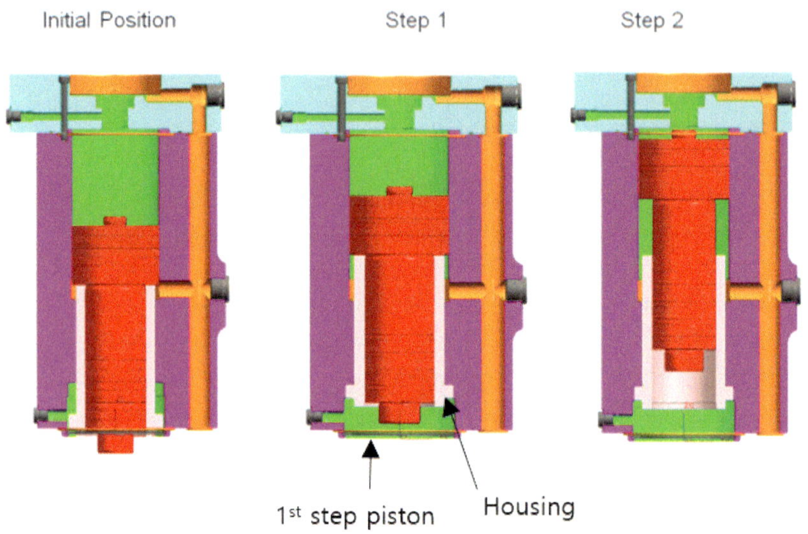

그림 2-92 Actuator piston(ME)

4) FIVA valve (Fuel injection valve actuation valve)

전자제어엔진의 효율 및 성능 향상에 있어 가장 큰 요소는 연료분사 및 배기밸브 제어가 유연하다는 것이다. 특히 배기밸브의 제어를 통해 배출가스 저감 효과를 나타내는 등 여러 장점이 있다. 이러한 제어를 가능하게 하는 것이 전자제어엔진의 FIVA 밸브이다. FIVA 밸브는 CCU로부터 제어 신호를 받으며, Tacho로부터 제어에 필요한 신호 및 시간 정보를 받게 된다.

FIVA 밸브의 종류는 제작사 및 제어 알고리즘에 따라 다양하게 나뉜다. 각각의 종류마다 서로 다른 파라미터를 사용하기 때문에 사용자가 엔진 기술사의 기술적 지원 없이 다른 제품으로 교환을 해서는 안 된다.

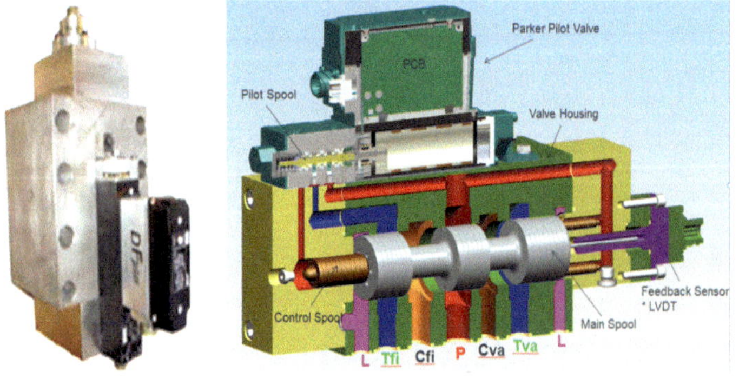

P : High pressure oil
Cva : Cylinder valve actuation
Tva : Tank valve actuation
Cfi : Cylinder fuel injection
Tfi : Tank fuel injection
L : Drain

그림 2-93 MAN FIVA

그림 2-94 FIVA valves(left: Nabtesco, right: Bosch rexroth)

한 피드백 센서의 경우 선박에서 교환 및 교정이 불가하기에 필요시 FIVA 밸브를 전체 교환해야 한다. 파일럿 밸브의 경우 Bosch rexroth사의 FIVA 밸브는 Self closing type이기에 교환이 불가능하다. MAN FIVA, Nabtesco FIVA의 Pilot valve는 교환이 가능하다. 하지만 반드시 사양을 확인하고 교환하여야 한다.

이 Type은 초창기에 일부 호선에 적용이 되었으나 다른 제작사의 Type과 상이한 점이 많고 호환이 어려워 최근에는 적용이 되지 않고 있다.

FIVA의 제어는 앞서 이야기한데로 CCU로부터 나와 파일럿 밸브의 스풀을 움직이게 하고, 이 움직임에 의해 유압이 메인 스풀로 보내져 이를 움직이게 한다.

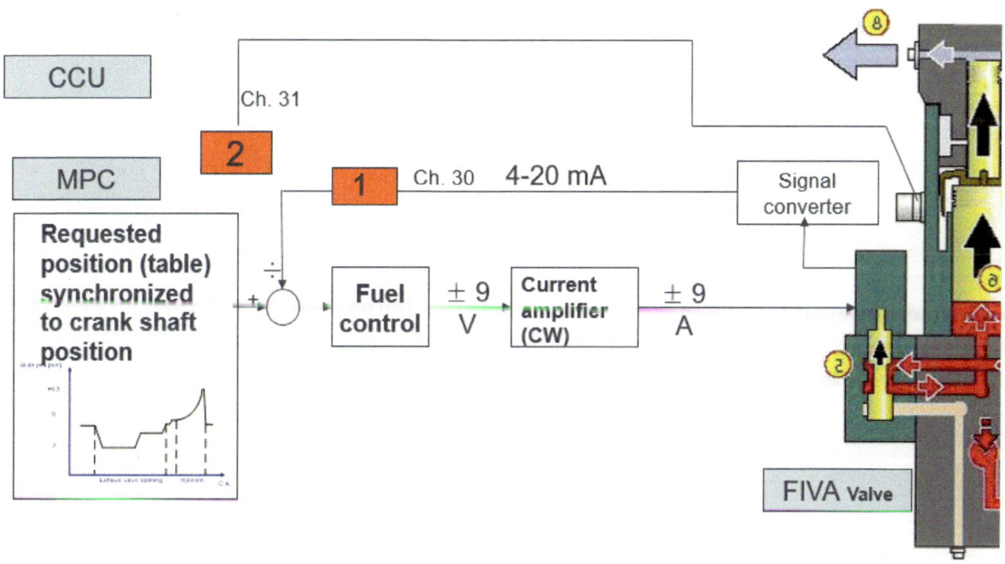

그림 2-95 FIVA control algorithm

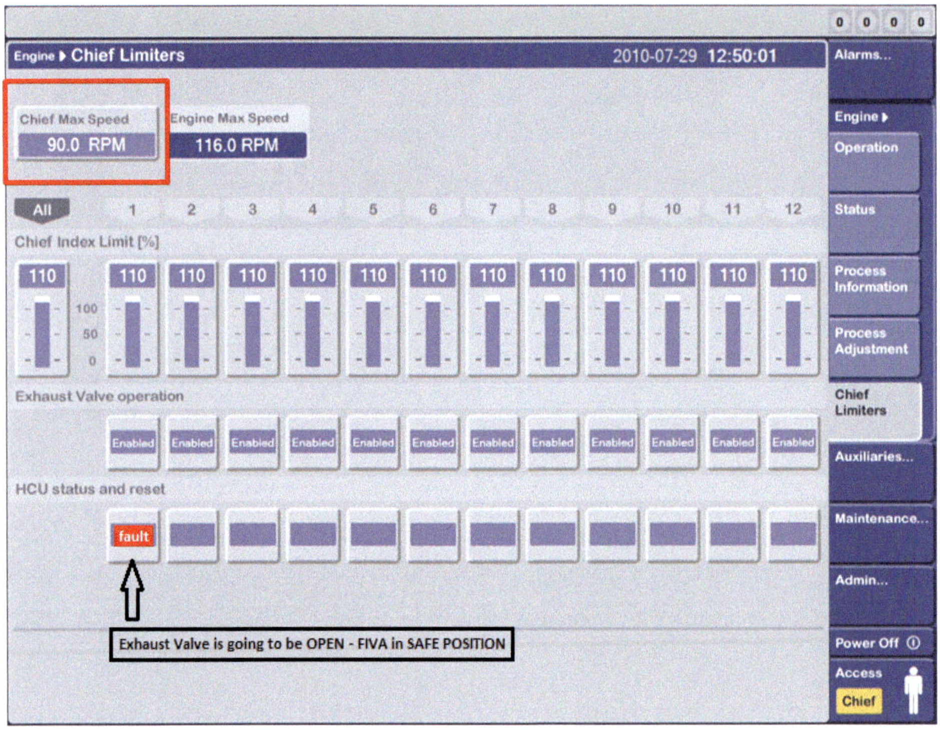

그림 2-96 MOP, HCU fault

또한 메인스풀의 움직임을 FIVA 피드백 센서가 감지하며, Fuel oil pressure booster와 배기밸브 액츄에이터에 위치한 피드백 센서를 이용하여 연료분사와 배기밸브의 움직임들을 모니터링 하게 된다. 하지만 모니터링 중 신호의 끊김, 노이즈 발생, 물리적으로 일어날 수 없는 신호가 발생한다면 엔진을 보호하기 위해 Slow down이 발생하게 된다. 이를 Fail safe 조건이라 표현하고 자동적으로 MOP상 HCU fault가 지시된다.

Fail safe에 의한 Slow down이 발생할 경우, 배기밸브가 즉시 열리게 되며 연료분사는 중단된다. 이는 오작동에 의한 예기치 않은 연료분사를 막기 위함이고, 이로 인한 실린더 커버 리프팅을 방지하기 위함이다.

HCU fault를 Reset 하기 위해서는 반드시 문제의 원인을 제거하고, MOP측에서 Reset 버튼을 눌러야 한다. 엔진의 운전 중에 Reset 하게 되면 그 즉시 연료분사와 배기밸브제어가 일어나기에 고부하일 경우에 주의를 요하며, 저부하에서 실시하기를 권고한다.

FIVA 밸브의 작동이 필요 없는 경우, 즉 연료분사 및 배기밸브 제어가 필요 없는 경우에는 작동유를 공급할 필요가 없는 것으로 보인다. 하지만 유압라인을 비우게 되면 공기가 채워질 수 있으며 다음 작동이 필요한 경우에 공기에 의한 분사지연 및 배기밸브작동 지연이 발생 할 수 있으므로 이를 방지하기 위하여 지속적으로 저압유를 공급하게 된다.

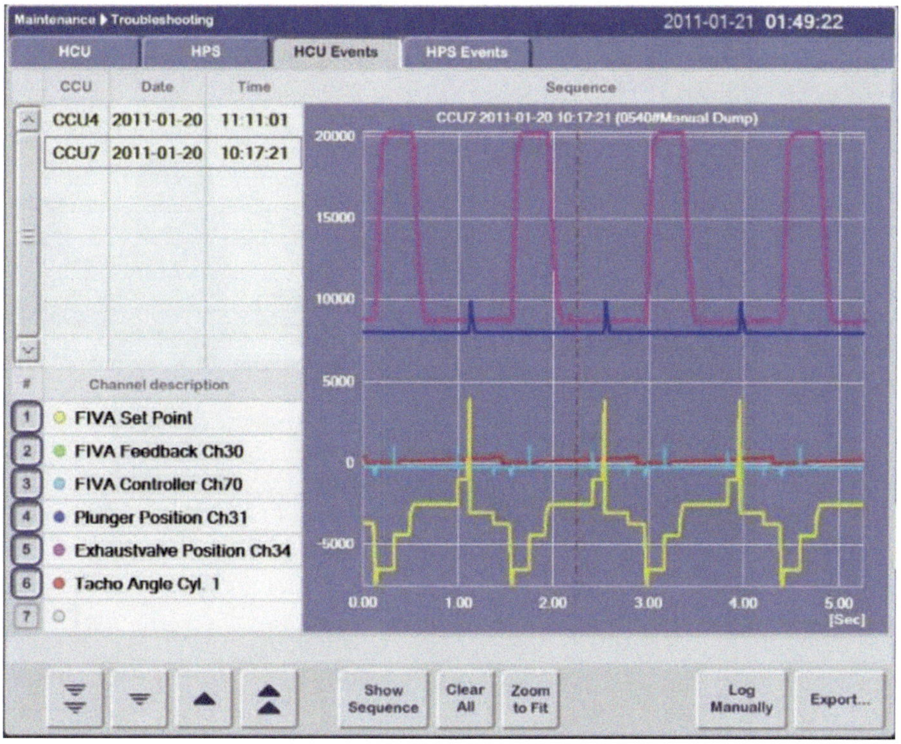

그림 2-97 MOP, HCU event log

HCU event log를 통해 FIVA와 연관된 모든 기기들의 제어 및 피드백 신호를 확인 할 수가 있고, 이 신호의 이해를 통해 문제의 원인을 파악할 수가 있다.

5) ME Lubricator

전자제어엔진의 개발 과정에 있어 캠을 이용한 기계식 주유시스템의 문제점을 보완하여 주유에 필요한 힘을 유압에 의해 전달될 수 있도록 하는 디자인이 선보이게 되었다. 이는 기존의 기계식 저속 Two-stroke 엔진에도 적용이 되었으며, 이를 Alpha lubricator라고 부른다. 캠이 사라졌기에 이를 대신하기 위한 각 실린더의 위치는 각도센서(Angle encoder)를 이용하여 위치를 인지하며, 균일한 힘으로 정확한 위치에 실린더 오일을 주유할 수 있게 되었다.

전자제어엔진 또한 이 기술을 도입하여 ME lubricator라고 부르는 시스템이 쓰이게 되며, 기존의 Alpha lubricator보다 개선된 디자인과 작동 원리를 선보이게 되었다.

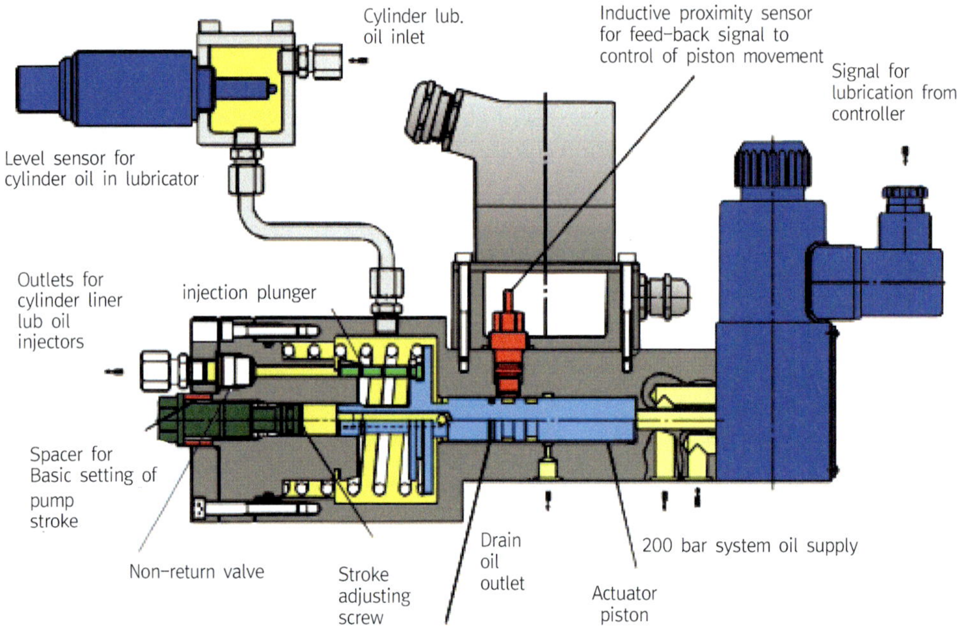

그림 2-98 ME lubricator

기존의 Alpha lubricator의 경우 작동유와 공급유 모두 실린더 오일을 사용하지만, ME lubricator의 경우 실린더오일과 작동유를 분리하여 사용하고 있다. ME lubricator는 Hydraulic power supply 시스템으로부터 생산된 유압을 그대로 시스템에 사용할 수 있기 때문에 추가적인 작동유 공급시스템이 필요 없다.

실린더오일의 Feed rate는 MOP화면에 사용자가 원하는 주유량 정보를 g/kWh기준으로 입력하면 엔진 부하 25%(Fuel index기준 40%)를 기점으로 25% 이상 시는 엔진 부하에 따른 값과 25% 이하 시 rpm을 기준으로 ME-ECS의 계산에 의해 각각의 CCU에서는 Tacho 시스템의 각 실린더 피스톤 위치 정보에 맞추어 압축행정 시 Top ring을 지나는 시점에 작동유가 공급되면서, 내부의 액츄에이터 피스톤을 밀어주게 되고 여기에 설치된 인젝션 플런져(Injection plunger)가 저장된 실린더 오일을 공급하게 된다. 이러한 움직임은 피드백 센서에 의해 모니터링이 되고 있으며, 실린더 오일의 양 또한 레벨 센서에 의해 지속 확인이 된다. 만약 이 두 센서가 어떤 문제점을 인식하게 되면 Slow down을 발생시킨다. Lubricator는 각 실린더 별로 1개씩 위치하고 있다. 솔레노이드 밸브의 고장 시 수동으로 주유가 가능한 푸시 버튼이 자체에 존재하고 있다. 그리고 실린더 오일 초기 주유 시 라인 내에 공기가 혼입되기에 공기배출구(Air venting hole)을 통한 배출이 필요하다.

실린더 오일을 실린더 라이너로 주유하는데 사용되는 인젝션 노즐은 엔진의 크기에 따라 그 사이즈가 다르며, 내부에 Non-return 밸브가 존재하여 손상 시 연소가스가 역류하지 못 하도록 한다.

그림 2-99 Venting hole

실린더 오일의 분사방법은 매 주유마다 동일한 양의 실린더 오일을 주유하기에 주유하는 횟수를 조정함으로써 총 주유되는 양을 알 수 있으므로 그에 따라 주유량을 조절한다. 저부하 일수록 마력당 분사되는 주유 총량이 줄어들기에 엔진부하 25% 이하에서는 rpm에 의해 주유량을 조정한다.

실린더 오일의 주유량은 그림 2-100에서 Spacer의 크기에 영향을 받기에 사용자가 임의로 조작 및 변경을 하여서는 안 된다.

실린더 오일 주유의 목적은 유막 형성을 통한 마찰마모의 방지, 윤활유 주유를 통한 내부 이물질 소제, 그리고 부식현상의 제어를 위함이다. 실린더 오일의 주유량이 너무 적을 경우 유막의 파괴로 실린더 라이너와 피스톤링사이에 마찰마모에 의한 손상이 발생되며, 반대로 너무 많을 경우 알칼리성(Alkalinity) 과다에 의한 Bore polishing의 문제로 라이너 과대마모가 발생한다.

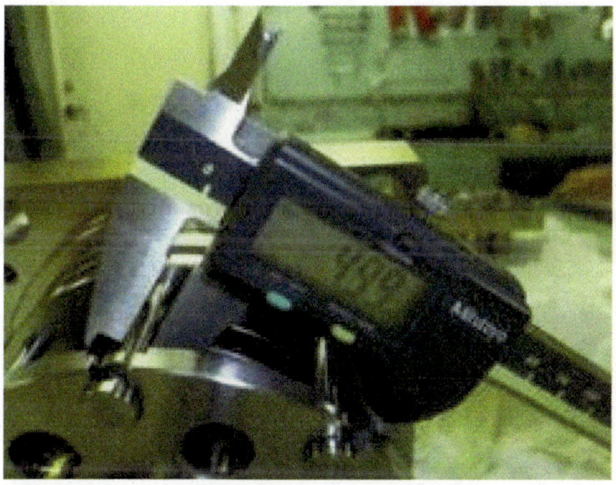

그림 2-100 Spacer

최적의 실린더 오일 양을 주유하기 위해서는 MAN에서는 두 가지의 방법을 권고하고 있다. 첫 번째는 엔지니어에 의한 소기공 검사를 통한 적정량의 실린더 오일 양을 찾는 방법이며, 나머지는 소기드레인(Scavenge drain)을 통해 BN(Base number)과 Total iron 값을 계측하여 실린더 오일의 주유량 및 BN을 조절하는 방법이 있다.

그림 2-101 Scavenge port inspection

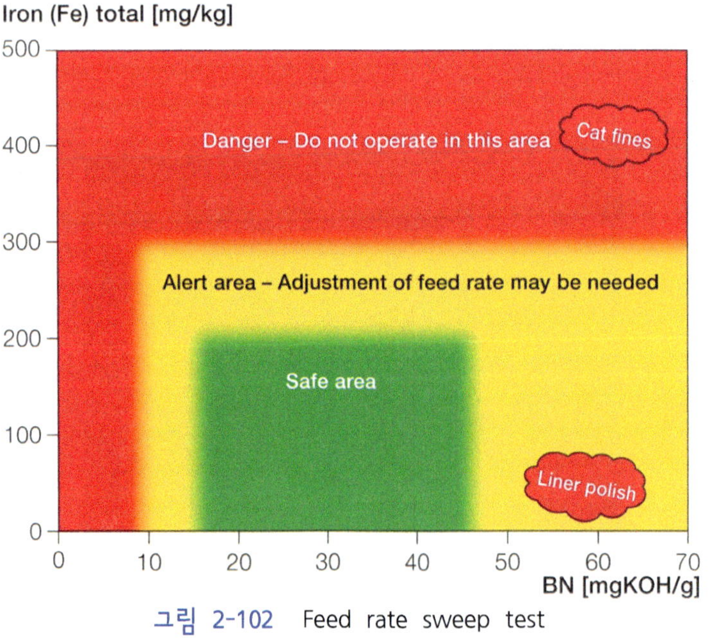

그림 2-102 Feed rate sweep test

실린더 오일의 주유는 최소 실린더 주유량(Minimum cylinder oil feed rate)과 과대 주유(Over lubrication) 조건을 준수 하여야 한다. 소기공 검사를 통해 실린더 오일 주유량을 조절하는 방법은 엔진 기술사의 서비스 레터에 따라 엔진의 운전 시간을 고려하여 주유량을 조정하도록 한다. 하지만 엔진의 소기공 점검 결과 피스톤 링 및 라이너 등에 기계적인 문제가 발견된다면, 원인 규명 후 그 원인에 따른 주유량 조절이 필요하다. 엔진 운전 시간에 따른 실린더 오일 양의 조정은 엔진의 Mark No.에 따라 다르게 적용된다.

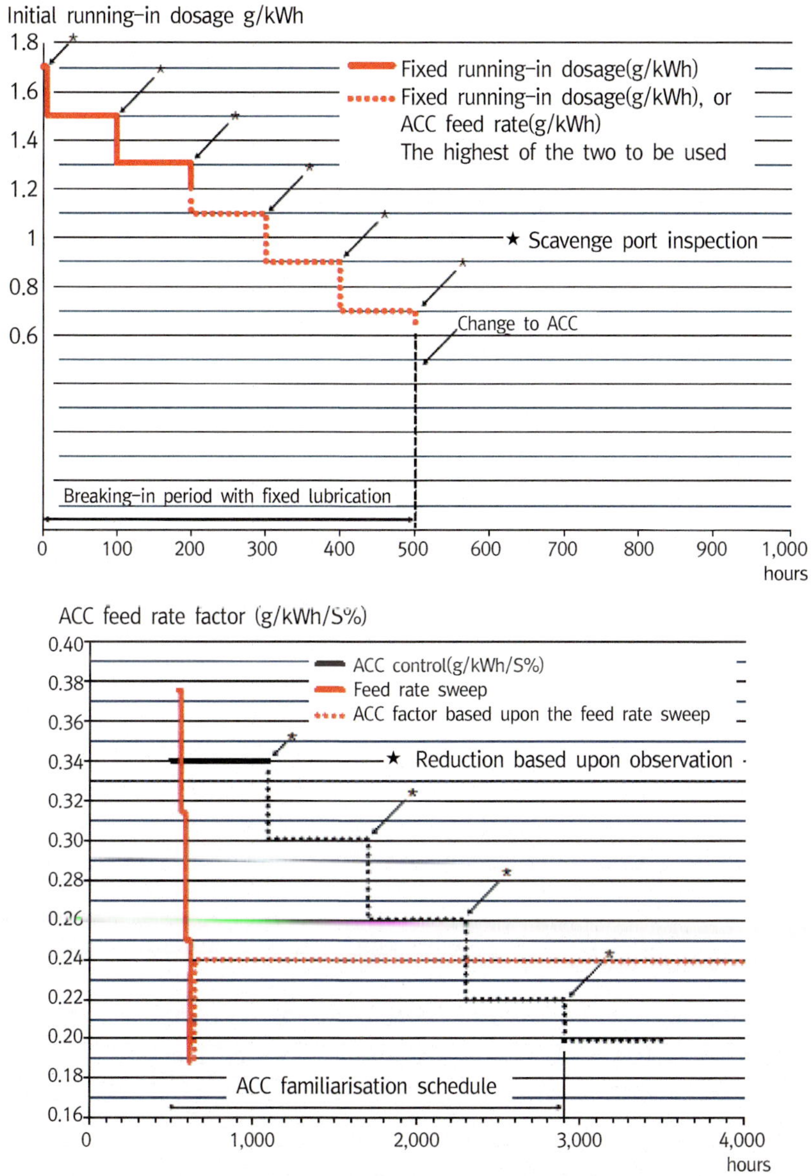

그림 2-103 Running in program(MK 7 & Old)

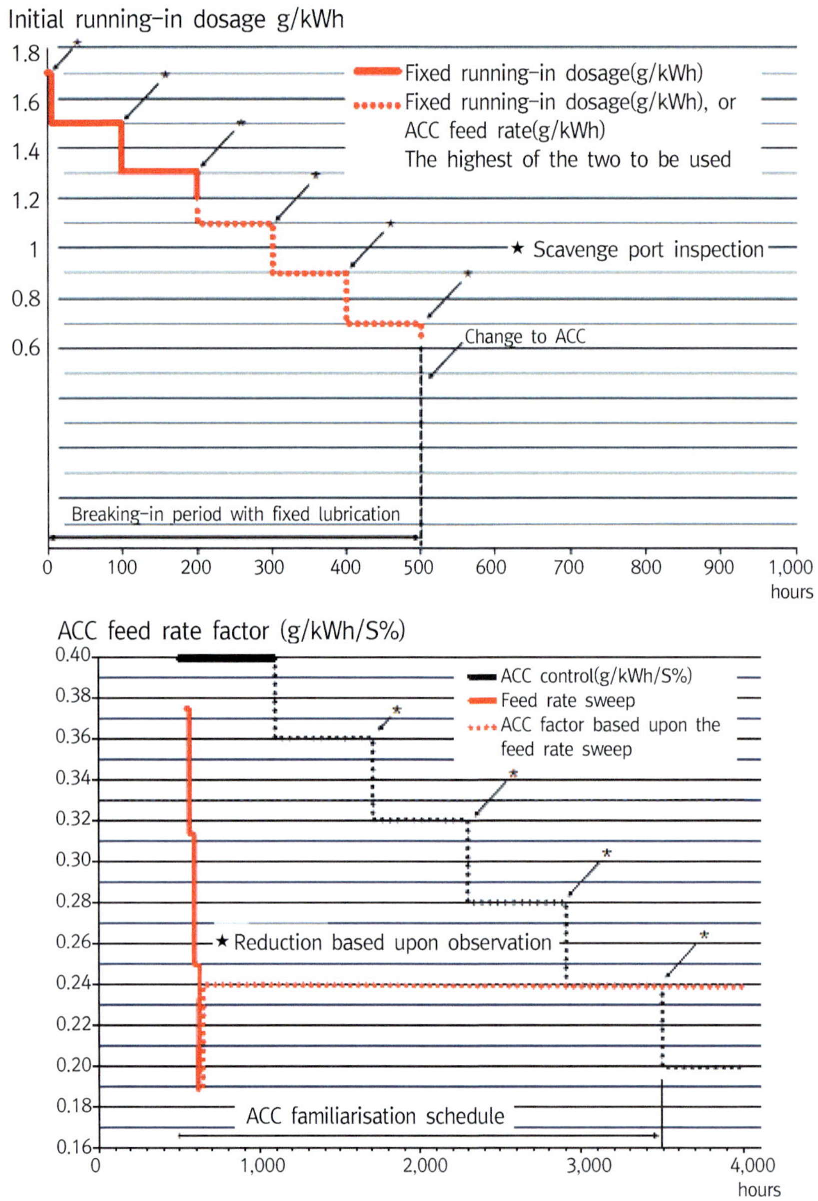

그림 2-104 Running in program(MK 8 & New)

'Running in program'은 Breaking in(0~500시간) 시기와 ACC(Adoptive cylinder oil control) familiarization으로 나뉘게 된다. 엔진 운전 초기에는 피스톤 링과 마찰에 의해 많은 불순물들이 발생되며 이를 제거하기 위해 Breaking in 기간을 가지며, 충분한 실린더 오일의 주유를 통해 소제 및 부식 제어를 하게 된다. 이 기간 종료 후 ACC familiarization의 기간을 통해 운전 시간에 따른 Feed rate factor와 현재 사용하고 있는 황 함유량 %의 곱으로 실린더 오일 주유

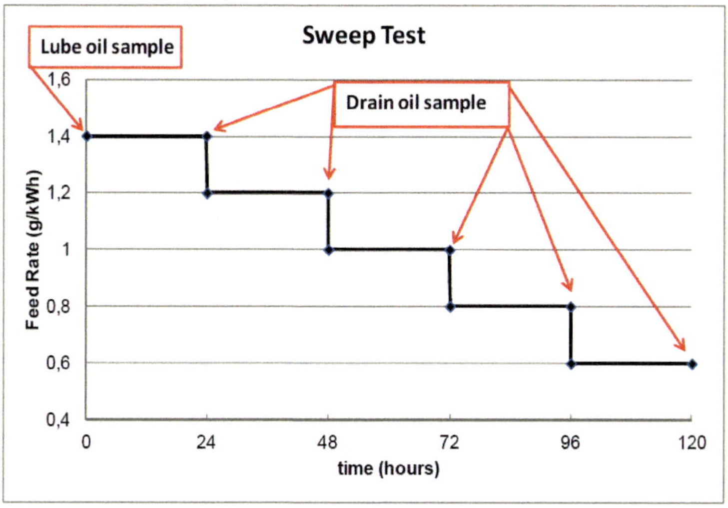

그림 2-105 Feed rate sweep test schedule

량이 계산되게 된다. 이 과정 또한 소기공 검사를 통해 엔진의 상태를 확인하며 주유량을 적절하게 낮추게 되어 있다.

이러한 소기공을 통한 기기의 상태검사 방법 이외에도 Feed rate sweep test가 있는데, 이것의 Breaking in 방법은 전과 동일하게 진행을 하며 총 6일간에 걸쳐 드레인 오일을 받아 내부의 성분 조사에 따라 실린더 오일 양을 조절하게 된다. 이때에는 MAN사의 서비스 레터에 제시된 데로 엔진 부하를 유지하면서, 드레인을 샘플링하여 검사하여야 한다.

그림 2-106에서 Fe 그래프를 보면 ACC factor가 감소함에 따라 Fe 수치가 천천히 올라가다가 급격히 상승하게 된다. 이 중 급격히 상승하기 직전의 한 지점을 찾는다. 단, Normal range인 Fe가 200 mg/kg 이내에서 찾는다. 그러면 아래 그림의 빨간색 두꺼운 그래프를 기준으로 할 경우 0.3 부근이 될 것이다. 이를 수직으로 그어 파란색 BN 그래프와 만나는 점을 기준으로 수평선을 그으면 BN 값을 알 수 있는 데, 해당 값이 10~25 사이라면 이 값이 최적화된 값이라 할 수 있다. 즉, 0.3 g/kWh × S%를 ACC feed rate factor로서 적용해야 한다.

이외에도 선박이 보유하고 있는 실린더 오일의 종류도 매우 중요하다. 실제 엔진에 필요한 실린더 오일 BN이 70이라고 한다면, 선박에 공급된 실린더 오일의 BN이 100인 경우는 보정해 주어야 한다. 보정을 위해 그림 2-107과 같이 제시가 된다.

실린더 오일의 주유량 조절은 보다 실용적인 관점에서의 접근이 필요하다. 실제 엔진의 운전 시 500시간 이내에 엔진 내의 이물질이 제거되지 않기 때문에 Breaking in 종료 시점에서 소기공 검사를 철저히 시행한 후 판단할 필요가 있다. 또한 G-type엔진의 피스톤 링과 피스톤 크라운 디자인의 변경 등은 실제 엔진이 필요한 실린더 오일 주유량과 실린더 오일 BN은 전문가의 조언이 필요하다.

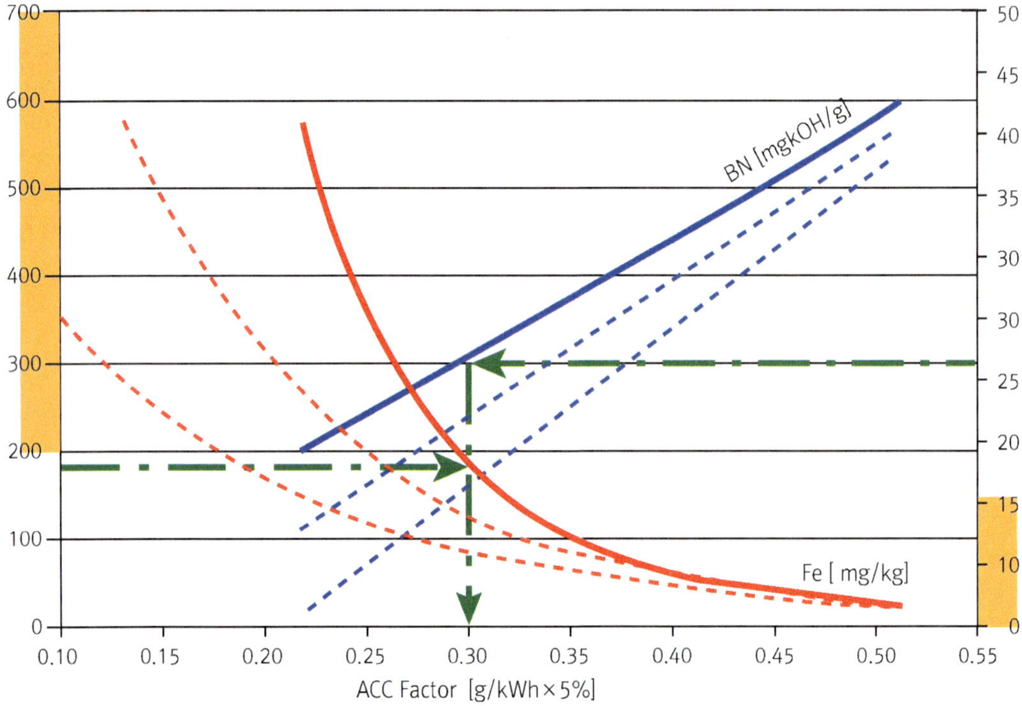

그림 2-106 Feed rate sweep test analysis

Feed rate ACC factor	Cylinder oil BN			
	70	**80**	**90**	**100**
	0.20	0.18	0.16	0.14
	0.22	0.19	0.17	0.15
	0.24	0.21	0.19	0.17
	0.26	0.23	0.20	0.18
	0.28	0.25	0.22	0.20
	0.30	0.26	0.23	0.21
	0.32	0.28	0.25	0.22
	0.34	0.30	0.26	0.24
	0.36	0.32	0.28	0.25
	0.38	0.33	0.30	0.27
	0.40	0.35	0.31	0.28
	0.42	0.37	0.33	0.29
	0.44	0.39	0.34	0.31
	0.46	0.40	0.36	0.32
	0.48	0.42	0.37	0.34
	0.50	0.44	0.39	0.35
	0.52	0.46	0.40	0.36
	0.54	0.47	0.42	0.38
	0.56	0.49	0.44	0.39
	0.58	0.51	0.45	0.41

그림 2-107 Feedrate factor correction table

하지만, 2020 Sulphur cap 발효 후 스크러버를 사용하는 선박을 제외하고 황함유량이 0.5% 이하인 연료를 선박에서 사용하고 있다. 이러한 경우 별도의 대비책이 필요하다. 우선적으로 피스톤링의 type을 Cermet coating ring으로 교환하여야 한다. Ceramic과 Metal의 혼합물인 Cermet은 고온에 잘 견디며 마모율 또한 저감된다.

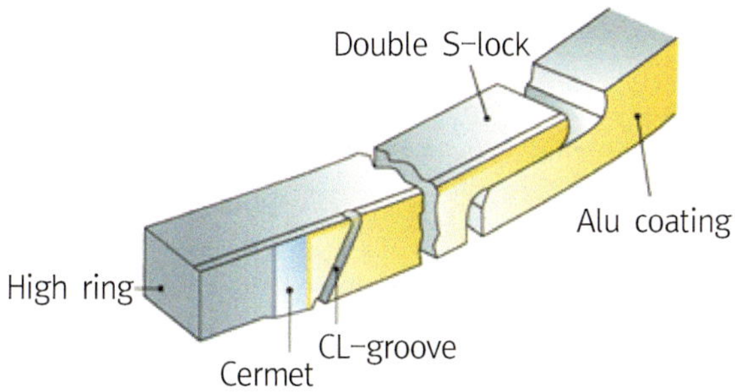

그림 2-108

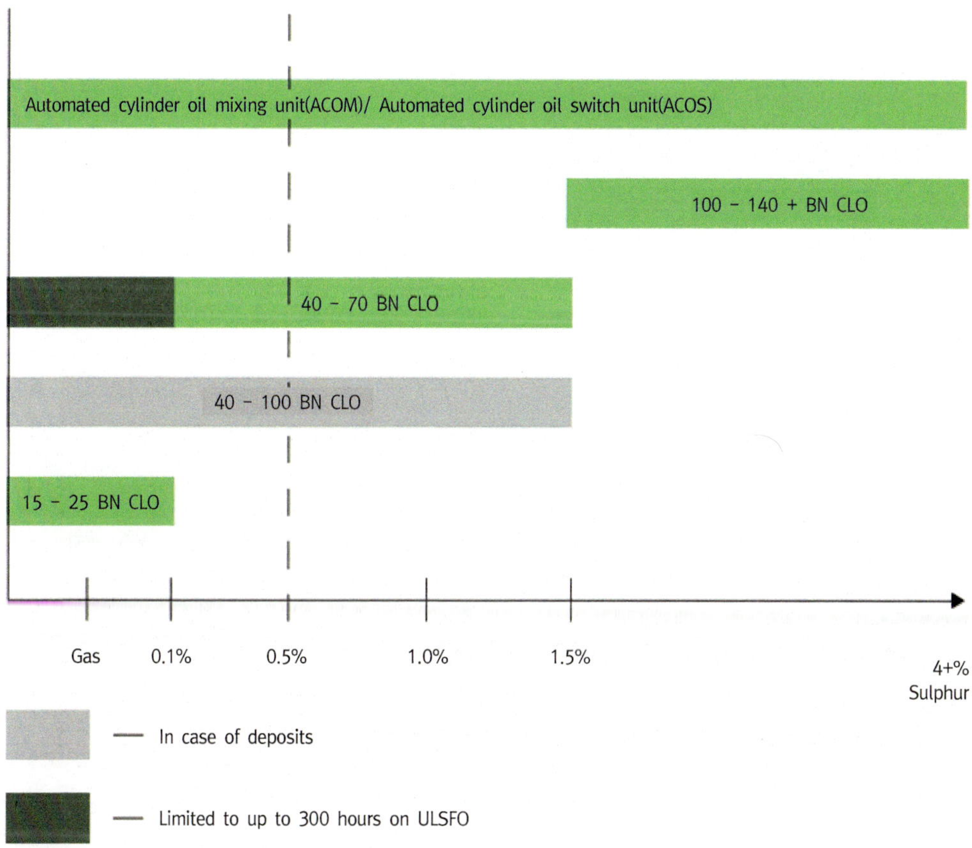

그림 2-109 Recommended BN levels for all MAN B&W engines

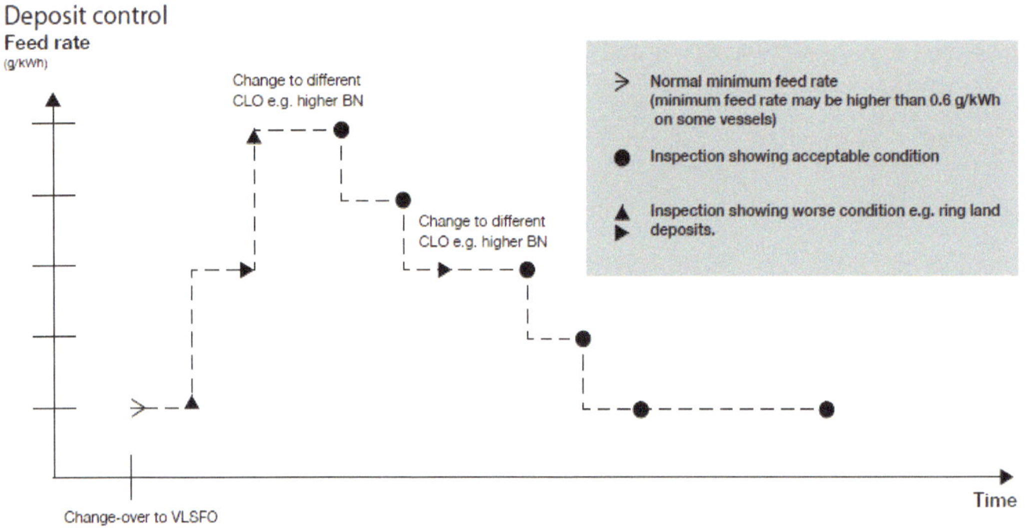

그림 2-110 Devised scenario for existing engines. New engines and renewed cylinder units will have a higher starting feed rate due to running-in

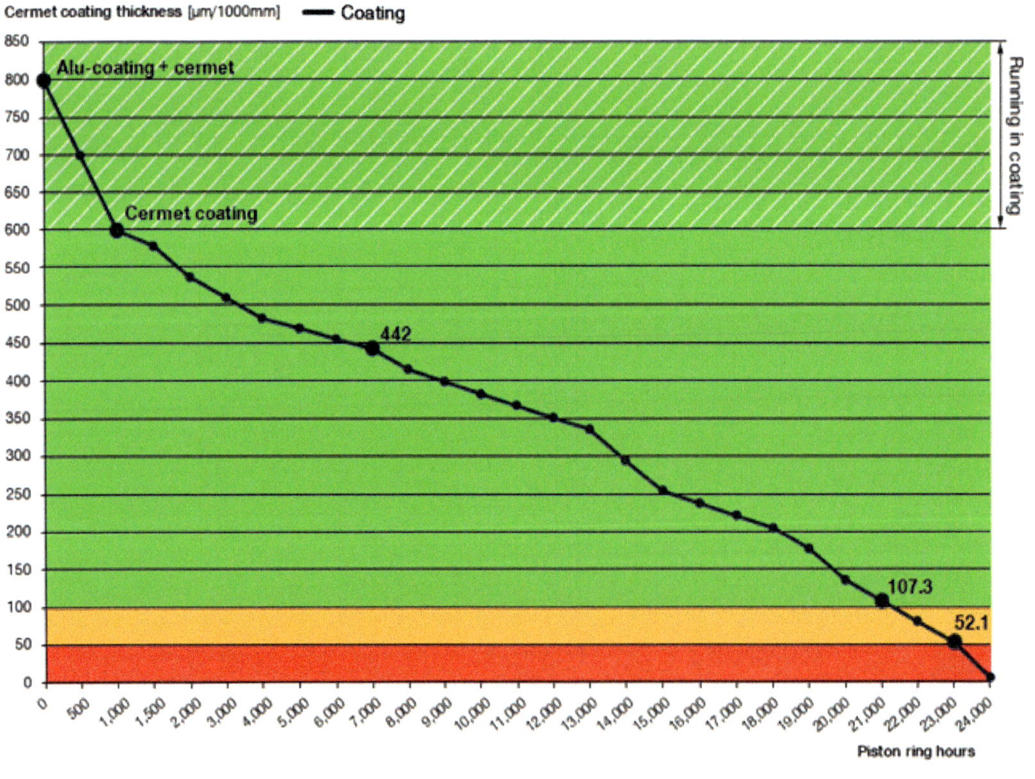

그림 2-111

또한 실린더 오일을 선택함에 있어 황함유량 0.5% 기준으로 BN40을 기본으로 사용한다. 이는 낮아진 황성분에 대한 요구되는 알칼리티 성분의 필요성이 낮기 때문이다. 하지만 실린더 오일의 또 다른 주요 기능의 하나인 Deposit 제거의 기능은 알칼리니티 성분의 함유량에 비례하기에 사용자의 소기공 검사결과에 따라 Deposit이 많을 경우 BN100까지 사용이 가능하다.

Deposit이 존재한다고 하여 BN값을 즉시 올리지는 않으며, 단계적으로 Feedrate를 증가하여, 주유양이 일정수준 이상을 넘어서게 될 경우, 주유량 조정을 위해 High BN으로 바꾸게 된다.

추가적으로 Low sulphur oil을 지속 사용하는 선박의 Cylinder condition 관리의 경우 Breaking-in은 기존과 동일하지만 실린더 오일 BN40으로 시작을 하여야 한다. 황함유량이 낮기에 Feedrate factor를 감안하더라도 Feedrate가 0.6 g/kwh으로 고정되기에 주기적인 Feedrate sweep test를 통해 실린더 내마모도를 판단하여야 하며 주기적인 소기공 검사를 통해 Ring coating – Cermet coating을 주기적으로 체크하여 마모가 심할 경우 교환 하여야 한다.

실린더 오일 주유량의 제어는 CCU에 의해서 실행된다. 하지만 CCU내의 MPC, Power, Fuse, 케이블 등의 문제로 인해 해당 실린더의 실린더 오일 주유가 불가능하다면, 비상 조치법으로 비상 백업 케이블(Emergency back up cable)을 이용해 주유를 실시하는 방법이 있다. 현재 다양한 ME-ECS Cabinet이 있으며 그 방법은 현재까지 세 가지가 있다. 하지만 이는 Random time injection이기에 윤활 목적의 주유라고 할 수 있다.

상기 주유기 외에도 그림 2-113과 같이 매 사이클 주유마다 주유량 조절이 가능한 Alpha lubricator MK-Ⅱ가 개발되어 있다. 이는 엔진의 매 회전마다 실린더 오일의 주유가 가능하다는 매우 큰 장점이 있다.

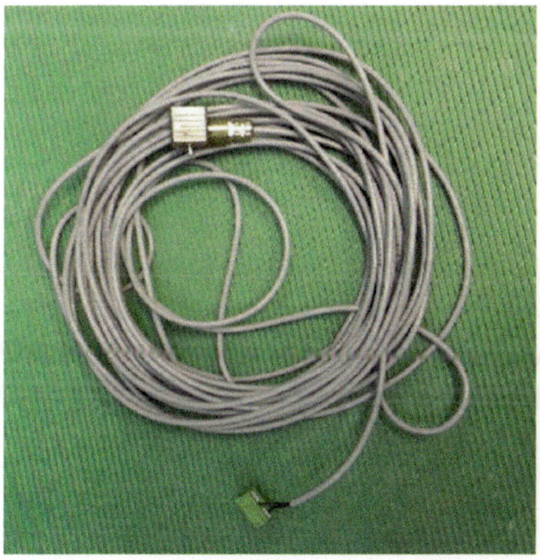

그림 2-112 Emergency back up cable

그림 2-113 Alpha lubricator MK Ⅱ

6) Accumulator

작동유의 원활한 사용을 위해 유압 펌프의 부하 조정 및 제어도 가능하지만 라인 전체의 압력 변동을 방지하기 위해서는 어큐뮬레이터가 필요하다. 비압축성 유체의 특성상 사용 시 압력이 순간적으로 떨어지고 공급과 사용이라는 조건 속에 압력의 맥동이 발생한다. 이는 햄머링(Hammering) 현상을 발생시킨다. 기체의 특성을 이용하여 압력이 높으면 저장하고 압력이 낮으면 압력 에너지를 전달하는 어큐뮬레이터를 사용한다. 어큐뮬레이터의 원리는 멤브레인 다이아프램(Membrane diaphragm)에 질소를 보충하고, 충진된 질소가 작동유의 압력에 의해 가압되거나, 작동유의 압력이 떨어지면 질소의 압력이 이를 밀어주게 된다. 이의 디자인 및 설치 장소와 설치 수는 엔진 성능 향상을 위해 지속적으로 변하고 있다. HCU측에도 설치가 이루어지며, HPS pump 측에도 설치된다.

어큐뮬레이터의 멤브레인 다이아프램 충진 상태의 경우 어큐뮬레이터의 온도에 따른 유압의 압력을 충진하고 있다. 만약 운전자의 밸브 조작 실수로 어큐뮬레이터가 손상되면, 이 기능은 사라지기에 올바른 밸브 작동이 필요하다. 어큐뮬레이터의 손상 유무 확인을 위해 주기적으로 질소 충전 상태를 압력으로서 확인해야 한다.

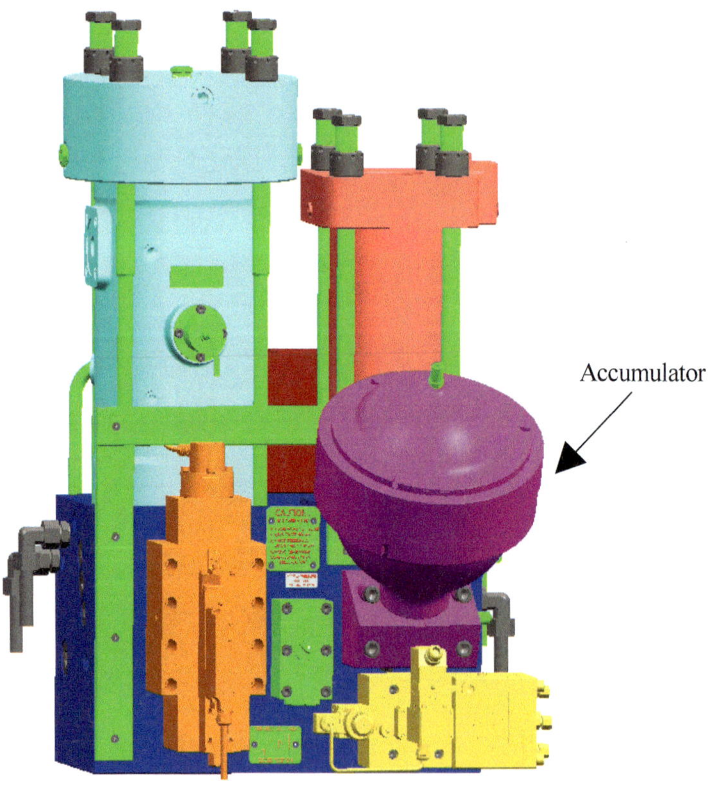

그림 2-114 Accumulator

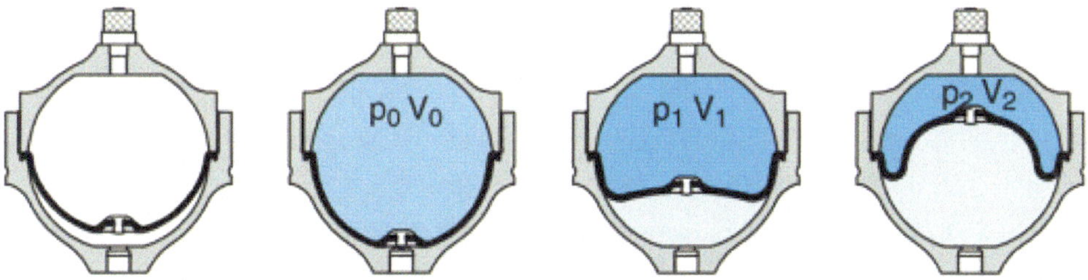

그림 2-115 Accumulator charging condition

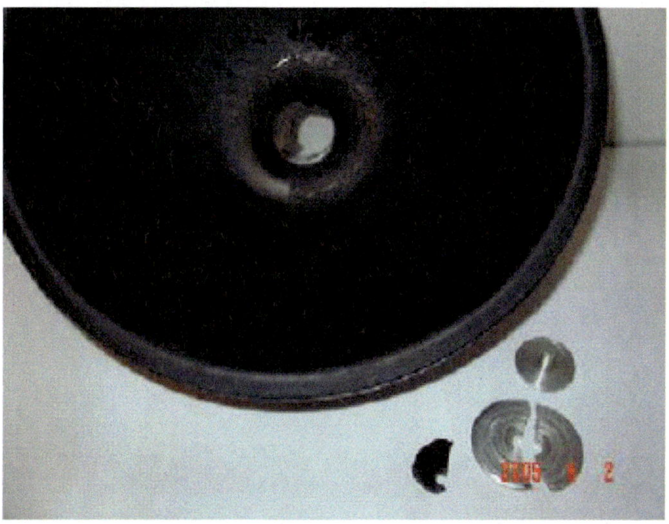

그림 2-116 Disc damage

2.2.2 Fuel valve & Exhaust valve

Two-stroke 저속 엔진의 개발과정에서 연료분사의 최적화에 필요한 슬라이드 연료 밸브(Slide fuel valve)가 도입되었고 이는 전자제어엔진뿐만 아니라 기계식엔진에도 도입되었다. 차이점은 전자제어엔진의 경우 225~300 Bar의 일정하게 가압된 유압에 의해 연료유 압력이 형성되어 연료분사가 일어난다는 것이다.

배기밸브는 유압의 소모량이 엔진의 효율에 미치는 영향이 크기에, 앞서 HCU에서 언급한 2단계의 액츄에이터 피스톤이 도입 되었고, 배기밸브의 경우 또한 유압의 소모량을 줄이기 위한 디자인 개선이 이루어져 왔다.

1) Fuel valves

연료밸브의 중요한 특성은 무화와 직분사 혹은 관통 능력이라고 볼 수 있다. 이는 완전연소를 위한 과정 인데, 불완전 연소의 원인이 잔유에 의한 후연소임이 밝혀지면서 잔유량을 줄이기 위한 노력이 이루어져 슬라이드 연료 밸브가 시장에 선보이게 되었으며, 잔유에 의한 불완전 연소를 제거하게 되었다. 슬라이드 연료밸브는 연료 분사 후 잔유가 남을 공간을 원천적으로 제거함으로써 문제점을 해결하였다. 이는 앞서 설명한데로 모든 Two-stroke 엔진에 적용되는 동일한 밸브 형식이다.

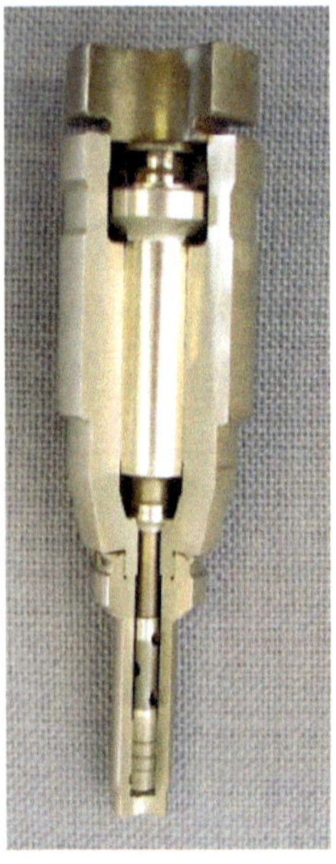

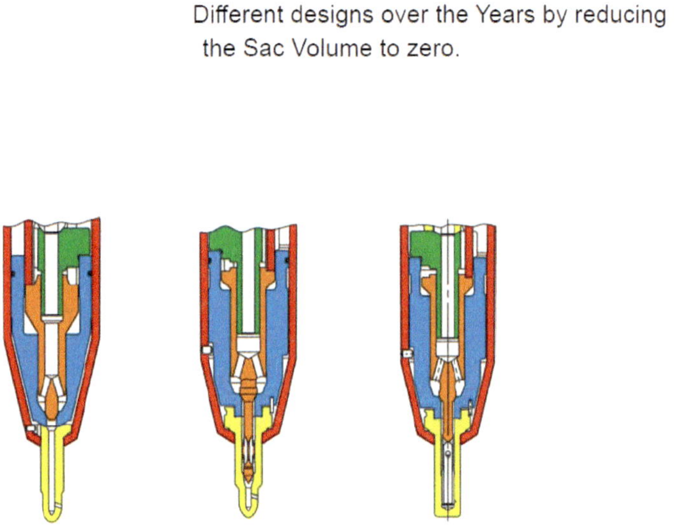

그림 2-117 Slide fuel valve

2) Exhaust valve

배기밸브의 디자인은 기존의 기계식 Two-stroke 엔진의 배기밸브가 그대로 사용되었다. Low force exhaust valve 1st generation으로 불리며 시장에 선보였으나, 이는 기존의 MC엔진의 디자인이다. 전자제어엔진의 배기밸브 디자인은 사용하는 유압의 양을 줄이고 엔진의 연비를 개선하기 위해 배기 밸브 측의 스프링 에어(spring air) 공간을 줄여 배기밸브 닫힘 시에 사용되는 유압 사용량을 줄이도록 개선되었다. 이를 위해 배기밸브 상부 측의 디자인 개선이 요구되었고 밸브 스핀들(valve spindle)의 직경을 줄이고, 스프링 에어의 공간 축소에 따른 배기밸브 개폐 시의 충격 흡수를 위한 오일 댐퍼(oil damper)가 추가 되었다. 이러한 디자인 변화는 강도가 높은 Nimonic spindle을 사용하게 만들었고 엔진의 단가를 상승시키는 원인이 되기도 했다. 개선안으로 Low force exhaust valve 2nd generation이 선보이게 되었고 이는 기존의

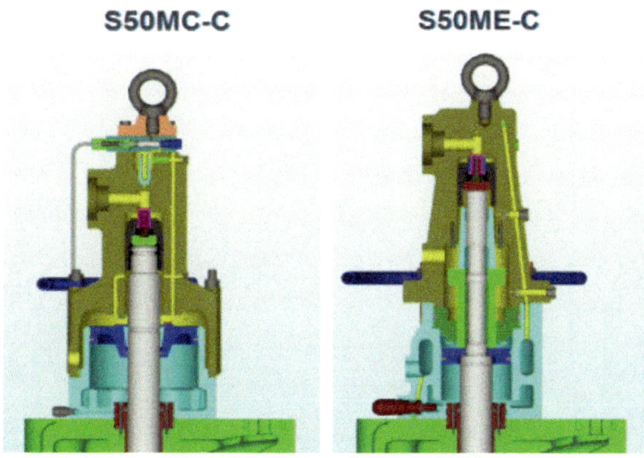

그림 2-118 Exhaust valve

MC엔진 배기밸브와 유사하지만 배기밸브 오픈에 필요한 유압의 소모량을 낮추게 되었다. 배기밸브의 닫힘은 기존과 동일하게 스프링 에어를 사용하여 닫을 수가 있다.

전자제어엔진의 배기밸브작동은 피드백 센서에 의해 감지가 이루어지며, 밸브의 오작동 또는 전기적인 노이즈와 결선의 문제 또한 감지하며 이를 알려주도록 기능이 구성되어 있다. 배기밸브 상부 측은 오리피스 또는 스로틀 밸브(Throttle valve)를 통해 배기밸브 상부 혹은 액츄에이터에 쌓이는 공기를 배출되게 한다. 공기의 혼입은 배기밸브의 원활한 작동을 방해하고 노킹(Knocking)을 유발하게 된다. 또한 배기밸브 스핀들에는 실링 링(Sealing ring)이 존재하며 배기가스의 상부로의 혼입을 차단하고 있다. 이 실링 링에 윤활유를 공급하기 위하여 Sealing oil control unit혹은 Controlled oil level type이 적용되어 있다.

배기밸브 작업 후 주의사항은 Low force exhaust valve 2nd generation의 경우 반드시 초기 Oil을 COL(Controlled oil level)에 공급하여야 하고, 모든 배기밸브는 개방 점검 후 스프링 에어 공급 후 작동유를 공급하도록 한다.

엔진의 비상운전 시 배기밸브를 긴급으로 닫아야 할 경우는 MOP에서 'Exhaust valve stopped' 버튼을 사용하여 중지가 가능하다.

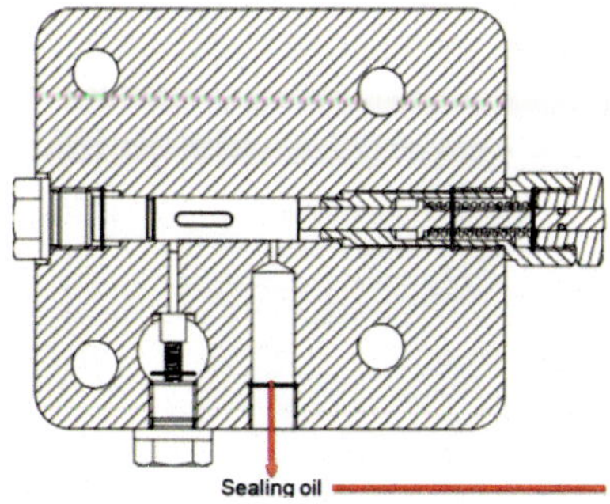

그림 2-119 Sealing oil control unit

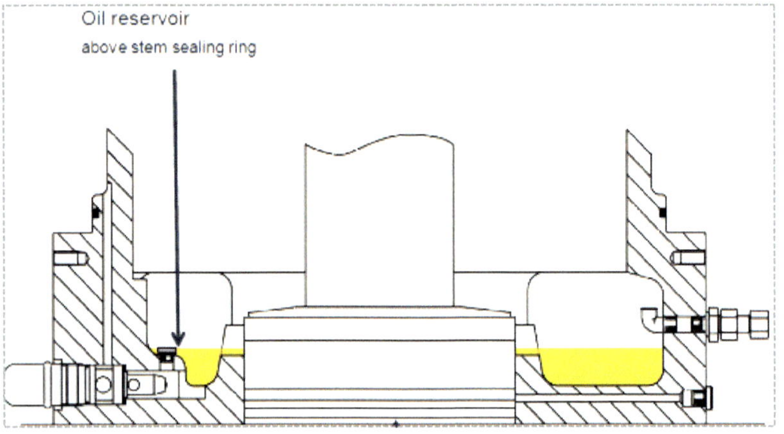

그림 2-120 Controlled oil level

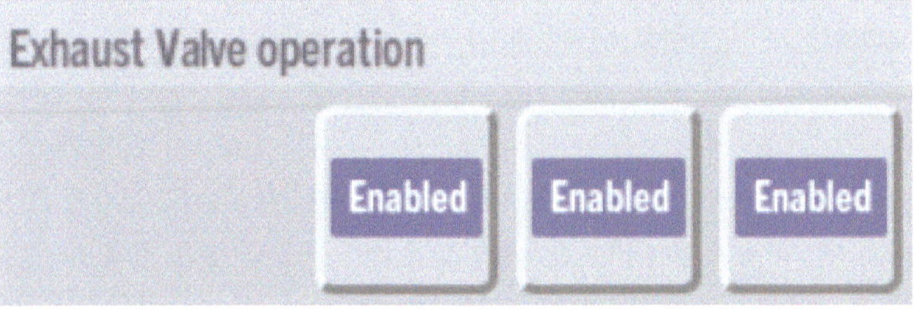

그림 2-121 MOP, Exhaust valve operation

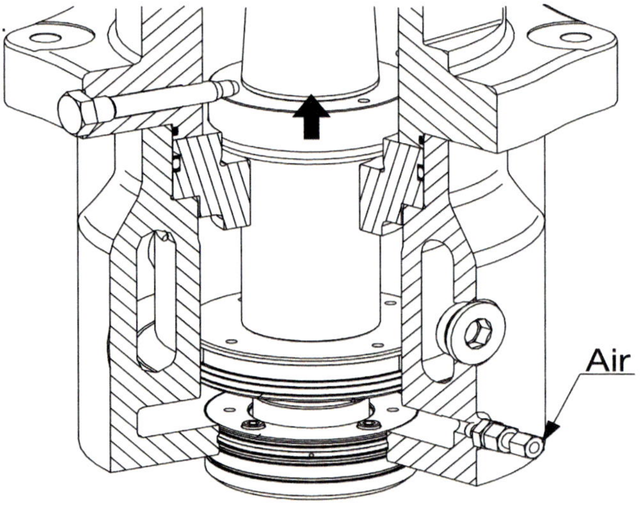

그림 2-122 Special running in

하지만 배기밸브를 지속적으로 열고자 한다면 특수한 절차를 따라야 하며, 이 절차는 배기밸브 마다 다르다. 배기밸브를 지속적으로 열고자 하는 이유는 특정 실린더의 사고로 인해 한 실린더를 감통하여 엔진의 부하를 증가 시키고자 한다면, 다른 기통에 의한 해당 실린더의 과도한 압축압력으로 인해 실린더가 리프팅되는 현상을 방지하기 위함이다. 이를 Cold lifting이라고 한다.

2.2.3 Hydraulic pump - Axial piston pump

전자제어엔진에 있어서 유압이란, 모든 작동 개소에 힘을 전달하는 중요한 역할을 하며 유압을 형성하는 펌프와 시스템은 매우 중요한 부분이다. 유압을 형성시키는 방법은 오직 유압 펌프에 의해서만 가능하다. 앞서 언급한데로 전기 모터에 의해 압력이 형성되는 경우를 Electric driven pump, 엔진에 의해 구동되는 펌프를 Engine driven pump라 한다.

펌프의 구성은 두 시스템 모두 동일하지만 Engine driven pump는 초기 기동 시 유압의 형성이 불가하기 때문에 Elec. start up pump에 의한 초기 유압 기동이 필요하다.

그림 2-123 Electric start up pump

1) Start up pumps

엔진의 기동에 있어 초기 유압을 형성하는 것은 Elec. start up pump이다. Engine driven pump 시스템에서만 Start up pump가 필요하며 Elec. driven pump의 경우는 필요 없다. Elec. start up pump의 경우, 초기에는 일반적인 기어펌프가 사용되었으나 펌프의 효율 개선을 위해 Axial piston pump가 도입 되었다. 이는 대형 Axial piston pump와 동일한 디자인을 가지며 펌프의 부하 제어는 토출압력과 릴리프 밸브의 설정치에 의해 제어 된다. 하지만 펌프의 기동 및 제어는 MOP에서 Auto/Manual 모드로 이루어지고 Local에서도 제어가 가능하다. MOP에서는 Engine stand by 신호가 Sub telegraph에 의해 주어지며, 이에 따라 Elec. start up pump의 Master pump가 기동이 되고, Slave pump가 순차적으로 기동이 된다. 시스템의 일정압력 형성 후 Slave pump는 자동적으로 정지하게 된다.

Elec. start up pump의 입구 압력은 Main lub. oil pump로부터 공급되며 이 압력이 형성되지 않으면 Elec. start up pump는 기동 되지 않으며, 혹시 운전 중이라 할지라도 펌프의 기동은 정지된다. 엔진이 운전되면 엔진의 rpm 신호에 따라 펌프의 기동과 정지가 자동으로 이루

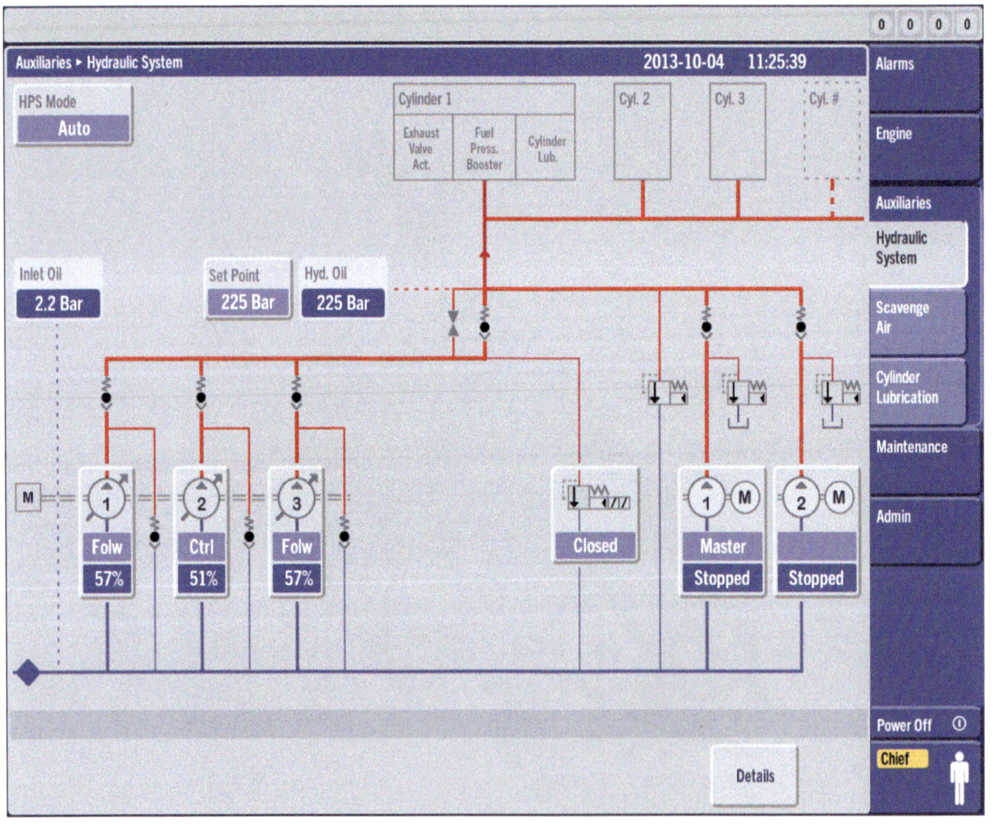

그림 2-124 MOP, Hydraulic power supply system

어진다. Manual 모드의 경우 펌프의 기동과 정지가 사용자에 의해 가능해진다. 하지만 Local에서의 기동 시 사용자의 주의가 요구된다. 앞서 MOP상의 Auto/Manual에서는 Engine driven pump 입구 측의 Lub. oil pressure transmitter가 인터록(Interlock)으로서 역할을 하지만, Local의 경우 윤활유 압력 스위치가 설치되지 않은 경우 메인 윤활유 압력이 형성되지 않더라도 기동 되어 펌프의 손상이 발생 될 수 있다. 모든 센서와 안전 기능이 있다고 하더라도 이것은 보조 수단일 뿐 반드시 사용자의 주의가 필요하다.

2) Engine driven pump

Engine driven pump는 엔진에 의해 구동되는 Axial pump를 사용하며 양방향으로 운전이 가능하다. 엔진이 역전운전을 하더라도 Axial pump는 양방향으로 운전되어 펌프의 회전 방향이 바뀜에도 동일한 토출방향으로 작동유를 보낼 수 있다.

펌프의 제어는 엔진 부하를 기준으로 파라미터에 입력되어 있는 설정 압력을 기준으로 한다. 설정된 토출 값을 현재의 압력과 비교하고 이 차를 줄이기 위해 펌프의 부하를 조정한다. 펌프의 부하조정은 각각의 ECU, ACU가 담당한다. 전기신호를 펌프 측의 파일럿 밸브에 보내고 파일럿 밸브의 조정에 따라 펌프의 Swash plate 위치가 바뀌면서 펌프 부하는 조정된다. 또한 변화된 압력 정보는 ACU를 통해 읽혀지며, 펌프의 현재 부하 또한 Swash plate 피드백 센서를 통해 읽혀지게 된다. 펌프는 기계적, 전기적으로 최대 부하에 제한을 받는 안전장치를 가진다.

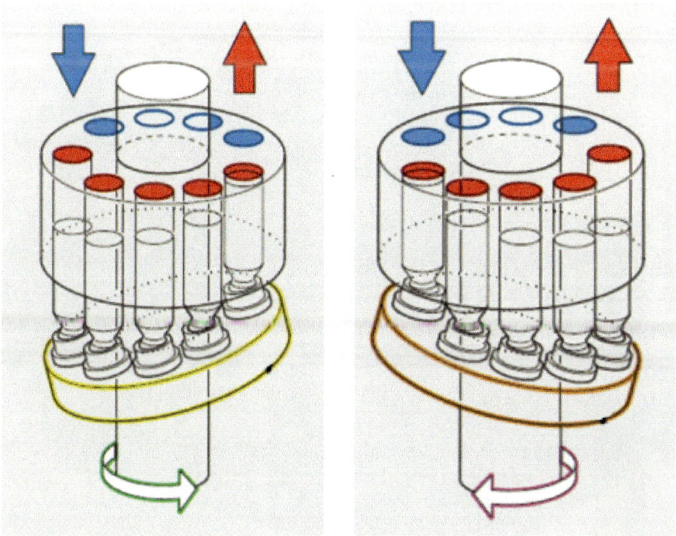

그림 2-125 Axial piston pump

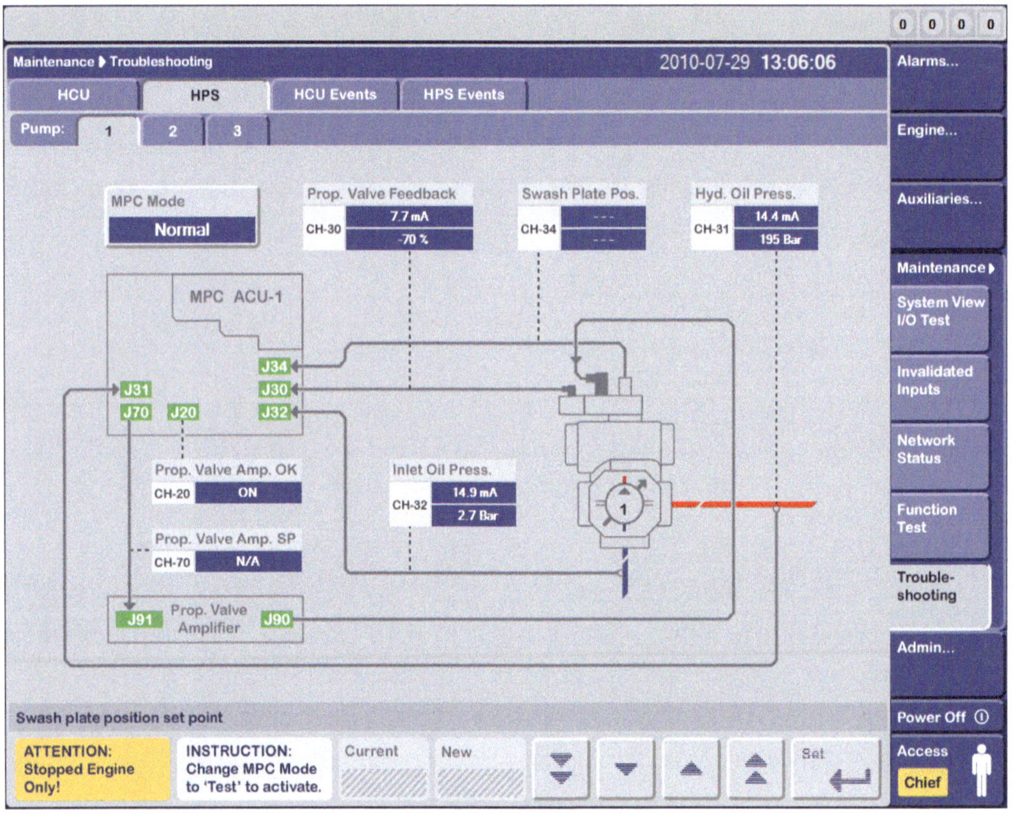

그림 2-126 MOP, Control algorithm, HPS

그림 2-127 Engine driven pump

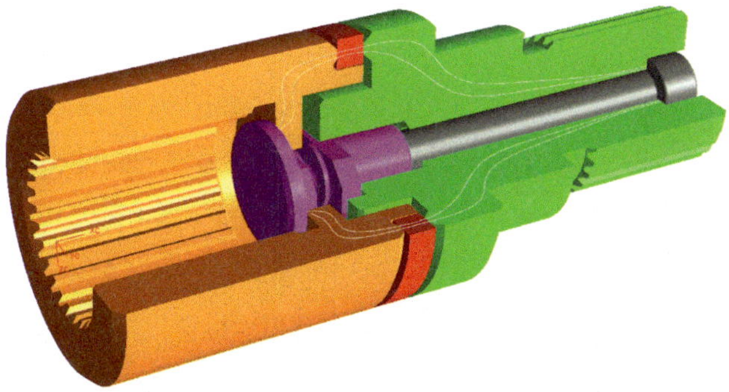

그림 2-128 Safety shaft

펌프는 Valve plate를 가지며, Suction과 Discharge plate로 나뉜다. 펌프의 플런저는 Swash plate의 각도에 의해 펌프의 회전에 따라 BDC에서 TDC로 움직임을 가지게 된다. 또한 엔진 rpm에 따라 펌프의 rpm은 비례하여 토출하게 된다.

펌프는 구동 샤프트(Drive shaft)가 돌아감에 따라 플런저 또한 회전한다. 펌프의 경우 본선에서의 개방 점검이 불가능하다. 만약 내부의 이물질 및 조정(Alignment)의 불량으로 인해 펌프가 손상되면 다른 펌프에 영향을 줄 수 있다. 이를 방지하기 위해 안전장치로 Safety shaft에 Fracture nut를 설치한다.

펌프 자체의 손상은 펌프 측의 토출 압력 측정으로 가능하며, 전기적인 문제의 경우 다른 현상을 가져오게 된다. 전원 소실, 퓨즈 또는 MPC, 파일럿 밸브, Swash plate 피드백 센서 등의 문제 시 Fail safe mode로 변환되어 펌프가 엔진에 의해 Ahead로 운전 될 때에 펌프가 운전할 수 있는 최대치로 운전을 하게 된다. 하지만 Astern으로 운전하게 되는 경우 펌프의 부하는 0이 된다.

엔진 사양에 따라 펌프의 대수는 3대에서 5대로 이루어지며, Engine driven pump의 경우 체인에 의해 구동된다.

이중 1, 2, 3 펌프의 경우 가변 펌프 이지만 4, 5번 펌프의 경우 부하가 Ahead max, Astern max로 고정되어 운전된다.

하지만 50 bore ME엔진의 경우 다른 크기의 엔진과는 달리 Gear driven되며 Start up & back up pump를 장착하고 있다. 이 펌프는 Start up pump로서의 기능 외에도 비상시에 두 대의 Start up & back up pump로 엔진 부하의 15%까지 운전이 가능하도록 설계되어 있다.

그 외의 엔진은 ME-B엔진으로 이들은 소형 Elec. driven pump를 사용한다. 대형 ME엔진의 경우에서도 Elec. driven pump를 옵션으로 선택하기도 한다.

2.3 MOP Operation

전자제어엔진의 사용에 있어 중요한 점은 새롭게 변화된 ME-ECS의 주요 기능과 추가된 Components 및 시스템을 이해하는 것이다. 그리고 사용자가 Operation과 Trouble shooting을 하고자 한다면 반드시 Main operating panel에 대한 이해가 필요하다. 이 장에서는 MOP의 세부 페이지에 대한 설명을 하도록 하겠다.

MOP는 엔진의 타입 및 시스템에 따라서 추가적인 기능들이 사용된다. 본 교재에서는 일반적인 공통 기능에 대하여 알아보도록 한다. MOP의 대표적인 기능은 Alarms, Engine, Auxiliaries, Maintenance 및 Admin으로 나뉘어지며 세부 페이지들로 구성되어 있다. MOP를 사용하기 위하여 두 가지의 사용자 Level이 있는데 Operator level과 Chief Level로 나뉘며 Chief level로 접속을 하여야 여러 가지 조정 권한을 가지게 된다.

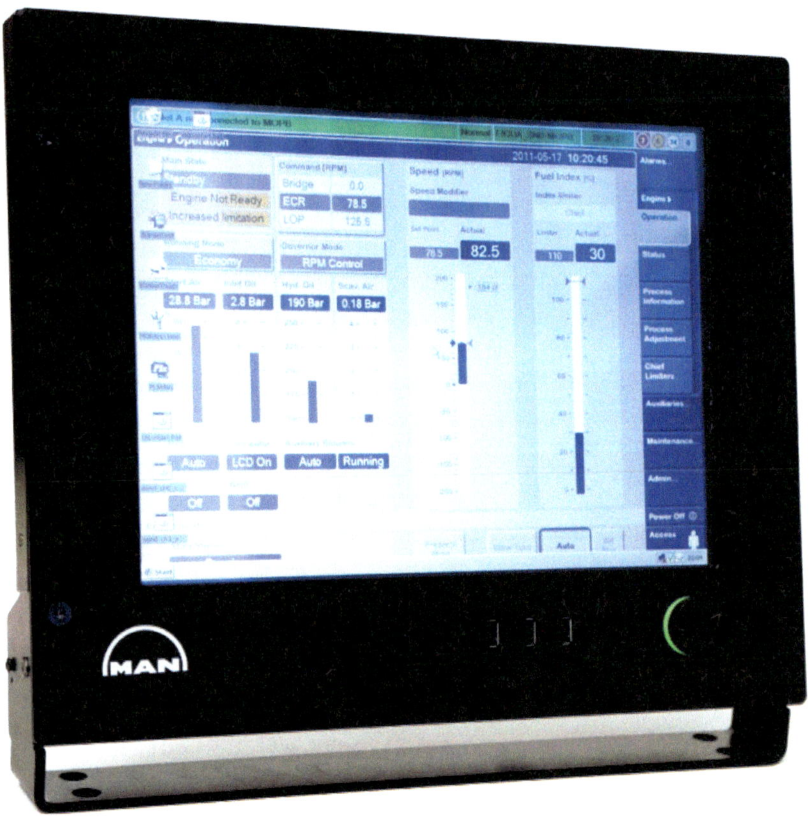

그림 2-129 MOP

2.3.1 Alarm

알람 페이지의 경우 Alarm list, Manual cut out, Channel list로 나눠진다. 알람 페이지 상에 발생하는 알람이 추가되고 현재 리셋되지 않은 알람 또한 지시가 되고 있다. 알람의 리스트와 알람의 개수가 명시가 되며, 그림 2-130과 같이 MOP 오른쪽 상부에 그와 관련된 숫자가 지시 된다.

알람 페이지의 기능으로는 현재의 알람을 확인하고 새롭게 발생되는 알람의 인지뿐만이 아니라 그림 2-131에서 보듯이 알람의 상태를 색깔별로 나타내어 준다. 또한 현재 알람의 발생 원인 및 해결책에 대해 기술적 의견을 제안한다. 하지만 이러한 제안은 현재의 엔진 상태에 대한 종합적인 조언이 아닌 알람의 내용에 대한 해석일 뿐 사용자는 이를 참조만 하여야 한다.

그림 2-130 Alarm number

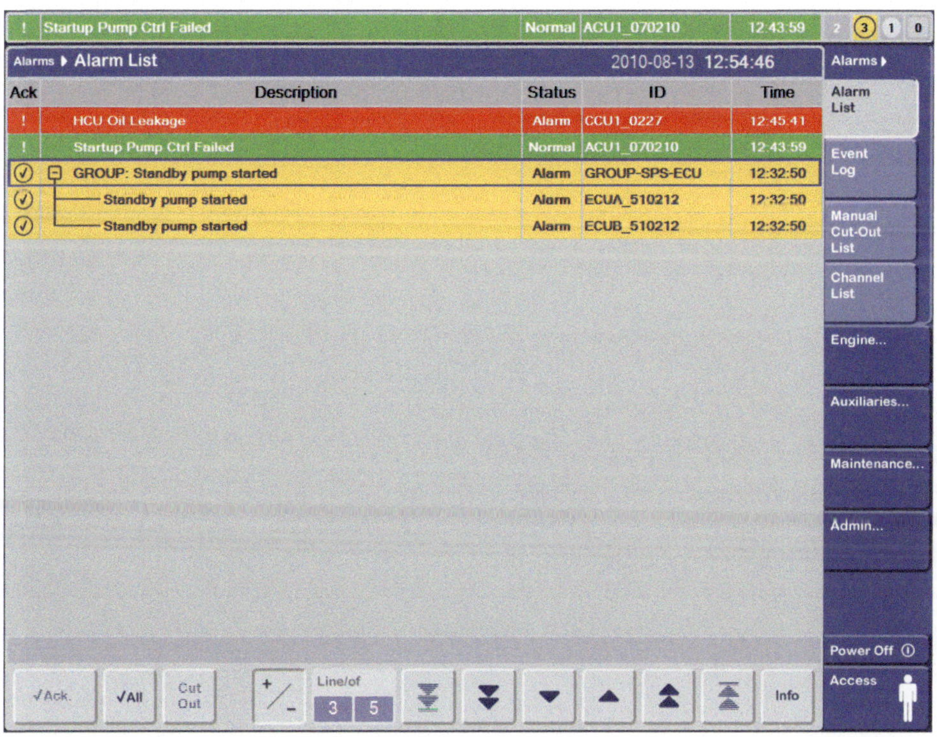

그림 2-131 MOP, Alarm list

추가적인 기능으로 알람의 발생을 사용자가 차단할 수 있다. 알람 페이지에서 Cut out 버튼을 누르게 되면 알람은 알람 페이지에서 더 이상 발생하지 않으며, 오직 Event log에만 그 히스토리가 저장이 된다. Cut out된 알람들은 그림 2-133의 Manual cut out 리스트에서 확인이 가능하다.

그림 2-134에 나타나있는 Event log의 경우 MOP에 저장된 알람 히스토리들을 Item별, 시간별 분류를 하고 알람 발생 시점을 확인하여 점검이 가능하며, 분류된 알람을 사용자가 저장하여 사용할 수 있다.

그림 2-135의 Channel list는 ME-ECS와 관련된 모든 Channel과 알람에 대한 리스트로 Detail버튼 기능을 통해 Description의 확인이 가능하여 사용자로 하여금 알람이 발생하기 전에 이에 대해 사전 인지할 수 있게 한다.

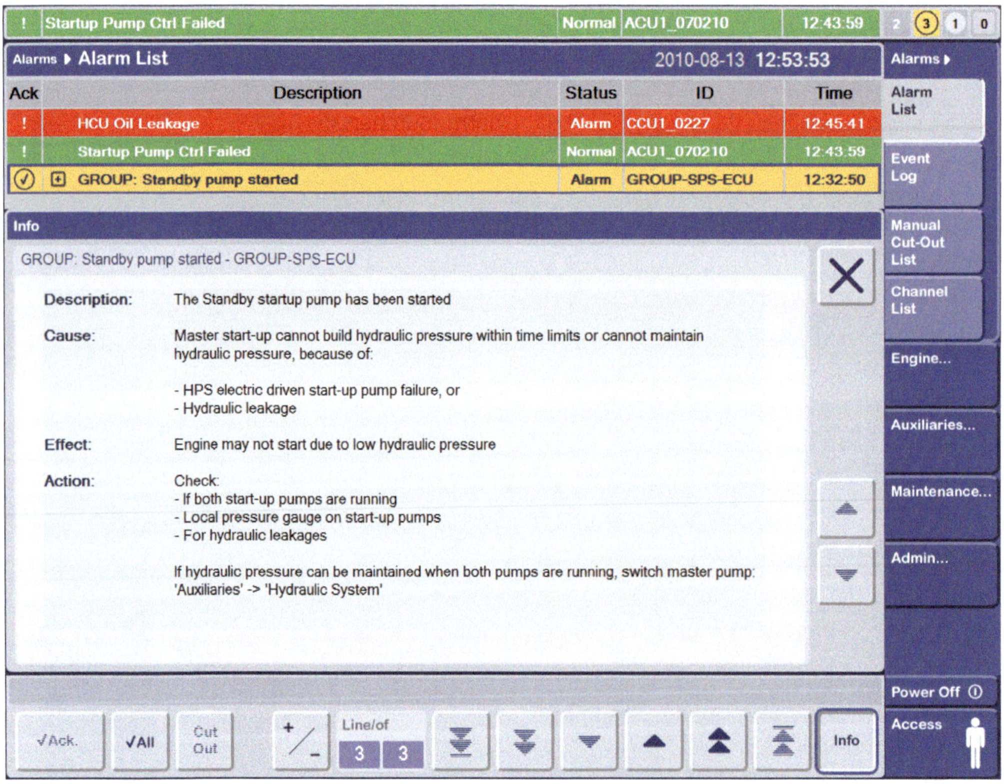

그림 2-132 MOP, Alarm description

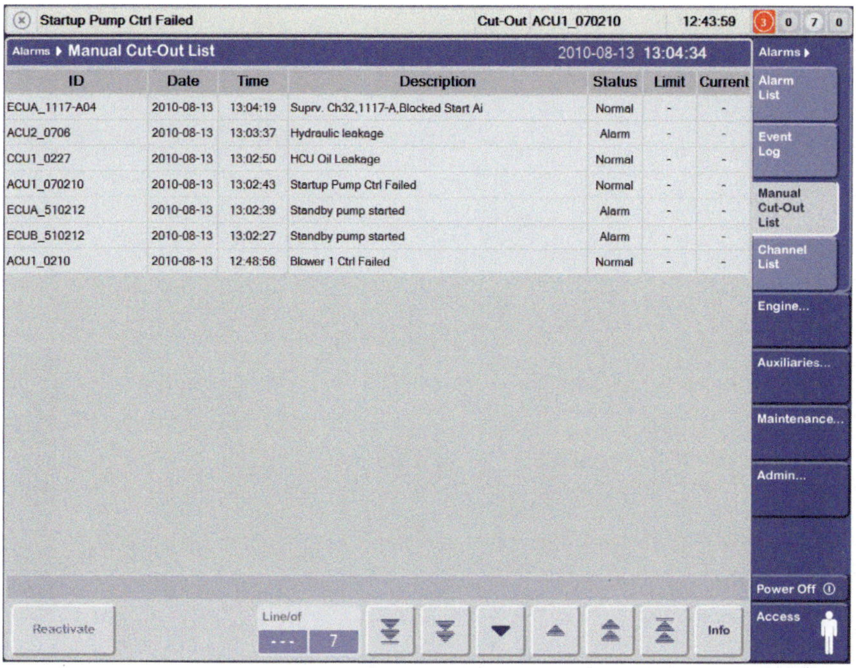

그림 2-133 MOP, Manual cut out list

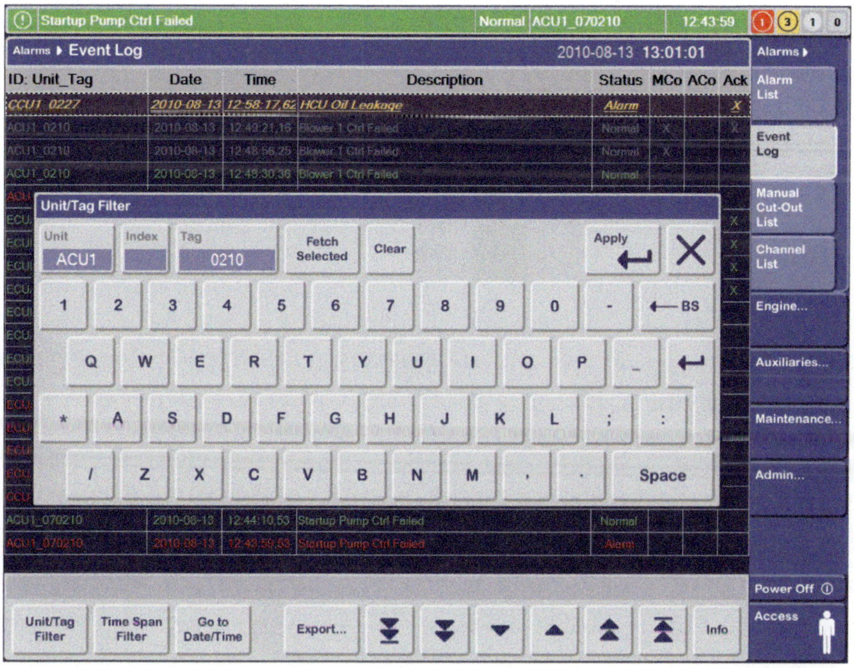

그림 2-134 MOP, Event log

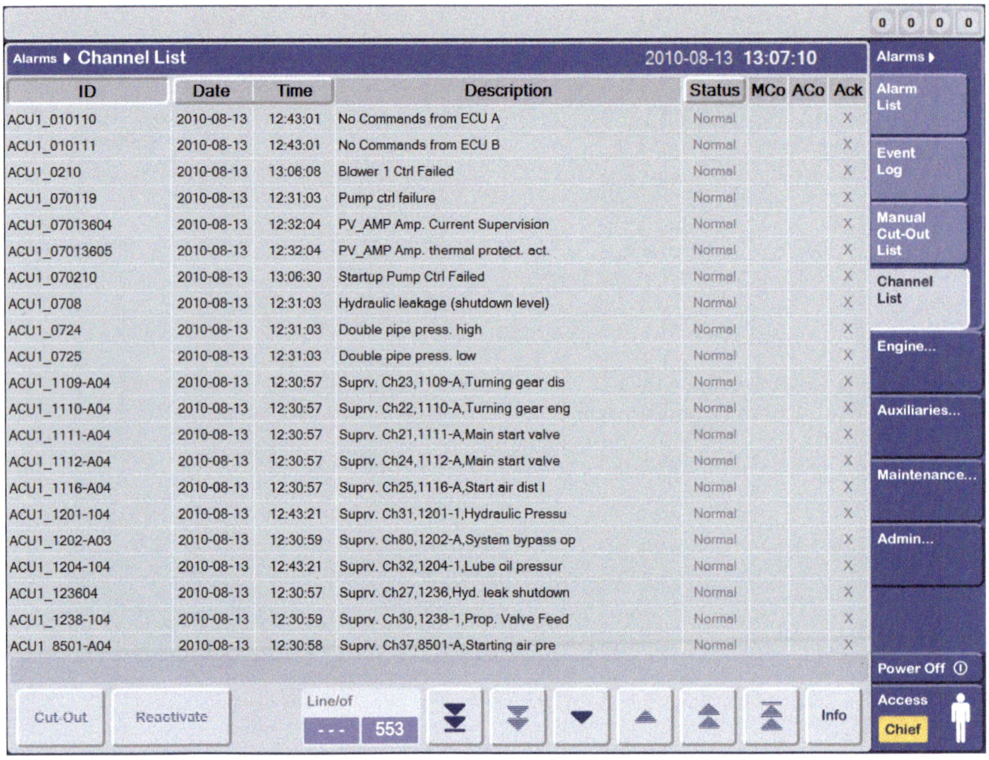

그림 2-135 MOP, Channel list

2.3.2 Engine

1) Operation

그림 2-136의 Operation 페이지는 사용자가 엔진의 현재 운전 상태를 확인하기 위한 페이지이다. rpm, Fuel index 등 여러 가지 시스템의 상태 및 압력 정보 그리고 엔진 준비 및 운전을 위한 기능들이 나타나 있다.

Main status는 FWE / Stand by / At sea 엔진의 현재 상태를 나타낸다. 단순한 상태 지시 외에도 엔진을 기동하기 위한 준비조건에 대한 항목을 나타내고 있다. 엔진의 준비조건과 비교하여 엔진이 Engine not ready인지 Engine not blocked인지 확인이 가능하다. Running 모드의 경우 Economy 모드와 Emission 모드가 있는데 Economy 모드의 경우 일반적인 연료절감 모드를 이야기 하며, Emission 모드의 경우 NOx 배출가스의 저감 기능을 의미하는 것이다. 엔진의 Tier Ⅰ, Tier Ⅱ, Tier Ⅲ에 따라 서로 NOx 저감 장치를 사용하고 있지만, Tier Ⅱ엔진을 제외하고는 Emission 모드 기능을 가지고 있다. Command는 Telegraph에서 지시하는 rpm order 값이다. 이 값이 EICU로 들어가게 되고 현재의 rpm과 비교하여 Modified rpm으로 계산되어 EICU로부터 출력이 나오게 된다. Control position은 위치가 바뀌면 색깔이 바뀌게 되는데, ECR 모드에서 rpm fine adjust로 들어가면 Telegraph의 위치에 관계없이 rpm조정이 가능하다. Governor 모드의 경우 rpm 컨트롤 모드와 Torque 모드가 있는데 일반적으로 모든 조건에 rpm 컨트롤 모드를 사용하며, 날씨가 좋은 구역에서 연료소모량을 감소시키기 위해 Torque 모드를 사용하게 된다. 그 외에도 압력 정보를 나타내는데 Inlet oil pressure의 경우 HPS의 Engine driven pump혹은 Electric driven pump시스템의 펌프 입구 측에 설치된 Inlet oil pressure 센서의 평균값을 나타내는 것이다. Starting air pressure의 경우 시동공기 현재 압력을 나타내며, HPS, 보조블로워, Lubricator, PTO 시스템의 상태를 나타내어 준다. 또한 rpm과 Fuel index에 관한 사항을 현재 상태와 계산된 값으로 나타낸다. Prepare start를 누르게 되면 실린더 오일의 주유와 함께 보조블러워가 운전되고, Slow turn버튼을 누른 뒤 Telegraph를 움직이게 되면 엔진은 Slow turn이 이루어진다. Auto 버튼을 누른 상태에서 Telegraph를 작동시키면 엔진은 Fuel running 하게 되며, Air run버튼을 누르고 Telegraph를 움직이게 될 시 Air run이 시행 된다.

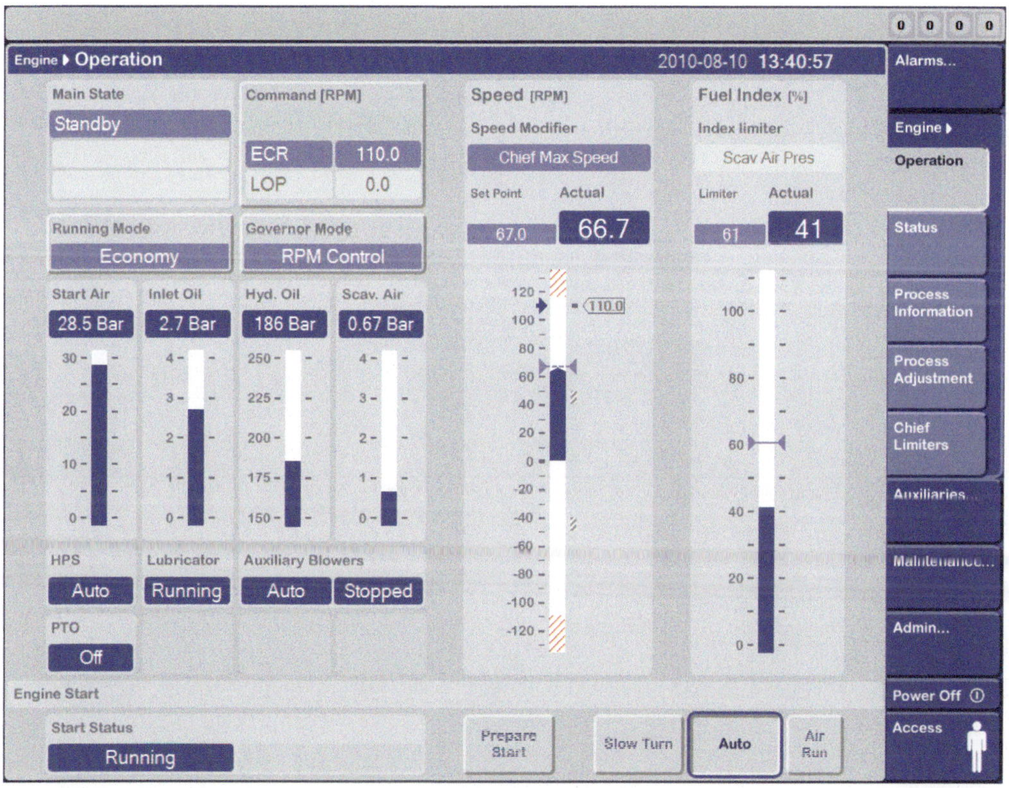

그림 2-136 MOP, Operation

2) Status

엔진을 준비하는데 있어 각 밸브 및 센서들의 정보 값에 대해 알려주며, 엔진의 정지나 준비상태에 대해 현장의 신호를 사용자에게 알려준다. 알려 준 신호 중 어느 하나라도 만족하지 않는다면 엔진은 알람을 주며 엔진의 기동을 차단한다. 그림 2-137에서 보이는 Status 화면의 Detail버튼을 누르면 각 수치와 관련된 센서들의 모든 값을 확인 가능하며, 엔진 기동과 관련한 솔레노이드 밸브의 작동 테스트를 할 수가 있다.

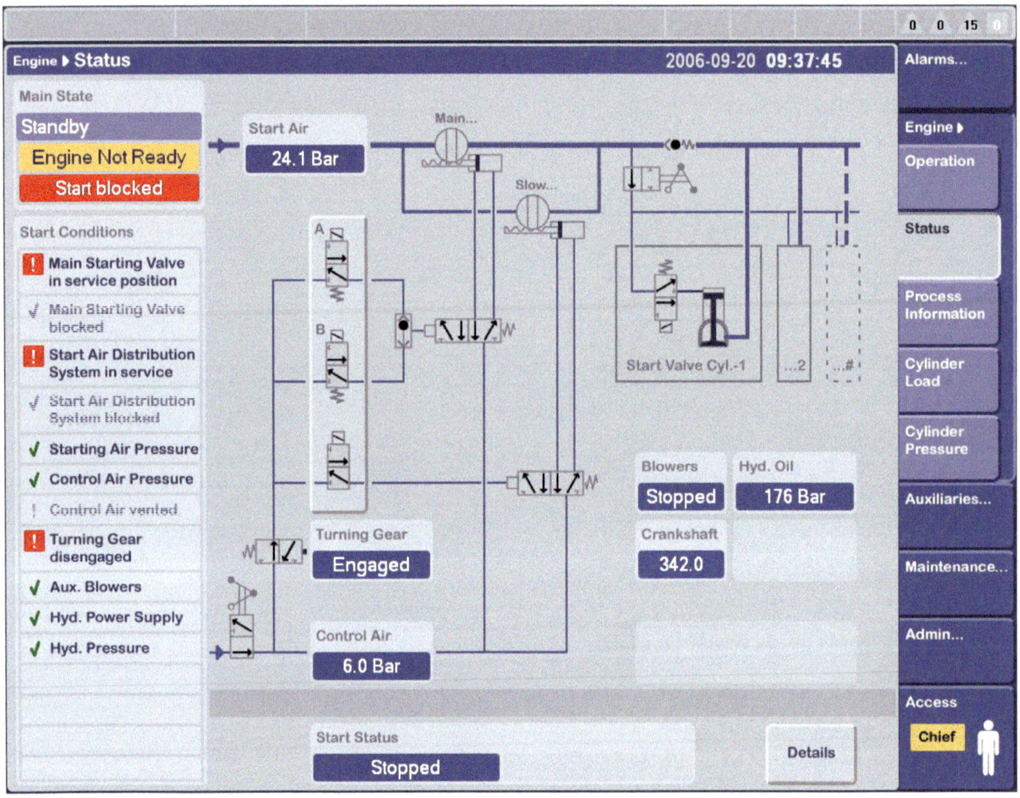

그림 2-137 MOP, Engine - Status

3) Process information

Process information 화면은 그림 2-138과 같다. 엔진의 현재 운전 상태와 관련하여 rpm, Fuel index limiter에서 작동되고 있는 기능을 나타내어 사용자에게 알려준다.

엔진의 제어 알고리즘은 엔진 부하를 기준으로 모든 것이 이루어진다. MOP에 저장된 엔진의 Parameter는 Shop test기준의 데이터가 저장이 되어있으며, 이 데이터를 사용하는 기준이 엔진의 현재 부하인 것이다. 현재의 엔진 부하에 따라 각종 명령의 기준이 되는 파라미터를 사용함으로써 엔진을 제어할 수 있는 것이다.

여기서 말하는 엔진의 부하는 측정된 값이 아닌 계산된 값이다. 이 계산의 기준은 rpm과 Fuel index이므로, 두 값의 정확도는 매우 중요하다.

rpm의 경우 Angle encoder를 이용하여 측정하며, Fuel index의 경우 ECS의 값을 이용하지만 연료의 고유 열량에 따라 필요한 연료의 양은 달라지기 때문에 이를 보정할 필요가 있다. 이 보정을 위해 Applied fuel quality offset 값의 조정이 필요하다.

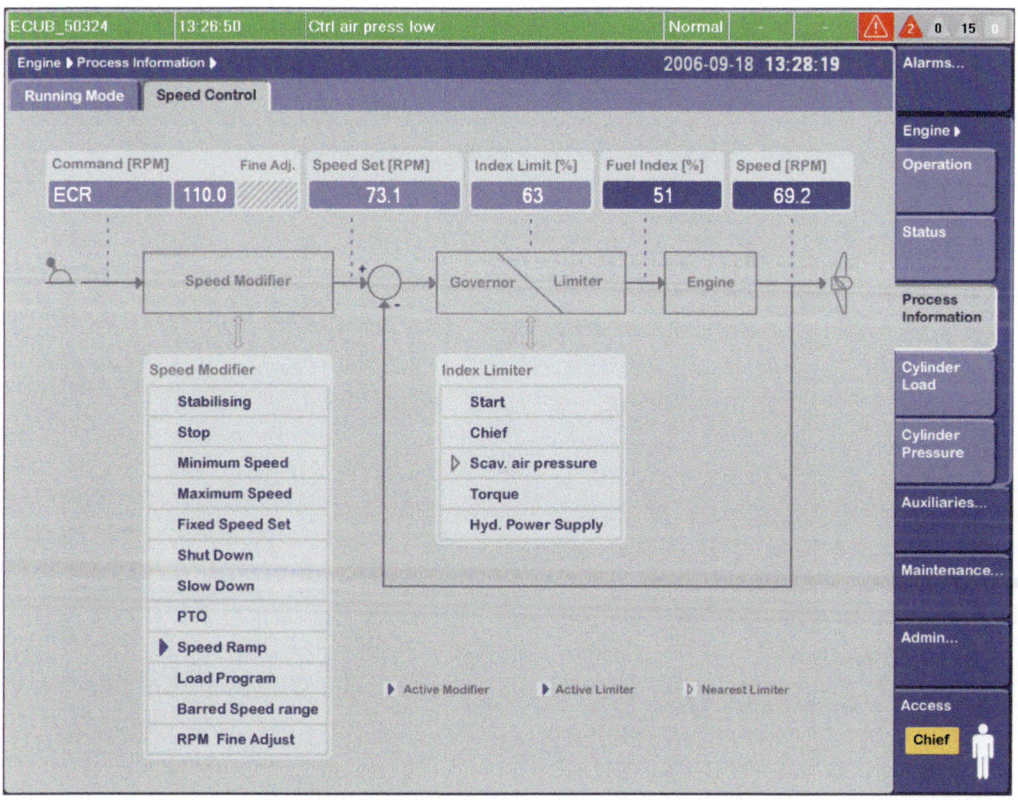

그림 2-138 MOP, Engine – Process information

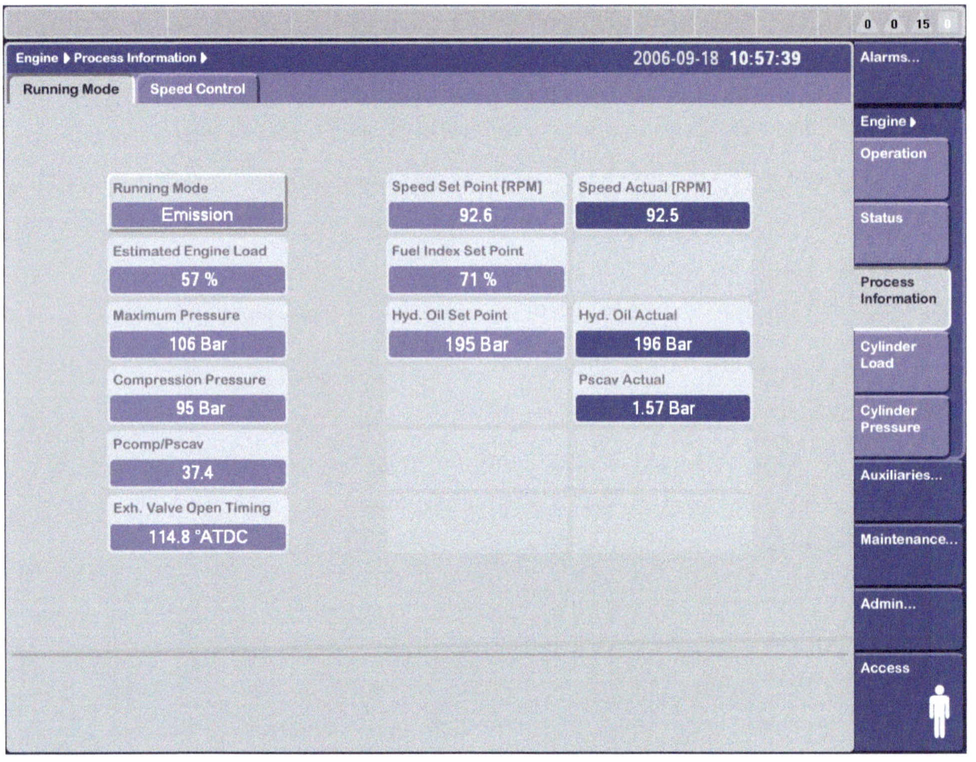

그림 2-139 MOP, Engine parameter

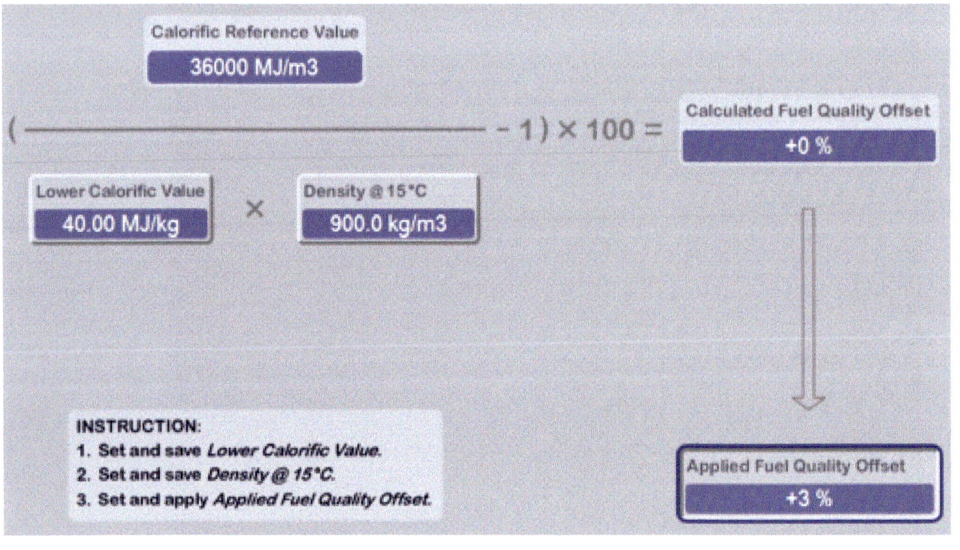

그림 2-140 MOP, Applied fuel quality offset (11/11)

4) Process adjustment

PMI 시스템의 경우 On line PMI와 Off line PMI로 나뉘게 된다. On line PMI의 경우 Auto tuning 페이지를 사용하게 되며, Off line PMI를 이용해 계측한 자료는 Cylinder load, Cylinder press 페이지에서 조정하게 된다. 그림 2-141의 Process adjustment는 엔진과 관련된 각종 parameter값을 조정하는 페이지이다. 즉, 현장에서 기기적인 부분을 조정하지 않고 PMI 시스템으로부터 읽고 계산된 값을 바탕으로 MOP에서 이 수치를 조정하는 것이다. Pi는 평균 유효압력과 관련이 되어있으며, 실제 연료소모량과 관계가 된다. Pmax의 경우 연소실 최대폭 발압력을 나타내며 이는 연료의 분사시기와 관계가 된다. Pcomp의 경우 연소실 내의 최대 압축압력과 관계가 되며 배기밸브의 닫힘 시기와 관련이 있다. 추가적으로 배기밸브의 열림 시기의 조정으로 배기가스 에너지의 공급 조절도 가능하다. 이는 Waste heat recovery 시스템, EGR 시스템에서 사용되는 기능이다.

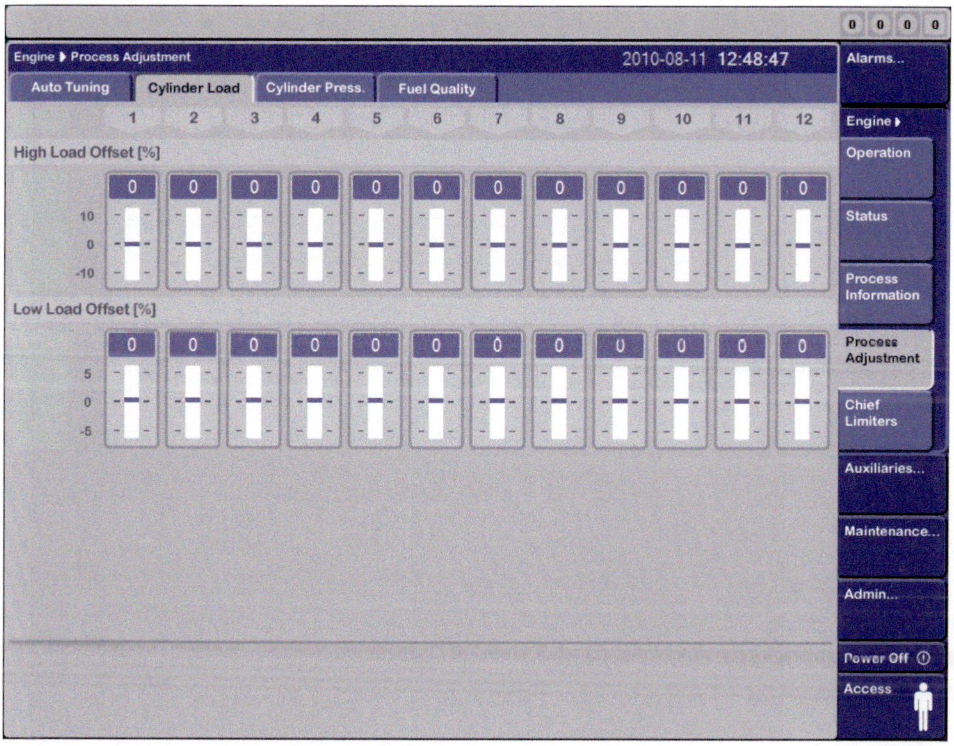

그림 2-141 MOP, Process adjustment

5) Chief limiters

그림 2-142에서 보는 Chief limiters 화면에서 사용자는 rpm, Load, Fuel index에 대한 모든 수치를 제한 할 수 있다. 또한 배기밸브의 작동을 조정할 수가 있으며, HCU측에 있는 FIVA feed back 센서, Fuel oil pressure booster feed back 센서로 부터 이상 작동 및 이상 신호 감지 시 HCU를 Fail to safe 모드로 전환 할 수 있다.

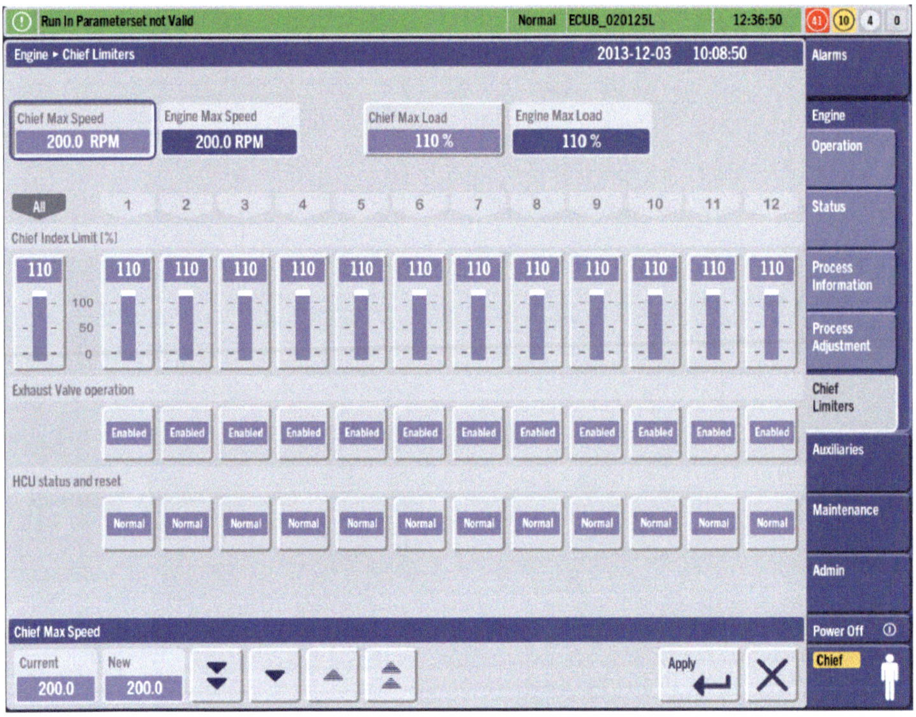

그림 2-142 MOP, Chief limiters

2.3.3 Auxiliaries

엔진과 관련된 보조 시스템은 여러 가지가 있으나, 그 중에서도 ME-ECS와 연관이 되고 그 신호가 MOP로 전달되는 보조 시스템은 Hydraulic power supply 시스템, 보조블로워, Cylinder lubrication 페이지가 있다.

1) Hydraulic system

그림 2-143에서는 HPS 시스템의 현재 운전 상태를 확인할 수 있다. HPS 시스템의 모드는 Auto와 Manual로 나뉘며, Manual로 전환 시 SHD 밸브의 테스트, Hyd. press set 수치의 재설정, Electric start up pump의 수동 운전 등이 가능하다. 일반적으로 Auto 모드를 사용하게 되는데 이때에 Engine driven pump의 Control / Follow의 선정을 할 수 있다. Pump의 용량을 개별적으로 조정할 수는 없으며, 각 Control unit에 의해 제어가 이루어진다. 또한 Pump의 부하와 시스템의 압력은 실시간으로 나타나게 된다. 만약 펌프와 관련된 전기시스템의 문제 발생 시 펌프는 Fail로 인식하고 표시하며, 이를 Reset 하기 위해서는 Reset 버튼을 눌러야 한다.

Hydraulic 시스템에는 각 종 압력이 지시되며 200 bar 시스템의 경우 Double wall pipe의 Inner pipe가 누설하는 여부를 압력으로서 확인을 할 수 있다. Electric start up pump의 경우에도 사용자에 의해 기동 및 정지가 가능하며 Master와 Slave의 지정이 가능하다.

Pump torque limiter 기능은 제어시스템을 통해 시스템의 안전을 위하여 펌프의 운전 부하를 제한하는 역할을 한다. 이 기능은 사용자에 의해 취소가 가능하며, 또한 알람의 기능으로만 남은 시스템도 존재 한다.

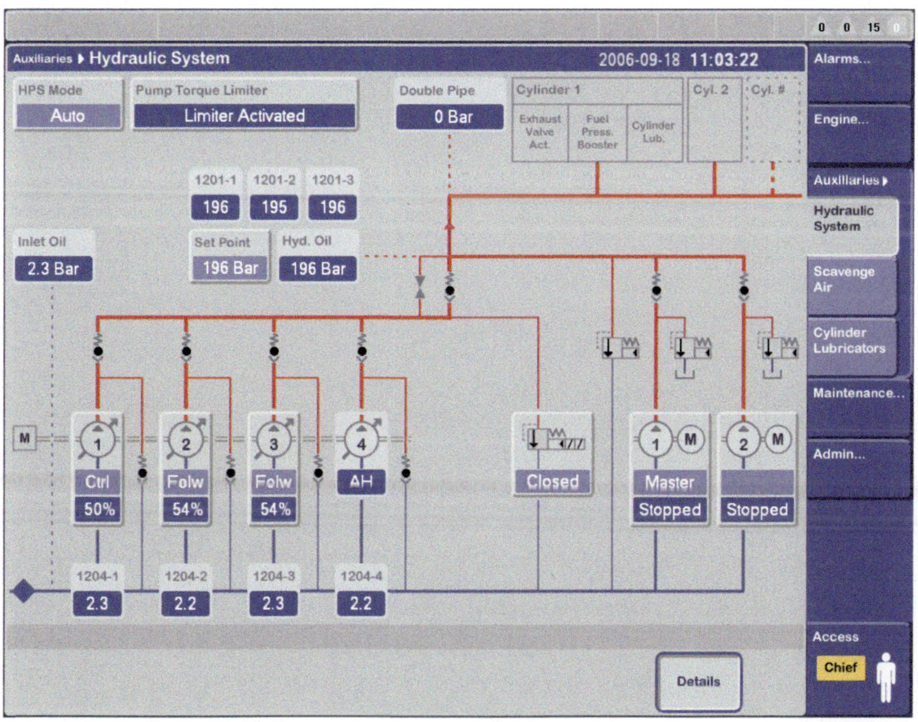

그림 2-143 MOP, Hydraulic system

2) Scavenge air

그림 2-144의 Scavenge air 페이지는 보조블로워의 운전 상태를 나타내며, 소기압력에 의해 보조블로워의 기동 및 정지가 가능하다. 또한 Auto, Manual 모드의 선택이 가능하며 Manual 모드로 선택 시 수동으로 보조블로워의 기동 및 정지가 가능하다.

보조블로워의 경우 2대에서 5대로 구성이 되며 ACU 1, 2, 3, ECU A, B에 의해 제어가 이루어진다.

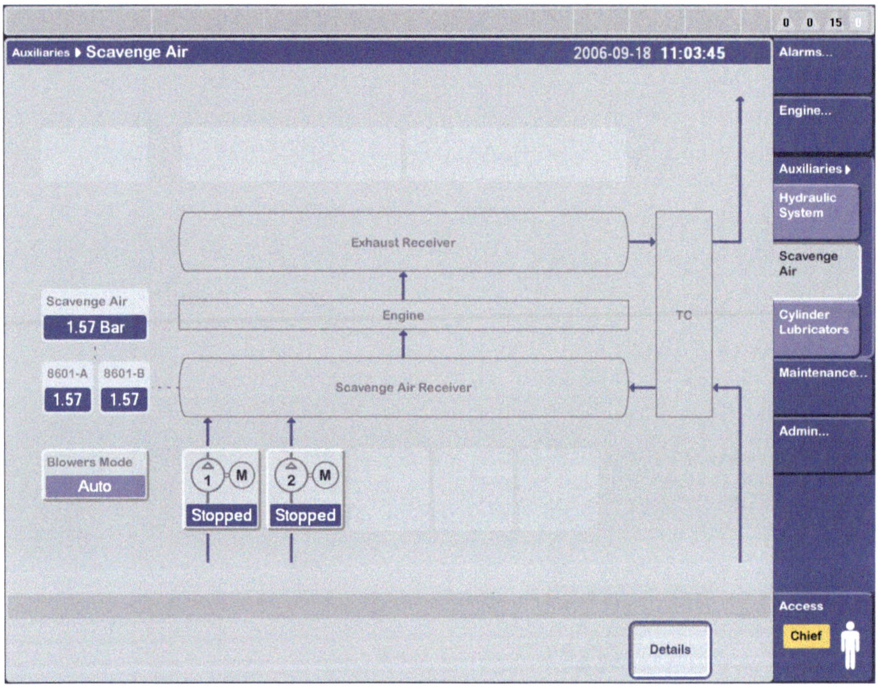

그림 2-144 MOP, Auxiliary blower

3) Cylinder lubricators

그림 2-145 MOP 화면에서는 엔진의 각 실린더 별 실린더 오일의 주유량 조정이 가능하다. 하지만 실린더 오일 주유량을 실측하여 모니터링 하지 않고, 다만 계산에 의해 소모량을 예측할 뿐이다. Flow를 통해 현재의 소모량을 나타내고, 합계 소모량을 통해서 실린더 오일의 누적된 주유량을 지시하며, Load change dependent는 Telegraph handle이 10초 이내 10% 이상 변경 시 30분 동안 25% 추가 주유를 실시하게 된다. S%는 사용자에 의해 연료의 황 함유량 수치가 기입되며, Feed rate factor는 최적의 주유량 선정에 중요한 수치이다. Basic feed rate = S% * Feed rate factor에 의해 조정이 된다. Feed rate adjust factor는 추가 가능한 주유량을 조정해주는데 사용이 되며, Min feed rate의 경우 최소 주유량의 하한계를 지정하게 된다. Running in의

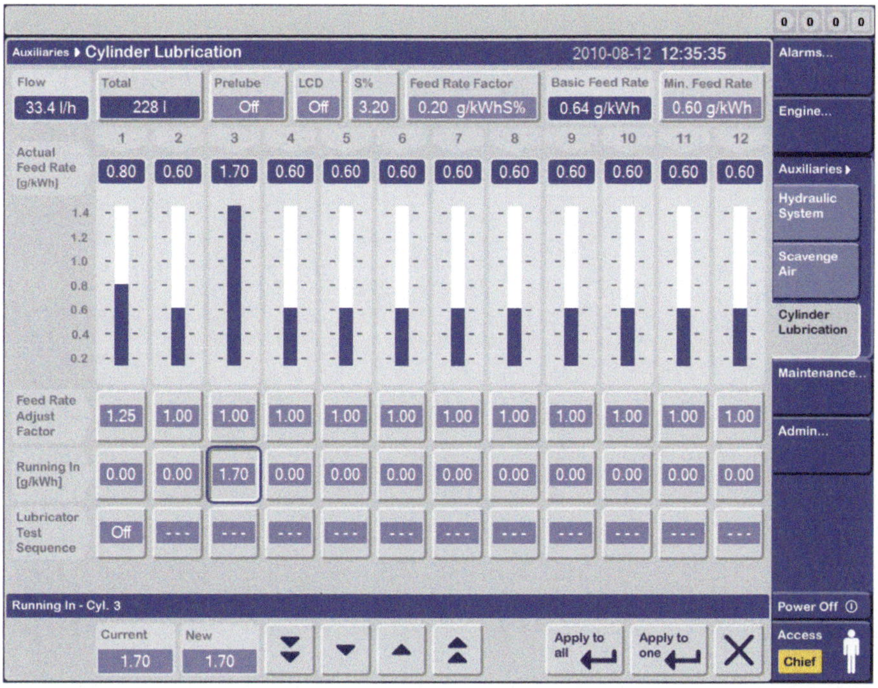

그림 2-145 MOP, Cylinder lubrication

경우 Running in 과정 시 수치를 입력하기 편리하게 하는 버튼이며, Lubricator test sequence는 한번 누를 시 1,000번 주유가 이루어져 실린더 오일 주유상태 확인이 가능하다.

2.3.4 Maintenance

1) System view I/O test

ME-ECS의 각 Control unit의 상태를 확인할 수 있다. 정상 상태인 경우 녹색의 체크 마크가 표시 되며, 문제 발생 시 빨간색의 사선이 지시되게 된다. 각 MPC는 Normal 모드가 정상인데 Test를 하게 될 경우 T, Test라고 표기가 되게 된다. 각 종 파라미터를 조정하거나 저장할 경우 B, Blocked 표시가 나타나게 된다. 즉 각각의 Control unit를 확인하지 않더라도 ME-ECS의 각 Unit 확인이 가능하며, 네트워크의 신호를 통해 정보가 전달되게 된다.

MPC의 모드가 Test 모드로 바뀌게 되면 Output channel 신호는 사용자에 의해 조정이 가능해진다. 이를 통해 전기 시스템 전체의 확인뿐만이 아니라 각종 전자밸브의 작동 테스트 확인, 각종 센서의 작동상태 확인 등과 같은 Function test가 가능하다. 하지만 이러한 기능은 정상적인 Control unit의 기능을 중지시키기 때문에 반드시 엔진이 정지 중에 사용되어야 한다.

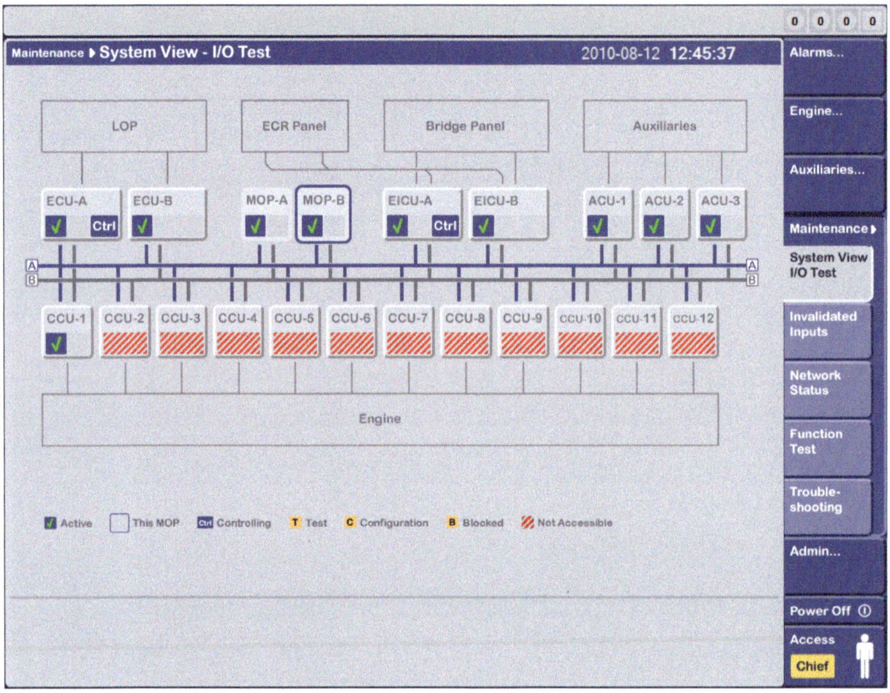

그림 2-146 MOP, System view I/O test

그림 2-147 MOP, Channel list

2) Network status

모든 ME-ECS의 Control unit과 MOP는 서로 통신을 하게 된다. 이러한 시스템의 작동상태를 그림 2-148에서 보이는 네트워크 상태를 통해 확인할 수 있다. 특정 Unit의 한 개 네트워크 케이블 문제가 발생 시에는 노란색의 경고가 발생한다. 이는 해당 Unit에 한 개의 통신 문제가 발생하더라도 엔진의 운전에 지장을 주지 않기 때문이다. 하지만 네트워크 케이블 모두가 문제가 발생할 경우 빨간색의 알람을 띄우게 된다. 이와 관련된 사례는 네트워크 Failure에서 자세히 다루도록 하겠다.

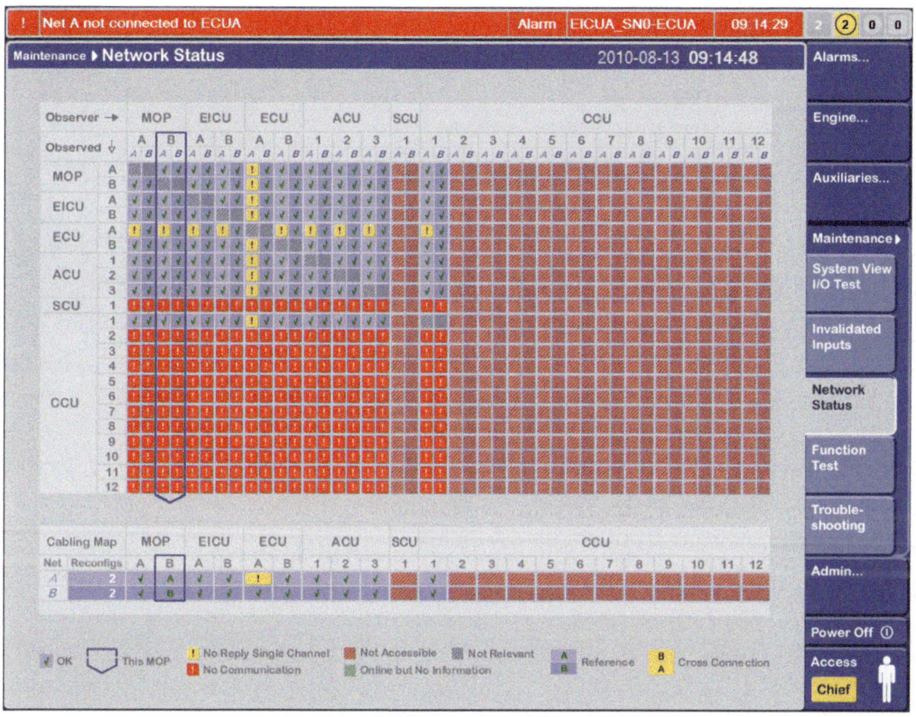

그림 2-148 MOP, Network status

3) Function test

전자제어엔진에 있어 각종 Components의 작동 테스트, 그와 관련된 센서 및 전기 전자 부품들의 상태를 확인하는 것이 Function test이다. MOP로부터의 지령과 피드백을 통해 각종 수치가 나타나게 된다. 이는 HCU, TACHO, HPS로 크게 나뉘며, 이와 관련된 센서 중 일부는 이러한 Function test에 의해 그 기능을 점검 받아야 하며, 그렇지 않은 경우에는 단순히 교환 설치 후 작동을 해도 무방하다.

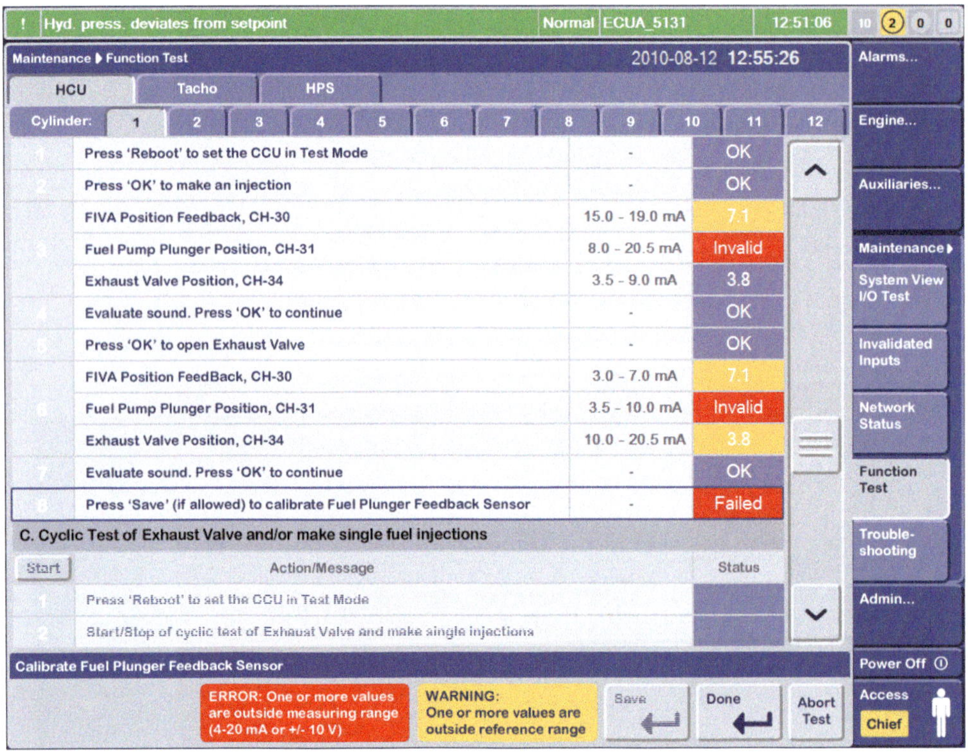

그림 2-149 MOP, HCU function test

특히나 Fuel oil pressure booster feedback 센서, Angle encoder, Swash plate feedback 센서의 경우에는 Function test가 필요하게 된다. Function test를 위해서는 앞서 이야기한 바와 같이 MPC test 모드가 필요하게 된다. 모든 절차는 MOP에 명시된 데로 순차적으로 진행을 하여야 하며, 반드시 현장에 확인자가 필요하다.

MPC를 Test 모드로 전환한 후에 연료 분사와 배기밸브작동을 한 뒤 수신된 Feedback 신호를 읽고 신호 이상 시 문제의 원인을 확인하여야 한다. 테스트 결과가 정상이라면 수치를 저장하고 다시 한 번 더 사용자가 테스트를 할 수가 있다.

Tacho의 경우 Angle encoder를 Calibration할 시에 사용을 하게 되며, 이를 시행하기 위해서는 PMI 시스템이 필요하게 된다. Angle encoder가 인식하는 TDC와 실제 엔진 회전 중의 TDC는 그 수치의 차이가 있기 때문에 엔진의 최고 압축압력 정보를 받아 이때의 신호와 Angle encoder A, B로부터 읽어 들인 신호를 비교하여 편차를 MOP에서 줄이도록 하고 있다. Tacho 시스템을 calibration 전에 모든 전기적인 시스템의 확인이 필요하게 된다. 이에 Pre start test를 통해 모든 전기적인 시스템과 Angle encoder의 상태를 확인하게 된다.

HPS의 경우 ACU로부터 파일럿 밸브로 보내는 전기 신호를 조정하여 제어 피스톤을 조정하게 하고 Swash plate의 움직임을 Swash plate feedback 센서를 통해 수신 하게 된다. 이러한 Feedback 신호의 크기는 펌프의 제어에 있어 매우 중요하기에 Function test를 통해 전기 시스템의 문제 및 센서와 HPS 시스템을 확인하게 된다. 이를 위해 유압을 공급하며 펌프를 Ahead와 Astern으로 테스트를 실시하게 한다.

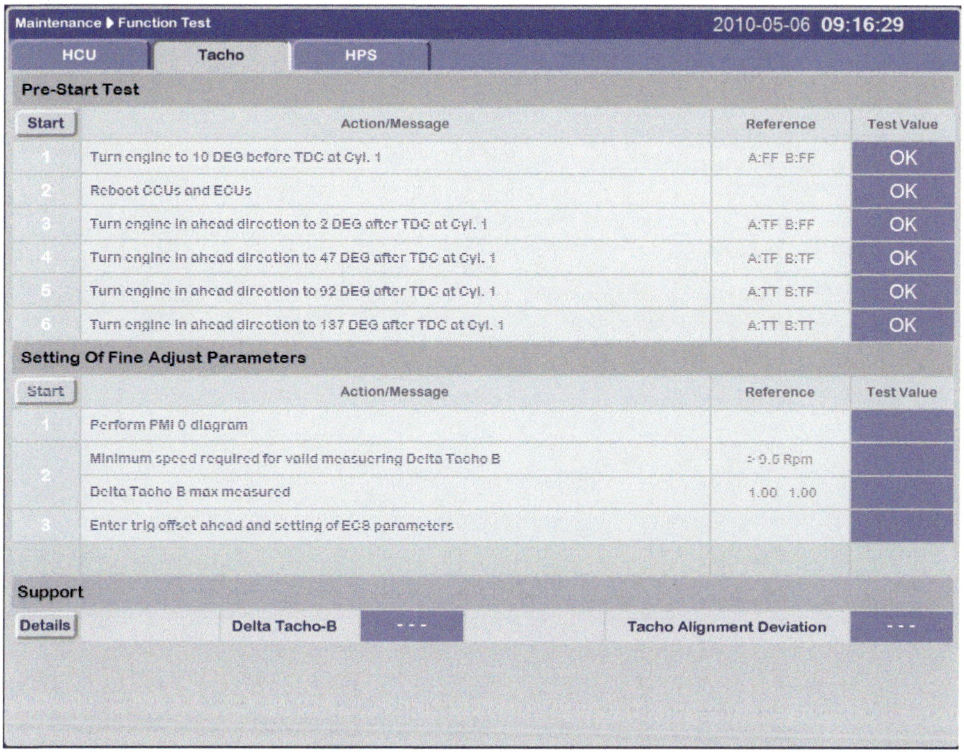

그림 2-150 MOP, Pre start test

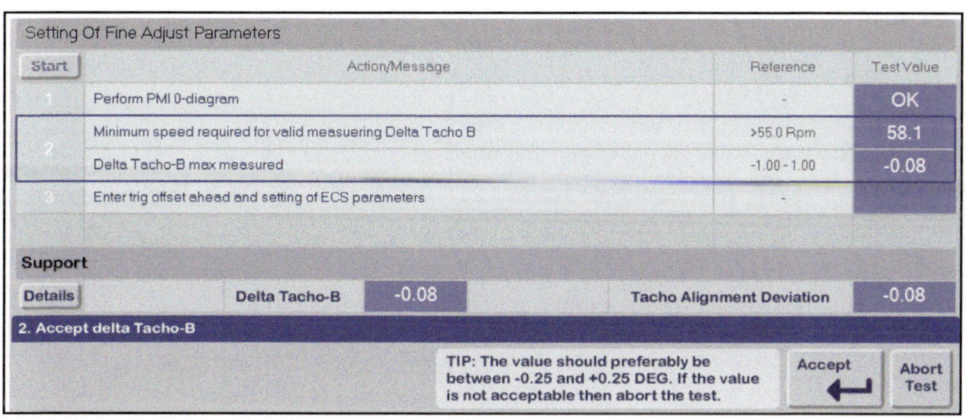

그림 2-151 MOP, Function test – Tacho

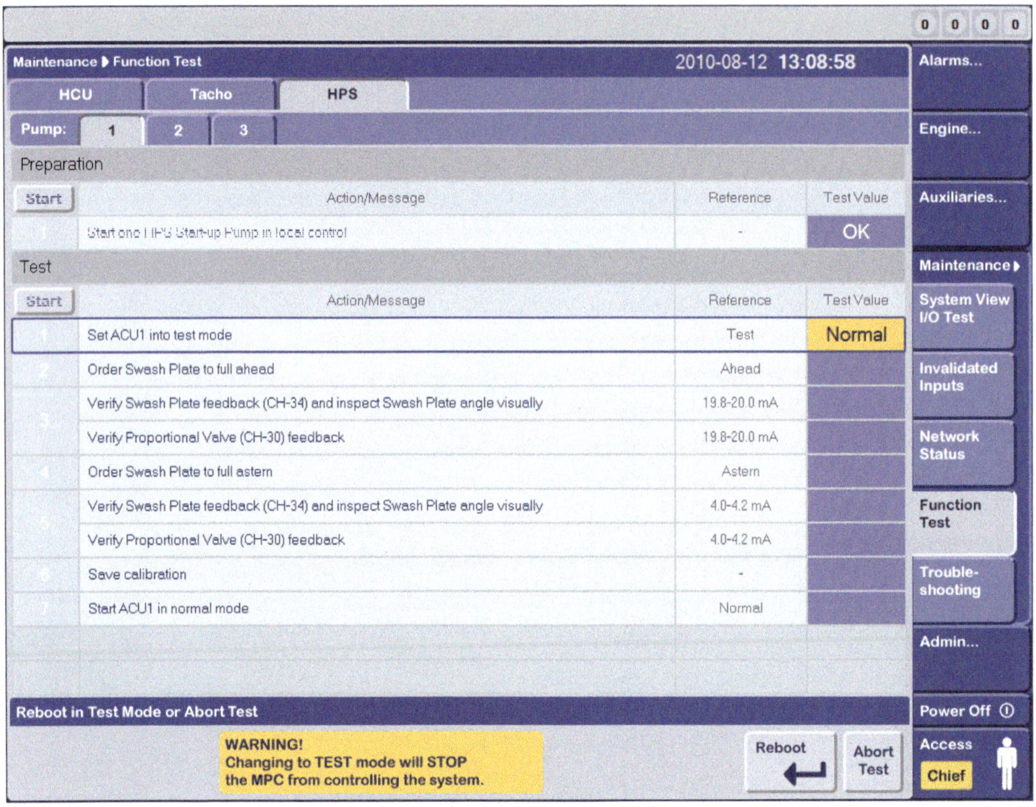

그림 2-152 MOP, Function test – HPS

Function test중 발생한 문제의 원인을 확인하기 위하여 Troubleshooting 페이지를 사용한다. 이는 사용자가 수치를 직접 측정하지 않고도 사용자의 Order에 따라서 변화되는 Order와 Feedback 수치를 실시간으로 읽을 수가 있기 때문에 사용자에게 매우 유익한 기능이다. 실시간으로 Output 신호를 전달함으로써 Components의 작동 및 테스트가 가능하지만 원인을 제공하는 요소를 확인하기 위해서는 사용자의 노력이 필요하다. 즉 전기적 요소인지 기계적인 요소인지에 대한 판단이 필요한 것이다.

참고로 Exhaust valve spindle no movement시의 경우 관련된 요소들은 Exhaust valve sensor fail, Exhaust valve sticking, Actuator fail, Sticking FIVA, FIVA feedback sensor fail, Wiring 불량, Cabling 불량 및 손상, FIVA failure, MPC failure, Fuse failure, PWR failure 등을 요소로 들 수가 있다. 이런 문제의 해결을 위해서는 사용자의 점검과 테스트가 필요 하다. 요소를 전기적인 부분과 기계적인 부분으로 나누고 쉬운 것부터 점검을 해나가며 항해 중 점검할 수 있는 부분과 정박중 점검할 수 있는 부분에 대해 고려하여야 한다.

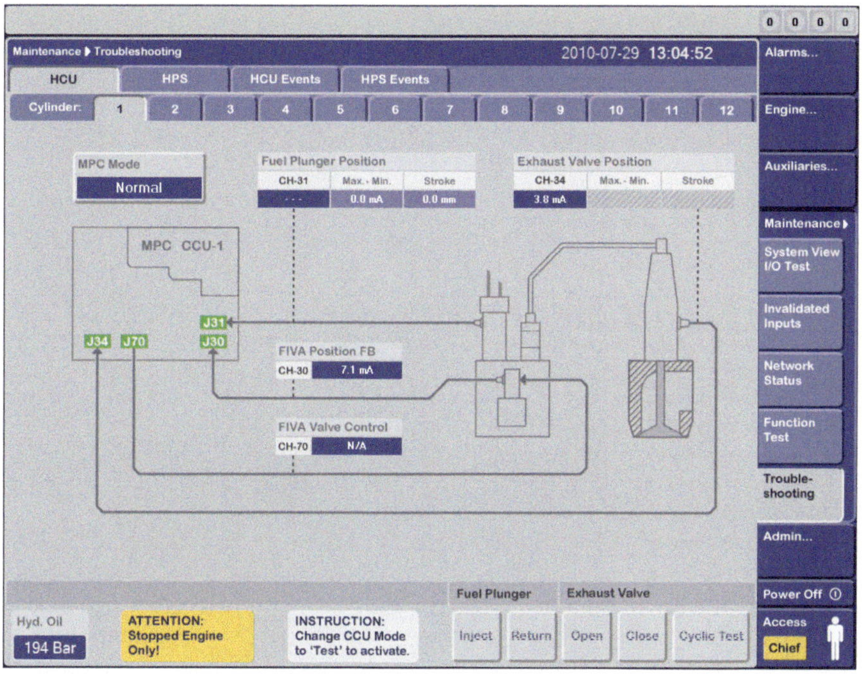

그림 2-153 MOP, Troubleshooting – HCU

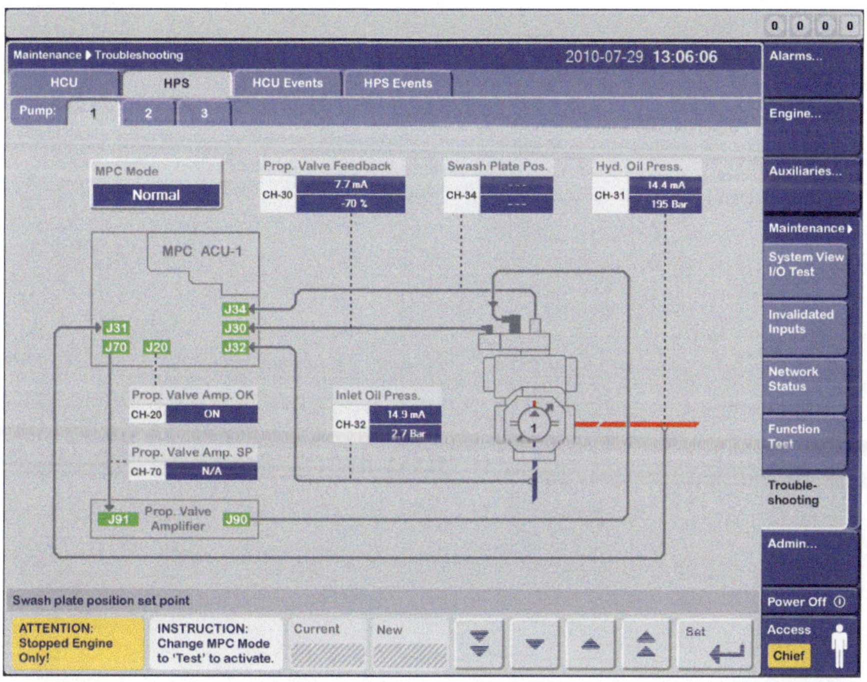

그림 2-154 MOP, Troubleshooting – HPS

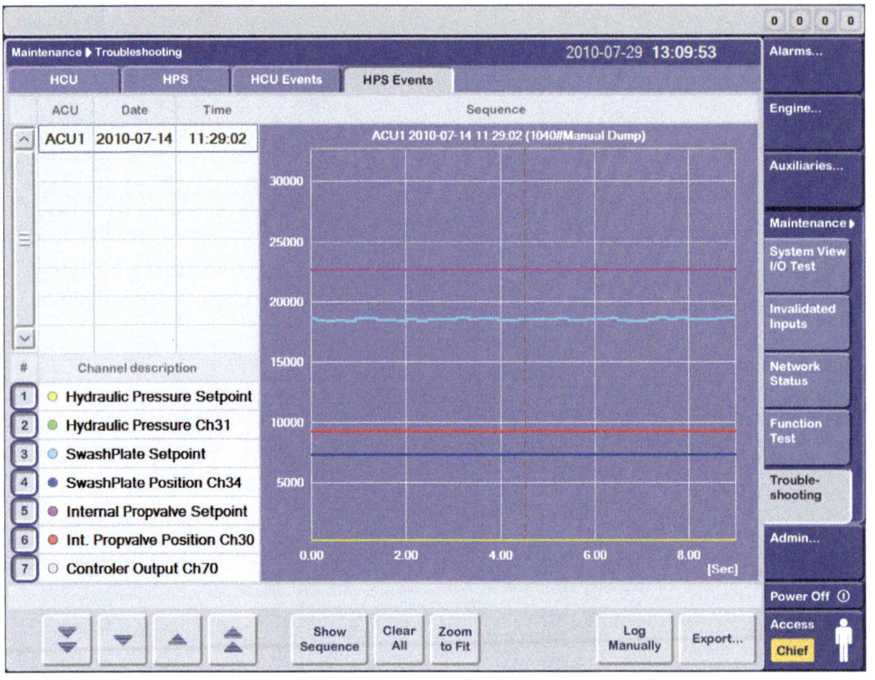

그림 2-155 MOP, HPS event

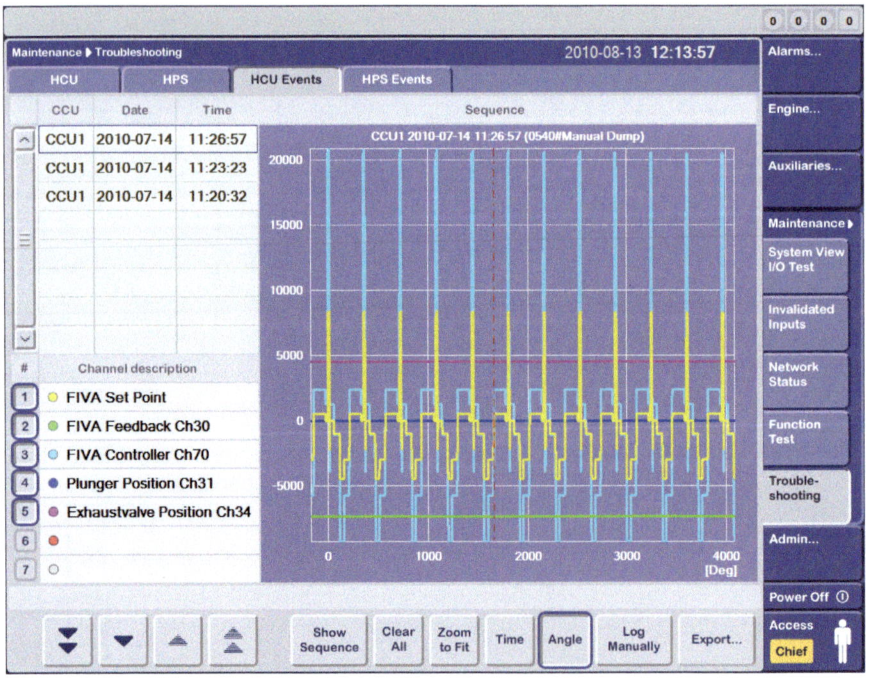

그림 2-156 MOP, HCU event

HPS events를 통해 모든 제어와 피드백 신호를 받아들이게 된다. 문제발생시 데이터를 자동으로 저장하고 사용자가 원하는 시점의 데이터도 저장하여 엔진으로부터 발생한 문제의 원인을 확인하는 역할을 하며, 이 원인을 바탕으로 하여 문제 요소를 유추해 나갈 수 있다. 만약 본선의 사용자가 원인 파악이 어려울 경우 해당 자료를 다운로드 후 육상에 전송하여 이에 대한 분석을 의뢰할 수 있다. 하지만 엔진의 문제와 원인이라는 것은 그 변수가 다양하기에 알람 정보, 엔진의 현재 운전상태 등도 함께 전달되어야 한다.

Event 자료는 Zoom in/out기능 외에도 비교 기능을 가지고 있으며, MOP뿐만 아니라 일반적인 PC에서도 별도의 프로그램을 설치한다면 해당 데이터를 읽을 수 있다. 이러한 데이터의 확인과 다운로드는 MOP B에서만 가능하다.

2.3.5 Admin

1) Version

ME-ECS Software의 버젼은 엔진의 옵션 및 기능에 따라 다르며 이를 그림 2-157에서 확인 가능하다. 또한 엔진의 파라미터 변경 전과 후를 비교하기 위해 본 페이지가 사용이 되며, 각 Control unit별로 Address No.를 확인하기 위해서도 해당 페이지의 정보가 필요하다. 사용자가 다운로드를 하여 저장 관리를 할 수 있으며, 해당 페이지에서 엔진 파라미터 파일 또한 다운로드가 가능하다.

2) Set time

MOP의 시계는 외부의 시스템과 연결되어 있지 않다. 이에 사용자가 반드시 설정을 해주어야 하며 뜻하지 않은 Black out 발생 시에 각 Control unit의 배터리 상태가 정상이라면 시스템 복구 후에도 시간은 유효하지만, 하나의 Control unit의 배터리가 문제가 있다면 시간은 00:00:00으로 초기화 된다. 사용자는 UTC시간과 Local시간을 재설정 할 수가 있으며, 이는 모든 기록의 기준 시간이 되기에 선박에서의 사고 발생에 따른 시간적 흐름을 인지하기 위해서는 반드시 정확한 시간의 설정이 필요하다.

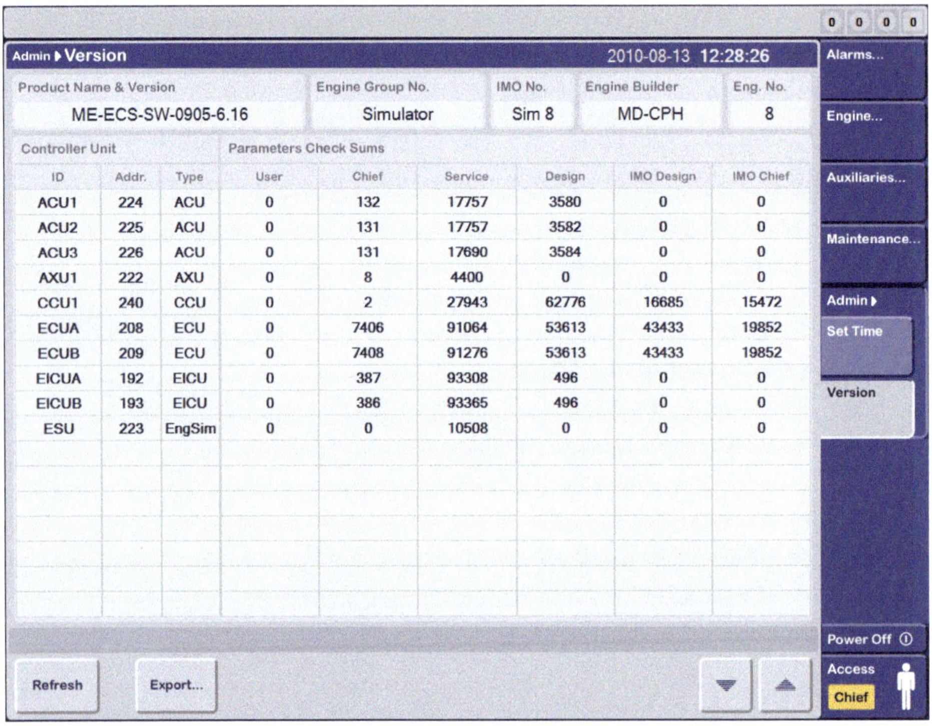

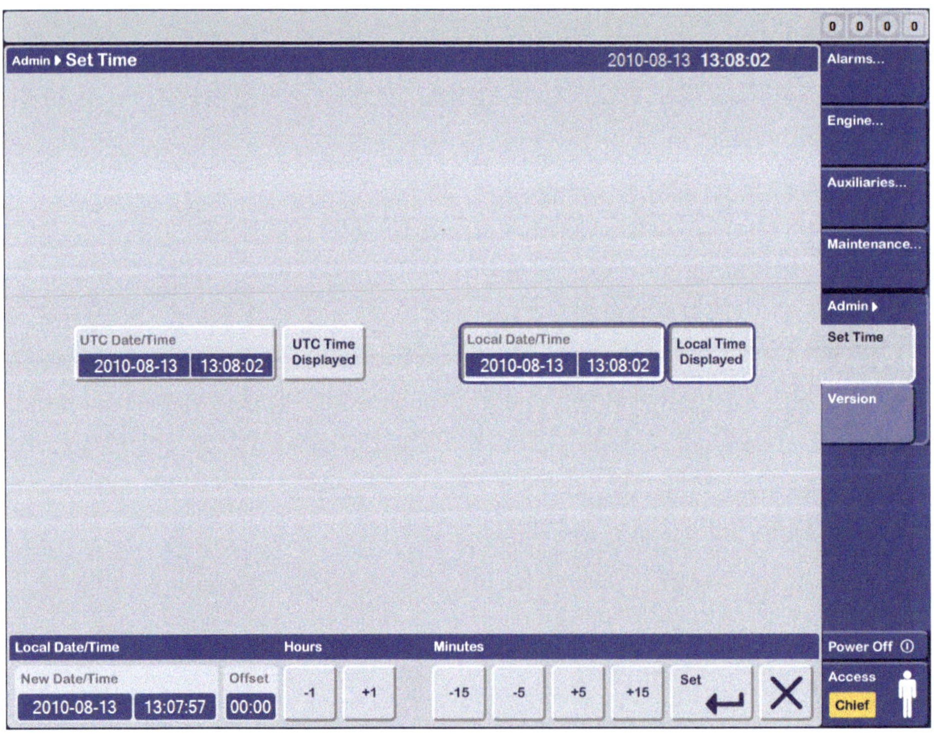

그림 2-157 MOP, Version & Set time

2.4 Operation & Troubleshooting

2.4.1 Operation

엔진을 기동하기 전 많은 사항을 점검하고 준비해야 하는데, 그 중에서도 전자제어엔진과 관련하여 새롭게 변화된 부분에 대해 이야기 하고자 한다. 모든 엔진의 준비과정과 동일하게 반드시 Main L.O. pump를 기동하고 윤활유의 공급 유무를 확인하여야 한다. 이 후 실린더 오일 주유를 위해 작동유의 압력 형성 방법으로 Sub telegraph를 Stand by에 두게 된다. 이를 통해 Electric start up pump는 기동을 하게 된다.

유압이 형성되고 나면 기존의 기계식엔진처럼 실린더 오일 주유를 하고 나서 Turning gear를 이용하여 회전을 하여도 되지만, 전자제어엔진의 경우 Slow turn기능이 필수항목으로 들어가 있기에 이를 사용하여도 된다. 엔진의 모든 조건을 기동 가능한 상태로 두기 위해 MOP를 그림 2-159와 같이 Status 페이지에 두고 해당 아이템들을 차례로 Ready 조건으로 만든다.

이후 Prepare start 버튼을 눌러 실린더 오일 주유와 보조블로워를 기동한 뒤 테스트 콕 오픈 상태에서 Slow Turn을 실시한다. 그 후 테스트 콕을 잠그고 엔진을 준비상태에 둔다. 엔진을 운전하기 위해서는 Auto에 두고 기관실 또는 선교에서 엔진을 사용할 수 있도록 한다.

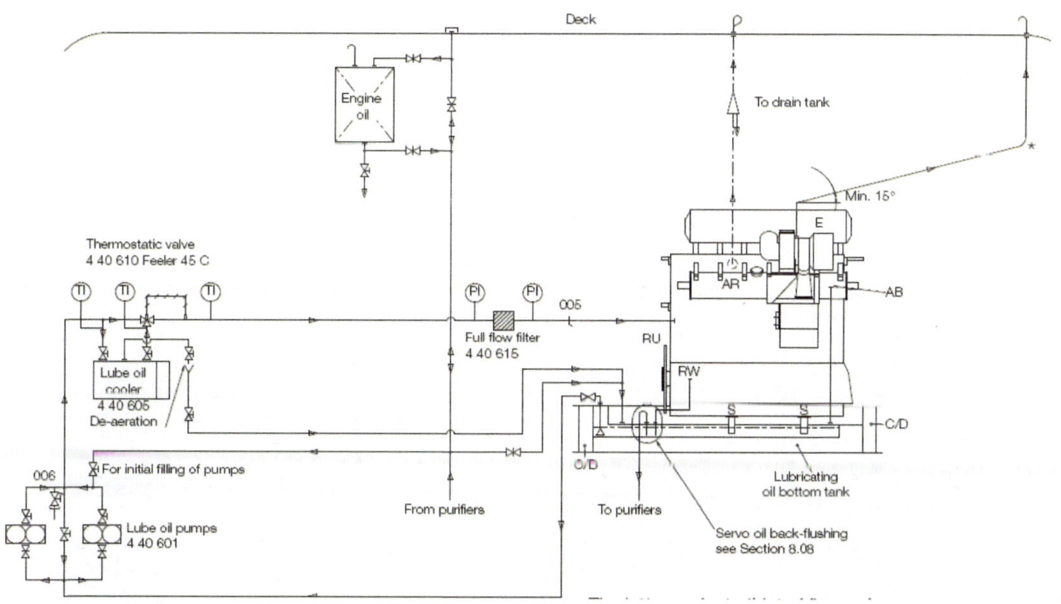

그림 2-158 Hydraulic system

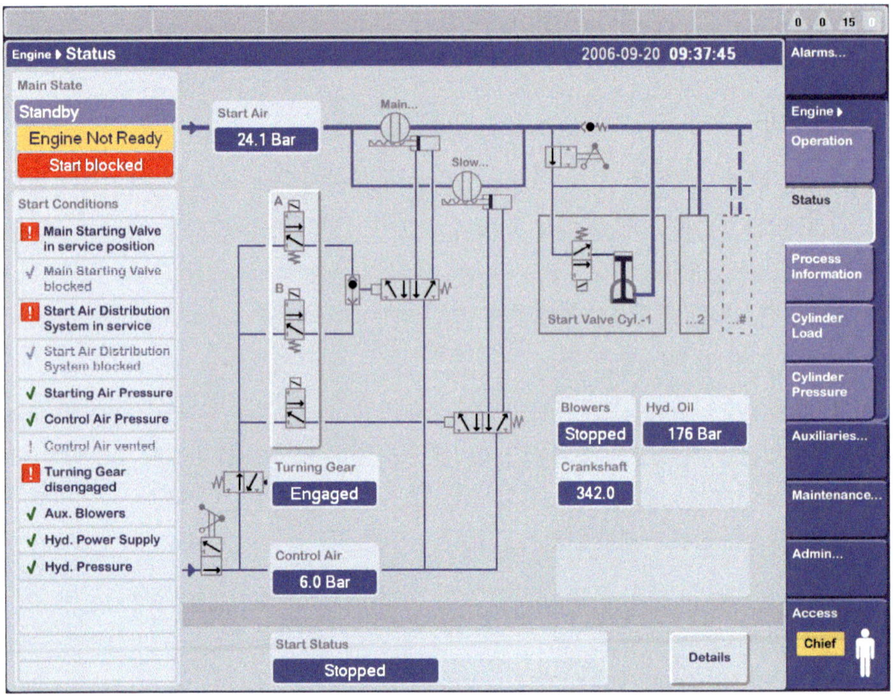

그림 2-159 MOP, Status

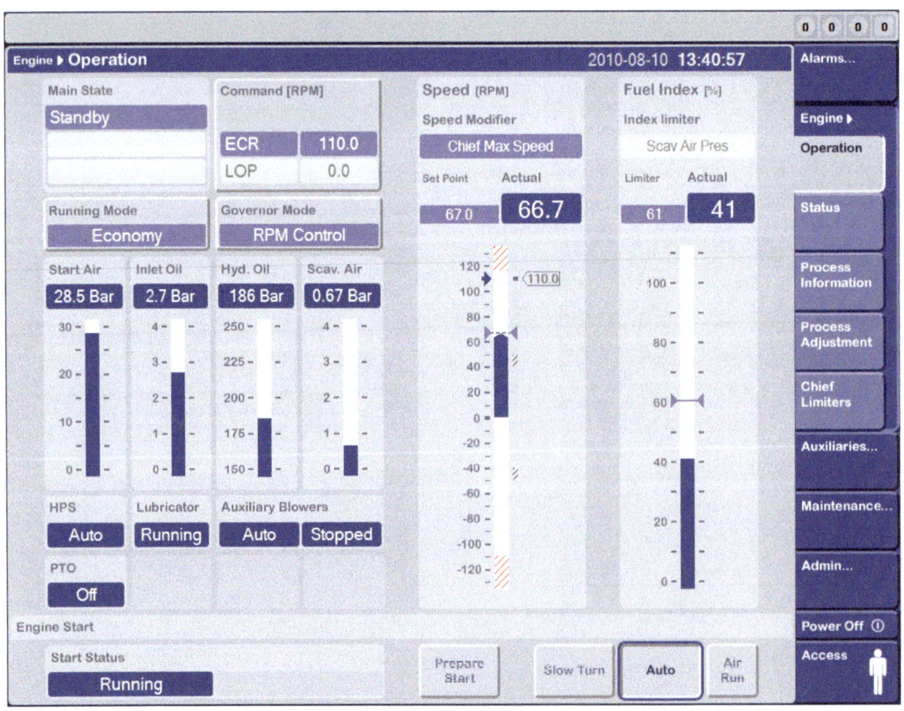

그림 2-160 MOP, Operation

2.4.2 Earthing & Electric noise

기계식엔진에서 사용자가 어려워했던 부분이 엔진 기동 시스템 부분이었다면, 전자제어엔진의 경우 Earthing과 Electric noise를 들 수 있다. 우리가 생각하는 Earthing의 경우 그 현상이 발생한 상태를 유지하느냐 간헐적으로 발생하느냐에 따라 문제를 해결하는 정도의 차이가 있다. 또한 이를 실시간 모니터링 시스템이 존재하며 이를 통해 사용자가 해당 Unit과 해당 Line의 확인이 가능한 것이다. 하지만 Electric noise의 경우에는 Noise pulse counter를 통하거나 또는 HCU event, HPS event 데이터를 통해 확인이 필요하지만, 주로 잠시 나타나다 사라지는 경우가대부분이기에 찾기가 매우 어려운 부분이 있다. 이러한 문제를 해결하기 위하여 ME-ECS를 설치하는 과정에서 규정된 전기 케이블의 설치와 케이블 포설 절차를 준수하는지에 대한 사용자의 관리 감독이 필요하고, 문제 발생 시 발생된 원인을 찾을 수 있는 MOP 기능을 사용하는 능력과 함께 테스터기 및 사용자의 현장 점검을 통해 문제를 해결해야 할 것이다.

그림 2-161 MOP, Insulation

그림 2-162 MOP, Electric noise

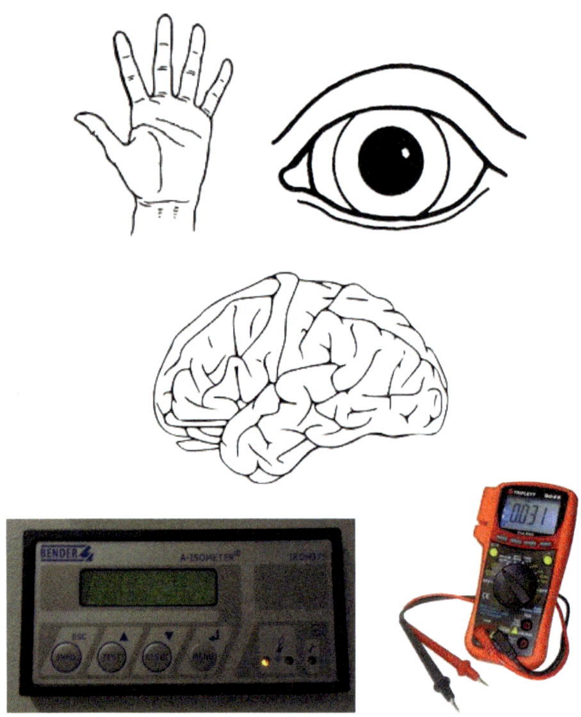

그림 2-163 Troubleshooting

Control unit의 제어 케이블의 경우 외부 전원에 의한 자계장의 영향 및 엔진으로부터의 백색 노이즈 또는 Earthing에 의한 순간적인 노이즈 발생 문제가 있다. 이에 절연저항 수치는 정상이지만 물리적으로 불가능한 신호가 HCU, HPS event log에 지시되고 Noise pulse counter의 숫자가 증가하였다면 이는 Electric noise의 문제이다.

케이블링과 와이어링의 잘못된 사례는 그림 2-164에 제시된 바와 같다. 이를 찾기 위해서는 MOP를 통해 원인을 파악할 수 있는 능력과 사용자의 노력이 필요하다.

그림 2-164 Worn and Chafed wires

2.4.3 Network failure

네트워크 문제의 사례는 크게 네트워크 저항의 문제, 네트워크 케이블의 문제, 네트워크 케이블링의 문제, MPC Channel의 문제를 들 수가 있다. 네트워크 선의 연결은 각 Control unit에는 병렬연결로 보이나, 네트워크 케이블의 연결이 플러그에서 직렬로 연결되게 되어 있다. 즉, 네트워크 케이블을 임의의 Unit에서 취외를 하면 그 Unit의 해당 네트워크만 알람을 발생시키지만, 케이블이 취외 되거나 끊어지면 직렬로 연결된 신호는 해당 네트워크 선 전체에 알람을 야기한다.

그림 2-168과 같이 종단 저항을 취외할 경우 네트워크 한 선을 취외한 결과와 동일하나, 신호의 불규칙변화에 의해 깜빡이는 신호가 발생함을 MOP에서 확인할 수 있다.

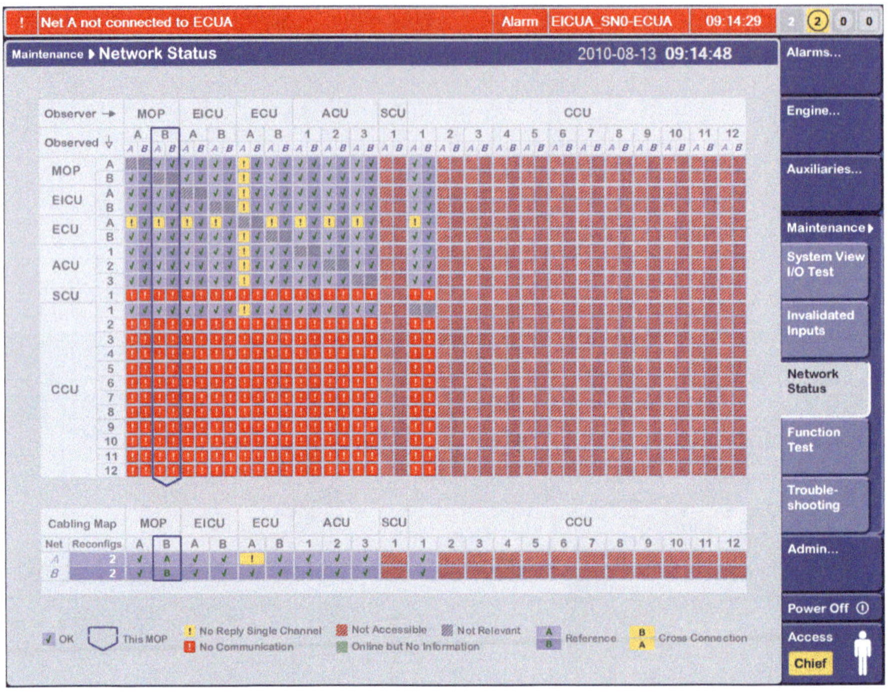

그림 2-165 MOP, Detach one plug from network

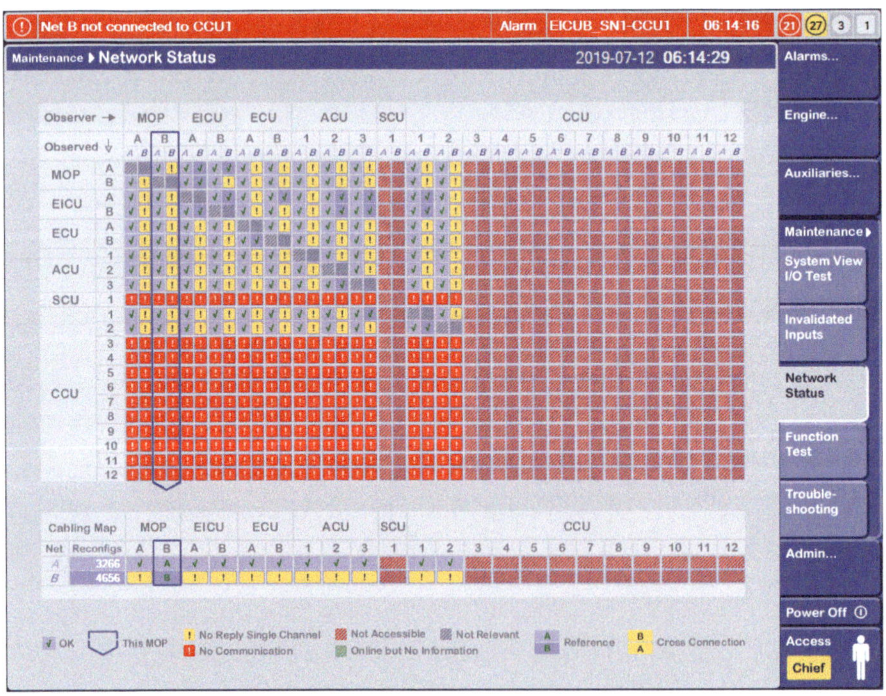

그림 2-166 MOP, Detach one cable from network

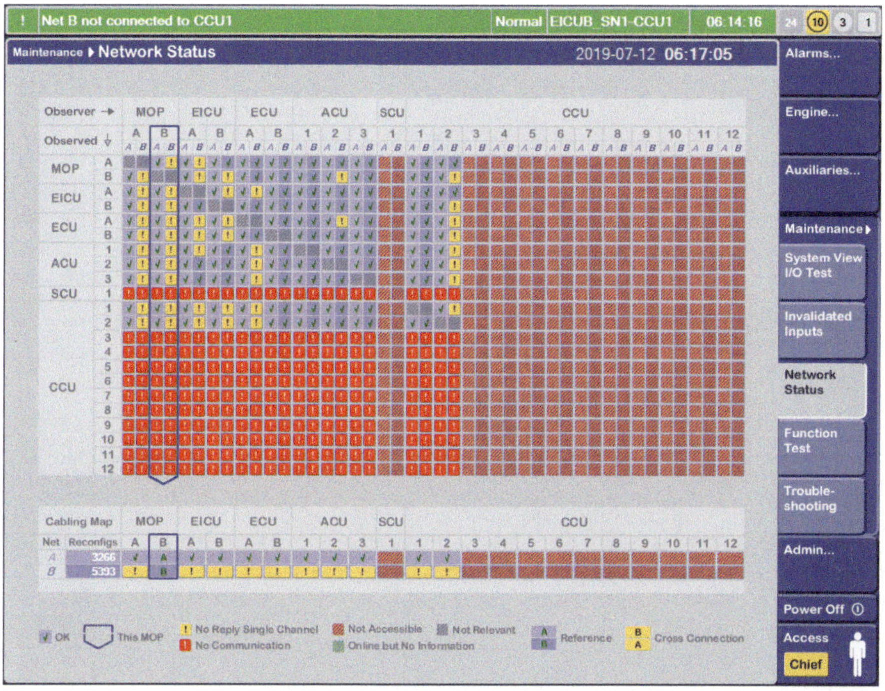

그림 2-167 MOP, Termination resistance problem

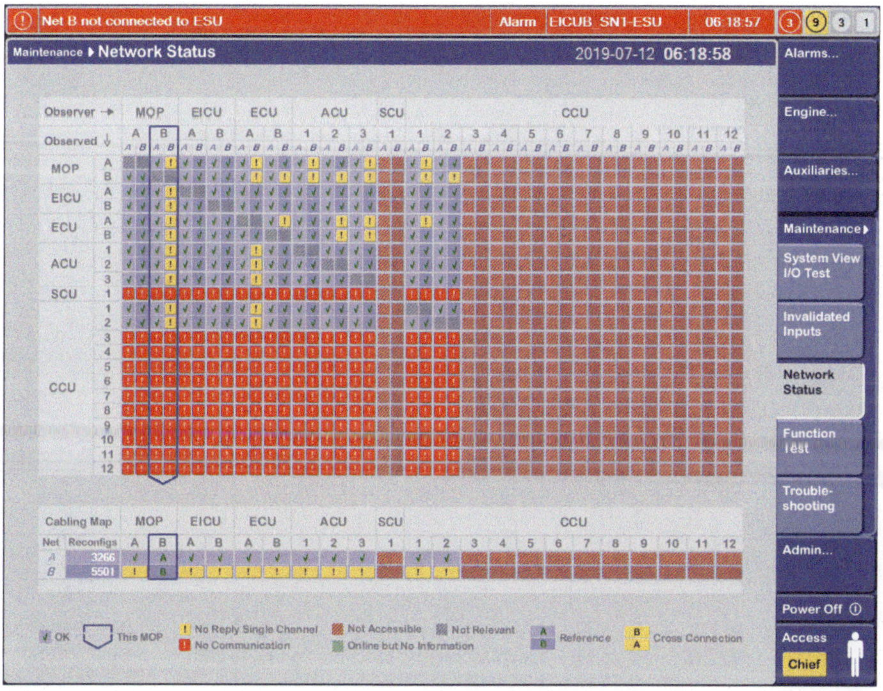

그림 2-168 MOP, MPC channel problem

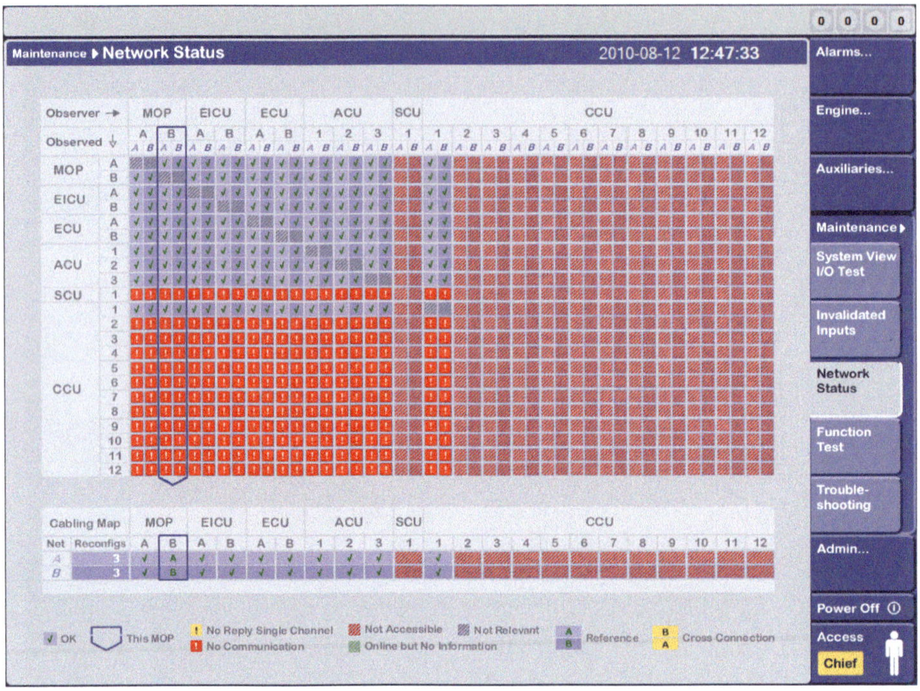

그림 2-169 MOP, Detach two plug from network

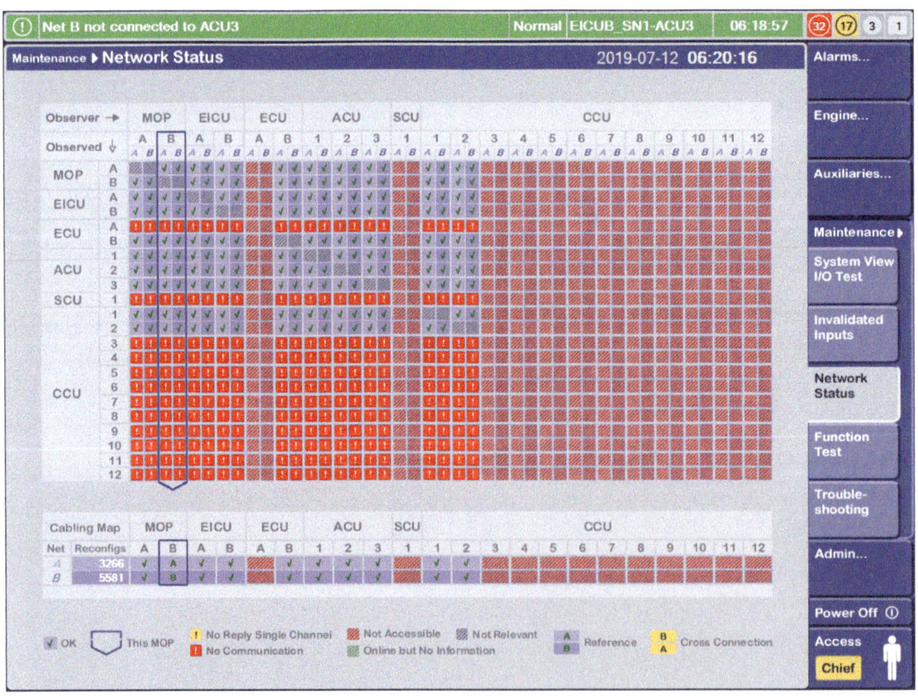

그림 2-170 MOP, Detach two cable from network

네트워크 선의 문제는 없지만 네트워크 케이블이 설치되는 MPC Channel의 문제로 인해 네트워크 신호가 그림 2-170과 같이 나타나기도 한다.

만약 한 Control unit의 네트워크 플러그를 취외한다면 해당 unit과의 통신만 차단되지만 선을 모두 취외할 경우 네트워크 전체 시스템의 통신이 불가하게 된다.

2.4.4 Tacho

Tacho로부터 발생되는 알람신호에는 전체적인 문제를 뜻하는 Tacho failure 알람과 MSA 센서와 다른 Angle encoder A, B간의 신호 불일치에서 오는 알람, Angle encoder A의 신호 이상에서 오는 알람, B에서 오는 알람, 그리고 A, B 신호 차이에 의해 발생되는 알람으로 분류 할 수 있다. 이러한 신호의 차이 외에도 센서 자체의 Fault로 인해 오는 알람과 이와 연결된 증폭기, 케이블, 퓨즈, MPC로 인해 문제가 발생되기도 한다. 이를 확인하고 문제점을 해결하기 위해 반드시 MOP의 신호와 현장의 기계적 손상 문제 확인 및 사용자에 의한 전기적인 점검이 필요하다.

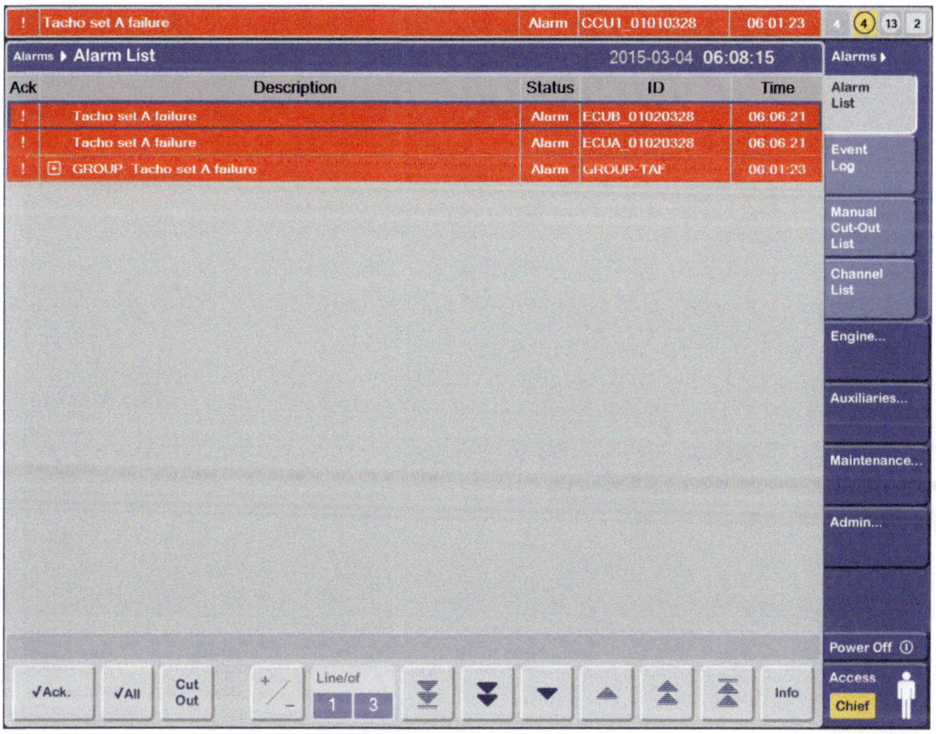

그림 2-171 MOP, Tacho A failure

MOP의 기능을 사용자가 완벽히 숙지하지 않는 한 문제의 원인을 파악하여 제거하기 어렵기 때문에 모든 기능에 대한 숙지가 반드시 필요하다. MOP 알람 페이지를 통해 알람을 인지하고, Info 버튼을 눌러 알람에 대한 설명을 통해 문제 원인 분석에 대한 이해를 돕는다. 그 후 현장의 물리적인 손상유무를 확인하고, 센서 및 케이블 그리고 MPC의 정상 작동유무를 확인하기 위해 MOP를 이용하여 Pre start test를 진행한다. 이를 통해 시스템으로부터 읽어 들인 신호의 정상 유무 확인 후 A, B시스템 중 어느 시스템이 문제인지와 해당 시스템에서 어떤 세부항목이 문제인지를 확인하여야 한다.

두 센서간의 신호 차이가 발생할 경우 그림 2-174와 같은 알람이 발생하게 된다.

그림 2-175의 Amplifier 문제 발생 시에도 전체 및 일부 신호에 문제를 발생시킨다. Amplifier를 통해 Angle encoder 측에 전원이 공급되고, 입력과 출력신호들의 교환이 이루어진다.

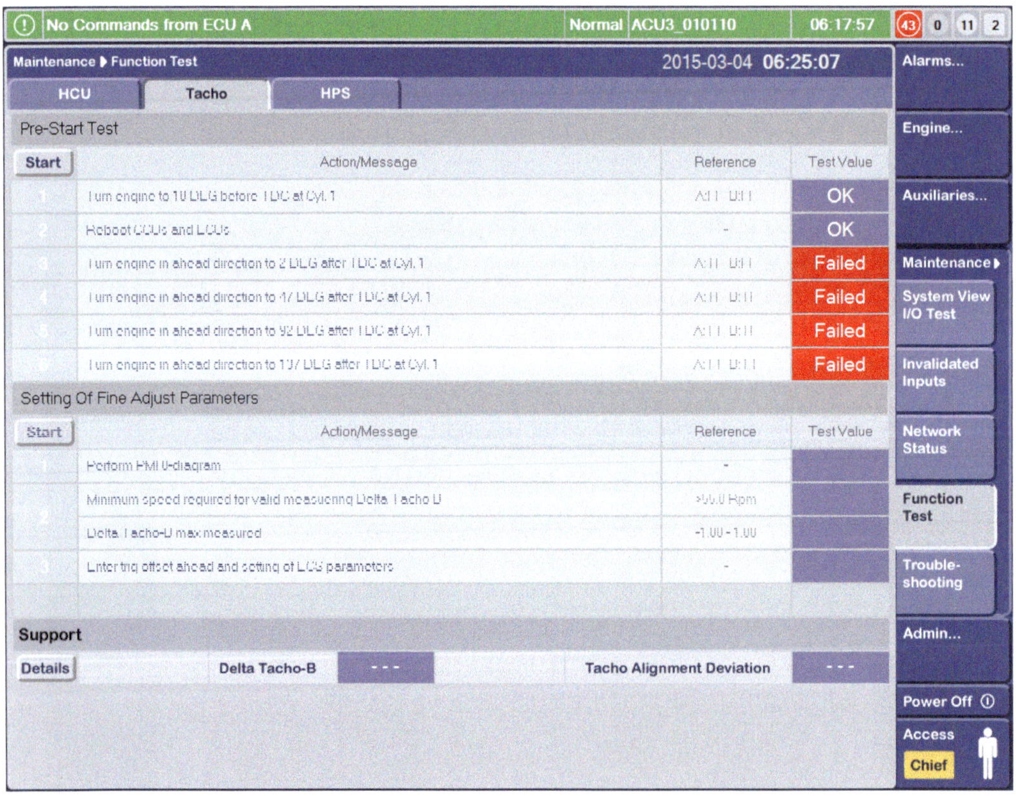

그림 2-172 MOP, Function test - Tacho A failure

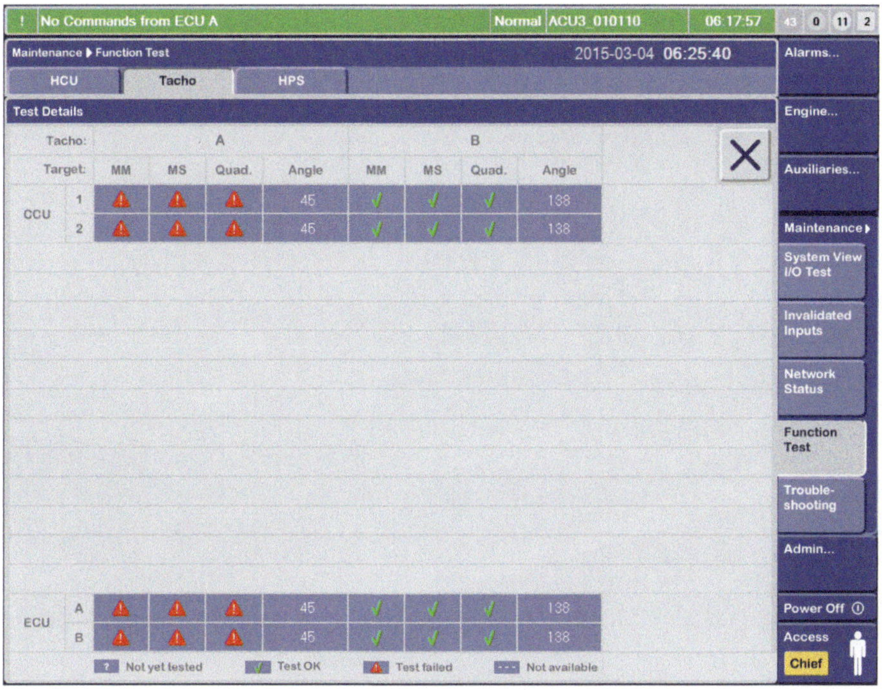

그림 2-173 MOP, Pre start test

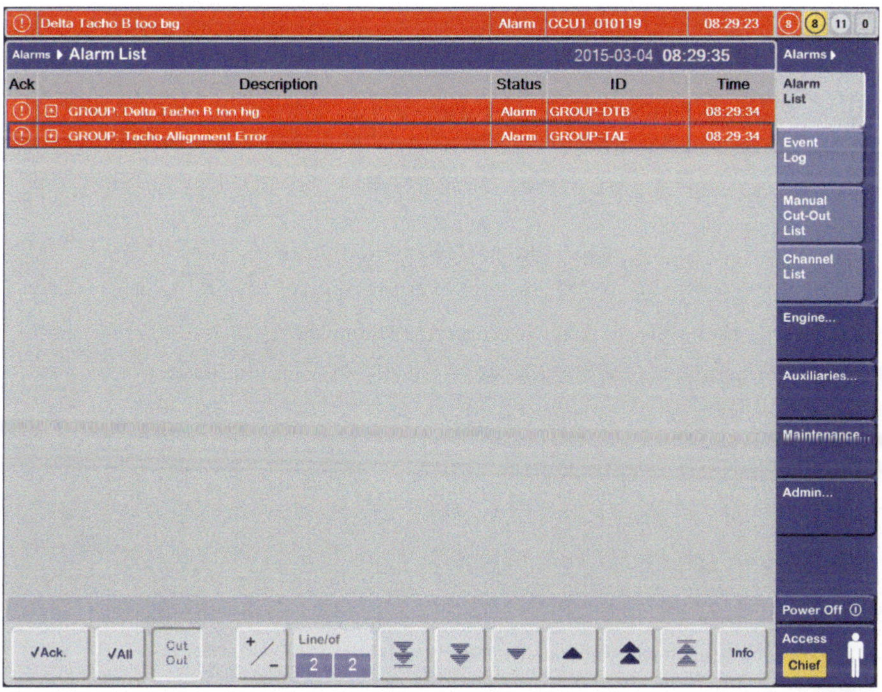

그림 2-174 MOP, Delta tacho B

그림 2-175 Amplifier

2.4.5 HCU

HCU와 관련된 Troubleshooting의 경우 또한 문제의 원인 파악이 우선시 된다. 알람 페이지뿐만 아니라 HCU event log를 통해 어느 신호가 문제인지를 파악하고 그 후 그 신호와 관련된 기계적, 전기적인 요소를 점검하는 것이 필요하다. 이에 사용자의 HCU event log에 대한 해석 능력이 요구되게 된다.

기계적으로 점검해야 할 사항은 Fuel oil pressure booster, FIVA, Exhaust valve, Exhaust valve actuator, Ball valves, ME Lubricator, Accumulator를 들 수 있으며, 전기적으로는 MPC, Fuse, Power, Cable, Wiring, Noise, Earthing, Pilot valve, Feedback sensor를 들 수가 있다.

사용자가 실시간으로 신호를 확인하는 것보다 시스템에서 사용자에게 신호 정보를 제공해 준다. 또한 전기와 기기 모든 시스템을 MOP에서 테스트 가능하며 현장의 작업자는 이를 점검할 수 있다.

MOP는 문제의 원인에 대한 정보를 제공할 뿐 상기 열거된 요소에 대한 이해 및 점검은 사용자에 의해 진행이 되어야 한다. 이에 현장 및 ME-ECS의 각 구성요소의 기능 및 점검 방법을 명확하게 숙지하고 해결해야 한다.

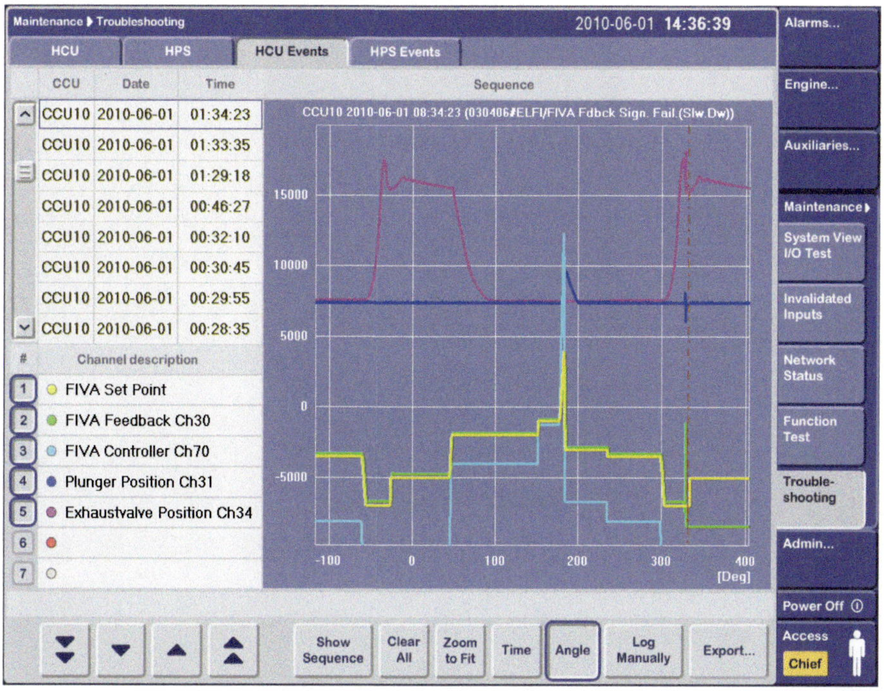

그림 2-176 MOP, HCU event log

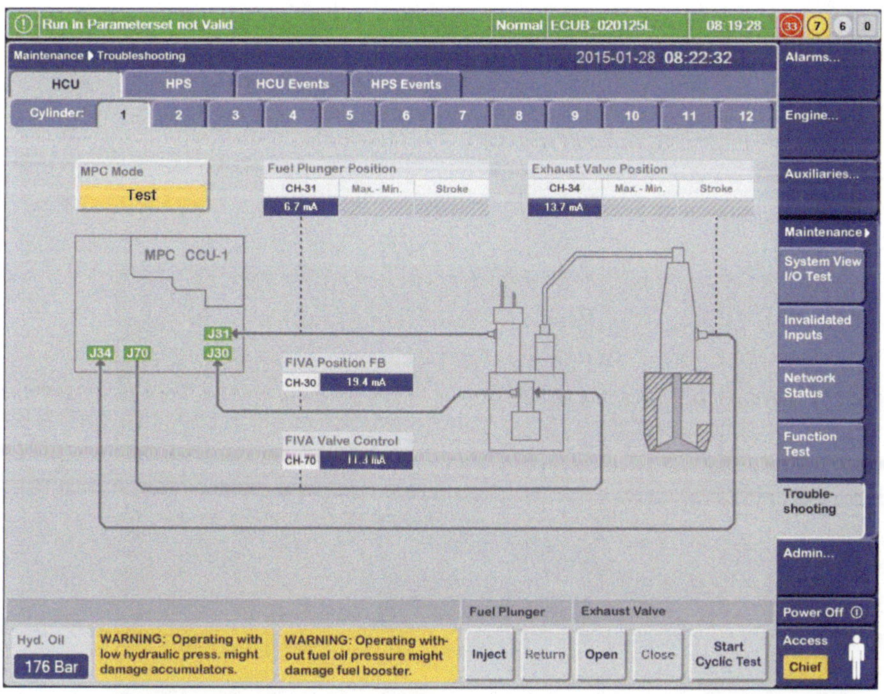

그림 2-177 MOP, Troubleshooting

그림 2-178 Hydraulic cylinder unit

2.4.6 HPS

HPS에서 발생하는 문제는 유압 펌프의 제어 문제, 기계적 손상 및 외부, 내부 누유에 의한 압력 형성 불가를 들 수 있다. 이에 앞서 언급한 전기적인 문제 또는 센서는 MOP를 통해 센서 신호의 확인 및 현장의 계측을 통해 규명이 가능하며 펌프의 설치 시 발생한 조립불량 문제는 Safety shaft 손상을 통해 확인이 가능하다. 또한 펌프의 마모 및 파일럿 밸브의 마모에 의한 누유 문제는 Oil의 Contamination이 문제의 원인이기에 시스템 오일의 지속적인 관리가 중요하다.

그림 2-179 Safety shaft

2.4.7 MPC

MPC와 관련된 문제의 경우 본선에서 점검 및 수리가 불가하기에 해당 MPC가 문제인지 아닌지, 문제라면 이것이 단순하게 Power, Fuse 문제 인지의 원인 규명이 필요하고 절차에 따라 교환을 진행하여야 한다. 그 외에 MPC Channel의 신호세기를 직접 측정하거나 MOP로부터 신호를 읽어 들여서 MPC의 상태 확인이 필요하다. 실제로 전자제어엔진 도입 초기에 MPC의 많은 고장이 Fuse 손상에 의한 문제임에도 이러한 부분이 점검되지 않은 경우가 다수 보고 되었다. Fuse의 경우 위치에 따라 담당하는 Channel이 다르고 사이즈 및 용량 또한 달라 필요한 개소에 맞는 Fuse를 사용하여야 한다.

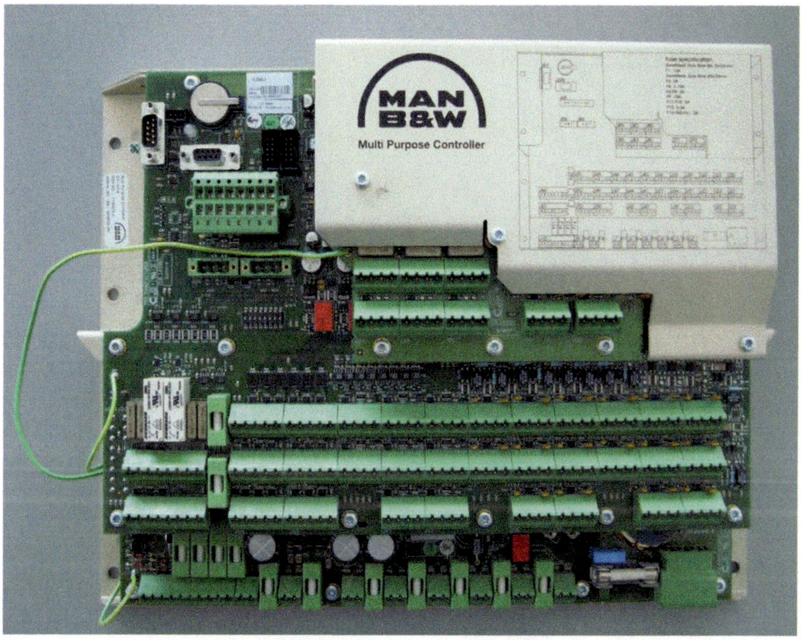

그림 2-180 Multi purpose controller

2.4.8 MOP

MOP 문제의 경우 Virus 감염에 의한 Window 프로그램과 소프트웨어를 재설치, 네트워크 card 손상에 의한 통신 불량, 터치스크린 작동 불량 및 네트워크 케이블 연결 부위의 손상 또는 노후화에 의한 사용불가 사례를 꼽을 수가 있다. 이와 관련 엔진 설계사의 지침에 따라 자체 점검 및 수리가 가능하고 MOP A, B 두 대가 있으므로 운항상 큰 문제를 야기하지는 않고 있지만 Spare를 확보하는 것이 바람직하다.

2.5 Maintenance

2.5.1 FIVA

FIVA 밸브의 경우 앞서 언급한 바와 같이 메이커에 따라서 다른 제어 방식을 사용하고 있다. 이에 파라미터의 변경 없이는 기관실 현장에서 임의로 다른 종류의 FIVA 밸브와의 교환이 불가능하다. 또한 파일럿 밸브의 경우 MBD FIVA, Nabtesco FIVA의 경우에는 선박에서 직접 교환이 가능하나 Bosch FIVA 같은 경우에는 파일럿 밸브의 교환이 불가능하다. 이는 Self control type으로 일체형으로 구성되어 밸브만 취외할 수 없기 때문이다. 또한 피드백 센서 검증의 경우에는 Special tool을 이용하여 검증된 전문 엔지니어(엔진제작사 또는 엔진개발사)가 검 교정을 실시하도록 권고하고 있다.

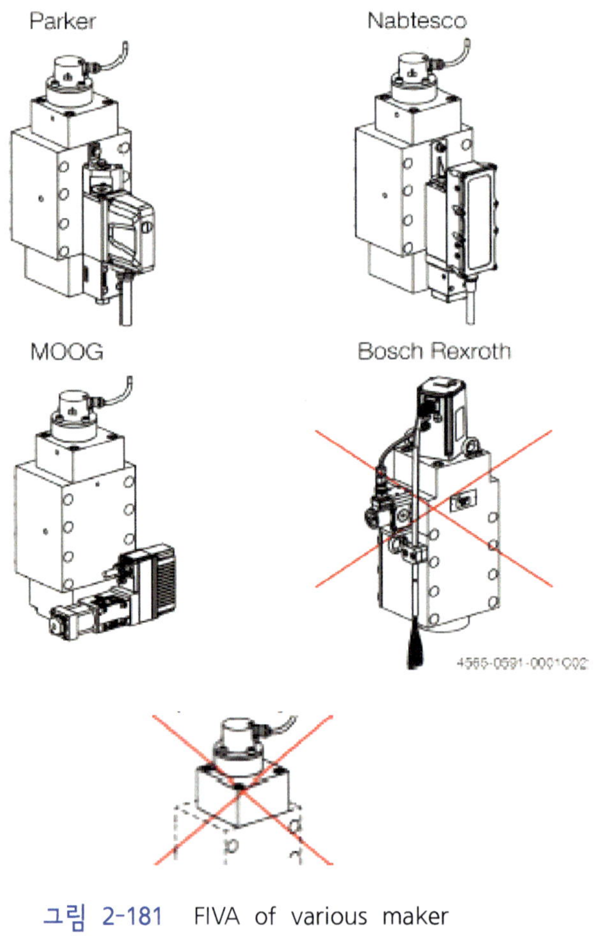

그림 2-181 FIVA of various maker

2.5.2 Fuel oil pressure booster

기존 MC 엔진의 Fuel injection pump 대비 정비 방법이 간단하나, 정비 작업 중 안전에 유념하여야 한다. 고온의 연료유와 고압의 작동유가 내재되어 있고 중량물이며, 유압 툴을 사용하기에 사용자의 Manual에 대한 숙지가 반드시 필요하다. Fuel oil booster 정비 시 모든 Sealing ring의 교환이 요구되고, Sealing ring의 경우 방향이 정확히 명시가 되어 있으므로 이에 맞춰 주의해서 작업을 하여야 한다. 이를 위해 올바른 Tool의 사용 또한 매우 중요하다.

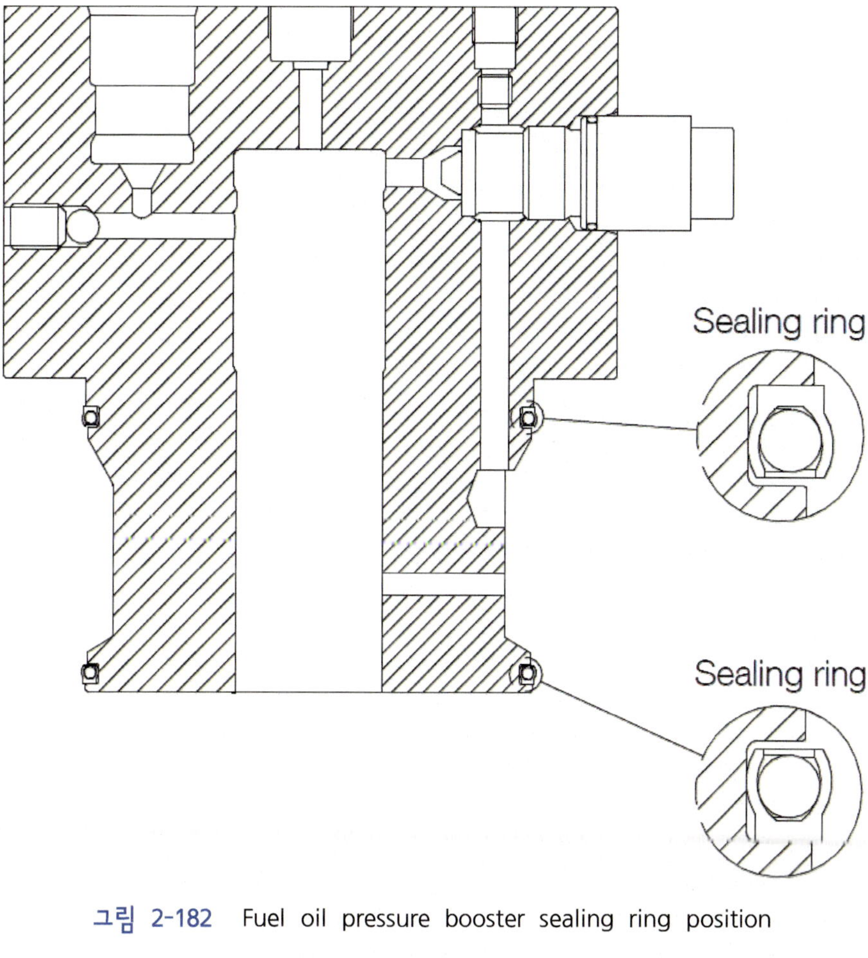

그림 2-182 Fuel oil pressure booster sealing ring position

2.5.3 ME lubricator

ME lubricator는 고압의 작동유가 내재 되어 있기 때문에, 취외 시 압력게이지를 이용하여 내부의 압력이 충분히 낮아졌는지 확인이 필요하다. 또한 선박에서의 자체 개방 점검이 어려우며, 정확한 Tool을 이용하여야만 분해 점검이 가능하다. Lubricator의 작동에는 솔레노이드 밸브와 이를 감지하는 피드백 센서 및 실린더 오일 레벨을 확인하는 레벨 센서의 정상 작동 유무가 중요하다. ME-ECS로부터 작동 신호가 들어오고 Feedback 되기에 MOP를 통해 작동 테스트가 가능하다.

그림 2-183 ME lubricator

2.5.4 Exhaust valve actuator

2개의 액츄에이터 피스톤을 가지며, 내부 및 외부에 실링 링이 전혀 없는 매우 간단한 구조로 되어있다. 선박에서 개방 점검이 가능하며, 점검 시 내부 압력의 배출만 확인한다면 정비 작업자는 큰 어려움 없이 개방 점검이 가능하다. 점검 시 액츄에이터 피스톤의 손상 개소 및 스크래치 유무 등을 확인하여야 한다.

2.5.5 Accumulator

초기에 일부 고장 사례가 발견되었으며, 그 예로 Minimess port의 이탈 현상, Accumulator의 상부 커버 이탈 현상, Accumulator의 고정 Bolt 파손 현상 그리고 Sealing 손상에 의한 누유, 그 외에도 사용자 과실에 의한 Accumulator 내부 Membrane diaphragm 또는 Metal disc의 손상 사례를 들 수 있다. 이러한 문제들은 디자인 개선 및 사용자 교육 등을 통해 많이 개선되었으며, 사용자가 개방점검을 요할 경우 올바른 Tool을 사용하여 시행할 필요가 있다.

그림 2-184 Accumulator overhaul tool

2.6 ME-GI engine

전자제어엔진의 도입 이후 국제사회의 배출가스 규제에 대한 해결책으로 가스엔진의 소개가 이루어졌다. 육상에서의 소형, 중형 가스엔진 외에 해상용 중속 가스엔진은 개발된 상태였으나, 해상용 Two-stroke 저속 엔진의 경우 가스를 연료로 한 엔진이 최근에 선보이게 되었다. MAN-ES사의 가스 엔진은 기존 디젤 사이클을 사용하는 MC엔진과 ME엔진에서 개선된 디자인을 선보이는 엔진으로 ME엔진과 동일한 시스템에 가스 시스템과 Components를 추가한 것이다. 이에 MC엔진에 대한 구조적인 이해와 ME 엔진의 전자, 전기, 제어요소의 이해 속에 가스엔진에 추가된 시스템의 기능과 부품 등의 이해가 요구된다.

2.6.1 System

가스 엔진 시스템은 크게, 가스 연소를 제어하기 위한 구성 요소와 안전에 관한 시스템으로 나뉜다. 가스 연소를 위해서는 가스를 공급하고 제어하는 시스템이 필요하며, 이러한 부품의 작동에 필요한 힘을 공급할 유압시스템 그리고 안전을 위해 Gas shut down 시스템과 불활성 가스를 공급하는 Inert gas system, 가스 누설이 발생했을 때 이를 감지하고 처리하는 Double wall pipe ventilation system 등으로 구성이 되어 있다.

1) System configuration

가스 엔진은 ME엔진에 가스 분사 시스템을 추가하였다. 이에 기존의 ME엔진에 사용하는 모든 구성 요소를 그대로 사용하고, 여기에 가스 분사 시스템과 관련된 여러 가지 시스템과 센서, 중요 부품들이 추가 구성된다.

주요 시스템은 가스 분사에 필요한 가스 인젝션 밸브, 가스를 점화하기 위한 기존의 연료밸브, 가스 인젝션 밸브를 제어하기 위한 ELGI 밸브, 가스를 가스 인젝션 밸브에 공급하기 위한 Window 밸브, 이 Window 밸브를 제어하기 위한 ELWI 밸브, 그리고 가스 정지 또는 Shutdown시 가스를 배출하기 위한 Blow off 밸브, Purge 밸브 등 있다. 이러한 밸브들의 작동에 들어가는 유압은 HPS시스템의 작동유를 사용하게 되며, 가스를 안전하게 가스 구역에만 있도록 Sealing oil을 지속적으로 공급하게 된다. 그리고 이러한 부품들로부터 가스 누설이 일어나는 것을 감지하기 위해 Double wall pipe ventilation system을 사용하고 있으며, 가스의 공급과 차단, 방출을 위해 Fuel gas supply system, Gas valve train 등이 사용되게 된다.

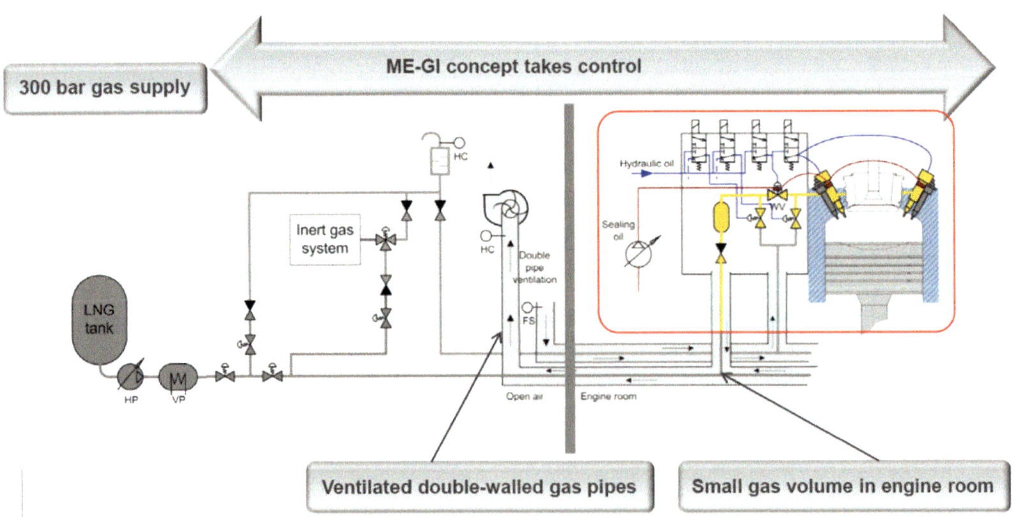

그림 2-185 System configuration

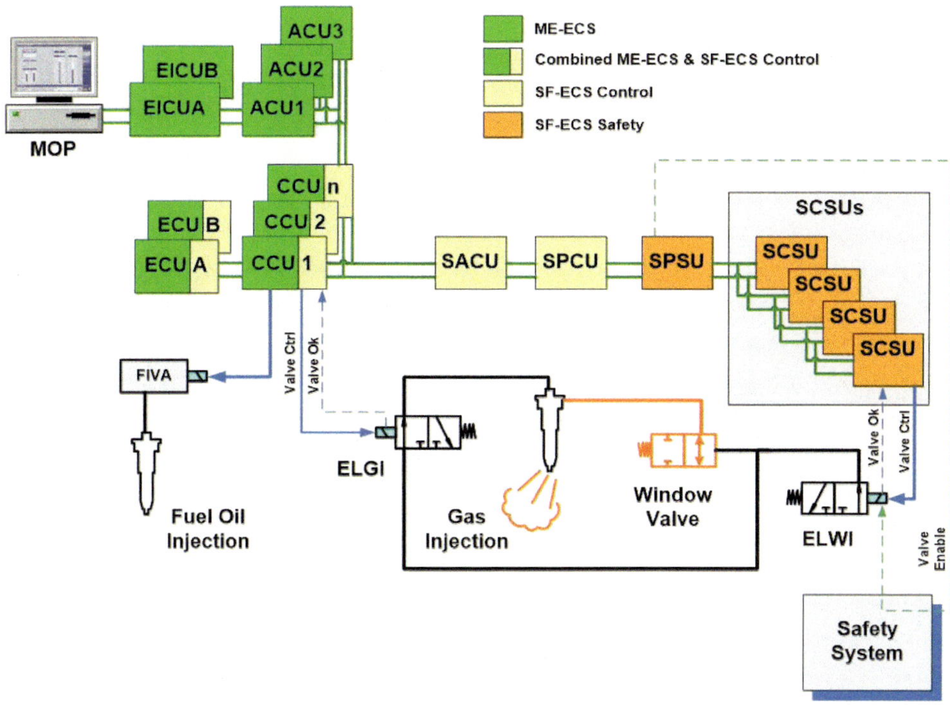

그림 2-186 ME-DF ECS

또한 시스템의 안전을 위해 가스와 공기의 섞임을 차단하기 위한 목적으로 Inert gas supply system을 사용한다. 이러한 시스템을 제어하고 모니터링하기 위해 각 개소에 센서가 설치되며, 이는 ME-DF ECS를 통해 정보를 전달 받고 제어 신호를 주게 된다.

2) Safety system

가스엔진 시스템에 있어서의 안전은 Fail to safe 모드이다. 이는 전자제어엔진에 있어서 엔진의 지속적인 운전을 위한 Redundancy 개념과는 다르다. 가스엔진은 안전이 제일 우선인 시스템이기에 문제 발생 시, 즉시 Gas shutdown을 실시하고 엔진은 Fuel oil mode로 운전된다. 즉 일반적인 ME엔진과 동일한 운전을 하게 된다. 즉 Redundancy by fuel running mode인 것이다. ME-DF-ECS에서 Safety 를 담당하는 것이 Safety unit인데 SPSU(Secondary fuel plant safety unit)와 SCSU(Secondary fuel cylinder safety unit)로 나뉜다. SPSU의 경우 엔진시스템의 전체와 관련된 안전 사항에 대해 작동을 하며 센서 및 부품들 또한 그러한 기능을 가지고 있다. SCSU는 각각의 실린더별 안전에 관한 센서와 부품들이 관련이 되어 있으며, 예로 PMI용 실린더 압력 센서나 가스 압력 센서가 이러한 역할을 담당하고 있다.

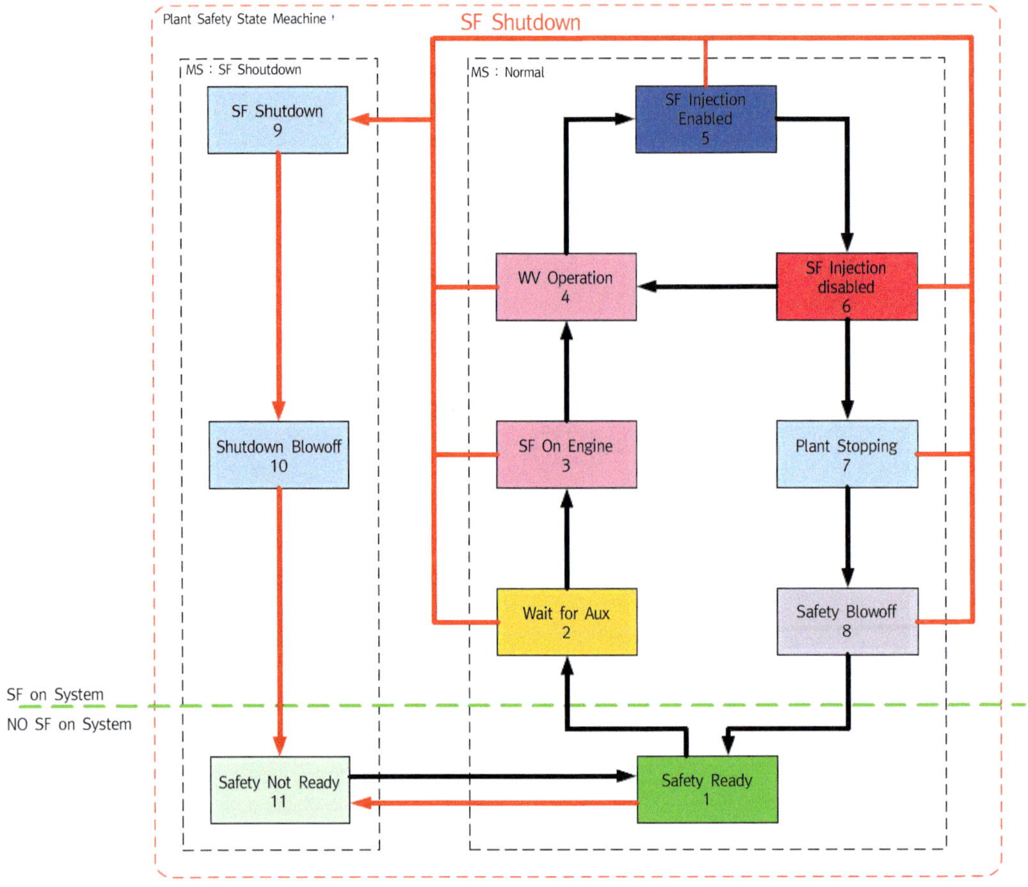

그림 2-187 Safety system

3) Control system

가스 엔진의 연료량 계산 및 분사 그리고 그에 필요한 각종 시퀀스를 담당하는 부분이 ME-DF-ECS에서 SPCU(Secondary fuel plant control unit)와 SACU (Secondary fuel auxiliary control unit)이다. 이는 Gas control state machine을 관장하며, 가스연료분사를 제어한다. 즉, 가스 분사에 필요한 모든 시스템들을 제어한다고 볼 수 있다.

여기에 가장 중요한 가스 인젝션 밸브의 경우 기존 ME엔진의 CCU로부터 제어를 받으며, CCU는 각 실린더별 가스 인젝션 밸브 외에도 Blow off 밸브, Purge 밸브 등을 제어하게 된다.

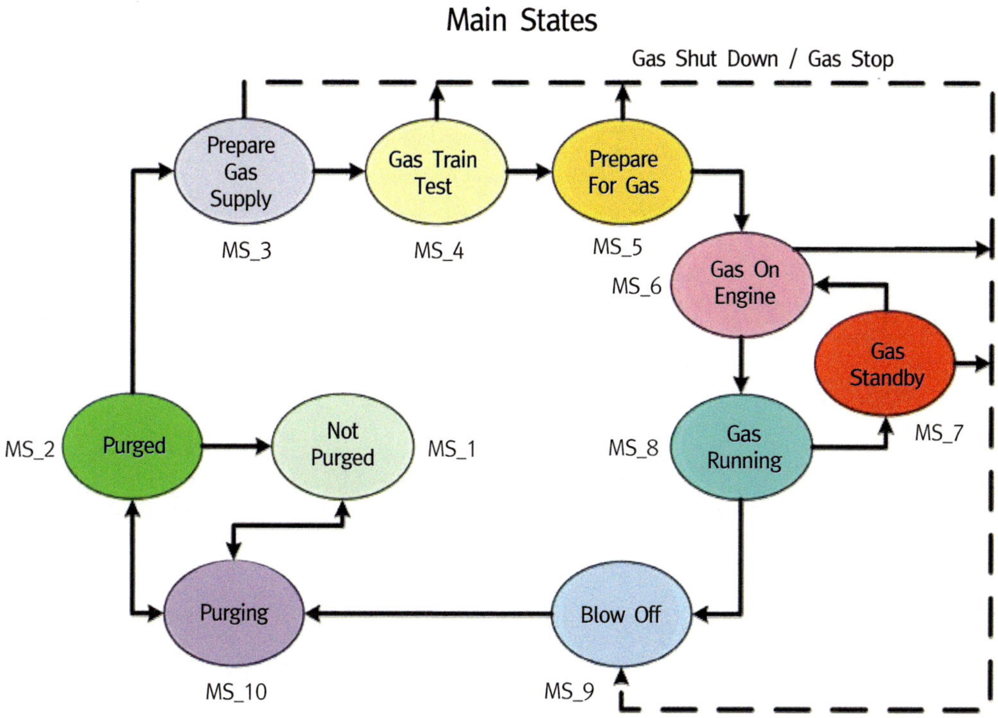

그림 2-188 Control system

4) Inert gas system

앞서 언급한 바와 같이 가스와 공기가 만날 경우 폭발의 위험이 있기에 이를 방지하기 위해 불활성가스를 사용한다. 이는 공기와 가스의 만남을 원천적으로 차단함으로써 전체 설비의 안전을 도모하게 된다. 선박에서는 N2 generator를 이용하여, 지속적으로 질소를 사용할 수 있는 환경을 구비하고 있으며 가스의 공급전과 가스 공급 종료 후에도 질소를 시스템 내에 공급하게 된다. 엔진의 가스 사용 및 종료 후에 반드시 질소에 의한 전체 라인 퍼징이 필요하기에 이 시스템은 가스엔진의 안전 운전의 역할에 있어 매우 중요하다. 또한 충분한 퍼징을 위해 가스검지기를 설치하여 LEL level이 30%이하인 경우 질소 퍼징이 완료되었음을 의미하고 다음 절사로 넘어가나, 그렇지 못할 경우 최대 5회까지 질소 퍼징을 실시하게 되고, 시행 이후에도 LEL 이 30%이상을 유지하면 Not purged로 간주되어 가스 버닝이 불가능하게 된다.

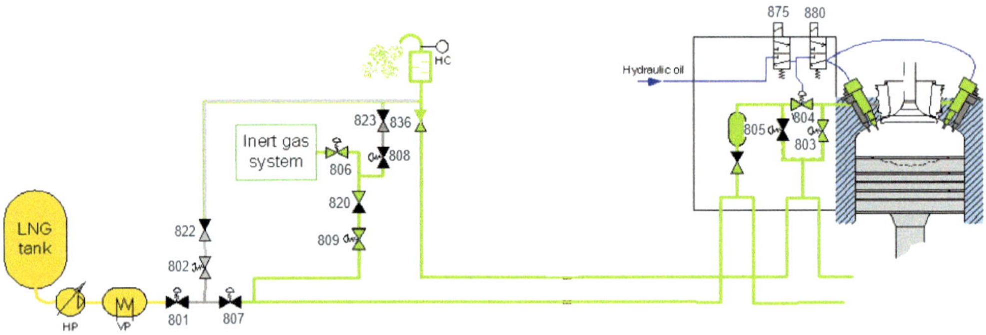

그림 2-189 Inert gas system

5) Double wall pipe & Ventilation system

기관실은 Non ATEX(Atmosphere explosive) zone으로서, 어떠한 가스의 누설도 기관실에 일어나서는 안 된다.

이에 이중관 구조의 가스 공급라인을 설치하여, 가스 누설 시 이중관을 통해 배출이 일어나며, 이를 탐지하기 위한 설비가 설치되어 있다. 가스 누설 발생 시 가스 시스템은 즉각 중단되

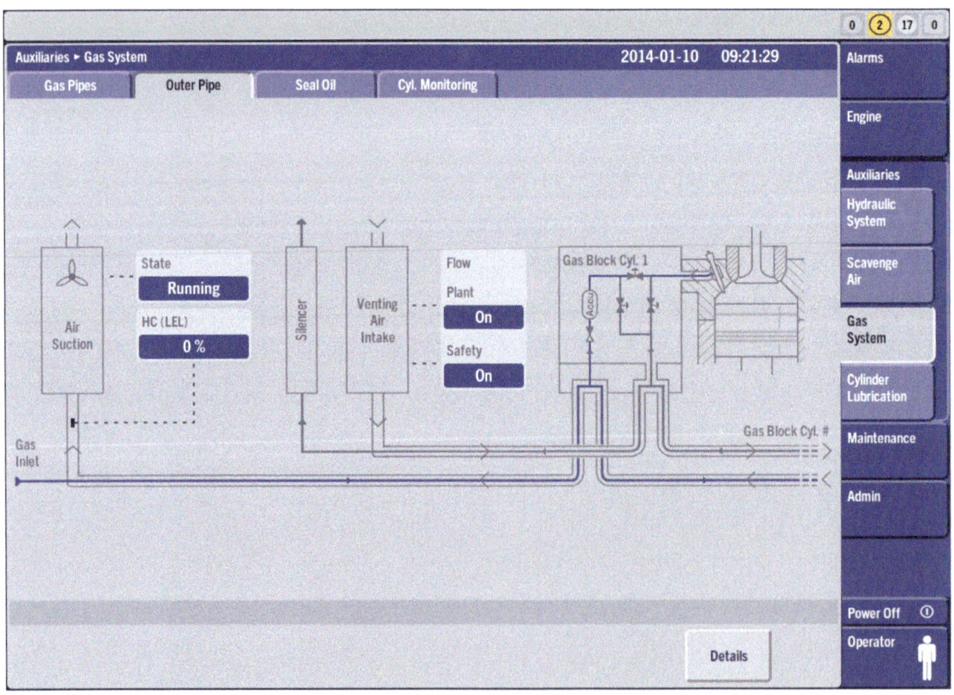

그림 2-190 MOP, Double wall pipe & Ventilation system

고, 엔진은 Fuel oil을 이용한 운전이 이루어지게 된다. 이를 만족하기 위해 시스템뿐만 아니라 각 부품별로 가스 누설 시 이러한 시스템과 연결될 수 있는 라인이 설계되어 있다.

6) Sealing oil system

가스를 사용하는 부품의 가스 누설을 막고, 가스를 가스공간에만 두기 위해 가스 인젝션 밸브와, 윈도우 밸브에 Sealing oil을 계속 공급하게 된다. Sealing oil이 없을 경우 가스인젝션 밸브와 윈도우 밸브 내부로 가스의 누설이 발생하기에, 시스템은 반드시 Sealing oil의 압력을 측정하고 엔진의 가스 운전 전이나 가스 운전 중에 Sealing oil의 압력을 지속적으로 모니터링 하게 된다.

이러한 Sealing oil system은 HPS와 동일하게 유압펌프를 사용하나, 가스압력을 기준으로 더 높은 압력으로 공급되기에 실시간으로 펌프의 부하가 변하게 된다. Sealing oil의 공급은 기관실의 시스템 오일에서 공급받아 이루어지며, 이 오일 또한 6마이크로 필터에 의해 Filtering이 이루어진 오일이 공급된다.

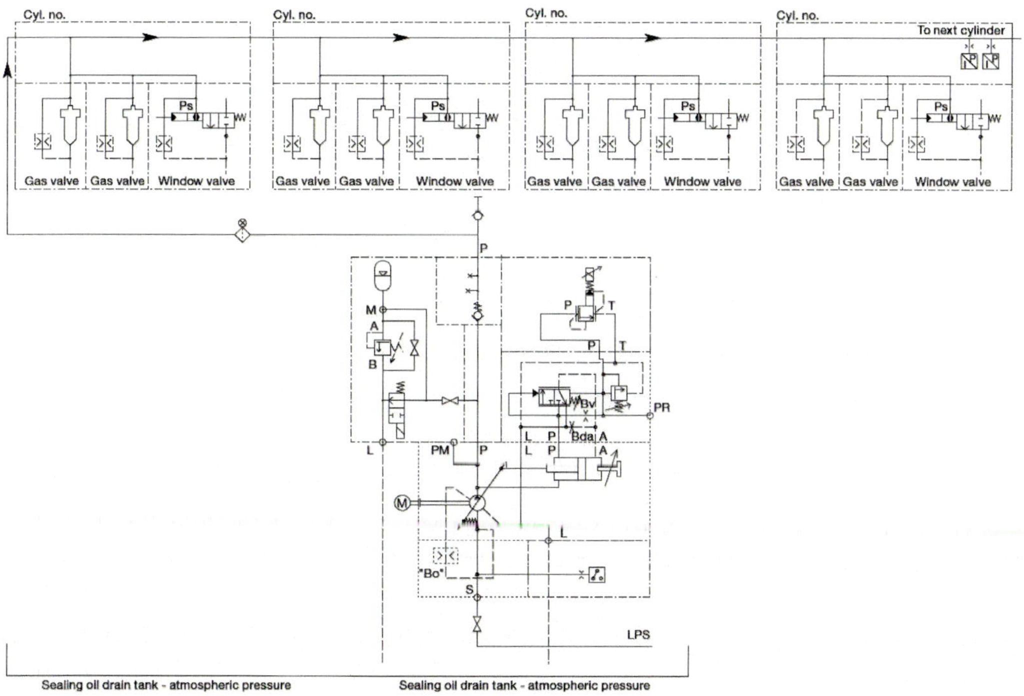

그림 2-191 Sealing oil system

7) Hydraulic system & Low pressure oil system

모든 밸브들은 전기 신호와 함께 유압으로 작동이 된다. 이 유압은 ME엔진과 동일하게 HPS system으로부터 공급이 되게 된다. 가스엔진에 있어서 유압의 사용량은 늘어나게 되었다. 또한 유압의 압력은 매우 중요하기에 엔진이 Shutdown 되기 전에 Gas shutdown을 시키는 유압 설정치가 지정되어 있다. 즉 가스 운전 중 유압의 저하 및 부족 시 가스를 먼저 트립시키고 엔진은 가능한 Fuel mode로 운전 될 수 있게 유지하고 있다.

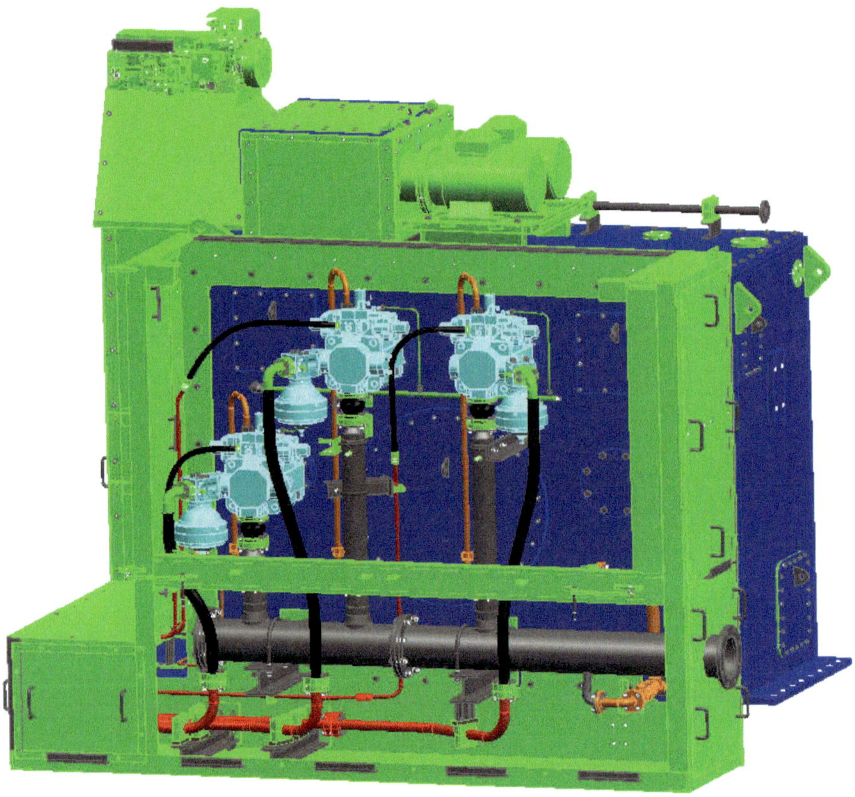

그림 2-192 Hydraulic power supply system

8) FGSS(Fuel gas supply system)

일반적인 MC, ME엔진의 경우 연료가 상온에서 액체 상태의 유체이기 때문에 동일한 시스템을 사용한다. 하지만 가스 연료 공급시스템의 경우 상온에서 기체상태의 연료를 공급해야만 한다. 또한 MAN 사의 가스엔진은 엔진의 효율의 증대를 위해 디젤 사이클을 적용하였고, 높은 압축압력과 폭발압력에 적합한 가스를 공급해야 하기에 분사특성을 고려하여 300 bar의 LNG가 공급된다. 이를 위해 공급되는 연료 가스가 액체 상태인 경우 펌프와 Vaporizer를 사

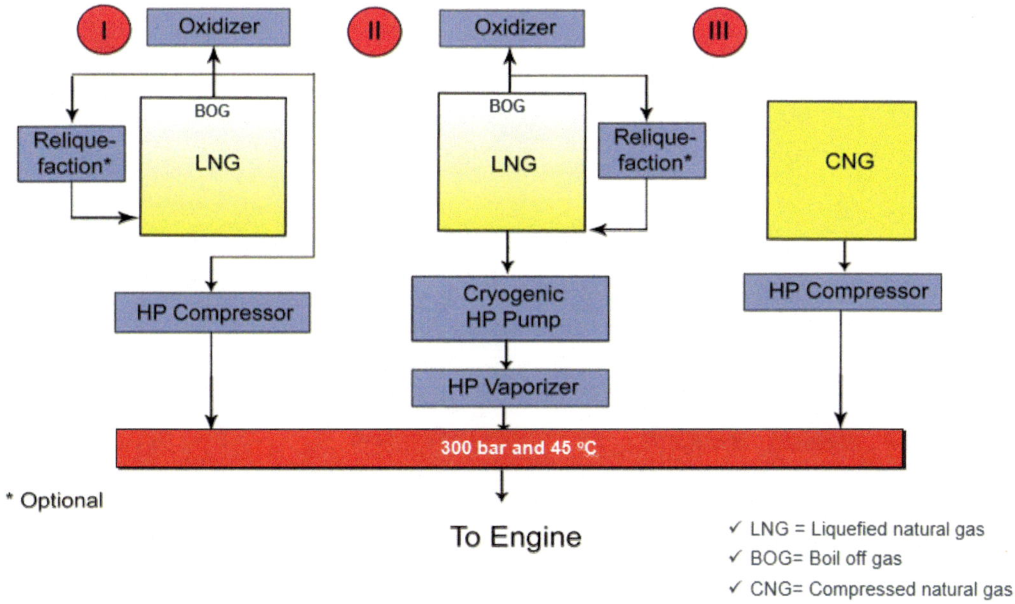

그림 2-193 Fuel gas supply system

용하여 압력과 온도를 상승시키는 방법이 있는 반면에, 기체 상태의 가스연료는 컴프레서를 사용하여 압력과 온도를 올리게 된다.

ME GI 엔진의 설계 원칙은 안전 우선과 신뢰성 확보이다. 이를 위해 기관실은 어떠한 가스 누설이 있어서는 안 되며, 어느 하나의 위험 및 문제가 발생 시 반드시 Gas shutdown이 이루어지도록 시스템이 설계되어 있다. 또한 이는 지속적인 엔진 운전에 영향을 주어서는 안 되며, 디자인의 편의를 위해 ME엔진에 가스 시스템을 추가한 디자인을 구현하였으며, 보다 높은 안전 레벨을 위해 제어 역할과 안전 역할은 분리함을 원칙으로 하였다. 예로 윈도우 밸브는 안전 밸브로서의 역할을 하며, 가스 인젝션 밸브는 가스 제어 역할을 하게 된다.

2.6.2 ME-DF-ECS

1) SPSU

전체적인 시스템의 안전을 담당하는 장치로 전체 시스템 작동유의 압력, 실링 오일의 압력, 가스 공급압력 등과 관련해 Gas shutdown을 일으키게 된다. 또한 누설 발생 시에 가스 중지를 일으키며, 외부의 가스 셧 다운 신호나 내부의 셧 다운 신호에 대해 가스 중지 역할을 한다.

2) SCSU

SCSU는 개별 실린더 측에서의 이상 유무를 감지하여 가스 셧 다운을 발생시키는 역할을 하게 된다. 각종 실린더 압력과, 가스 압력을 읽어 들여 각종 밸브의 누설 및 밸브작동 기능의 문제를 파악하고 더불어 연소의 상태 등을 확인하여 문제가 발생할 때 가스 셧 다운을 일으키게 된다.

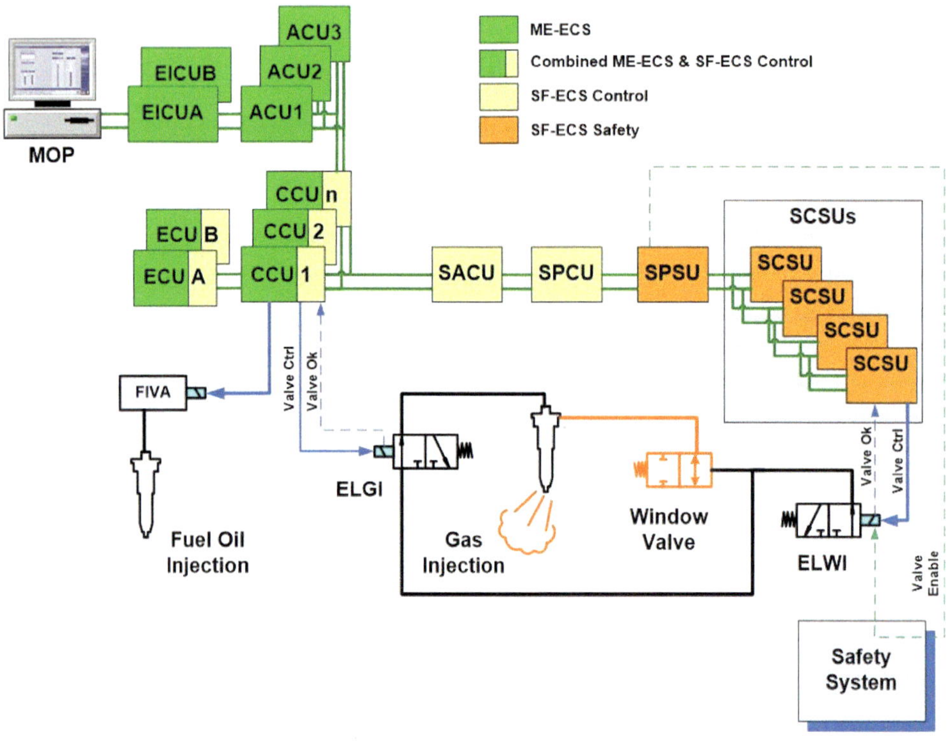

그림 2-194 ME-DF ECS

3) SPCU

가스 운전에 있어 가스를 기동하고 정지하고 Stand-by조건을 만들기 위해 사용되는 시스템이다. 이는 Gas control state machine의 제어와도 관련이 있으며, ME-ECS와 ME-DF-ECS가 공조하는 기능을 하게 된다. 이에 ME-ECS측의 ECU, CCU측에서도 연료양의 조절 역할 및 연료분사 기능을 가지게 된다.

사용자가 MOP상에서 Gas start button을 누르고 FSSS상태가 정상이며 기타 시스템이 돌아가게 되면, 시스템은 절차에 따라 가스 사용 절차를 진행하게 된다.

- Assembly test → Inert gas pressurize → Inert gas pressure test → Purging → Purged
- Prepare gas supply → Gas train test → Prepare for gas → Start seal oil pump →Gas on engine → Gas running → Gas standby → Blow off → Purging

4) SACU

SPCU의 보조적인 역할을 하며, Fuel gas supply system과 신호를 주고받으며, Sealing oil system을 제어하는 역할을 한다.

2.6.3 Components

1) Gas injection valve

가스를 분사하기 위한 밸브로 일반적인 연료 밸브와 유사해 보이나 그 작동 원리는 다르다. 가스를 가압해서 분사하는 것이 아니라 가압된 가스를 단지 공급해 주기 위해 밸브가 유압에 의해 열리고 스프링 힘에 의해 닫힐 뿐이다. 가스가 외부로 누설되는 것을 막기 위해 실링오일을 사용하고 Ventilation line이 존재한다. 또한 유압라인의 공기유입을 막기 위해 저압유를 지속적으로 공급해 준다. 가스 연소를 위해서는 반드시 파일럿 밸브가 필요하며, 이의 분사를 통한 화염이 가스 연소를 위한 점화원이 되는 것이다. 실린더 커버에 설치할 경우 가스누설에 주의하여 PTFE seal을 설치하게 되는데 엔진의 크기에 따라 밸브의 개수는 달라진다.

그림 2-195 Gas injection valve

2) ELGI, ELWI valve

ELGI, ELWI밸브의 경우 가스 인젝션 밸브와 Window 밸브를 제어하기 위해 사용되는 밸브이다. 각각 CCU와 SCSU에 의해 제어를 받으며 가스 연료분사를 담당하고, 문제 발생시 ELWI 밸브에 의해 Gas control block 내의 가스 압력 또는 Window 밸브 내의 스프링 힘에 의해 밸브는 닫히게 된다.

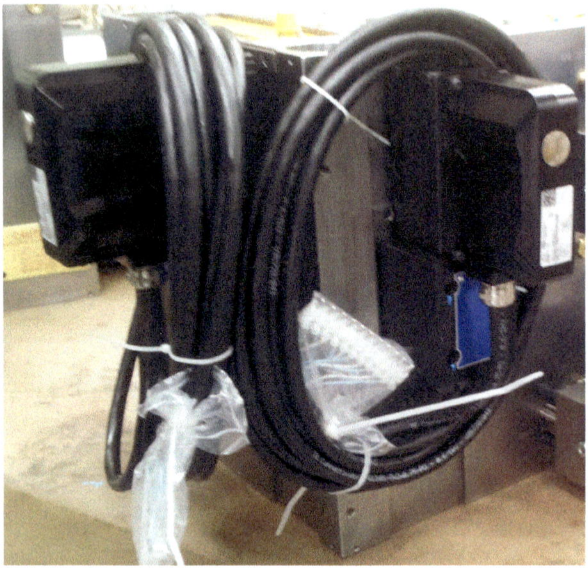

그림 2-196 ELGI, ELWI valve

3) Cylinder cover

실린더 커버에는 배기밸브, 가스연료밸브, Primary 연료밸브, Gas control block들이 설치된다. 기존의 전자제어엔진과 동일한 실린더 커버에 가스 Components를 설치하기 위한 Hole들이 추가가 되었다.

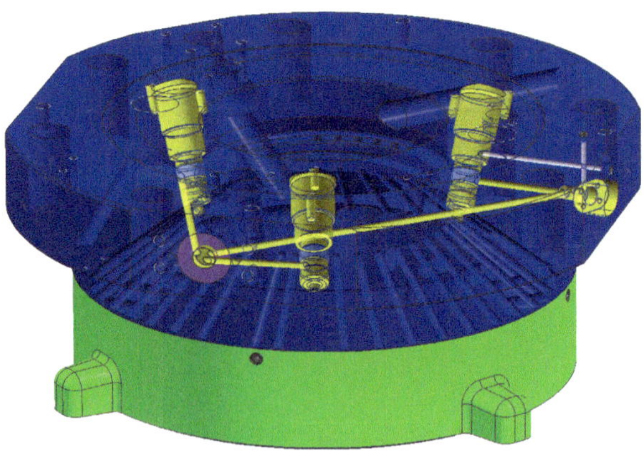

그림 2-197 Cylinder cover

4) Gas control block

Gas control block은 가스의 공급, 차단 및 배출과 감시 기능을 하며, 모든 제어 밸브들이 설치가 되고, 가스 압력을 인식하는 센서도 설치되어 있다. 가스 압력 센서를 이용하여 현재 가스운전 상태 및 밸브의 누설유무를 모니터링 한다. 또한 가스가 누설할 때 확인 할 수 있는 기능을 가진 Plug도 설치되어 있다. Window 밸브, Blow off 밸브, Purge 밸브, ELGI 밸브, ELWI 밸브들이 설치되어 있으며 개별 실린더별로 각각 적용되어 있다. Gas accumulator 공간 내부에는 가스 분사에 필요한 가스가 저장되어 있으며, 각종 밸브들을 작동하기 위한 유압 라인들이 연결되어 있다. 실린더 커버와 직접적으로 조립되는 부분이기에 가스 누설 방지를 위해 특수한 Seal을 사용하게 된다.

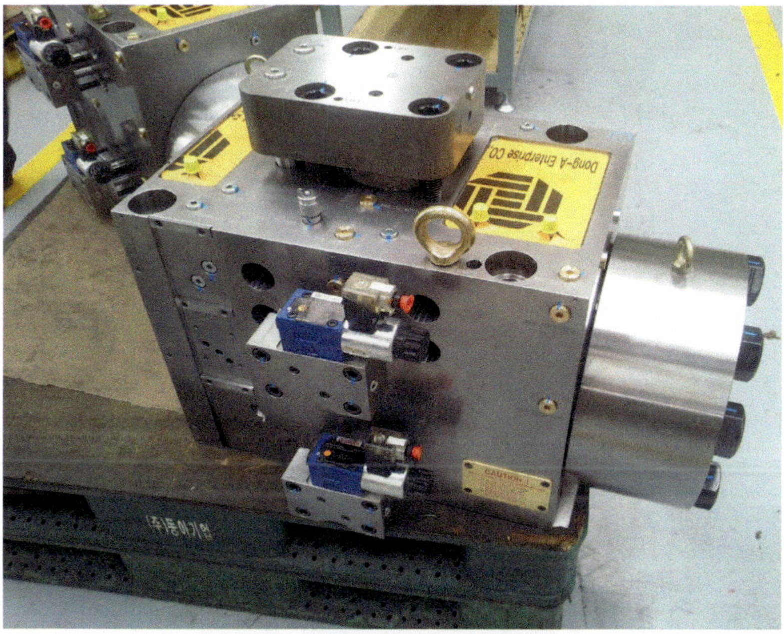

그림 2-198 Gas control block

5) Adaptor block

Gas control block과 각종 Pipe 및 Ventilation line을 연결하기 위해 Adaptor block을 설치하게 된다. Adaptor block에는 고압라인, 저압라인, 드레인라인 뿐만이 아니라 실링오일 라인 등이 연결된다. 또한 유압라인의 Accumulator도 존재하며, Gas control block의 분해 점검 및 Cylinder cover 취외 작업을 할 때 작업의 편의성을 높이기 위해 디자인 되었다.

이 중 End block의 경우 Ventilation 을 순환하기 위한 별도의 디자인이 사용된다.

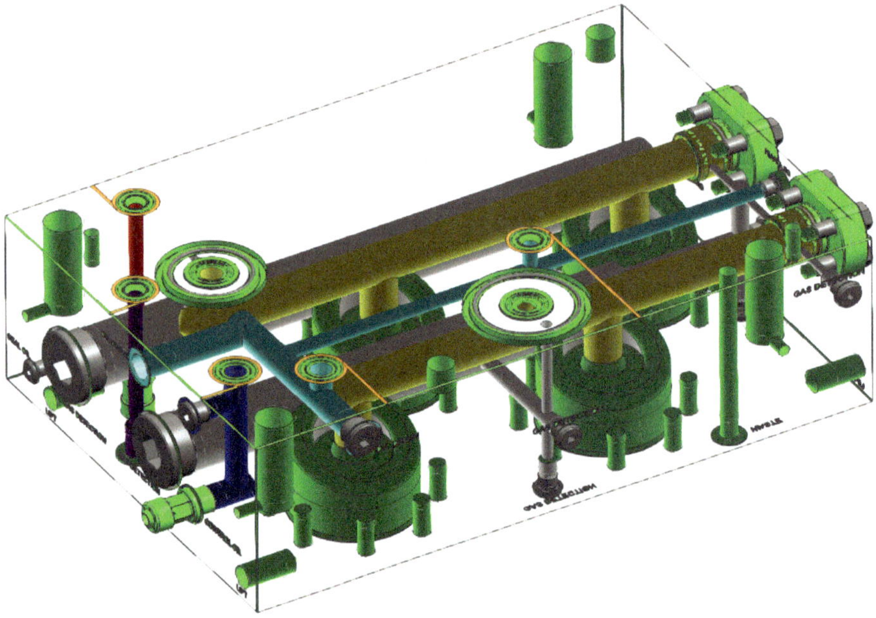

그림 2-199 Adaptor block

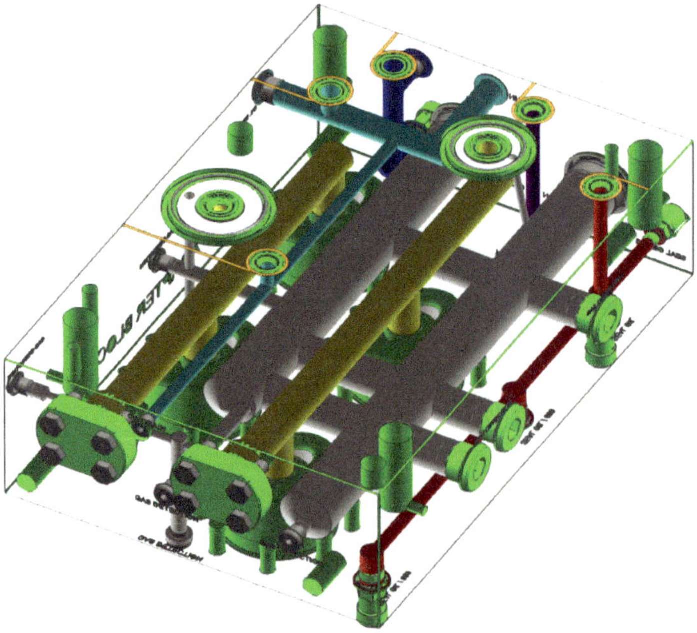

그림 2-200 End block

6) Double wall pipe

기관 구역의 안전을 위하여 기관실 내의 모든 가스 파이프는 이중관 구조를 가지고 있다. 파이프의 기능에 따라 Supply pipe, Return pipe로 구분이 되며, 파이프의 설치 위치 및 디자인에 따라 Chain pipe, Helix pipe, S pipe, L pipe로 구분이 된다. Return pipe는 Gas가 평상시에는 없으며, 단지 Gas 배출 Purge 목적이다. Inner pipe를 제작 시에는 확관을 하고 가공을 한 뒤 Pull out test를 2 ton의 힘으로 실시를 한다. Outlet pipe의 경우에는 용접을 실시하게 된다.

Gas 온도를 45℃ +/-10℃을 유지하는 이유는 가스온도 차이가 심할 경우 Gas inlet / outlet pipe 온도 차이에 의한 변형을 가져오기에 온도를 일정하게 유지하며, 온도 변화에 따른 가스 밀도 변화를 최소화하고 파이프 내부에 습기가 형성되는 것을 방지하기 위함이다. 파이프를 Adaptor block에 연결 시에 Techlok sealing ring을 설치하여 가스의 누설을 예방한다.

그림 2-201 Chain pipe

2.6.4 Operation

GAS 운전의 Status로는 Gas run, Gas standby, Gas stop, Gas SHD으로 나뉠 수 있다. 이는 Control unit와 Safety unit에 의해 제어가 이루어지며, 마지막의 Gas SHD기능을 Safety unit에서 담당하게 된다. 이 경우에 가스분사가 즉시 차단되고, FO연소 지속되는 상태에서 Gas blow off & Inert gas purging이 일어나게 된다.

1) Engine - Operation/status

모든 Dual fuel control은 안전상의 이유로 자동으로 진행되며, 오직 4가지 기능(Gas start, Gas stop, Gas standby, Manual purge)만 수동이다.

Governor index의 경우 Fuel index = Pilot oil index + Gas index로 이루어진다. MOP가 없으면 Gas operation은 불가능하다. Gas state machine이 ready가 된 상태에서 MOP상의 Start 버튼을 누르게 되면 Purge가 시작되고 Gas running을 위한 Sequence가 들어가게 된다.

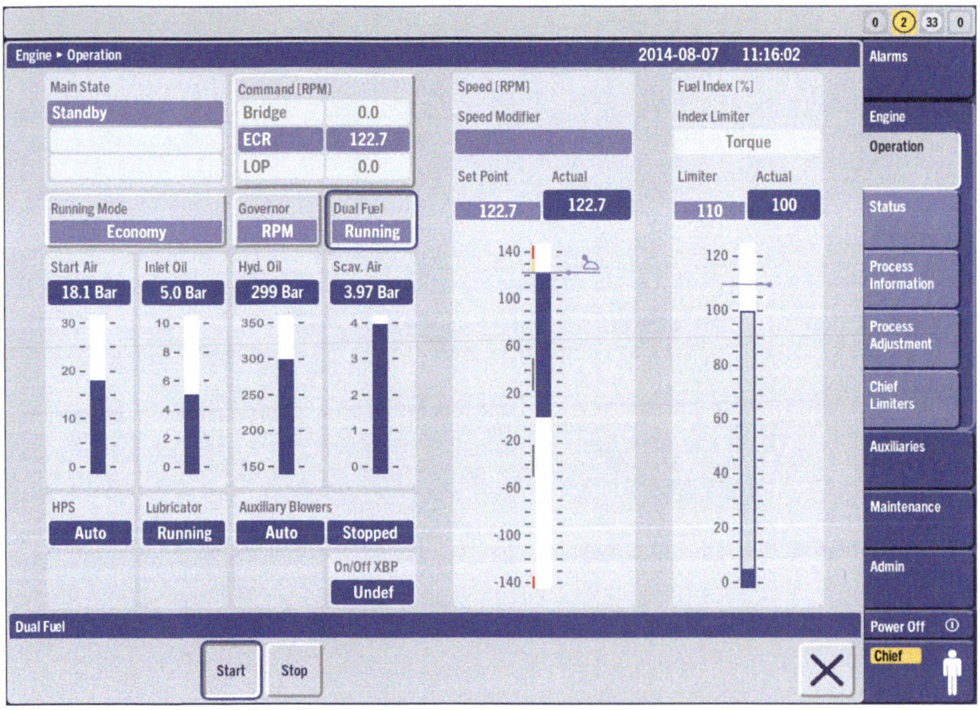

그림 2-202 MOP, Engine – Operation / Status

2) Engine - Process adjustment

ME-GI 엔진 역시 ME엔진과 동일하게 On line PMI를 이용하여 Auto tuning기능의 사용이 가능하다. 또한 Gas mode 운전인 경우에도 Auto tuning을 이용한 엔진 성능 조정이 이루어진다. 이와는 별개로 Off line PMI를 이용하여 각 실린더별 엔진 성능 편차 값을 조정할 시에, 실린더 부하(Cylinder load) 편차 값을 조정하게 되면 각 실린더 별 Pi가 조정이 된다. Pi의 조정은 Governor index를 제어하며, 이는 Fuel index와 Gas index에 동시에 영향을 주게 된다. 실린더 압력(Cylinder press)편차 값의 조정은 Pmax, Pcomp, Exhaust valve opening timing 조정의 세 가지 기능을 가지고 있다. 그 중 Pmax의 조정은, 각 실린더별 한 개의 버튼으로 연료분사시기와 가스분사시기가 통합 관리된다. 가스 분사시기의 경우 연료분사시기에 연이어 이루어지기 때문이다.

엔진의 운전에 있어 제어의 기준이 되는 모든 Parameter의 Design value는 Estimated engine load를 기준으로 하여 따르게 된다. Estimated engine load는 ME-ECS에 의해 계산된 값으로 이는 Fuel index와 RPM의 곱으로 구하여 지며, 이의 보정을 위해 Applied fuel quality offset을 조정하게 된다. Estimated engine load를 보정하기 위한 기준 값은 측정된 수치인 PMI나 SPM의 정보를 사용하게 된다. 또한 ME-GI엔진의 경우 Running mode(Diesel only, Dual fuel, Gas only)에 따라서 Parameter tuning table이 달라진다.

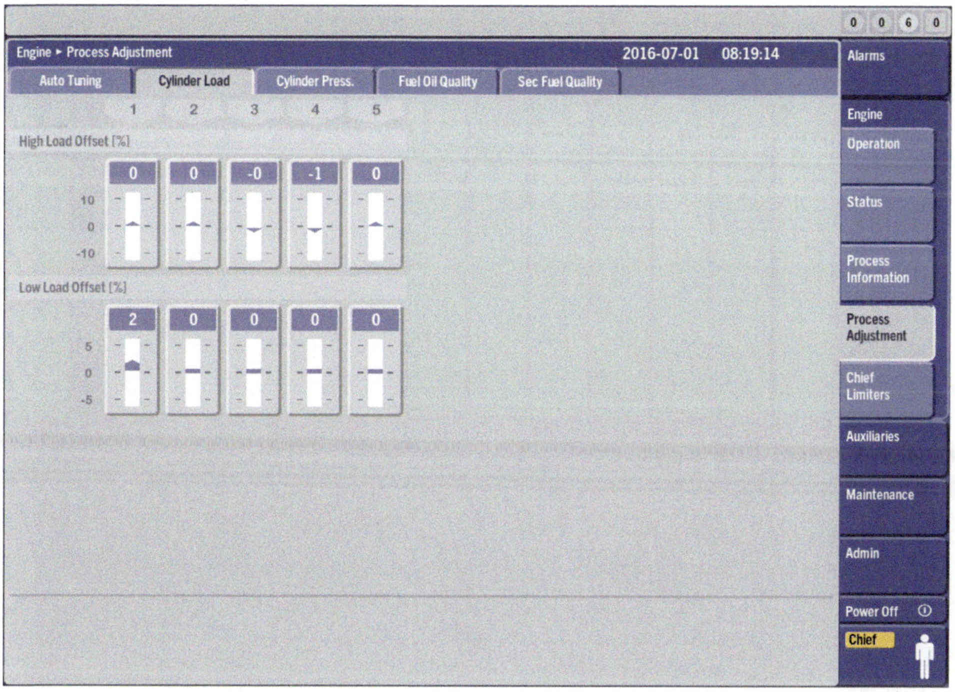

그림 2-203 MOP, Engine – Process adjustment

3) Auxiliaries - Gas system - Gas pipes

보조시스템에 대한 확인이 가능한 화면이다. 또한 Manual assembly test & purge 버튼을 먼저 누르고 Pressurize, Pressure load test, Depressurize 버튼을 사용할 수가 있다. 각종 압력 및 밸브의 작동 상태에 대한 모니터링이 가능하다.

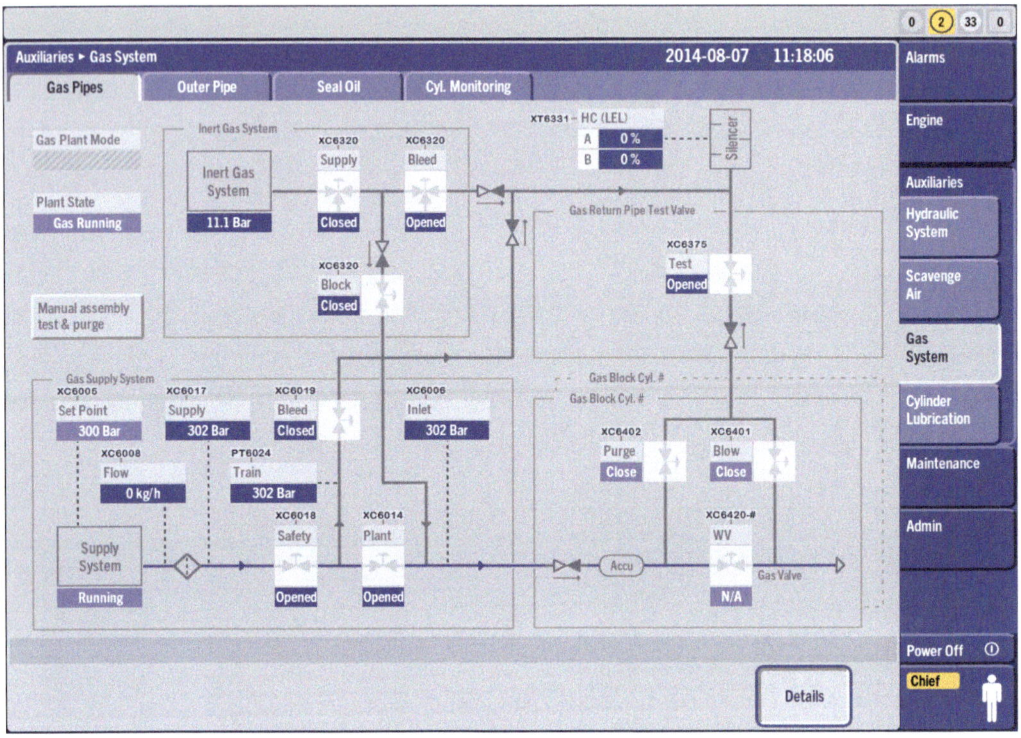

그림 2-204 MOP, Auxiliaries – Gas system – Gas pipes

4) Auxiliaries-Gas system-Outer pipe

시스템 및 부품에서 가스 누설이 발생한 경우 이를 감지하는 가스검지기의 수치와 Ventilation fan의 운전 상태 확인 및 수동 조작이 가능하다. 즉 현장에 가지 않고도 사용자는 가스엔진으로부터의 가스 누설에 대한 정보를 얻을 수가 있다. 일반적으로 LEL 30%이상 시 알람이 발생하며, LEL 60%이상 시 Gas SHD이 발생하게 된다. 하지만 센서 및 전기적인 시스템의 이상 또는 Silencer 내부의 잔유가스 또한 가스 수치의 증가 및 알람을 발생시킬 수 있다.

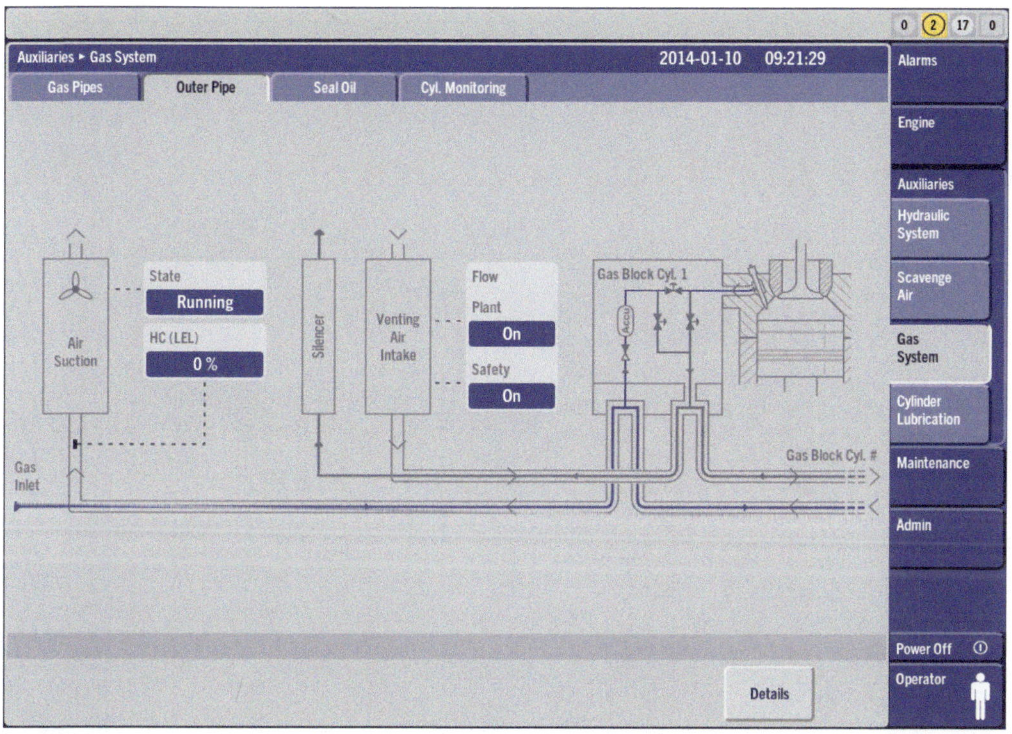

그림 2-205 MOP, Auxiliaries-Gas system-Outer pipe

5) Auxiliaries - Gas system - Sealing oil

Sealing oil 시스템의 중요 요소인 펌프의 제어를 할 수 있는 기능이 MOP에 포함되어 있다. Auto mode의 경우에는 가스 압력에 연동하여 실링 오일의 압력이 제어를 받게 된다. Manual mode의 경우 Pump의 Start/stop을 사용자에 의해 조절이 가능하다. 또한 Sealing oil의 압력확인이 가능하여 전체적인 전기 시스템의 이상 유무 또한 점검이 가능하다.

이는 자동적으로 이루어지며, 테스트를 위해 수동으로 조작이 가능하다. 가스 운전 시 반드시 실링오일 시스템이 가동 되어야 한다.

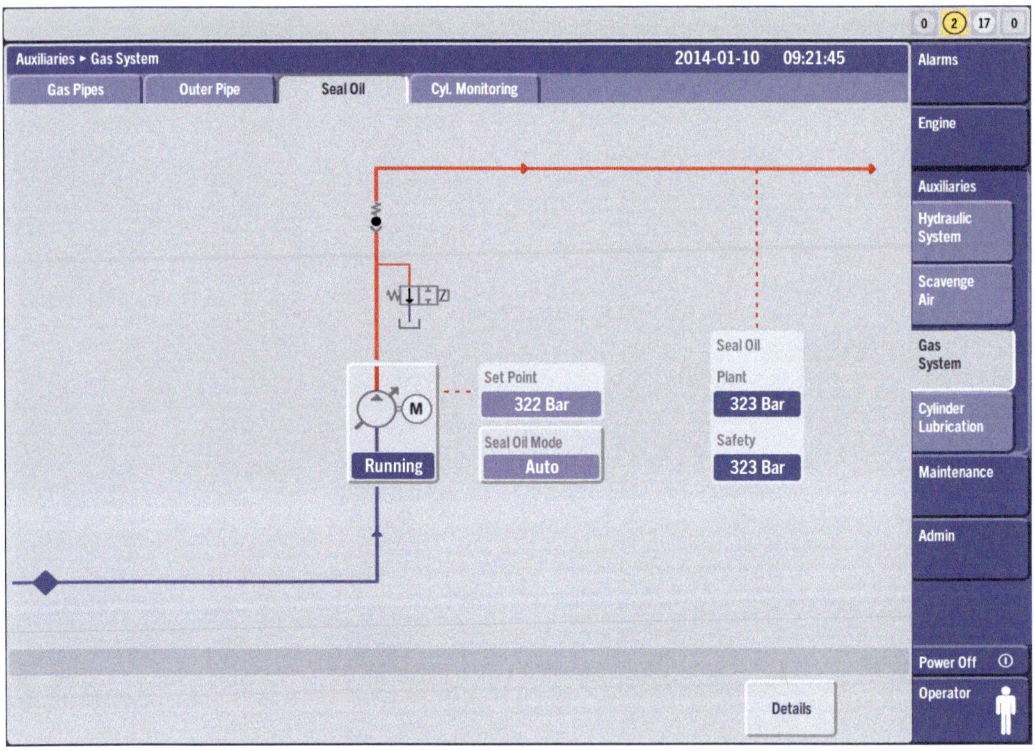

그림 2-206 MOP, Auxiliaries – Gas system - Sealing oil

6) Auxiliaries - Gas system - Cyl. monitoring

현재의 실린더 내의 압력을 측정하여, Knocking 및 Misfire 혹은 가스 누설 등을 확인한다. 만약 문제가 발생할 경우에는 Gas SHD를 일으킨다.

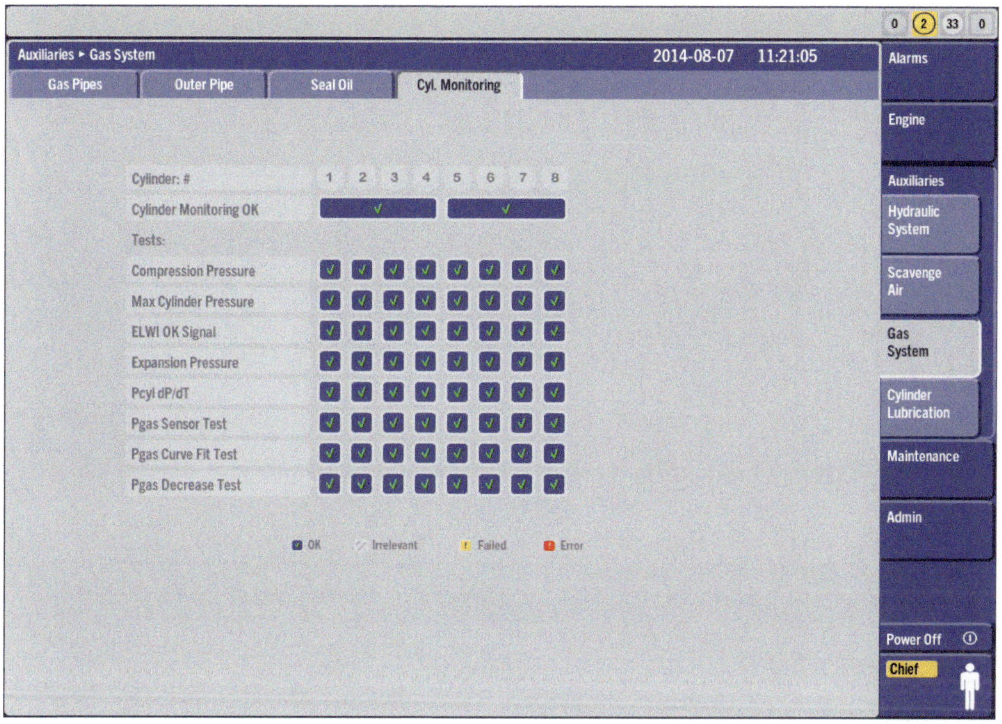

그림 2-207 MOP, Auxiliaries – Gas system – Cyl monitoring

7) Cylinder lubrication

Standard ME 엔진에서 ME GI용으로 변화된 기능이며, 두 종류의 Sulphur content에 대해 실린더 오일 양의 계산 및 적용이 된다. 연료의 S%와 Gov index에 의해 자동 조정이 이루어 진다.

8) Maintenance - System view I/O test

기존의 ME-ECS에서 ME-DF-ESC로 바뀌며 SPSU, SCSU, SPCU, SACU가 추가 되었다. 모두 네트워크 케이블을 통해 통신이 이루어진다. 이중 SCSU는 DASU unit을 사용하게 된다.

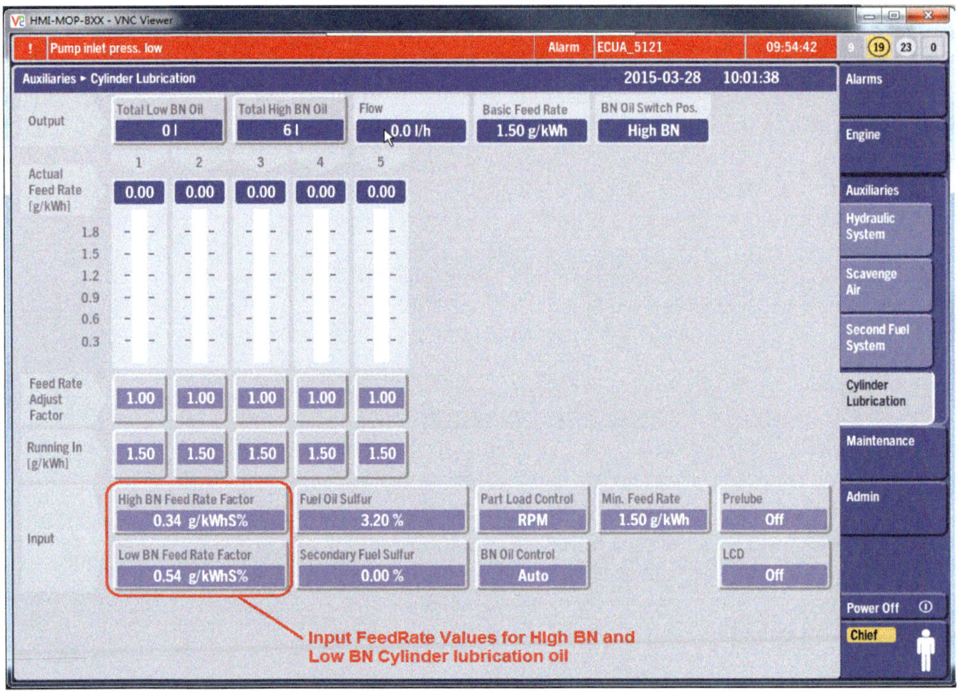

그림 2-208 MOP, Cylinder lubrication

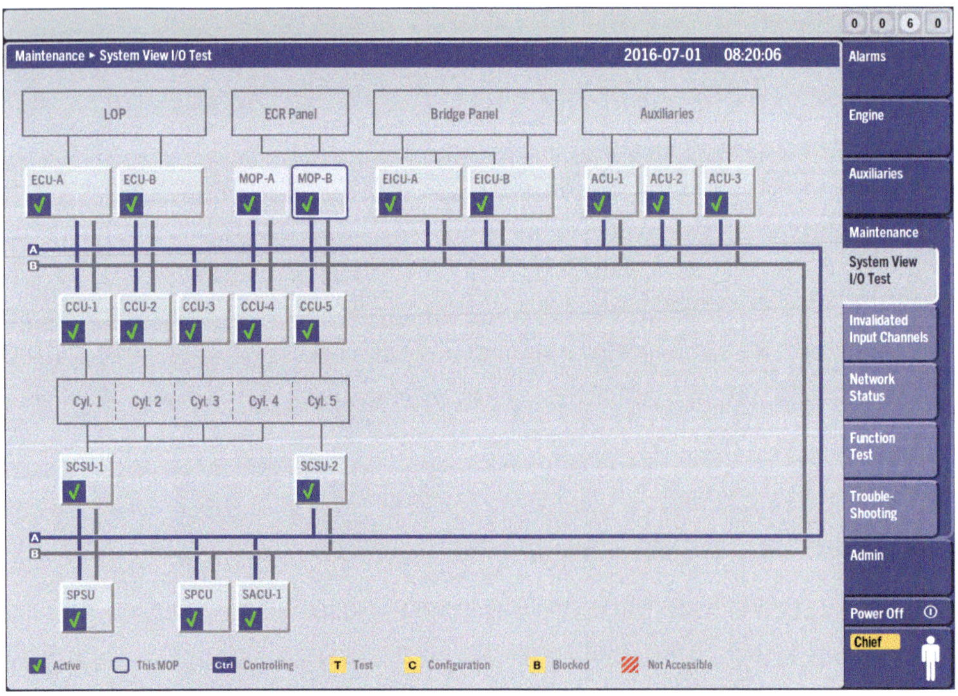

그림 2-209 MOP, Maintenance – System view I/O test

9) Maintenance troubleshooting gas block cylinder 1

사용자가 엔진 정지 중 ELWI, ELGI 밸브의 Test를 통해 Window 밸브와 가스 인젝션 밸브의 작동 테스트가 가능하다.

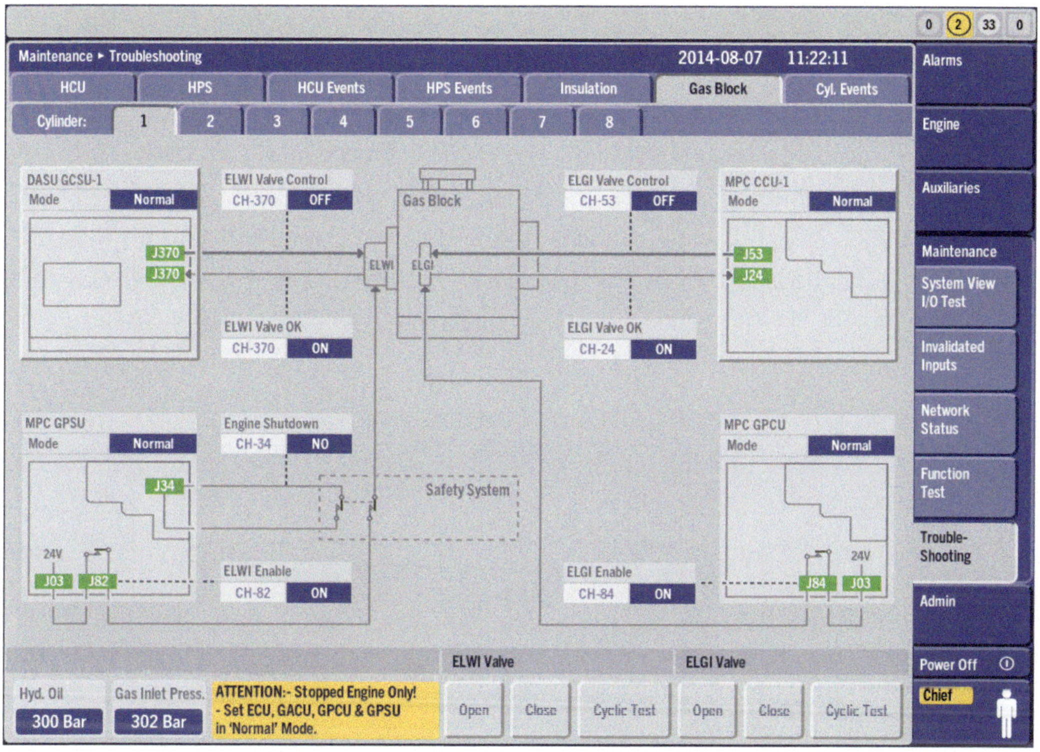

그림 2-210 MOP, Maintenance troubleshooting gas block cylinder 1

10) Maintenance - Troubleshooting - Gas block - Cyl. Event

DASU가 실린더 압력과 가스 압력을 읽어 들임으로써 Window 밸브와 가스 인젝션 밸브의 누설 유무를 확인할 수 있다. 기존의 HCU, HPS event log와 유사한 기능으로 실린더 압력의 변화와 가스 압력의 변화를 이용하여 어느 밸브가 누설하는지 전기적으로 어떤 문제가 발생했는지를 유추할 수가 있다. 또한 Log manually 버튼을 이용해 신조 때와 Data의 비교가 가능하다.

가스 인젝션 밸브 Load가 가스 모드를 위한 조건에 충족되면 Dual fuel start 버튼을 누를 수가 있다. MCR에서 2분 이내에 FO에서 Gas로 천천히 Change 된다. Gas standby 조건이 될 시에 자동으로 가스분사를 중지하고 시스템 내에 가스가 standby 상태를 유지하게 된다. 엔진 후진이나 정지 시에 가스 운전은 Standby 상태로 돌아간다. 엔진의 부하 변동이 급격할 경우 Primary fuel이 Back up 역할을 하여 Gas SHD을 방지 한다. 황천 항해 시 또한 Gas SHD 문제없이 운전이 가능하다. Slow down 또는 Black out시 Gas 운전은 SHD이 된다.

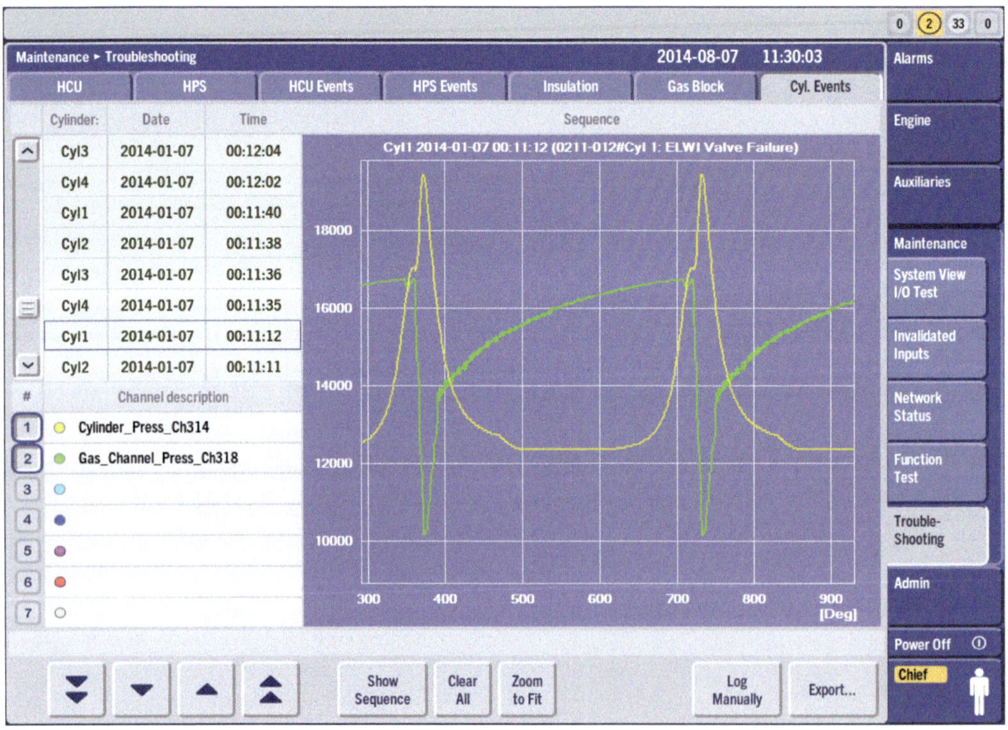

그림 2-211 MOP, Maintenance – Troubleshooting – Gas block – Cyl. Event

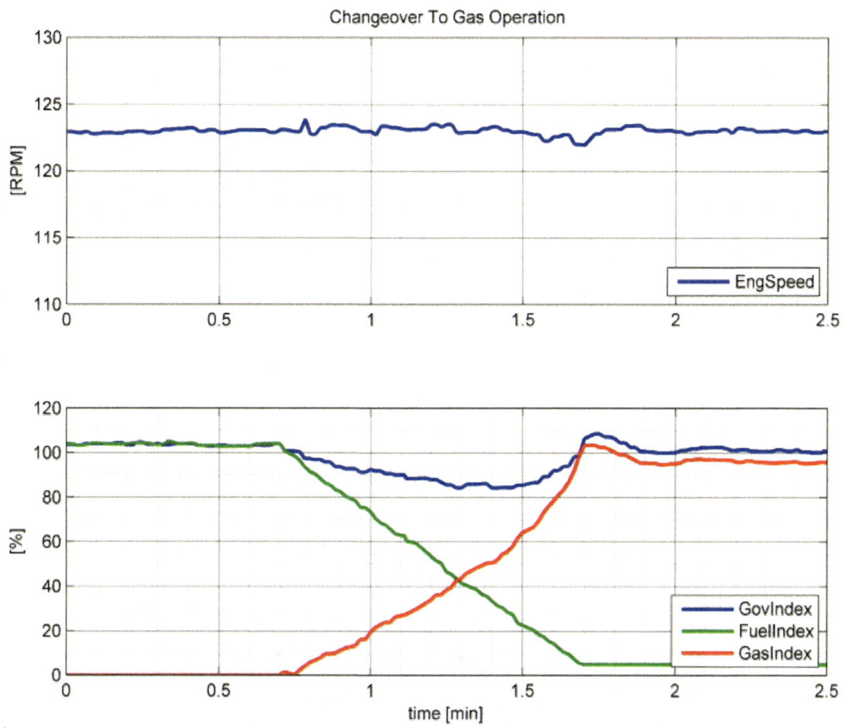

그림 2-212 Gas operation I

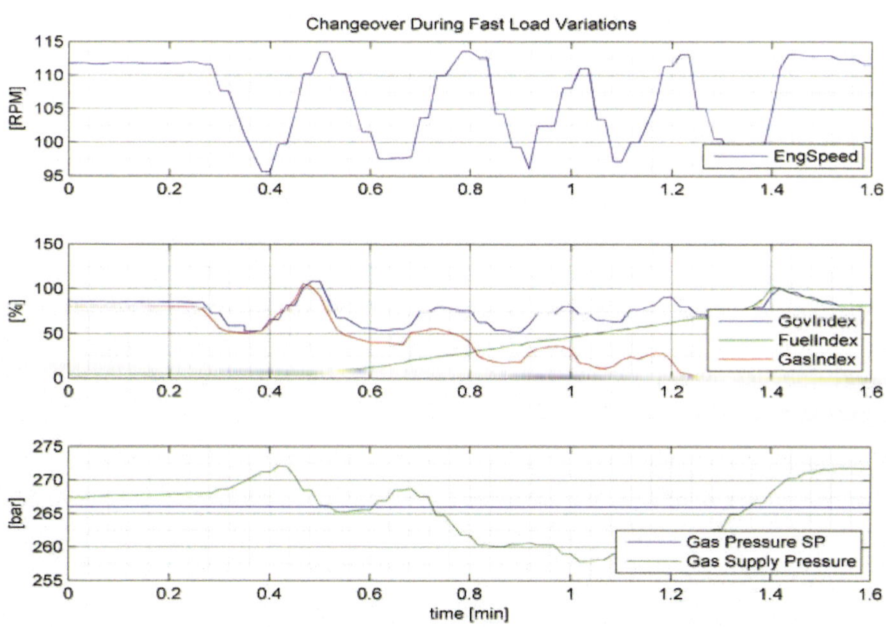

그림 2-213 Gas operation II

2.6.5 Auxiliaries system

1) GVT

가스의 공급, 정지 및 차단을 위해 사용하는 매우 중요한 밸브로 이를 통해 Inerting 또한 이루어진다. 여기에는 압력 센서와 온도 센서가 설치되어 GVT의 현재 상태 및 각 밸브들의 누설여부를 확인시켜 준다.

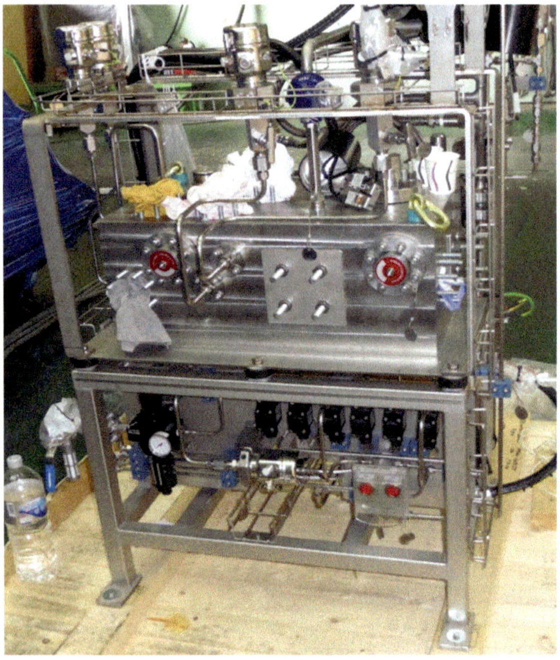

그림 2-214 GVT

2) FGSS

FGSS의 목적은 엔진의 부하 변동에 따라 결정된 가스 압력과 유량을 언제든지 공급 가능하게 하는 것이다. 설정된 압력과 온도를 유지하는 것이 필수이며, FGSS 제작사에 따라서 Gas set pressure가 다른 경우도 있다. 앞서 언급한대로 액체의 공급은 펌프와 기화기를 사용하며, 기체의 공급은 압축기를 이용한다. 추가적인 기능으로 LNG carrier의 경우 Tank의 압력을 조절하기 위해 재액화 시스템으로의 사용 및 Gas combustion unit으로의 가스 공급 또는 보조발전기로의 가스연료 공급에도 사용이 된다.

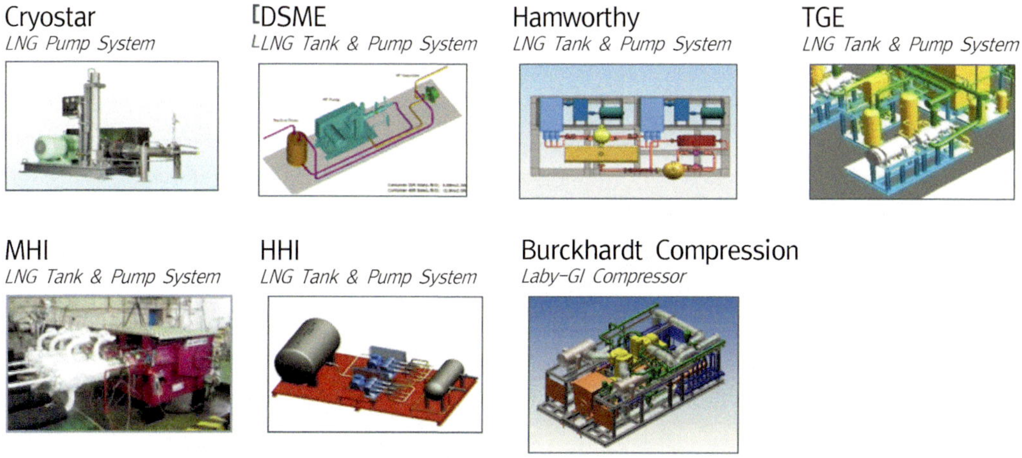

그림 2-215 Various FGSS

3) Inert gas supply system

앞에서 언급한 가스연료와 공기의 반응을 방지하기 위해 가스 공급 전과 후 반드시 불활성 기체가 공급되게 되어있다. 선박에서는 N_2 generator를 설치하여 꾸준히 이를 공급하여 사용하고 있다.

그림 2-216 Inert gas system

4) Double wall pipe & Ventilation system

가스 부품 및 시스템으로부터의 가스 누설이 발생할 때 이를 탐지하고 가스 공급을 중단하기 위해 설치된 시스템이다.

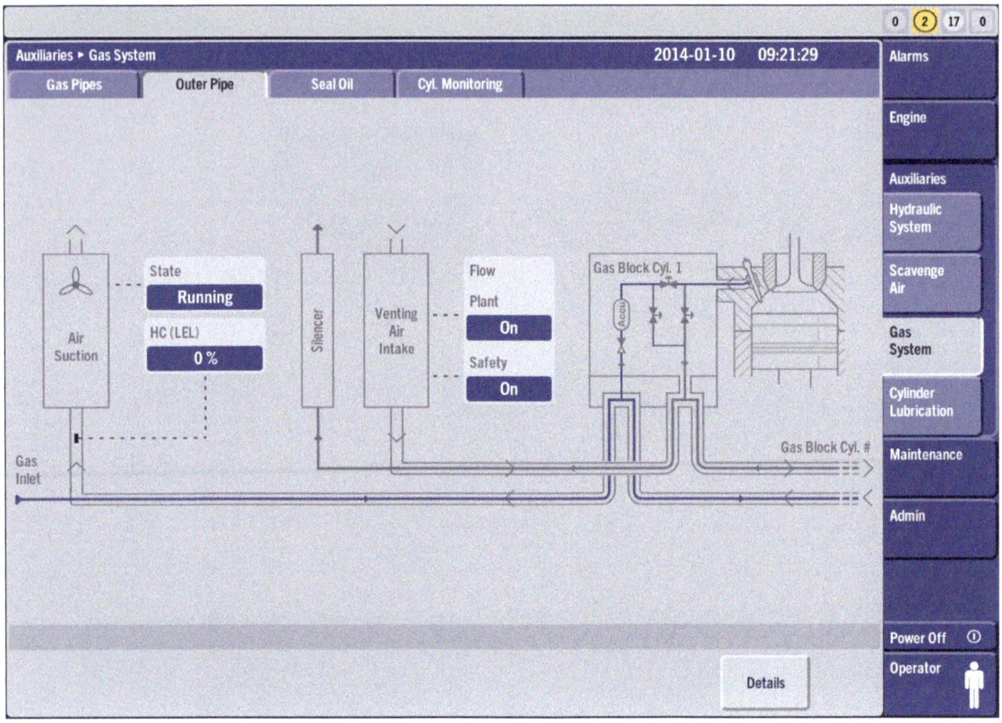

그림 2-217 MOP, Double wall pipe & Ventilation system

WinGD 2-stroke 전자제어엔진

3
CHAPTER

3.1 WinGD WECS-9520 전자제어 Diesel Engine

WECS-9520 전자 제어 시스템은 모든 RT-flex 엔진들, X82 및 X92 엔진에 적용되고 있으며 2001년에 도입되어 현재까지 사용되고 있다.

이 엔진들은 기계 제어 방식 엔진 즉 RTA 엔진의 Camshaft에 설치된 Fuel cam에 의한 연료 분사 제어, Exhaust valve cam에 의한 배기 밸브 제어 및 Camshaft drive의 시동 공기 분배기를 통한 시동 공기 제어 방식을 WECS-9520 전자 제어 시스템이 실시간으로 전달되는 Crank angle sensor unit의 크랭크 각도 값에 따라 Fuel common rail의 고압 연료유와 Servo oil common rail의 고압 작동유를 이용하여 연료 분사, 배기 밸브, 시동 공기 및 실린더 주유 등을 전자적으로 제어하는 방식이다.

그림 3-1에서 RTA 엔진의 빨간색으로 표시된 부품들이 RT-flex 엔진의 녹색으로 표시된 부품들로 대체되어 엔진을 구동한다.

표 3-1은 WinGD RTA & RT-flex 엔진의 작동 및 기능들에 대한 비교표이다.

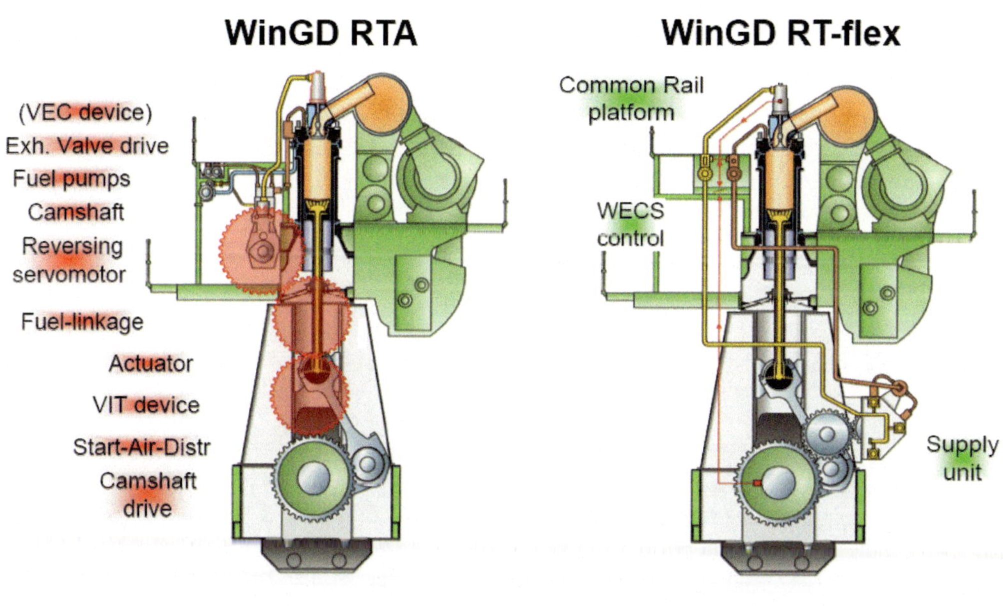

그림 3-1 WinGD RTA engine vs. RT-flex engine

표 3-1 Comparison table between RTA engine & RT-flex engine

엔진의 작동 및 기능	RTA Engines	RT-flex Engines
연료유 유압 형성	각 기통의 연료유 분사 펌프	Supply unit의 연료유 공급 펌프
고압 연료유 저장	없음	Fuel common rail
연료유 분사 작동	Camshaft fuel cam	WECS-9520 / Injection control unit (ICU)
배기 밸브 작동 유압 형성	각 기통의 배기 밸브 작동 펌프	Supply unit의 유압 작동유 (Servo oil) 공급 펌프
고압 유압 작동유 저장	없음	Servo oil common rail
배기 밸브 개폐 작동	Camshaft valve cam	WECS-9520 / Valve control unit (VCU)
Governor actuator (RTA) / Fuel pump actuator (RT-flex)	Electronic governor에 의해 제어가 되며, 연료 분사 펌프를 통해 연료 분사량을 조절함	Fuel common rail 압력 조정을 위해, WECS-9520 시스템에 의해 제어가 되며, 연료 공급 펌프를 통해 Common rail로 공급되는 연료량을 조절함
Electronic governor (Engine speed controller, 조속기)	Governor actuator를 통해 연료유 분사 펌프의 연료 분사량을 직접 조절함	연료유 분사량 (Fuel command) 신호를 통신선 (Data bus)을 통해 WECS-9520 시스템에 전달함
연료유 분사량 제어	Governor 및 연료유 분사 펌프를 통해 분사량을 제어함	Governor의 Fuel command와 일치되도록, WECS-9520 시스템이 Injection control unit를 통해 연료유 분사량을 제어함
역전 시, 연료유 분사 시점 제어	역전 신호에 따라, Fuel cam이 작동 유압에 의해 각도가 변환되면서, 연료유 분사 시점을 제어함	역전 신호에 따라, WECS-9520 시스템이 Injection control unit 전자 밸브를 통해 연료유 분사 시점을 제어함
외부 엔진 제어시스템으로의 실제 연료유 분사량 피드백	연료유 분사 펌프의 제어봉에 있는 각도 센서를 통해 실제 분사량 신호를 직접적으로 받음	Injection control unit의 실제 연료유 분사량을, WECS-9520 시스템이 통신선을 통해 외부 엔진 제어시스템에게 보고함
시동 공기 제어	기계적으로 작동되는 시동 공기 분배기에 의해 제어함	WECS-9520 시스템이 전자 밸브를 통해 시동 공기 밸브를 제어함
엔진 부하에 따른 연료유 분사 시점 및 배기 밸브 개폐 시점 제어	외부 엔진 제어시스템이 공압 실린더를 통해 VIT (Variable injection timing) 기능 & VEC (Variable exhaust valve closing) 기능만을 제어함	WECS-9520 시스템이 VEO (Variable exhaust valve opening) 기능까지 포함하여, ICU & VCU를 통해 전자적으로 제어함
엔진 비상 운전	엔진 현장에서 공압 제어 밸브와 기계적인 연료 분사 제어 레버를 통해 엔진 제어	엔진 컨트롤 룸과 현장 제어판에 설치된; WECS-9520의 구성 품 중 하나인 수동 운전 용 전자 패널 (Manual control panel)을 통해 엔진을 제어

3.1.1 엔진의 주요 제어 부품 및 작동 방식

WinGD 전자제어엔진들은 Two-stroke 크로스 헤드 타입의 저속 내연기관으로 엔진의 기본 구조물(Bedplate engine frame & Cylinder jacket) 및 연소실 구성 부품(Cylinder cover & Cylinder liner), 엔진 동력 전달 부품(Piston, Crosse head, Connecting rod & Crankshaft), 소기 공급 관련 부품(Scavenge air receiver, Auxiliary blower, Charge air cooler, Exhaust gas receiver & Turbo charger) 등이 기존 기계(Camshaft) 제어 방식의 엔진과 동일하므로 이 교재에서는 생략하며 전자 제어 시스템에 관련된 특정 부품만을 아래와 같이 설명한다.

1) Supply unit

Supply unit는 엔진의 크랭크 샤프트로부터 중간 기어를 통해 기계적으로 구동이 된다. 연료유 분사를 위해 요구되는 압력으로 증가시켜 Rail unit의 Fuel oil common rail pipe에 공급하는 연료유 공급 펌프(Fuel oil supply pump)와 연료유 분사 제어 장치(ICU, Injection control unit)의 작동, 배기 밸브 제어 장치(VCU, Valve control unit)의 작동, 실린더 윤활 펌프 작동 등에 사용되는 유압 작동유 공급 펌프(Servo oil supply pump)로 구성된다.

그림 3-2에서 3-16은 엔진 기통수 및 실린더 직경, 사양에 따라 다르게 적용된 Supply unit drive 및 Supply unit를 나타낸다.

그림 3-2 Supply unit drive for RT-flex48 & RT-flex50

V0 version V1 version V2 version

그림 3-3 Supply unit drive for RT-flex58 V0, V1 & V2

그림 3-4 Supply unit drive for RT-flex60

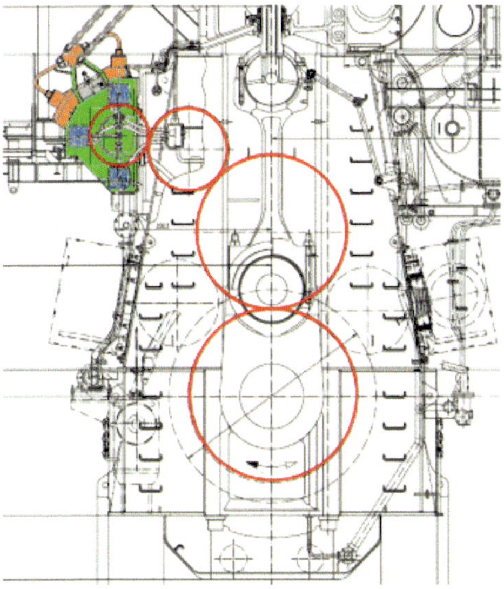

V0 version

V1 version

그림 3-5 Supply unit drive for RT-flex68 V0 & V1

그림 3-6 Supply unit drive for RT-flex82 & X82

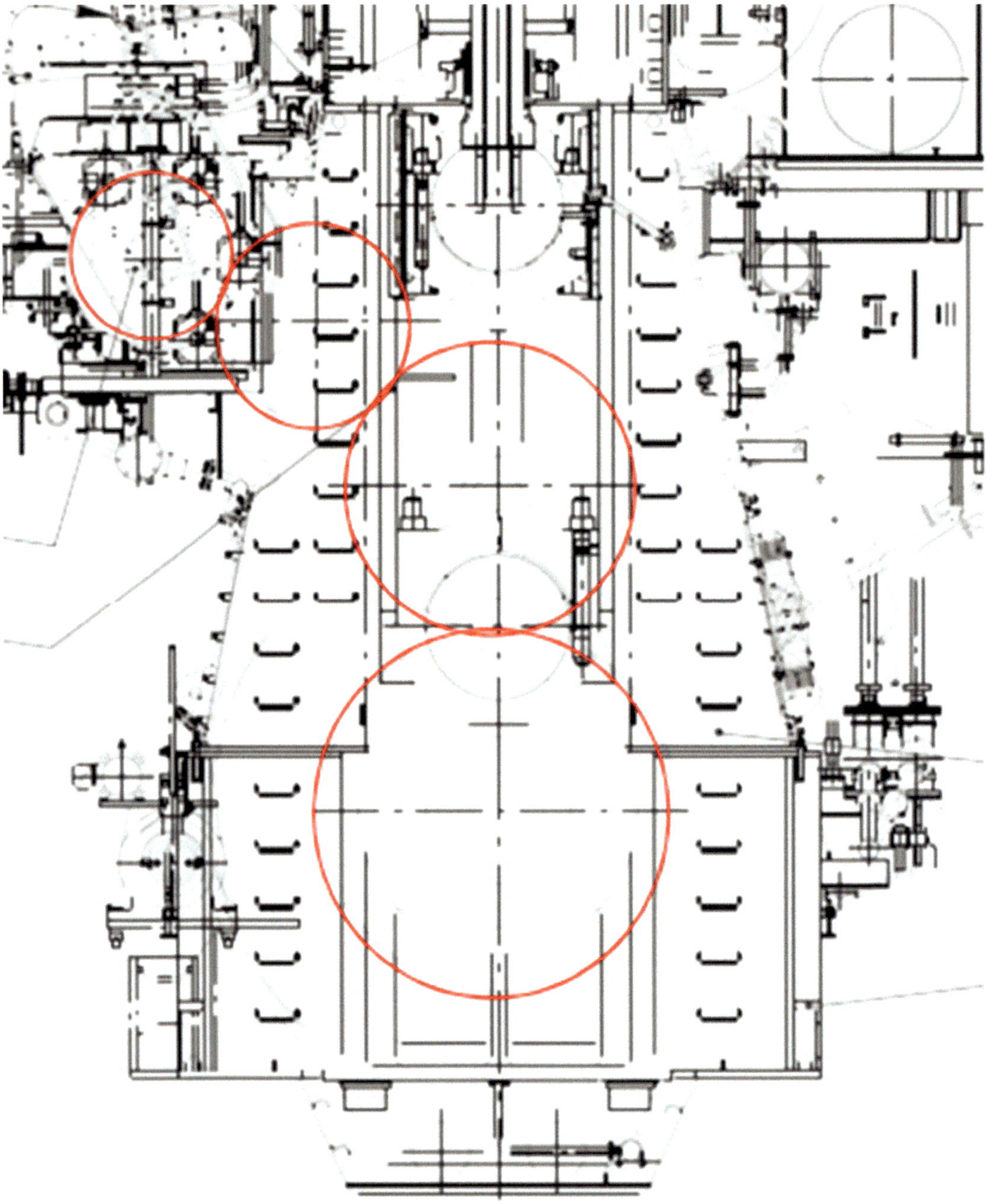

그림 3-7 Supply unit drive for RT-flex84 & RT-flex96

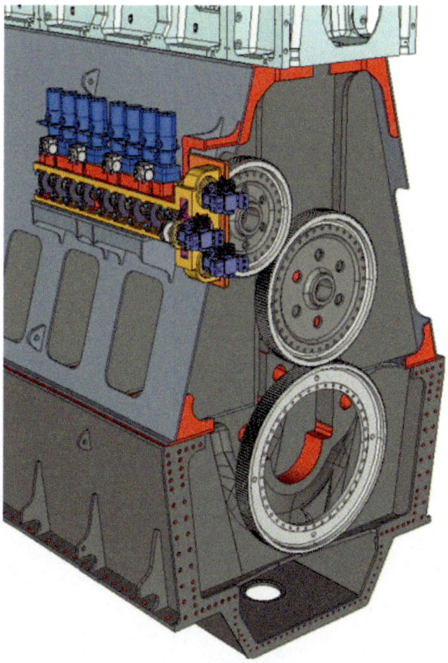

그림 3-8 Supply unit drive for X92

그림 3-9 Supply unit for RT-flex48, RT-flex50 & RT-flex58_V2

그림 3-10 Supply unit for RT-flex58_V0

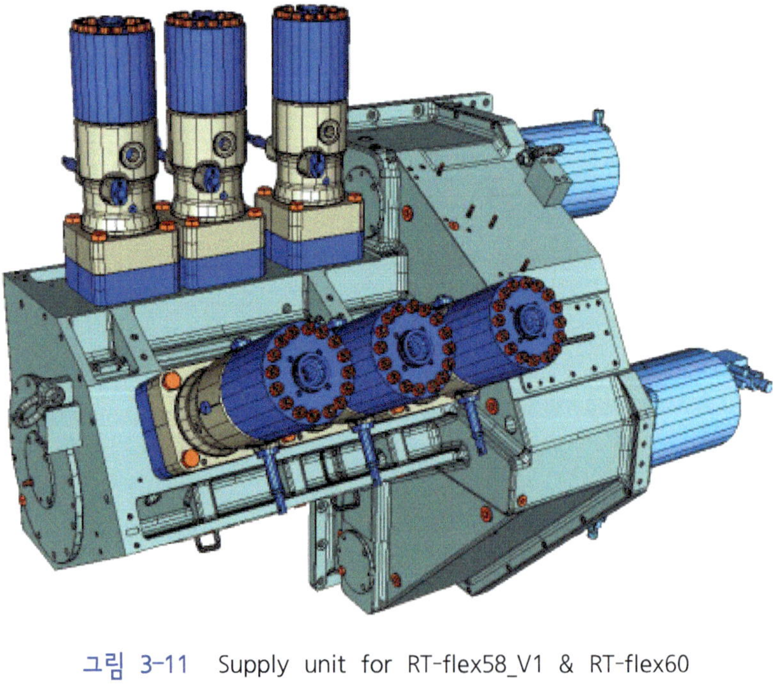

그림 3-11 Supply unit for RT-flex58_V1 & RT-flex60

그림 3-12 Supply unit for RT-flex68_V0

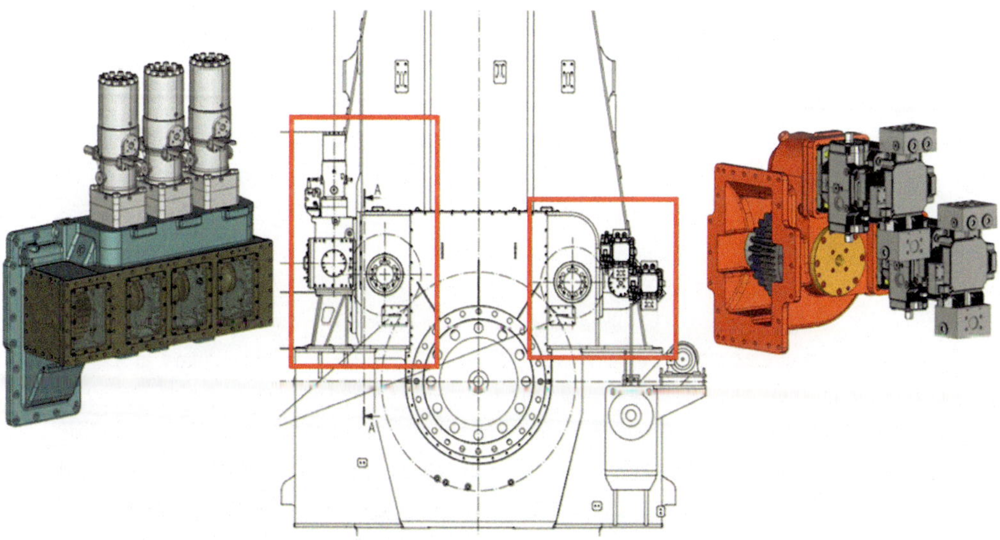

그림 3-13 Supply unit for RT-flex68_V1

그림 3-14 Supply unit for RT-flex82 & X82

그림 3-15 Supply unit for RT-flex84 & RT-flex96

그림 3-16 Supply unit for X92

(1) 연료유 공급 펌프 (Fuel oil supply pump)

연료유 공급 펌프는 Supply unit camshaft에 의해 구동이 되며 WECS-9520 시스템과 Electric fuel pump actuator에 의해 펌프의 배출량이 제어된다.

즉, 엔진 부하에 따라 요구되는 Fuel common rail 압력(약 700 – 1,000 bar)을 조절하기 위해 WECS-9520 시스템이 펌프로부터의 필요한 공급량을 계산하여 Fuel pump actuator를 통해 펌프의 배출량을 제어하는 것이다.

또한, 이 펌프는 연료유 분사에 필요한 압력 형성 및 연료공급을 위한 용도이므로 크랭크 샤프트 각도에 따른 자동타이밍은 필요하지 않지만, 펌프 동작을 위한 캠의 각도는 캠샤프트 및 베어링의 부하 균등을 위해 적절하게 분배되었다.

엔진의 기통수 및 실린더 직경 등에 따라 설치되는 펌프의 크기, 숫자 및 Plunger의 직경이 달라진다. 다만, 한 개의 펌프 고장 발생시에도 엔진 운전이 가능하도록 가장 작은 사이즈의 엔진, 예로 5RT-flex48T 엔진이라도 최소 2대의 펌프가 설치된다. 이 경우 2대의 펌프 중 1대의 고장 발생하였을 때 연료유 공급량의 부족으로 엔진 출력은 약 60% 정도로 제한되나 전 기통의 연료유 분사에는 영향을 주지 않는다.

세계 최대 출력의 디젤 엔진인 14RT-flex96C-B 엔진의 경우에는 최대 8대의 펌프가 설치되며, 이 경우에는 펌프 1대가 담당하는 엔진 부하는 약 15% 정도이며 펌프 1대가 고장 발생시에도 엔진 출력은 제한이 없이 100% 운전이 가능하다.

Fuel pump actuator는 전기로 작동되는 사양이며 WECS-9520 시스템에서 오는 전기 제어신호에 따라 펌프의 Regulating rack를 조정하여 펌프의 배출량을 제어한다.

엔진의 사양에 따라 1 대의 Fuel pump actuator가 1 대의 펌프 또는 2 대의 펌프를 제어한다. 또한 엔진 사양에 따라 다양한 제작사 및 사양의 Fuel pump actuator가 설치되어 있다.

그림 3-17에서 3-26은 연료유 공급 펌프 및 관련된 제반 기기들을 나타낸다.

Shown for RT-flex50

그림 3-17 Mono-block camshaft with servo oil pump driving gear for RT-flex48, RT-flex50, RT-flex58_V2 & X92

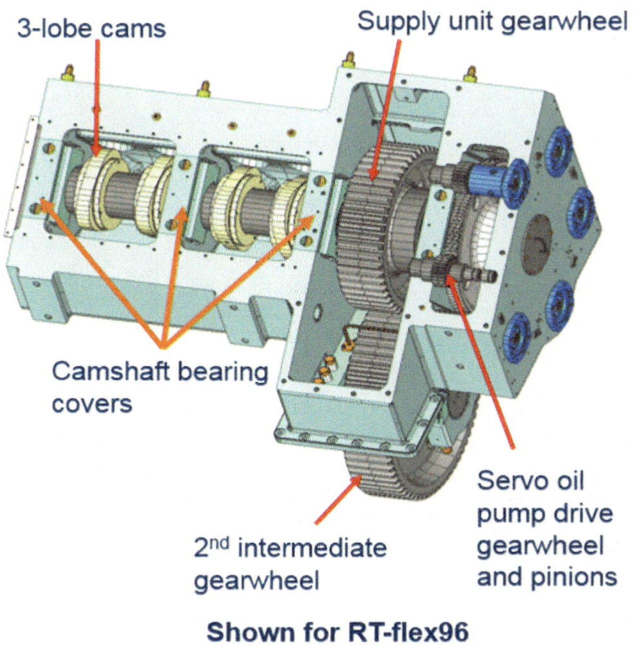

그림 3-18 3-Lobe cams on camshaft with servo oil pump driving gear for RT-flex58_V0, RT-flex58_V1, RT-flex60, RT-flex68_V0, RT-flex84 & RT-flex96

그림 3-19 Mono-block camshaft without servo oil pump driving gear for RT-flex68_V1, RT-flex82 & X82

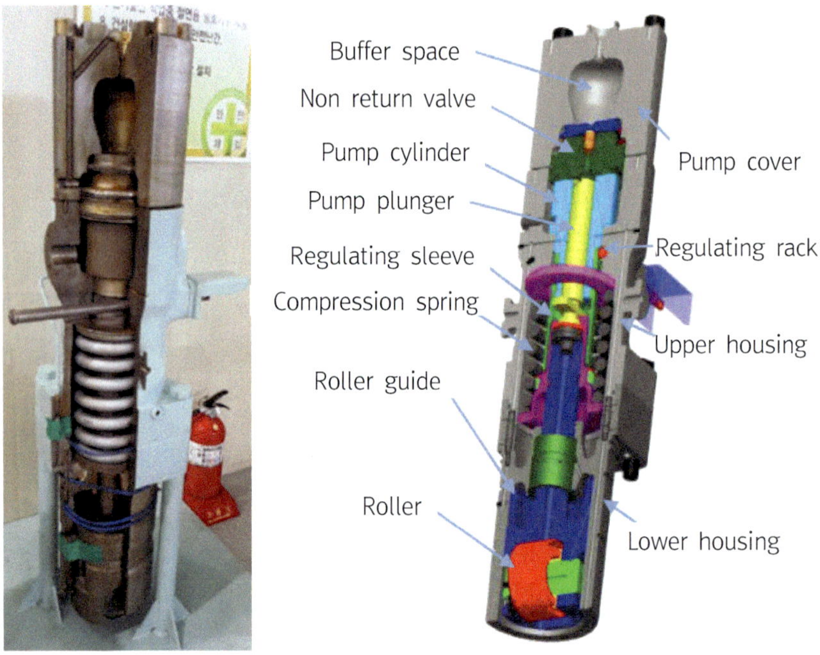

그림 3-20 Internal parts of fuel supply pump

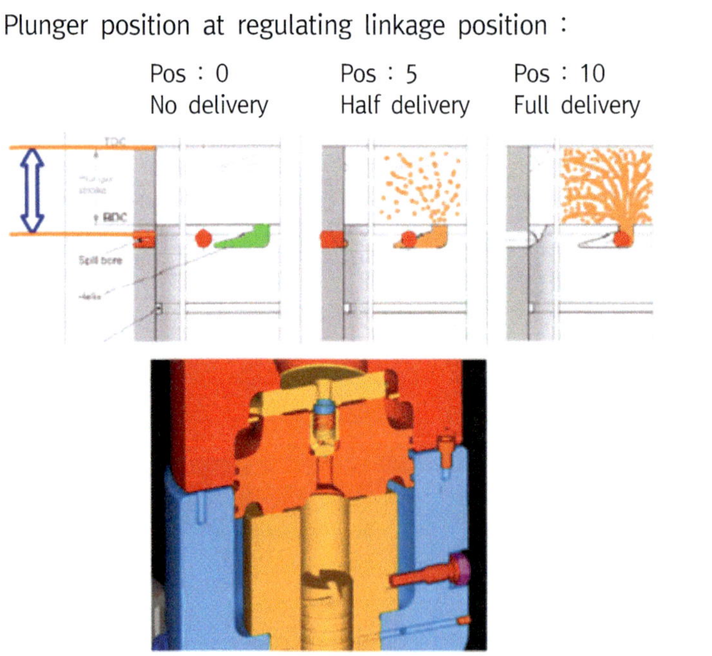

그림 3-21 Variable delivery quantity according to plunger position

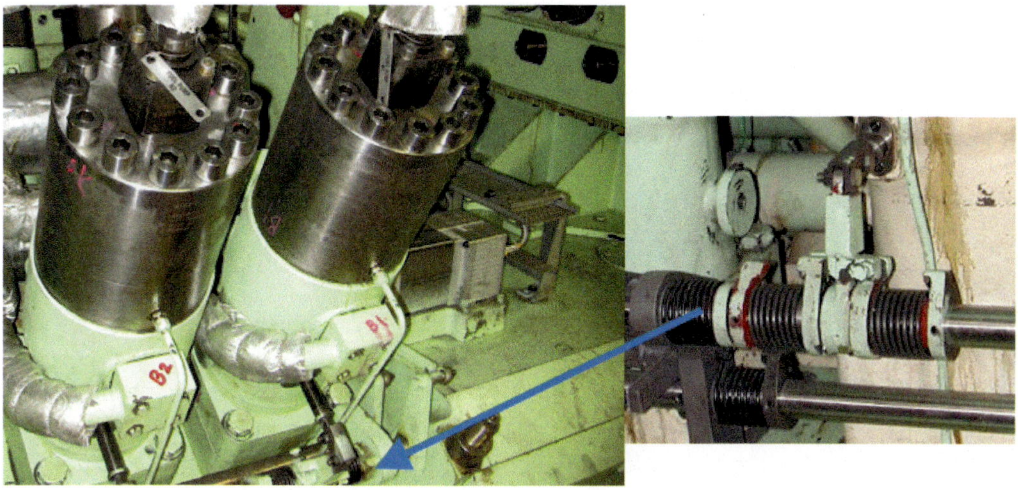

그림 3-22 Woodward electric actuator controls fuel Pump 2 sets, ex) RT-flex96

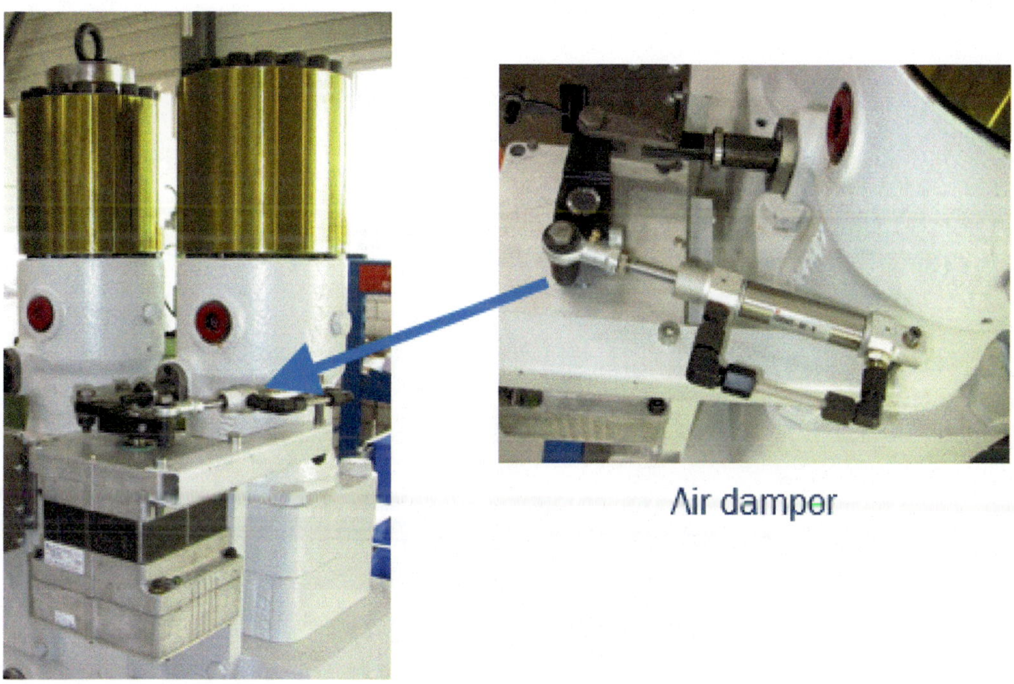

그림 3-23 Woodward electric actuator controls fuel pump 1set, ex) RT-flex50

그림 3-24 Heinzmann StG electric actuator controls fuel pump 1set, ex) RT-flex82

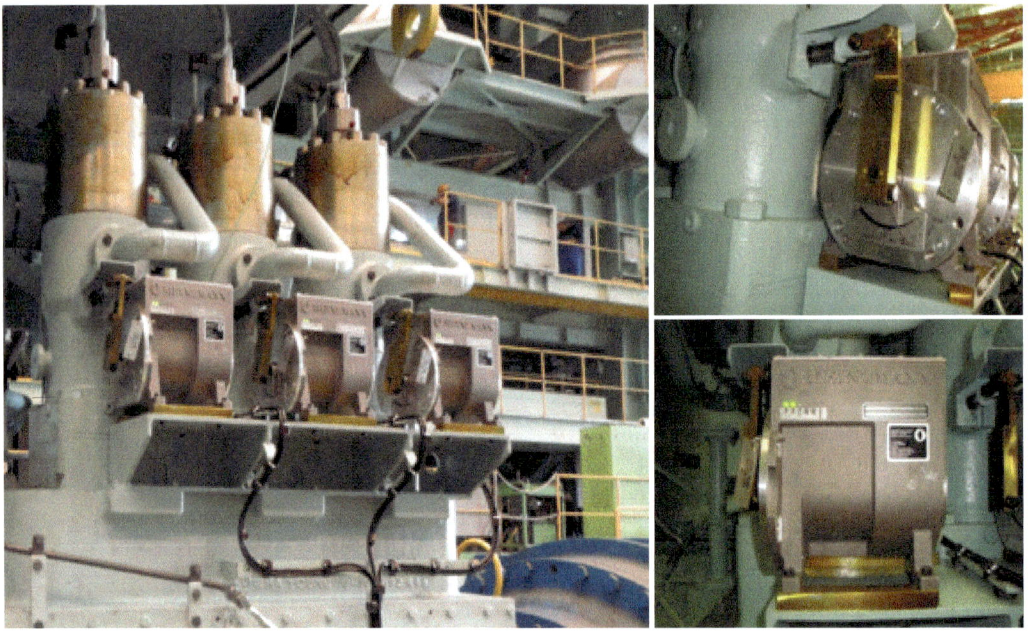

그림 3-25 Heinzmann WEA electric actuator controls fuel pump 1set, ex) X82

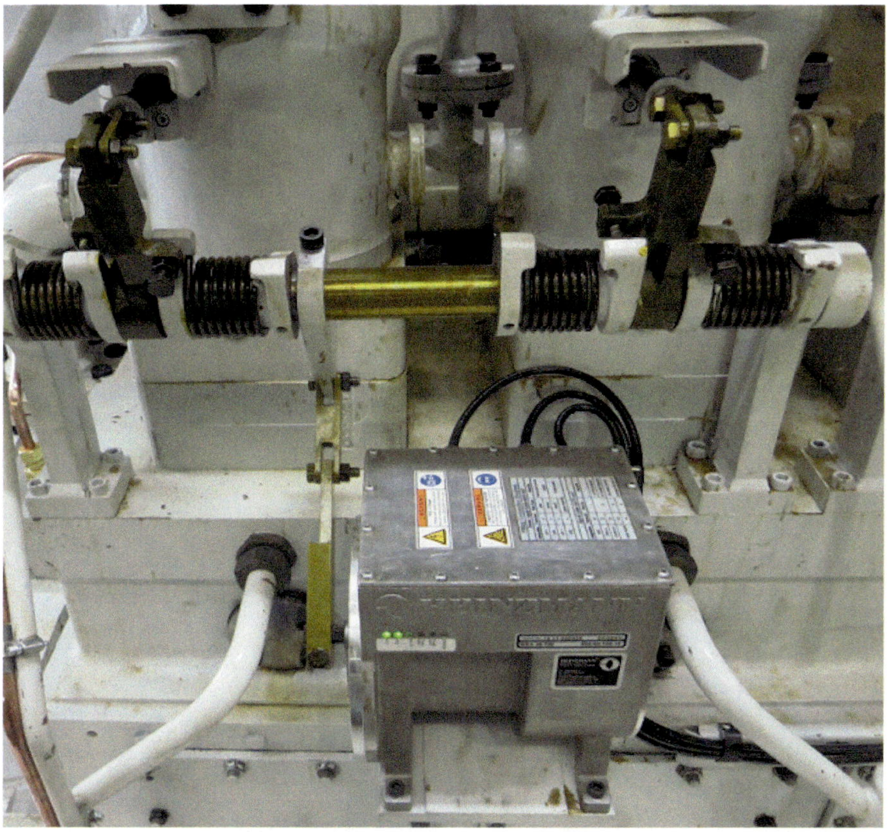

그림 3-26 Heinzmann WEA electric actuator controls fuel pump 2sets, ex) X92

(2) 유압 작동유 공급 펌프 (Servo oil supply pump)

유압 작동유 공급 펌프는 Supply unit driving gear에 의해 구동되며 WECS-9520 시스템에서 제어 전기 신호에 따라 Servo pump actuator가 펌프의 배출량을 조정한다.

즉, 엔진 부하에 따라 요구되는 Servo oil common rail 압력(약 100 - 200 bar)을 조절하기 위해 WECS-9520 시스템이 펌프로부터의 필요한 공급량을 계산하여 Servo oil pump actuator를 통해 펌프의 배출량을 제어하는 것이다.

이 펌프는 연료유 분사 제어 장치(Injection control unit) 및 배기변 제어 장치 (Exhaust valve control unit), 실린더 윤활 주유 장치(Cylinder lubrication unit / flexLube)들의 작동에 필요한 유압유의 압력을 형성 및 공급하는 용도이므로 크랭크 샤프트에 대비하여 지정된 작동 타이밍이 없다. 단지, 기어 연결을 통해 엔진 크랭크 샤프트 기어, 중간 기어 등을 거쳐 최종적으로 각 펌프의 Pinion gear를 통해 구동이 된다.

만약, 펌프 내부의 기계 손상으로 인해 고착이 발생하였을 때, 기어 구동 장치의 손상을 방지하기 위해 각 펌프의 연결 샤프트에는 취약한 부위 (Mechanical fuse, 연결 부에 두께를 줄임)가 절단되는 안전 장치를 갖추고 있다.

유압 작동유로 사용되는 오일은 별도의 유압유를 사용하지 않고 엔진의 시스템 오일을 사용한다. 즉, 메인 베어링 오일 펌프에서 공급되는 약 5 bar의 오일 압력을 Servo oil pump가 엔진 제어 장치를 작동시킬 수 있는 필요한 압력(약 100 - 200 bar)으로 승압하여 Rail unit servo oil common rail로 공급한다.

엔진의 기통수 및 실린더 직경 등에 따라 설치되는 펌프의 크기 및 숫자는 달라진다. 다만, 한 개의 펌프 고장 발생시에도 엔진 운전이 가능하도록 가장 작은 사이즈의 엔진, 예로 5RT-flex48T 엔진이라도 최소 2대의 펌프가 설치된다. 이 경우, 2대의 펌프 중 1대에 고장이 발생하였을 때 유압 작동유 공급량의 부족으로 엔진 출력은 약 60% 정도로 제한되나 전 기통의 연료유 분사 및 배기밸브 작동, 실린더 윤활에는 영향을 주지 않는다.

14RT-flex96C-B 엔진의 경우, 최대 6대의 펌프가 설치되며 이 경우에는 펌프 1대가 담당하는 엔진 부하는 약 20% 정도이며 펌프 1대가 고장 발생시에도 엔진 출력에는 제한이 없이 100% 운전이 가능하다.

Servo oil pump actuator는 비례 제어하는 전자변이 설치되어 있으며 WECS-9520 시스템에서 오는 전기 제어 신호에 따라 펌프의 배출량을 제어한다.

엔진의 사양에 따라 다양한 제작사 및 사양의 유압 작동유 공급 펌프가 설치되어 있다.

그림 3-27 Dynex servo oil pump, ex) X82

그림 3-28 Bosch servo oil pump, ex) X92

그림 3-29 Dynex servo oil pump, ex) RT-flex96

(3) Control oil supply pump

초기 RT-flex 엔진(RT-flex58_V1, RT-flex60, RT-flex84 & RT-flex96 engines)에는 전동 모터로 구동이 되는 Control oil supply pump라는 추가 유압 작동유 공급 펌프 2대가 설치되어 Rail unit control oil rail에 고정된 200 bar의 유압 작동유를 공급한다.

Control oil로 사용되는 오일은 Servo oil과 동일하게 엔진의 시스템 오일을 사용한다.

Control oil의 압력은 기계적으로 작동되는 압력 조정 밸브를 통해 200 bar로 조정되며 엔진 운전 여부와 상관없이 시스템 오일 약 5 bar가 Control oil supply pump 입구 측으로 정상적인 공급이 확인되면 WECS-9520 시스템이 자동으로 1대의 Control oil pump 모터를 구동하여 Rail unit control oil rail 압력 200 bar를 통해 펌프가 정상 운전됨을 확인한다.

만약 Rail unit control oil rail 압력이 정상 범위를 벗어날 경우 WECS-9520 시스템은 알람을 발생시키며 자동으로 대기중인 펌프로 교대 운전한다.

만약, 2대의 Control oil pump가 고장 나더라도 Rail unit control oil rail은 Servo oil rail의 Servo oil에 의해 압력이 유지되며 엔진 운전에 영향을 미치지 않는다.

엔진 운전 중에는 200 bar의 Control oil은 연료유 분사 제어 장치를 작동시키는 유압유로 사용된다.

엔진 정지 중에는 Control oil은 75 bar로 감압 후 Servo oil rail로 공급되어 배기밸브 교환 후 수동 작동 점검을 위한 배기 밸브 제어 장치의 유압 작동유 및 실린더 수동 주유를 위한 실린더 윤활 주유 장치의 유압 작동유로 사용된다.

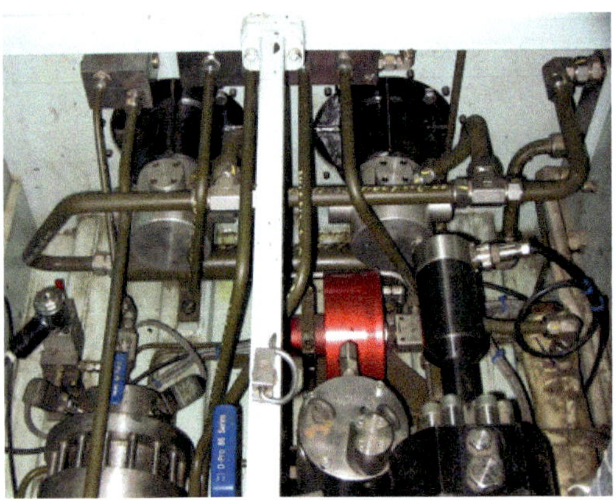

Rail Unit 내부

Rail Unit 외부

그림 3-30 Control oil pumps are installed on rail unit FE side, ex) RT-flex58_V1

그림 3-31 Control oil pumps are installed on middle platform, ex) RT-flex96

(4) Servo oil service pump

Control oil supply pump가 설치되어 있지 않은 대부분의 엔진에는 전동 모터로 구동되는 Servo oil service pump 1대가 설치되어 있으며, 엔진 정지 중에 수동으로 Servo oil service pump를 기동하여 약 80 bar의 Servo oil을 Rail unit servo oil rail에 공급할 수 있다.

이 80 bar의 Servo oil은 엔진 시동 또는 운전의 목적으로 사용하는 것이 아니며 엔진 정지 중에만 아래의 목적으로 사용된다.

- 크랭크 샤프트 터닝 중에 실린더 수동 주유
- 실린더 윤활 시스템의 정비 후에 오일 시스템 내의 공기 배출 및 관련 기기의 누설 / 작동 점검
- 배기 밸브 또는 배기 밸브 제어 장치의 정비 후에 오일 시스템 내의 공기 배출 및 관련 기기의 누설 / 작동 점검
- 연료 분사 또는 연료 분사 제어 장치의 정비 후에 연료유 및 오일 시스템 내의 공기 배출 및 관련 기기의 누설 / 작동 점검
- Servo oil 시스템의 정비 이후에 오일 시스템 내의 공기 배출 및 누설 점검

Servo oil service pump는 수동으로 기동 및 정지해야 하며 공회전 방지를 위해 Main bearing oil 5 bar가 공급됨을 확인 후에 기동해야 된다. 과부하 방지를 위해 엔진 시동 전에는 정지해야 된다.

그림 3-32 Servo oil service pump, ex) X92

(5) Servo oil (Control oil) auto filter

유압 작동유는 이물질에 민감한 Rail valve 등 Solenoid valve를 통해 연료 분사 제어 장치, 배기 밸브 제어 장치, 실린더 윤활 장치를 작동시킨다. 그러므로 메인 베어링 오일 펌프에서 공급되는 1차 여과 장치(기관실 System oil auto filter)를 거친 5 bar의 시스템 오일을 Servo oil supply pump 및 Control oil supply pump의 전단에 2차로 여과 시켜주는 장치가 Servo oil(Control oil) auto filter 이다.

엔진의 정상 운전을 위해 Servo oil(Control oil) auto filter는 제대로 정비되어 정상적으로 작동해야 되며 응급 시에는 바이패스 필터로 전환이 가능하다. 엔진의 기통수 및 실린더 직경 등에 따라 설치되는 필터의 제작사, 크기 및 사양이 달라진다.

그림 3-33 Servo oil auto filter with 25 μm mesh (By-pass filter with 36 μm), ex) RT-flex82

그림 3-34 Servo oil auto filter with 25 μm mesh (By-pass filter with 36 μm), ex) X92

그림 3-35 Servo oil auto filter with 6 μm mesh (By-pass filter with 36 μm), ex) RT-flex96

2) Rail unit

Rail unit는 엔진의 상단에 위치하며, Supply unit에서 공급된 고압의 연료유와 유압 작동유를 저장하는 고압 Common rail pipe(Fuel common rail, Servo oil common rail, Control oil rail) 및 각 기통을 위한 연료 분사 제어 장치(ICU, Injection control unit), 배기 밸브 제어 장치(VCU, Valve control unit) 등으로 구성된다. 추가하여, 시스템 구성을 위한 여러가지의 보조 파이프들이 있으며 Rail unit의 앞 쪽에는 WECS-9520 제어 시스템의 전기 박스들이 설치된다.

그림 3-36에서 3-42에 엔진 실린더 직경 및 사양에 따라 다르게 적용된 Rail unit를 나타낸다.

그림 3-36 Rail unit box for RT-flex96

그림 3-37 WECS-9520 Electric boxes for RT-flex96

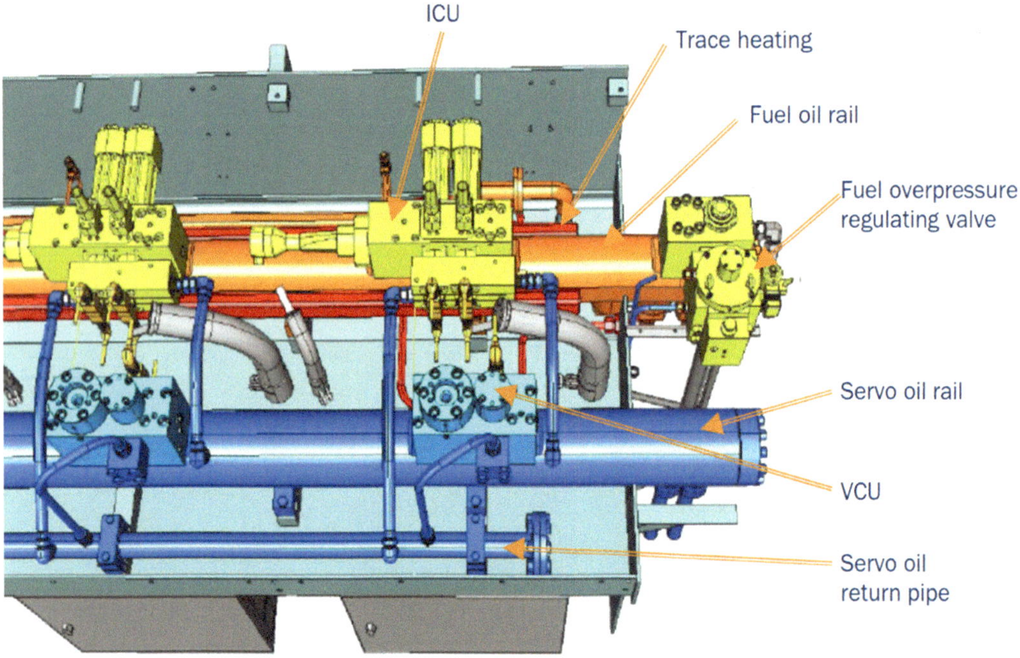

그림 3-38 Rail unit's components for RT-flex48/50

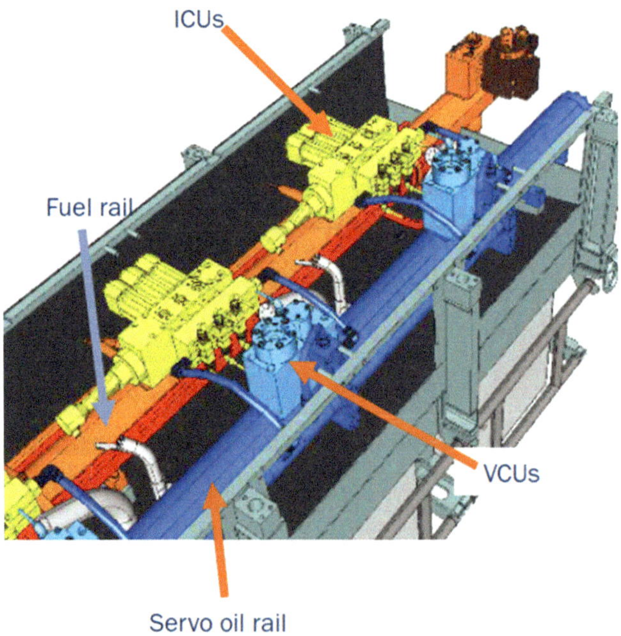

그림 3-39 Rail unit's components for RT-flex58/60

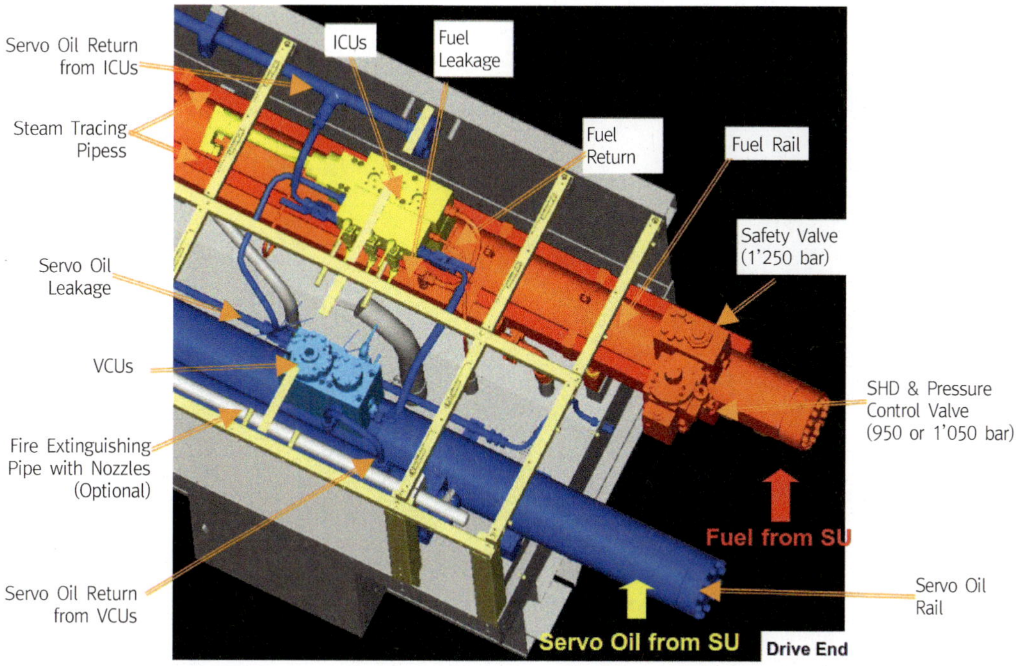

그림 3-40 Rail unit's components for RT-flex82 & X82

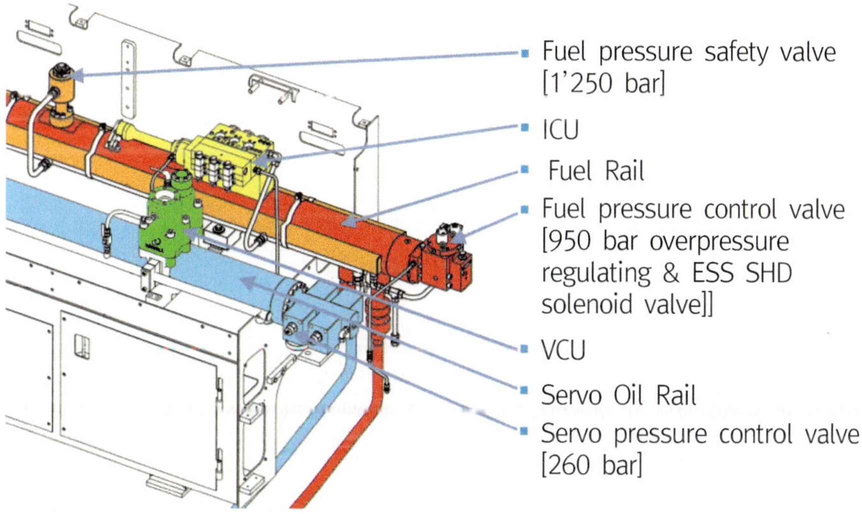

그림 3-41 Rail unit's components for X92

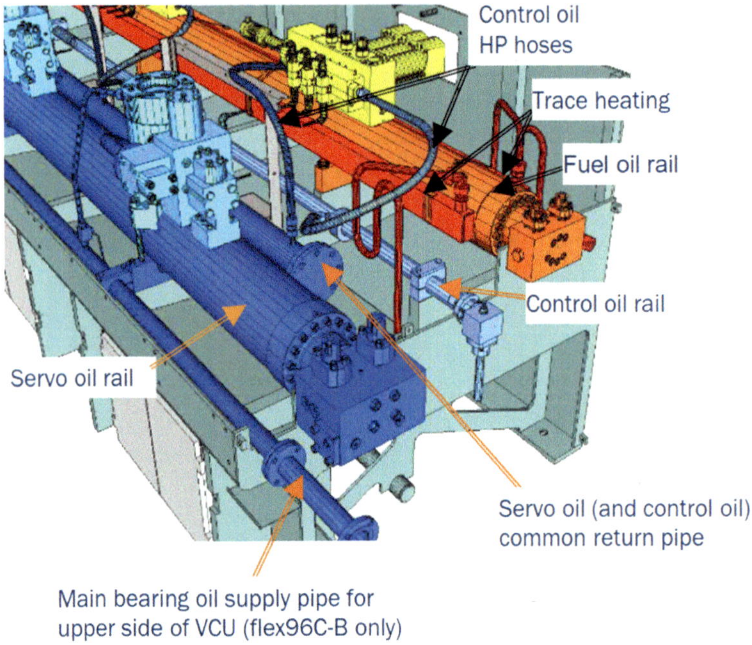

그림 3-42 Rail unit's components for RT-flex96

(1) Rail valve

Rail valve는 매우 빠르게 작동하는 3/2-way solenoid valve로 WECS-9520 제어 시스템 중, 각 기통의 Control module, FCM-20(Flex control module-20)에 의해 작동되며 연료 분사 제어 장치 및 배기 밸브 제어 장치를 작동시킨다. 즉, FCM-20에서 오는 전기 신호를 유압 신호로 전환하는 장치이다.

ICU의 경우는 각각 연료 분사 밸브(FIV, Fuel injection valve)를 제어하기 위해 3개의 Rail valve가 설치된다. 다만, RT-flex48/50의 경우에는 기통 당 2개의 FIV가 설치되어 있으므로 2개의 Rail valve가 ICU에 설치된다.

VCU의 경우는 배기 밸브 제어용으로 1개의 Rail valve가 설치되며 모든 Rail valve는 동일한 사양으로 호환이 가능하다.

상부 코일은 ICU의 연료 분사 시작 및 VCU의 배기 밸브 열림 신호용이며 하부 코일은 ICU의 연료 분사 종료 및 VCU의 배기 밸브 닫힘 신호용이다. 작동 시키는 전기 신호의 전류가 약 50 A로 높아 Rail valve가 작동되는 시간은 약 1 ms로 짧으며 손상을 방지하기 위해 최대 여자 시간은 4.5 ms로 제한된다.

그림 3-44에서 Valve spindle이 상, 하부 코일에 의해 상하로 이동하여, 표 3-2와 같이 제어용 유압 작동유의 연결을 변환한다.

표 3-2 Control oil flows in ICU & VCU Rail valves per FCM-20's commands

Rail valve 설치 기기	FCM-20 전기 신호	Rail valve의 유압 작동유 연결
ICU	연료 분사 시작 'Injection'	'P' → 'A'
	연료 분사 차단 'Return'	'A' → 'T'
VCU	배기 밸브 열림 'Open'	'P' → 'A'
	배기 밸브 닫힘 'Close'	'A' → 'T'

- 'P' port: 제어용 유압 작동유 입구이며, Servo oil rail (Control oil rail)에서 공급됨
- 'A' port: ICU & VCU 의 제어용 유압 피스톤의 작동유 연결구이며, 양방향으로 흐름
- 'T' port: 제어용 유압 작동유 입구이며, 최종적으로 Sump tank 로 돌아감.

그림 3-43 Three (3) rail valves on ICU_RT-flex96

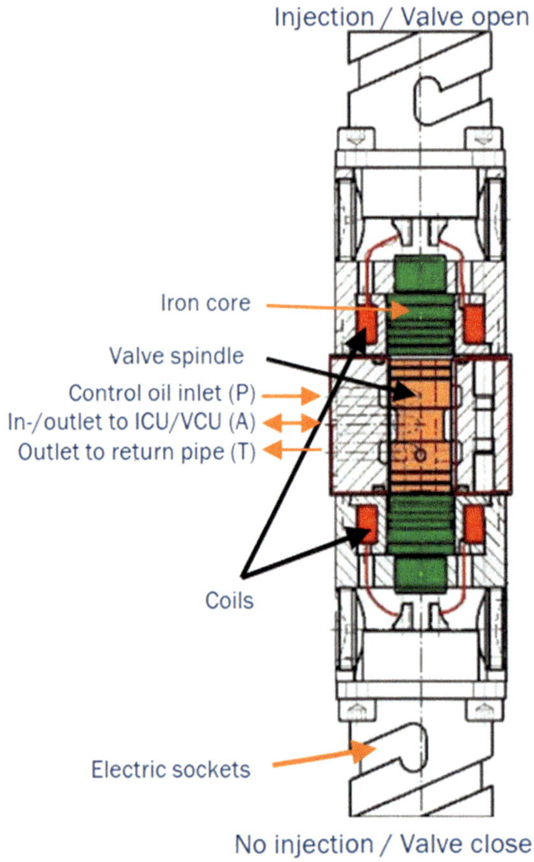

그림 3-44 Internal parts and oil ports of rail valve

(2) Fuel common rail 과 압력 제한 장치 및 연료 분사 관련 장치

Fuel common rail은 Supply unit의 연료유 공급 펌프로부터 전달받은 약 600~900 bar의 연료유를 저장하는 Common rail 이다. 또한, 각 기통의 연료 분사 밸브(FIV, Fuel injection valve)로 연료유를 전달하는 연료 분사 제어 장치(ICU, Injection control unit)가 설치되어 있다.

또한, WECS-9520 시스템의 압력 조정 기능을 위해 2 개의 압력 센서가 설치되어 있다.

일반적인 경우, Fuel rail의 압력은 규정 압력 내에서 제어되나 만약 Fuel rail의 압력이 비정상적으로 과도하게 상승할 경우에는 PCV(Pressure control valve)을 통해 압력이 최대 1,050 bar(엔진 사양에 따라 950 bar이며, 몸체에 설치된 명판에 최대 압력 값이 명기)로 제한된다. 조정 나사를 통해 압력을 추가로 낮출 수가 있다.

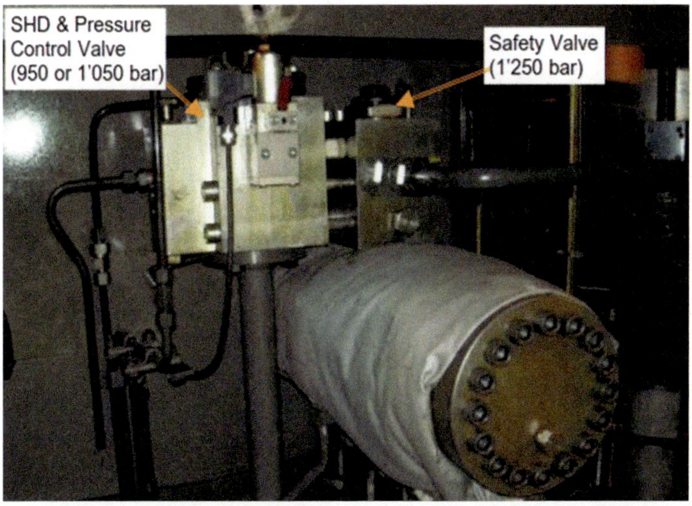

그림 3-45 PCV & Safety valve on rail unit, X82

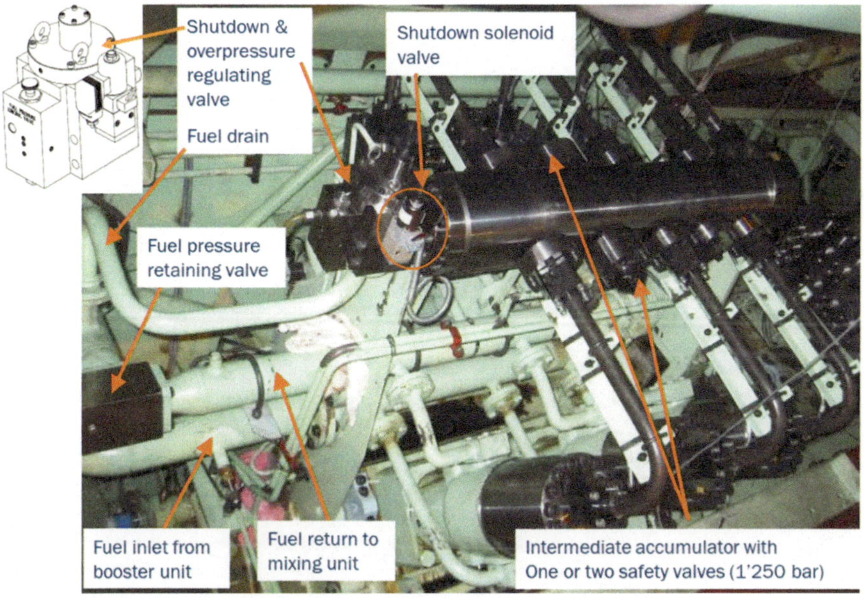

그림 3-46 PCV & Safety valve on supply unit, RT-flex96

엔진 보호 시스템(ESS, Engine safety system)의 비상 정지 시에는 ESS가 직접 PCV의 Shutdown solenoid valve를 작동하여 Fuel rail의 압력을 즉시 FIV 작동 압력 이하로 하강시켜 엔진을 정지시킨다.

압력이 추가로 상승할 경우, 별도로 설치된 기계식의 과압 방지 밸브(Overpressure safety valve)에 의해 압력이 1,250 bar로 제한된다.

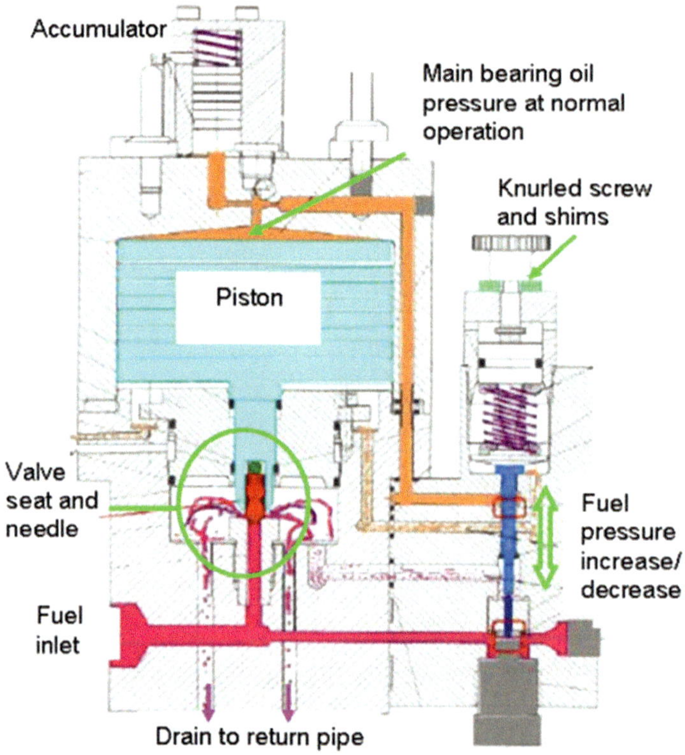

그림 3-47 Cross-section diagram of PCV

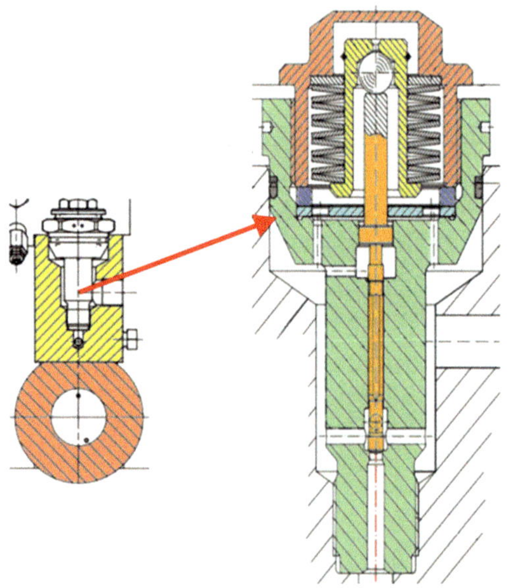

그림 3-48 Cross-section diagram of safety valve

엔진 실린더 직경 및 사양에 따라 PCV & Safety valve의 설치 위치는 달라진다. 초기 RT-flex 엔진들은 Supply unit에서 설치되었으나 최근 엔진들은 Rail unit fuel common rail pipe에 설치된다.

① 연료 분사 제어 장치(ICU, Injection control unit)

ICU는 각 기통 당 하나씩 Fuel common rail pipe 상부에 설치되며, 아래의 부품들로 구성되어 있다.

- 각 FIV (Fuel injection valve)용 2 개 또는 3 개의 Rail valve
- 각 FIV (Fuel injection valve)용 2 개 또는 3 개의 Injection control valve
- 해당 기통의 연료 분사량 및 시기를 측정하기 위한, Fuel quantity piston 및 Fuel quantity sensor

Rail valve의 작동 및 유압 작동유의 연결은 앞서 표 (3-2 FCM-20의 전기 신호에 따른 ICU & VCU rail valve의 유압 작동유 연결)를 통해 설명하였다.

WECS-9520의 전기 신호에 따라 Rail valve에서 오는 작동 유압에 의해 Injection control valve가 작동된다. ICU 내부의 연료유 연결이 바뀌어 고압의 연료유가 Fuel injection valve에 전달되어 연료유가 분사된다. 연료유의 차압에 의해 Fuel quantity piston이 작동되며 Fuel quantity sensor가 실시간으로 Fuel quantity piston의 움직임을 측정하여 WECS-9520 시스템에 전달한다.

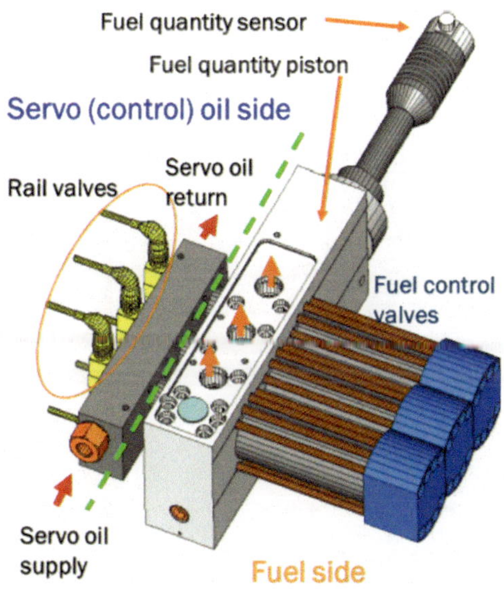

그림 3-49 ICU

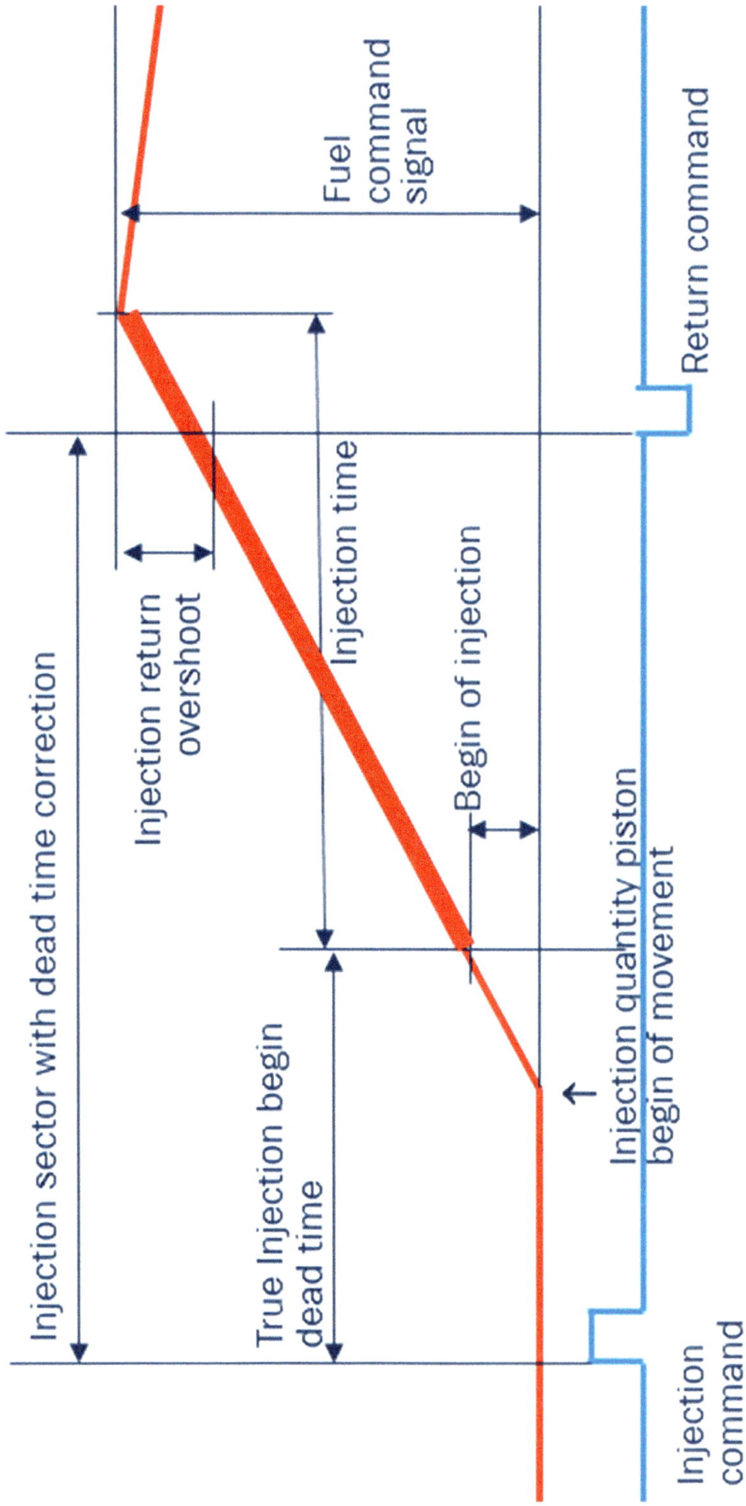

그림 3-50 Measurement and compensation of injection begin deadtime and return overshoot in fuel injection control

요구되는 분사량에 도달하면 WECS-9520의 전기 신호에 따라 Rail valve가 작동유를 Servo oil return pipe로 돌려 보내면 Fuel injection valve가 기계 스프링의 힘에 의해 닫히면서 FIV로 가는 연료유 공급을 차단한다. 이후, Quantity piston은 원점으로 되돌아오며 Fuel quantity sensor가 WECS-9520 시스템에 전달한다.

그림 3-50과 같이 WECS-9520 시스템은 작동 신호에서부터 실제 작동될 때까지의 지연 시간을 실시간으로 측정 및 보상하므로 실제 연료 분사 시작 시점은 정확하게 제어된다. 또한, 센서를 통해 실제 분사량을 실시간으로 측정 및 제어하므로 실제 연료 분사량도 정확하게 제어된다.

엔진 실린더 직경 및 사양에 따라, 다른 사양의 ICU가 설치되었으며, 최근에는 간단한 구조의 ICU MK3가 적용되고 있다. 그림 3-51에서 3-60은 다양한 사양의 ICU 디자인 및 내부 단면도, 내부 계통도를 나타낸다.

그림 3-51 ICU MK1 for RT-flex58/60

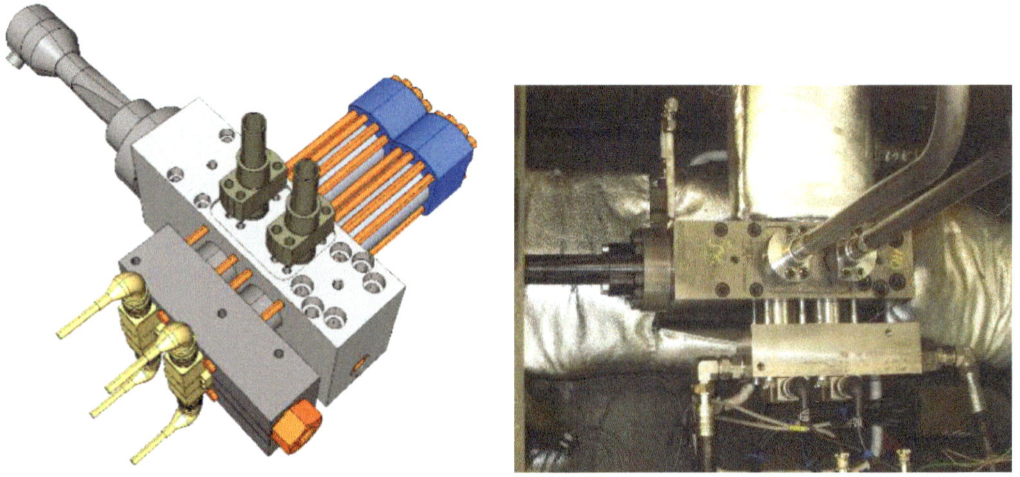

그림 3-52 ICU MK2 for RT-flex48/50

그림 3-53 ICU for RT-flex84/96

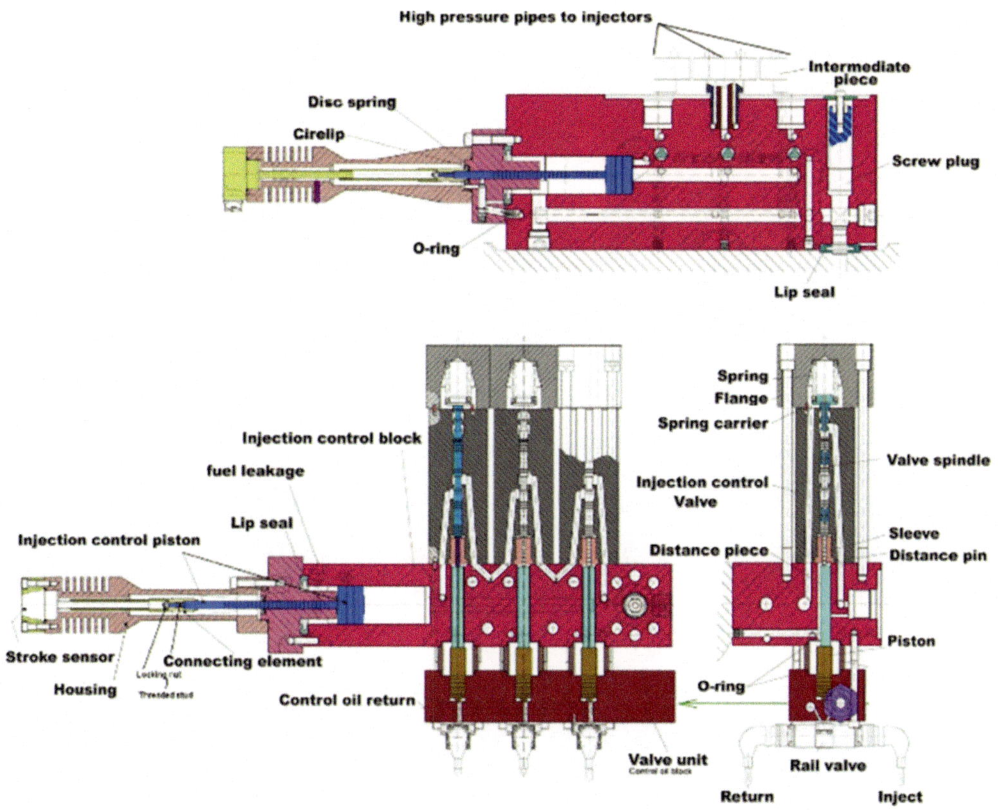

그림 3-54 Cross-section diagram of ICU for RT-flex84/96

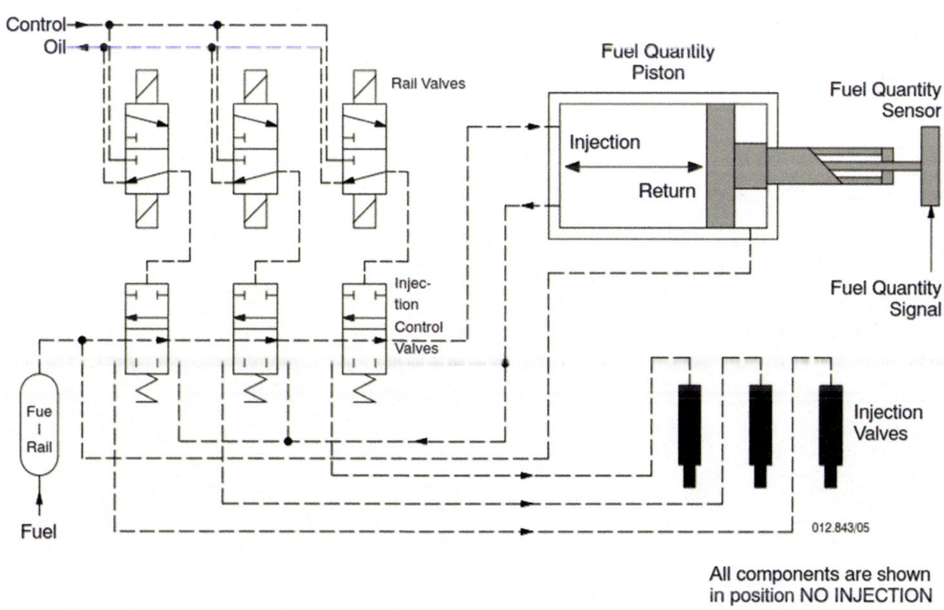

그림 3-55 Internal schematic diagram of ICU for RT-flex84/96

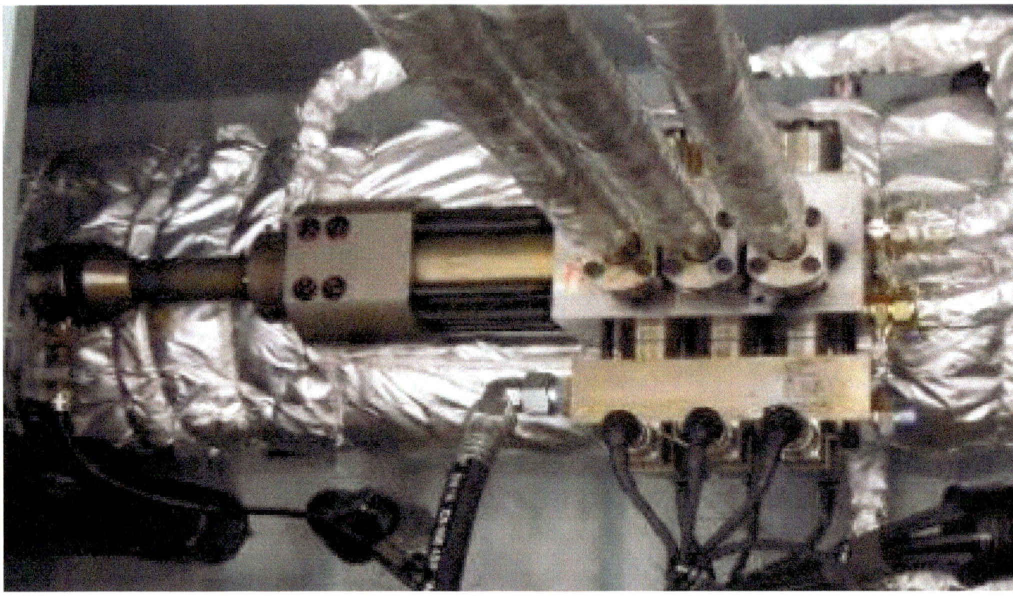

그림 3-56 ICU MK3 for RT-flex58

그림 3-57 ICU for RT-flex68 V1, RT-flex82 & X82

그림 3-58 ICU for X92

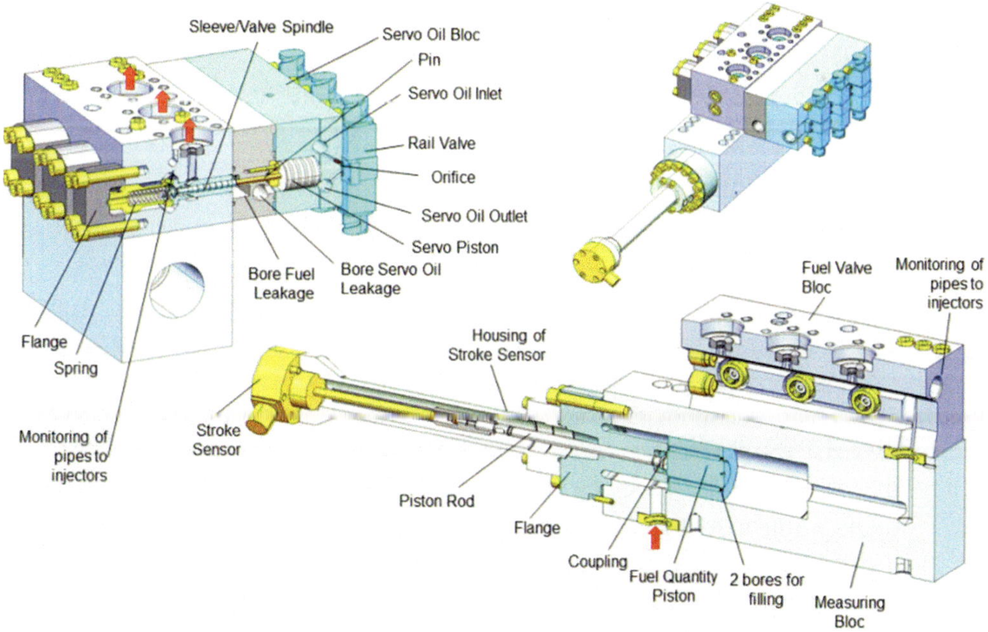

그림 3-59 Cross-section diagram of ICU for X92

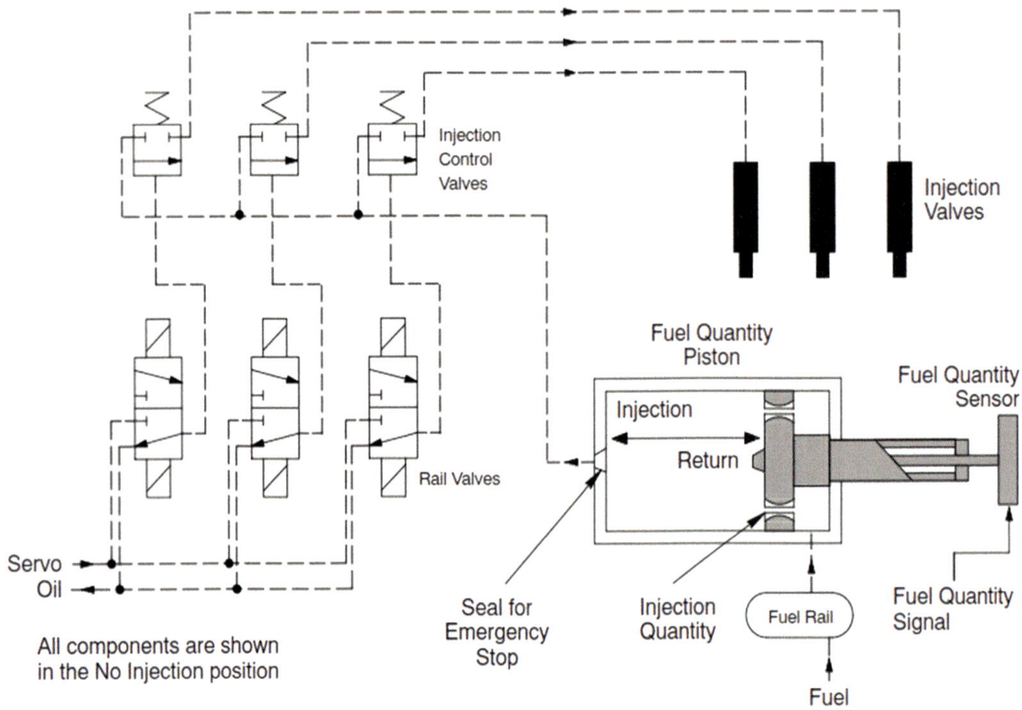

그림 3-60 Internal schematic diagram of ICU for X92

② 연료 분사 밸브 (FIV, Fuel injection valve)

FIV의 작동 방식은 기존 기계식 엔진과 동일하다. 엔진 실린더 직경 및 사양에 따라 밸브가 열리는 방식은 압력을 조정하는 방식으로 아래와 같이 두 가지가 있다.

- 그림 3-61 과 같이 Shim ring 의 두께를 통해 열리는 압력을 375 ± 10 bar 로 조정하는 방식으로, 이 방식의 FIV 가 설치된 엔진 사양은 flex48/50/68 V1/82 및 X82 이다.
- 그림 3-62 와 같이 Regulating screw 를 통해 열리는 압력을 375 bar 로 조정하는 방식으로, 상기 Shim ring 두께 조정 방식이 적용된 엔진을 제외한 모든 엔진에 이 방식의 FIV 가 설치되어 있다.

신형 엔진에는 FAST(Fuel actuated sacless technology) nozzle이 기본 사양으로 적용되며 기존 엔진에도 개조한 FAST nozzle의 FIV의 적용이 가능하다. 그림 3-63처럼 Nozzle needle이 Nozzle tip까지 연장되어 연료 분사 종료 이후에 Nozzle tip 내부에 잔존하는 연료유가 거의 없어 좀 더 원활한 연소 과정이 이루어진다. 그 결과로 매연 발생량 및 연료 소모율이 줄어든다.

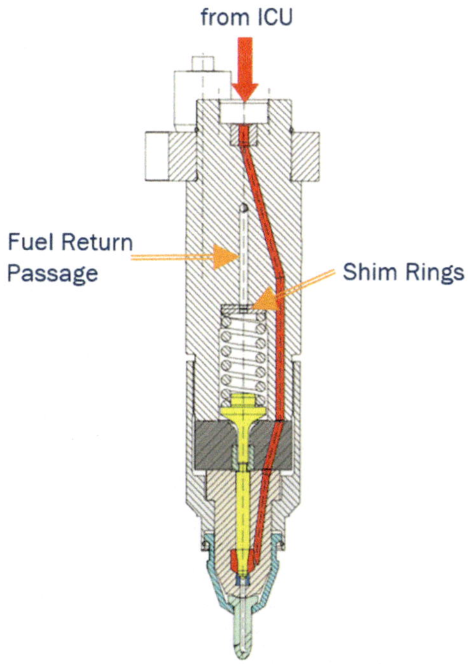

그림 3-61 FIV to adjust opening pressure by shim ring's thickness for X82

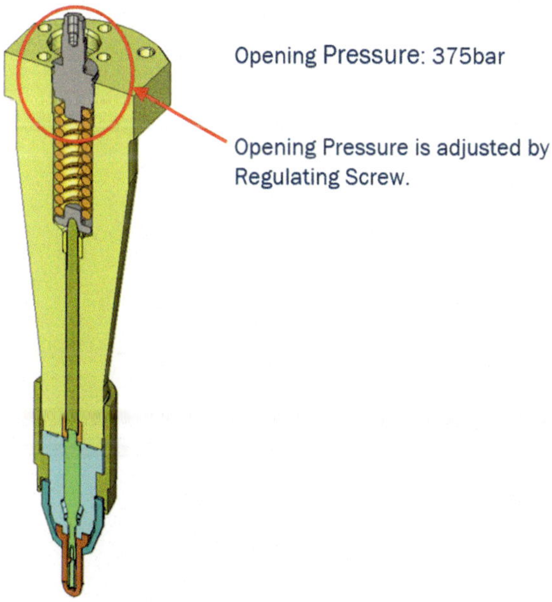

그림 3-62 FIV to adjust opening pressure by regulating screw for X92

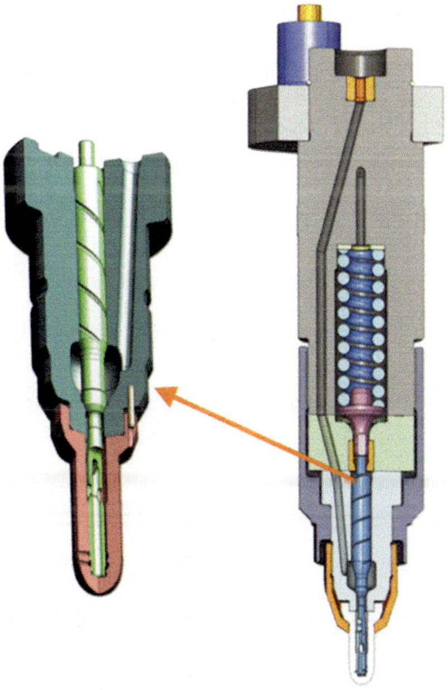

그림 3-63 FIV with FAST nozzle for X82

(3) Servo oil common rail의 배기 밸브 제어 장치 및 배기 밸브

Servo oil common rail은 Supply unit의 유압 작동유 공급 펌프로부터 전달받은 약 100~180 bar의 유압 작동유를 저장하는 Common rail 이다. 또한, 각 기통의 배기 밸브(EXV, Exhaust valve)로 유압 작동유의 전달을 통해 배기 밸브를 열고 닫는 배기 밸브 제어 장치 (VCU, Valve control unit)가 설치되어 있다. 또한 WECS-9520 시스템의 압력 조정 기능을 위해 2 개의 압력 센서가 설치되어 있다.

일반적인 경우, Servo oil rail의 압력은 규정 압력 내에서 제어되나 만약 압력이 비정상적으로 과도하게 상승할 경우에는 과압 방지 밸브(Overpressure safety valve)에 의해 압력이 230 bar로 제한된다.

그림 3-64 Safety valve on servo oil rail for X82

① 배기 밸브 제어 장치 (VCU, Valve control unit)

VCU는 각 기통 당 하나씩 Servo oil rail pipe 상부에 설치되며, 아래의 부품들로 구성되어 있다.

- Rail valve
- 3/2-Way servo oil valve
- VCU main piston & cylinder
- 외부에서 공급되는 Main bearing oil line, 약 5 bar (VCU 사양에 따라 외부 공급을 대신하여 VCU 내부적으로 Servo oil 압력을 약 5 bar 감압하여 Main piston 상부로 공급된다.)

표 3-2에서 Rail valve의 작동 및 유압 작동유의 연결에 대하여 설명하였다.

WECS-9520의 전기 신호에 따라, Rail valve에서 오는 작동 유압에 의해 3/2-Way servo oil valve가 작동되며, 고압의 Servo oil이 VCU main piston 하부로 공급된다. Main piston이 유압에 의해 상부로 이동하며 Main piston 상부 즉 Actuator pipe 내부의 작동 유압을 상승시킨다. 배기 밸브는 가압된 작동 유압에 의해 열린다. 배기 밸브에 설치된 Position sensor가 실시간으로 배기 밸브의 위치를 측정하여, WECS-9520 시스템에 전달한다.

이후, WECS-9520의 전기 신호에 따라, Rail valve가 작동유를 Servo oil return pipe로 돌려 보내면 3/2-Way servo oil valve가 기계 스프링의 힘에 의해 Main piston 하부로 공급한다. Servo oil을 Servo oil return pipe로 돌려보내면 배기 밸브는 Air spring 압력에 의해 닫힌다.

그림 3-71과 같이 WECS-9520 시스템은 전기 신호에서부터 실제 작동될 때까지의 지연 시간을 실시간으로 측정 및 보상하므로 정확한 시점에 배기 밸브를 열고 닫는다. Main piston, 3/2-Way servo oil valve 및 배기 밸브의 유압 피스톤들에 피스톤 링을 설치할 필요가 없으며 그 부품들의 마모율을 줄여준다.

그림 3-65에서 3-71은 다양한 사양의 VCU 디자인, 내부 단면도 및 내부 계통도를 나타낸다. 엔진의 실린더 직경 및 사양에 따라 다른 사양의 VCU가 설치된다.

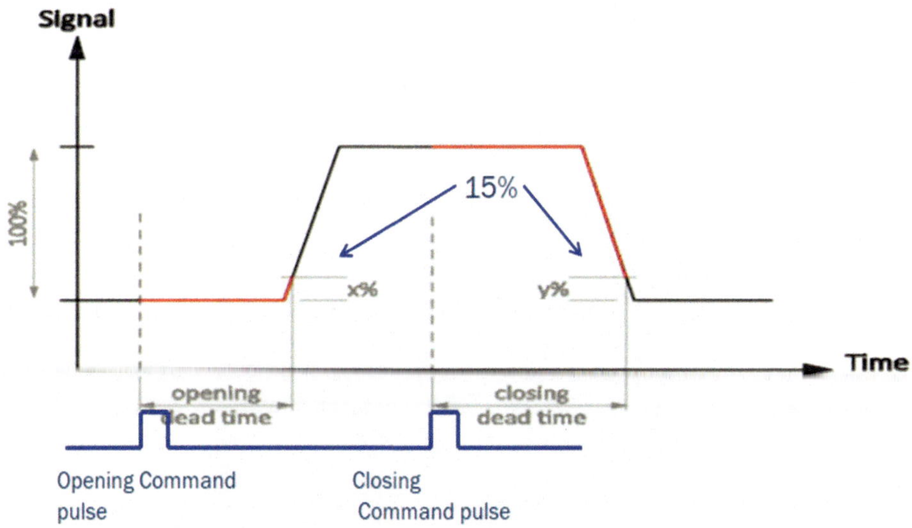

그림 3-65 Measurement & compensation of opening & closing deadtime in exhaust valve control

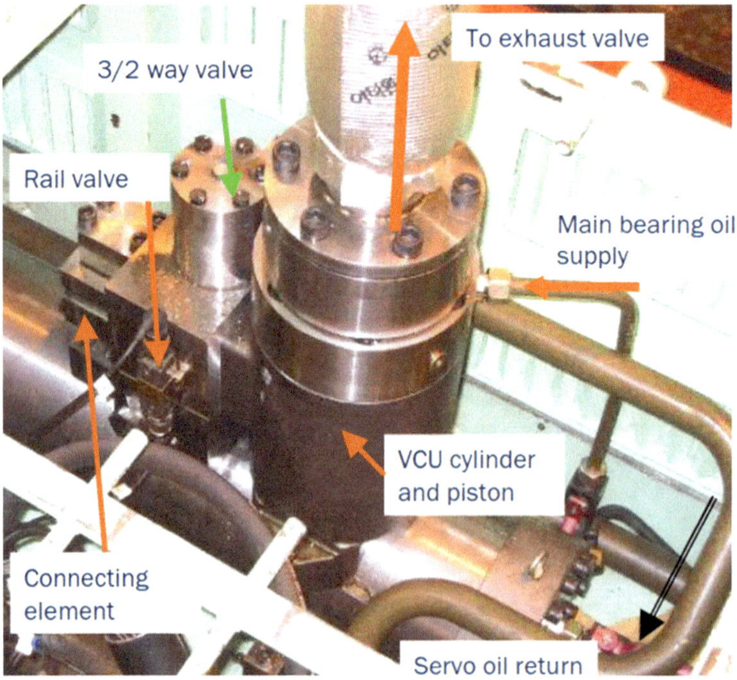

그림 3-66 VCU with connecting element for RT-flex96

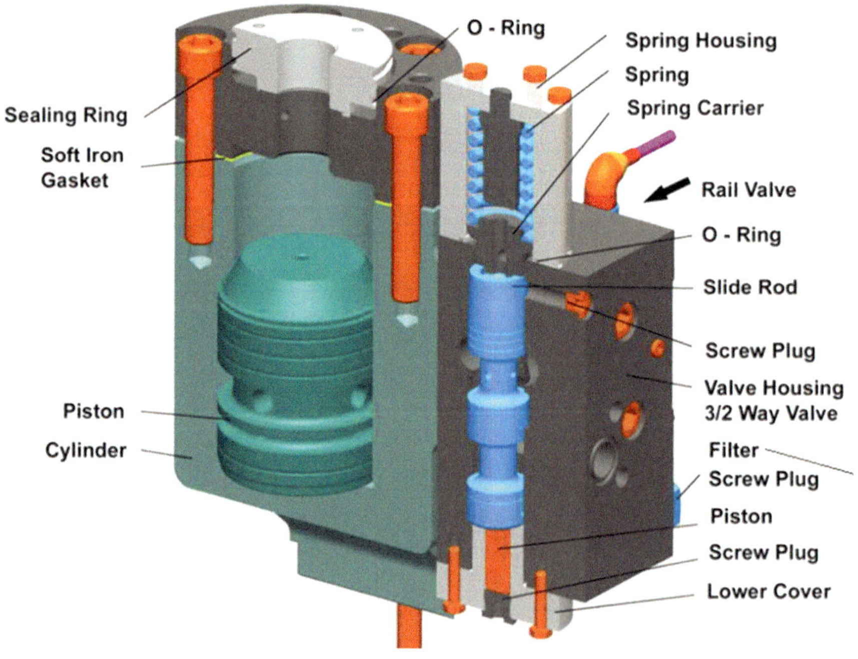

그림 3-67 Cross-section diagram of VCU for RT-flex96

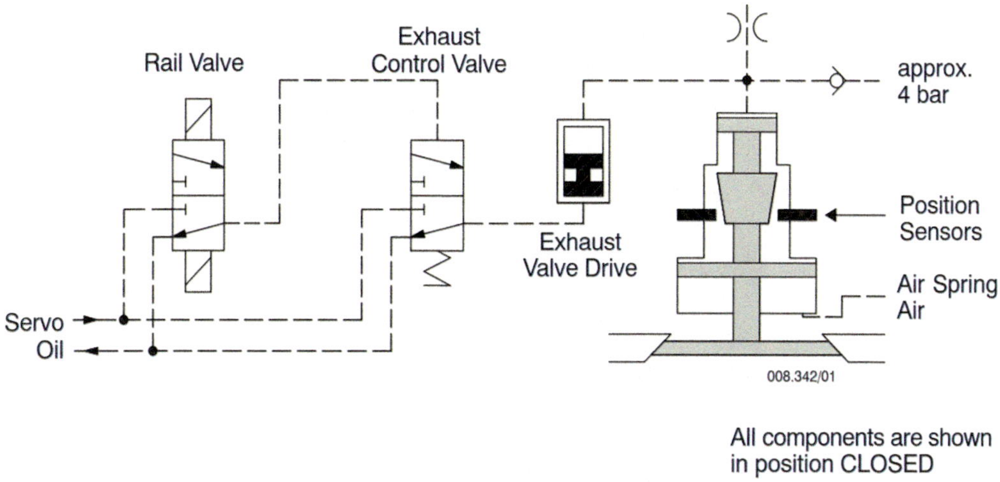

그림 3-68 Schematic diagram of VCU & exhaust valve for RT-flex96

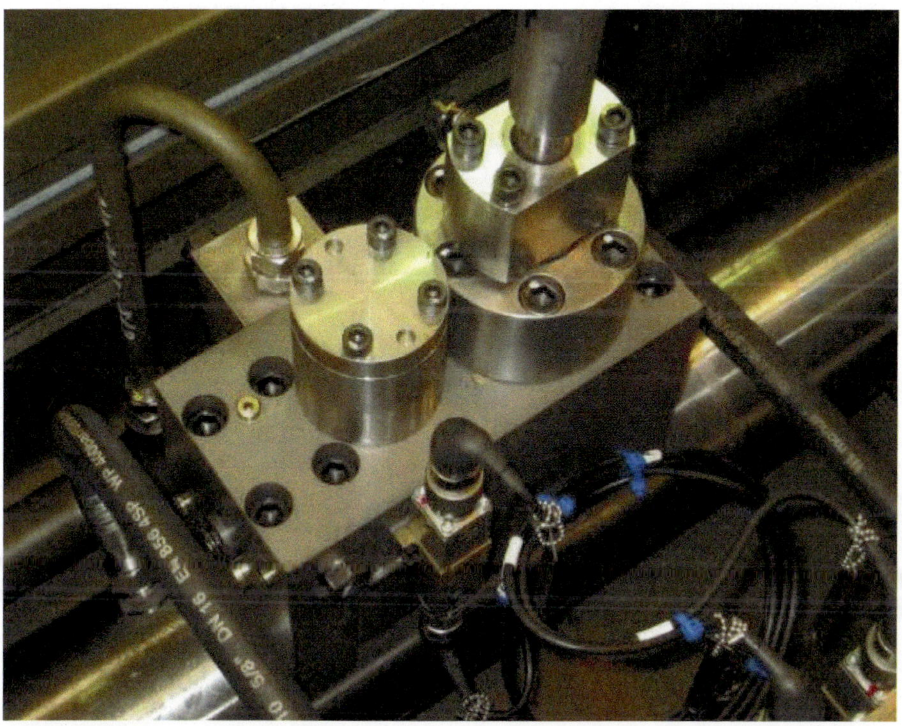

그림 3-69 VCU for RT-flex50
(internal 5bar supply to high pressure pipe for exhaust valve)

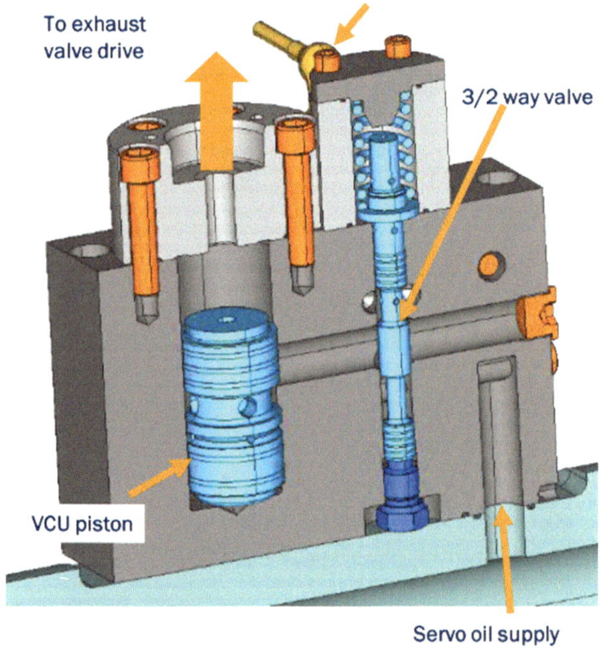

그림 3-70 Cross-section diagram of VCU for X82

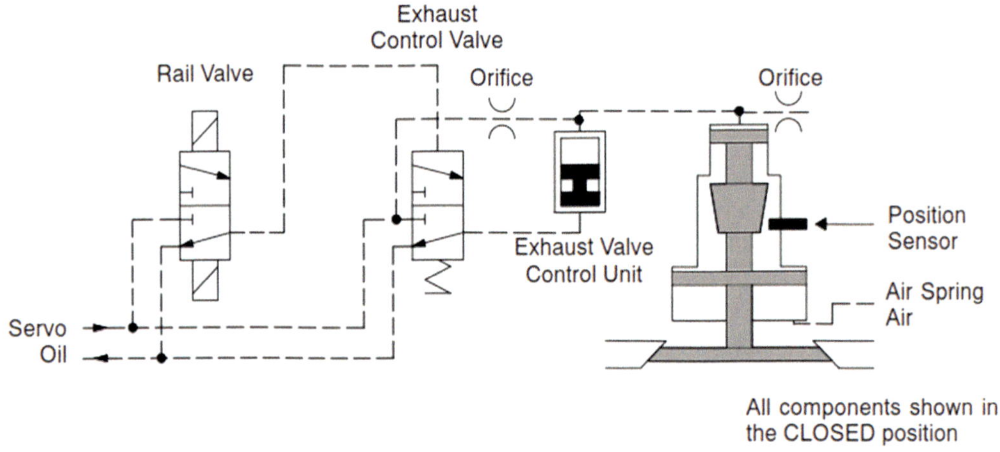

그림 3-71 Schematic diagram of VCU for X82

② 배기 밸브(Exhaust valve)

배기 밸브는 기존 RTA 엔진과 마찬가지로 유압에 의해 열리며 공기압(Air spring, ~6.5bar)에 의해 닫힌다. 그러나 아래와 같은 전자제어엔진의 특성을 가지고 있다.

- Position sensor (근접 센서 타입) 1 개 또는 2 개가 설치되어 밸브 스핀들의 기울어진 면과의 거리를 측정하여 밸브의 현재 위치를 WECS-9520 에 실시간으로 전달한다. 엔진 사양에 따라 별도의 Measuring cone (Cone down 형상)이 스핀들에 부착되거나, 스핀들 자체 (상부)가 Cone up 형상을 가지고 있으며, 센서 1 개와 스핀들 Cone up 형상이 기본 사양이다.
- 2 중 유압 피스톤 방식을 적용하여 배기 밸브를 여는데 필요한 유압 부피가 줄어든다.
- 유압 피스톤들은 피스톤 링이 없어 이 부품들의 수명이 길어진다.
- Housing 자체가 Spring air piston 의 실린더 역할을 하므로 별도의 실린더 부품이 필요 없다.
- Spring air 공간 하부에 판스프링들을 설치하여 Air spring 압력이 충분하지 못할 경우에 내부 부품들의 손상을 방지한다.
- Upper housing 상부에 Damper 를 설치하여 배기 밸브가 거의 닫혔을 때에 속도를 줄여서 Valve spindle 과 Seat 의 마모율을 줄여준다.
- Upper housing 에 Constant leakage orifice 를 설치하여 정비 작업 이후에는 Actuator oil pipe 의 공기 배출을 하며 운전 중에는 Actuator oil 을 순환시키는 역할을 한다.

그림 3-72에서 3-77은 다양한 사양의 배기 밸브의 디자인 및 내부 단면도를 나타내며, 엔진의 실린더 직경 및 사양에 따라 다른 사양의 배기 밸브가 설치된다.

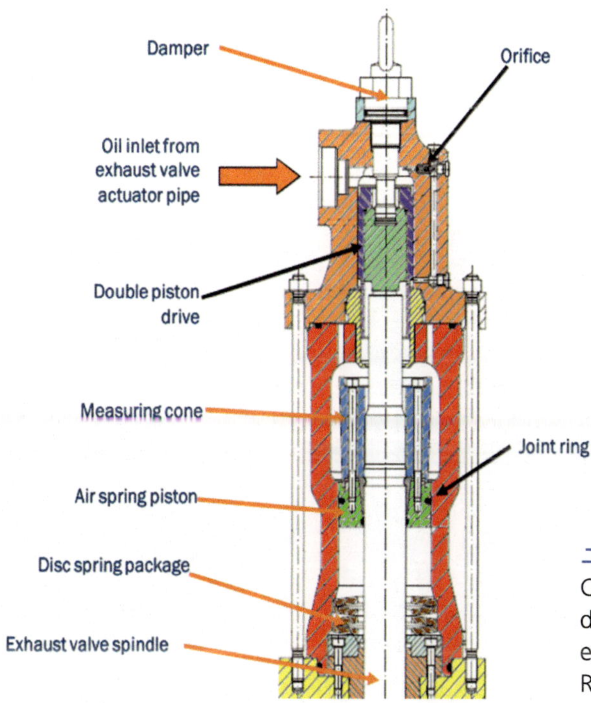

그림 3-72
Cross-section diagram of exhaust valve for RT-flex60

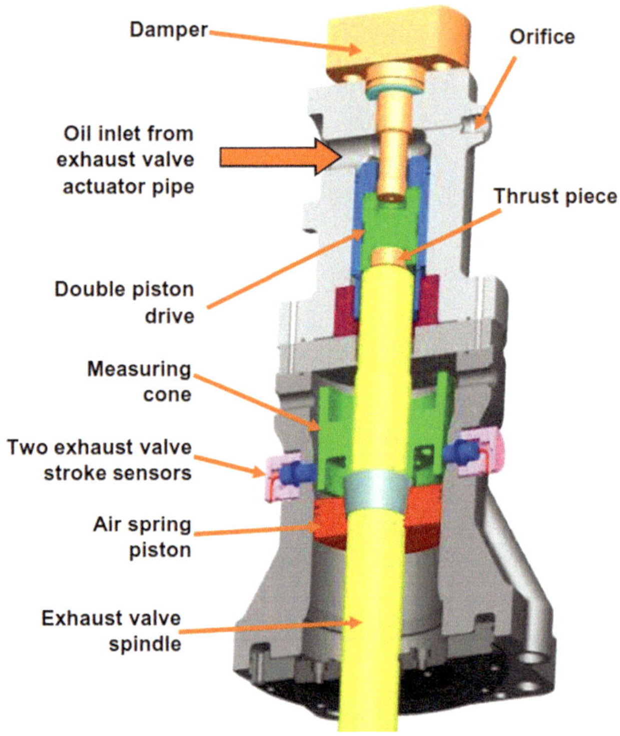

그림 3-73 Cross-section diagram of exhaust valve for RT-flex96

그림 3-74 Exhaust valve for X82

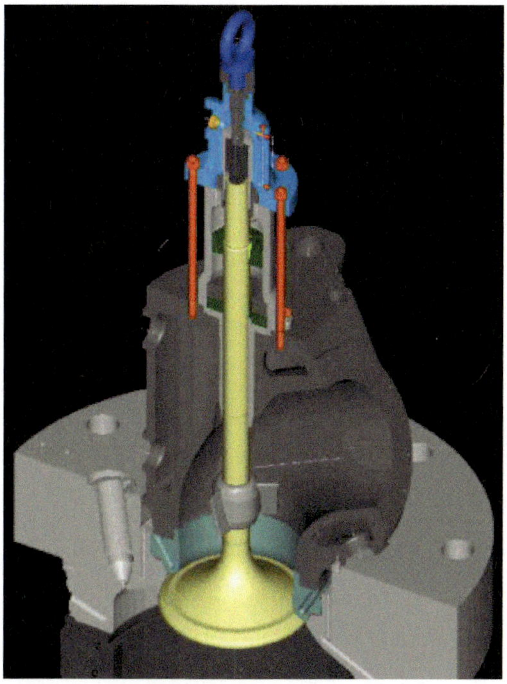

그림 3-75 Cross-section diagram of exhaust valve for X82

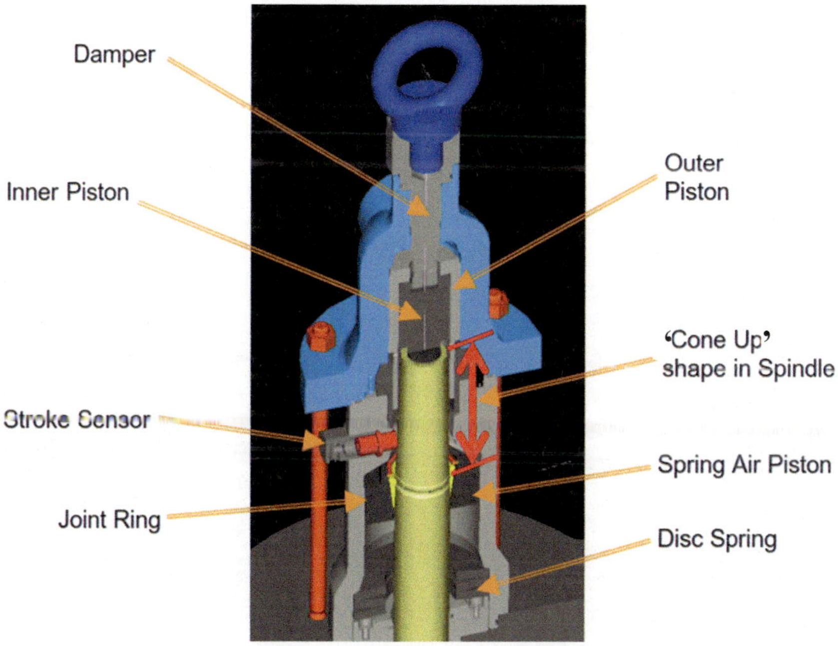

그림 3-76 Detailed cross-section diagram of exhaust valve for X82

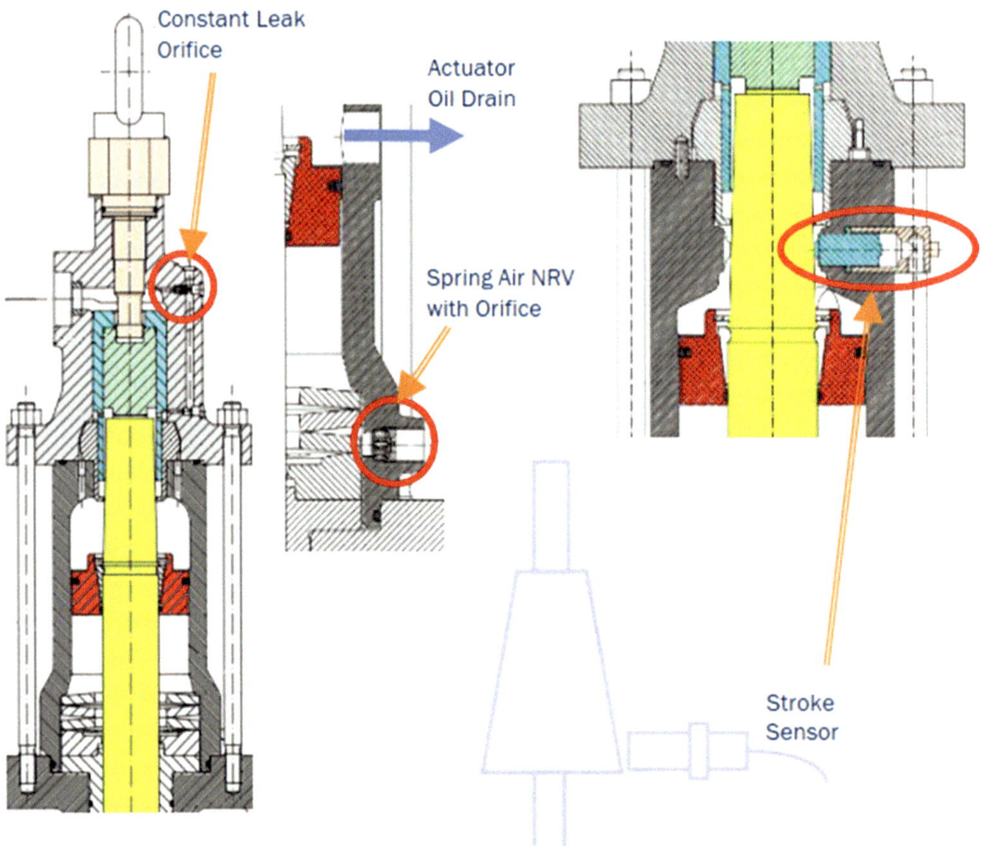

그림 3-77 Cross-section diagram and parts of exhaust valve for X92

3) 압축 공기 시스템 및 관련 기기

기관실에서 엔진으로 공급되는 공기 시스템은 시동용 30 bar의 공기와 엔진 제어용 7~9 bar의 공기이다.

엔진의 Control air supply unit(그림 3-78, Group A)로 전처리 과정을 거친 깨끗한 7~9 bar 공기와 30 bar 시동용 공기가 연결이 된다. Control air supply unit 내부적으로 2개의 압력 조절용 밸브에 연결이 되며 깨끗한 공기 7~9 bar는 6.5 bar(그림 3-78, Group A, 23HA), 시동 공기 30 bar는 6 bar(그림 3-78, Group A, 19HA)로 조정되어 각각의 Non return valve를 통해 병렬로 연결이 되며 높은 압력 6.5 bar의 공기가 2개의 출구를 통해 엔진으로 공급된다. 만약 6.5 bar 공급에 문제가 발생하면 자동으로 6 bar의 공기가 엔진으로 공급된다. 이 6.5 bar의 공기는 엔진 터닝 기어를 거쳐 Shut off valve for starting air(그림 3-78, 2.03)를 작동시키며 또한 배기 밸브에 스프링 에어로 공급된다.

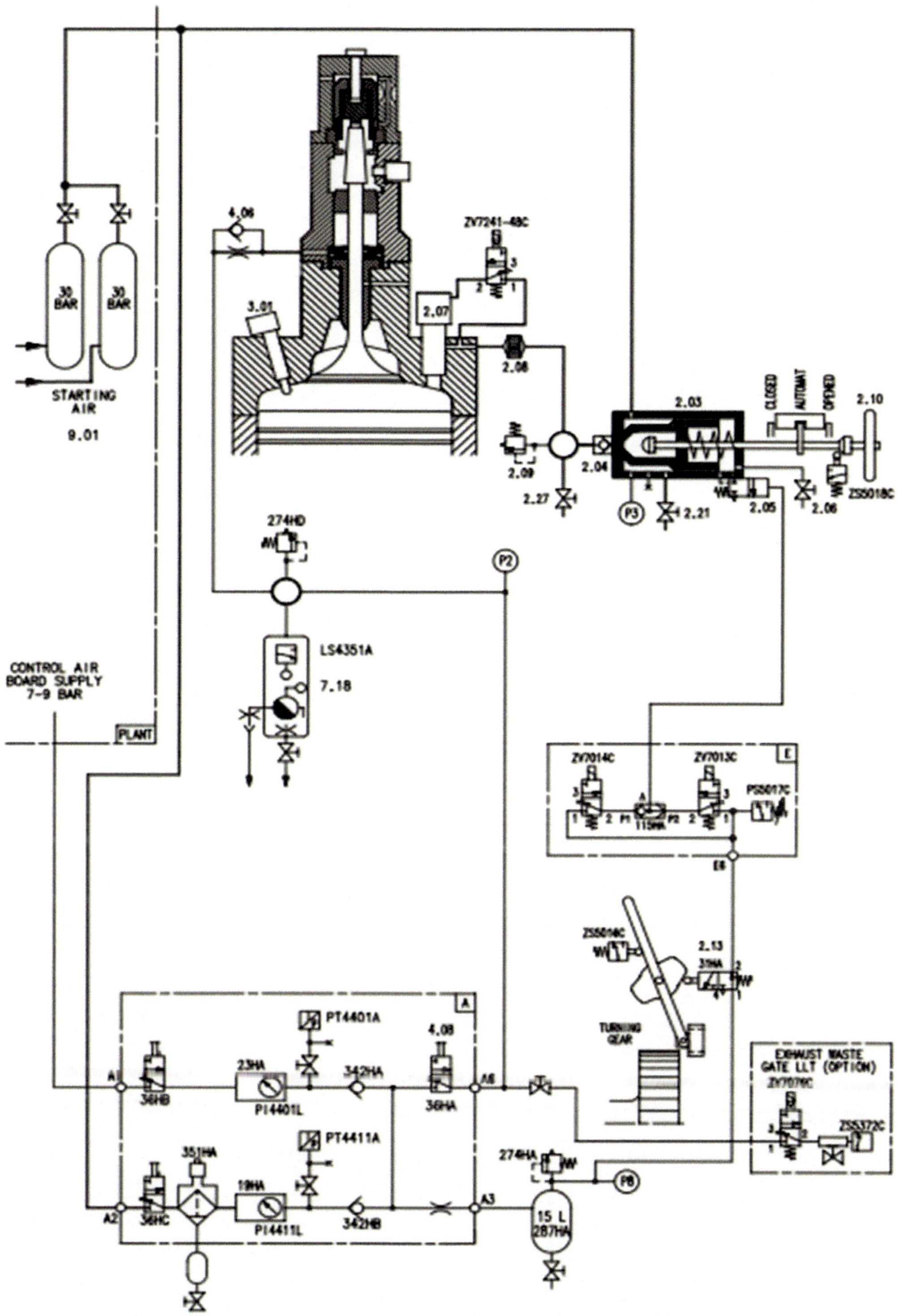

그림 3-78 Compressed air system for X82

그림 3-79 Shut off valve for starting air (Main starting air valve)

그림 3-80 Starting air valve

또한, 엔진의 추가 사양 및 부품의 사양에 따라 제어용 공기는 Turbocharger 배기가스의 바이패스 밸브의 구동용, Servo oil filter의 Back flushing용 및 Oil mist detector의 제어용으로 사용된다.

엔진의 시동 공기는 기존의 RTA 엔진과는 다르게 시동 공기 분배기에 의한 기계적인 제어가 아닌 WECS-9520 시스템에 의해 전자적으로 제어된다. 시동 공기 장치는 각 실린더마다 설치되어 Starting air를 연소실 내로 공급하는 Starting air valve(그림 3-78, 2.07)와 Starting air 30 bar를 엔진으로 공급하는 Shut off valve for starting air(그림 3-78, 2.03)로 구성된다.

그림 3-79는 Shut off valve for starting air를 나타낸다. 엔진 시동 신호에 따라 WECS-9520 시스템이 밸브 본체에 설치된 2개의 전자 밸브를 작동시켜 Shut off valve for starting air를 열어서 엔진의 Common pipe로 시동 공기 30 bar를 공급한다.

그림 3-80은 Starting air valve를 나타낸다. 엔진 시동, 회전 신호 및 현재 Crankshaft 각도에 따라 WECS-9520 시스템이 해당되는 기통의 전자 밸브를 작동시켜 Starting air valve를 열어서 시동 공기를 연소실 내로 공급하여 엔진을 시동 시킨다.

4) 실린더 주유 시스템(Cylinder lubricating system)

모든 WinGD 엔진들의 실린더 주유 시스템은 엔진 부하에 따라 주유량이 증감하는 방식이다. 기계식 RTA엔진에는 CLU-1 (Cylinder lubrication unit-1), CLU-2 및 CLU-3 실린더 주유 시스템이 설치되었다. 전자제어엔진의 도입과 함께 전자 제어식 주유 시스템인 CLU-4, CLU-4C, CLU-5 및 flexLube가 적용되었다.

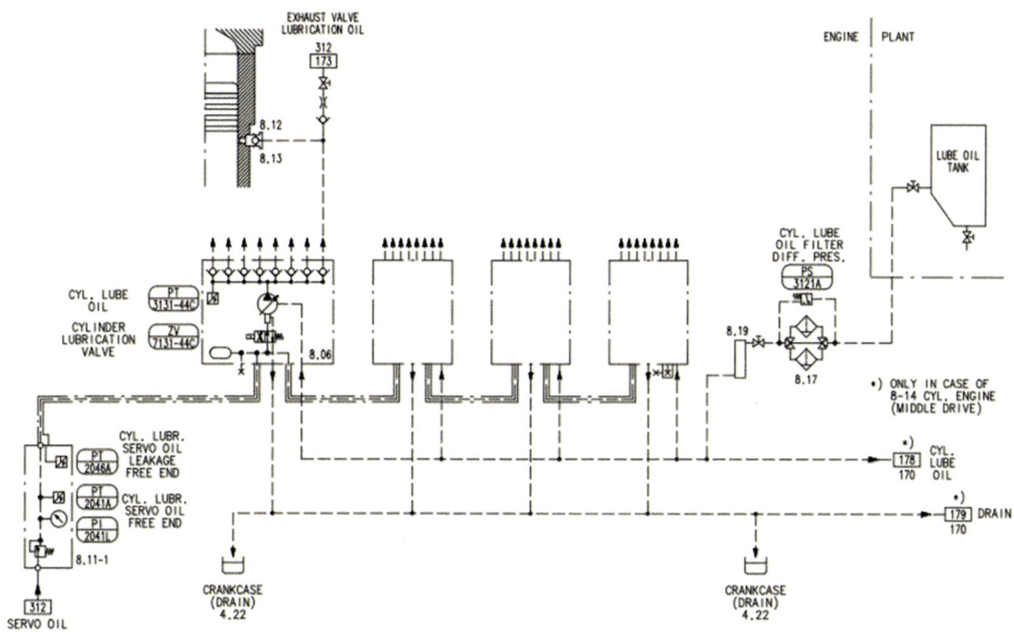

그림 3-81 Cylinder lubricating system for RT-flex96

현재 WECS-9520 제어 엔진의 경우에는 CLU-4, CLU-4C(Compact) 및 flexLube가 적용되고 있다. 펌프의 사양에 따라 내부 형상 및 작동 방식은 차이가 있으나, WECS-9520의 제어와 유압 작동유(Servo oil rail에서 감압변을 거친 60 ~ 70 bar의 Servo oil)에 의한 작동은 동일하다. 펌프의 작동 후에는 작동유가 최종적으로 Sump tank로 돌아간다.

펌프는 각 기통마다 하나씩 설치되어 있으며, WECS-9520 시스템의 전기 신호에 따라 전자밸브가 유압 작동유를 Control piston에 보내어 Injection piston들을 작동시켜, 실린더 오일을 가압한다. 펌프 출구 측의 압력 센서는 측정된 실린더 오일 압력을 WECS-9520 시스템에 보고한다. 기관실에서 공급된 저압의 실린더 오일이 각 기통의 펌프에 병렬로 공급되며, 펌프에 의해 가압된 정해진 양의 실린더 오일은 실린더 라이너의 같은 높이에 위치한 Lubricating quill(한 기통당 4 ~ 10개가 설치되며, 실린더 직경에 따라 설치 숫자가 달라짐)들을 통해 실린더 내부로 주유된다. 그리고 엔진 사양에 따라 실린더 라이너로 공급된 일부 중 소량의 실린더 오일이 배기 밸브의 Spindle과 Bush의 작동면을 윤활한다.

그림 3-82에서 3-87과 같이 엔진에 적용된 다양한 사양의 실린더 오일 펌프의 디자인 및 내부 단면도를 나타낸다.

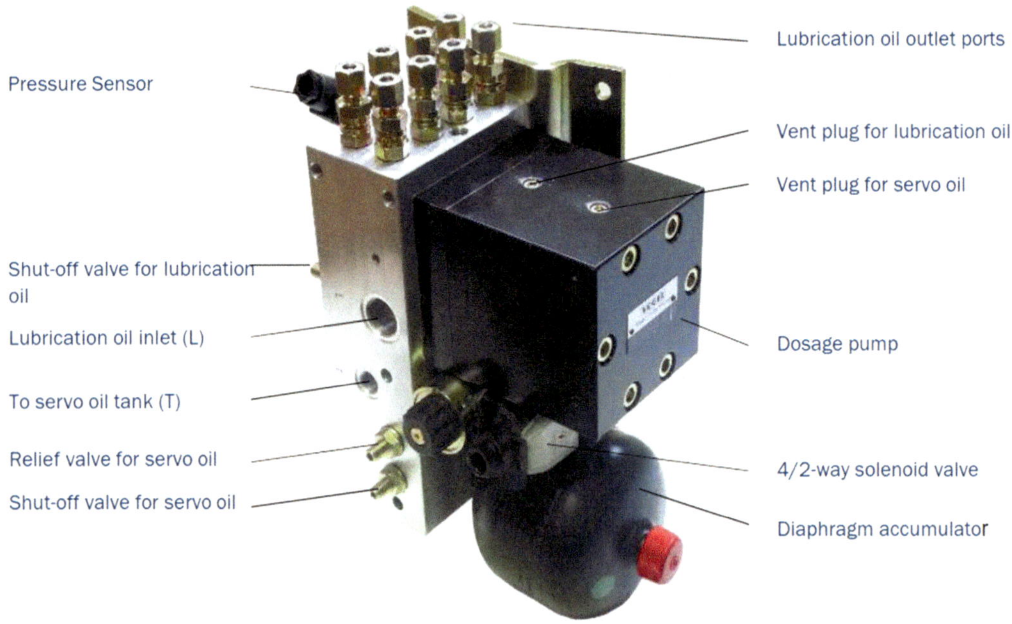

그림 3-82 CLU-4 pump

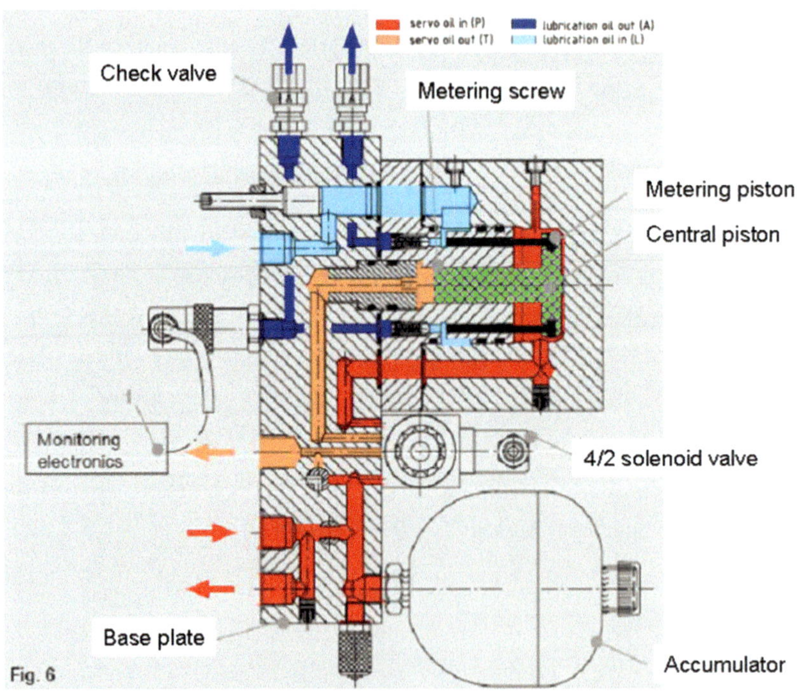

그림 3-83 Cross-section and schematic diagram for CLU-4 pump(source: SKF)

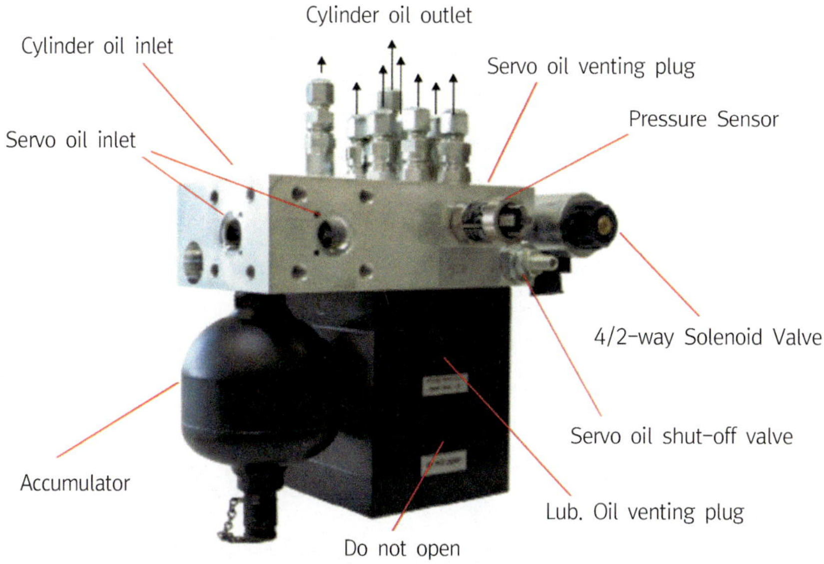

그림 3-84 CLU-4C pump

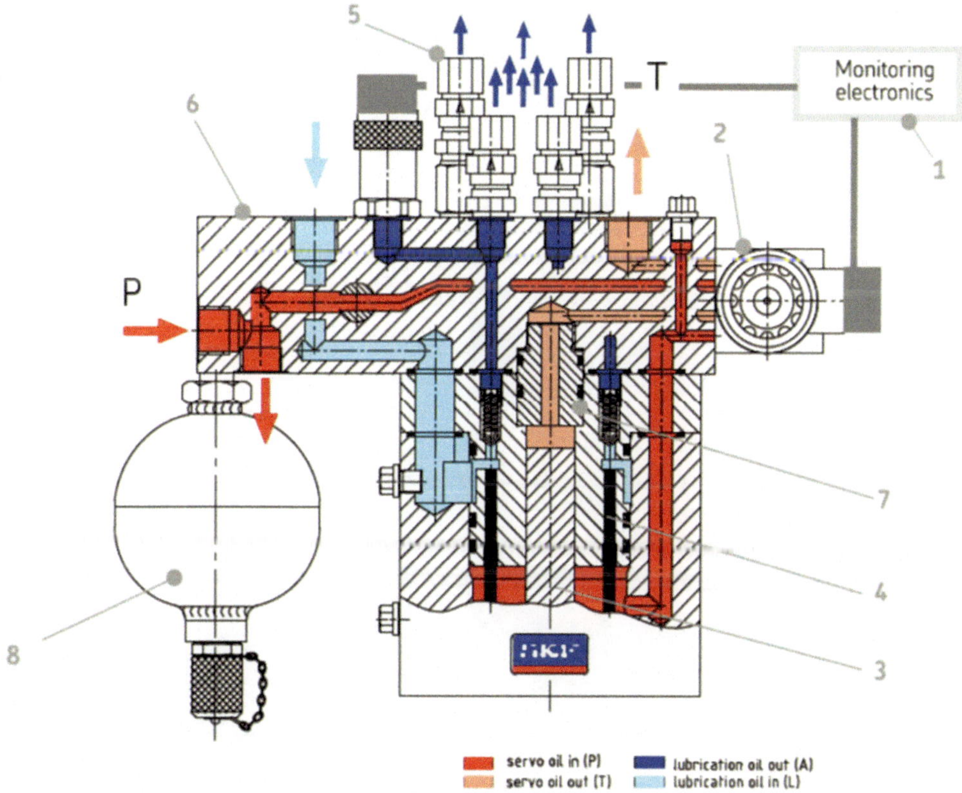

그림 3-85 Cross-section and schematic diagram for CLU-4C pump(source: SKF)

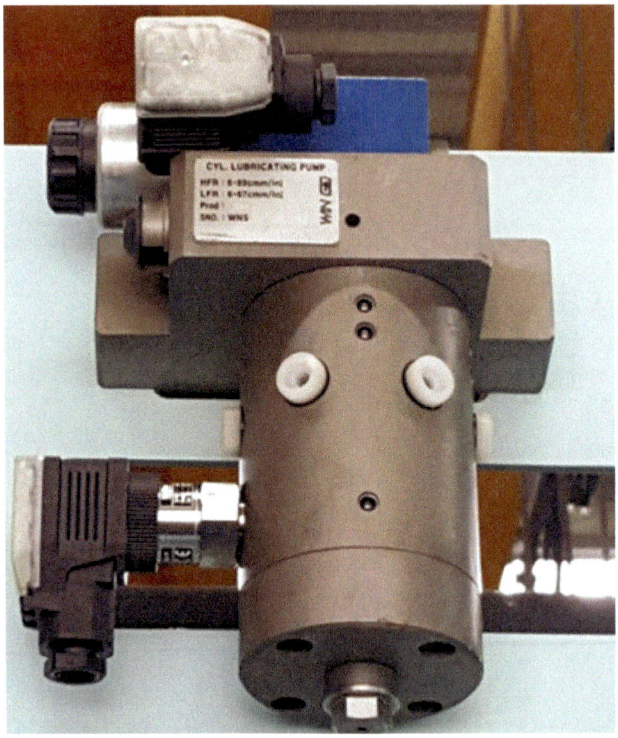

그림 3-86 flexLube pump

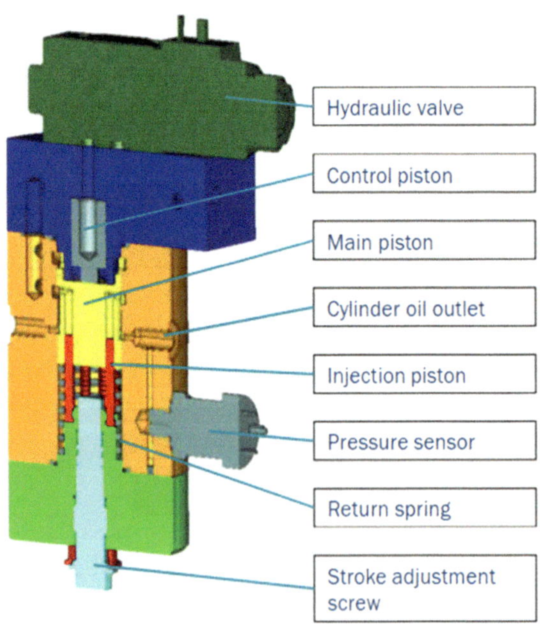

그림 3-87 Cross-section diagram and parts for flexLube

운전자가 설정한 주유율(g/kWh)로 조정하기 위해, WECS-9520 시스템은 고정된 펌프의 배출량, 오일의 밀도 및 현재 엔진 부하를 고려하여 주유(Pumping) 횟수를 계산한다. 즉, 엔진 부하 및 운전자의 주유율 설정에 따라 주유 횟수가 달라진다. 계산된 주유 횟수에 따라 해당 기통의 1회전 시에 한번 주유를 하거나 주유하지 않을 수 있다.

피스톤의 위치를 기준으로 상, 중, 하 세 곳에 주유를 하며, 주유를 하는 회전에서는 세 곳 중의 한 곳만 주유를 한다. 그림 3-88과 같이 실린더 내부로 주유하는 방식에 따라 Pulse jet 및 Pulse feed로 나누어진다.

Pulse jet 주유 방식은 주로 실린더 라이너 벽면(Cylinder liner wall)에 주유하는 방식으로, 실시간으로 전달되는 크랭크 각도 값에 따라 WECS-9520 시스템의 주유 신호를 펌프에 보내, 피스톤의 압축 행정 중의 피스톤 상, 중, 하의 위치 (X82 엔진의 경우, 크랭크 각도 기준으로 Above: 260°, Into: 315° & Below: 340°)에 Lubricating quill을 통해 각각 70%, 25%, 5%의 양으로 분배하여 주유된다.

Pulse feed 주유 방식은 주유 방향이 Lubricating quill의 앞쪽으로만 향하기 때문에 모든 실린더 오일이 피스톤 링과 스커트의 위치에 주유된다. 실시간으로 전달되는 크랭크 각도 값에 따라 WECS-9520 시스템의 주유 신호를 펌프에 보내 피스톤의 압축 행정 중의 피스톤 상(Top ring), 중(Lower rings), 하(Skirt)의 위치 (flex82 엔진의 경우, 크랭크 각도 기준으로 Above: 307°, Into: 308° & Below: 310°)에 Lubricating quill을 통해 각각 40%, 40%, 20%의 양으로 분배하여 주유된다.

그림 3-89는 주유 방식에 따른 Lubricating quill을 나타낸다.

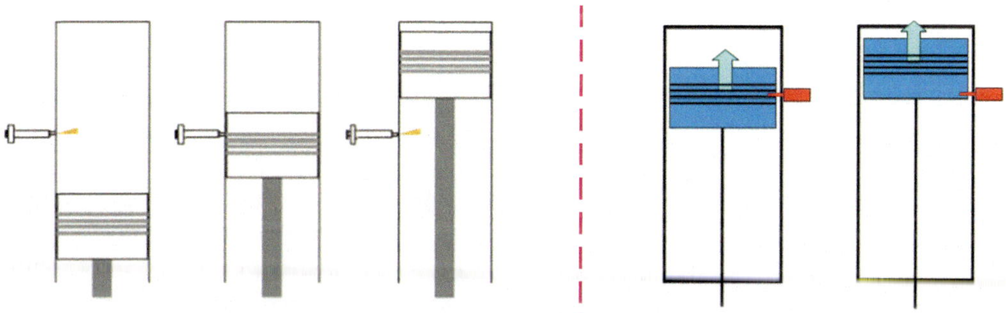

그림 3-88 Different lubricating positions(left: Pulse jet, right: Pulse feed)

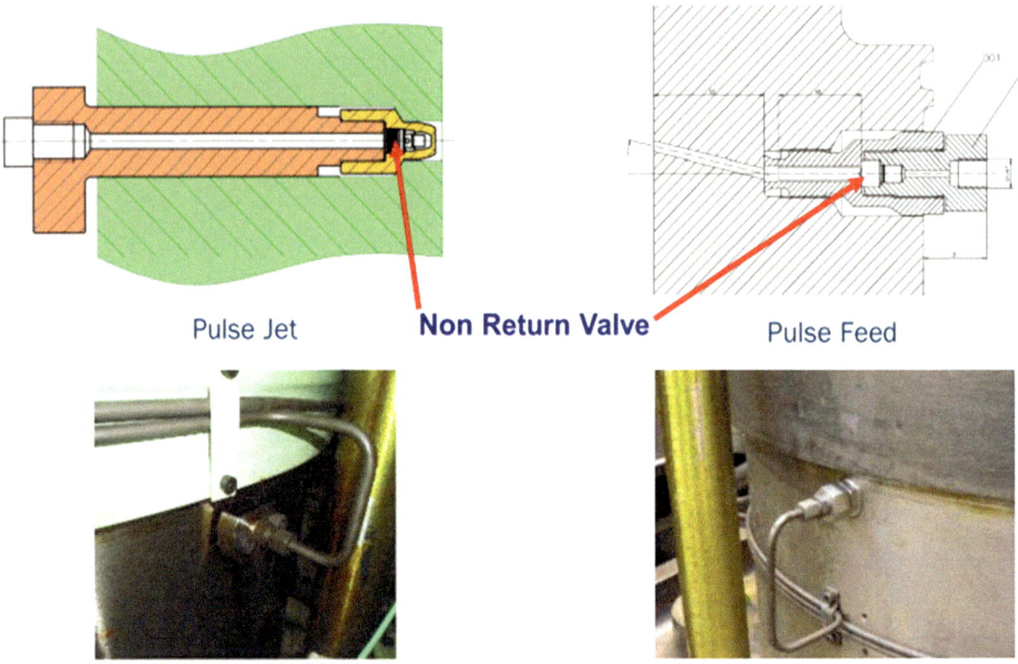

그림 3-89 Lubricating quill (left: Pulse jet, right: Pulse feed)

5) 크랭크 각도 센서 장치 (CAS, Crank angle sensor unit)

엔진의 전자 제어를 위해 크랭크 각도 센서 장치는 실시간으로 현재 각도를 측정하여 WECS-9520 시스템에 통신 BUS 라인을 통해 전달한다. 엔진의 안전 운전을 위해 중복 개념으로 2 세트의 CAS unit가 설치되어, 한 세트의 센서가 고장이 발생해도 엔진의 정상 운전이 가능하다.

기존에는 인코더(Encoder) 사양의 2 개의 센서가 크랭크 샤프트 FE(Free end) 끝 단에 설치되어 크랭크 샤프트로부터 진동 전달 방지 역할을 하는 Connection unit (Spring loaded coupling) 및 Toothed belt를 통해 회전된다. 센서들은 측정된 크랭크 각도 절대값을 0.1도 단위로 통신망(SSI Bus, Synchronous serial interface bus)을 통해 WECS-9520 시스템에 전달한다.

그림 3-90은 인코더 타입의 크랭크 각도 센서와 Connection unit이며, Connection unit의 4 개의 Spring을 통해 회전력을 전달하므로 크랭크 샤프트에서 발생하는 축 방향 및 종 방향의 진동을 흡수하여 센서에 전달되지 않도록 한다.

최근에는, 그림 3-91에서 3-94와 같이 제작 및 운영비용의 저감을 위해 Gear wheel type (with pick-up sensors) CAS unit이 개발되어 기본 사양으로 적용되고 있다. SU 구동용 중간 기어에 4 또는 6개의 Pick-up 센서들(A1, B1, C1 및 A2, B2, C2)이 설치되어 기어의 이빨 수 및 엔진의 회전 방향을 측정하고, 엔진 Flywheel에 1 번 기통의 TDC 감지용 Pick-up 센서 및 BDC 감지용 Pick-up 센서 2개가 설치되어 크랭크 각도 계산을 위한 기준 값을 보내준다.

이 Pick-up 센서들의 신호를 크랭크 각도로 계산하는 2 세트의 ACM-20(Angle calculation module-20)이 설치되어 측정된 크랭크 각도 절대값을 0.1도 단위로 WECS-9520 시스템에 전달한다.

그림 3-90 Encoder type crank angle unit (left: Connection unit, right: Crank angle sensor)

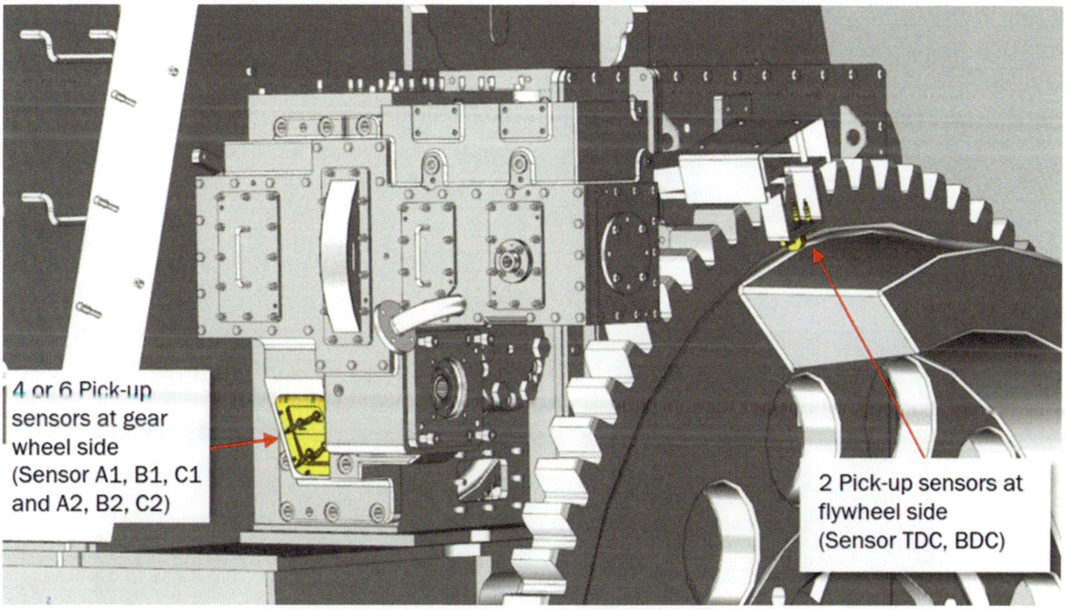

그림 3-91 Gear wheel type CAS unit

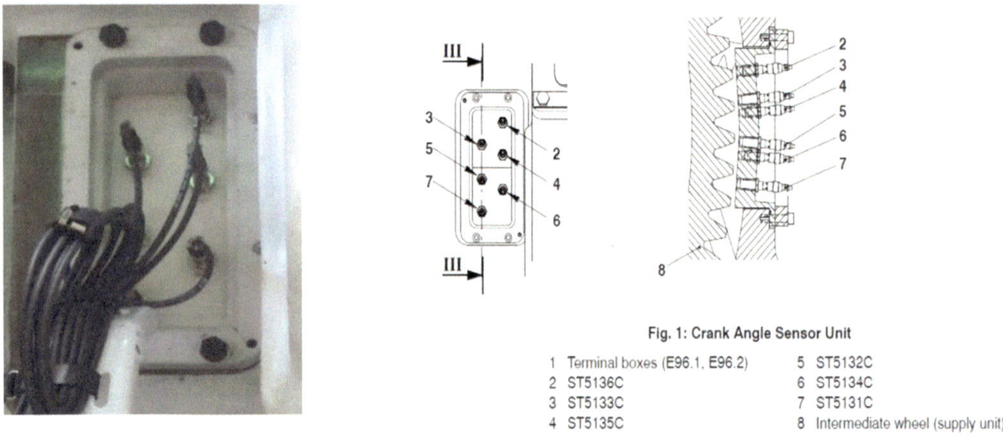

그림 3-92 6 x Pick-up sensors on gear wheel side

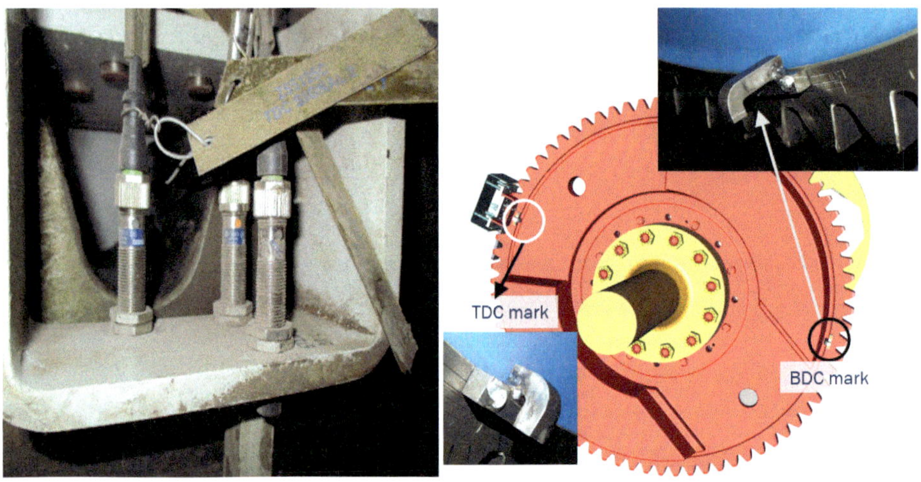

그림 3-93 TDC & BDC pick-up sensors on flywheel side

그림 3-94 ACM-20 modules in E96.1 & E96.2 boxes

3.1.2 WECS-9520 전자 제어 시스템

WinGD 전자제어엔진은 외부의 자동화 업체에서 제공하는 PCS (Propulsion control system)와 AMS (Alarm monitoring system) 및 내부의 엔진 제어 시스템 (ECS, Engine control system) WECS-9520으로 구성된다. 또한, PCS는 RCS (Remote control system, Telegraph unit 포함), ESS (Engine safety system) 및 SCS (Speed control system, e.g. Digital governor)로 구성된다.

1) 엔진의 외부 추진 제어 시스템 (PCS) 및 선박 경보 시스템 (AMS)

PCS 및 AMS의 기능은 기존 RTA 엔진에서의 기능 자체와 거의 동일하다. 다만, 작동 방식 및 감지 방식이 아래와 같이 차이가 난다.

- RCS: 엔진의 원격 제어 장치로 제어 위치는 W/H(Wheel house)와 ECR(Engine control room)이며, 운전자가 Telegraph unit를 통해 설정한 Maneuvering command (Ahead/Astern start, Brake air, Stop, Air run, Slow turning & ETC.)를 BUS 통신 라인을 통해 WECS-9520 시스템에 전달한다. 또한, 엔진 속도 제한 구역 및 부하 증감 등을 고려하여 목표하는 엔진 속도 값을 SCS에 전달한다.
- SCS: 엔진의 속도 조절 장치로 RCS에서 받은 엔진 속도 목표 값과 직접 계측한 현재 속도 값을 비교하여 필요한 연료 분사량(Governor index, 전자 엔진에서는 FC, Fuel command로 표현)을 계산하여 FC 값을 WECS-9520 시스템에 전달한다. 또한, 엔진의 과부하 운전 및 매연 발생을 방지하기 위한 Fuel limiter를 고려하여 FC를 계산한다.
- ESS: 엔진 및 관련 기기의 상태가 비정상인 경우에 SLD(Slowdown) 또는 SHD (Shutdown) 시킨다. SHD 경우에는 PCV에 설치된 SHD 전자 밸브를 직접 작동시켜 Fuel rail의 압력을 순식간에 떨어뜨리며, 동시에 SHD 신호를 BUS 통신 라인을 통해 WECS-9520 시스템에도 전달하며 WECS-9520 시스템은 전 기통의 ICU를 통해 연료 분사 차단 및 Fuel pump actuator를 통해 연료유 공급을 차단한다.
- AMS: 기존 RTA 엔진과 같이 AMS 센서들을 통해 직접 엔진을 감시하며 추가로 WECS-9520 시스템 내부 고장의 신호를 BUS 통신 라인을 통해 전달 받아 경보를 발생 시킨다.

그림 3-95는 WECS-9520 시스템의 주 Control module인 FCM-20(Flex control module-20)들과 PCS 및 AMS 등 외부 시스템과의 상호 계통도를 나타낸다.

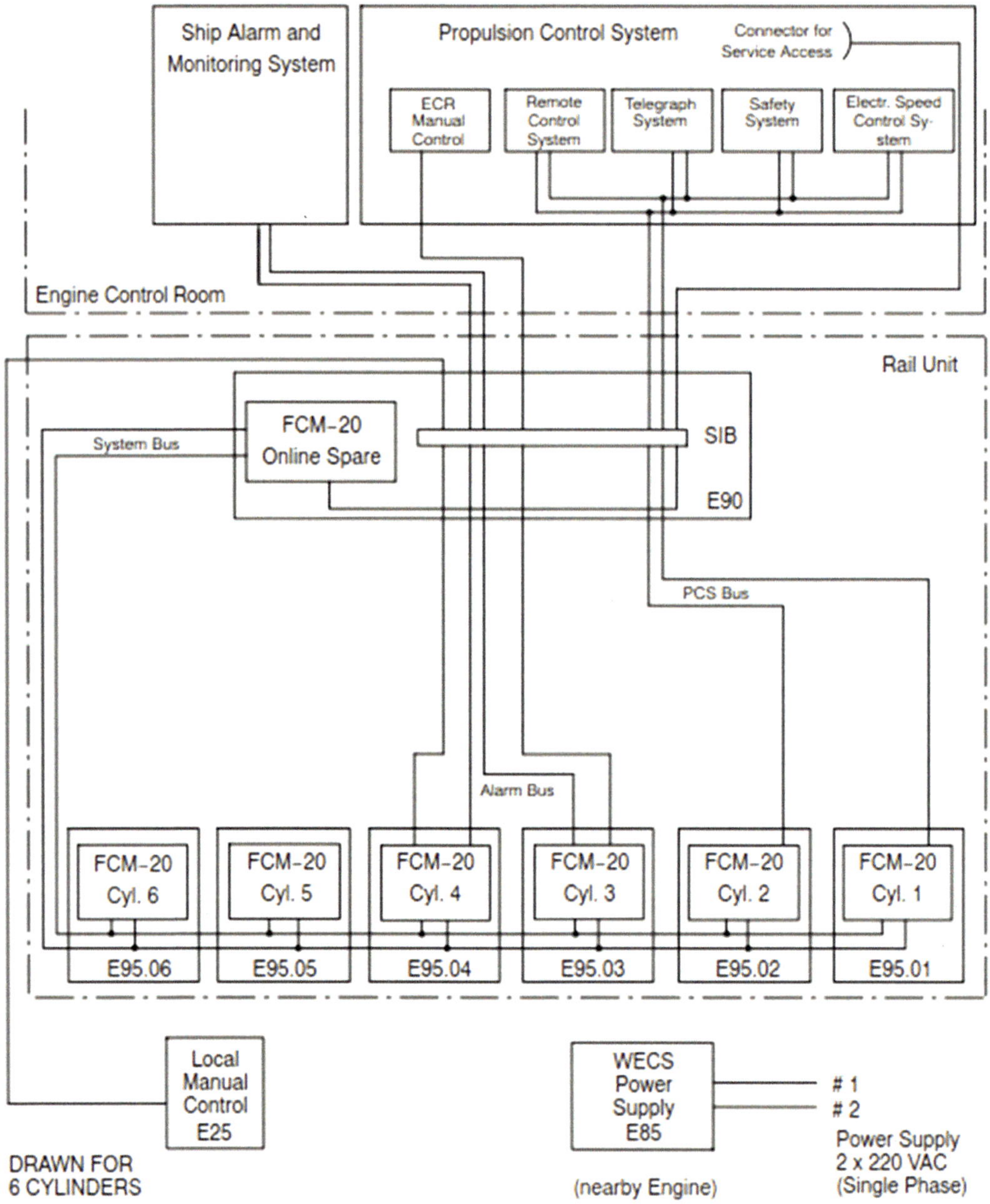

그림 3-95 Interface between WECS-9520 (FCM-20 module) and external systems in X82

2) WECS-9520 시스템의 구성 및 기능

WECS-9520 시스템은 Engine control system으로 엔진을 직접적으로 제어 및 작동시킨다. WECS-9520 Software 를 비롯해 Control modules(Hardware), MCP(Manual control panels), User interface(flexView-9520), 각종 작동 장치들(Actuators), 각종 감지 장치들(Sensors) 및 통신 시스템 등으로 구성되어 있다.

(1) Control modules

WECS-9520 시스템의 Control module들은 아래와 같이 3 종류가 있으며, 엔진의 사양 및 Control module의 버전에 따라 엔진에 적용되는 모듈이 달라진다.

① FCM-20(Flex control module-20)

WECS-9520 제어 시스템의 기본 하드웨어이며, Rail unit 앞 쪽에 각 기통당 하나씩 설치되어 있고 추가로 Online spare, #0 FCM-20이 설치되어 있으며, 중복으로 설치된 2개의 내부 통신망(CANopen system bus)을 통해 서로의 정보를 공유한다.

Online spare, #0 FCM-20을 포함한 엔진에 설치된 모든 FCM-20들은 동일한 소프트웨어 및 변수 값(Parameter)을 영구 저장하고 있으며, 각 기통에 다르게 설정된 Cylinder number ID(Identification, bridge wire signal) 신호에 따라 부팅 시에 Cylinder number를 인지하여 해당 기통의 모든 기능을 한다.

Online spare, #0 FCM-20이 엔진에 설치되어 다른 FCM-20들과 실시간으로 통신을 하며 갱신되고 있다. 만약 어느 한 기통의 FCM-20이 고장이 발생했을 경우, ESS의 SLD이 발생되며, 엔진 정지 없이 #0 FCM-20을 가져와 해당 기통의 FCM-20과의 교환으로 SLD을 해결할 수 있다. 이후, 창고에 저장 중인 여유분의 FCM-20을 Online spare 위치에 설치하면 자동으로 WECS-9520 소프트웨어 및 변수 값들이 새로운 #0 FCM-20에 내부 통신망을 통해 설치되며 소요 시간은 약 5분 정도 필요하다.

FCM-20 HW (Hardware)는 초기 Rev. (Revision) 04로 시작하여, Rev. 06 및 Rev. 07을 거쳐, 현재 Rev. 08이 표준 사양이다. 여러가지 WECS-9520 내부 기능의 추가 및 향상으로 HW도 발전해 왔으며, 현재 표준 사양인 Rev. 08은 X21 추가 채널(그림 3-96 오른편 Rev. 08의 빨간색 원 참조)을 통해 실린더 주유 장치의 제어 기능을 한다. 즉, 이전 사양에서는 별도의 Control module인 ALM-20(Advanced lubrication module-20)이 각 기통에 설치되어 해당 기통의 실린더 주유 장치의 제어 기능을 한다.

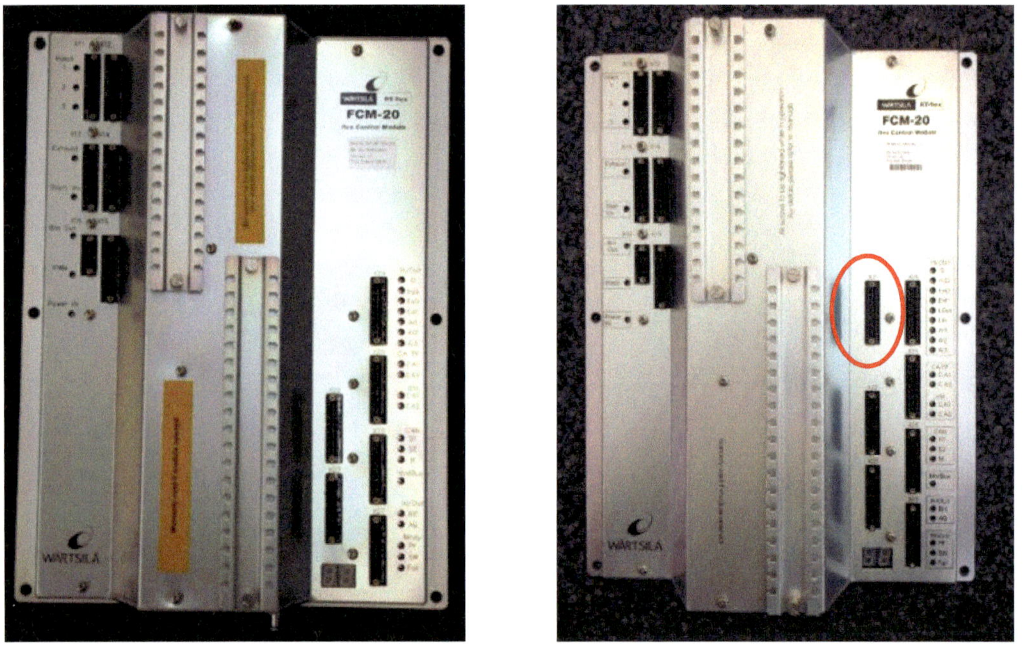

그림 3-96 FCM-20 Rev.07 (left) and FCM-20 Rev.08 (right)

FCM-20의 기능은 크게 두 가지 Function group으로 나눌 수 있다. 첫 번째는 CAS unit에서 받은 크랭크 각도 값을 기준으로 해당 기통의 연료 분사, 배기 밸브 제어, 시동 공기 밸브 제어 등의 Cylinder-related control functions(그림 3-97 및 3-98 참조)이며, 두 번째는 기통 번호에 따라 부여된 엔진 전체를 위한 기능으로 Common rail 압력 조정, Common starting air valve 제어, 외부 시스템과의 통신, 실린더 주유 시스템 제어 등의 Engine-related control functions(그림 3-95 및 3-99 참조)이 있다. 중복으로 2 세트의 FCM-20이 동일한 주요 Engine-related control functions을 하고 있어 그 중의 1 세트의 FCM-20이 고장이 나더라도 그 기능은 계속 유지된다.

위에서 언급한 바와 같이, FCM-20 Rev. 08의 경우에는 실린더 주유 시스템을 FCM-20이 직접 제어를 하므로, 이 경우에는 실린더 주유 시스템의 제어도 FCM-20 Rev. 08의 Cylinder-related control functions(그림 3-98 참조)에 해당된다.

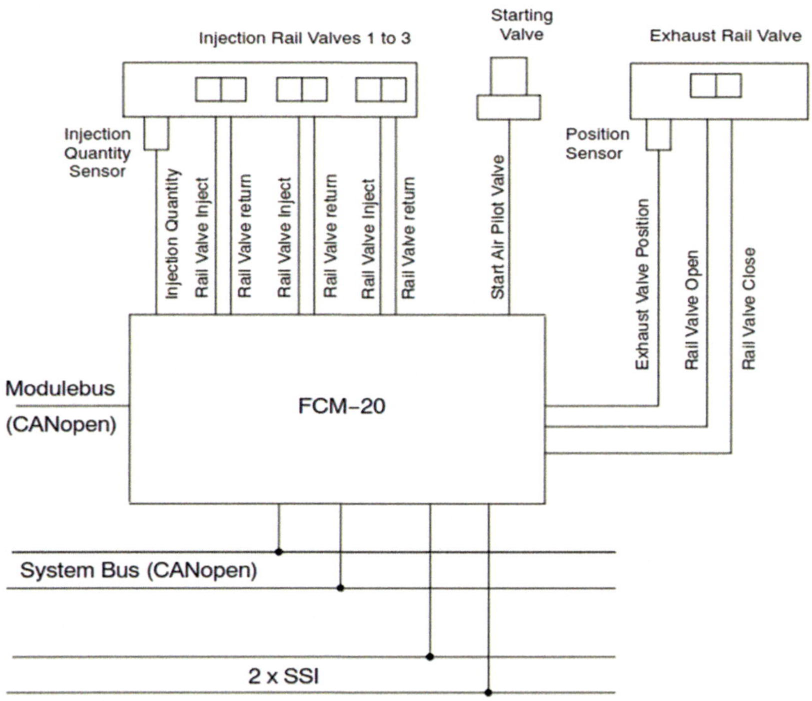

그림 3-97 Cylinder-related control functions in FCM-20 Rev. 07 for X82

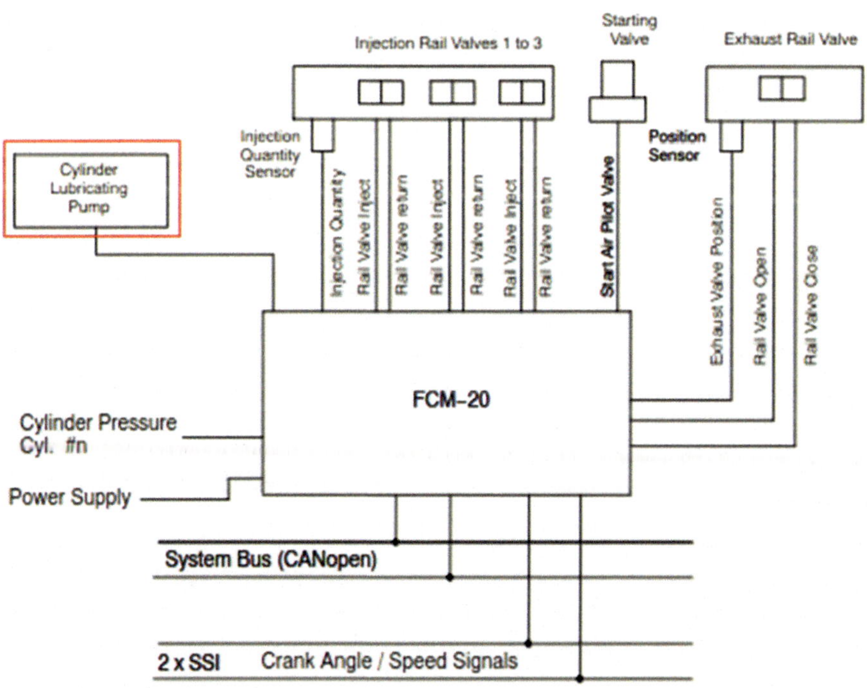

그림 3-98 Cylinder-related control functions in FCM-20 Rev. 08 for X92

② ALM-20(Advanced lubrication module-20)

현재 표준 사양인 FCM-20 Rev. 08의 도입 전까지는 각 기통에 설치된 ALM-20이 해당 기통의 실린더 오일 펌프를 제어한다. 전 기통의 ALM-20은 마지막 두 기통의 FCM-20들과 통신을 하며(그림 3-99 및 3-100 참조), 엔진의 크랭크 각도, 엔진 부하 및 설정된 주유량 등의 정보를 받아 해당 기통의 실린더 오일 펌프를 작동 시키며 펌프에서 수신한 배출 압력 값 등 주유 시스템의 상태를 보고한다.

ALM-20의 고장이 발생하였을 경우, 해당 기통의 주유가 정지되어 ESS의 SLD가 발생되며, 엔진 정지 후 스페어 ALM-20을 설치하면 마지막 두 기통의 FCM-20이 필요한 SW 및 Parameter들을 통신망(CANopen module bus)을 통해 자동으로 설치한다. 소요 시간은 약 5분 정도 필요하다.

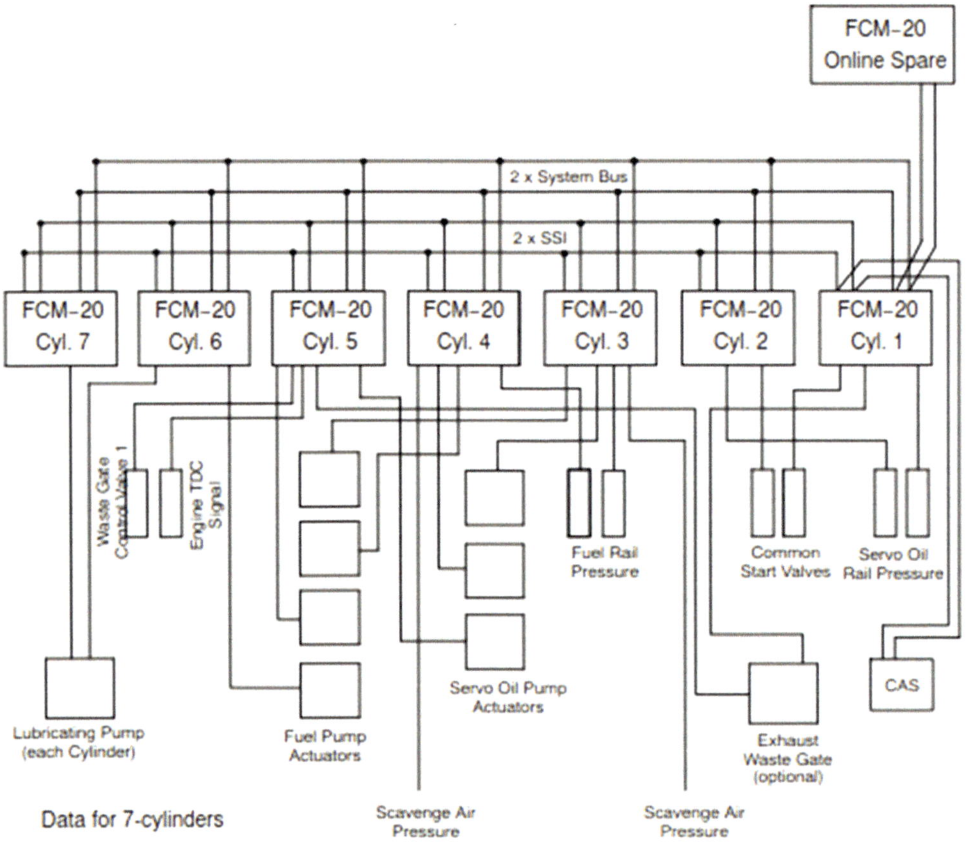

그림 3-99 Engine-related control functions in FCM-20 for X92

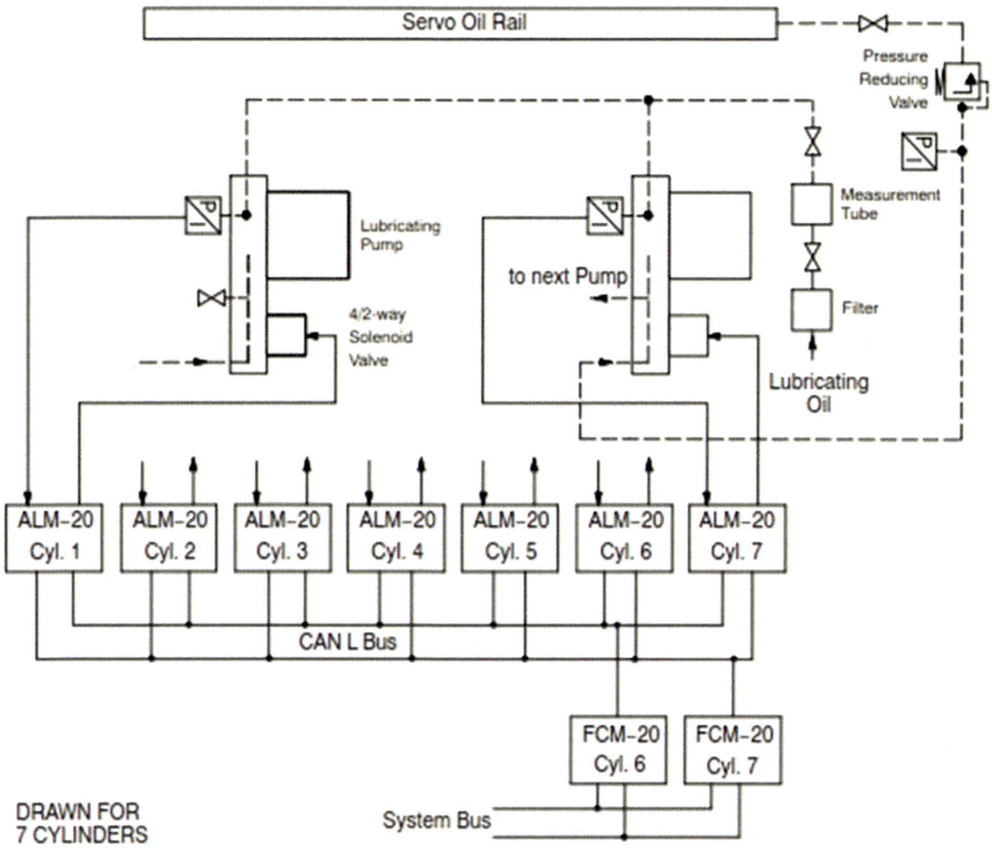

그림 3-100 Cylinder lubricating system with ALM-20 for X82

③ ACM-20(Angle calculation module-20)

FCM-20은 엔진의 CAS Unit로부터 크랭크 각도 값을 통신망(SSI Bus, Synchronous serial interface bus)을 통해서만 수신하여 크랭크 각도를 계산할 수 있다. 인코더(Encoder) 사양의 크랭크 각도 센서는 필요한 통신 신호를 직접적으로 전달을 하지만, 현재 표준 사양인 Gear wheel type(with pick-up sensors) CAS unit의 경우에는 Pick-up 센서에서 오는 펄스 신호를 통신 신호로 변환하는 장치가 필요하며 ACM-20이 그 역할을 한다.

인코더(Encoder) 사양의 크랭크 각도 센서와 마찬가지로 2 세트의 ACM-20에 설치되며, 2 세트 모두 상시로 작동되어 전 기통의 FCM-20에 크랭크 각도 값을 통신망을 통해 전달한다. 1 개의 ACM-20이 고장이 발생할 경우에는 AMS에 경보가 발생되고 엔진 운전에는 영향을 주지 않는다.

스페어 ACM-20을 설치하면 ACM-20을 제어하는 해당 FCM-20(#4 FCM-20 for #1 ACM-20 & #5 FCM-20 for #2 ACM-20)이 필요한 SW 및 Parameter들을 통신망(CANopen module bus)을 통해 자동으로 설치한다. 소요 시간은 약 5분 정도 필요하다. 또한 운전자의 조정 값도 FCM-20이 ACM-20으로 통신망을 통해 전달한다.

만약 ACM-20이 전원을 잃게 되면 크랭크 각도 절대값을 잃게 된다. 해결 방안으로는, 터닝 기어를 통해 크랭크 샤프트를 회전시키면 ACM-20이 Gear wheel drive에 위치한 A, B, C Pick-up 센서들을 통해 회전을 감지하고, Flywheel에 위치한 Reference 센서(BDC Pick-up for #1 ACM-20 & TDC Pick-up for #2 ACM-20)의 신호를 인지하면 크랭크 각도 절대값이 존재하게 된다. 선내 비상 전원 장치(UPS, Uninterrupted power supply)에서 DC 24 V를 대기 전원으로 ACM-20에 상시 공급되고 있어 선내 정전 시에도 ACM-20들은 전원을 잃지 않는다.

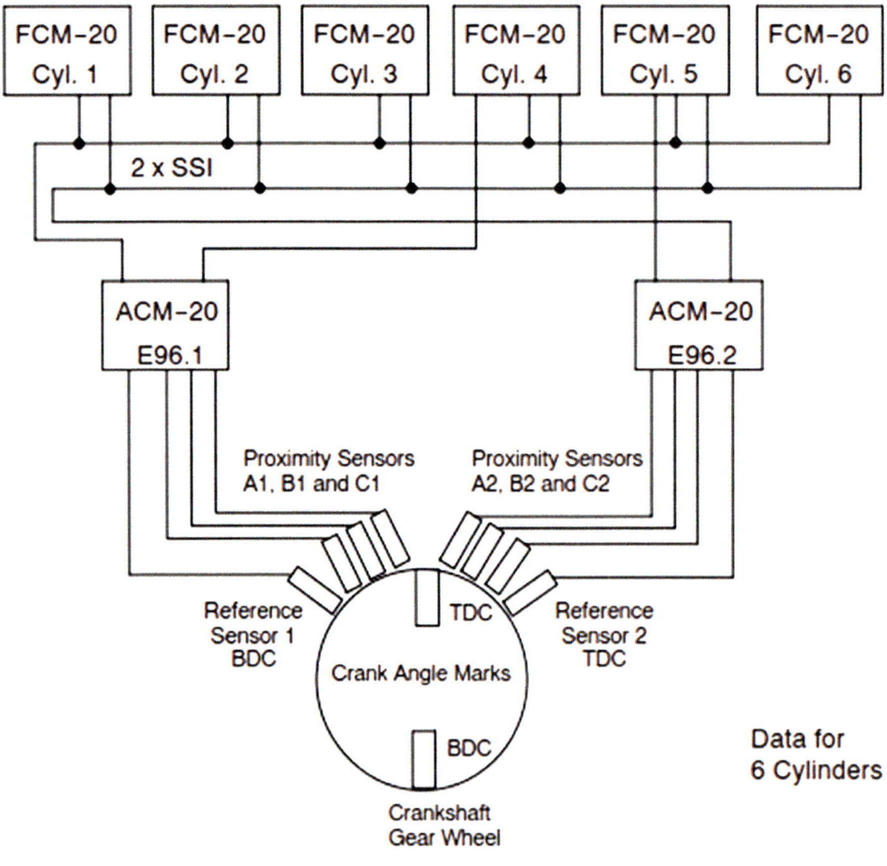

그림 3-101 Signal connections of gear wheel type CAS unit for X92

(2) MCP(Manual control panel)

MCP는 RCS 또는 SCS의 고장이 발생했을 경우에 비상 운전을 위해 ECR (Engine control room) 1 세트 및 RCS의 Local control console box에 1 세트로 총 중복으로 2 세트의 MCP가 엔진에 설치되어 있다. MCP의 설치 위치는 RCS의 Console box이나 WECS-9520의 일부이며 전원 및 통신망(CANopen module bus)은 해당 FCM-20 (#3 FCM-20 for ECR MCP & #4 FCM-20 for Local MCP)과 연결되어 있다.

MCP에서의 비상 운전 시에 Speed setting 또는 Fuel command setting 값 조정을 위한 Rotary knob가 설치되어 있다.

그림 3-102는 RCS의 Local control console box이며, 3번 MCP와 4번 Rotary knob로 WECS-9520의 부품이며 RCS로부터 독립되어 있다.

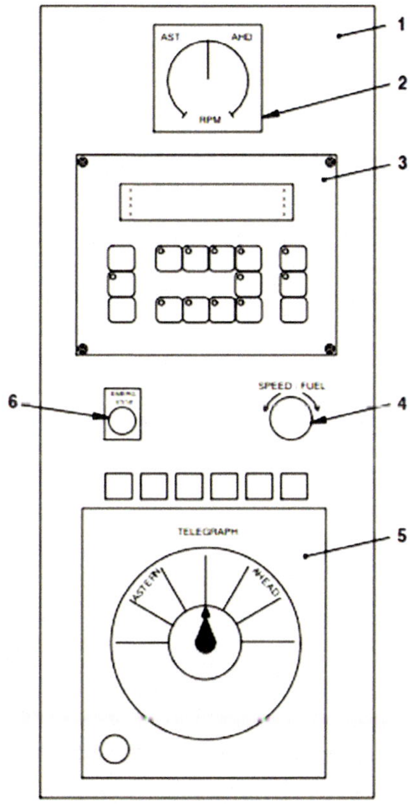

1 Local control panel
2 ME tachometer
3 WECS-9520 manual control panel
4 Rotary knob (speed / fuel)
5 Telegraph
6 Emergency stop button

그림 3-102 Local control console box(E25) of RCS

그림 3-103 MCP & Rotary knob in ECR

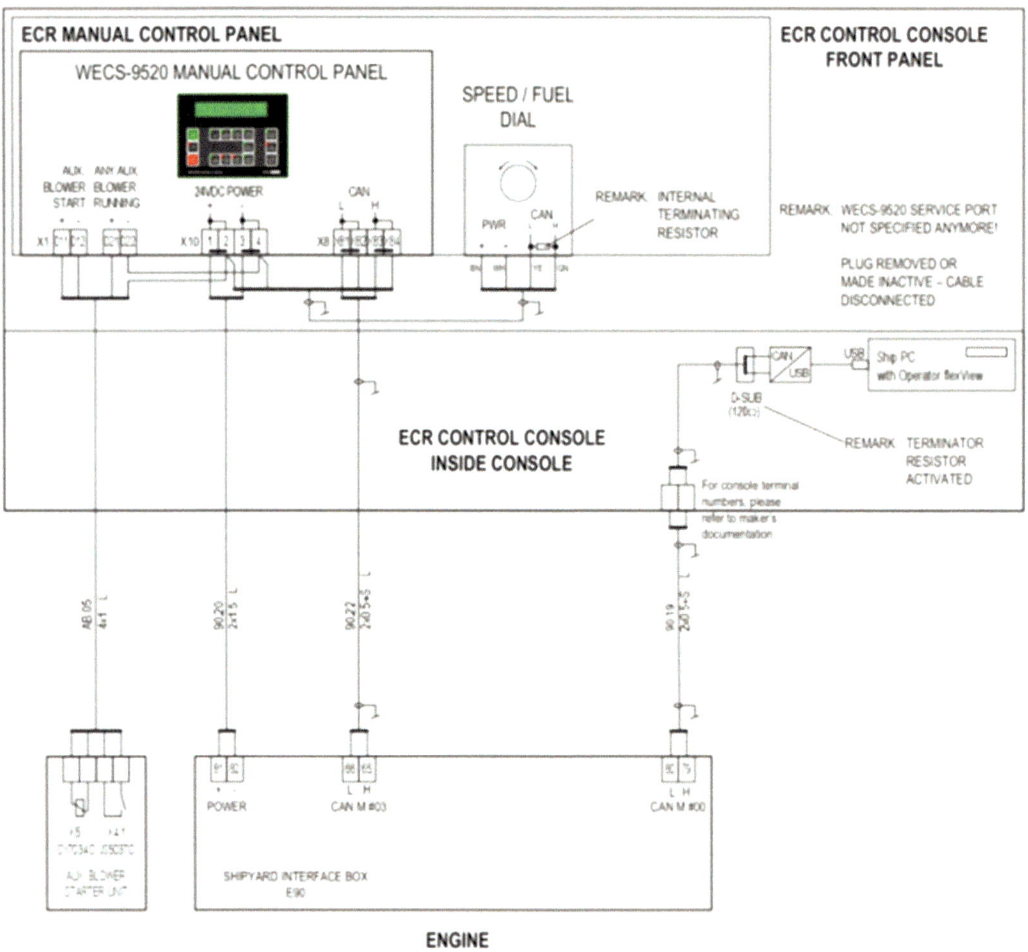

그림 3-104 Interfaces between FCM-20 #3 & ECR MCP and FCM #0 & flexView-9520

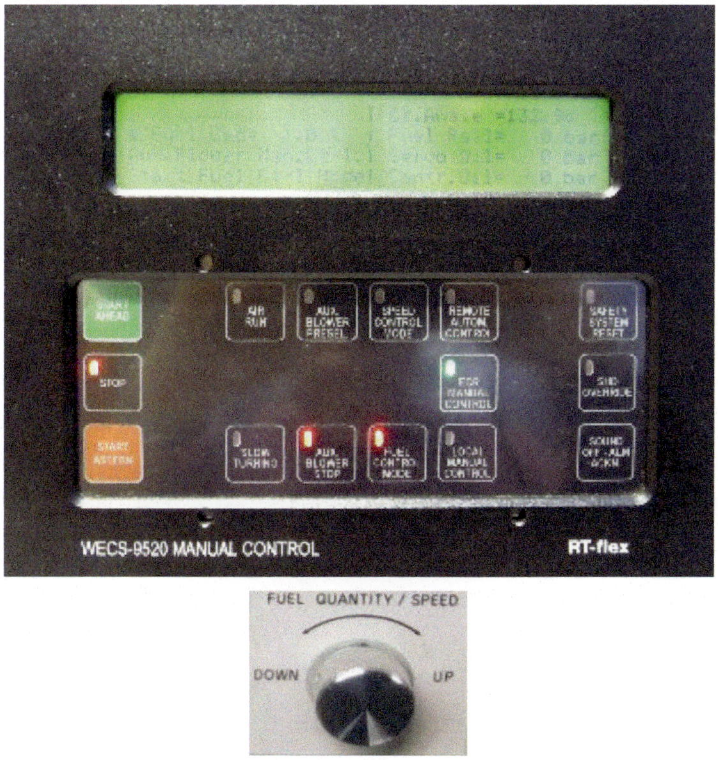

그림 3-105 MCP and Rotary knob

그림 3-103은 ECR에 설치된 MCP를 나타내며 ECR에는 원격 조정을 위한 RCS와 비상 운전을 위한 MCP가 있다. 즉, ECR에는 엔진 조정을 위한 위치가 2 곳에 있다.

그림 3-104는 #3 FCM-20과 ECR MCP & Rotary knob (Speed / Fuel dial)의 결선을 나타낸다. #4 FCM-20과 Local LDU의 결선도 동일하다. 추가하여, 그림 3-108은 #0 FCM-20과 flexView-9520 PC의 결선도 나타낸다.

그림 3-105는 MCP와 Rotary knob이며, MCP의 작은 스크린은 현재 엔진의 상태 등을 나타내며, 추가하여 버튼들도 LED를 통해 현재 엔진의 상태를 나타낸다. 버튼을 통해 엔진의 수동 조작이 가능하다.

① 스크린의 지시 값 설명

스크린의 지시 값 설명: 스크린의 오른편 지시 값들은 엔진의 제어 위치와는 무관하게 동일하다. 첫 번째 줄은 크랭크 각도 센서로부터 받은 현재 엔진 속도 값(엔진 운전 중) 또는 현재 1번 기통의 크랭크 각도 값(엔진 정지 중)을 나타낸다. 두 번째 줄은

Fuel rail의 압력 값이며, 세 번째 줄은 Servo oil rail의 압력 값을 나타낸다. 마지막 줄은 Control oil rail의 압력 값이다.

왼편의 지시 값들은 엔진의 조정 위치 및 상태에 따라 달라진다. 첫 번째 줄은 해당 위치의 MCP에서 엔진을 제어 및 Speed control mode를 설정했을 경우에만 '**P** Speed Cmd (Command) = 100.0 RPM (예시 값)'가 표시되며, Rotary knob로 원하는 엔진 속도(rpm)로 조정 가능하다. 두 번째 줄은 RCS 또는 MCP Speed control mode일 경우에는 'Fuel Cmd = 62.5% (예시 값)'가 표시되며, 현재 SCS에서 전달한 실제 연료 분사되는 값을 나타낸다. 그러나, 해당 위치의 MCP에서 엔진 제어 및 Fuel control mode를 설정했을 경우에는, '**P** Fuel Cmd = 62.5% (예시 값)'가 표시되며 Rotary knob로 원하는 연료 분사량 값의 조정이 가능하다. 세 번째 및 네 번째 줄은 현재 엔진 상태 (엔진 제어 모드, Aux. blower 제어, 터닝 기어 연결 및 Start interlock 등)를 표시한다.

② MCP 버튼들의 설명

해당 버튼의 기능이 선택 또는 작동 중일 경우에는 녹색 또는 적색의 LED로 표시된다.

중간 9개의 버튼 중에 오른편의 3개 버튼 'Remote Auto Control', 'ECR Manual Control' & 'Local Manual Control'은 현재 엔진 제어 위치를 LED로 표시하며, 제어 위치 변경에 사용되는 버튼들이다. 'Remote Auto Control' 위치는 W/H 또는 ECR의 RCS에서 제어함을 표시한다. MCP는 엔진의 비상 제어 위치로 RCS보다 우선되는 제어 위치이다. 예를 들면, RCS 위치에서 엔진을 운전 중에 해당 MCP에서 Manual control 버튼을 누르면 즉시 제어 위치가 MCP로 변경된다. 변경 시에는 현재 엔진 속도 값을 MCP가 자동으로 Speed command 값에 적용해서 엔진 속도는 일정하게 유지된다. 변경 이후에는 Rotary knob를 이용하여 엔진 속도 제어를 한다.

제어 위치 표시 및 변경 버튼의 바로 왼편에는 MCP의 Control mode를 표시 및 선택하는 버튼이 있으며 해당 MCP에서 엔진을 제어할 때에만 활성화되어 선택이 가능하다. MCP의 'Speed Control Mode'는 운전자가 Rotary knob로 설정한 Speed command 값이 SCS에 전달하며 엔진 속도는 RCS에서 제어할 때와 마찬가지로 SCS가 엔진 속도 조절을 위해 Fuel command 값을 계산하여 WECS-9520(전 기통의 FCM-20)에 전달한다. 즉, Speed command 값을 SCS에 전달하는 주체만 다를 뿐이며 SCS의 모든 기능은 유지된다.

MCP의 'Fuel Control Mode'는 운전자가 Rotary knob로 설정한 Fuel command 값이 전 기통의 FCM-20에 직접 전달되며 연료 분사 량을 직접 제어하는 것이다. 즉, 운전자가 엔진 속도를 직접 제어하는 것이다. 만약 SCS에 고장이 발생한 경우에는, MCP의 'Fuel Control Mode'로만 엔진 제어가 가능하다.

그 다음 왼편에는 Aux. blower를 제어하는 버튼으로, 해당 MCP에서 엔진을 제어할 때에만 활성화되어 선택이 가능하다. 'Aux. Blower Preselection' 버튼이 선택된 상태에서는 WECS-9520이 현재 소기 압력에 따라 자동 제어한다. MCP에서 엔진을 시동하기 전에, 'Aux. Blower Preselection' 버튼을 선택하면 되며 엔진 정지 이후에는 'Aux. Blower Stop' 버튼을 선택하여 정지시킨다.

중간 9개의 버튼 중에 왼편의 2개 버튼인 'Air Run' 및 'Slow Turning'은 엔진 정지 중에 MCP에서 수동으로 작동시킬 때에 사용하는 버튼이다. ECR RCS에서 동일한 기능이 있다.

왼쪽 끝단에는 'Start Ahead', 'Stop' 및 'Start Astern' 버튼이 있으며, MCP에서 엔진을 시동 및 정지 시킬 때에 사용된다. 예로 W/H의 요청에 따라 MCP의 'Fuel Control Mode'를 선택하여 엔진을 선수 방향으로 시동하려면 'Aux. Blower Preselection' 선택하고 Rotary Knob로 Fuel Command를 약 20~30%로 조정한다. 그 다음 'Start Ahead' 버튼을 계속 눌러서 압축 공기로 엔진을 시동 시키고 엔진 속도가 충분하게 도달(약 30 rpm) 되면, 'Start Ahead' 버튼을 해제시켜 연료 운전으로 전환한다. 이후, 엔진 속도는 Fuel Command 값으로 조절된다.

오른쪽 끝단의 'Safety System Reset' 버튼은 ESS의 SLD 및 SHD 발생 이후에 그 원인이 해결되었을 때에 Reset 시키는 용도이다. 'SHD Override' 버튼은 긴급 상황에서 ESS SHD이 발생했을 경우에 엔진의 운전을 유지시키는 용도이다. 'Sound Off / ALM (Alarm) Acknowledge' 버튼은 음성 경보 발생시에 Reset 시키는 용도이며, 추가로 이 버튼을 5초 이상 계속 누를 경우, 그림 3-106과 같이 MCP screen에 엔진의 WECS-9520에 SW(Software)의 상태를 나타낸다. SW의 정보 중 Hull number는 flexView-9520을 설치할 때에 꼭 필요한 내용이다. 만약, flexView-9520의 Hull number 값이 다르게 설치되면 flexView-9520과 통신할 수가 없다.

그림 3-106 WECS-9520 SW status on MCP

(3) FCM-20의 Cylinder-related control functions

- FCM-20의 Cylinder-Related Control Functions은 CAS Unit로 받은 크랭크 각도 및 엔진 속도, 회전 방향 신호와 내부 통신망(CANopen System Bus)를 통해 수신한 PCS(RCS, SCS & ESS)의 Commands 및 WECS-9520 Parameters에 따라 해당 기통의 연료 분사 및 배기 밸브, 시동 공기 밸브, 실린더 주유 시스템(FCM-20 HW Rev. 08의 경우)을 제어하는 기능이다. 각 부품들의 작동 및 제어 방식은 앞에서 소개했으며, 여기에선 아래 기능들의 Cylinder-Related Functions을 추가 설명한다.

① 연료 분사 타이밍 제어

엔진의 연료 분사 타이밍 관련 Parameter는, 엔진 부하 100%에서 목표하는 연소 압력으로 조정을 위한 Standard injection begin value 및 연료 소모량을 줄이기 위한 VIT (Variable injection timing), 사용하는 연료유의 발화 지연을 보상하기 위해 조정하는 FQS (Fuel quality setting)와 전 기통의 연소 압력 평준화를 위해 조정하는 개별 기통의 Injection begin offset으로 구성된다. Standard injection begin value 및 VIT는 공장 시운전 시에 결정되는 IMO parameter이며, 이후에는 조정이 불가능하다. FQS 및 개별 기통의 Injection begin offset은 엔진의 성능 개선을 위해 엔진 운전 중에 조정이 가능한 Parameter이다.

타이밍에서 사용되는 각도 값들은, 크랭크 각도 값을 기준으로 상대 값을 나타낸다. 즉, -1.0도는 1도 전진을 뜻하며, +1.0도는 1도 후진을 뜻한다.

최종 VIT 값은, 소기 압력에 따라 결정되는 VIT-A 및 엔진 속도에 따라 결정되는 VIT-B, Fuel rail 압력에 따라 결정되는 VIT-C의 합으로 계산된다. 그림 3-107 및 3-108, 3-109는 일반적인 VIT-A, -B, -C 세팅 값의 예시이다. 피스톤 링 또는 실린더 라이너의 신환 후, 길들이기 운전을 할 때에는 VIT 기능을 해제해야 한다.

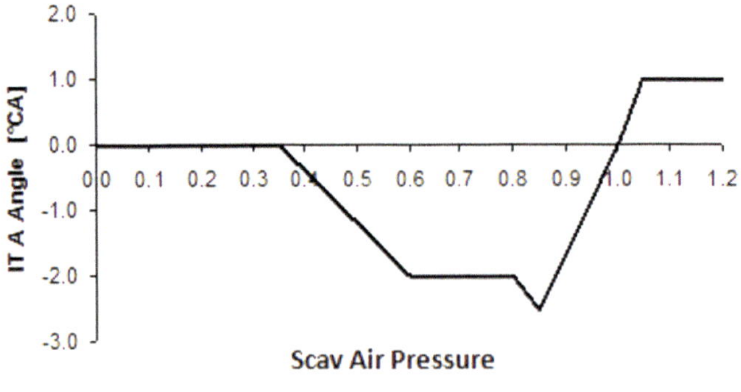

그림 3-107 Example of VIT-A parameter setting depends on charge air pressure

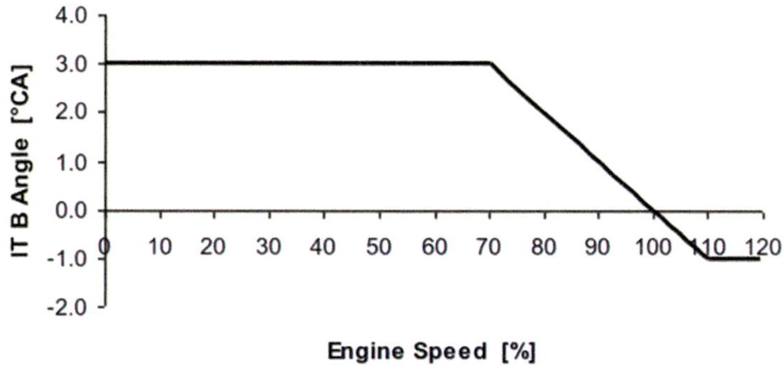

그림 3-108 Example of VIT-B parameter setting depends on engine speed

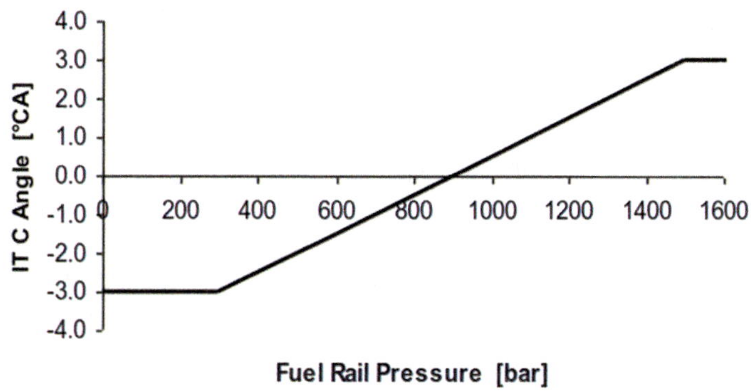

그림 3-109 Example of VIT-C parameter setting depends on fuel rail pressure

FQS는 동일한 엔진 부하를 기준으로, 현재 운전 중인 엔진의 평균 압축 압력이 공장 시운전 시의 평균 압축 압력과 동일한 조건에서, 현재 엔진의 평균 연소 압력을 공장 시운전 시의 압력으로 증감시키기 위해 조정하는 연료 분사 타이밍 값이다. 연료의 품질, 즉 발화 지연의 차이로 발생되는 연소 압력의 편차를 보상하는 기능을 한다.

전 기통에 영향을 주는 Standard injection begin value 및 VIT, FQS와 각 기통의 Injection begin offset을 합친 값이 각 기통의 최종 연료 분사 타이밍이며, flexView-9520을 통해 조정 및 확인이 가능하다.

개별 기통의 Injection begin offset 값을 조정하여, 전 기통의 연소 압력을 평준화 할 수가 있다.

② FIV (Fuel Injection Valve) 제어

앞서 ICU의 작동 방식을 설명한 바와 같이, WECS-9520은 각 FIV을 개별적으로 제어한다. 엔진의 저부하 운전 시에는 3개의 FIV 중의 1개 또는 2개의 FIV만을 작동시켜 제어 연소 기간의 연장 등을 통해 더 나은 연소 특성을 갖으며, 그 결과로 연기 발생량의 감소 및 연료 소모율의 절감 효과가 있다. 작동되는 FIV의 숫자는 엔진의 사양과 부하에 따라 달라지며, 예로 부하 8% 이하에서는 1개, 8% ~ 16% 사이에는 2개, 16% 이상에서는 3개 모두가 작동된다. 그림 3-110과 같이 1개 또는 2개의 FIV가 작동될 때에는 연소실 전체에 균등한 열의 전달을 위해 작동되는 FIV는 20분마다 순환한다. 엔진 시동 시에는 FIV 3개 모두가 작동된다.

엔진의 고부하(예, 25% 이상)에서도 NOx 절감 등 더 나은 연소 특성을 갖기 위해 순차적으로 FIV를 작동시키는 Sequential injection을 한다. 그림 3-111은 한 기통에서 연속되는 2 회전에서 순차적으로 작동되는 FIV를 나타낸다. 즉, 매 회전 마다 3개의 FIV의 작동 순서가 순환한다.

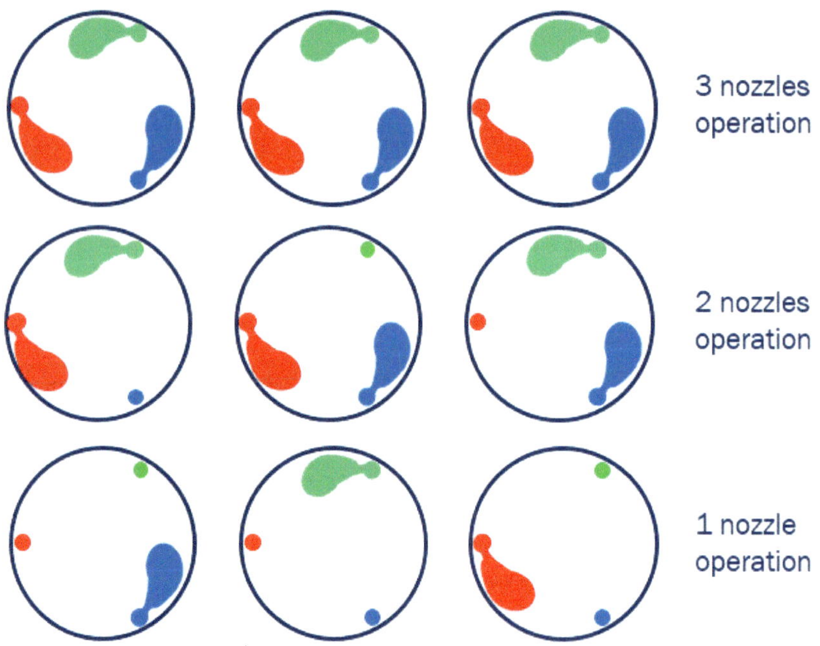

그림 3-110 FIV low load control function

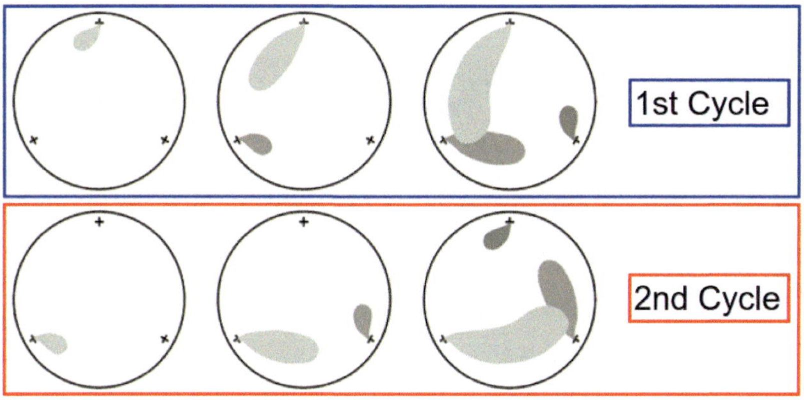

그림 3-111 FIV sequential injection control function

③ 배기 밸브 타이밍 제어

엔진의 연료 소모율 감소 및 매연 발생 절감, 소기 효율 개선 등을 위해 배기 밸브의 Open & Close 타이밍이 엔진 속도 및 소기 압력에 따라 달라진다. 엔진 부하 100%에서의 고정된 타이밍에 VEO (Variable exhaust valve opening) & VEC (Variable exhaust valve closing) 타이밍을 추가하여 배기 밸브의 타이밍을 계산한다.

그림 3-112는 엔진 속도에 따른 일반적인 VEO 세팅 값을 나타낸다. 엔진 저속 구간에서는 상대적으로 늦게 열어 좀 더 많은 연소 에너지를 기계 에너지로 전달한다. 고속 구간에서는 상대적으로 일찍 열어 소기 효율을 증대시킨다.

그림 3-113은 엔진 속도에 따른 일반적인 VEC 세팅 값을 나타낸다. 엔진 저속 구간에서는 상대적으로 일찍 닫아서 압축 압력을 증가 시키며, 그에 따라 VIT 기능이 좀더 낮은 부하에서 시작되어 연소 압력을 증가시켜, 연료 소모율을 감소시킨다(그림 3-114 참조).

개별 기통의 Exhaust valve closing offset 값을 조정하여, 전 기통의 압축 압력을 평준화 할 수가 있다.

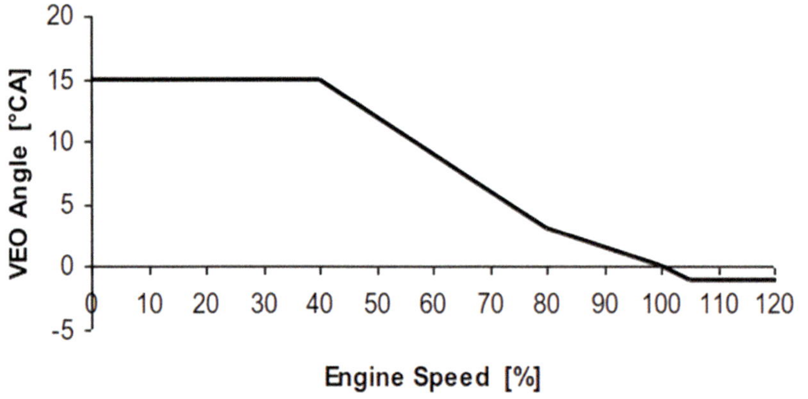

그림 3-112 Example of VEO parameter setting depends on engine speed

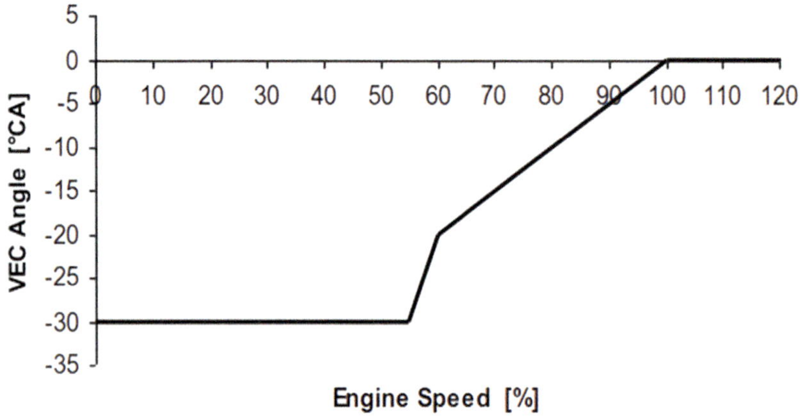

그림 3-113 Example of VEC parameter setting depends on engine speed

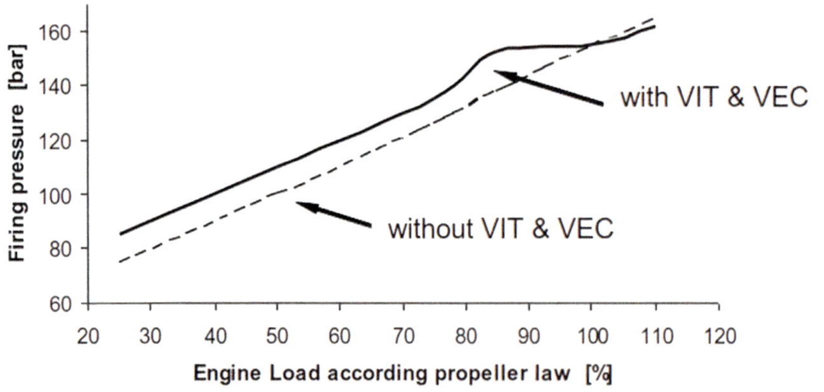

그림 3-114 Increased combustion pressure with VIT & VEC functions

④ Intelligent combustion control (ICC)

각 기통에는, 그림 3-115와 같이 실시간으로 현재 실린더 압력을 측정하여 FCM-20에 전달하는 압력 센서가 설치된다. ICC 기능은 개별 기통의 Exhaust valve closing offset 값을 자동 조정하여 압축 압력의 평준화 및 개별 기통의 Injection begin offset 값을 조정하여 연소 압력의 평준화를 구현한다. 추가로, 측정된 현재 연소 압력의 평균 값을, 공장 시운전 시 같은 엔진 부하의 연소 압력 값과 비교하여, FQS를 자동 조정하여 현재 연소 압력 값을 조절한다.

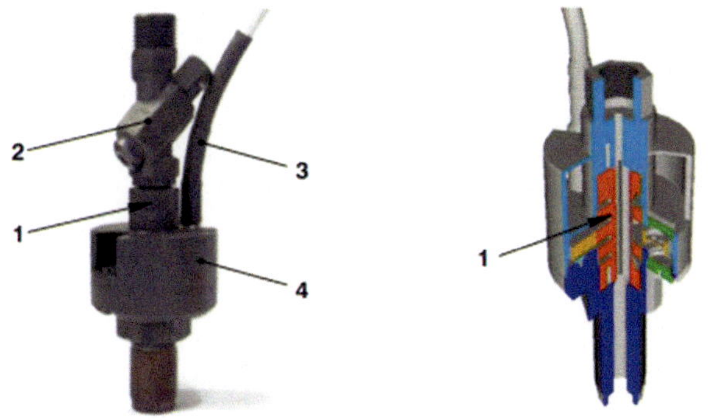

1 Pressure transducer
2 Indicator valve
3 Cable
4 Adapter piece

그림 3-115 Pressure transducer from ABB

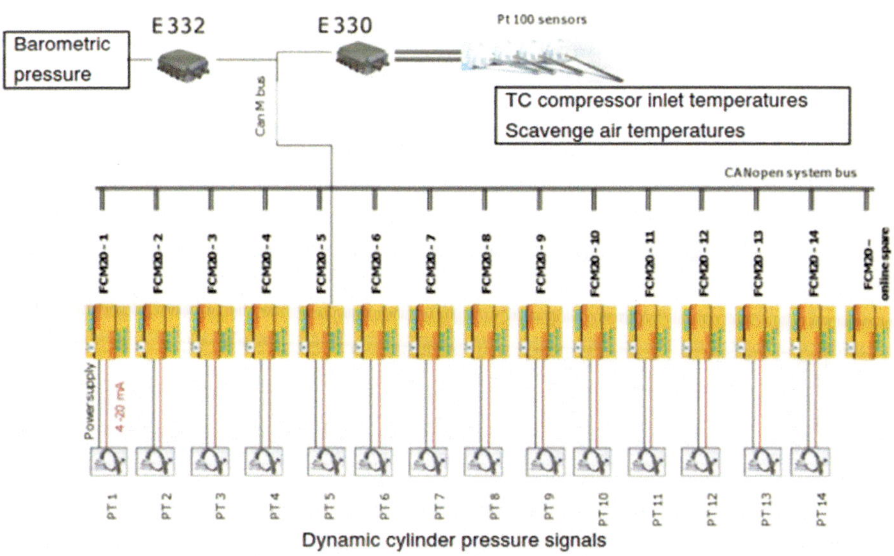

그림 3-116 FCM-20과 ICC 관련 센서의 연결도, 14RT-flex96C-B Engine

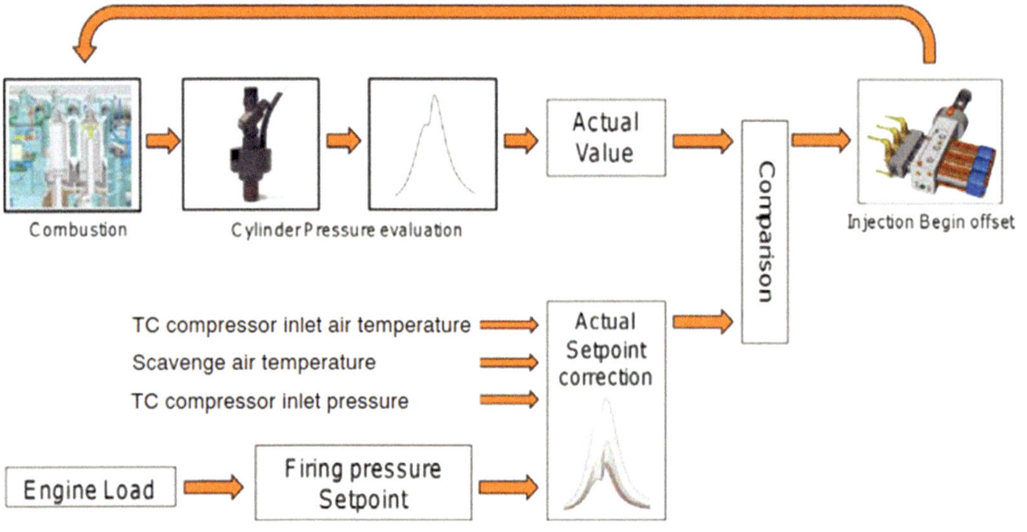

그림 3-117 Automatic & closed loop combustion control in ICC system

(4) FCM-20의 Engine-related control functions

FCM-20은 엔진 전체를 위한 제어기능을 담당한다. 그림 3-118을 통해 기통에 따라 주어진 기능의 연결을 설명하였고, 아래와 같이 주요 기능들을 추가하여 설명한다.

① Fuel rail pressure control

그림 3-118은 엔진의 Fuel rail pressure control system을 나타낸다. Fuel rail pipe에는 과압 방지 장치인 PCV & Safety valve가 설치되어 있으며, 각 부품들의 작동 방식은 앞에서 설명하였다.

압력 제어와 관련하여, 파이프에는 2 세트의 압력 센서가 설치되어 #3 & #4 FCM-20에 전달한다. #3 & #4 FCM-20은 내부 통신망을 통해 모든 FCM-20에게 현재 압력 값을 전달한다. 설치된 Fuel pump actuator의 숫자 (최대 6개)에 따라, #3 FCM-20부터 #8 FCM-20이 순차적으로 Fuel pump actuator 1개를 제어한다. 이 FCM-20들이 Fuel rail 압력 제어기 역할을 하며, 그림 3-119와 같이, 엔진 부하에 따라 설정된 목표 값과 센서를 통해 측정한 현재 값을 비교하여, Fuel pump의 공급량을 조절하기 위해 Actuator output을 제어한다.

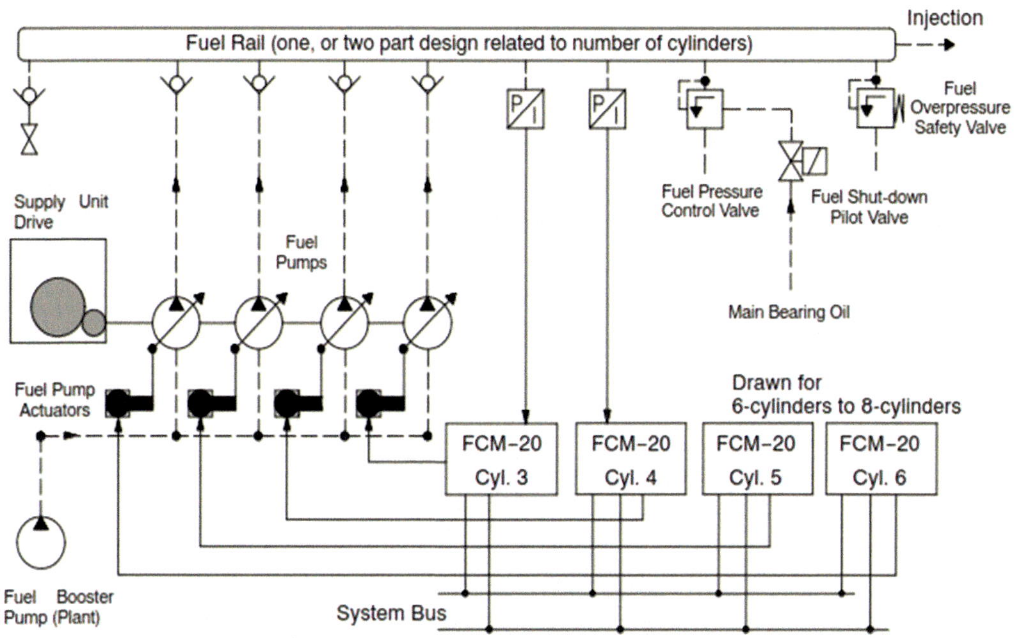

그림 3-118 Schematic diagram of fuel rail pressure control for X82

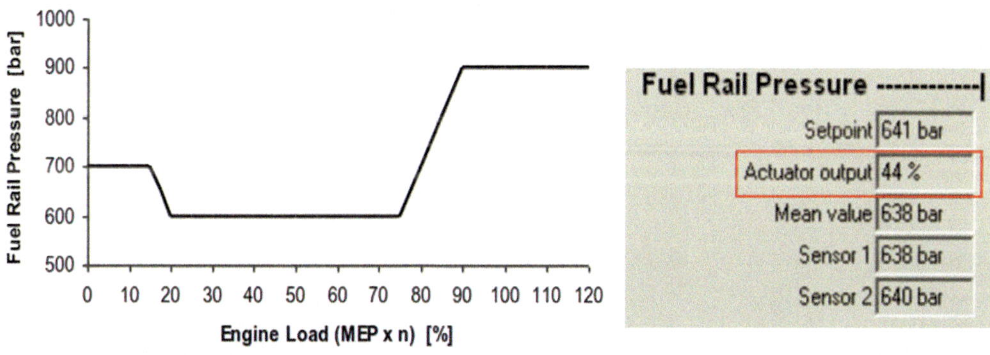

그림 3-119 Load dependent fuel rail pressure setpoint and fuel pump actuator output in flexView

② Servo oil rail pressure control

그림 3-120은 엔진의 Servo oil rail pressure control system을 나타낸다. Servo oil rail pipe에는 과압 방지 장치인 Safety valve가 설치되어 있다. 파이프에는 2 세트의 압력 센서가 설치되어 #1 & #2 FCM-20에 전달한다. #1 & #2 FCM-20은 내부 통신망을 통해 모든 FCM-20에게 현재 압력 값을 전달한다. 설치된 Servo oil pump의 숫자 (최

대 6개)에 따라, #3 FCM-20부터 #8 FCM-20이 순차적으로 Servo oil pump 1개를 제어한다. 이 FCM-20들이 Servo oil rail 압력 제어기 역할을 하며, 그림 3-121과 같이 엔진 부하에 따라 설정된 목표 값과 센서를 통해 측정한 현재 값을 비교하여, Servo oil pump의 공급량을 제어한다.

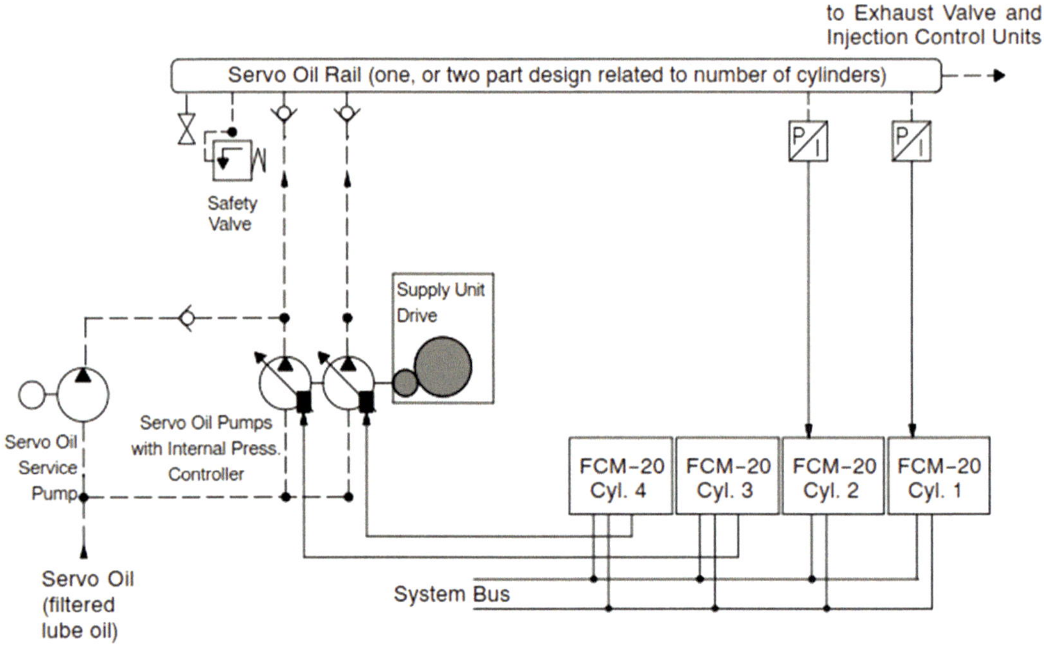

그림 3-120 Schematic diagram of servo oil rail pressure control for X82

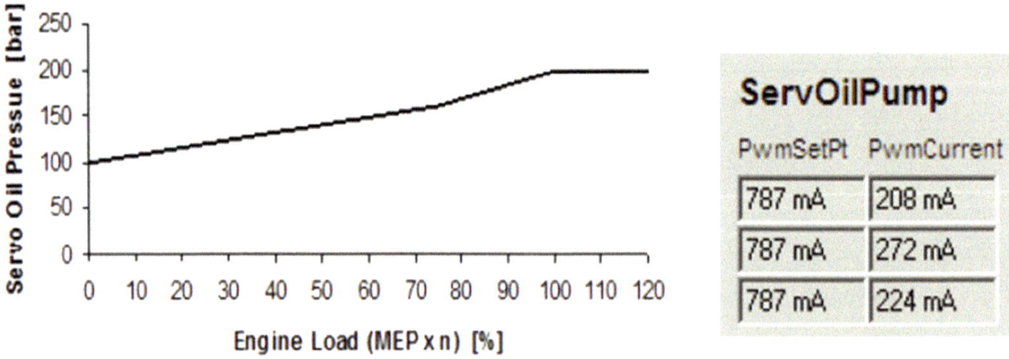

그림 3-121 Load dependent servo oil rail pressure setpoint & feedback current from/to servo oil pump actuators in flexView

③ 스타팅 에어 밸브 제어

그림 3-122는 엔진의 스타팅 에어 밸브 제어 시스템을 나타낸다. #1 & #2 FCM-20은 외부 통신망을 통해 PCS로부터 전, 후진 시동 신호를 받아, 내부 통신망을 통해 모든 FCM-20에게 전달한다. #1 & #2 FCM-20은 #1 (ZV7013C) & #2 (ZV7014C) 전자 밸브를 동시 작동시켜, 메인 스타팅 에어 밸브(2.03)를 열어 30 bar 스타팅 에어를 엔진에 공급을 한다. 전진 또는 후진 신호와 현재 크랭크 각도에 따라, 해당 기통의 FCM-20은 전자 밸브(ZV7241-54C, 14기통 엔진)를 작동시켜, 각 기통의 스타팅 밸브를 열어 30 bar의 스타팅 에어를 실린더에 공급하여, 엔진을 시동한다. 이후, 연료의 압축 연소가 가능한 엔진 속도로 증가하면, SCS의 Fuel command에 따라 연료 운전으로 전환된다. 각 기통의 FCM-20은 해당 기통의 시동 공기 및 연료 분사를 개별적으로 제어하므로, 어떤 기통은 시동 공기에 의해 운전되는 동일 시점에, 다른 기통은 연료를 분사한다. 즉, 기존 기계 제어 방식의 엔진에 비해, 시동 공기 소모가 절반가량으로 아주 적다.

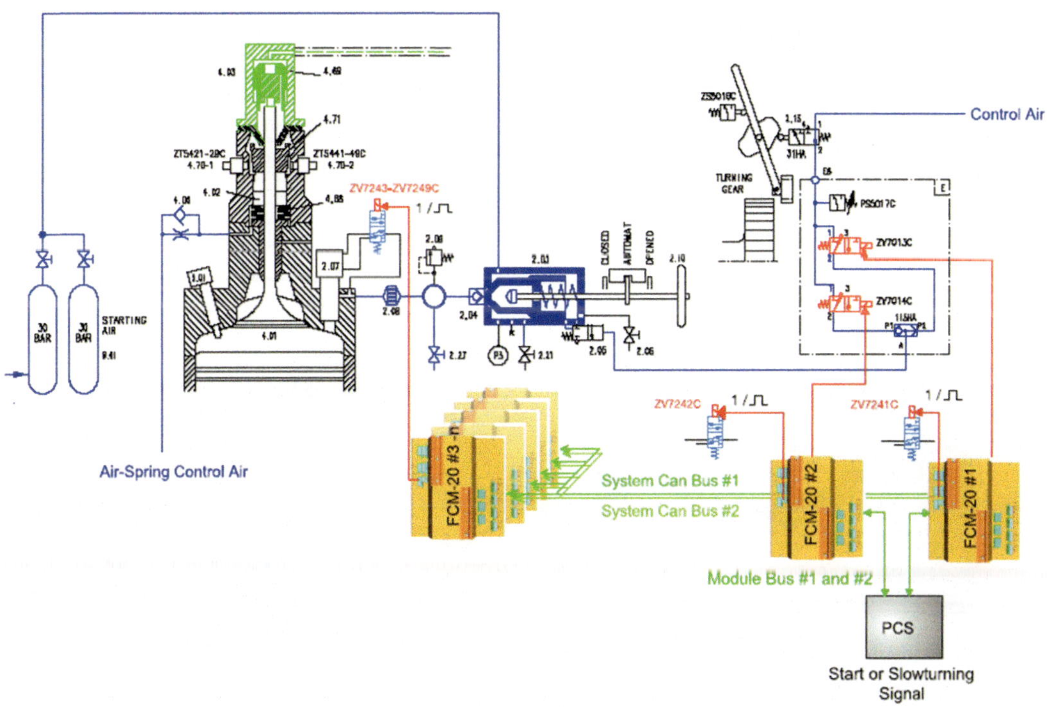

그림 3-122 Schematic diagram of start air valves control

3) flexView-9520, Operator interface

flexView-9520은 WECS-9520의 상태 점검 및 파라 미터 조정 등을 위해, ECR의 지정된 Windows PC에 설치된다. 그림 3-104와 같이, #0 FCM-20의 통신 신호(CANopen module bus)가 CAN to USB convertor(그림 3-123 참조)를 거쳐 flexView-9520 PC에 연결되어 실시간으로 WECS-9520 시스템의 모니터링 및 조정이 가능하다.

flexView-9520을 Windows PC에서 실행하면, 그림 3-124와 같이, 상부측 Window에는 "INDIC"(Indication) 페이지 및 하부측 Window에는 "Journal" 페이지가 기본으로 지정되어 열린다. 그림 3-125와 같이, Mouse pointer를 각 Window의 header(Head Band)로 이동하면, 자동으로 페이지 메뉴가 나타나며, 운전자가 원하는 페이지를 선택할 수 있다

그림 3-126과 같이, flexView-9520의 지시 값들 중에, 회색의 배경색인 값들은 WECS-9520의 측정 값 또는 계산 값으로 모니터링만이 가능하며, 운전자가 값의 변경이 불가능하다. 그리고, 백색의 배경색인 값들은 조건에 따라 운전자가 조정이 가능한 값들이다. 예로, 배기 밸브의 수동 조작은 엔진이 정지 중 또는 해당 기통의 연료 분사 차단 중에만 가능하다.

그림 3-127과 같이, flexView-9520의 조정이 가능한 값들의 변경 방법은, 먼저 마우스 클릭을 이용하여 조정을 원하는 값을 선택한다. 다음, 키보드의 "Shift + up or down"을 통해 flexView-9520의 지시 값을 변경하면 배경색이 황색으로 변한다. 이후, 키보드의 "Shift + enter"을 통해 변경된 값을 모든 FCM-20의 영구 저장 장치에 입력한다. 배경색이 다시 백색으로 변하며, 그 값은 FCM-20의 저장된 값을 지시한다.

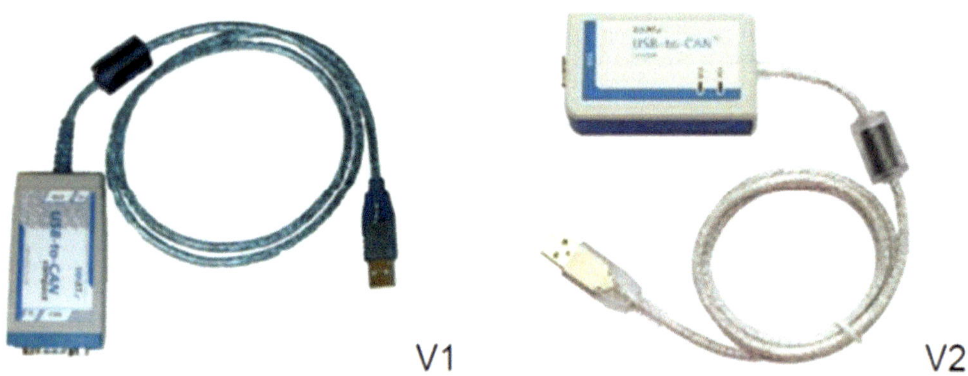

그림 3-123 CAN to USB convertor (left: version01, Right: version02)

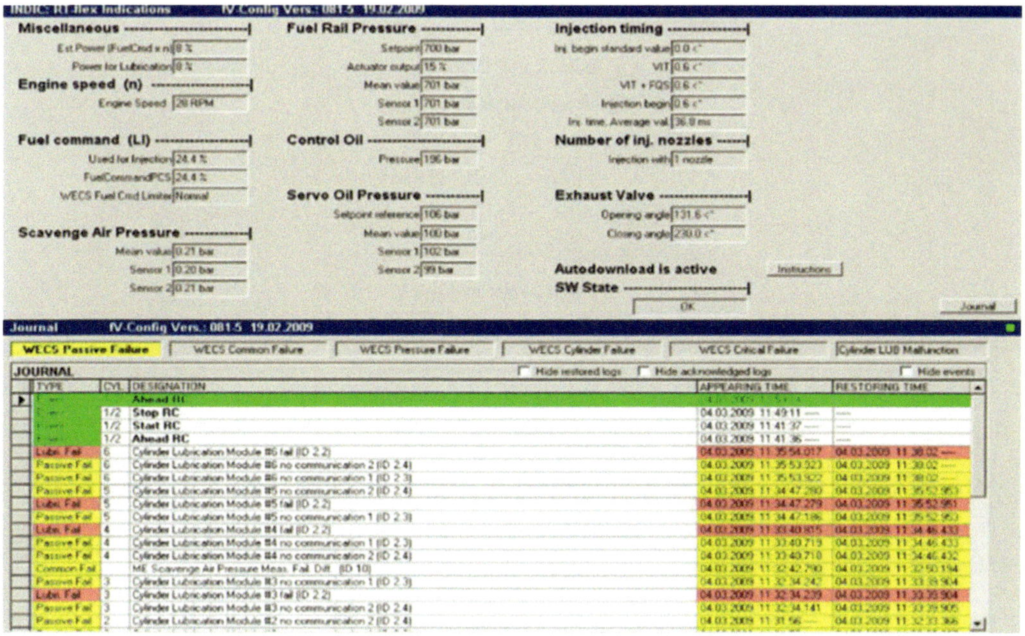

그림 3-124 flexView-9520 Default opening pages, INDIC & Journal

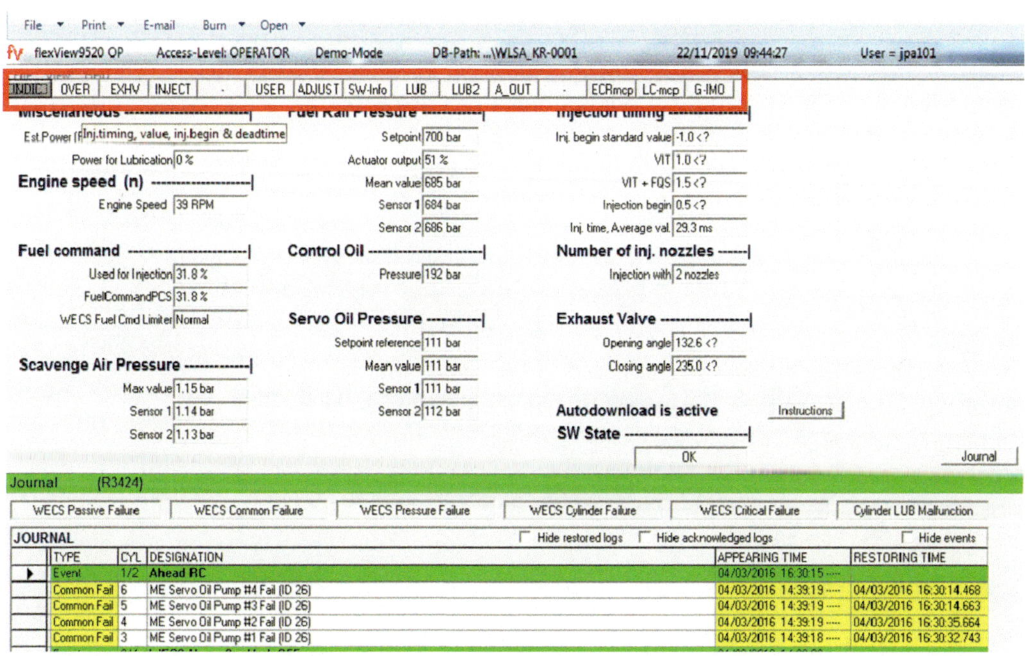

그림 3-125 flexView-9520 Page options

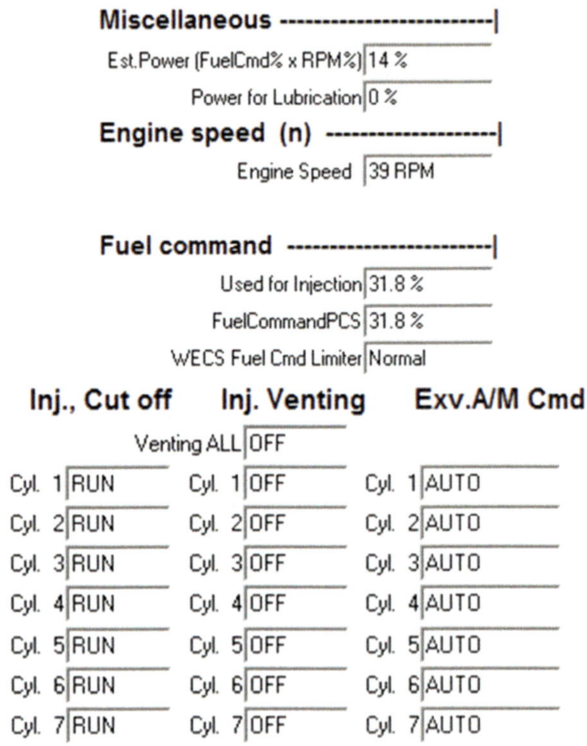

그림 3-126 Left: monitoring parameters and Right: operator's parameters

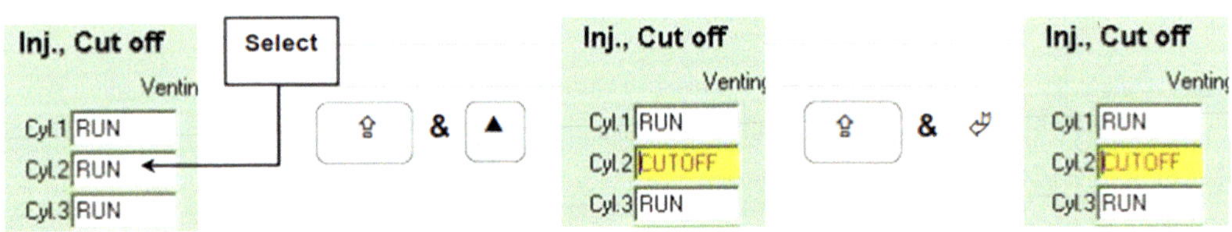

그림 3-127 How to adjust operator's parameters

주요 페이지들의 구성 및 주요 지시 값들의 설명 및 기능은 다음에서 설명한다.

(1) Journal 페이지

그림 3-128과 같이, WECS-9520 시스템의 내부적으로 발생한 Failures, event & message 등을 발생 시간과 복구 시간의 표시와 함께 기록하는 페이지이며, 상부에는 내부 Failure group의 현재 발생 여부를 표시하는 칸이 있다. WECS passive failure & WECS

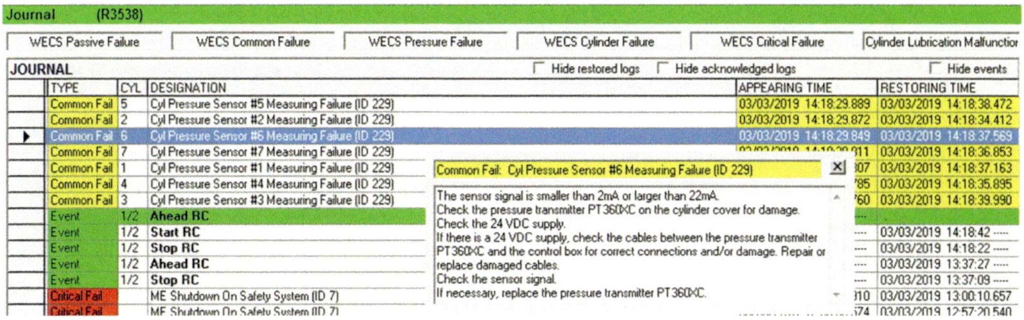

그림 3-128 Journal log page

common failure의 경우에는 노란색으로 표시되며, 엔진의 부하 및 속도 제한이 없는 경보이다. WECS pressure failure, WECS cylinder failure & Cylinder lubrication malfunction의 경우에는 보라색 및 분홍색으로 표시되며, ESS의 Auto slowdown을 작동시켜 엔진의 부하 및 속도를 안전 범위로 감소시킨다. WECS critical failure의 경우에는 빨간색으로 표시되며, 심각한 손상으로 엔진 운전이 불가능한 상태이며, WECS-9520에 의해 엔진이 정지된다.

Journal log의 기록된 Failures, event & message 등을, PC mouse를 통해 더블 클릭하면 관련 정보 및 Failure의 경우 해결 방안을 표시하는 창이 표시된다.

(2) Indications 페이지

그림 3-129는 엔진 운전에 관련된 WECS-9520 시스템의 주요 값들을 표시하는 Indications 페이지이며, 오른쪽 하단부의 **Autodownload is active** Instructions 을 선택하여, 그림 3-130과 같이 새로이 설치한 On-line #0 FCM-20의 자동 소프트웨어 설치에 관한 설명을 확인할 수가 있다.

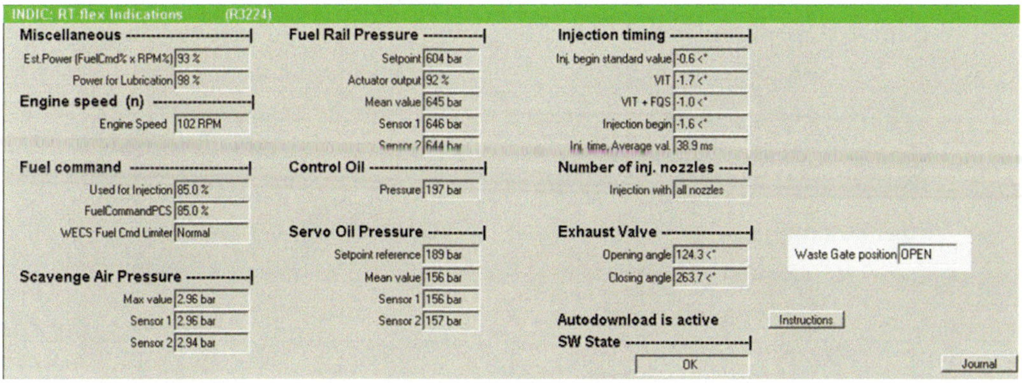

그림 3-129 RT-flex indications page

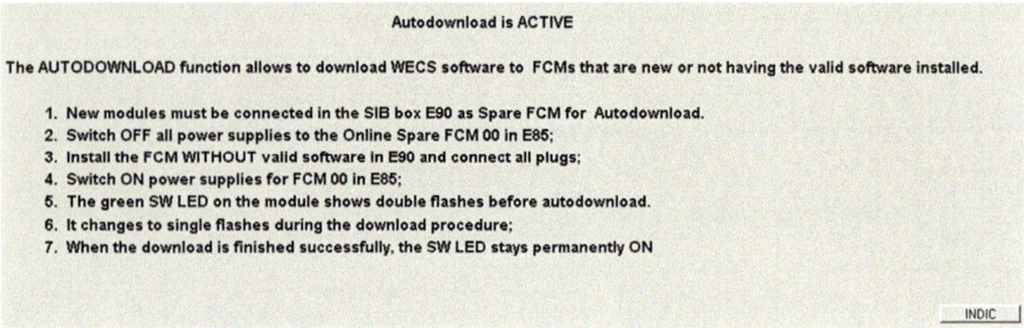

그림 3-130 WECS-9520 software auto-download instruction page

Est.Power (FuelCmd% x RPM%) 93 % 은 현재 연료분사량과 엔진 속도를 이용하여, WECS-9520에서 내부적으로 계산한 엔진 부하의 값이다. Power for Lubrication 98 % 는 엔진 부하에 따른 실린더 주유량의 제어를 위해 사용되는 값이다. 외부 Shaft power meter가 설치되고 그 신호가 WECS-9520에 전달될 경우에는 외부의 Shaft power meter 신호를 사용하며, WECS-9520에 신호 연결이 없을 경우에는 내부적으로 계산된 엔진 부하 값을 이용한다.

Engine Speed 102 RPM 는 CAS Unit를 통해 측정된 현재 엔진 속도 값이다.

Fuel command 그룹에서, Used for Injection 85.0 % 은 WECS-9520에 의해 실제 분사되는 연료량을 나타내며, FuelCommandPCS 85.0 % 은 SCS에서 WECS-9520으로 전달한 연료 분사량 값이다. WECS Fuel Cmd Limiter Normal 의 상태에서는, ICU의 분사량 제어 방식을 통해 SCS의 값과 실제 분사되는 값이 동일하나, 그림 3-131과 같이 Fuel pump의 손상으로 인해 Fuel pump actuator output이 94%를 초과할 경우에는 Fuel rail 압력의 유지를 위해 실제 분사량은 제한된다.

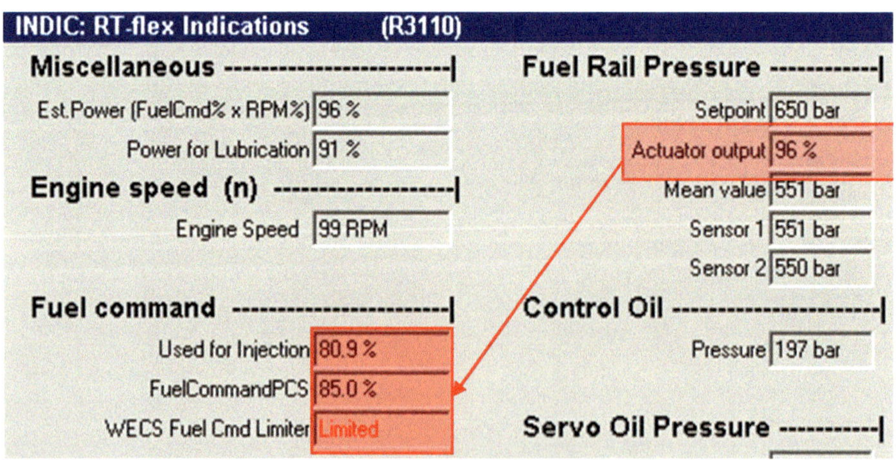

그림 3-131 WECS fuel command limited

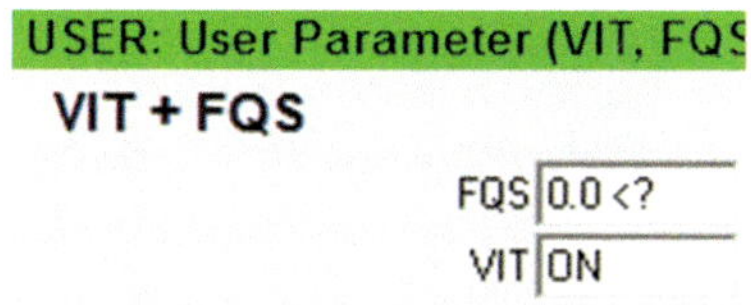

그림 3-132 VIT on/off & FQS parameters in User page

Fuel Rail Pressure 그룹은, 현재 엔진 부하에 따른 Setpoint 값과 그 값을 유지하기 위해 Fuel pump actuator에 전달하는 Position setting 값 및 측정 값을 나타낸다.

Servo Oil Pressure 그룹은, 현재 엔진 부하에 따른 Setpoint 값 및 측정 값을 나타낸다.

Injection timing 그룹에서, Injection begin standard value 값은 공장 시운전 중에 100% 엔진 부하에서 목표하는 평균 연소 압력을 조정하기 위한 값이며, 시운전 시에 결정되면 이후는 조정이 불가능 하다. Variable injection timing(VIT)은 현재 소기 압력 및 엔진 속도, Fuel rail 압력으로 결정되는 값이며, 새로이 설치한 피스톤 링 및 실린더 라이너의 길들이기 운전을 위해, User 페이지에서 VIT 기능을 해제할 수 있다(그림 3-132를 참조). FQS(Fuel quality setting)는 평균 연소 압력을 조정하기 위한 값이며, User 페이지에서 FQS 각도 값을 ±3도 범위 내에서 조정할 수 있다(그림 3-132를 참조). Indication 페이지에서는, 현재 VIT와 FQS을 합친 값을 지시한다. Injection begin 값은, Standard value와 VIT + FQS를 합한 값이며, 전 기통에 Injection timing에 영향을 준다. Inj. time, Average val. 33.8 ms 값은 연료 분사 시작에서 분사 종료까지 걸린 시간이며, 전 기통의 평균 값이다.

Number of inj. nozzles은, 현재 엔진 부하에 따라 작동되는 Fuel injection valve의 숫자를 지시한다.

Exhaust Valve는, 현재 엔진 속도에 따라 VEO 및 VEC 값을 고려한 배기 밸브의 열리고 닫히는 각도 값이다.

SW State는 전 기통에 있는 FCM-20의 상태를 나타내며, OK 는 정상 상태이며, Incompatible HW는 본선의 WECS-9520 소프트웨어와 호환이 되지 않는 FCM-20 하드웨어가 설치됨을 나타내며, Different SW Versions는 FCM-20에 다른 버전의 소프트웨어가 설치됨을 나타낸다.

그림 3-133에서 전 기통의 FCM-20들이 동일한 소프트웨어와 하드웨어임을 나타내고 있으며, 만약 한 기통이라도 다른 값을 가지고 있다면, ▼의 검정색 삼각형 버튼을 표시하며, 버튼을 눌러 각 기통의 값을 확인할 수 있다. FCM-20 하드웨어의 호환 문제는, 현재 사용중인 하드웨어보다 낮은 사양의 하드웨어가 설치되어 문제가 발생한 것이며, 동일 사양 또는 높은 사양의 FCM-20으로 교환하여 해결할 수 있다.

PARA - CRC Values		Len		HW Rev.
BASIC Paras CRC	0x1EC9	392	ok	8
IMO CRC Value	0xB001	5040	ok	
GLOBAL Paras CRC	0xC2D9	1808	ok	
COMMIS Paras CRC	0x42E2	1668	ok	
LUB Paras CRC	0x9303	472	ok	

그림 3-133 WECS-9520 SW & HW check in SW-Info page

(3) Exhaust valve indications 페이지

그림 3-134는 배기 밸브의 위치를 측정하는 2개의 센서가 설치된 RT-flex96C-B 엔진의 현재 배기 밸브에 관련된 부품들의 상태 및 신호들을 지시하는 페이지이다.

앞서 설명한 바와 같이 엔진 사양에 따라 설치되는 센서의 숫자는 1개 또는 2개이며, Spindle 상부의 Cone의 방향 (Cone up or cone down)에 따라, 동일한 닫힌 위치에서 센서가 보내는 mA 값은 반대로 나타낸다.

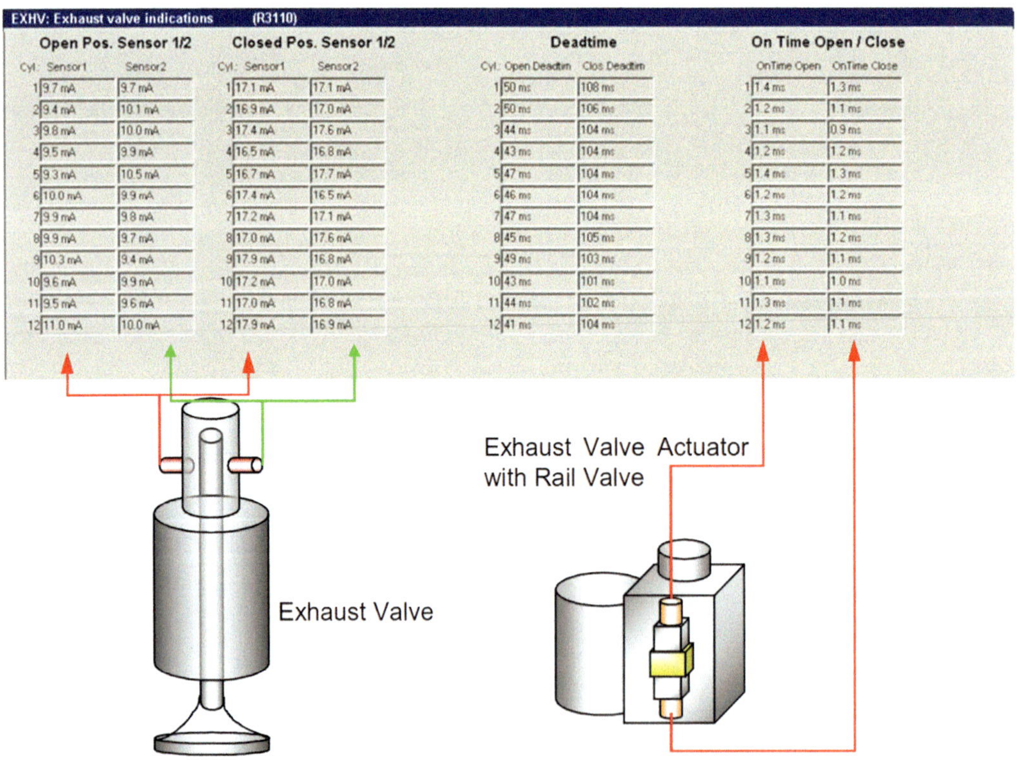

Cyl.	Open Pos. Sensor 1/2: Sensor1	Sensor2	Closed Pos. Sensor 1/2: Sensor1	Sensor2	Deadtime: Open Deadtm	Clos Deadtm	On Time Open / Close: OnTime Open	OnTime Close
1	9.7 mA	9.7 mA	17.1 mA	17.1 mA	50 ms	108 ms	1.4 ms	1.3 ms
2	9.4 mA	10.1 mA	16.9 mA	17.0 mA	50 ms	106 ms	1.2 ms	1.1 ms
3	9.8 mA	10.0 mA	17.4 mA	17.6 mA	44 ms	104 ms	1.1 ms	0.9 ms
4	9.5 mA	9.9 mA	16.5 mA	16.8 mA	43 ms	104 ms	1.2 ms	1.2 ms
5	9.3 mA	10.5 mA	16.7 mA	17.7 mA	47 ms	104 ms	1.4 ms	1.3 ms
6	10.0 mA	9.9 mA	17.4 mA	16.5 mA	46 ms	104 ms	1.2 ms	1.2 ms
7	9.9 mA	9.8 mA	17.2 mA	17.1 mA	47 ms	104 ms	1.3 ms	1.1 ms
8	9.9 mA	9.7 mA	17.0 mA	17.6 mA	45 ms	105 ms	1.3 ms	1.2 ms
9	10.3 mA	9.4 mA	17.9 mA	16.8 mA	49 ms	103 ms	1.2 ms	1.1 ms
10	9.6 mA	9.9 mA	17.2 mA	17.0 mA	43 ms	101 ms	1.1 ms	1.0 ms
11	9.5 mA	9.6 mA	17.0 mA	16.8 mA	44 ms	102 ms	1.3 ms	1.1 ms
12	11.0 mA	10.0 mA	17.9 mA	16.9 mA	41 ms	104 ms	1.2 ms	1.1 ms

그림 3-134 Exhaust valve indications page for 12RT-flex96C-B engine

Cone up의 경우 센서는 밸브가 닫힌 위치에서 높은 전류 값을, 열린 위치에서 낮은 전류 값을 전달한다.

Cone down의 경우에는, 센서는 밸브가 닫힌 위치에서 낮은 전류 값을, 열린 위치에서 높은 전류 값을 전달한다.

Deadtime은 VCU rail valve에 신호를 전달한 시점부터 실제 배기 밸브가 작동할 때까지 걸린 지연 시간이다. Deadtime은 밸브의 작동을 위해 사용되는 Servo oil 압력 및 스프링 에어 압력에 따라 다르게 지시되나, 그 압력들은 전 기통에 동일하게 적용되기 때문에, 평균 값과 비교하여 상대적으로 높거나 낮은 값을 나타내면, 해당 기통의 부품들의 상태가 비정상적임을 의미한다.

On time은, 각 Rail valve의 상, 하 코일의 여자를 통해 작동되는 시간을 나타내며, 정상 상태에서는 약 1-2 ms를 지시한다. 만약 3 ms를 초과할 경우에는, 비정상 상태로 점검이 필요하다.

(4) Fuel injection 페이지

그림 3-135는 현재 연료 분사에 관련된 부품들의 상태 및 신호들을 지시하는 페이지이다. **Quantity Piston**은 ICU Fuel quantity sensor가 측정한 현재 Quantity piston의 Return 및 Injection 위치 값을 나타낸다. 전 기통의 Return 값은 약 4.0 mA 또는 4.5 mA로 비슷하게 지시되며, Injection 값은 SCS의 Fuel command에 따라 지시 값이 달라진다 (Fuel command 값이 클수록 높은 mA 값을 지시).

Inj. begin의 Deadtime은 ICU rail valve에 연료 분사 신호를 전달한 시점부터 실제 연료 분사가 시작될 때까지 걸린 지연 시간이다. 현재 ICU를 작동하기 위해 사용되는 Servo oil 압력과 Fuel oil 압력에 따라 다르게 지시되나, 그 압력들은 전 기통에 동일하게 적용되기 때문에 평균 값과 비교하여 상대적으로 높거나 낮은 값을 나타내면, 해당 기통의 부품들의 상태가 비정상적임을 의미한다.

또한, 각 기통의 현재 Injection begin angle을 지시하며, Flex indications 페이지의 전 기통 Injection begin 각도 값에, 연소 압력의 평준화를 위한 그림 3-136, Adjust 페이지의 각 기통의 Injection begin offset 각도 값을 더한 최종 분사 시작 시점을 나타낸다.

Injection time은 동일한 양의 연료를 분사하기 위해, 분사 시작 시점부터 분사 종료까지 걸린 시간이다. Injection time은 SCS의 Fuel command에, 그림 3-137의 각 기통의 Injection quantity correction factor값을 곱한 최종 분사 기간을 나타낸다. 그림 3-137에서 #1 기통 Factor가 80%로 다른 기통에 비해 20%가 낮아, 그림 3-135에서 Quantity piston의 Injection 위치 값이 다른 기통에 비해 낮으며 Injection time도 다른 기통보다 낮음을 알 수 있다.

On time은, 각 Rail valve의 상, 하 코일의 여자를 통해 작동되는 시간을 나타내며, 정상 상태에서는 약 1 - 2 ms를 지시한다. 만약 3 ms를 초과할 경우에는, 비정상 상태로 점검이 필요하다.

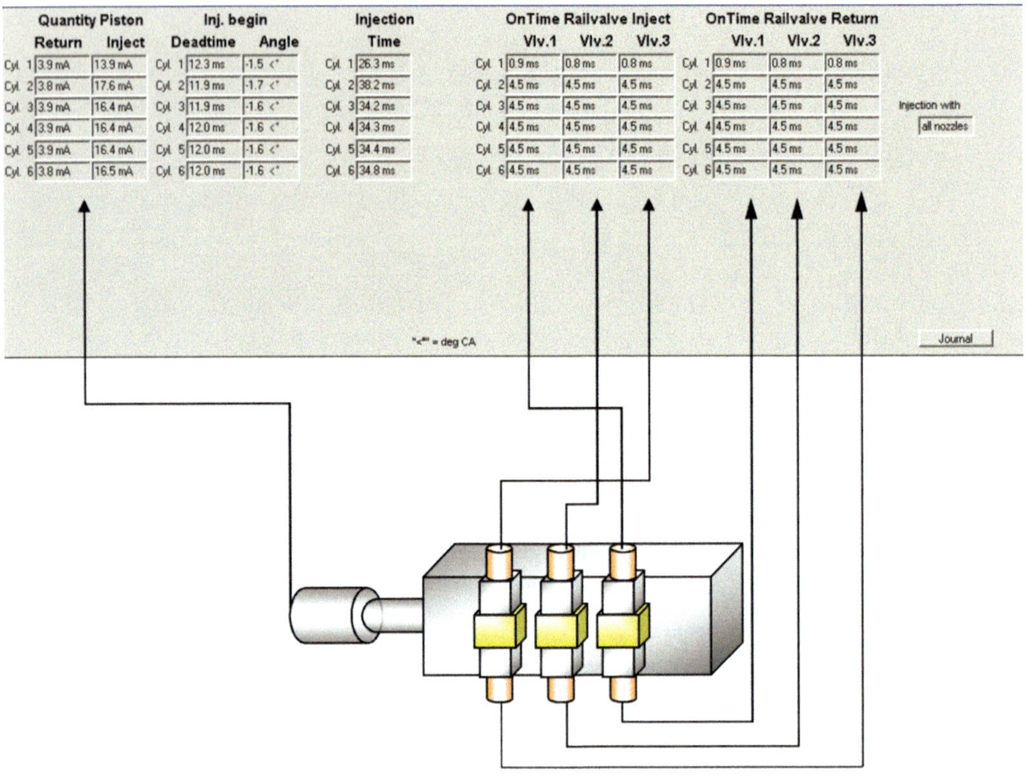

그림 3-135 Fuel injection page

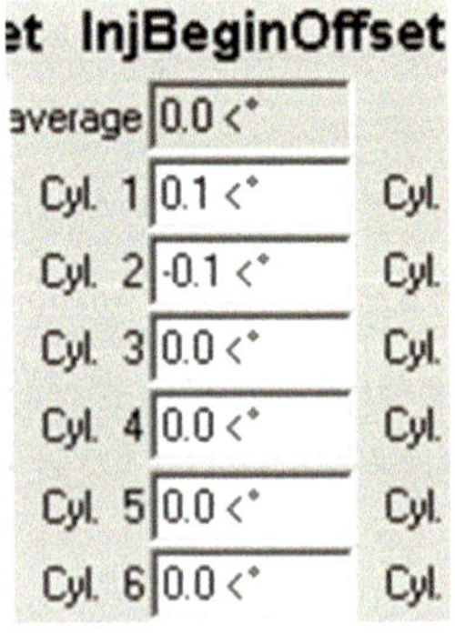

그림 3-136 Injection begin offset for individual cylinder in Adjust page

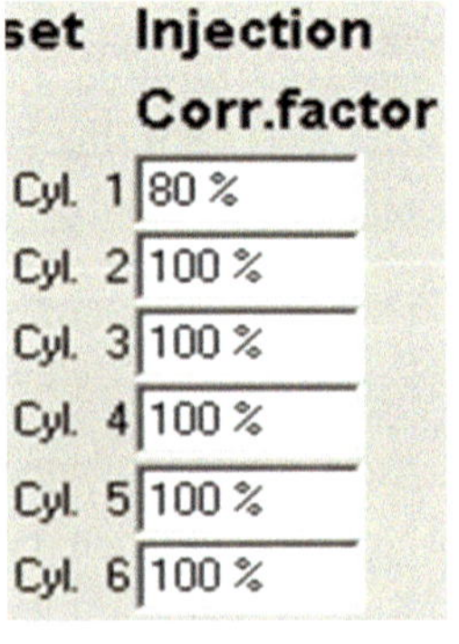

그림 3-137 Injection quantity correction factor for individual cylinder in Adjust page

(5) User parameters 페이지

그림 3-138은 운전자가 조정이 가능한 값들을 나타낸다. VIT + FQS는 앞서 그림 3-138과 함께 Injection timing에서 설명했다.

Control oil pumps는, 이 펌프가 설치된 엔진에만 해당되며, 운전 상태 지시 및 교대 운전이 가능하다.

Main start valves는 메인 스타팅 밸브를 작동시키는 2개의 Solenoid valve의 상태를 지시하며, 평소에는 2개 모두 Enabled로 설정되어 엔진 시동 시에 동시 작동된다. 순차적으로 1개의 Solenoid valve를 Disabled로 설정 후, 스타팅 테스트를 통해 각 Solenoid valve의 작동 상태를 점검할 수 있다.

Heavy sea mode는 현재 해상 상태에 대한 운전자의 판단에 따라 작동시키면, WECS-9520의 3가지 내부 기능이 급격한 부하 변동에 대비하여 안전 운전 상태로 전환된다. 첫 번째로, Fuel rail의 Setpoint가 700 bar로 고정되어 과도한 압력의 발생을 방지한다. 두 번째로, 엔진의 전 부하 영역에서, 모든 FIV가 동시 작동되어 Misfiring을 방지한다. 세 번째로, VIT 기능이 자동 해제되어 분사 타이밍이 고정되며 Misfiring을 방지한다. 추가하여, 엔진의 급격한 속도 변화를 방지하기 위해, SCS에 Heavy sea mode로 전환이 필요하다.

Injection cut off는 해당 기통의 연소 상태 불량 또는 실린더 주유 시스템의 불량, FIV로 가는 고압 파이프에서 누설 등으로 인해 연료 분사를 차단할 때 사용된다. 수동 연료 분사 차단은 ESS의 Auto slowdown을 발생시킨다.

Injection venting은 엔진 정지 중에 Fuel rail 압력이 250 bar 미만에서만 작동되며 FIV 또는 ICU 교환 등 정비 작업 이후에 Fuel 시스템의 Air venting을 위해 사용된다.

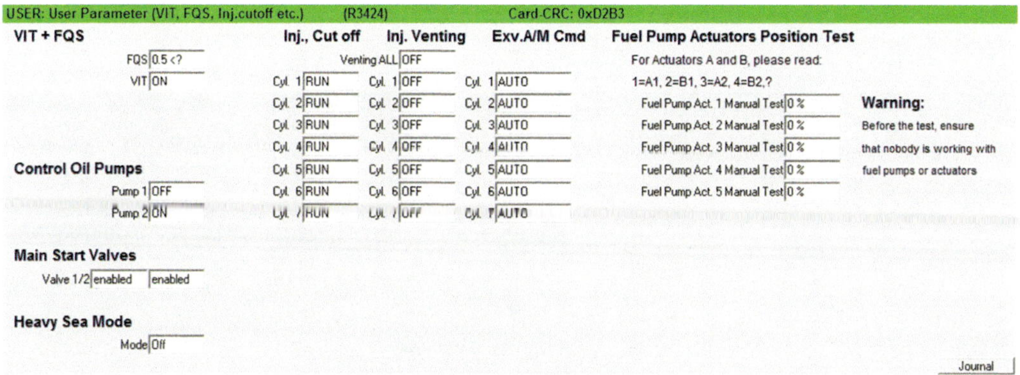

그림 3-138 User parameter page

Exhaust valve auto/Manual command는 엔진 정지 중에만 작동되며, 배기 밸브 또는 VCU 교환 등 정비 작업 이후에 Servo oil 시스템의 Air venting 또는 부품들의 작동 상태 점검을 위해 사용된다. Auto 및 Man. open, Man. close, Turning gear의 4가지 선택이 가능하나 Auto 및 Man. open으로 작동 점검이 충분하다.

Fuel pump actuators position test는 엔진 정지 중에 ESS의 엔진 비상 정지가 작동되는 상태에서만 수동 테스트가 가능하며, Fuel pump 또는 Actuator 교환 등 정비 작업 이후에, 위치 조정 및 작동 점검을 위해 사용된다.

(6) Adjust 페이지

Adjust 페이지의 값들도 운전자의 조정이 가능하나, 엔진 성능 및 중요 조정에 관련된 값들로 구성되어, 암호 'flexView'을 통해 보호된다. 이 암호는 수정이 불가능하며, 이 페이지의 값을 조정할 때에 운전자에게 주의를 주기 위해서다. 또한, 암호 설정 이후에는 Journal 페이지에서 더 많은 정보를 확인할 수가 있다.

그림 3-139는 Gear wheel type의 CAS가 설치된 엔진의 Adjust 페이지이며, 그림 3-140은 Encoder type의 CAS가 설치된 엔진의 Adjust 페이지이다. CAS 영점 조정에 관련된 값들이 다르며, 다른 값들은 동일하다.

Slow turning의 Pulse / Period는, 엔진의 Slow turning을 위해 Ahead 방향에 위치한 해당 FCM-20이 Start air valve에 작동시키는 기간과 대기 기간이다. Slow turning은 Ahead 방향으로 1회전이 완료되면 기능이 자동 해제된다. 만약 30초 내에 1회전을 완료하지 못하면, Slow turning failure가 발생된다.

Aux. blower on/off threshold는 Aux. blower를 자동 기동 및 정지를 위한 소기 압력을 조정한다.

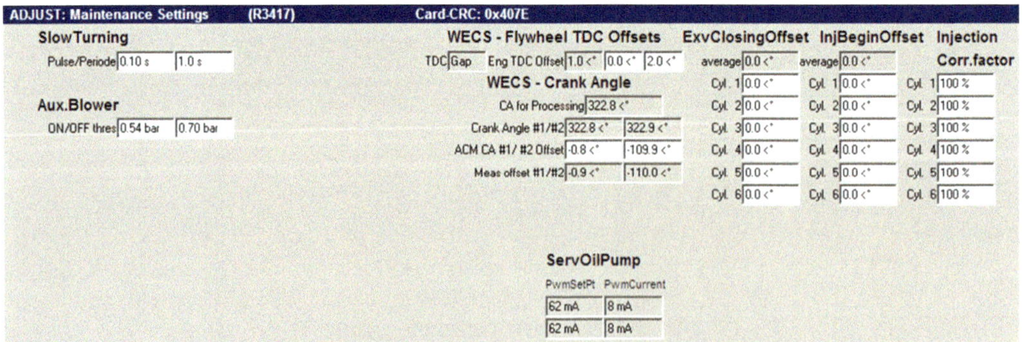

그림 3-139 Adjust page with gear wheel type CAS unit

Servo oil pump PWM setpoint & PWM current는 펌프의 배출량을 제어하기 위해 해당 FCM-20이 각 펌프의 Proportional solenoid valve에 전달하는 PWM (Pulse width modulation) 전류와 Solenoid valve에서 되돌아오는 PWM 전류 값을 지시하며, 관련 전기 부품들의 상태를 나타낸다.

Exhaust valve closing offset은 전 기통의 압축 압력의 평준화를 위해, 각 기통의 배기 밸브의 닫히는 각도를 조정하는 값이며, 개별 기통의 조정 가능 범위는 ± 3.0도이나, 평균 Offset 값은 ± 0.2도로 제한된다.

Fuel injection begin offset은 전 기통의 연소 압력의 평준화를 위해, 각 기통의 분사 시점을 조정하는 값이며, 개별 기통의 조정 가능 범위는 ± 1.5도이나, 평균 Offset 값은 ± 0.2도로 제한된다.

Fuel injection quantity correction factor는 전 기통의 평균 유효 압력의 평준화를 위해, 각 기통의 연료 분사 량을 조정하는 값이며, 개별 기통의 조정 가능 범위는 80%에서 110%이다. 또한, 해당 기통의 연소 및 윤활 등 관련 부품의 비정상일 경우에도 연료 분사 량을 80%로 줄여 해당 기통의 부하를 낮출 수가 있다.

Gear wheel type의 CAS unit와 TDC pickup sensor의 조정에서
WECS - Flywheel TDC Offsets 의 TDC는 Pickup이 Tooth mark를 감지했을 때, Tooth로 지시되며 현재 #1 기통의 TDC 위치이고, 그 외 위치에서는 Gap으로 지시된다.

Eng TDC Offset 1.0 <° 0.0 <° 2.0 <° 에서, 왼편의 흰색 Offset 값은 Turning gear를 통해 Ahead 방향으로 회전 중 TDC pickup이 감지되는 시점의 크랭크 각도이며, 오른편 흰색 Offset 값은 Turning gear를 통해 Astern 방향으로 회전 중에, TDC pickup이 감지되는 시점의 크랭크 각도이다. 회색의 Offset 각도 값은 양 방향의 평균 값을 의미한다.

WECS - Crank Angle 의 CA for Processing 322.8 <° 값은 실제 엔진 제어에 사용되는 #1 기통의 크랭크 각도 값이며, Crank Angle #1/#2 322.8 <° 322.9 <° #1 CAS와 #2 CAS의 평균값이다.

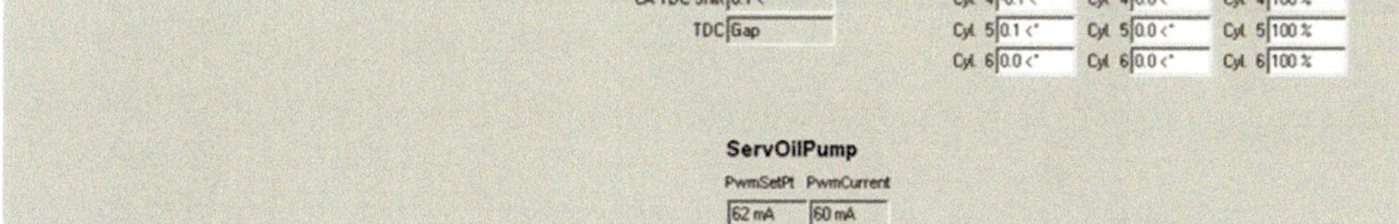

그림 3-140 Adjust page with encoder type CAS unit

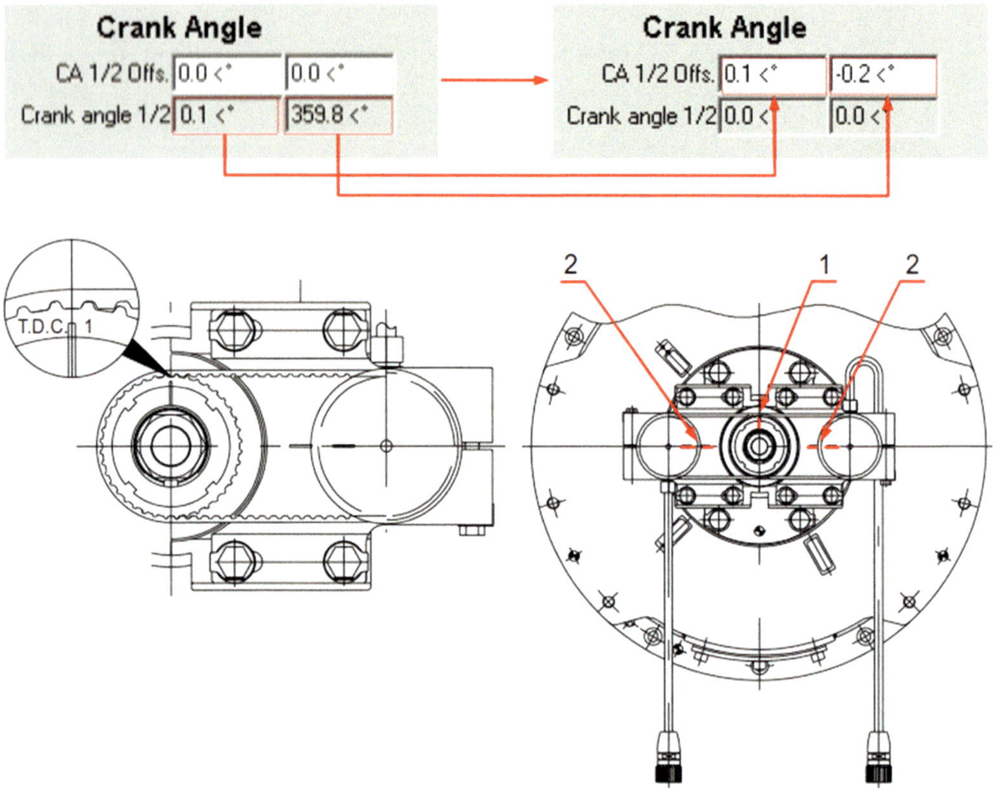

1. *Mark on gear wheel,* **2.** *Marks on shaft encoder and holder*

그림 3-141 How to adjust encoder type CAS offset parameters

Meas offset #1/#2 -0.9 <° -110.0 <° 값은 자동 보정 절차를 통해 WECS-9520 시스템이 #1 기통의 TDC 값과 비교 계산한 값들이며, 운전자가 ACM CA #1/ #2 Offset -0.8 <° -109.9 <° 에 수동으로 입력하여 최종적으로 조정한다.

그림 3-141은 Encoder type의 CAS offset 조정에 대한 설명이며, Flywheel의 각도 지시가 #1 기통의 TDC일 때 CAS driving gear wheel의 TDC #1 표시가 필히 상부 끝에 위치해야 하며, 각 센서의 Holder와 Encoder의 빨간색 표시줄이 서로 일치해야 한다. 이 상태에서 Offset이 초기 0도일때 편차 각도 값을 Offset에 입력하여 최종 조정한다.

(7) Cylinder pulse lubrication system 페이지

WECS-9520의 SW 사양에 따라 Lubrication 페이지의 구성이 다르다. 그림 3-142와 같이 WECS-9520 SW version 32-083 및 이전 사양의 경우에는 1 개의 페이지를 통해 Pulse lubrication 시스템을 나타낸다. 그림 3-143과 3-144와 같이 WECS-9520 SW version 32-083 및 이전 사양의 경우에는 2 개의 페이지를 통해 Pulse lubrication 시스템의 더 많은 정보를 나타낸다.

Manual Lubrication on Cyl. OFF 는 엔진 정지 중에 터닝을 할 경우 또는 정비 작업 이후에 수동 주유할 기통을 선택하면, Manual Lubrication Pulses 80 에 설정한 횟수만큼 수동 주유를 한 후에 자동으로 종료된다.

Estimated power & Power for lubrication은 앞서 Flex indications 페이지에서 설명하였고, 실린더 주유량 제어를 위해 현재 사용중인 Power를 Estimated Power [FuelCmd(%) x n(%)] 또는 Shaft Measured Power 로 표시한다.

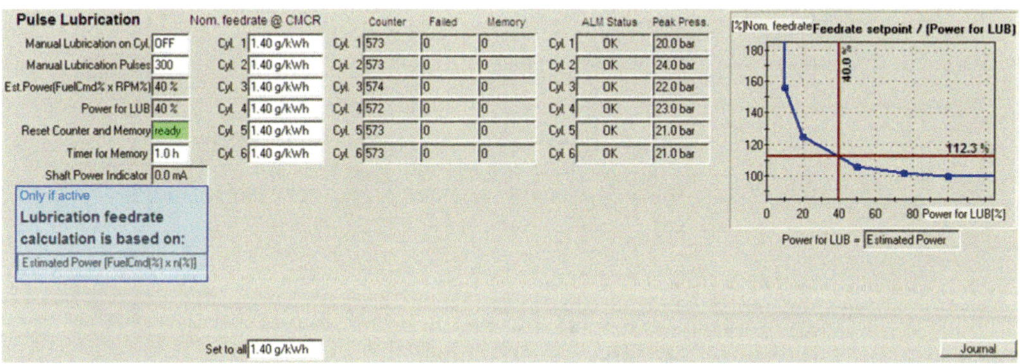

그림 3-142 Lubrication page for WECS-9520 SW version 32-083 or older

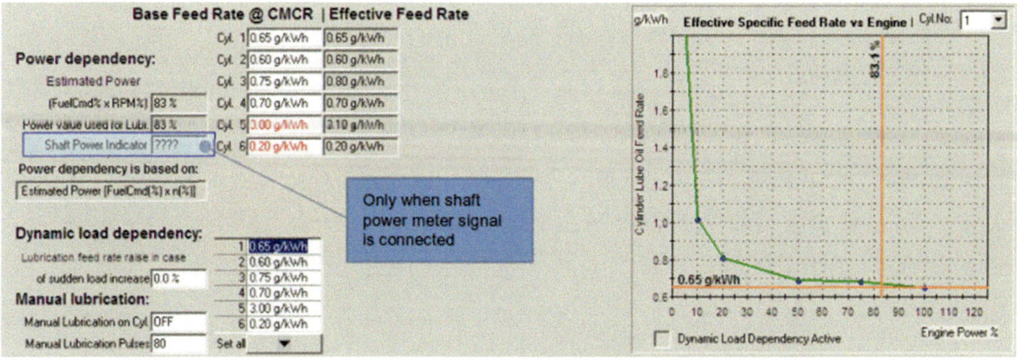

그림 3-143 Lubrication page for WECS-9520 SW Version 32-104 or later

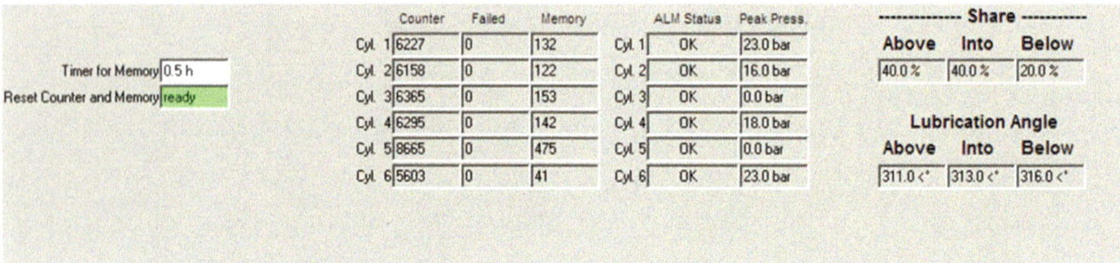

그림 3-144 Lubrication 2 page for WECS-9520 SW version 32-104 or later

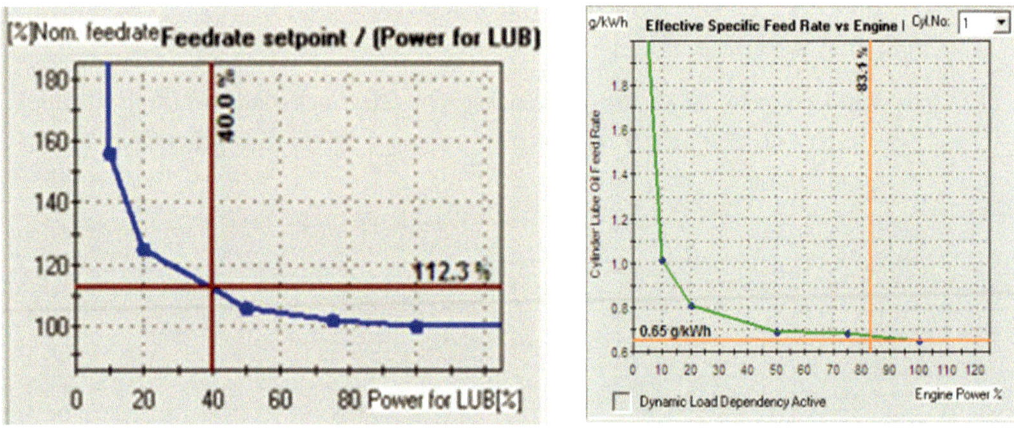

그림 3-145 Static load dependent cylinder lubrication factor curves

100% 엔진 부하를 기준으로 운전자가 각 기통 또는 전 기통(전 기통의 값이 동일할 경우)의 주유율을 설정하며, 그림 3-145처럼 WECS-9520은 주유율 설정 값과 현재 엔진 부하에 따라 실제 주유율을 조정한다.

Reset Counter and Memory ready 는 Counter, Failed & Memory의 지시 값을 0으로 되돌린다. Counter는 주유할 때마다 지시 값이 계속 증가하며 현재 주유되고 있음을 표시한다. Memory는 0을 지시하다 Timer for Memory 1.0 h 가 지나면 총 주유 횟수를 표시하며, 다음 설정된 시간이 지나면 개정된다. 펌프의 배출량이 기계적으로 고정되었음으로, 설정한 시간 동안의 총 주유 횟수를 통해 총 공급량을 계산할 수 있다.

만약 ALM-20이 설치된 경우에는 주유량 상태에 대하여 정상 또는 고장의 표시와 펌프 작동 시에 최대 배출 압력(Peak pressure)이 표시된다. 또한, 주유되는 상, 중, 하 세 지점의 분배 및 크랭크 각도를 표시한다.

(8) WECS-9520 software information 페이지

이 페이지는 현재 FCM-20에 설치된 WECS-9520의 SW의 정보를 나타낸다.

Plant SW-INFO는 본선 엔진에 설치된 SW의 정보이며, 적용된 Tuning option을 표시된다. 그림 3-147과 같이 WECS-9520 software check는 엔진에 설치된 FCM-20 및 ALM-20, ACM-20의 SW 상태를 CRC (Cyclical redundancy check)로 표시하며, CRC OK 상태가 정상이다. Parameter group에 따라 CRC 상태를 표시하며, OK는 해당 Group이 SW 설치 때의 값과 동일함을 표시하며, X 표시는 해당 Group에서 최소 1개의 Parameter 값이 변경되었음을 나타낸다.

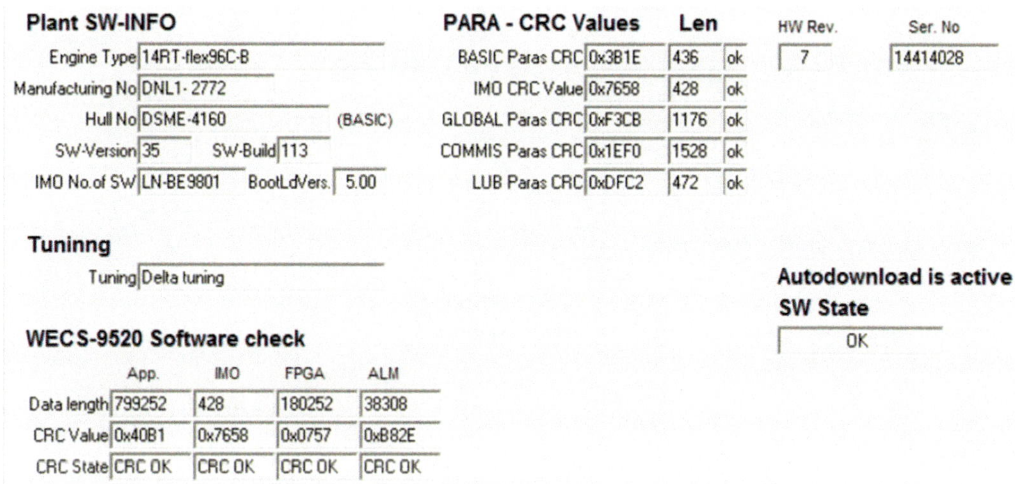

그림 3-146 WECS-9520 Software information page

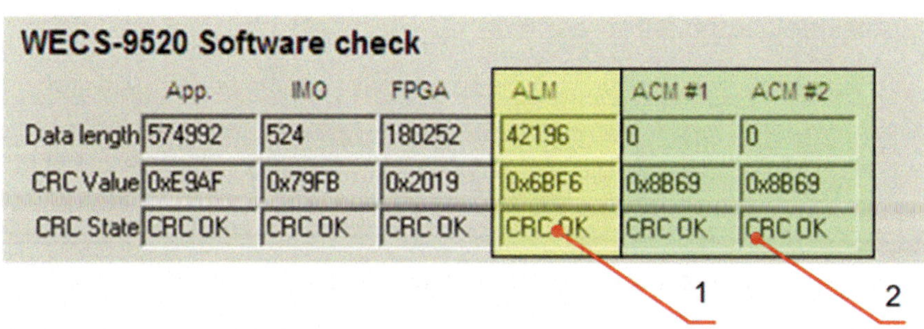

***1** ALM-20 software information, it is shown only if Lubrication function is active;*
***2** ACM-20 software information, it is shown only if crank angle gear wheel sensors are installed on the engine.*

그림 3-147 WECS-9520 software check for FCM-20, ALM-20 & ACM-20

(9) IMO parameters curves 페이지

엔진 성능에 관련된 IMO parameters의 설정된 값 (파란색 선) 및 현재 조건에 따라 적용되는 값 (빨간색 십자형 선)을 표시한다.

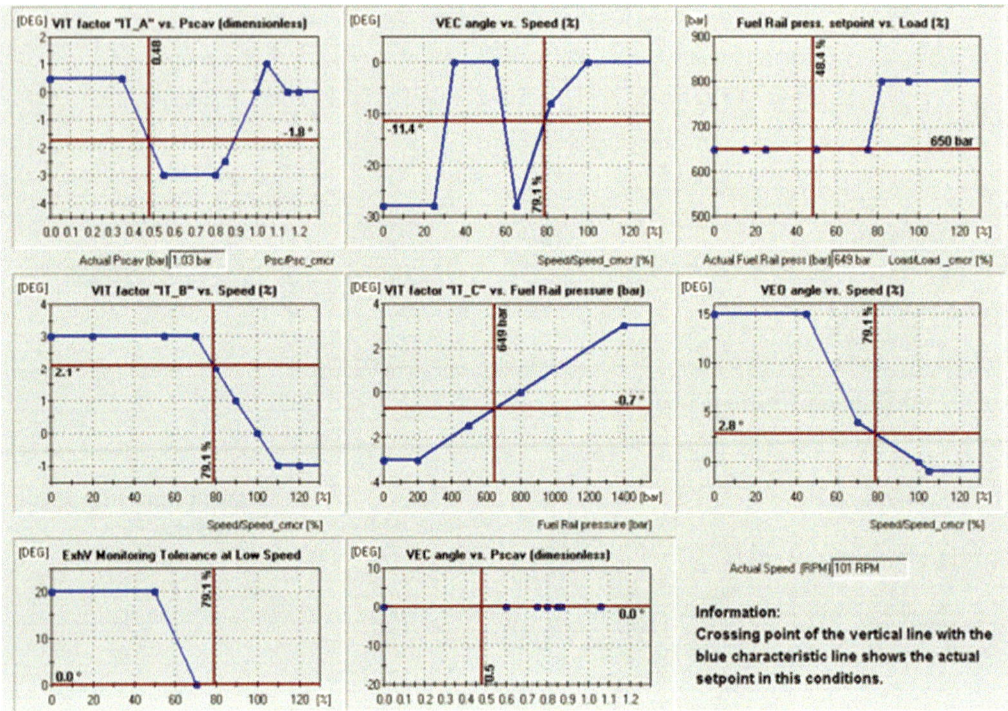

그림 3-148 IMO Parameters curves page

(10) ICC (Intelligent combustion control) 페이지

ICC가 적용이 된 엔진의 경우에는 관련 페이지를 통해 실시간으로 측정된 실린더 압력과 평균 연소 압력에 영향을 주는 FQS, 각 기통의 압축 압력에 영향을 주는 Exhaust valve closing offset, 각 기통의 연소 압력에 영향을 주는 Fuel injection begin offset을 표시한다.

WECS-9520의 압축 압력 평준화를 위해 ON **Comp. pressure balancing** 로 Exhaust valve closing offset을 조정할 수가 있으며, 연소 압력의 평준화를 위해 ON **Firing pressure balancing** 로 Fuel injection begin offset을 조정할 수가 있다. 또한, ON **Firing pressure control**을 통해 평균 연소 압력을 시운전 때의 압력과 일치시키는 FQS 각도 값을 조정할 수가 있다. 자동으로 압력을 조정할 경우에는 User 및 Adjust 페이지의 수동 조정 값은 무시된다.

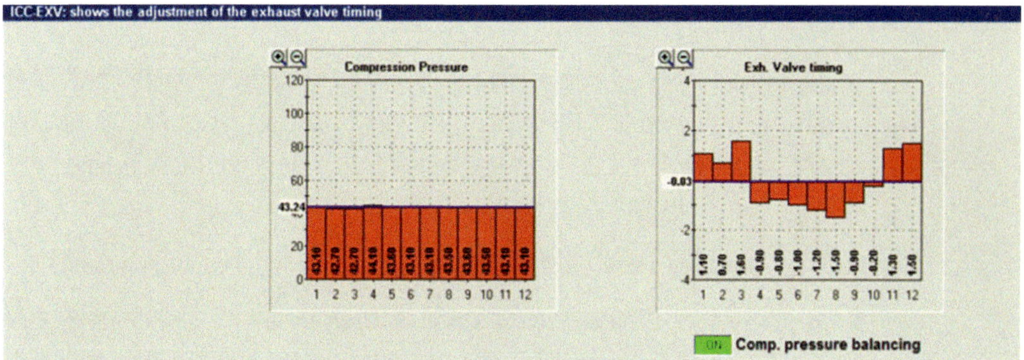

그림 3-149 ICC Exhaust valve page

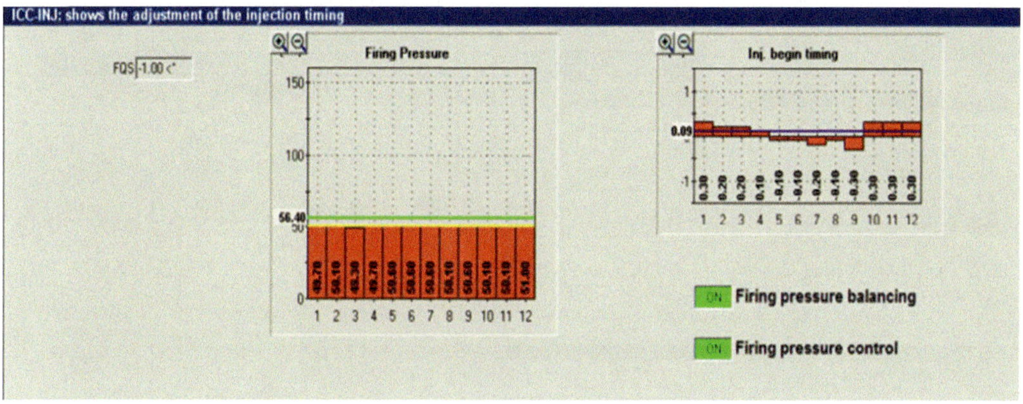

그림 3-150 ICC Injection page

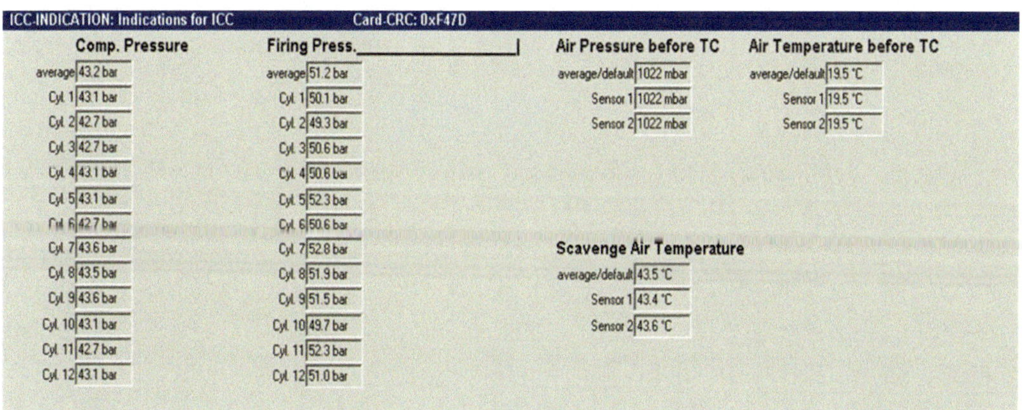

그림 3-151 ICC Indications page

(11) View menu

사진 View menu를 통해 운전자는 WECS-9520의 측정 값들의 변화를 추세 곡선(Trend curve)로 확인할 수 있다. 그림 3-152 같이 View menu에는 연료 분사 및 배기 밸브 개폐의 상대적으로 빠른 신호를 지시하는 곡선들과 그림 3-153의 Open trend에 일반 신호를 지시하는 곡선을 선택할 수 있다.

그림 3-154는 Open trend menu 중, 엔진 운전 중에 주로 사용되는 Performance trend이다.

그림 3-155 및 3-156은 Exhaust valve의 Close & Open trend이며, 그림 3-157은 Fuel injection trend이다. Trend curves를 통해 작동 부품들의 상태를 좀더 자세하게 확인할 수 있다.

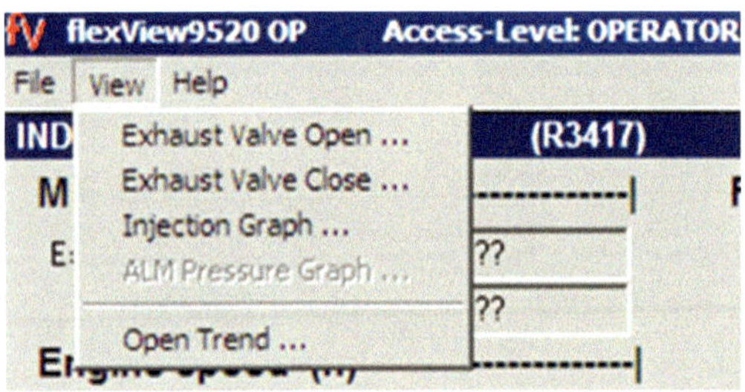

그림 3-152 View menu in flexView-9520

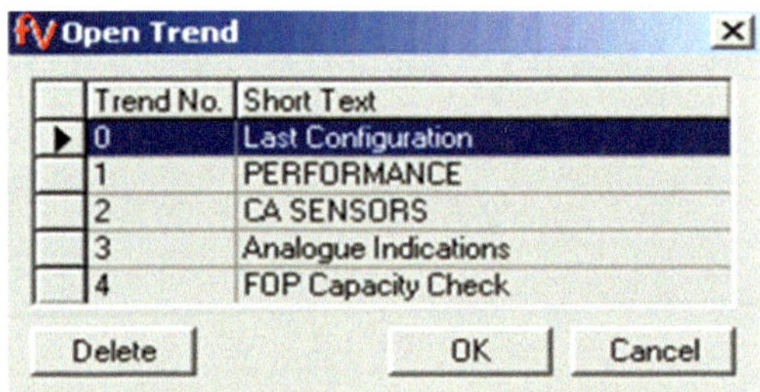

그림 3-153 Open trend menu

그림 3-154 Performance trend curve

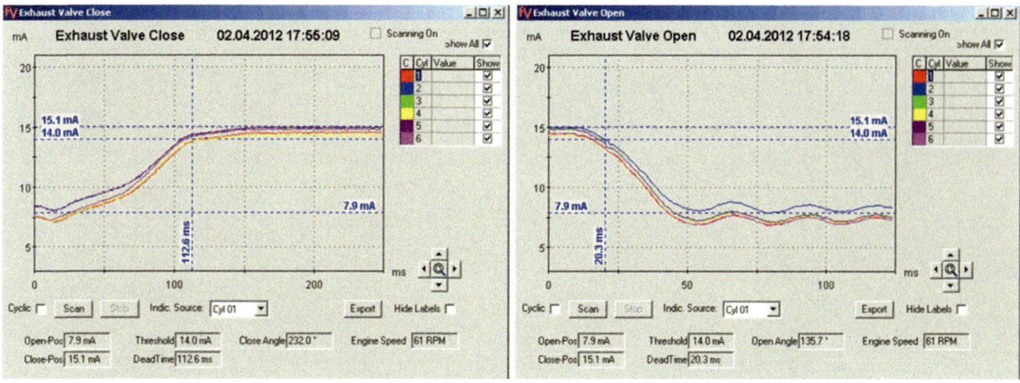

그림 3-155 Exhaust valve close & open curves, "Cone down"

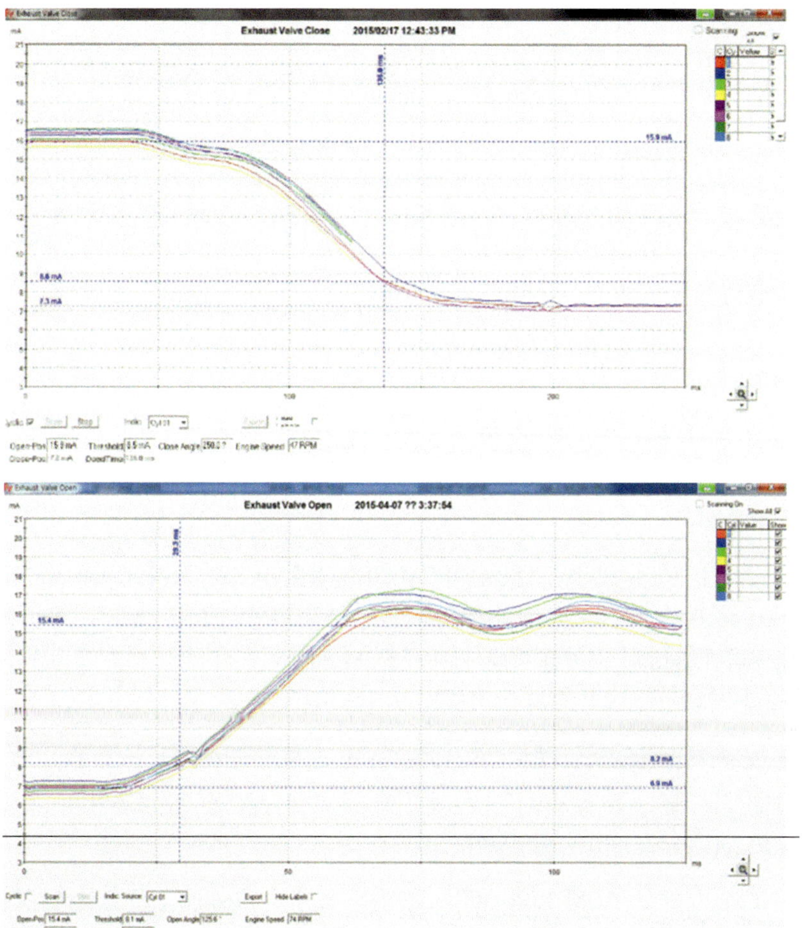

그림 3-156 Exhaust valve close & open curves, "Cone up"

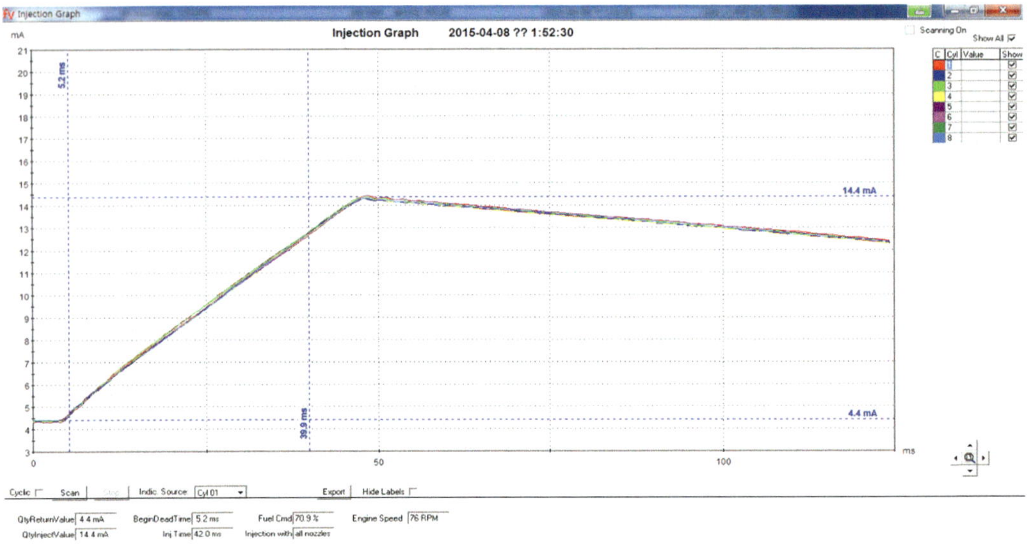

그림 3-157 Fuel injection curves

3.1.3 중복으로 구성된 제어 시스템 및 제어 부품 등의 고장 시의 비상 운전

1) FCM-20의 고장

엔진 운전 중에 한 기통의 FCM-20에 고장이 발생되면, 해당 기통의 실린더 제어 기능만 작동되지 않으며, ESS에 의해 Automatic slowdown이 작동된다. 엔진의 다른 모든 기능들은 정상적으로 작동된다.

엔진 운전 상태에서 고장이 발생된 FCM-20은 동일한 SW & Parameter를 가지고 있는 On-line spare #0 FCM-20으로 교환이 가능하다. 교환 작업은 15분 정도 소요되며 교환 후에 전원을 공급하면, 새로이 설치된 해당 기통의 FCM-20은 수 초 내에 정상 작동을 한다. ESS의 Slowdown이 해제되며, 엔진은 정상 속도로 운전이 가능하다.

창고에 보관중인 여유분의 FCM-20은 자동 SW 설치를 위해, 필히 On-line spare 위치(#0 FCM-20)에 설치해야 한다. SW 자동 설치에 필요한 시간은 약 5분이며, 자세한 절차는 flexView-9520(그림 3-130)에 설명되어 있다.

또한, ALM-20 또는 ACM-20의 고장으로 인해 스페어 Module을 설치하면, 관련된 기통의 FCM-20이 SW를 자동으로 설치한다.

WECS-9520의 모든 Control modules(FCM-20, ALM-20 & ACM-20)의 교환 작업 시에는,

Module에 연결된 Cable connector들만 빼고 꽂으면 된다. 즉, Connector의 어떠한 결선도 손댈 필요가 없다.

2) 데이터 통신 시스템 및 전원 공급 시스템

WECS-9520의 내 외부 통신망은 중복되는 2개의 통신선으로 연결이 되어 있다. 평소에는 2개의 통신선을 사용한다. 만약 1개의 통신선에 고장이 발생된다 하더라도 다른 정상 통신선을 통해 통신은 계속 유지되며 엔진의 운전에는 영향을 미치지 않는다.

모든 WECS-9520 Control module들은 중복되는 2개의 전원 공급 장치가 설치되어 있다. 만약 1개의 전원 공급 장치의 고장이 발생된다 하더라도 정상 전원 장치를 통해 전원은 계속 유지된다. Gear wheel type CAS unit의 경우 ACM-20을 위한 2개의 전원 공급 장치 중에 1개의 전원은 무정전공급장치에서 공급되므로 본선의 정전(Blackout)이 발생해도 현재 크랭크 각도를 절대 잃지 않는다.

3) 신호 측정 센서

거의 대부분의 신호들은 중복의 2개의 센서를 통해 측정된다. 2개의 센서가 고장이 나더라도 엔진은 속도에 제한 없이 정상 운전된다.

CAS unit도 2세트가 설치되어 있으며, 1세트 CAS의 고장이 발생해도 엔진은 속도에 제한 없이 정상 운전된다. 다만 2세트 CAS 모두가 고장이 발생한 경우에는 WECS-9520에 의해 엔진은 즉각 정지된다. 적어도 1세트 CAS는 정상 작동해야 된다.

ICU에는 1개의 Fuel quantity sensor가 설치되어 있으나, 만약 센서의 고장이 발생한 경우에는, 해당 기통의 FCM-20은 다른 모든 기통의 평균 연료 분사 지연 시간 및 분사 시간을 이용하여 해당 기통의 ICU를 제어한다.

엔진 사양에 따라 배기 밸브에는 1개 또는 2개의 Position sensor가 설치되어 있다. 만약 모든 센서의 고장이 발생한 경우에는, 해당 기통의 FCM-20은 다른 모든 기통의 평균 열림 및 닫힘 지연 시간을 이용하여 해당 기통의 배기 밸브를 제어한다.

4) Supply pumps 및 관련 제어 장치

Fuel oil, Servo oil, Control oil 공급 펌프들은 최소 2대 또는 그 이상 설치되어 있다. 최소 2대의 경우라도, 펌프 1대의 고장으로 전 기통의 연료 분사 및 배기 밸브 작동에는 영향을 주지 않는다. 다만, 공급량의 부족으로 엔진 부하에는 제한이 있을 수 있다. 기통 수가 적고 공급 펌프의 숫자가 많을수록 엔진 부하의 제한이 적어진다.

Control oil 펌프가 설치된 엔진의 경우, 설치된 펌프 2대 모두가 고장이 난 경우에도 Servo oil 시스템의 지원 공급으로 인해 엔진 운전에는 영향이 없다.

Servo oil 펌프의 Solenoid 등, 전기 제어 부품에 손상이 발생한 경우에는, 해당 펌프는 최소 압력 약 80 bar로 계속 운전이 되며, 다른 정상 펌프들이 공급량을 증가시켜 필요한 Servo oil rail 압력을 유지한다.

Fuel oil 펌프의 Actuator 등, 전기 제어 부품에 손상이 발생한 경우에는 해당 펌프의 Regulating rack를 Distance tool을 이용하여 수동으로 조정할 수 있다. 수동 조정으로 인해 Fuel oil rail 압력이 필요 이상으로 증가할 경우에는 PCV가 압력을 최대 1,050 bar로 제한한다.

5) 엔진 제어 시스템의 고장

RCS의 고장이 발생한 경우에는, ECR 또는 Local에 설치된 MCP를 이용하여 엔진 비상 운전이 가능하다. MCP는 보상 차원에서 2세트가 설치된다.

SCS의 고장이 발생한 경우에도, MCP의 Fuel control mode로 엔진 비상 운전이 가능하다.

ESS의 엔진 Shutdown solenoid valve가 손상이 된 경우에도, 통신을 통해 전달된 ESS의 Shutdown command에 따라, WECS-9520이 연료 분사 차단 및 연료 공급 차단으로 엔진을 정지 시킨다.

3.2 WinGD UNIC-flex 전자제어 Diesel Engine

UNIC-flex 전자 제어 시스템은 X35에서 X72 디젤 엔진들에 적용되고 있으며, 2012년에 도입되어 현재까지 사용되고 있다. 다만 이 교재에서는 한국 선사에 공급된 X52, X62 및 X72 엔진에 대한 내용을 주로 설명한다.

이 엔진들은 기계 제어 방식 엔진, 즉 RTA 엔진의 Camshaft에 설치된 Fuel cam에 의한 연료 분사 제어 및 Exhaust valve cam에 의한 배기 밸브 제어, Camshaft drive의 시동 공기 분배기를 통한 시동 공기 제어 방식을 UNIC-flex 전자 제어 시스템이 실시간으로 전달되는 Crank angle sensor unit의 크랭크 각도 값에 따라, Fuel common rail의 고압 연료유와 Servo oil common rail의 고압 작동유을 이용하여, 연료 분사, 배기 밸브, 시동 공기 및 실린더 주유 등을 전자적으로 제어하는 방식이다.

그림 3-158에서 RTA 엔진의 빨간색으로 표시된 부품들이 X 엔진의 녹색으로 표시된 부품들로 대체되어 엔진을 구동하는 것이다.

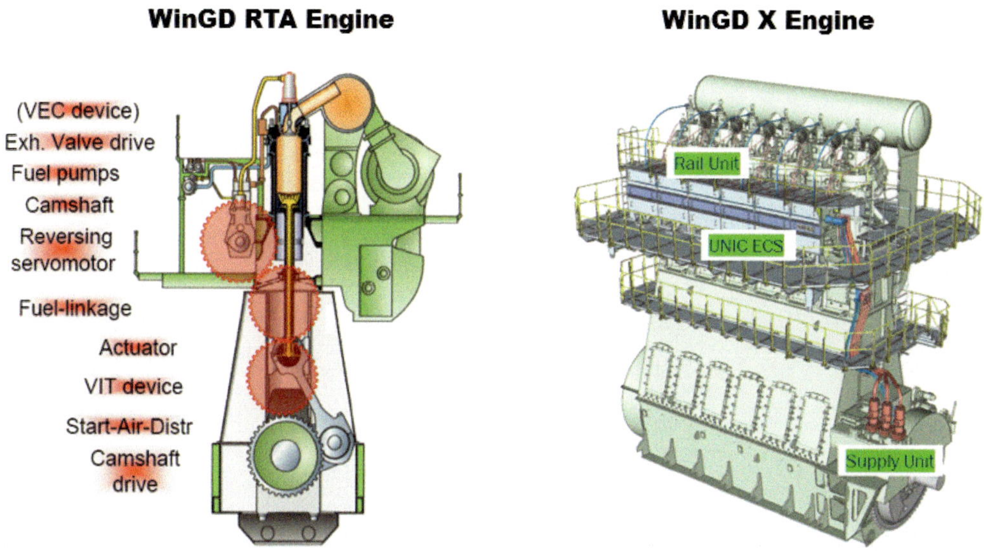

그림 3-158 WinGD RTA engine vs. X engine

또한, 표 3-3은 WinGD RTA & X 엔진의 작동 및 기능들에 대한 비교를 설명한다.

표 3-3 Comparison table between RTA engine & X engine

엔진의 작동 및 기능	RTA engines	X engines
연료유 유압 형성	각 기통의 연료유 분사 펌프	Supply unit의 연료유 공급 펌프
고압 연료유 저장	없음	Fuel common rail
연료유 분사 작동	Camshaft fuel cam	UNIC-flex / Solenoid actuated FIV(Fuel injection valve)
배기 밸브 작동 유압 형성	각 기통의 배기 밸브 작동 펌프	Supply unit의 유압 작동유 (Servo oil) 공급 펌프
고압 유압 작동유 저장	없음	Servo oil common rail
배기 밸브 개폐 작동	Camshaft valve cam	UNIC-flex / VCU(Valve control unit)
Governor actuator (RTA 엔진) / Fuel pump actuator (X 엔진)	Electronic governor에 의해 제어가 되며, 연료 분사 펌프를 통해 연료 분사량을 조절함	Fuel common rail 압력 조정을 위해, UNIC-flex 시스템에 의해 제어가 되며, 연료 공급 펌프를 통해 Common rail로 공급되는 연료량을 조절함
Electronic governor (Engine speed controller, 조속기)	Governor actuator를 통해 연료유 분사 펌프의 연료 분사량을 직접 조절함	UNIC-flex의 조속기인 MCM-11 (Main control module-11)이 연료유 분사량 (Fuel command) 신호를 내부 통신선 (Data bus)을 통해 각 기통의 연료 분사 제어를 하는 CCM-20 (Cylinder control module-20)에 전달함

엔진의 작동 및 기능	RTA engines	X engines
연료유 분사량 제어	Governor 및 연료유 분사 펌프를 통해 분사량을 제어함	MCM-11의 Fuel command와 일치되도록, 각 기통의 CCM-20들이 FIV를 통해 연료유 분사량을 제어함
역전 시, 연료유 분사 시점 제어	역전 신호에 따라, Fuel cam이 작동 유압에 의해 각도가 변환되면서, 연료유 분사 시점을 제어함	역전 신호에 따라, UNIC-flex 의 CCM-20들이 FIV의 전자 밸브를 통해 연료유 분사 시점을 제어함
외부 엔진 제어시스템으로의 실제 연료유 분사량 피드백	연료유 분사 펌프의 제어봉에 있는 각도 센서를 통해 실제 분사량 신호를 직접적으로 받음	FIV의 실제 연료유 분사량을, UNIC-flex 시스템이 통신선을 통해 외부 엔진 제어시스템에게 보고함
시동 공기 제어	기계적으로 작동되는 시동 공기 분배기에 의해 제어함	UNIC-flex 시스템이 전자 밸브를 통해 시동 공기 밸브를 제어함
엔진 부하에 따른, 연료유 분사 시점 및 배기 밸브 개폐 시점 제어	외부 엔진 제어시스템이 공압 실린더를 통해 VIT (Variable injection timing) 기능 & VEC (Variable exhaust valve closing) 기능만을 제어함	UNIC-flex 시스템이, VEO (Variable exhaust valve opening) 기능까지 포함하여, FIV & VCU를 통해 전자적으로 제어함
엔진 비상 운전	엔진 현장에서, 공압 제어 밸브와 기계적인 연료 분사 제어 레버를 통해 엔진 제어	엔진 컨트롤 룸과 현장 제어판에 설치된, UNIC-flex의 구성품 중 하나인, LDU-20 (Local display unit-20)을 통해 엔진을 제어

3.2.1 엔진의 주요 제어 부품 및 작동 방식

WinGD 전자제어엔진들도 Two-stroke 크로스 헤드 타입의 저속 내연기관으로 엔진의 기본 구조물(Bedplate engine frame & Cylinder jacket), 연소실 구성 부품(Cylinder cover & Cylinder liner), 엔진 동력 전달 부품(Piston, Cross head, Connecting rod & Crankshaft) 및 소기 공급 관련 부품(Scavenge air receiver, Auxiliary blower, Charge air cooler, Exhaust gas receiver & Turbo charger) 등이 기존 기계(Camshaft) 제어 방식의 엔진과 동일하므로, 본서에서는 생략하며, 전자 제어 시스템에 관련된 특정 부품만을 아래와 같이 설명한다.

1) Supply unit

Supply unit은 엔진의 크랭크 샤프트로 부터 중간 기어를 통해 기계적으로 구동된다. 연료유 분사를 위해 요구되는 압력으로 증가시켜, Rail unit의 Fuel oil common rail pipe에 공급하는 연료유 공급 펌프(Fuel oil supply pump)와 배기 밸브 제어 장치(VCU, Valve control unit)의 작동 및 실린더 윤활 펌프 작동 등에 사용되는 유압 작동유 공급 펌프(Servo oil supply pump)로 구성된다.

그림 3-159에서 3-162는 엔진 기통수, 실린더 직경 및 사양에 따라, 다르게 적용된 Supply unit drive 및 Supply unit을 나타낸다.

그림 3-159 Supply unit drive for X52

그림 3-160 Supply unit for X52

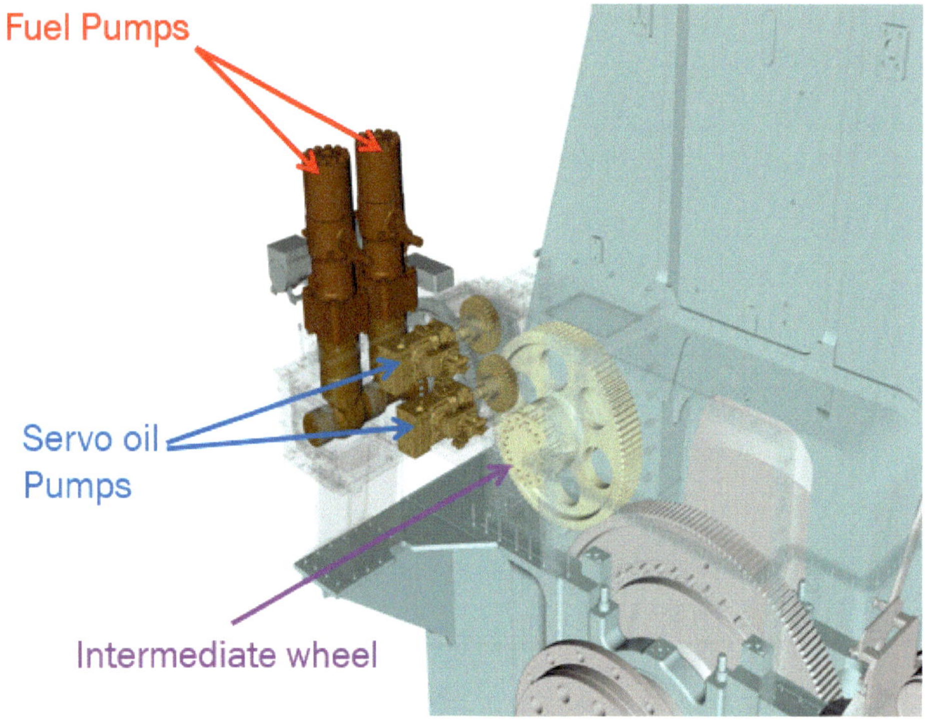

그림 3-161 Supply unit drive for X62 & X72

그림 3-162 Supply unit for X62 & X72

(1) 연료유 공급 펌프(Fuel oil supply pump)

연료유 공급 펌프는 Supply unit camshaft에 의해 구동되며 UNIC-flex 시스템과 Electric fuel pump actuator에 의해 펌프의 배출량이 제어된다.

즉, 엔진 부하에 따라, 요구되는 Fuel common rail 압력(약 700~1,000 bar)을 조절하기 위해 UNIC-flex 시스템이 펌프로부터 필요한 공급량을 계산하여, Fuel pump actuator를 통해 펌프의 배출량을 제어하는 것이다.

또한, 이 펌프는 연료유 분사에 필요한 압력 형성 및 공급을 하는 용도이므로 크랭크 샤프트에 대비하여 지정된 작동 타이밍이 없으며, 단지 캠 샤프트 및 베어링의 부하 균등을 위해 캠의 각도를 적절하게 분배한 것이다.

엔진의 기통수 및 실린더 직경 등에 따라 설치되는 펌프의 크기 및 수, Plunger의 직경이 달라진다. 다만, 한 개의 펌프 고장 발생시에도 엔진 운전이 가능하도록, 최소 2대의 펌프가 설치된다. 이 경우, 2대의 펌프 중 1대가 고장이 발생하였을 때 연료유 공급량의 부족으로 엔진 출력은 약 60% 정도로 제한되지만, 전 기통의 연료유 분사에는 영향을 주지 않는다.

Fuel pump actuator는 전기로 작동되는 사양이며, UNIC-flex 시스템에서 오는 전기 제어 신호에 따라 펌프의 Regulating rack을 조정하여 펌프의 배출량을 제어한다.

엔진의 사양에 따라 1 대의 Fuel pump actuator가 1 대의 펌프를 제어한다.

그림 3-163에서 3-166은 연료유 공급 펌프 및 관련된 제반 기기들을 나타낸다.

그림 3-163 Camshaft with servo oil pump driving gear

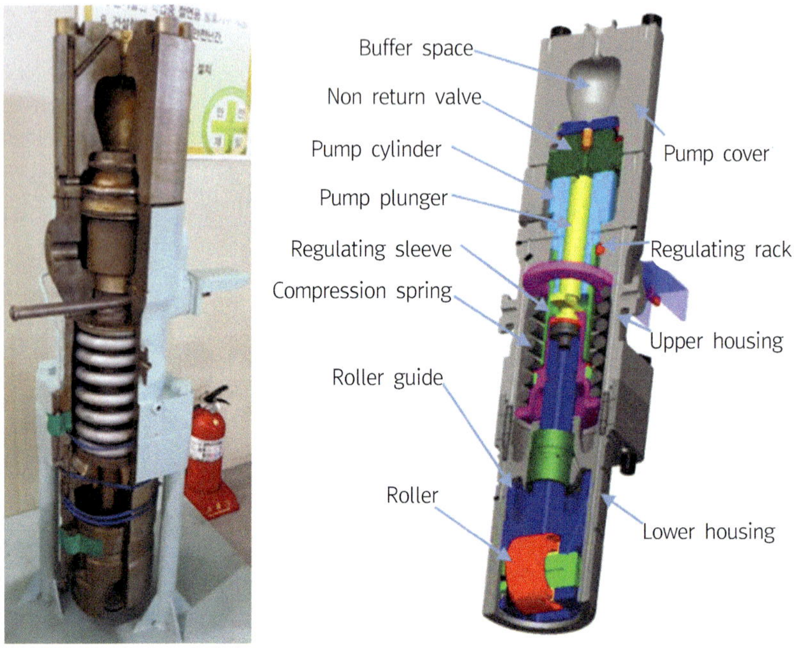

그림 3-164 Internal parts of fuel supply pump

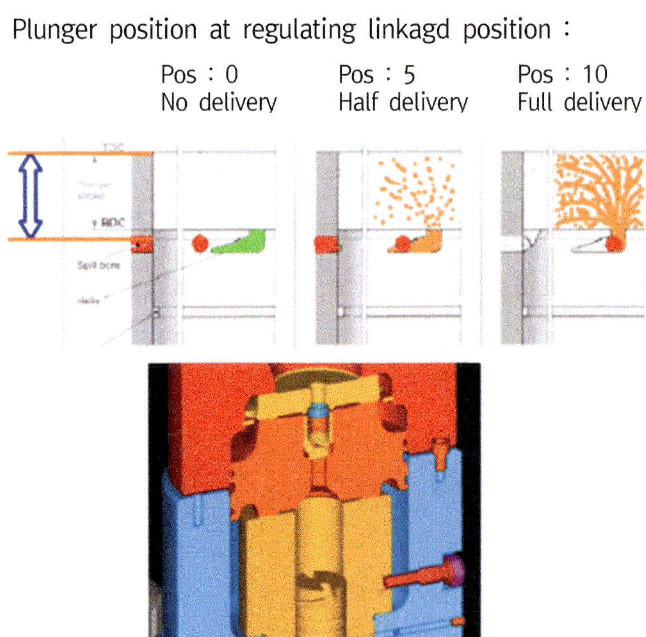

그림 3-165 Variable delivery quantity according to plunger position

그림 3-166 Heinzmann WEA type electric actuator

(2) 유압 작동유 공급 펌프(Servo oil supply pump)

유압 작동유 공급 펌프는 Supply unit driving gear에 의해 구동 되며, UNIC-flex 시스템에서 제어 전기 신호에 따라 Servo pump actuator가 펌프의 배출량을 조정한다. 즉, 엔진 부하에 따라 요구되는 Servo oil common rail 압력(약 100~300 bar)을 조절하기 위해, UNIC-flex 시스템이 펌프로부터 필요한 공급량을 계산하여, Servo oil pump actuator를 통해 펌프의 배출량을 제어한다. 또한, 이 펌프는 배기변 제어 장치(Exhaust valve control unit) 및 실린더 윤활 주유 장치(flexLube)들의 작동에 필요한 유압유의 압력 형성 및 공급을 하는 용도이므로, 크랭크 샤프트에 대비하여 지정된 작동 타이밍이 없으며, 단지, 기어 연결을 통해 엔진 크랭크 샤프트 기어, 중간 기어 등을 거쳐 최종적으로 각 펌프의 Pinion gear를 통해 구동된다.

만약, 펌프 내부의 기계 손상으로 인해 고착이 발생하였을 때, 기어 구동 장치의 손상을 방지하기 위해 각 펌프의 연결 샤프트에는 취약한 부위(Mechanical fuse, 연결 부에 두께를 줄임)가 절단되는 안전 장치를 갖추고 있다.

유압 작동유로 사용되는 오일은 별도의 유압유를 사용하지 않고 엔진의 시스템 오일(Main bearing oil)을 사용한다. 즉, 메인 베어링 오일 펌프에서 공급되는 약 5 bar의 오일 압력을 Servo oil pump가 엔진 제어 장치를 작동시킬 수 있는 필요한 압력(약 100~300 bar)으로 승압하여, Rail unit servo oil common rail로 공급한다.

한 개의 펌프 고장 발생시에도 정상 엔진 운전이 가능하도록 2대의 펌프가 설치된다.

Servo oil pump actuator는 비례 제어하는 전자변이 설치되어 있으며, UNIC-flex 시스템에서 오는 전기 제어 신호에 따라 펌프의 배출량을 제어한다.

엔진의 사양에 따라 다양한 제작사 및 사양의 유압 작동유 공급 펌프가 설치되어 있다.

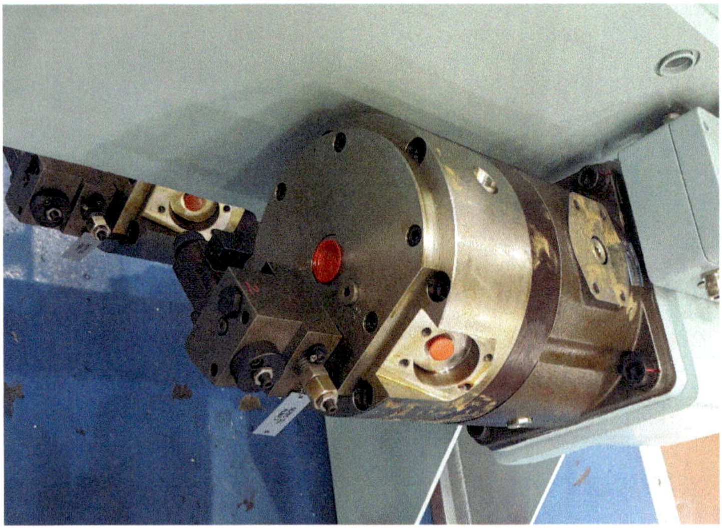

그림 3-167 Dynex servo oil pump for X52

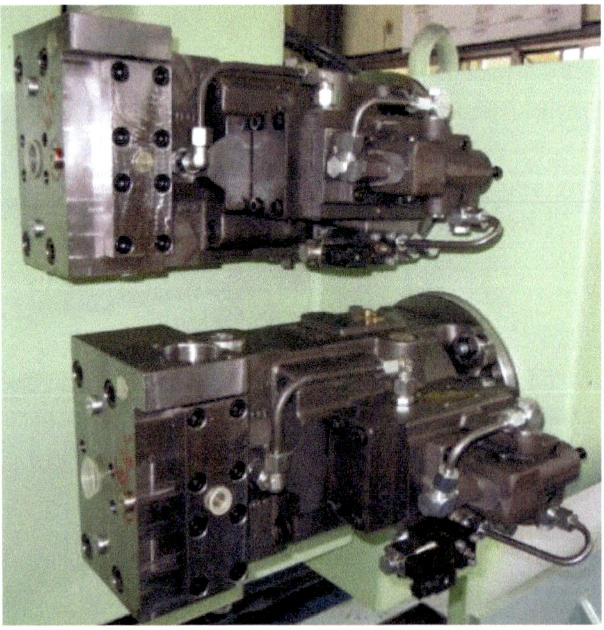

그림 3-168 HAWE servo oil pump for X62 & X72

그림 3-169 Bosch servo oil pump for X62 & X72

(3) Servo oil service pump

전동 모터로 구동되는 Servo oil service pump 1대가 설치되어 있으며, 엔진 정지 중에 수동으로 Servo oil service pump를 기동하여 약 80 bar의 Servo oil을 Rail unit servo oil rail에 공급할 수 있다.

이 80 bar의 Servo oil은 엔진 시동 또는 운전의 목적으로 사용하는 것이 아니며, 엔진 정지 중에만 아래의 목적으로 사용된다.

- 크랭크 샤프트 터닝 중에 실린더 수동 주유
- 실린더 윤활 시스템의 정비 후에, 오일 시스템 내의 공기 배출 및 관련 기기의 누설/작동 점검
- 배기 밸브 또는 배기 밸브 제어 장치의 정비 후에 오일 시스템 내의 공기 배출 및 관련 기기의 누설/작동 점검
- Servo oil 시스템의 정비 이후에 오일 시스템 내의 공기 배출 및 누설 점검

Servo oil service pump는 수동으로 기동 및 정지해야 하며, 공회전 방지를 위해 Main bearing oil 5 bar가 공급됨을 확인 후에 기동해야 되며, 과부하 방지를 위해 엔진 시동 전에는 정지해야 된다.

X52 Servo oil service pump는 엔진의 중간단에 설치되며, X62 & X72 Servo oil service pump는 Supply unit에 설치된다.

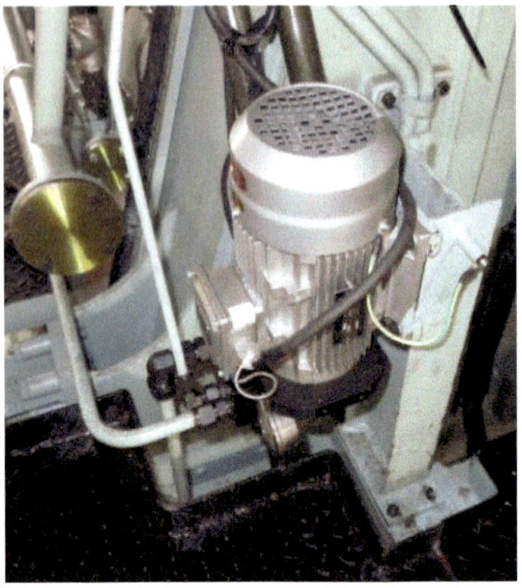

그림 3-170 Servo oil service pump (left: X52, right: X62 & X72)

2) Rail unit

Rail unit은 엔진의 상단에 위치하며, Supply unit에서 공급된 고압의 연료유(Fuel oil)와 유압 작동유(Servo oil)를 저장하는 고압 Common rail pipe(Fuel common rail 및 Servo oil common rail) 및 각 기통을 위한 연료유 제어 밸브(FLV, Flow limit valve), 배기 밸브 제어 장치(VCU, Valve control unit)로 구성된다.

추가하여, 여러 가지의 보조 파이프들이 있으며, Rail unit의 앞 쪽에는 UNIC-flex 제어 시스템의 전기 박스들이 설치된다.

그림 3-171 Rail unit and UNIC-flex electric boxes

그림 3-172 High pressure fuel oil & servo oil connections on rail unit DE side

그림 3-173 Rail unit Box FE side

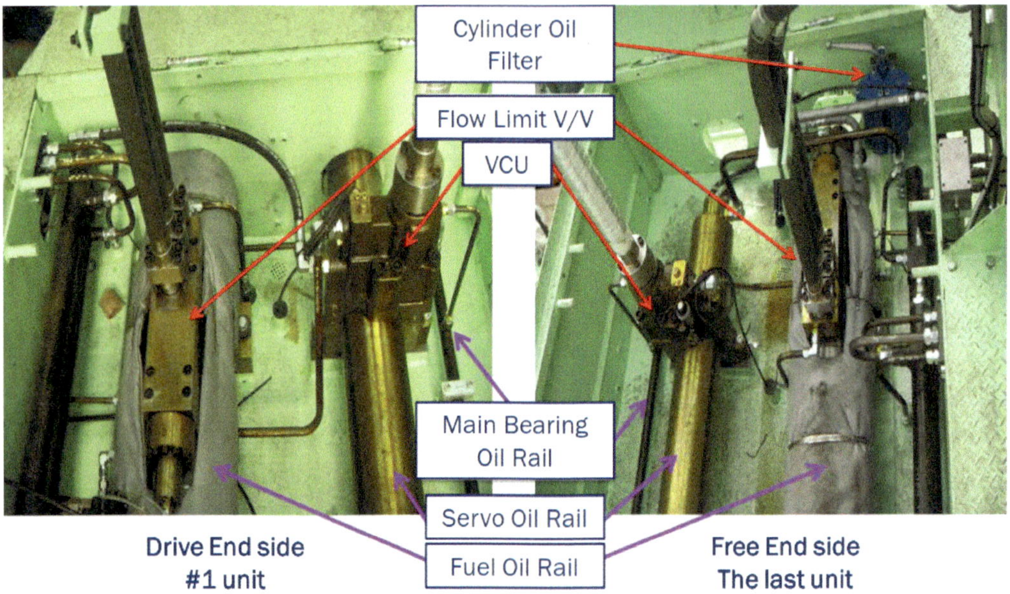

그림 3-174 Rail unit's components

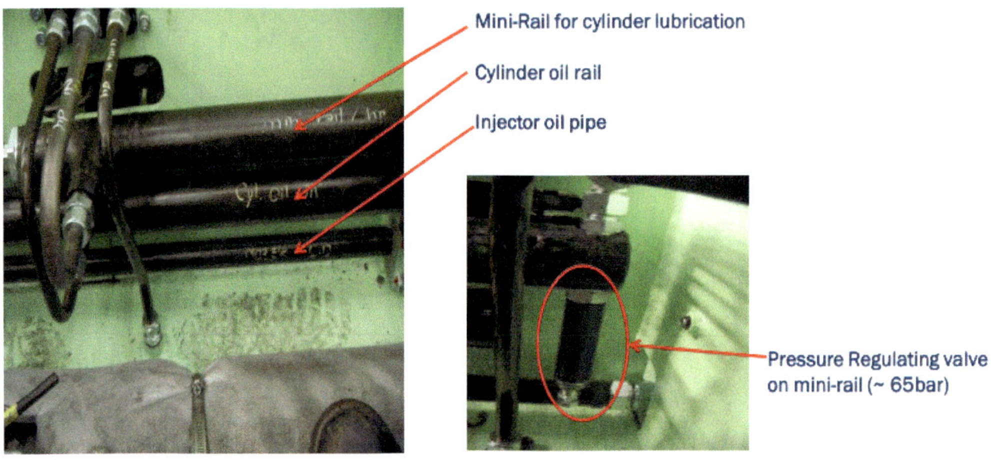

그림 3-175 Additional common pipes on EXH side

(1) Fuel common rail, 압력 제한 장치 및 연료 분사 관련 장치

Fuel common rail은 Supply unit의 연료유 공급 펌프로부터 전달받은 약 600~900 bar의 연료유를 저장한다. 또한, 각 기통의 연료 분사 밸브(FIV, Fuel injection valve)로 연료유를 전달 또는 차단하는 FLV(Flow limit valve)가 설치되고, UNIC-flex 시스템의 압력 조정 기능을 위해 2 개의 압력 센서가 Rail pipe FE에 설치된다.

일반적인 경우 Fuel rail의 압력은 규정 압력 내에서 제어되지만, Fuel rail의 압력이 비정상적으로 과도하게 상승할 경우에는 PCV(Pressure control valve)를 통해 압력이 최대 1,050 bar로 제한된다. 또한, 엔진 보호 시스템(ESS, Engine safety system)의 비상 정지 시에는 ESS에 의해 PCV의 Shutdown solenoid valve가 작동되어, Fuel rail의 압력이 즉시 FIV 작동 압력 이하로 감소되어 엔진을 정지시킨다.

압력이 추가로 상승할 경우 별도로 설치된 기계식의 과압 방지 밸브(Overpressure safety valve)가 압력을 1,250 bar로 제한한다.

PCV & Safety valve는 Fuel common rail pipe와 #1 & #2 기통 사이에 설치된다.

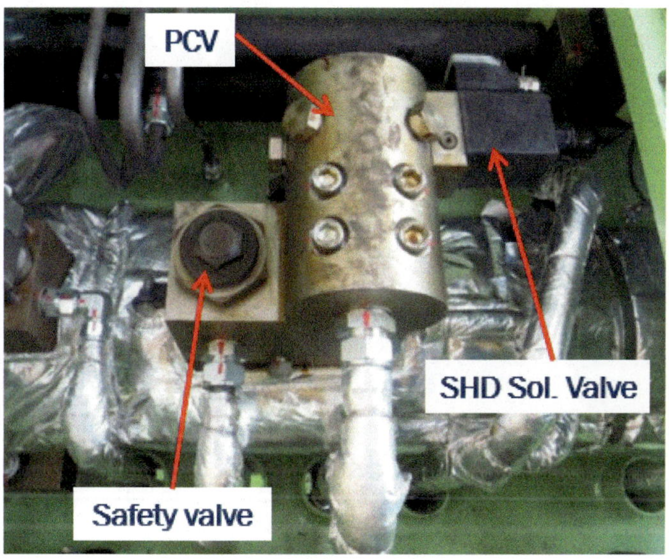

그림 3-176 PCV & Safety valve

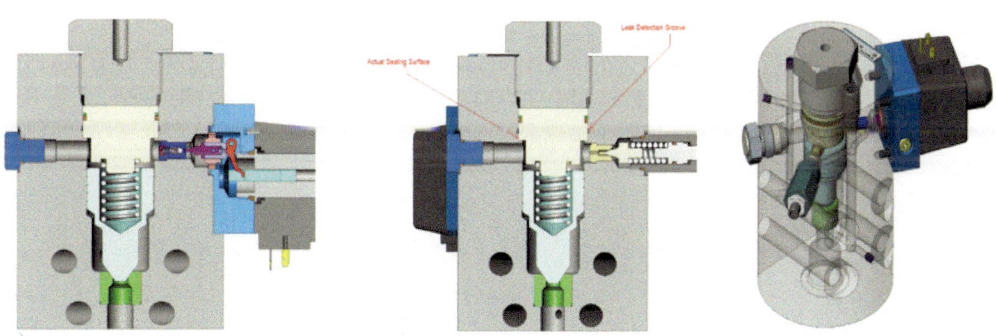

그림 3-177 Cross-section diagram of PCV

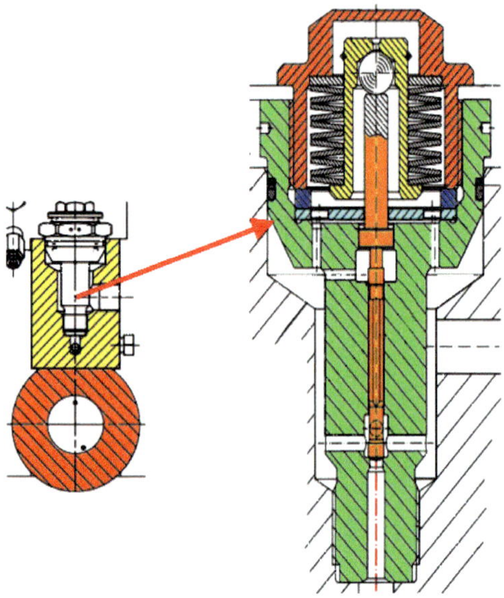

그림 3-178 Cross-section diagram of safety valve

① FLV(Flow limit valve)

FLV는 각 기통 당 하나씩 Fuel common rail pipe 상부에 설치되며, FIV(Fuel injection valve)로 연결된 파이프에서 과도한 누설 또는 FIV가 분사 위치에서의 고착 등 비정상으로 과도한 흐름이 발생하면, 해당 기통으로 연료유 공급을 차단하는 안전 장치이다.

그림 3-185와 같이 연료 분사가 차단되면(FIV가 닫힘), 내부 피스톤의 1개 또는 2개의 공급 구멍(엔진 사양에 따라 공급 구멍의 숫자는 다름)을 통해 고압의 연료유는 FIV로 공급되어 피스톤의 입구(Fuel rail) 및 출구(FIV) 측이 동일한 압력이 된다. 이 상태에서 피스톤 로드가 없는 출구 측이 압력을 받는 면적이 넓어 더 큰 힘을 가지며, 피스톤은 입구측 끝 단 (시작점)까지 움직인다.

연료유가 분사되면(FIV가 열림) 피스톤의 출구 측의 압력은 낮아지나 입구 측은 고압 상태를 유지하며, 그 차압에 의해 피스톤은 출구 측으로 움직인다. 피스톤이 출구 측으로 이동하면서 가압하여 분사 중인 연료유는 높은 압력을 유지한다.

즉, 매 연료 분사가 종료되면 그림 3-185와 같이 피스톤은 입구 측 끝 단(시작점)으로 되돌아오며, 분사 중에는 피스톤은 출구 측으로 이동한다.

만약 비정상적으로 과도한 흐름이 발생하면 피스톤은 출구측 끝단의 FIV로 연결되는 구멍을 막아, 해당 기통의 연료유 공급을 차단한다.

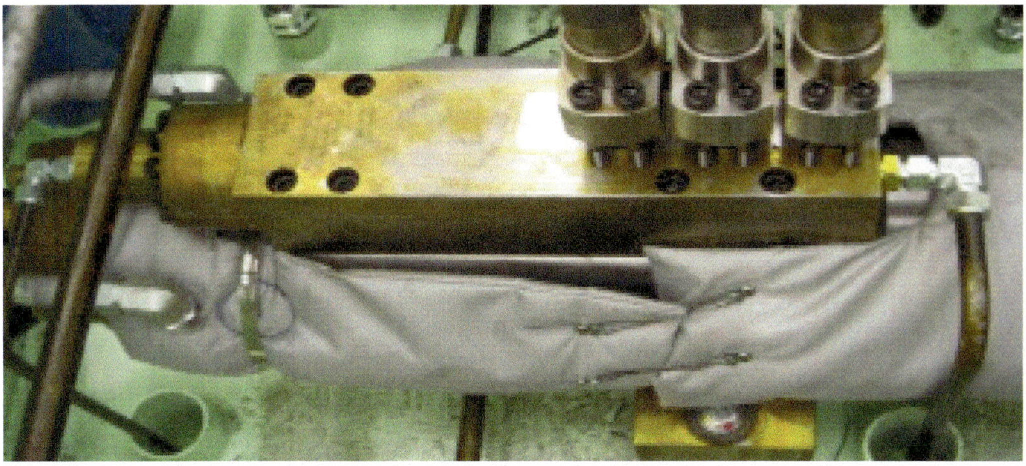

그림 3-179 FLV on fuel rail

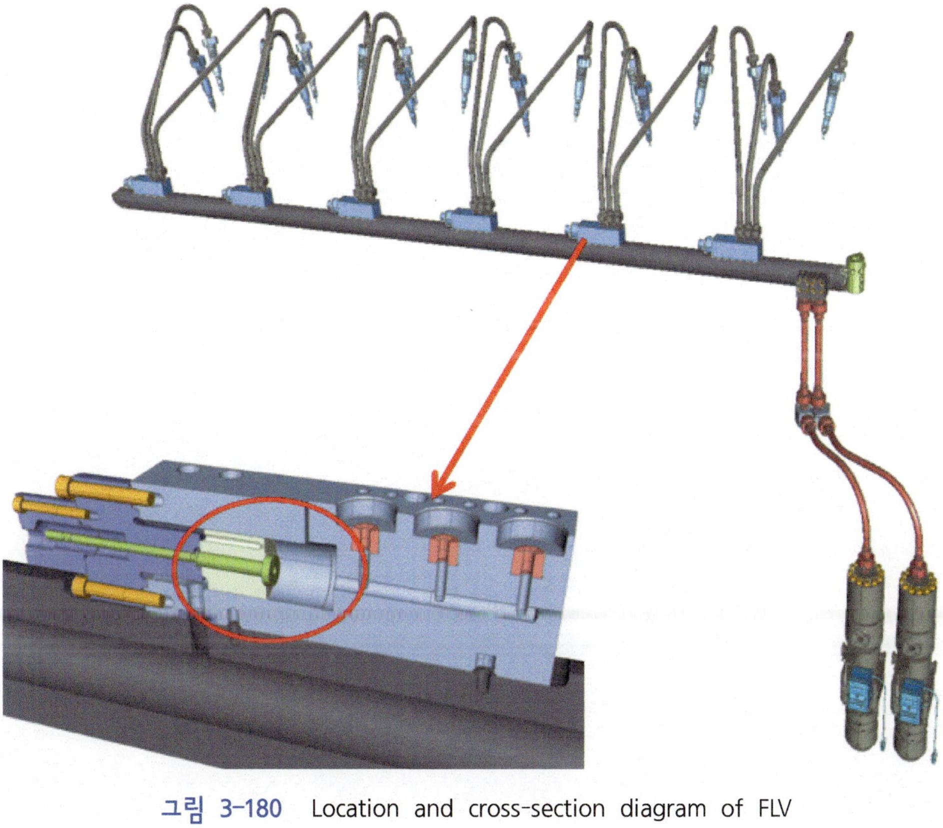

그림 3-180 Location and cross-section diagram of FLV

② 연료 분사 밸브(FIV, Fuel injection valve)

FIV의 제작사는 Woodward L'Orange사이며, 내부에 설치된 Solenoid가 UNIC-flex에 의해 작동되는 방식이다. 이 방식의 FIV는 1,600 bar의 Four-stroke 행정 중속엔진에서 검증되었으며, Solenoid를 포함한 내부 제어 부품들은 모든 X 엔진에 동일하게 적용된다.

그림 3-181과 같이 FIV는 Valve bush를 통해 Cylinder cover에 조립된다. FIV 상부에는 FLV에서 오는 고압 연료유 파이프가 설치되며, Valve bush에는 4개의 저압 파이프가 연결된다. FIV 교환 작업 시 Valve bush와 저압 파이프들은 Cylinder cover에 남으며, FIV와 고압 파이프만 제거하면 된다.

그림 3-182는 FIV에 연결되는 4개의 저압파이프의 용도를 나타내며, 사진의 상부에서부터 첫 번째는 제어 연료유의 누설 연결이며, 매 연료 분사 시에 소량의 제어 연료유가 정상 누설되어 기관실의 연료유 순환 시스템으로 되돌아간다. 두 번째는 비정상 누설의 연결이며, AMS(Alarm monitoring system)가 Level switch로 누설을 감지한다. 세 번째와 네 번째는 윤활유 공급 및 되돌아가는 연결이며, 엔진 운전 중에 윤활유를 공급하여 내부 제어 부품들의 냉각 및 윤활한 후에 다시 기관실 윤활유 시스템으로 되돌아간다.

그림 3-181 FIV & Valve bush, 1 x high pressure pipe on FIV top & 4 x low pressure pipes on valve bush

그림 3-182 Connections for 4 x low pressure pipes

그림 3-183과 3-184는 FIV의 작동 방식을 보여주는 단면도 및 개략도이다. 파란색으로 표시된 연결은 FIV 내부 윤활유의 순환이며, 보라색은 비정상 연료유 누설 연결이다. 빨간색은 고압 연료유 연결이며, 녹색은 제어용 연료유의 누설 연결이다.

그림 3-183은 내부 Solenoid가 소자된 상태로 제어 부품(1번)의 스프링 힘에 의해 Push rod가 Pilot valve(3번)의 스핀들을 닫는다. 이 상태에서 Nozzle(5번)로 공급된 고압의 연료유 중 일부는 제어용 연료유가 되어 Control chamber(4번)에 채워진다. Nozzle(5번) 하부의 Needle을 들어올리는 연료유의 힘보다 상부의 Nozzle 스프링 및 제어용 연료유의 힘이 더 커서 Nozzle은 닫히고 연료 분사는 차단된다.

그림 3-184는 내부 Solenoid가 여자된 상태로 제어 부품(1번)의 여자된 Solenoid가 Push rod를 들어올린다. Control chamber(4번)의 제어용 연료유 압력이 Pilot valve(3번)의 스핀들을 열고, 제어용 연료유는 Control fuel return(6번)을 통해 누설된다. 이 상태에서 Nozzle(5번) 상부의 Nozzle 스프링 힘보다 하부의 Needle을 들어 올리려는 연료유의 힘이 더 커서 Nozzle은 열리고 연료유는 분사된다.

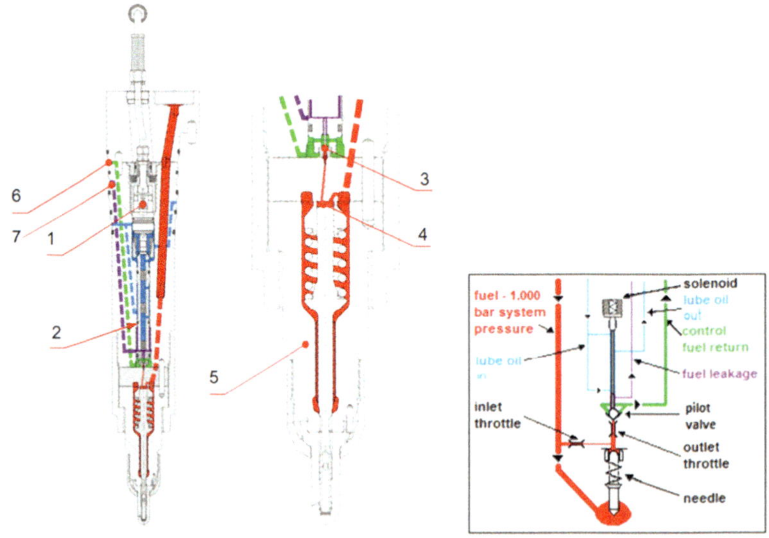

1. *Solenoid and springs set*
2. *Control element*
3. *Pilot valve with outlet throttle*
4. *Control chamber*
5. *Nozzle*
6. *Control fuel return*
7. *Fuel leakage*

그림 3-183 Cross-section & schematic diagrams at closed position of FIV

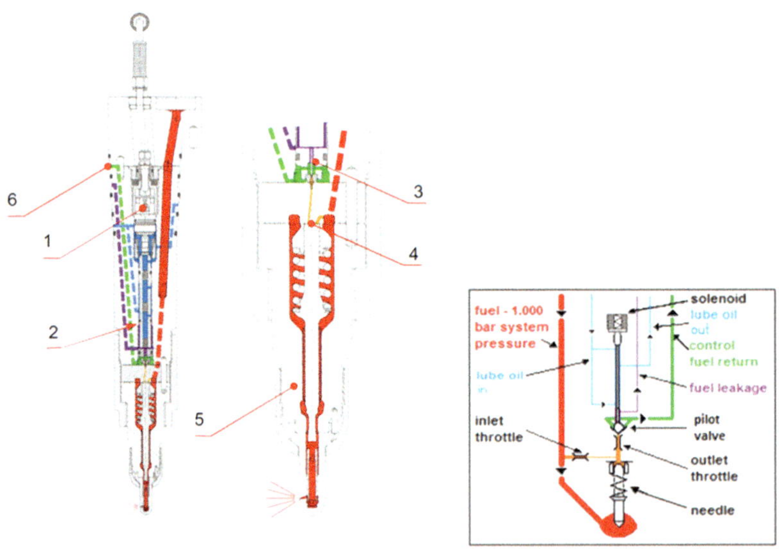

1. *Solenoid and springs set*
2. *Control element*
3. *Pilot valve*
4. *Control chamber*
5. *Nozzle*
6. *Control fuel return*

그림 3-184 Cross-section & schematic diagrams at opened position of FIV

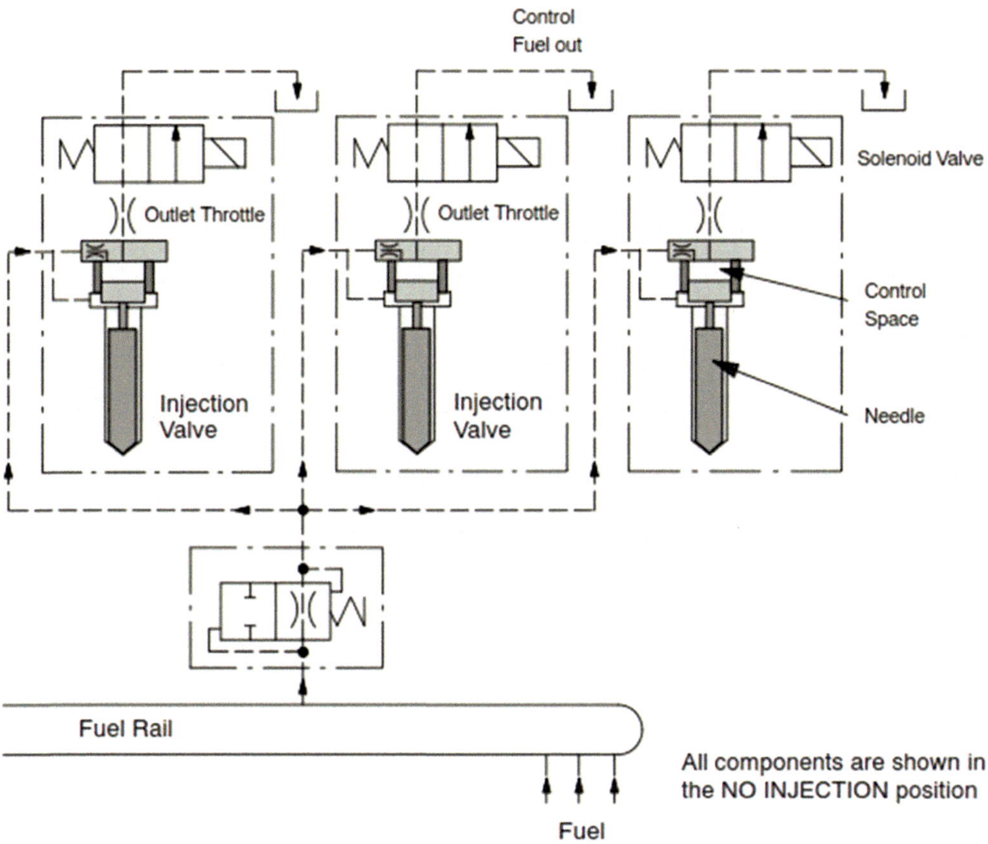

그림 3-185 Schematic diagram of fuel injection system

③ FIV 고압 파이프의 전기 가열 시스템(Electrical trace heating system)

엔진 정지 중에 고압 연료유 시스템은 순환하지 않기 때문에 Heavy fuel oil의 고착을 방지하기 위해, 연료유 펌프 Delivery pipe 및 Fuel rail pipe에는 스팀 가열 시스템(Steam trace piping system)이 적용되어 있고, FIV 고압 파이프에는 그림 3-186과 같이 전기 가열 시스템이 적용되어 있다.

전기 가열 전선(Heating cable)은 자동으로 온도 130°C ± 10%를 유지한다.

그림 3-187의 E88 전기 박스는 가열 시스템의 제어 박스이다. 자동 제어를 선택하면, 측정된 펌프 입구 측의 연료유 온도에 따라, 자동으로 전기 가열 전선을 켜고 끈다. 추가하여, 전기 가열 시스템의 작동 여부를 UNIC-flex에 전달한다.

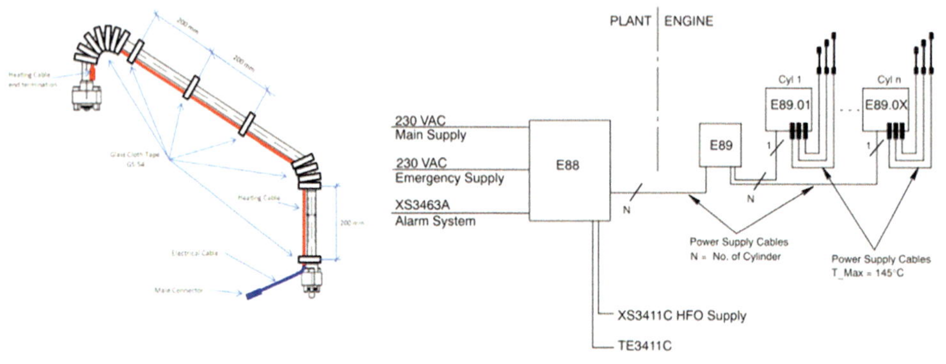

그림 3-186 Electric heating system for FIV high pressure pipes

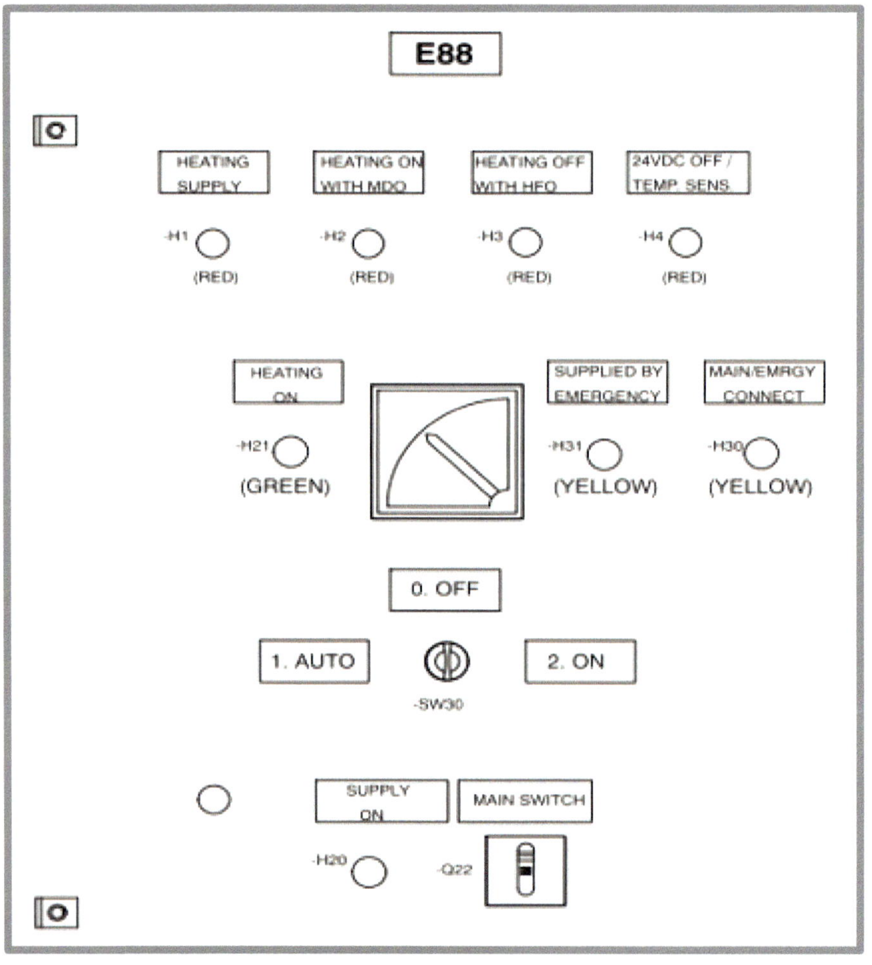

그림 3-187 E88, Control box for electric heating system

(2) Servo oil common rail, 배기 밸브 제어 장치 및 배기 밸브

Servo oil common rail은 Supply unit의 유압 작동유 공급 펌프로부터 전달받은 약 100~300 bar의 유압 작동유를 저장하는 Common rail이다. 각 기통의 배기 밸브(EXV, Exhaust valve)로 유압 작동유의 전달을 통해 배기 밸브를 열고 닫는 배기 밸브 제어 장치(VCU, Valve control unit)가 설치되어 있고, UNIC-flex 시스템의 압력 조정 기능을 위해 2 개의 압력 센서가 설치되어 있다.

일반적인 경우, Servo oil rail의 압력은 규정 압력 내에서 제어되나, 만약 압력이 비정상적으로 과도하게 상승할 경우에는 과압 방지 밸브(Overpressure safety valve)가 압력을 350 bar로 제한한다.

그림 3-188
Safety valve & pressure transmitters on servo oil rail FE side

① 배기 밸브 제어 장치(VCU, Valve control unit)

VCU는 각 기통 당 하나씩, Servo oil rail pipe 상부에 설치되며, 아래의 부품들로 구성되어 있다.

- 4/2-Way solenoid valve
- 3/2-Way servo oil valve
- VCU Main piston & Cylinder
- 외부에서 공급되는 Main bearing oil line, 약 5 bar

UNIC-flex가 Solenoid valve를 여자 시키면 제어 작동유가 3/2-Way servo oil valve의 하부 제어 피스톤으로 공급되어 3/2-Way servo oil valve spindle이 상부로 이동하며, 고압의 Servo oil이 VCU Main piston 하부로 공급된다. Main piston이 유압에 의해 상부로 이동하며, Main piston 상부, 즉 Actuator pipe 내부의 작동 유압을 상승시킨다. 배기 밸브는 가압된 작동 유압에 의해 열린다. 배기 밸브에 설치된 Position sensor가 실시간으로 배기 밸브의 위치를 측정하여 UNIC-flex 시스템에 전달한다.

이후, UNIC-flex가 Solenoid valve를 소자 시키면 제어 작동유가 3/2-Way servo oil valve의 상부 제어 피스톤으로 공급되어 3/2-Way servo oil valve spindle이 하부로 이동하며, Main piston 하부로 공급한 Servo oil을 Servo oil return pipe로 돌려보내면, 배기 밸브는 Air spring 압력에 의해 닫힌다. 배기 밸브에 설치된 Position sensor가 실시간으로 배기 밸브의 위치를 측정하여 UNIC-flex 시스템에 전달한다.

그림 3-194와 같이 UNIC-flex 시스템은 전기 신호에서부터 실제 작동될 때까지의 지연 시간을 실시간으로 측정 및 보상하므로 정확한 시점에 배기 밸브를 열고 닫는다. 그러므로 Main piston 및 3/2-Way servo oil valve, 배기 밸브의 유압 피스톤들에 피스톤 링을 설치할 필요가 없으며, 그 부품들의 마모율을 줄여준다.

그림 3-189에서 3-192는 VCU의 외형 및 내부 단면도와 계통도를 나타낸다.

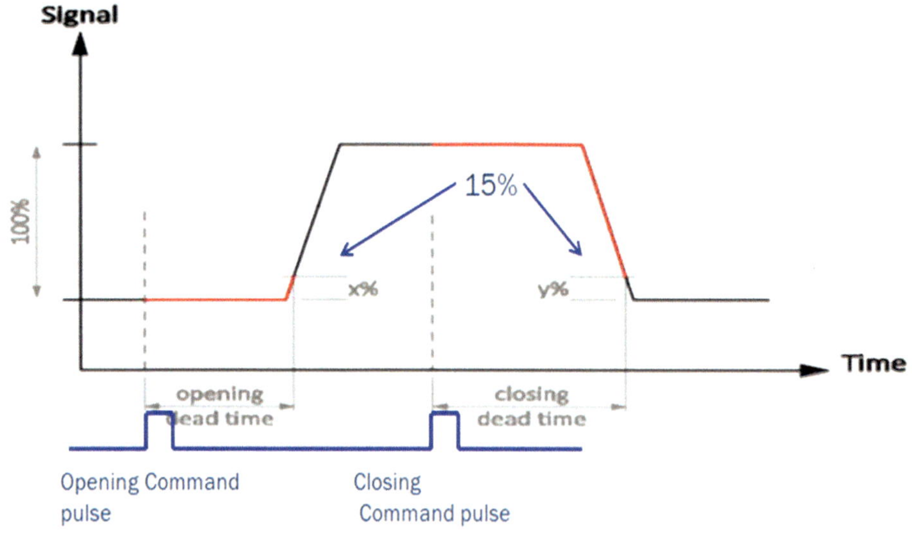

그림 3-189 Measurement & compensation of opening & closing deadtime in exhaust valve control

그림 3-190 VCU on servo oil rail

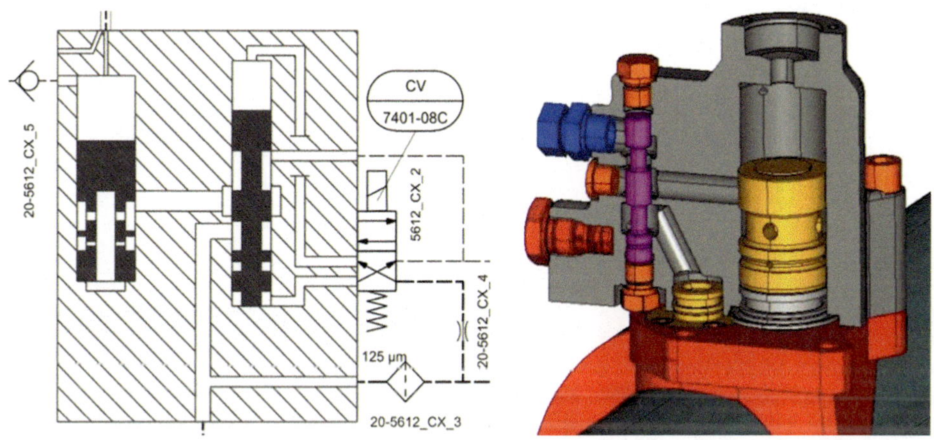

그림 3-191 Cross-section & schematic diagrams of VCU

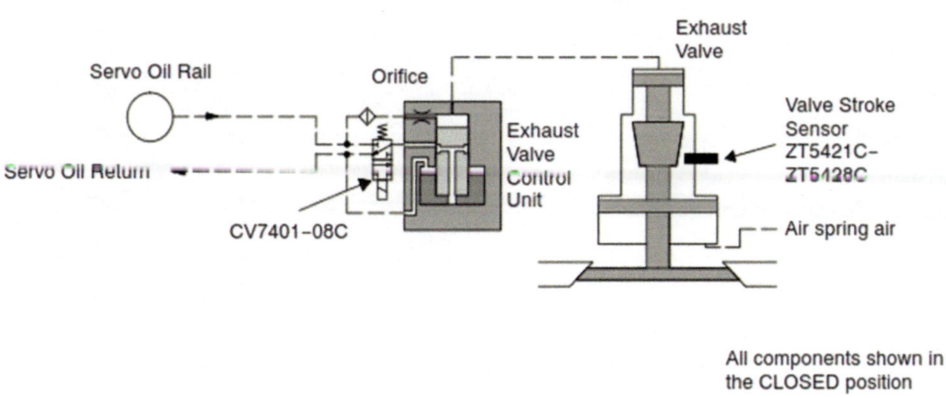

그림 3-192 Schematic diagram of VCU & exhaust valve

② 배기 밸브(Exhaust valve)

배기 밸브는 기존 RTA 엔진과 마찬가지로 유압에 의해 열리며, 공기압(Air spring, ~6.5 bar)에 의해 닫힌다. 그러나 아래와 같은 전자제어엔진의 특성을 가지고 있다.

- Position sensor(근접 센서 타입) 1 개가 설치되어 밸브 스핀들의 기울어진 면과의 거리를 측정하여 밸브의 현재 위치를 UNIC-flex 에 실시간으로 전달한다.
- 2 중 유압 피스톤 방식을 적용하여 배기 밸브를 여는데 필요한 유압 부피가 줄어든다.
- 유압 피스톤들은 피스톤 링이 없어서 이 부품들의 수명이 길어진다.
- Housing 자체가 Spring air piston 의 실린더 역할을 하므로 별도의 실린더 부품이 필요 없다.
- Spring air 공간 하부에 판스프링들을 설치하여 Air spring 압력이 충분하지 못할 경우에 내부 부품들의 손상을 방지한다.
- Upper housing 상부에 Damper 를 설치하여 배기 밸브가 거의 닫혔을 때에 속도를 줄여서 Valve spindle 과 Seat 의 마모율을 줄여준다.
- Upper housing 에 Constant leakage orifice 를 설치하여 정비 작업 이후에는 Actuator oil pipe 의 공기 배출을 하며, 운전 중에는 Actuator oil 을 순환시키는 역할을 한다.

그림 3-193, 3-194는 배기 밸브의 외형 및 내부 단면도를 나타낸다.

그림 3-193 Exhaust valve

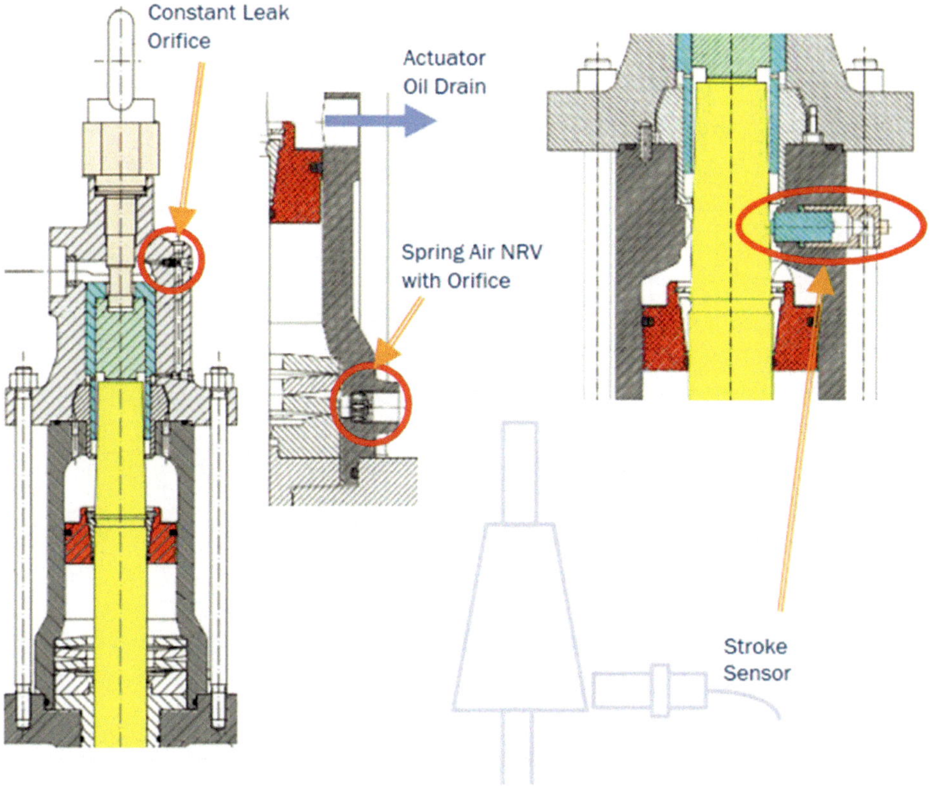

그림 3-194 Cross-section diagram & parts of exhaust valve

3) 압축 공기 시스템 및 관련 기기들

기관실에서 엔진으로 공급되는 공기 시스템은 엔진 시동용 30 bar의 공기와 엔진 제어용 7~9 bar의 공기이다.

엔진의 Control air supply unit(그림 3-195, Group A)로, 전처리 과정을 거친 깨끗한 7 ~ 9 bar 공기와 30 bar 시동용 공기가 연결된다. Control air supply unit 내부적으로 2개의 압력 조절용 밸브에 연결되며, 깨끗한 공기 7 ~ 9 bar는 6.5 bar(Group A, 35-23HA)로, 시동 공기 30 bar는 6 bar(Group A, 35-19HA)로 조정되어, 각각의 Non return valve를 통해 병렬로 연결되며, 6.5 bar의 높은 압력의 공기가 2개의 출구를 통해 엔진으로 공급된다. 만약 6.5 bar 공급에 문제가 발생하면, 자동으로 6 bar의 공기가 엔진으로 공급된다. 이 6.5 bar의 공기는 엔진 터닝 기어를 거쳐 Shut off valve for starting air(그림 3-195, 30-4325_E0_1)를 작동시키며, 또한 배기 밸브의 스프링 에어로 공급된다.

또한, 엔진의 추가 사양에 따라 제어용 공기는 Turbocharger 배기가스의 바이패스 밸브의 구동용 및 Oil mist detector의 제어용으로 사용된다.

엔진의 시동 공기는 기존의 RTA 엔진과는 다르게, 시동 공기 분배기에 의한 기계적인 제어가 아닌 UNIC-flex 시스템에 의해 전자적으로 제어된다. 시동 공기 장치는 각 기통에 설치되어 Starting air를 연소실 내로 공급하는 Starting air valve와 Starting air 30 bar를 엔진으로 공급하는 Shut off valve for starting air(Main starting air valve)로 구성된다.

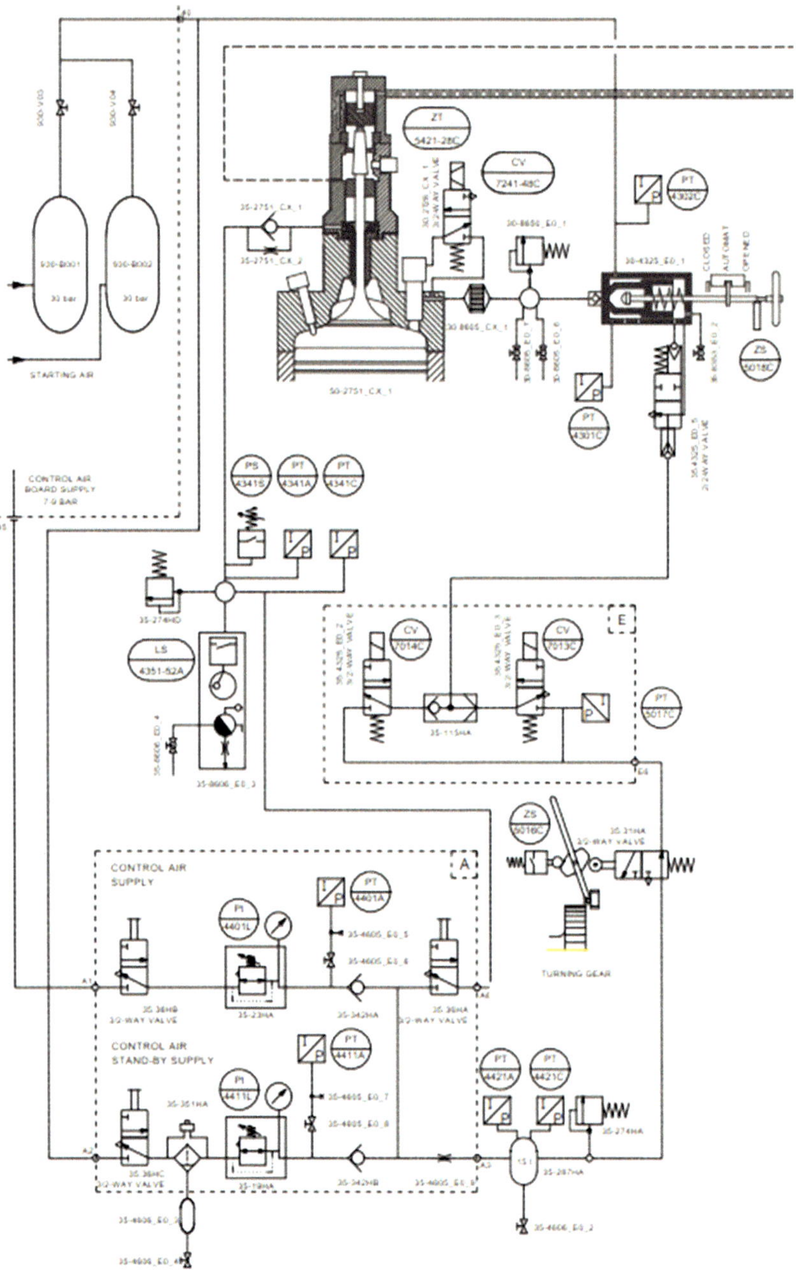

그림 3-195 Compressed air system

그림 3-196 Shut off valve for starting air(Main starting air valve)

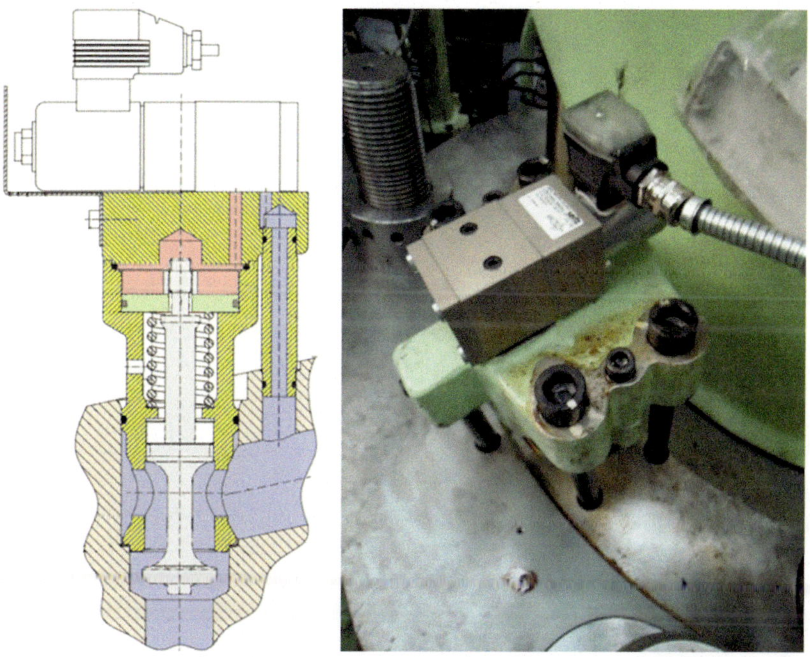

그림 3-197 Starting air valve

그림 3-196은 Shut off valve for starting air이며, 엔진 시동 신호에 따라 UNIC-flex 시스템이 밸브 본체에 설치된 2개의 전자 밸브를 작동시켜 Shut off valve for starting air를 열어서 엔진의 Common pipe로 시동 공기 30 bar를 공급한다.

그림 3-197은 Starting air valve이며, 엔진 시동 및 회전 신호, 현재 Crankshaft 각도에 따라 UNIC-flex 시스템이 해당되는 기통의 전자 밸브를 작동시켜 Starting air valve를 열어서 시동 공기를 연소실 내로 공급하여 엔진을 시동 시킨다.

4) 실린더 주유 시스템(Cylinder lubricating system)

WinGD 엔진들의 실린더 주유 시스템은 엔진 부하에 따라 주유량이 증감하는 방식이며, 모든 UNIC-flex 제어 엔진들은 flexLube 펌프가 적용이 된다. UNIC-flex 시스템의 전자 제어와 유압 작동유(Servo oil rail에서 감압변을 거친 약 65 bar의 Servo oil)에 의해 flexLube 펌프가 작동된다. 펌프의 작동 후에는 작동유가 최종적으로 Sump tank로 돌아간다.

펌프는 각 기통마다 하나씩 설치되어 있으며 UNIC-flex 시스템, CCM-20(Cylinder control module-20)의 전기 신호에 따라 전자 밸브가 유압 작동유를 Control piston에 전달해 Injection piston들을 작동시켜, 실린더 오일을 가압한다. 펌프의 출구 측 압력 센서는 측정된 실린더 오일 압력을 CCM-20에 전달한다. 기관실에서 공급된 저압의 실린더 오일이 필터를 거쳐 각 기통의 펌프에 병렬로 공급되며, 펌프에 의해 가압된 정해진 양의 실린더 오일은 실린더 라이너와 같은 높이에 위치한 Lubricating quill (한 기통당 4 - 10개가 설치되며, 실린더 직경에 따라 설치 숫자가 달라짐)들을 통해 실린더 내부로 주유된다.

그림 3-200, 3-201은 flexLube 실린더 오일 펌프의 디자인 및 내부 단면도를 나타낸다.

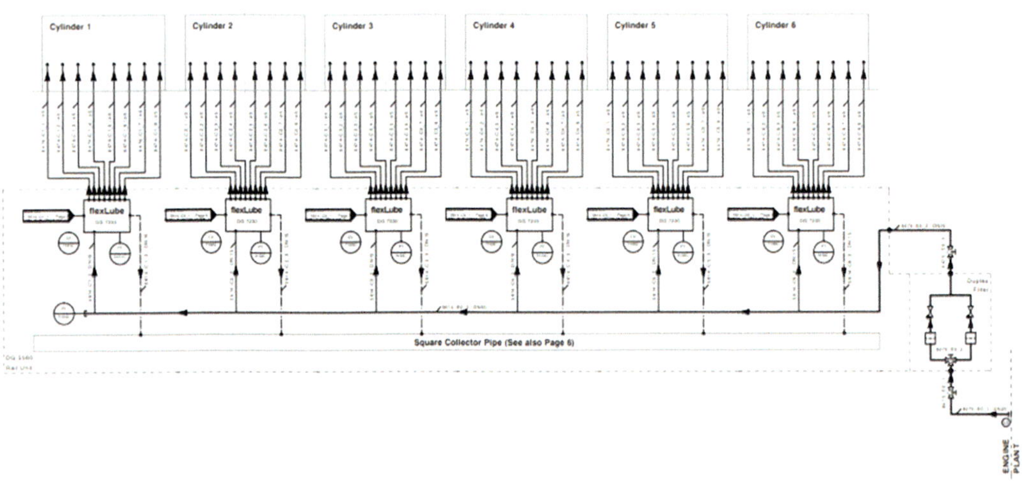

그림 3-198 Cylinder lubricating system

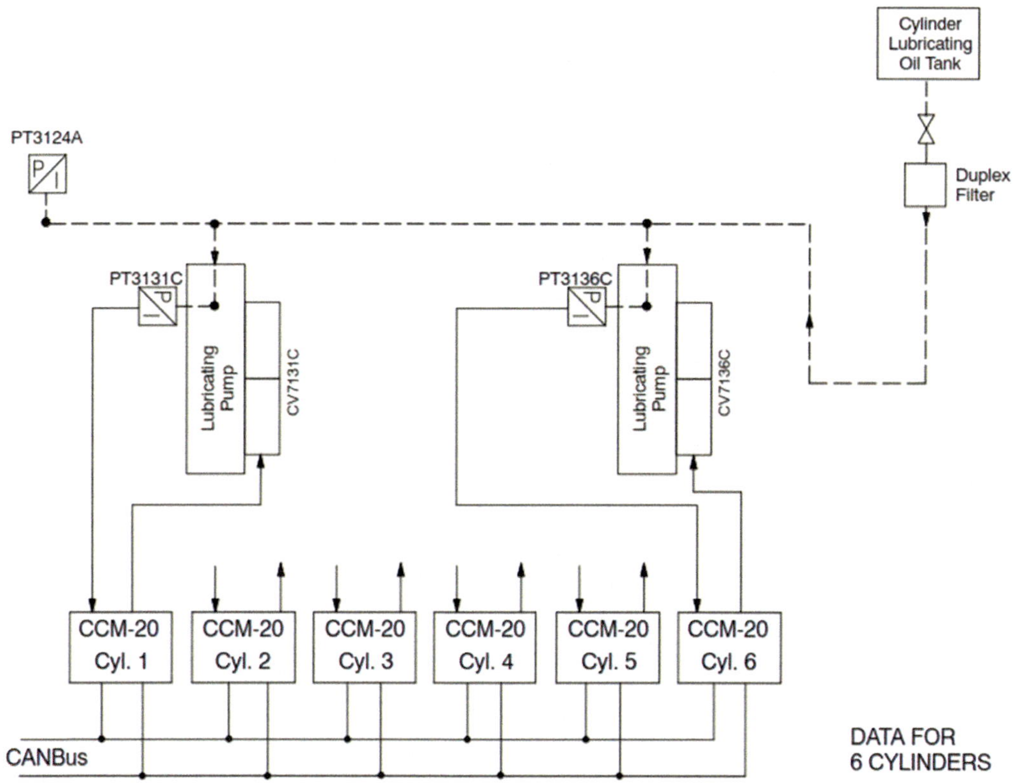

그림 3-199 Cylinder lubrication control by CCM-20

그림 3-200 flexLube pump

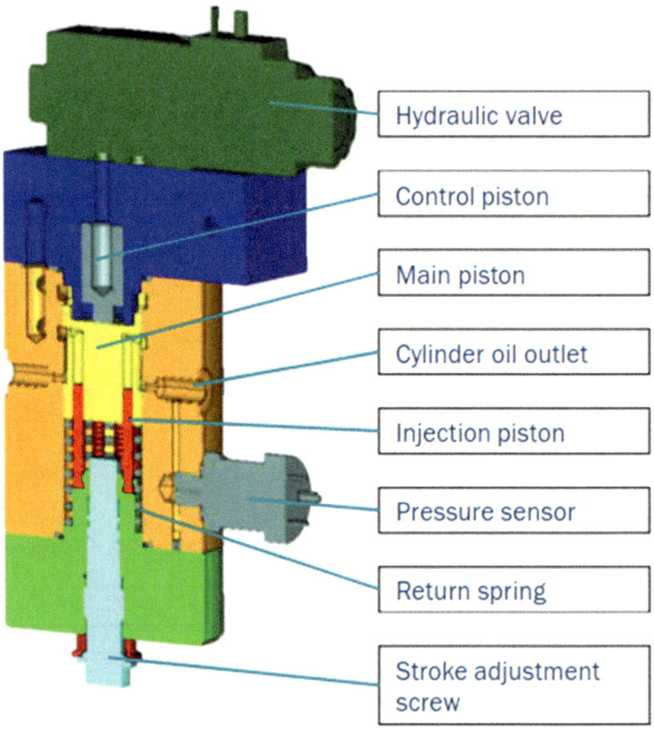

그림 3-201 Cross-section diagram and parts for flexLube

운전자가 설정한 주유율(g/kWh)로 조정하기 위해 UNIC-flex 시스템은 고정된 펌프의 배출량 및 오일의 밀도, 현재 엔진 부하를 고려하여 주유(Pumping) 횟수를 계산한다. 즉, 엔진 부하 및 운전자의 주유율 설정에 따라 주유 횟수가 달라진다. 계산된 주유 횟수에 따라 해당 기통의 1회전 시에 한번 주유를 하거나, 주유하지 않을 수 있다.

그림 3-202와 같이 피스톤의 위치를 기준으로 상, 중, 하의 세 곳에 주유를 하며, 주유를 하는 회전에서는 세 곳 중의 한 곳만 주유를 한다. 주유 방식은 주로 실린더 라이너 벽면(Cylinder liner wall)에 주유하는 방식으로, 실시간으로 전달되는 크랭크 각도 값에 따라 UNIC-flex 시스템의 주유 신호를 펌프에 보내 피스톤의 압축 행정 중의 피스톤 상, 중, 하의 위치(X72 엔진의 경우, 크랭크 각도 기준으로 Above: 260°, Into: 316° & Below: 340°)에 Lubricating quill을 통해 각각 70%, 25%, 5%의 양으로 분배하여 주유한다.

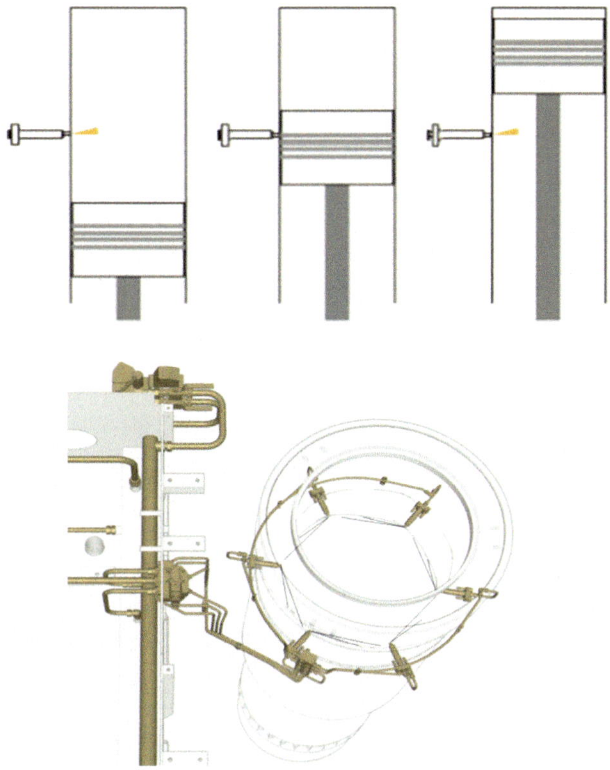

그림 3-202 Vertical three lubrication positions and arrangement of lubricating quills

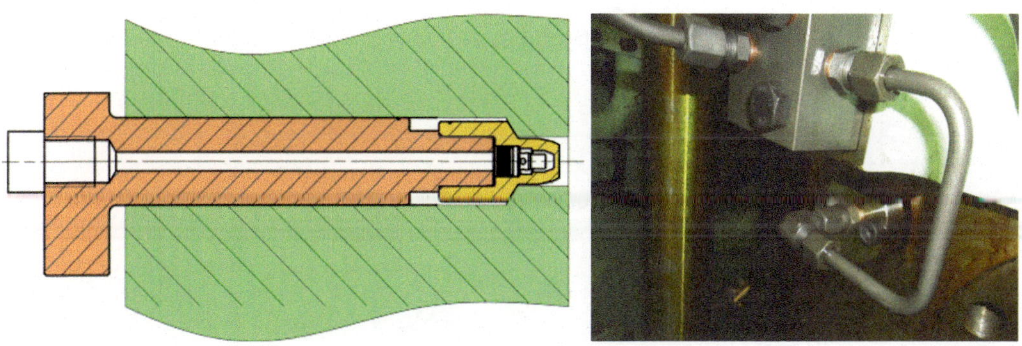

그림 3-203 Lubricating quill

5) 크랭크 각도 센서 장치(CAS, Crank angle sensor unit)

엔진의 전자 제어를 위해 크랭크 각도 센서 장치는 실시간으로 현재 각도를 측정하여 UNIC-flex 시스템에 전달한다. 엔진의 안전 운전을 위해 중복 개념으로 2 세트의 CAS unit가 설치되어 한 세트의 센서가 고장이 발생해도 엔진의 정상 운전이 가능하다.

그림 3-204에서 3-206은 Gear wheel type(with pick-up sensors) CAS unit을 보여준다. SU 구동용 중간 기어에 4개의 Pick-up 센서들(A, B, C & D)이 설치되어 기어의 이빨 수 및 엔진의 회전 방향을 측정하며, 엔진 Flywheel에 1 번 기통의 TDC 감지용 Pick-up 센서 및 BDC 감지용 Pick-up 센서, 총 2개가 설치되어, 크랭크 각도 계산을 위한 기준 값을 UNIC-flex 시스템에 전달한다.

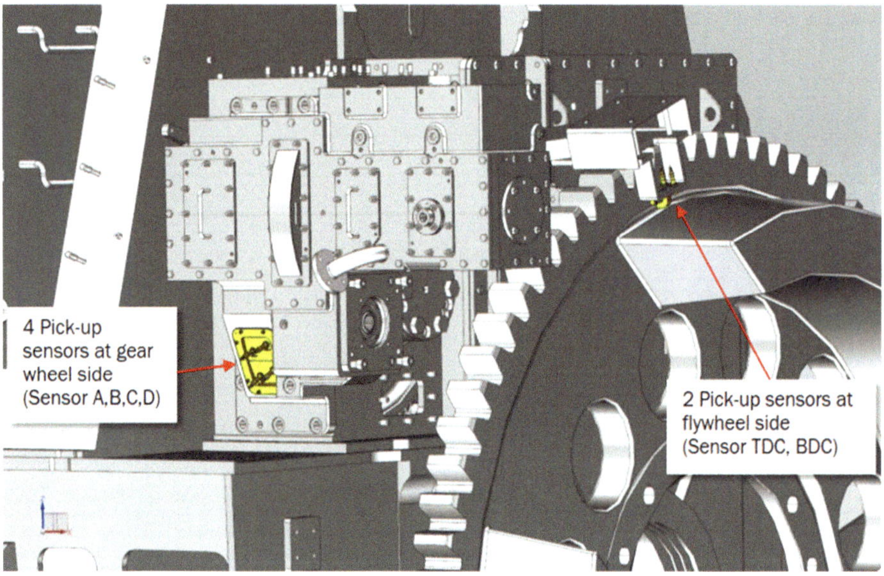

그림 3-204 Gear wheel type CAS unit

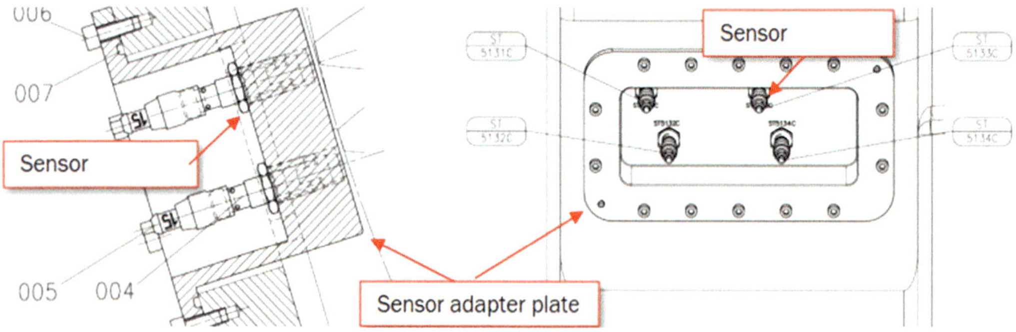

그림 3-205 4 x Pick-up sensors on gear wheel side

그림 3-206 TDC & BDC pick-up sensors on flywheel side

그림 3-207은 Pick-up 센서들과 그 신호를 수신하는 UNIC-flex 시스템의 Module들의 연결이다. TDC & BDC 신호는 크랭크 각도 계산에 필요하며, 실린더 제어 기능을 하는 모든 기통의 CCM-20에 전달된다. A & B Pick-up 신호는 엔진 속도 제어 기능을 하는 MCM-11 (Main Control Module-11) 및 #1 CCM-20에 전달된다. C & D Pick-up 신호는 #2 CCM-20부터 마지막 기통의 CCM-20에 전달된다.

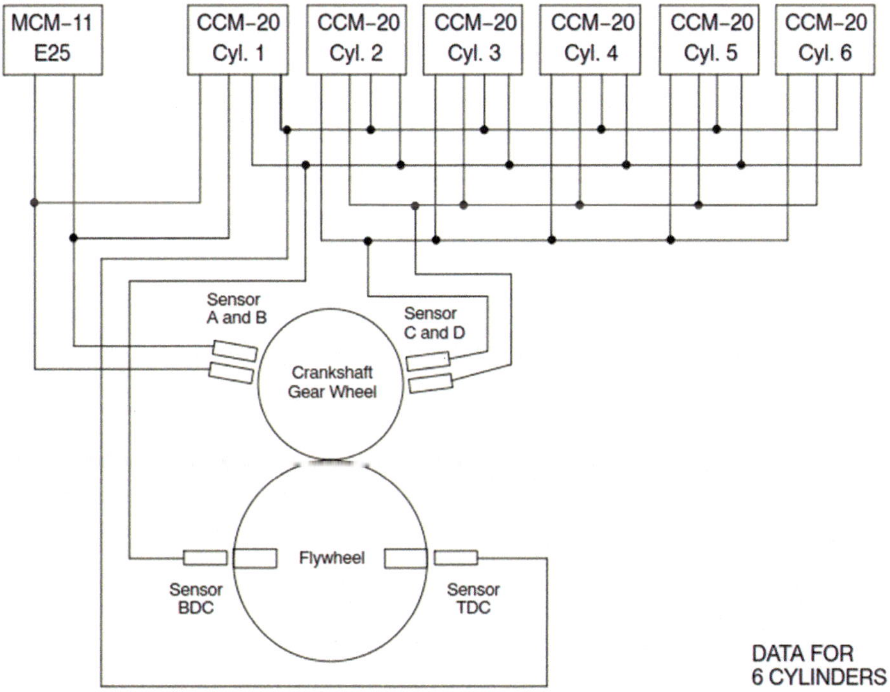

그림 3-207 Signal connections from pickup sensors to UNIC-flex modules

3.2.2 UNIC-flex 전자 제어 시스템

WinGD 전자제어엔진은 외부의 자동화 업체에서 제공하는 PCS(Propulsion control system)과 AMS(Alarm monitoring system) 및 내부의 엔진 제어 시스템(ECS, Engine control system) UNIC-flex로 구성된다. PCS는 RCS(Remote control system, Telegraph unit 포함) 및 ESS (Engine safety system)로 구성된다.

1) 엔진의 외부 추진 제어 시스템(PCS) 및 선박 경보 시스템(AMS)

PCS 및 AMS의 기능은 기존 RTA 엔진에서의 기능 자체와 거의 동일하다. 다만, 작동 방식 및 감지 방식이 아래와 같이 차이가 난다.

- RCS: 엔진의 원격 제어 장치로 제어 위치는 W/H(Wheel house)와 ECR(Engine control room)이며, 운전자가 Telegraph unit 을 통해 설정한 Maneuvering command (Ahead/Astern start, Brake air, Stop, Air run, Slow turning & ETC)를 BUS 통신 라인을 통해 UNIC-flex 시스템에 전달한다. 또한, 목표하는 엔진 속도 값을 UNIC-flex 시스템에 전달한다.
- ESS: 엔진 및 관련 기기의 상태가 비정상인 경우에 SLD(Slowdown) 또는 SHD (Shutdown) 시킨다. SHD 경우에는, PCV 에 설치된 SHD solenoid valve 를 직접 작동시켜 Fuel rail 의 압력을 순식간에 떨어뜨리며, 동시에 SHD 신호를 BUS 통신 라인을 통해 UNIC-flex 시스템에도 전달하며, UNIC-flex 시스템은 전 기통의 연료 분사 차단 및 Fuel pump actuator 를 통해 연료유 공급을 차단한다.
- AMS: 기존 RTA 엔진과 같이 AMS 센서들을 통해 직접 엔진을 감시하며, 추가로 UNIC-flex 시스템 내부의 고장 신호를 BUS 통신 라인을 통해 전달받아 경보를 발생시킨다.

그림 3-208은 외부 PCS 및 AMS와 엔진 측에 설치된 UNIC-flex 시스템 및 외부 시스템의 전기 박스들 간의 신호 연결이다.

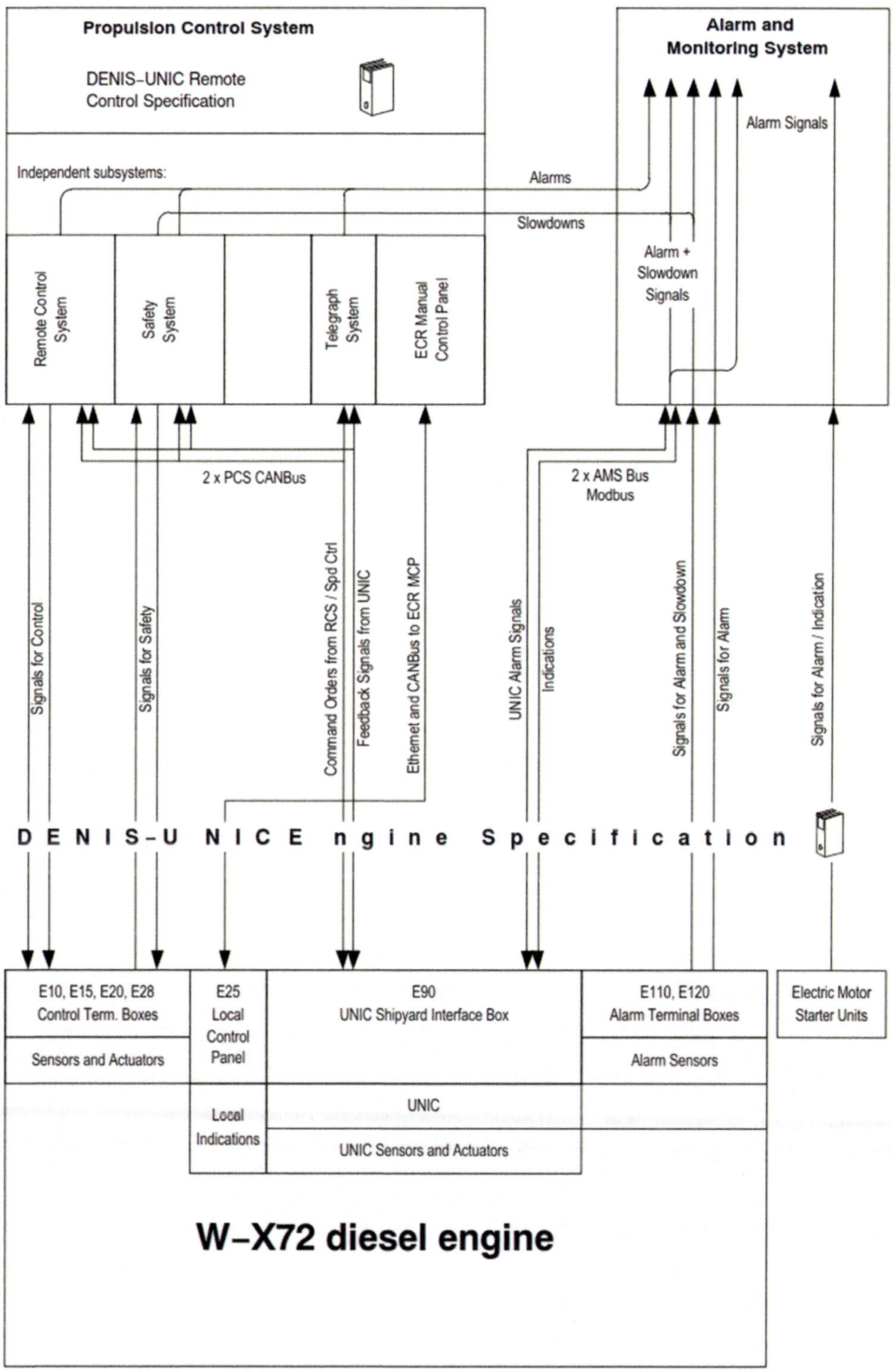

그림 3-208 Interface between UNIC-flex and external systems for X72

2) UNIC-flex 시스템의 구성 및 기능

UNIC-flex 시스템은 Engine control system으로 엔진을 직접적으로 제어 및 작동시킨다. UNIC-flex software 및 Control modules(Hardware), 각종 작동 장치들(Actuators), 각종 감지 장치들(Sensors), 통신 시스템 등으로 구성되어 있다.

(1) Control modules

UNIC-flex 시스템의 Control module들은 아래와 같이 4 종류가 있다. ECR(Engine control room)에 설치된 LDU-20을 제외한 엔진 측에 설치된 모든 Module들은 중복으로 설치된 2개의 내부 통신망(CANopen system bus)을 통해 서로의 정보를 공유한다.

그림 3-209와 같이 MCM-11(Main control module-11)과 Local LDU-20은 RCS의 E25 Local control console box에 설치된다. 그러나, UNIC-flex의 일부로 별도의 전원을 공급받으므로, RCS로부터 독립되어 작동한다. 즉, RCS 측에 전원 공급이 차단되었더라도, MCM-11 및 LDU-20의 전원 공급이 유지된다면 LDU-20을 통한 엔진 비상 운전이 가능하다.

MCM-11 및 Local LDU-20은 ECR LDU-20과 중복으로 통신을 한다. 추가하여, PCS 및 AMS와도 중복 통신을 한다.

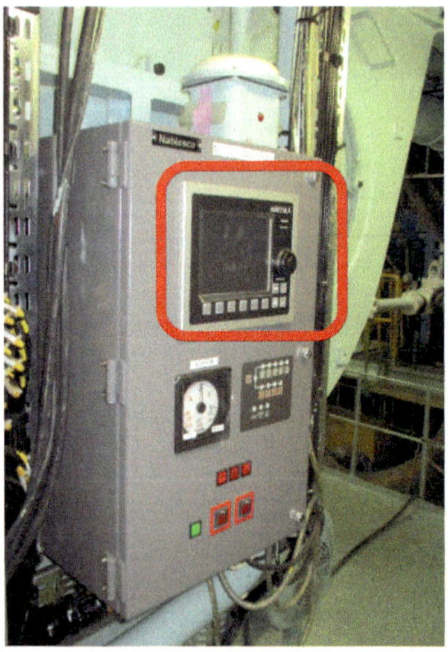

그림 3-209 Local control console box (E25) of RCS,(left: LDU-20, right: MCM-11)

① CCM-20(Cylinder control module-20)

Rail unit 앞 편에 각 기통당 1개가 설치되며, CAS unit에서 받은 크랭크 각도 값을 기준으로 해당 기통의 연료 분사 및 배기 밸브 제어, 시동 공기 밸브 제어, 실린더 주유 시스템 제어 등의 Cylinder-related control functions(그림 3-211 참조)을 한다.

또한, 기통 번호에 따라 부여된 엔진 전체를 위한 기능, Common rail 압력 조정 등의 Engine-related control functions(표 3-4 참조)이 있다. 이웃하는 2개의 CCM-20이 중복으로 동일한 주요 Engine-related control functions을 하고 있어, 그 중 1개의 CCM-20이 고장 나더라도 그 기능은 유지된다.

만약 엔진 운전 중에 한 기통의 CCM-20에 고장이 발생하면 해당 기통의 Cylinder-related control functions을 잃게 되어, ESS에서 Slowdown을 발생시킨다. 안전한 해역으로 선박을 이동시킨 후, 엔진 정지 상태에서 고장이 발생한 CCM-20은 예비품으로 교환이 가능하다.

한 엔진에 설치된 모든 CCM-20은 동일한 Software 및 변수 값(Parameter)을 영구 저장하고 있으며, 각 기통에 다르게 설정된 Cylinder number ID(Identification, Bridge wire signal) 신호에 따라 부팅 시에 Cylinder number를 인지하여, 해당 기통의 모든 기능을 저장한다. 엔진 정지 중에, CCM-20의 맞교환을 통해 오작동 여부를 검증할 수도 있다.

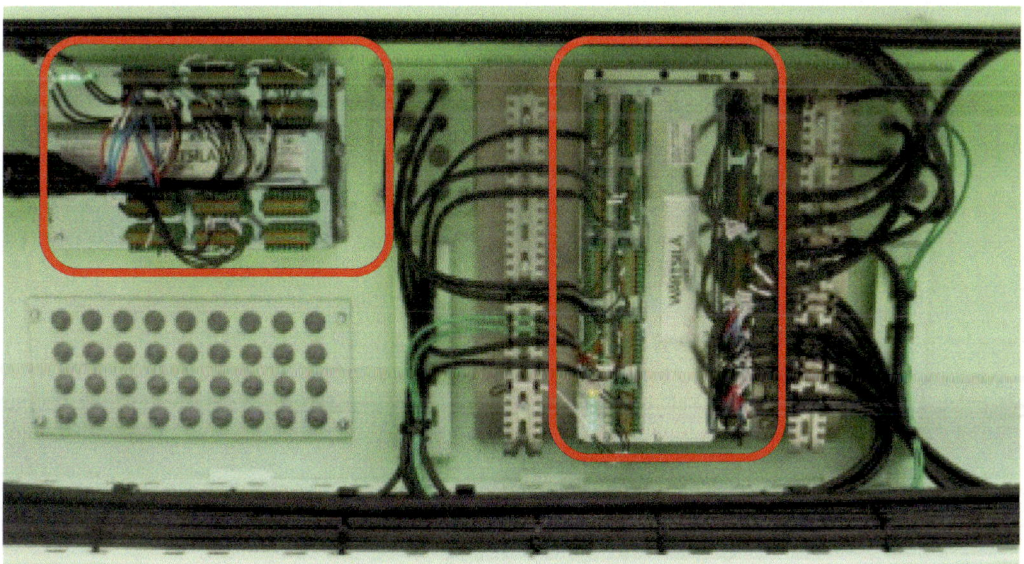

그림 3-210 Electric boxes on rail unit, (left: IOM-10, right: CCM-20)

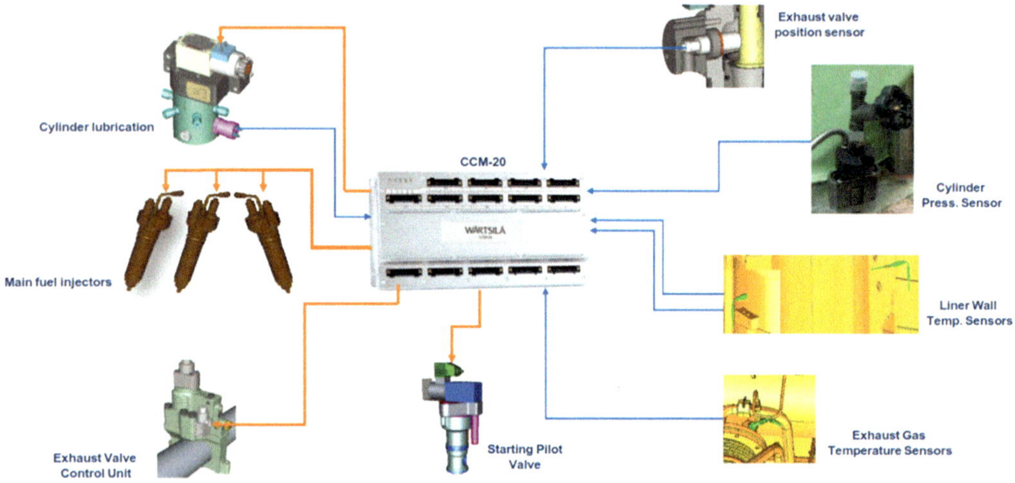

그림 3-211 Cylinder-related control functions in CCM-20

표 3-4 Input & output signals for engine-related control functions in CCM-20

Input signals	Output signals
CCM #1 ➢ Fuel rail pressure sensor #1 (PT3461C) ➢ Shaft power/torque meter (JT5156C/JT5157C), *Optional*	CCM #1 ➢ Fuel pump actuator set point #1 (CV7231C) ➢ Power supply speed sensor B and TDC
CCM #2 ➢ Fuel rail pressure sensor #2 (PT3462C) ➢ Fuel pressure before supply unit (PT3421C)	CCM #2 ➢ Fuel pump actuator set point #2 (CV7232C) ➢ Power supply speed sensor C and BDC
CCM #3 ➢ Servo oil rail pressure sensor #1 (PT2071C) ➢ Bearing oil inlet pressure (PT2002C)	CCM #3 ➢ Servo oil pump set point #1 (CV7221C) ➢ Power supply speed sensor D
CCM #4 ➢ Servo oil rail pressure sensor #2 (PT2072C) ➢ Air spring pressure (PT4341C)	CCM #4 ➢ Servo oil pump set point #2 (CV7222C)
CCM #5	CCM #5 ➢ Fuel pump actuator set point #3 (CV7233C)

② MCM-11(Main control module-11)

엔진당 1개가 설치되며 그림 3-208과 같이 RCS의 E25 box에 위치한다. Local LDU-20과 함께 중복으로 설치된 2개의 통신망을 통해 외부 제어 시스템 PCS 및 경보 시스템 AMS와 통신을 한다. 또한, ECR에 설치된 LDU-20과도 통신을 한다.

또한, 엔진의 속도 조절 기능을 하며 RCS로부터 전달받은 엔진 속도 목표 값 (Speed command)과 CAS unit을 통해 전달받은 현재 엔진 속도를 비교하여, 필요한 연료 분사량 (Fuel command)을 계산하여 전 기통의 CCM-20에 전달한다.

그리고, IOM-10(Input output module-10)과 함께 중복으로 동일한 주요 Engine-related control functions을 하고 있어, 둘 중 한 개의 Module이 고장 나더라도 그 기능은 유지된다.

표 3-5는 MCM-11의 Engine-related control functions에 관련된 전기 신호이다.

만약 엔진 운전 중에 MCM-20의 고장이 발생하면, 엔진의 제어 위치는 비상 운전 위치인 ECR LDU-20으로 자동 전환되며, 엔진 속도의 제한 없이 LDU-20에서 운전할 수 있다. 안전한 해역으로 선박을 이동한 후 엔진 정지 상태에서 예비품으로 교환이 가능하다.

표 3-5 Input & output signals for engine-related control functions in MCM-11

Input signals	Output signals
➢ Scavenge air pressure sensor #1 (PT4043C) ➢ Control air pressure engine inlet (PT4421C) ➢ Crosshead bearing oil pressure supply (PT2021C), *Optional* ➢ Turning gear disengaged #1 (ZS5016C) ➢ Starting air pressure #1 on shut off valve(PT4301C) ➢ Turbo charger speed #1(ST5201C) ➢ Auxiliary blower #1 running(JS5031C) ➢ Starting air shut off valve manually closed(ZS5018C) ➢ HFO supply, electric heating cable "ON"(XS3411C) ➢ Digital exhaust waste gate closed (ZS5372C), *Optional* ➢ Analog exhaust waste gate position (XI7077C), *Optional*	➢ Common start air valve #1(CV7013C) ➢ Auxiliary blower start signal #1 (CY7031C) ➢ Injector lubricating oil shut-off valve(CV7003C) ➢ Power supply speed sensor A

③ IOM-10(Input output module-10)

엔진당 1개가 설치되며 그림 3-209와 같이 Rail unit 앞쪽에 위치한다. MCM-11과 함께 중복으로 동일한 주요 Engine-related control functions을 하고 있어, 둘 중의 한 개의 Module이 고장 나더라도 그 기능은 유지된다.

표 3-6은 IOM-10의 Engine-related control functions에 관련된 전기 신호이다.

만약 엔진 운전 중에 IOM-10의 고장이 발생하면, Minor failure로 RCS에서 정상 운전이 유지된다. 안전한 해역으로 선박을 이동한 후 엔진 정지 상태에서 예비품으로 교환이 가능하다.

표 3-6 Input & output signals for engine-related control functions in IOM-10

Input signals	Output signals
➢ Scavenge air pressure sensor #2 (PT4044C) ➢ Turning gear disengaged #2 (PT5017C) ➢ Starting air pressure #2 before shut-off valve(PT4302C) ➢ Cylinder cooling water pressure engine inlet(PT1101C) ➢ Auxiliary blower #2 running(JS5032C) ➢ Turbo charger speed #2(ST5202C)	➢ Common 2start air valve #2(CV7014C) ➢ Auxiliary blower #2 start signal (CY7032C) ➢ Exhaust waste gate control(CV7077C), *Optional*
For ICC function	
➢ Scavenge air temperature after cooler A(TE4045C) ➢ Scavenge air temperature after cooler B(TE4046C) ➢ Barometric pressure A(PT4002C) ➢ Barometric pressure B(PT4003C) ➢ TC compressor air inlet temperature A (TE4041C) ➢ TC compressor air inlet temperature B (TE4042C)	

④ LDU-20(Local display unit-20)

엔진당 2개가 설치되며 한 개는 그림 3-208과 같이 RCS의 E25 box에 위치하며, 다른 한 개는 ECR에 위치한다. Local LDU-20은 MCM-11과 함께 중복으로 설치된 2개의 통신망을 통해 외부 제어 시스템 PCS 및 경보 시스템 AMS와 통신을 한다. 또한, ECR에 설치된 LDU-20과도 통신을 한다.

LDU-20은 RCS의 엔진 원격 제어가 불가능할 때 중복으로 2곳에 설치되어, 엔진의 수동 비상 운전 기능을 한다. ECR LDU-20이 정상적으로 작동되면 환경이 나은 ECR에서 엔진 비상 운전이 가능하다. 또한, UNIC-flex의 Operator interface 역할을 하며, 엔진의 제어 위치와 상관없이 LDU-20을 통해 운전자는 UNIC-flex 측정값의 확인과 배기 밸브 타이밍 및 연료 분사 타이밍 등 UNIC-flex의 값들을 조정할 수 있다.

추가하여, Local LDU-20은 모든 UNIC-flex control modules의 상태를 점검하고, 엔진 정지 중에 Module의 교환 시에 필요한 Software & Parameters들을 새로운 Module에 자동으로 설치한다. 즉, 현장에 설치된 Local LDU-20이 외부 시스템과의 통신 및 Module 상태 감시 역할 등의 주 기능을 하며, ECR LDU-20은 중복으로 설치되어 엔진 비상 운전과 UNIC-flex 값들의 지시 및 조정 기능만 한다.

LDU-20에서의 엔진 비상 운전 방법 및 Operator interface 역할은 별도의 항에서 자세하게 설명한다.

(2) UNIC-flex의 Cylinder-related control functions

CCM-20의 Cylinder-related control functions은 CAS unit으로 받은 크랭크 각도 및 엔진 속도, 회전 방향 신호와 내부 통신망(CAN system bus)을 통해 수신한 PCS(RCS & ESS)의 Commands 및 MCM-11의 Fuel command, UNIC-flex parameters에 따라 해당 기통의 연료 분사 및 배기 밸브, 시동 공기 밸브, 실린더 주유 시스템을 제어하는 기능이다. 각 부품들의 작동 및 제어 방식은 앞에서 소개했으며, 여기에선 다음 기능들의 Cylinder-related functions을 추가 설명한다.

① 연료 분사 타이밍 제어

엔진의 연료 분사 타이밍 관련 Parameter는 엔진 부하 100%에서 목표하는 연소 압력으로 조정을 위한 Injection begin standard value 및 연료 소모량을 줄이기 위한 VIT (Variable injection timing), 사용하는 연료유의 발화 지연을 보상하기 위해 조정하는 FQS(Fuel quality setting)와 전 기통의 연소 압력 평준화를 조정하는 개별 기통의 Injection begin offset으로 구성된다. Injection begin standard value 및 VIT는 공장 시운전 시에 결정되는 IMO parameter이며, 이후에는 조정이 불가능하다. FQS 및 개별 기통의 Injection begin offset은 엔진의 성능 개선을 위해 엔진 운전 중에 조정이 가능한 Parameter이다.

타이밍에서 사용되는 각도 값들은 크랭크 각도 값을 기준으로 상대 값을 나타낸다. 즉, -1.0도는 1도 전진을 뜻하며, +1.0도는 1도 후진을 뜻한다.

최종 VIT 값은 소기 압력에 따라 결정되는 VIT-A 및 엔진 속도에 따라 결정되는 VIT-B, Fuel rail 압력에 따라 결정되는 VIT-C의 합으로 계산된다. 그림 3-212, 3-213 및 3-214는 일반적인 VIT-A, -B, -C 세팅 값의 예시이다. 피스톤 링 또는 실린더 라이너의 신환 후, 길들이기 운전을 할 때에는 VIT 기능을 해제해야 한다.

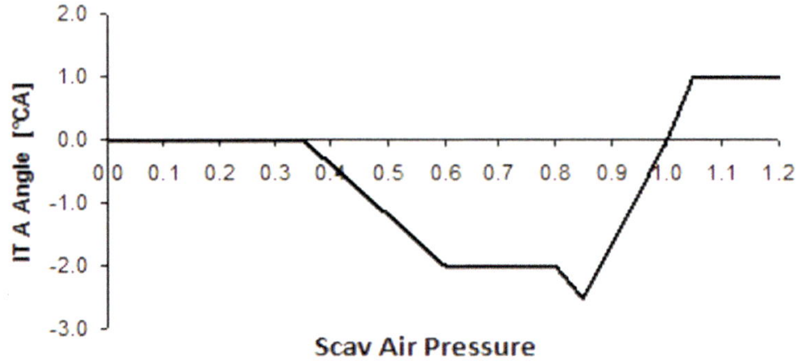

그림 3-212 Example of VIT-A parameter setting depends on charge air pressure

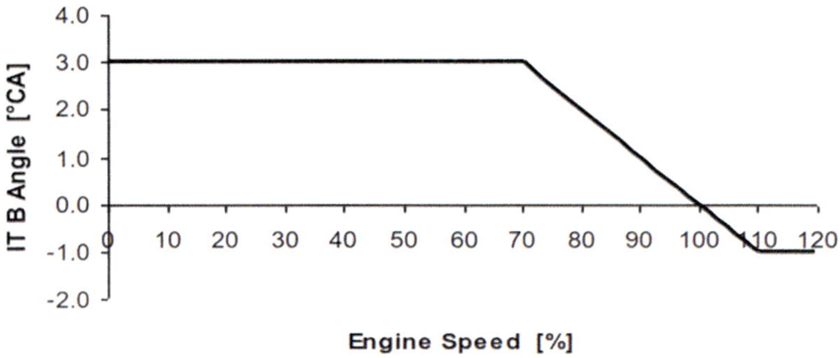

그림 3-213 Example of VIT-B parameter setting depends on engine speed

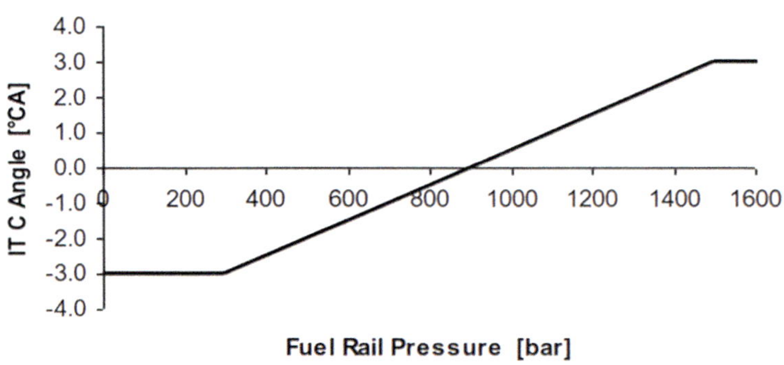

그림 3-214 Example of VIT-C parameter setting depends on fuel rail pressure

FQS는 동일한 엔진 부하를 기준으로, 현재 운전 중인 엔진의 평균 압축 압력이 공장 시운전 시의 평균 압축 압력과 동일한 조건에서, 현재 엔진의 평균 연소 압력을 공장 시운전 시의 압력으로 증감시키기 위해 조정하는 연료 분사 타이밍 값이다. 연료의 품질, 즉 발화 지연의 차이로 발생되는 연소 압력의 편차를 보상하는 기능을 한다.

전 기통에 영향을 주는 Injection begin standard value 및 VIT, FQS와 각 기통의 Injection begin offset을 합친 값이 각 기통의 최종 연료 분사 타이밍이며, LDU-20을 통해 조정 및 확인이 가능하다.

개별 기통의 Injection begin offset 값을 조정하여 전 기통의 연소 압력을 평준화 할 수 있다.

② FIV(Fuel injection valve) 제어

앞서 FIV의 작동 방식을 설명한 바와 같이 UNIC-flex는 각 FIV를 개별적으로 제어한다. 엔진의 저부하 운전 시에는 3개의 FIV 중의 1개 또는 2개의 FIV만을 작동시켜 제어 연소 기간의 연장 등을 통해 더 나은 연소 특성을 가지며, 그 결과로 매연 발생량의 감소 및 연료 소모율 절감의 효과가 있다. 작동되는 FIV의 숫자는 엔진 부하에 따라 달라진다. 예로, 부하 8% 이하에서는 1개, 8%에서 16% 사이에는 2개, 16% 이상에서는 3개 모두가 작동된다. 그림 3-215와 같이 1개 또는 2개의 FIV가 작동될 때에는, 연소실 전체에 균등한 열의 전달을 위해 작동되는 FIV는 2분마다 순환한다.

참고로, 엔진 시동 시에는 FIV 3개 모두가 작동된다.

추가하여, 엔진의 고부하(예, 25% 이상)에서도 NOx 절감 등 더 좋은 연소 특성을 갖기 위해, 순차적으로 FIV를 작동시키는 Sequential injection을 한다. 그림 3-216은 한 기통의 연속되는 2 회전에서의 순차적으로 작동되는 FIV를 나타낸다. 즉, 매 회전 마다 3개의 FIV의 작동 순서가 순환한다.

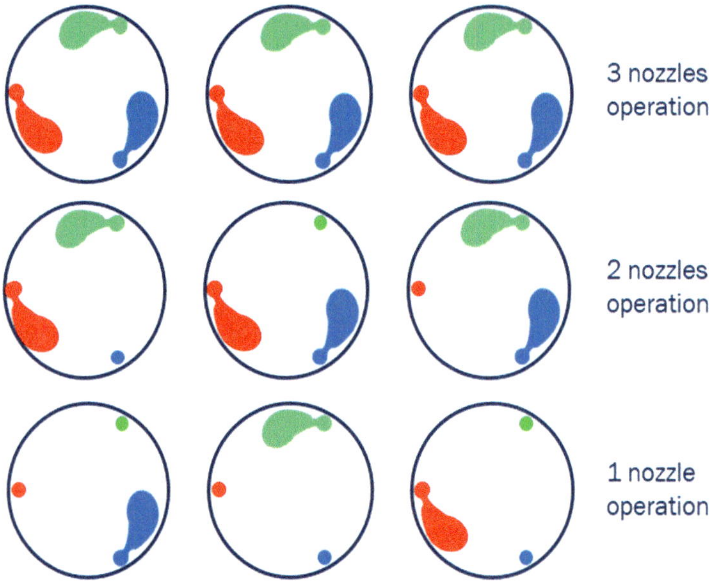

그림 3-215 FIV low load control function

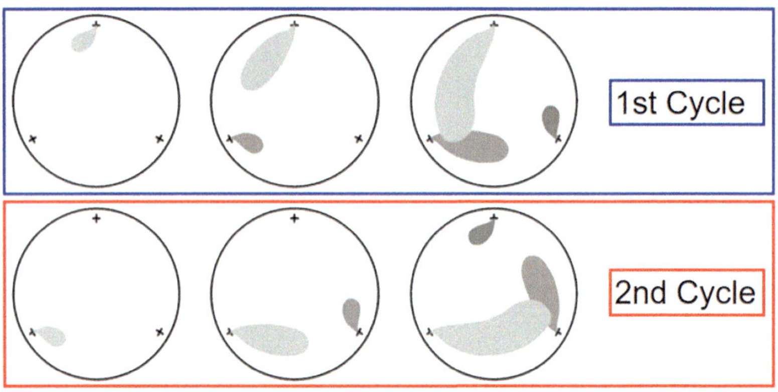

그림 3-216 FIV sequential injection control function

③ 배기 밸브 타이밍 제어

엔진의 연료 소모율 저감 및 매연 발생 감소, 소기 효율 개선 등을 위해, 배기 밸브의 Open & Close 타이밍이 엔진 속도 및 소기 압력에 따라 달라진다. 엔진 부하 100%에서의 고정된 타이밍에, VEO(Variable exhaust valve opening) & VEC(Variable exhaust valve closing) 타이밍을 추가하여 배기 밸브의 타이밍을 계산한다.

타이밍에서 사용되는 각도 값들은 크랭크 각도 값을 기준으로 상대 값을 나타낸다. 즉, -1.0도는 1도 전진을 뜻하며, +1.0도는 1도 후진을 뜻한다.

그림 3-217은 엔진 속도에 따른 일반적인 VEO 세팅 값을 나타낸다. 엔진 저속 구간에서는 상대적으로 늦게 열어서 좀 더 많은 연소 에너지를 기계 에너지로 전달한다. 고속 구간에서는 상대적으로 일찍 열어서 소기 효율을 증대시킨다.

그림 3-218은 엔진 속도에 따른 일반적인 VEC 세팅 값을 나타낸다. 엔진 저속 구간에서는 상대적으로 일찍 닫아서 압축 압력을 증가 시키며, 그에 따라 VIT 기능이 좀 더 낮은 부하에서 시작되어 연소 압력을 증가시켜, 연료 소모율을 감소시킨다(그림 3-218 참조).

추가하여, 개별 기통의 Exhaust valve closing offset 값을 조정하여, 전 기통의 압축 압력을 평준화 할 수가 있다.

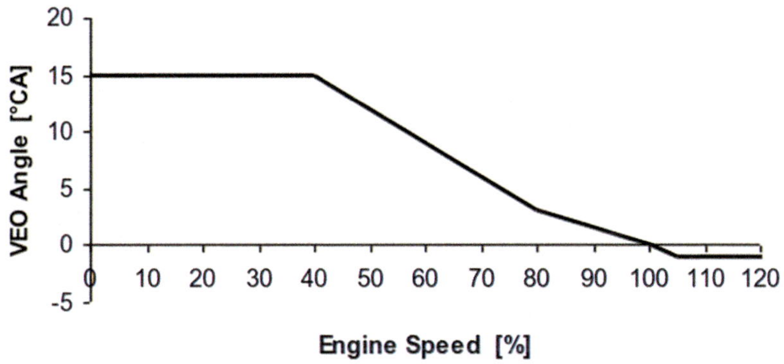

그림 3-217 Example of VEO parameter setting depends on engine speed

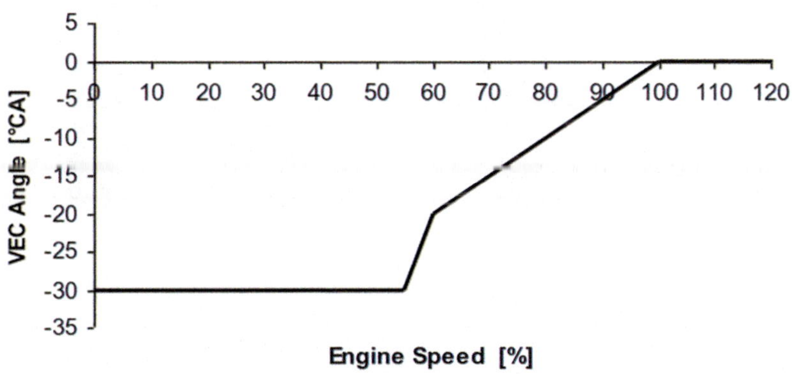

그림 3-218 Example of VEC parameter setting depends on engine speed

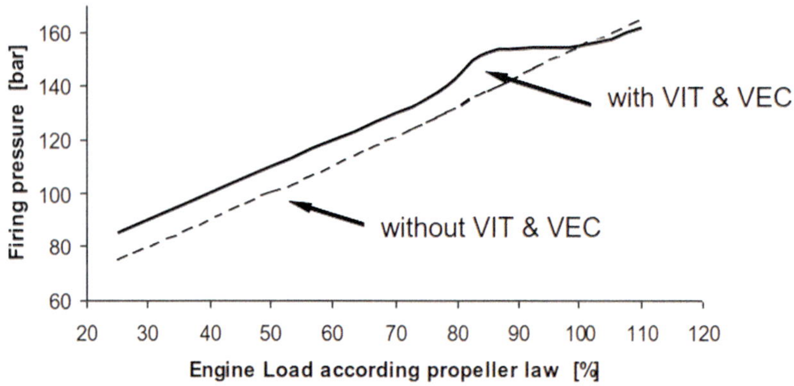

그림 3-219 Increased combustion pressure with VIT & VEC functions

④ ICC(Intelligent combustion control)

각 기통에는 그림 3-220과 같이 실시간으로 현재 실린더 압력을 측정하여 CCM-20에 전달하는 압력 센서가 설치된다. ICC 기능은 개별 기통의 Exhaust valve closing offset 값을 자동 조정하여 압축 압력의 평준화 및 개별 기통의 Injection begin offset 값을 조정하여 연소 압력의 평준화를 한다. 추가로, 측정된 현재 연소 압력의 평균값을 공장 시운전 시 같은 엔진 부하의 연소 압력 값과 비교하여, FQS를 자동 조정하여 현재 연소 압력 값을 조절한다.

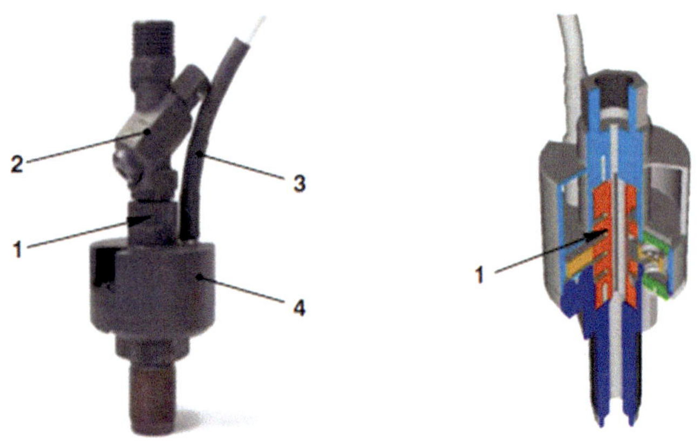

1 Pressure transducer
2 Indicator valve
3 Cable
4 Adapter piece

그림 3-220 Pressure transducer from ABB

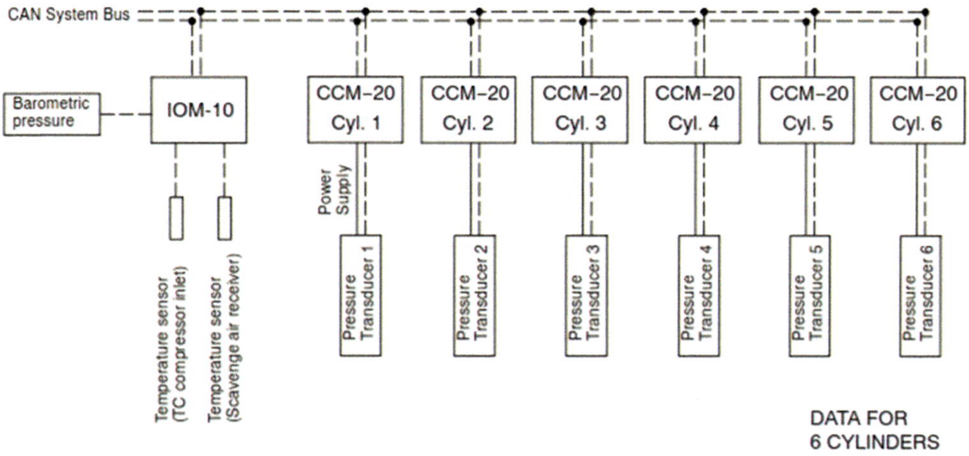

그림 3-221 Signal connections for ICC function

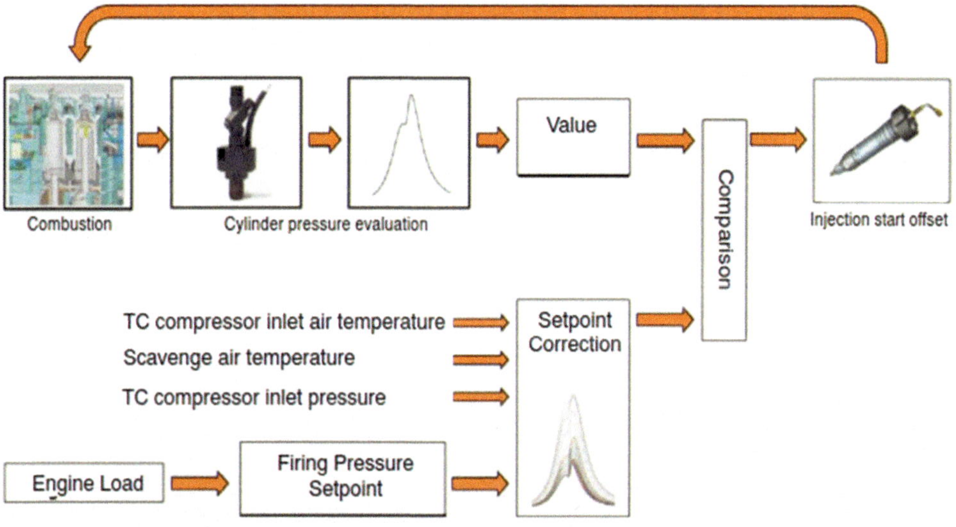

그림 3-222 Automatic & closed loop combustion control in ICC system

(3) UNIC-flex의 Engine-related control functions

UNIC-flex의 Control modules은 엔진 전체를 위한 Engine-related control functions을 한다. 표 3-4, 3-5 및 3-6을 통해 각 기통의 CCM-20, MCM-11 및 IOM-10과 관련된 전기 신호를 설명하였고, 다음과 같이 주요 기능들을 추가하여 설명한다.

① Fuel rail pressure control

그림 3-223은 엔진의 Fuel rail pressure control system을 나타낸다. Fuel rail pipe에는 과압 방지 장치인 PCV & Safety valve가 설치되어 있으며, 각 부품들의 작동 방식은 앞에서 설명하였다.

압력 제어와 관련하여 파이프에는 2 세트의 압력 센서가 설치되어 #1 & #2 CCM-20에 전달한다. #1 & #2 CCM-20은 내부 통신망을 통해 모든 UNIC-flex control modules에게 현재 압력 값을 전달한다. 설치된 Fuel pump actuator의 숫자(최대 3개)에 따라 순차적으로 #1 CCM-20, #2 CCM-20 & #5 CCM-20이 Fuel pump actuator 1개를 제어한다. 이 CCM-20들이 Fuel rail 압력 제어기 역할을 하며, 그림 3-223과 같이 엔진 부하에 따라 설정된 목표 값과 센서를 통해 측정한 현재 값을 비교하여 Fuel pump의 공급량, 즉 Actuator output을 제어한다.

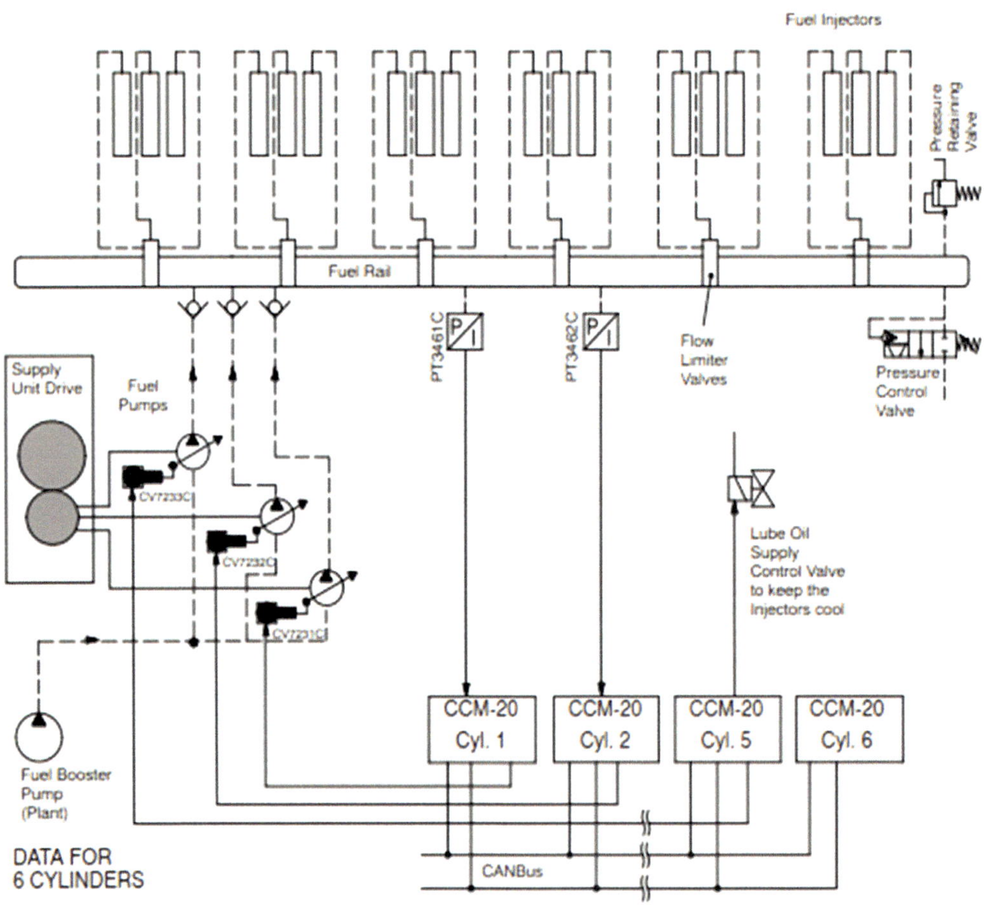

그림 3-223 Schematic diagram of fuel rail pressure control

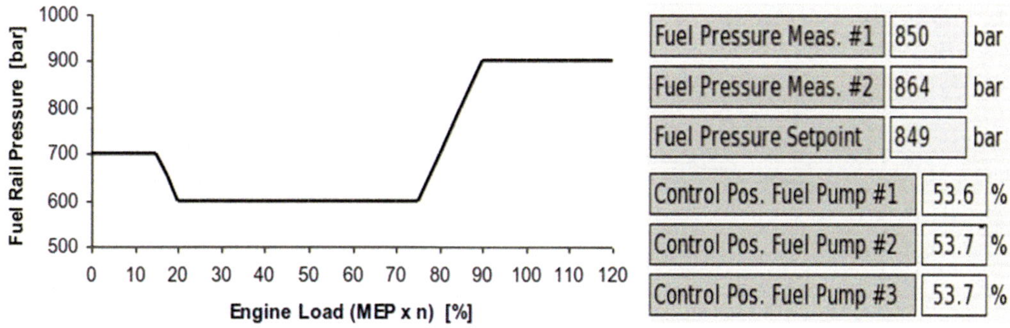

그림 3-224 Load dependent fuel rail pressure setpoint and fuel pump actuator output in LDU-20

② Servo oil rail pressure control

그림 3-225는 엔진의 Servo oil rail pressure control system을 나타낸다. Servo oil rail pipe에는 과압 방지 장치인 Safety valve가 설치되어 있다.

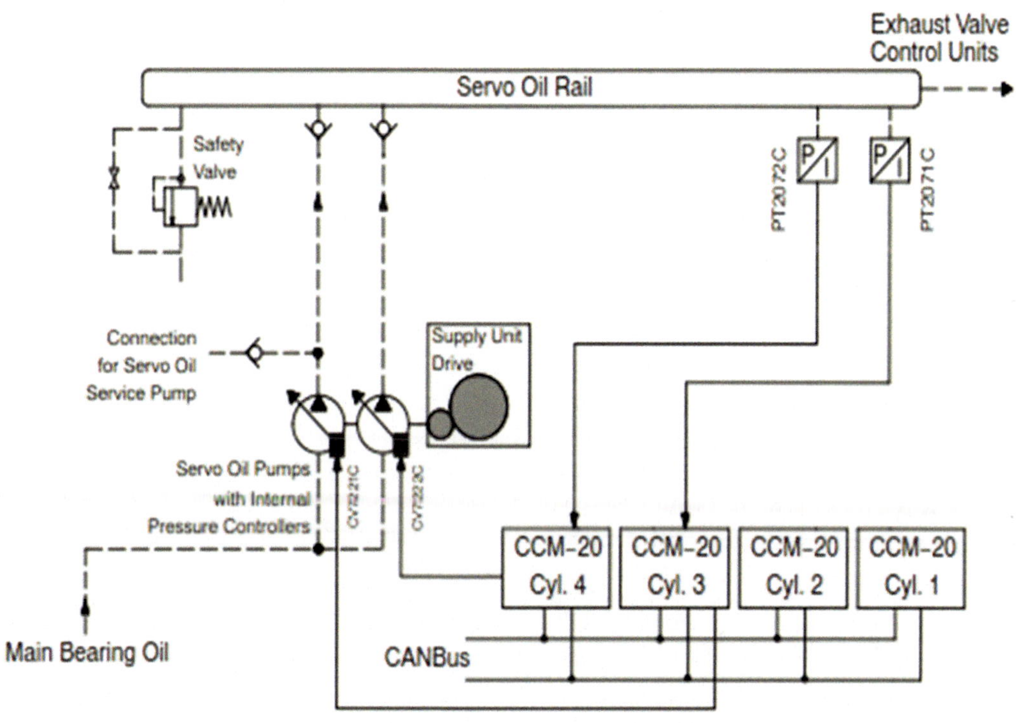

그림 3-225 Schematic diagram of servo oil rail pressure control

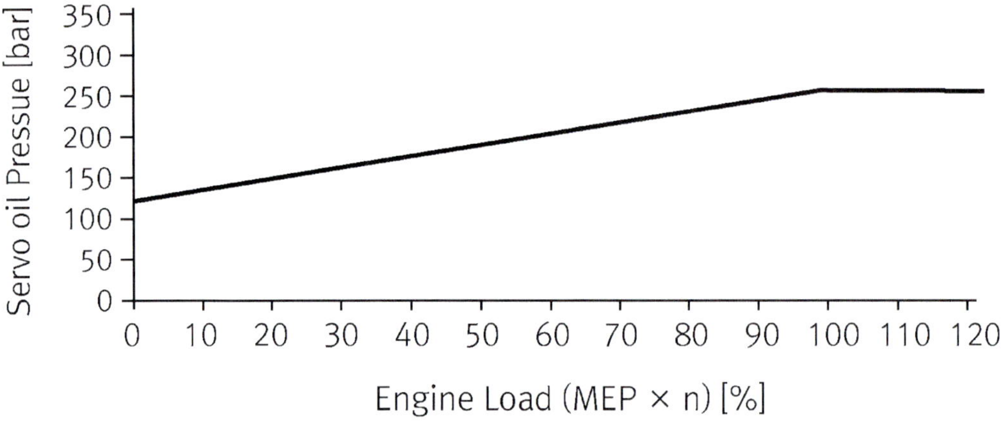

그림 3-226 Load dependent servo oil rail pressure setpoint

파이프에는 2 세트의 압력 센서가 설치되어 #3 & #4 CCM-20에 전달한다. #3 & #4 CCM-20은 내부 통신망을 통해 모든 UNIC-flex control modules에 현재 압력 값을 전달한다. 설치된 2세트의 Servo oil pump는 #3 & #4 CCM-20이 순차적으로 Servo oil pump 1개를 제어한다. #3 & #4 CCM-20이 Servo oil rail 압력 제어기 역할을 하며, 그림 3-226의 엔진 부하에 따라 설정된 목표 값과 센서를 통해 측정한 현재 값을 비교하여 Servo oil pump의 공급량을 제어한다.

③ 스타팅 에어 밸브 제어

그림 3-227은 엔진의 스타팅 에어 밸브 제어 시스템을 나타낸다. Local LDU-20 & MCM-11은 외부 통신망을 통해 PCS로부터 전진 또는 후진 시동 신호를 받아 내부 통신망을 통해 모든 UNIC-flex control modules에 전달한다. MCM-11 & IOM-10은 #1(CV7013C) & #2(CV7014C) 전자 밸브를 동시에 작동시켜, 메인 스타팅 에어 밸브(Shut-off valve starting air, 30-4325_E0_1)를 열어 30 bar의 스타팅 에어를 엔진에 공급 한다. 전진 또는 후진 신호와 현재 크랭크 각도에 따라 해당 기통의 CCM-20은 전자 밸브(CV7241-48C, 8기통 엔진)를 작동시켜, 각 기통의 스타팅 밸브를 열어 30 bar의 스타팅 에어를 연소실에 공급하여 엔진을 시동한다. 이후, 연료의 압축 연소가 가능한 엔진 속도로 증가하면, MCM-11의 Fuel command에 따라 연료 운전으로 전환된다. 각 기통의 CCM-20은 해당 기통의 시동 공기 및 연료 분사를 개별적으로 제어하므로 어떤 기통은 시동 공기에 의해 운전되는 동일 시점에, 다른 기통은 연료 분사를 한다. 즉, 기존 기계 제어 방식의 엔진에 비해 시동 공기 소모가 절반가량으로 아주 적다.

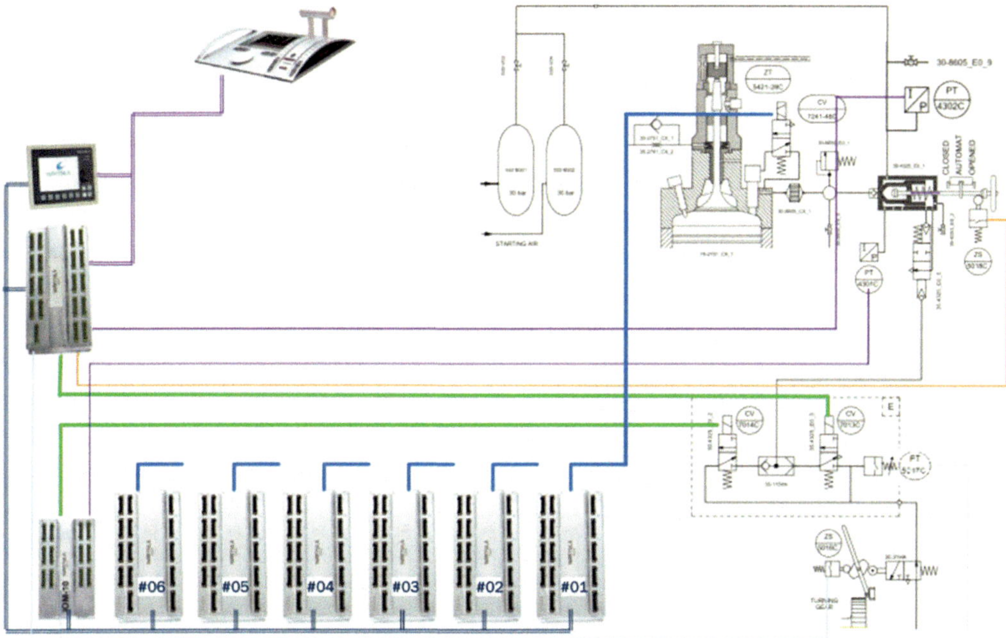

그림 3-227 Schematic diagram of start air valves control

3) LDU-20의 구성, 엔진 비상 운전 및 Operator interface

앞서 설명한 Local LDU-20의 외부 시스템과의 통신 및 UNIC-flex modules의 상태 점검 기능을 제외한 엔진의 비상 운전과 UNIC-flex parameter 소성 및 확인 기능은 ECR & Local LDU-20 양쪽 모두 동일하다.

엔진에 설치된 2개의 LDU-20은 동일한 SW(Software) 및 변수 값(Parameter)을 영구 저장하고 있으며, 각 위치에 다르게 설정된 ID(Identification, Bridge wire signal) 신호에 따라 부팅 시에 위치를 인지하여 해당 위치의 모든 기능을 한다. 또한, LDU-20은 모든 UNIC-flex module의 Backup SW를 가지고 있다. 다만, Local LDU-20에만 다른 UNIC-flex modules의 상태 점검 및 자동 SW 설치 기능이 있다. 그러므로 만약 Local LDU-20에 고장이 발생한 경우에는 그림 3-228과 같이 먼저 ECR LDU-20을 Local 위치로 가져와 설치한 후에, Spare LDU-20을 ECR에 설치하면 Local LDU-20이 필요한 모든 SW를 자동으로 ECR LDU-20에 설치한다.

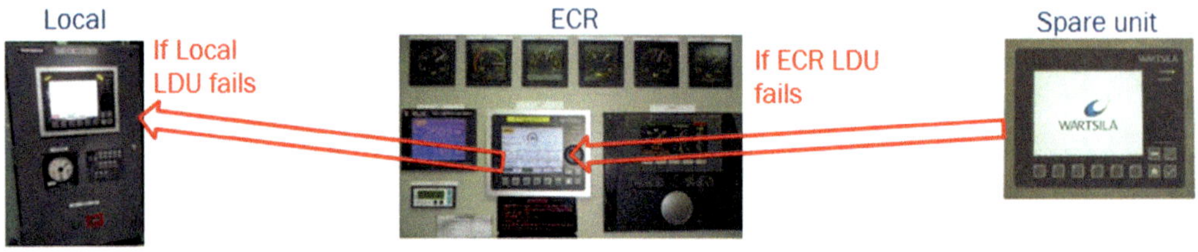

그림 3-228 Replacement of failed LDU-20

그림 3-229 Front & rear sides of LDU-20

3-229와 같이 LDU-20의 앞쪽에는 Color screen 및 1개의 로터리 버튼 (Rotary button), 4개 고정 기능 버튼, 6개의 다기능 버튼들, 전원 및 상태 LED로 구성되어 있다. Rotary button은 Page menu 선택과 운전자 Parameters의 선택 및 조정에 사용된다. 고정 기능의 버튼 중, 은 Home 버튼으로 Main page를 여는 버튼이며, 은 Check 버튼으로 작업 수락이나 데이터 입력에 사용하는 버튼이며, 은 Back 버튼으로 작업 취소나 데이터 삭제에 사용하는 버튼이며, 은 Alarm list 버튼으로 Failure list page를 여는 버튼이다. 1번부터 6번 버튼들은 6개의 다기능 버튼들이며, 페이지에 따라 기능이 달라지는 버튼들이다. 각 페이지의 하단 식별 표시를 통해 기능 확인이 가능하다.

LDU-20의 뒤쪽에는 전원 및 다양한 통신선들이 연결되며, LDU-20의 위치에 따라 다르게 연결된다. LDU-20 교환 작업 시에는, 결선을 손댈 필요 없이 Connector의 일련번호에 따라 Connector만 빼고 꼽으면 된다. USB memory drive를 연결하여 Partial SW update 및 Print screen 저장, 강화된 진단 기록(EDL, Enhanced diagnostic log) 파일을 출력 할 수 있다.

LDU-20의 어떤 페이지에서 로터리 버튼을 3초 이상 누른 상태를 유지하면 그림 3-230과 같이 페이지 메뉴 창이 나타나며, 로터리 버튼을 회전하면 파란색 커서(Cursor)가 이동하며, 운전자가 원하는 메뉴를 선택한 후 로터리 버튼을 누르면 해당 페이지가 열린다. 또는 Index 버튼을 누르면 그림 3-231의 Page index를 통해 원하는 페이지를 선택할 수 있다.

LDU-20에서의 Screenshot을 하려면 뒤쪽에 USB memory drive를 연결하고, 원하는 페이지를 선택하여 연 후 그림 3-230 페이지 메뉴 창의 Screenshot을 선택하면, 날짜와 페이지 이름으로 USB memory drive에 저장된다.

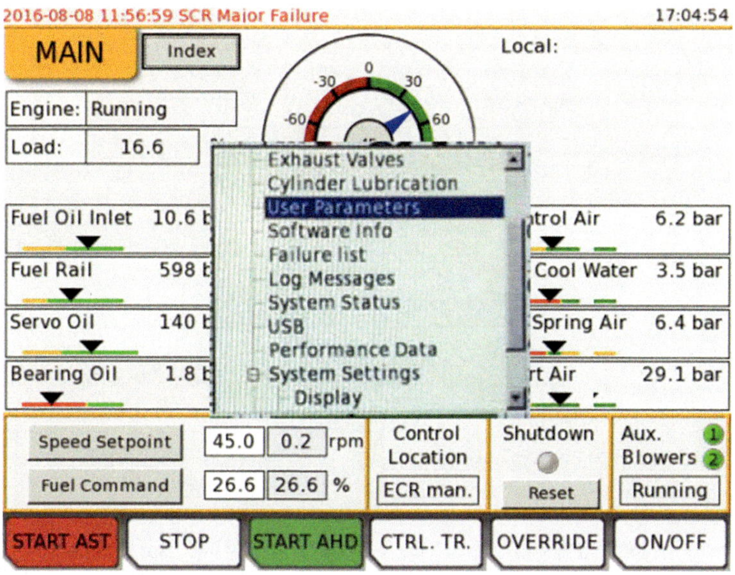

그림 3-230 LDU-20 page menu window

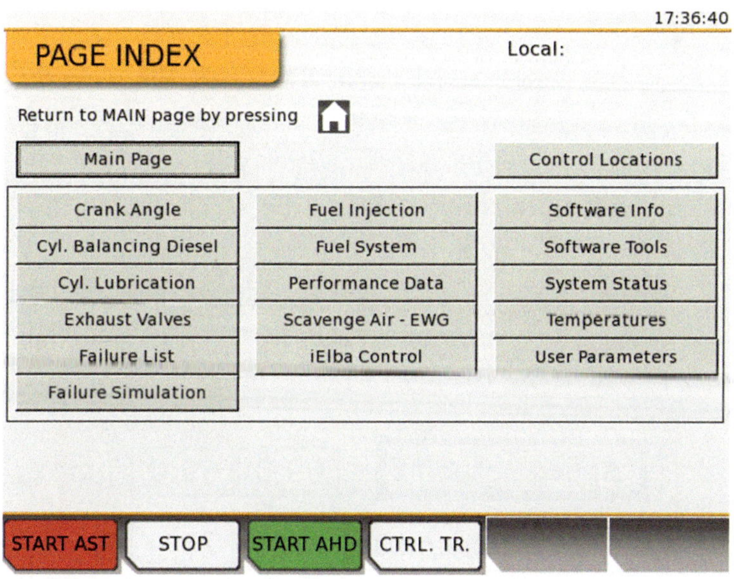

그림 3-231 LDU-20 page index

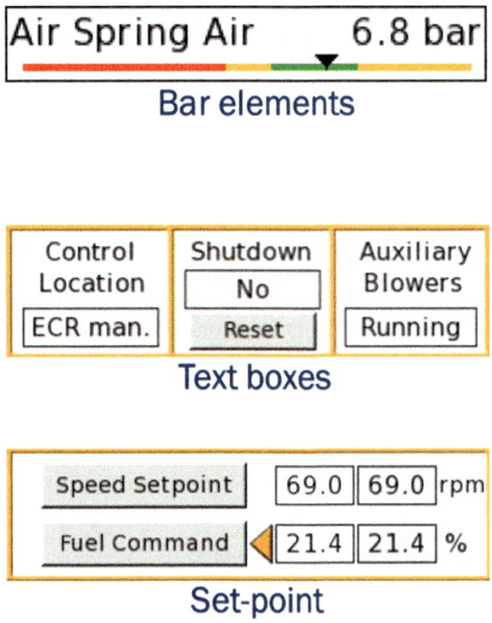

그림 3-232 Indications & setpoints in LDU-20

그림 3-232는 LDU-20에서 지시 값 및 조정 값의 예시이다. Bar element는 현재 값(검정색 삼각형) 및 정상 범위(녹색), 주의 범위(노란색), 위험 범위(빨간색)을 표시하며, Text boxes를 통해 메시지 및 현 상태를 표시하며, Set-point는 현재 지시 값 및 선택(노란색 삼각형)을 표시한다.

그림 3-233은 해당 페이지에서 로터리 버튼을 회전했을 때, 선택 및 조정이 가능한 항목을 검정색 틀을 통해 현재 커서의 위치를 표시한다. 그림 3-233에서의 예시처럼 로터리 버튼을 한번 눌러 Speed setpoint를 선택하면, 노란색 삼각형이 Speed setpoint 쪽으로 이동하여 현재 선택을 표시하며, 선택된 Speed setpoint의 값을 조정할 수 있다. 조정이 가능한 값들은 하얀 배경색으로 표시되며, 커서의 이동 및 선택을 하면 배경색이 노란색으로 바뀌며 수정이 가능하다. 값의 수정은 로터리 버튼을 시계방향으로 회전하면 값이 증가하며, 반시계방향으로 회전하면 값이 감소한다. 로터리 버튼을 한 번 더 누르면 배경색이 하얀색으로 바뀌며, 로터리 버튼의 회전으로 커서의 이동이 가능하다.

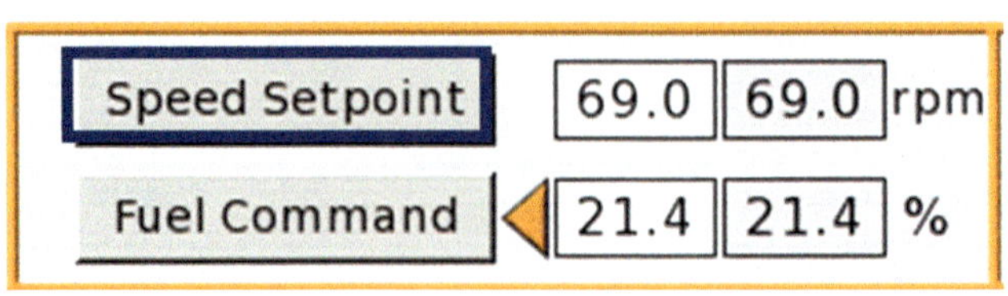

그림 3-233 Current cursor position(Black frame)

또한, 페이지의 오른쪽 상부에는 Local: 또는 ECR:로 이 LDU-20의 위치를 표시한다. 만약 해당 LDU-20이 현재 엔진의 제어 위치이면 ECR: In Control로 표시된다.

주요 페이지들의 구성 및 주요 지시 값들의 설명 및 기능은 아래에서 설명한다.

(1) Main 페이지

Main 페이지는 Home page이며, 다른 페이지에서 Home 버튼을 누르면 Main 페이지가 열린다. 그림 3-234와 같이 Main 페이지는 엔진의 주요 정보를 표시하며, 해당 LDU-20에서 엔진 비상 운전 시에는 Speed Setpoint | 45.0 또는 Fuel Command | 26.6 값을 조정할 수 있다.

엔진 제어의 우선순위는 Local LDU-20, ECR LDU-20, ECR RCS, W/H RCS 순이다. 다기능의 버튼 중 4번 버튼은 CTRL. TR.로 엔진 제어 요청 버튼이며, LDU-20이 RCS보다 우선하는 제어 위치이므로, 엔진 운전 중이라도 LDU-20의 이 버튼을 누르면 엔진의 제어 위치가 해당 LDU-20으로 즉각 전환된다. LDU-20의 Speed Setpoint | 45.0는 현재 속도를, Fuel Command | 26.6는 현재 Fuel command를 자동으로 추종하므로, 제어 위치가 RCS에서 LDU-20으로 전환되어도, 엔진 속도는 유지된다. 이후, 로터리 버튼으로 Speed Setpoint | 45.0 또는 Fuel Command | 26.6 값을 조정하여 엔진 속도를 조절할 수 있다. LDU-20에서 엔진 시동을 하려면, Speed Setpoint 값을 약 30 rpm 또는 Fuel Command 값을 약 30%로 미리 조정한다. 다기능의 버튼 중 6번 버튼 ON/OFF을 눌러 Aux. blower를 시동 시키고, Running 상태를 확인한다. W/H의 요청에 따라 다기능의 버튼 중, 1번 버튼 START AST 또는 3번 버튼 START AHD를 눌러 엔진을 시동한다. 2번 버튼 STOP은 엔진 정지 버튼이다.

페이지의 중앙 상부에는 엔진 속도 및 회전 방향을 표시한다. Bar elements를 통해 UNIC-flex가 측정하는 다양한 압력 값을 지시한다.

Engine: Running은 엔진의 현 상태이며, Start 및 Stop, Running, Start interlock 등으로 표시된다.

Load: 16.6 %은 현재 연료분사량과 엔진 속도를 이용하여, UNIC-flex의 내부적으로 계산한 엔진 부하의 값이다.

Speed Setpoint | 30.0 30.0 rpm은 LDU-20에서 엔진 제어 시에, 운전 방식을 Speed control 방식을 선택하는 버튼(선택되면 노란색 삼각형 표시)과 Speed setpoint 값을 조정(하얀 배경색)할 수 있다. 회색의 배경색은 현재 엔진 속도 값을 표시하며, 현재 해당 LDU-20이 엔진 제어 위치가 아닌 상태에서 Speed setpoint 조정 값(하얀 배경색)은 자동으로 현재 속도를 추종한다.

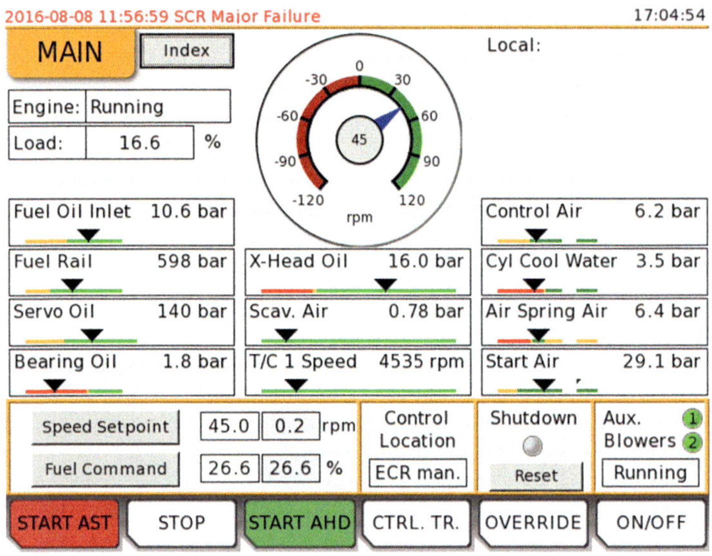

그림 3-234 Main page

Fuel Command | 23.8 | 23.8 | % 는 LDU-20에서 엔진 제어 시에, 운전 방식을 Fuel control 방식을 선택하는 버튼(선택되면 노란색 삼각형 표시)과 Fuel command 값을 조정(하얀 배경색)할 수 있다. 회색의 배경색은 현재 연료 분사에 적용되는 MCM-11의 Fuel command 값을 표시하며, 현재 해당 LDU-20이 엔진 제어 위치가 아닌 상태에서 Fuel command 조정 값(하얀 배경색)은 자동으로 현재 MCM-11의 Fuel command 값을 추종한다.

Control Location은 현재 엔진의 제어 위치를 표시한다.

Shutdown은 ESS에서 엔진 Shutdown을 작동 시켰을 때 Yes로 표시된다. 엔진 정상 운전 시에는 No로 표시된다. Reset 버튼을 눌러 엔진 Shutdown을 복구할 수 있다. ESS의 오작동 등으로 엔진 Shutdown이 작동되었을 경우에는 다기능의 버튼 중, 5번 버튼 OVERRIDE을 눌러 엔진 Shutdown을 중단할 수 있다.

(2) Control location 페이지

그림 3-235는 현재 엔진의 제어 위치를 나타내며, 제어 위치의 전환을 위해 사용하는 페이지이다. 다기능의 버튼 중, 4번 버튼은 CTRL. TR.로 엔진 제어 요청 버튼이며, 제어 위치를 다른 곳으로 전환하려면 이 페이지의 버튼을 눌러 확인 및 요청을 할 수 있다. 아래 그림에서는 현재 제어 위치는 ECR manual(ECR LDU-20)이며, RCS로 전환을 하려면 ECR remote 버튼을 눌러 요청 또는 확인을 한다. RCS로 전환을 하려면, 중복으로 연결된 2개의 PCS 통신망 중에 적어도 하나는 정상적으로 작동해야 된다. 그리고 LDU-20에서 Bridge 위치로의 전환은 불가능하며, ECR remote 위치만 가능하다.

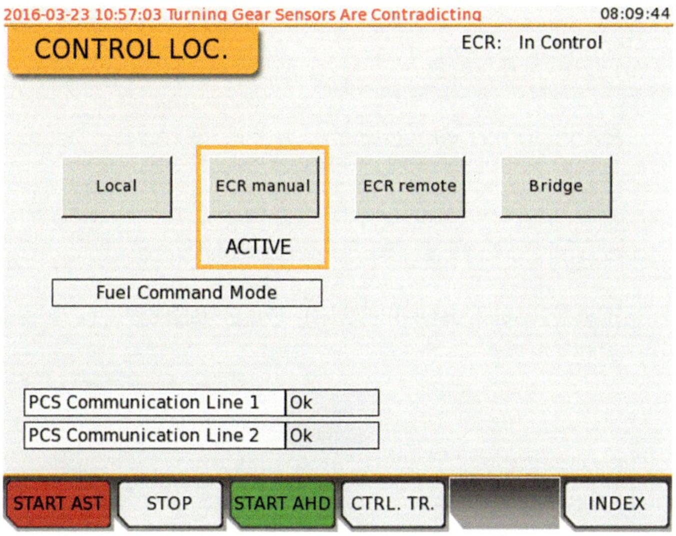

그림 3-235 Control location page

(3) Crank angle 및 CA sensors status 페이지

그림 3-236, Crank angle 페이지는 개별 기통 CCM-20에 크랭크 각도의 상태를 표시하며, 추가하여 그림 3-237, CA sensors status 페이지는 개별 CCM-20에 연결된 Pickup 센서들의 상태를 나타낸다. 만약 한 기통 CCM-20의 전원을 끄고 켰을 경우, 해당 CCM-20의 크랭크 각도를 계산하기 위해, 터닝 기어의 크랭크 샤프트의 회전을 통해 TDC 또는 BDC pickup 센서 신호의 확인이 필요하다.

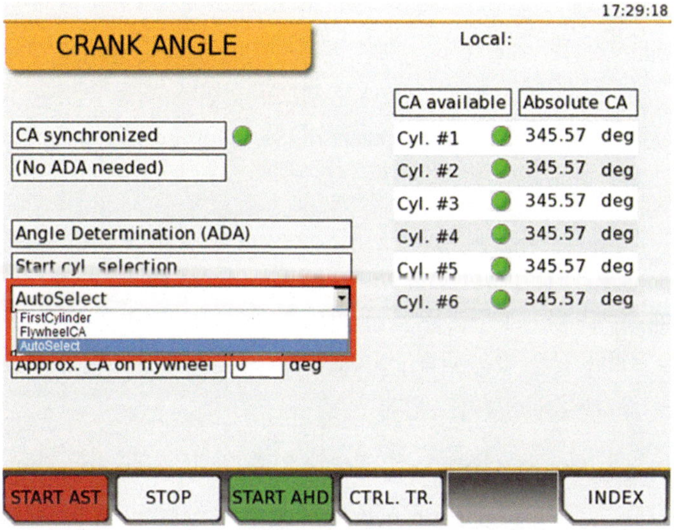

그림 3-236 Crank angle page

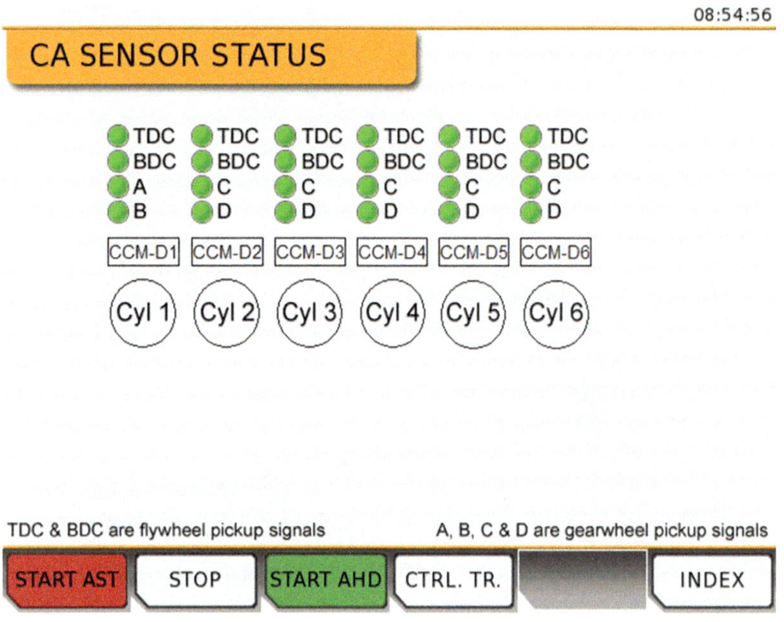

그림 3-237 CA Sensors status page

(4) Exhaust valves 페이지

그림 3-238은 현재 배기 밸브에 관련된 부품들의 상태 확인 및 조정을 위한 페이지이다.

Status에는 개별 기통의 배기 밸브 작동 센서 **Meas.** 및 배기 밸브 **Valve**의 상태를 나타낸다.

Man.은 엔진 정지 중에만 작동이 되며, 배기 밸브 또는 VCU 교환 등 정비 작업 이후에 Servo oil 시스템의 Air venting 또는 부품들의 작동 상태 점검을 위해 사용된다. “On”하면 배기 밸브는 열리고, “Off”하면 배기 밸브는 닫힌다. 작동 점검을 위해, 먼저 스프링 에어를 공급하고, Main bearing oil pump 및 Servo oil service pump를 운전하여 필요한 유압을 공급해야 한다.

Deadtime은 VCU solenoid valve에 신호를 전달한 시점부터 실제 배기 밸브가 작동할 때까지 걸린 지연 시간이며, 작동을 위해 사용되는 Servo oil 압력 및 스프링 에어 압력에 따라 다르게 지시되나, 그 압력들은 전 기통에 동일하게 적용 되므로, 평균값과 비교하여 상대적으로 높거나 낮은 값을 나타내면 해당 기통의 부품들의 상태가 비정상적임을 뜻하며, 부품 상태를 주의 깊게 점검해야 된다.

Exhaust valve closing offset은 전 기통의 압축 압력의 평준화를 위해 각 기통의 배기 밸브의 닫히는 각도를 조정하는 값이며, 개별 기통의 조정 가능 범위는 ± 3.0도이나 평균 Offset 값은 ± 0.2도로 제한된다.

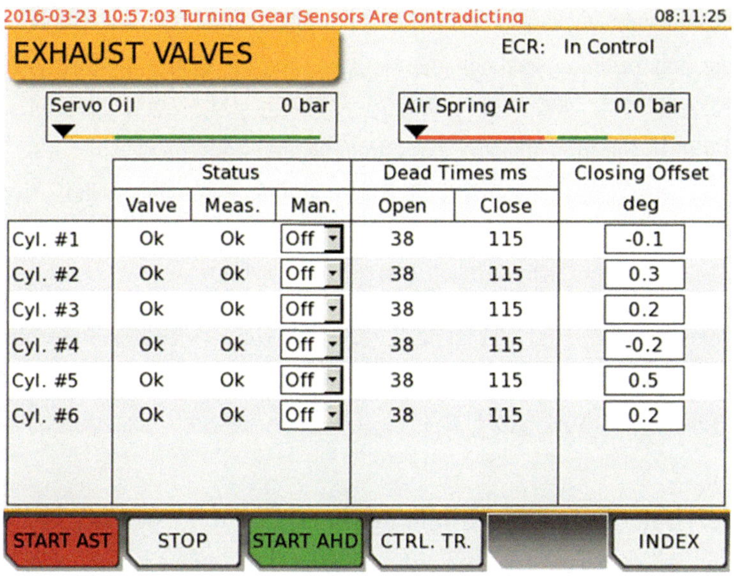

그림 3-238 Exhaust valves page

(5) Fuel injection 페이지

그림 3-239는 개별 기통의 연료 분사 시점의 조정 및 확인과 개별 기통의 분사량 조정, 연료 분사 수동 차단을 위한 페이지이다.

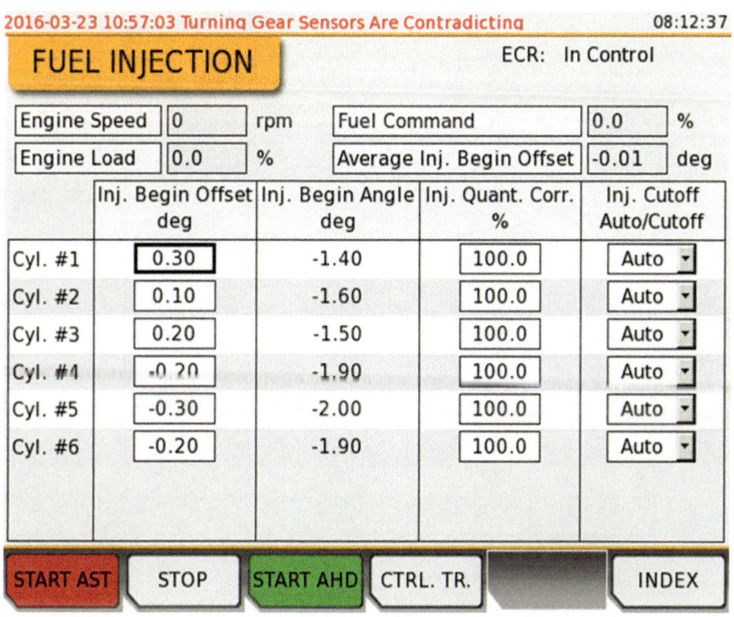

그림 3-239 Fuel injection page

Fuel command(%)는 엔진 속도를 제어하는 MCM-11이 전 기통 CCM-20에 전달한 값이다. Injection begin offset은 전 기통의 연소 압력의 평준화를 위해 각 기통의 분사 시점을 조정하는 값이며, 개별 기통의 조정 가능 범위는 ± 1.5도이나 평균 Offset 값은 ± 0.2도로 제한된다. Injection quantity correction factor는 전 기통의 평균 유효 압력의 평준화를 위해 각 기통의 연료 분사 량을 조정하는 값이며, 개별 기통의 조정 가능 범위는 80%에서 110%이다. 또한, 해당 기통의 연소 및 윤활 등 관련 부품의 비정상일 경우에도 연료 분사 량을 80%로 줄여 해당 기통의 부하를 낮출 수가 있다.

Injection cut off는 해당 기통의 연소 상태 불량 또는 실린더 주유 시스템의 불량, 배기밸브 작동 불량 등으로 인해 연료 분사를 차단할 때 사용된다. 수동 연료 분사 차단은 ESS의 Auto slowdown을 발생시킨다.

(6) Cylinder balancing (ICC, Intelligent combustion control) 페이지

그림 3-240은 UNIC-flex의 ICC 기능, 즉 Cylinder balancing과 관련된 지시 값들 및 ICC 기능을 조정하는 페이지이다.

IOM-10을 통해 측정한 대기 압력 및 온도, 소기 온도를 추가로 표시한다.

실시간으로 측정된 실린더 압력과 평균 연소 압력에 영향을 주는 FQS, 각 기통의 압축 압력에 영향을 주는 Exhaust valve closing offset, 각 기통의 연소 압력에 영향을 주는 Fuel injection begin offset을 표시한다.

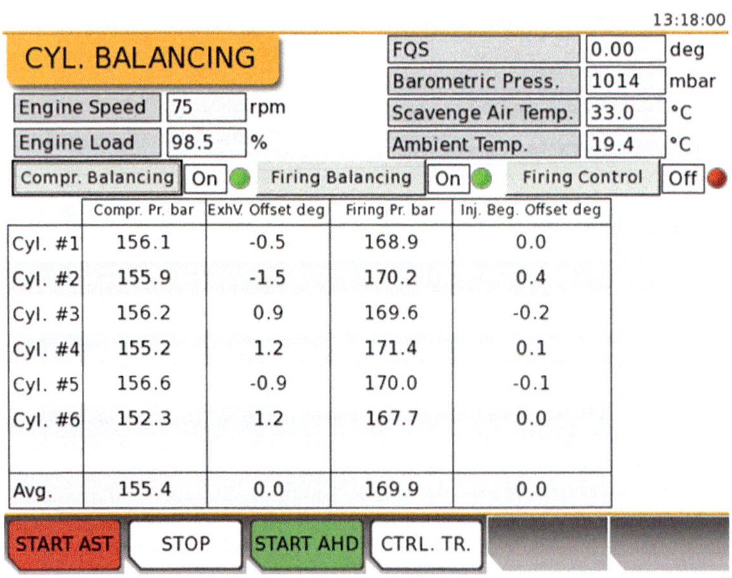

그림 3-240 Cylinder balancing page

UNIC-flex의 압축 압력 평준화를 위해 Compr. Balancing On 로 Exhaust valve closing offset을 조정할 수가 있으며, 연소 압력의 평준화를 위해 Firing Balancing On 로 Fuel injection begin offset을 조정할 수가 있다. 또한, Firing Control On 을 통해 평균 연소 압력을 시운전 때의 압력과 일치시키는 FQS 각도 값을 조정할 수가 있다. 자동으로 압력을 조정할 경우에는, Exhaust valves 및 Fuel injection, User parameters 페이지의 수동 조정 값은 무시된다.

(7) Fuel system 페이지

그림 3-241은 Fuel Rail 압력 조정에 관련된 지시 값들을 나타내는 페이지이다.

현재 엔진 부하에 따른 Fuel rail pressure setpoint를 지시하며, Fuel rail 파이프에 설치된 2개의 압력 센서의 측정값과 평균값을 나타낸다. 추가하여, Fuel pump 입구 측의 압력도 보여준다.

그림 3-242의 User parameters 페이지에서 Heavy sea mode를 작동시키면, 엔진 부하에 상관없이 Fuel rail pressure setpoint는 700 bar로 고정된다.

Fuel rail 압력을 유지하기 위해, 개별 Fuel pump actuator로 가는 Control position(%)이 지시된다. 만약 ESS의 엔진 Shutdown이 발생하면, Fuel pump actuator로 가는 Control position은 0%가 되어 연료유 공급을 차단한다.

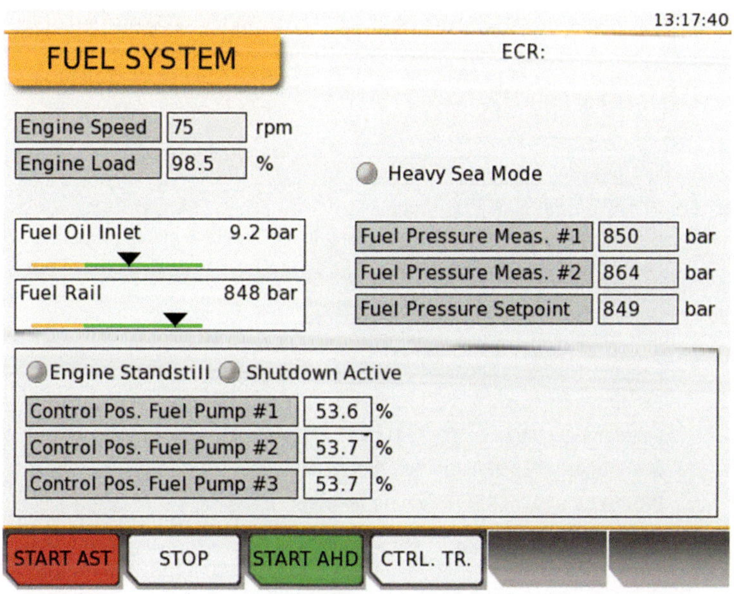

그림 3-241 Fuel system page

(8) User parameters 페이지

그림 3-242는 운전자의 조정할 수 있는 Parameters를 모아둔 페이지이다.

새로운 피스톤 링과 실린더 라이너의 길들이기 운전을 위해 VIT 기능을 해제할 수 있으며, 그림 3-240 Cylinder balancing 페이지의 Firing Control Off 상태에서 FQS를 수동 조정할 수 있다.

Heavy sea mode는 현재 해상 상태에 대한 운전자의 판단에 따라 작동시키면, UNIC-flex의 4가지 내부 기능이 급격한 부하 변동에 대비하여 안전 운전 상태로 전환된다. 첫 번째로, 엔진 속도를 제어하는 MCM-11의 비례 제어 감도를 증가시켜 엔진의 과속(Overspeed)를 방지한다. 두 번째로, Fuel rail의 Setpoint가 700 bar로 고정되어 과압 발생을 방지한다. 세 번째로, 엔진의 전 부하 영역에서, 모든 FIV가 동시 작동되어 Misfiring을 방지한다. 네 번째로, VIT 기능을 자동 해제시켜 분사 타이밍이 고정되며 Misfiring을 방지한다.

FIV 고압 파이프에 설치된 Electric heating cable들의 On 또는 Off 상태를 지시한다.

Fuel pump의 상태 불량 또는 고압 파이프의 심각한 누설 등의 경우에는 수동으로 Fuel pump cut off를 할 수 있으며, 그림 3-246 Fuel system 페이지의 해당 펌프인 Fuel pump actuator로 가는 Control position은 0%가 된다.

다기능의 버튼 중 5번 버튼은 수동으로 엔진 Slow turning을 작동시키는 버튼이며, 만약 Slow turning이 실패(크랭크 샤프트 1회전을 30초 이내에 완료하지 못함) 했을 경우에는 엔진 상태는 Start interlock이 되며, 엔진 구동 부품들에 문제가 없을 때 Reset하면 된다.

다기능의 버튼 중, 6번 버튼은 수동으로 엔진 Air run을 작동시키는 버튼이다.

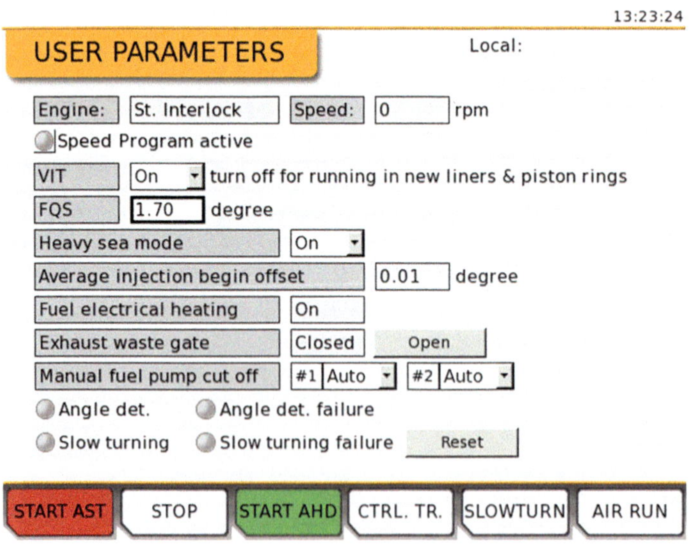

그림 3-242 User parameters page

(9) Cylinder lubrication 페이지

그림 3-243은 Cylinder lubrication 기능에 관련된 지시 값들 및 수동 윤활 작동, 개별 기통의 주유율(Feedrate)을 조정하는 페이지이다.

터닝 기어를 통한 엔진 회전 중에 전 기통의 수동 주유를 위해 기통 번호를 "100"으로 설정하고, 수동 주유 횟수는 약 10회로 설정하여 수동 주유를 작동하면 된다. 실린더 라이너 신환 등, 개별 기통의 정비 작업 이후, 실린더 오일 시스템의 Air venting을 위해 해당 기통만 선택하고 수동 주유 횟수는 최대로 증가시켜, 해당 기통만의 수동 주유를 작동할 수 있다. 엔진 정지 중에 수동 주유를 위해서는 Main bearing oil pump 및 Servo oil service pump를 운전하여, flexLube 펌프의 유압 작동유를 공급할 수 있다.

고정 피치 프로펠러가 연결된 엔진에서는, Load dependent mode가 정상 운전 방식이다. 가변 피치 프로펠러가 연결된 엔진에서, 만약 낮은 부하 및 높은 속도로 엔진이 운전 될 경우에는, Speed dependent mode로 전환될 수 있다. 엔진 정지 기간이 일정 시간을 초과했을 때, UNIC-flex는 자동으로 Pre-lubrication mode를 작동시켜 실린더를 윤활하고, 일정 회전 이후에는 정상 운전 방식으로 전환된다. 운전자의 실수로 주유율이 너무 낮게 설정이 되면, 피스톤 링과 실린더 라이너의 손상 방지를 위해 Dry run mode로 전환된다.

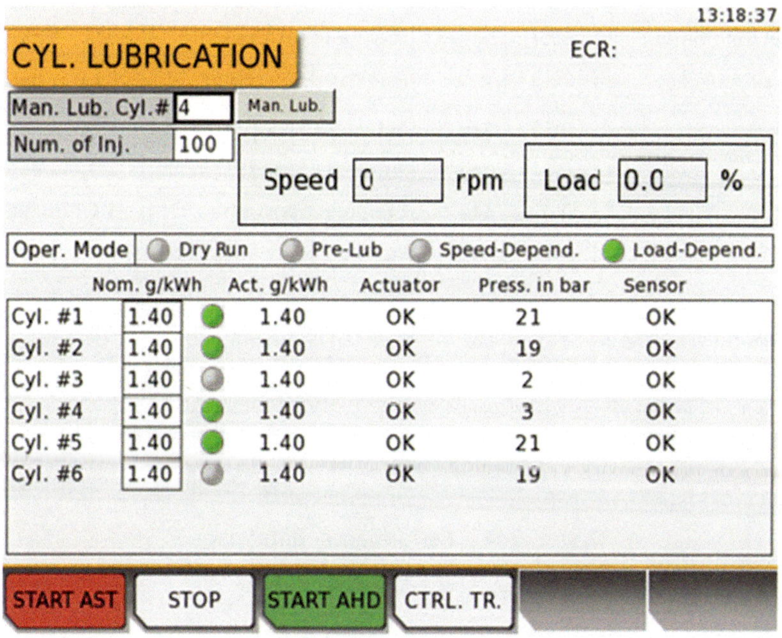

그림 3-243 Cylinder lubrication page

엔진 부하 100% 기준으로, 운전자는 주유율 **Nom. g/kWh**을 설정하고, 현재 엔진 부하에 따라 UNIC-flex가 자동으로 실제 주유율 **Act. g/kWh**을 증가시킨다.

주유율 조정 값 **Nom. g/kWh**의 오른편에 녹색 표시는 flexLube 펌프가 작동될 때마다 깜박거린다.

Actuator는 flexLube 펌프에 설치된 Solenoid valve를 Sensor는 flexLube 펌프에 설치된 압력 센서를 뜻하며, 현재 상태를 표시한다.

압력 센서를 통해 측정한 펌프의 배출 압력을 표시한다.

(10) Performance data 페이지

그림 3-244 Performance data 페이지는 엔진 성능에 관련된 주요 지시 값들을 보여주는 페이지이다.

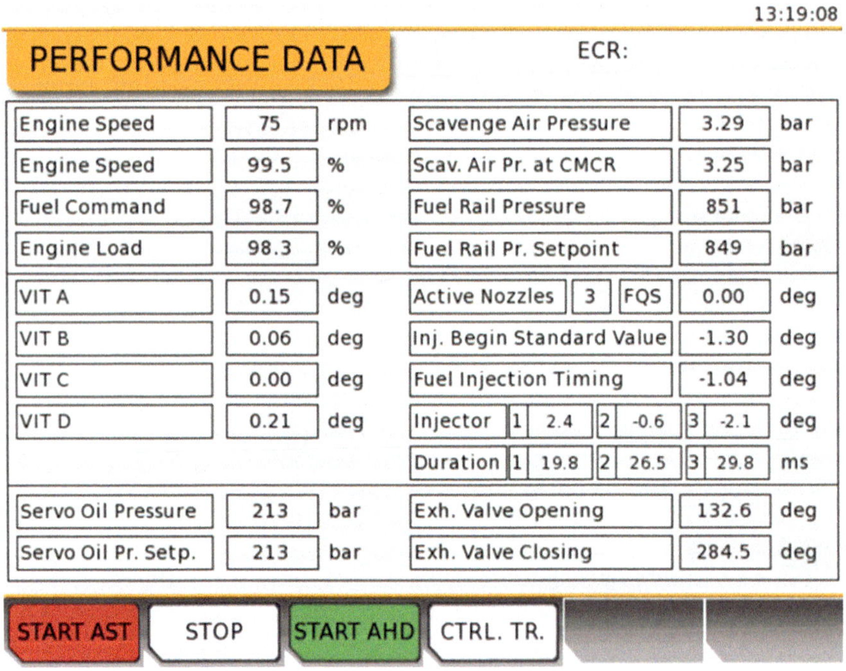

그림 3-244 Performance data page

(11) Temperatures 페이지

그림 3-245 Temperatures 페이지는 측정된 온도 값들을 보여주는 페이지이다.

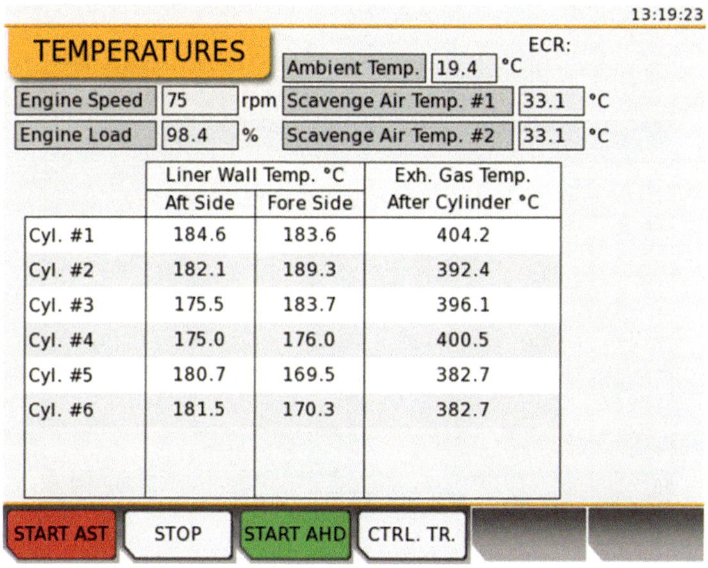

그림 3-245 Temperatures page

(12) Software info 페이지

그림 3-246 Software info 페이지는 UNIC-flex SW 정보 및 상태를 보여주는 페이지이다.

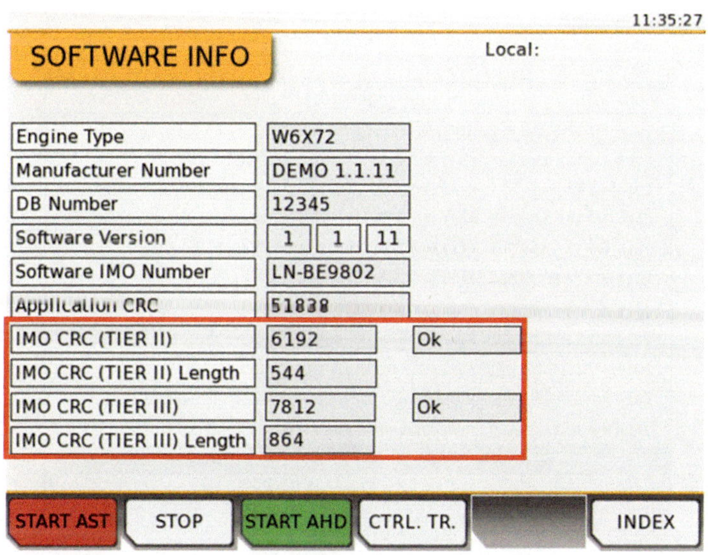

그림 3-246 Software info page

(13) Failure list 페이지

그림 3-247 Failure list 페이지는 현재 발생 중인 고장들을 보여준다. 복구가 되면 이 페이지의 목록에서 사라지나, 그림 3-248 Log messages 페이지에는 기록이 남는다.

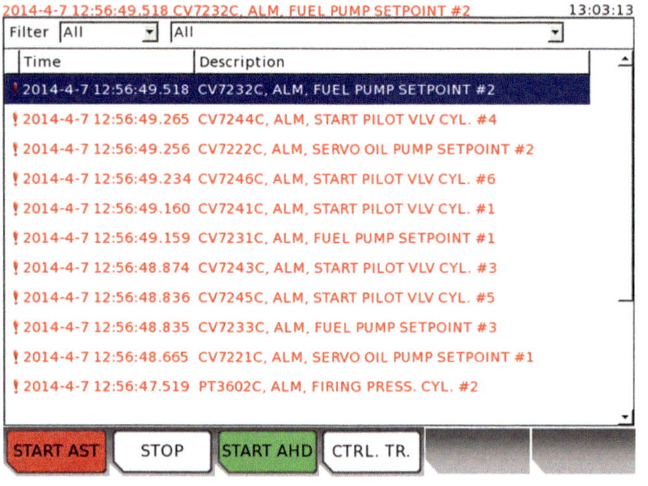

그림 3-247 Failure list page

(14) Log messages 페이지

그림 3-248 Log messages 페이지는 발생했던 모든 기록들을 보여준다. 발생 및 복구 시간과 함께 안전 및 사건, 안내, 오류 등의 기록들이 저장되며, 상부의 필터 기능으로 종류별로 구분이 가능하다.

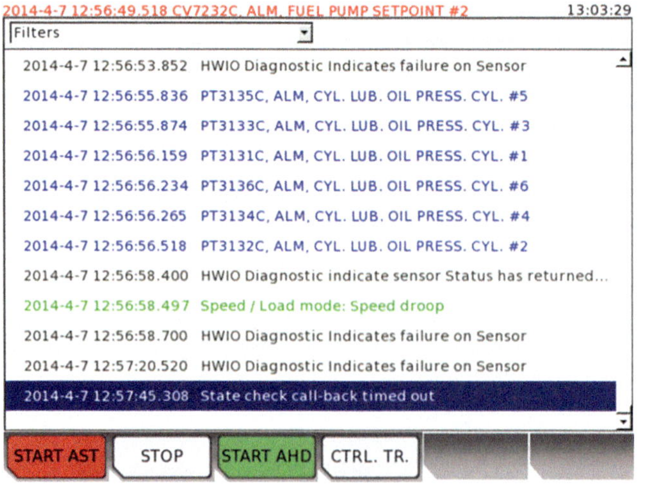

그림 3-248 Log messages page

(15) System status 페이지

그림 3-249 System status 페이지는 모든 UNIC-flex control module들의 상태 확인 및 강제 SW 설치를 위한 페이지이다. 새로운 Module을 설치하여 전원을 공급하면, Local LDU-20이 자동으로 필요한 SW를 설치한다. 만약 자동으로 SW 설치가 되지 않을 경우, 해당 Module을 선택 및 강제로 SW 설치가 가능하다.

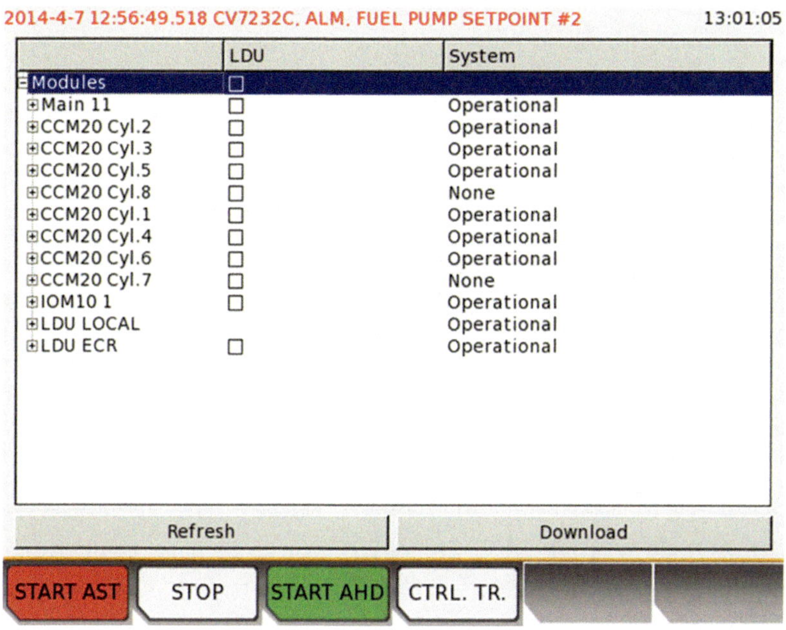

그림 3-249 System status page

(16) USB 페이지

그림 3-250은 USB 페이지이며, WinGD 기술지원 부서로부터 전달받은 Partial upgrade SW package를, USB memory drive를 통해 설치하는 "Start wizard" 기능이 있다.

그리고 "EDL(Enhanced diagnostic log) export" 기능을 통해 EDL file을 USB memory drive에 저장할 수 있다. WinGD 기술지원 부서는 EDL file을 이용하여 본선 UNIC-flex 정밀 진단을 한다.

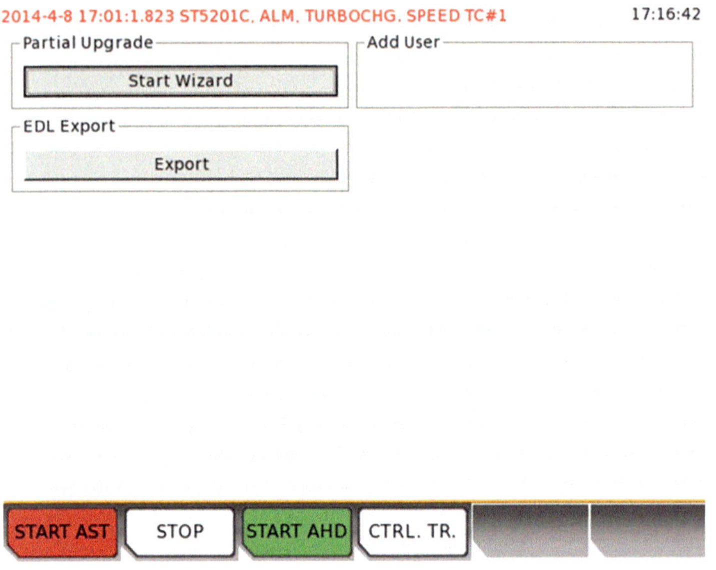

그림 3-250 USB Page

(17) Date & Time 페이지

LDU-20 교환한 후에 그림 3-251의 Date & Time 페이지를 이용하여 날짜 및 시간 조정을 할 수 있다. WinGD는 협정 세계 시(UTC, Universal time coordinated)의 사용을 권고한다.

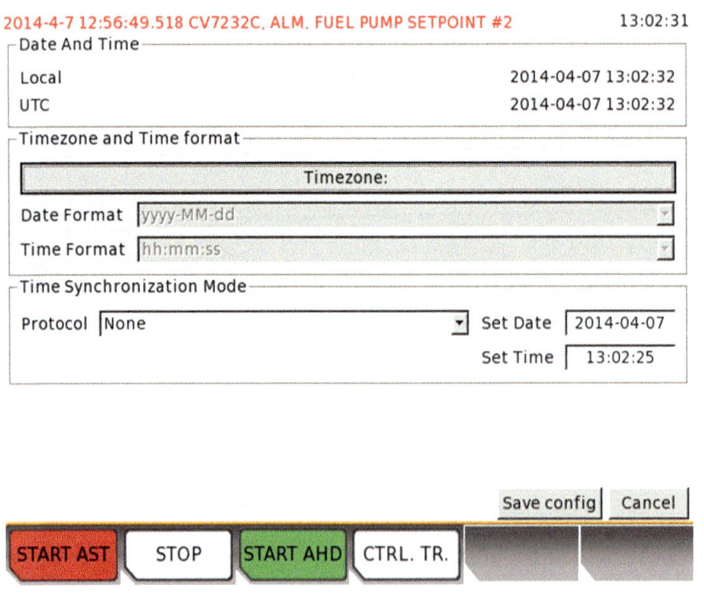

그림 3-251 Date & time page

3.2.3 중복으로 구성된 제어 시스템 및 제어 부품 등의 고장 시의 비상 운전

1) UNIC-flex control modules의 고장

엔진 운전 중에, LDU-20 또는 MCM-11, IOM-10의 고장이 발생되면, AMS의 경보만 발생하며, 엔진은 정상 속도로 운전된다. 다만, MCM-11의 고장이 발생될 경우에는 엔진 속도 제어 기능을 잃게 되어, 엔진 제어 위치는 RCS에서 ECR LDU-20으로 자동 전환되며, LDU-20의 Fuel control mode로만 운전이 가능하다.

한 기통 CCM-20의 고장이 발생되면, 해당 기통의 실린더 제어 기능만 작동되지 않으며, ESS에 의해 Automatic slowdown이 작동된다. 엔진의 다른 모든 기능들은 정상적으로 작동된다.

엔진 정지 상태에서, 고장이 발생된 CCM-20은 스페어와 교환하면 Local LDU-20이 자동으로 SW 설치를 하며, 새로이 설치한 CCM-20의 상태는 LDU-20의 System status 페이지 (그림 3-249)에서 확인할 수 있다. 터닝 기어를 통해 크랭크 샤프트를 회전시켜, TDC Pickup 센서 또는 BDC pickup 센서의 신호를 CCM-20에 전달하면 크랭크 각도 계산이 가능하며, 상태는 LDU-20의 Crank angle 페이지(그림 3-236)로 확인할 수 있다.

UNIC-flex의 모든 Control modules(CCM-20, LDU-20, MCM-11 & IOM-10)의 교환 작업 시에는 Module에 연결된 Cable connector들만 빼고 연결하면 된다. 즉, Connector의 어떠한 결선도 손댈 필요가 없다.

2) 데이터 통신 시스템 및 전원 공급 시스템

UNIC-flex의 내 외부 통신망은 중복되는 2개의 통신선으로 연결되어 있다. 평소에는 2개의 통신선을 사용한다. 만약 1개의 통신선에 고장이 발생된다 하더라도, 다른 정상 통신선을 통해 통신은 계속 유지되며 엔진의 운전에는 영향을 미치지 않는다.

그림 3-252와 같이 모든 UNIC-flex control module들은 중복되는 2개의 전원 공급 장치가 설치되어 있으며, 그 중의 2번째 전원은 본선 24 V 비상 전원(Battery, 무정전공급장치)에서 공급되므로, 본선의 정전(Blackout)이 발생해도 전원 공급은 유지된다. 즉, CCM-20들은 현재 크랭크 각도를 절대 잃지 않는다.

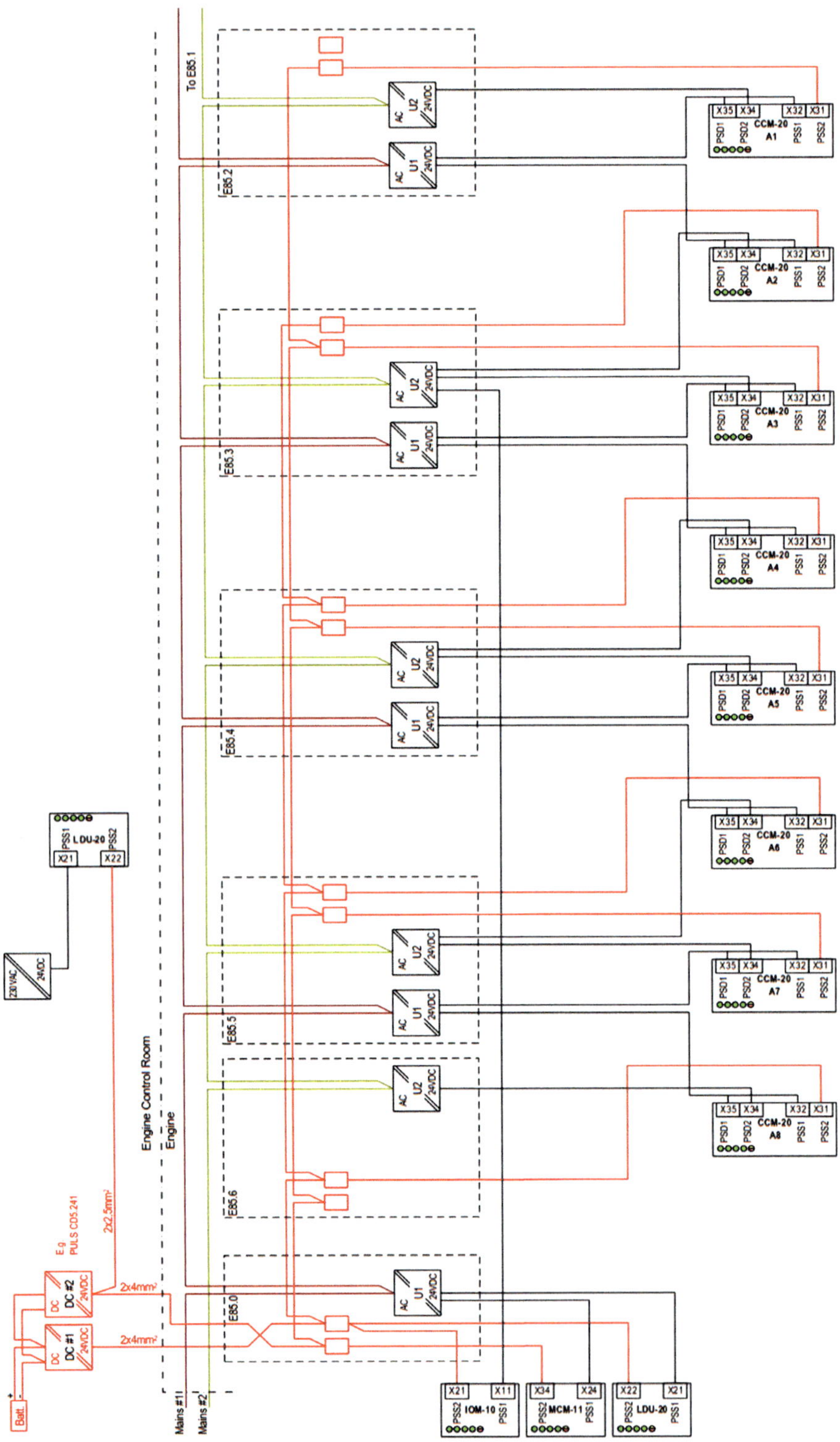

그림 3-252 Electric power supply with UPS to UNIC-flex modules

3) 신호 측정 센서

거의 대부분의 신호들은 중복의 2개 센서를 통해 측정된다. 2개의 센서가 고장이 나더라도, 엔진은 속도 제한 없이 정상 운전된다.

다만, CAS unit의 경우 그림 3-207과 같이 C pickup 센서 및 D pickup 센서들은 2번 기통부터 마지막 기통의 CCM-20에 신호를 전달되므로, 만약 동시에 이 두개의 Pickup 센서들의 고장이 발생한 경우에는 UNIC-flex에 의해 엔진은 즉각 정지된다. 적어도 그 중 1개의 Pickup 센서는 정상 작동해야 된다.

배기 밸브에는 1개의 Position sensor가 설치되어 있다. 만약 모든 센서의 고장이 발생한 경우에는, 해당 기통의 CCM-20은 다른 모든 기통의 평균 열림 및 닫힘 지연 시간을 이용하여 해당 기통의 배기 밸브를 제어한다.

4) Supply pumps 및 관련 제어 장치

Fuel oil, Servo oil 및 Control oil 공급 펌프들은 최소 2대 또는 그 이상이 설치되어 있다. 최소 2대의 경우라도 펌프 1대의 고장으로 전 기통의 연료 분사 및 배기 밸브 작동에는 영향을 주지 않는다. 다만, 공급량의 부족으로 엔진 부하에는 제한이 있을 수 있다. 기통 수가 적고 공급 펌프의 숫자가 많을수록 엔진 부하의 제한이 적어진다.

Servo oil 펌프의 Solenoid 등 전기 제어 부품에 손상이 발생한 경우에는 해당 펌프는 최소 압력 약 80 bar로 계속 운전이 되며, 다른 정상 펌프가 공급량을 증가시켜 필요한 Servo oil rail 압력을 유지한다.

Fuel oil 펌프의 Actuator 등 전기 제어 부품에 손상이 발생한 경우에는, 해당 펌프의 Regulating rack를 Distance tool을 이용하여 수동으로 조정할 수 있다. 수동 조정으로 인해 Fuel oil rail 압력이 필요 이상으로 증가할 경우에는, PCV가 압력을 최대 1,050 bar로 제한한다.

5) 엔진 제어 시스템의 고장

RCS의 고장이 발생한 경우에는, ECR 또는 Local에 설치된 LDU-20을 이용하여 엔진 비상운전이 가능하다.

MCM-11의 고장이 발생한 경우에도, LDU-20의 Fuel control mode로 엔진 비상 운전이 가능하다. ESS의 엔진 Shutdown solenoid valve가 손상이 된 경우에도, 통신을 통해 전달된 ESS의 Shutdown command에 따라 UNIC-flex가 연료 분사 차단 및 연료 공급 차단으로 엔진을 정지 시킨다.

3.3 WinGD UNIC-flex 전자제어 Dual Fuel(X-DF) Engine

WinGD X-DF(Dual fuel)엔진은 연료유(MDO 및 HFO)를 Diesel cycle로 연소하는 Diesel mode 운전과 천연가스(NG, Natural gas)를 Otto cycle(Lean-burn)로 연소하는 Gas mode 운전이 가능하다. 추가하여, 연료유와 천연가스를 혼합하여 연소하는 Fuel sharing mode도 가능하다.

X-DF 엔진의 개발은 2011년 개념 개발을 시작으로, 2013년 이태리 엔진 공장에서 연구 개발용 6RT-flex50DF 엔진을 통해 소형 DF 엔진의 실증 테스트를 완료했으며, 2015년 일본 엔진 공장에서 연구 개발용 6X72DF 엔진을 통해 중형 DF 엔진의 실증 테스트를 완료했다. 2016년 소형 액화천연가스(LNG, Liquefied natural gas) 운반선에 설치된 소형 5RT-flex50DF 엔진의 해상시운전을 성공적으로 통과했으며, 2017년 대형 LNG 운반선의 2중 추진 시스템으로 설치된 2대의 중형 6X62DF 엔진의 해상시운전을 성공적으로 완수했고, 2019년 대형 컨테이너 운반선에 설치될 대형 12X92DF 엔진의 공장 시운전을 성공적으로 마무리했다.

2019년 11월 01일 기준으로, WinGD는 총 284대의 X-DF 엔진 주문을 수주했으며, 그 중 약 100대의 X-DF 엔진이 설치된 선박이 선주에게 인도되어 운항 중에 있다. LNG 운반선의 경우, 전체 엔진 운전 시간의 약 98%는 Gas mode로 안정적으로 운전되고 있으며, 통상 선박의 입출항시에만 Diesel mode로 운전되어 X-DF 엔진의 아주 높은 Gas mode 운전의 효용성을 입증하였다.

그림 3-253과 같이 계속 확장되고 있는 NECA(NOx emission control areas)에 적용되는 강화된 질소산화물 규제(IMO NOx Tier Ⅲ)를 충족하기 위해, Diesel cycle로만 운전되는 모든 엔진은 반드시 질소산화물 저감장치(SCR 또는 EGR)를 배기가스 시스템에 설치해야 한다. 그러나, X-DF 엔진의 Gas mode 운전시에는 별도의 질소산화물 저감장치 없이 엔진의 배기 가스는 질소산화물 규제를(IMO NOx Tier Ⅲ) 충족한다.

Gas mode 운전시에는 주 연료로 황 함유량이 거의 없는 천연 가스와 황 함유량 0.1% 이하인 점화용 보조 연료로 LFO(Light fuel oil, MGO or MDO)를 이용한다. 그러므로 그림 3-254의 IMO SECA(SOx emission control areas) 규제도 충족하며, 별도의 황산화물 저감장치(Scrubber)가 필요가 없다.

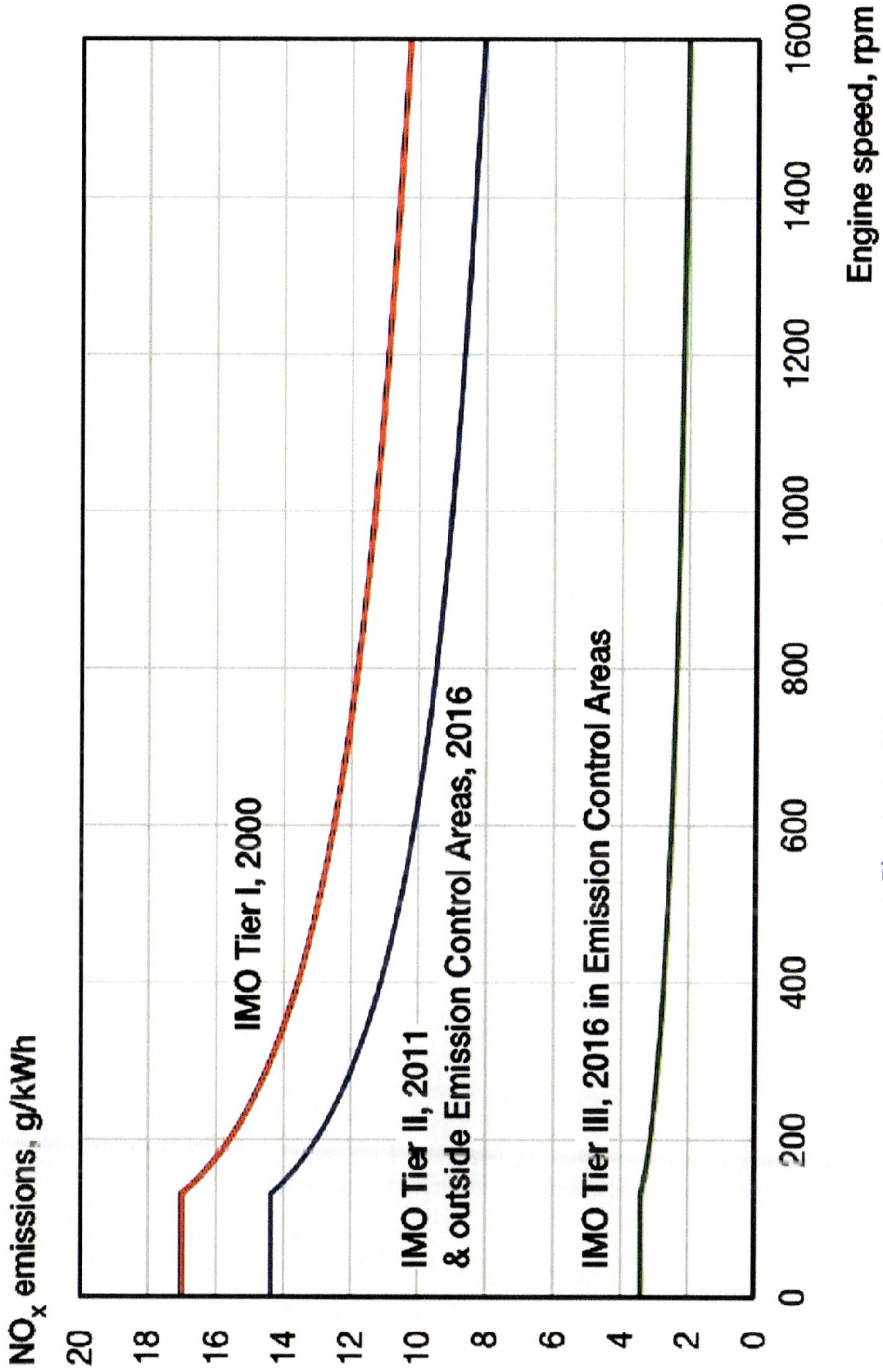

그림 3-253 NO_X regulations in IMO

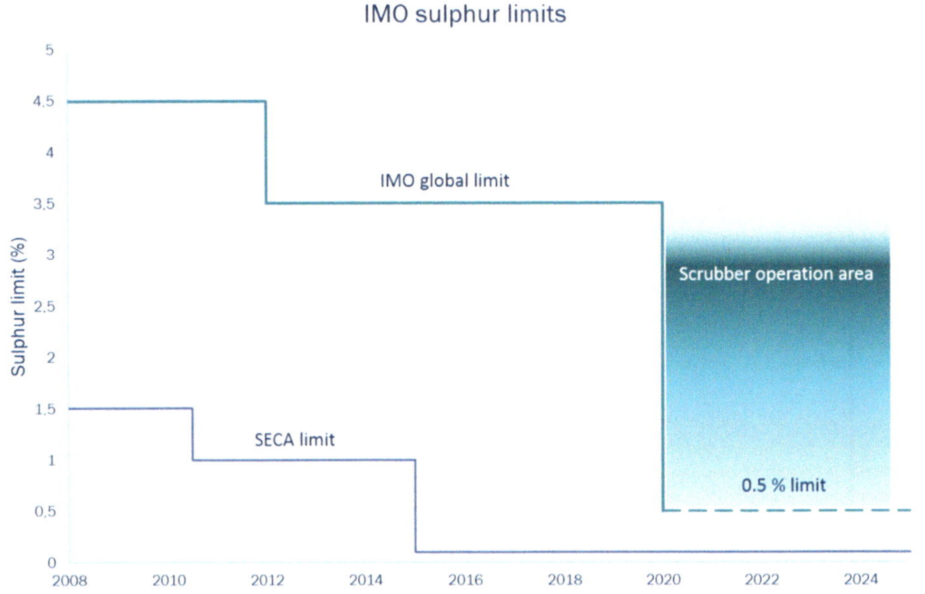

그림 3-254 IMO Sulphur limits

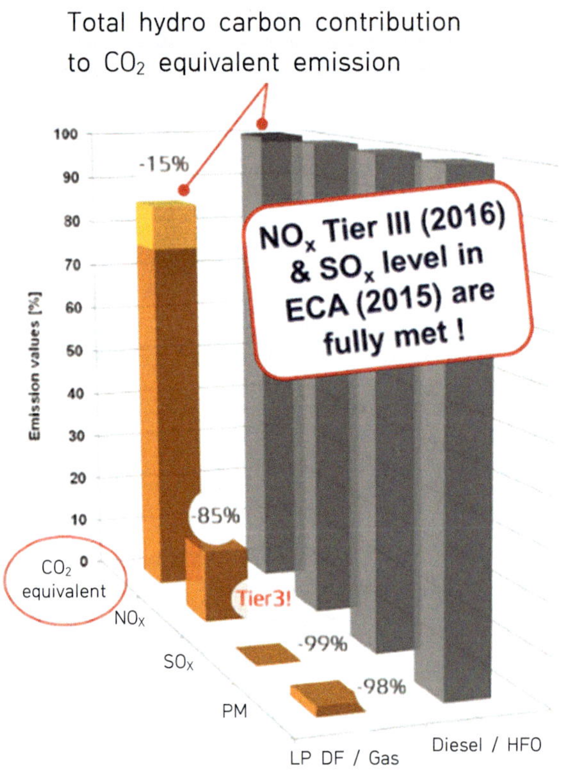

그림 3-255 Comparison of emissions in X-DF engines, Gas mode vs. Diesel mode

그림 3-256은 Gas mode 운전과 Diesel mode 운전 시의 배기가스 오염물질 발생량을 비교한 것이다. 친환경적인 천연가스를 이용한 Gas mode 운전시에는 NOx 및 SOx 규제 충족뿐만 아니라, 미세먼지 및 THC(Total hydrocarbon)의 배출량도 적다.

그림 3-257은 Gas mode 운전시의 연소과정을 보여준다. 피스톤의 하사점을 지나 소기 과정을 마친 후에 배기 밸브와 소기공이 닫히면, 실린더 라이너 옆에 설치된 2개의 GAV(Gas admission valve)를 통해 연료 가스는 실린더 내부로 공급되어 공기와 미리 혼합 되면서 압축된다. 피스톤의 상사점 근방에서 실린더 커버에 설치된 2개의 PFIV(Pilot fuel injection valve)가 LFO를 전 연소실(Pre-chamber)에 분사하여 압축 점화를 통해 화염을 발생시키고, 이 화염이 주 연소실로 전달되어 압축 및 혼합된 연료 가스와 공기를 점화시킨다. 이후, 연소에 의한 팽창 행정과 배기 및 소기 과정은 다른 Two-stroke 엔진과 동일하다.

PFIV 노즐의 폐색을 예방하기 위해 Diesel mode 운전 중에도 PFIV는 계속 작동된다. Gas mode 운전 시의 Pilot fuel oil 소모율은 연료의 에너지를 기준으로 1% 이하이며, Diesel mode 운전 시의 Pilot fuel oil 소모율은 훨씬 더 적다.

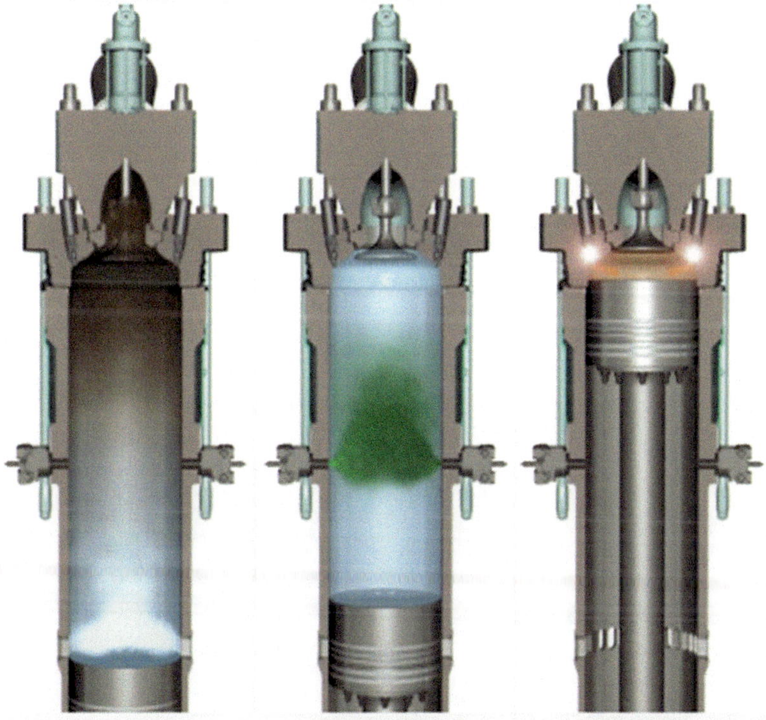

그림 3-256 Combustion process in gas mode(pre-mixed lean-burn combustion)

그림 3-257 및 3-258과 같이, 원활한 연소 제어를 위해서는 연료 가스와 공기의 혼합 및 공연비가 중요하다. 적합한 혼합 및 공연비 유지를 위해 엔진 부하에 따라 자동으로 소기 압력 및 연료 가스 압력이 조정된다. 엔진이 최대 출력을 내기 위해 요구되는 연료 가스의 최대 압력은 13 bar 이하이다. 저압의 연료 가스를 사용하므로 간소한 연료 가스관의 밀봉 등, 안전성 및 신뢰성이 높은 가스 공급시스템의 설치가 가능하며, 검증된 저압 방식의 압축기 및 펌프 등의 선택이 가능하다.

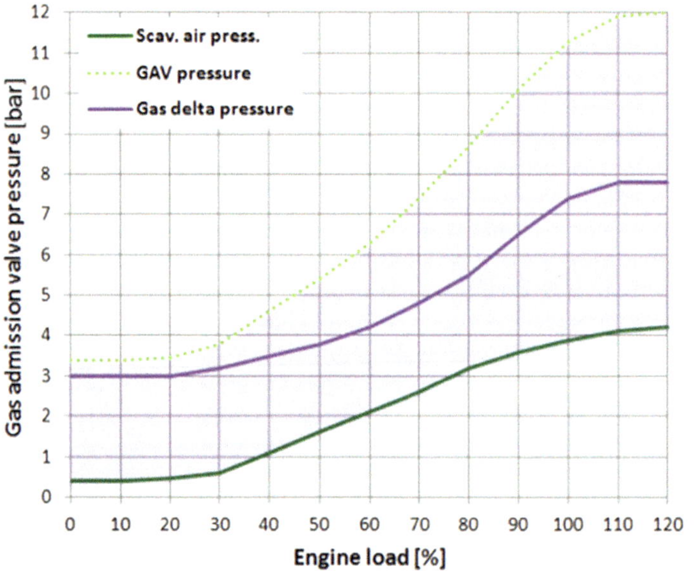

그림 3-257 Load dependent scavenge air & fuel gas pressure setpoints

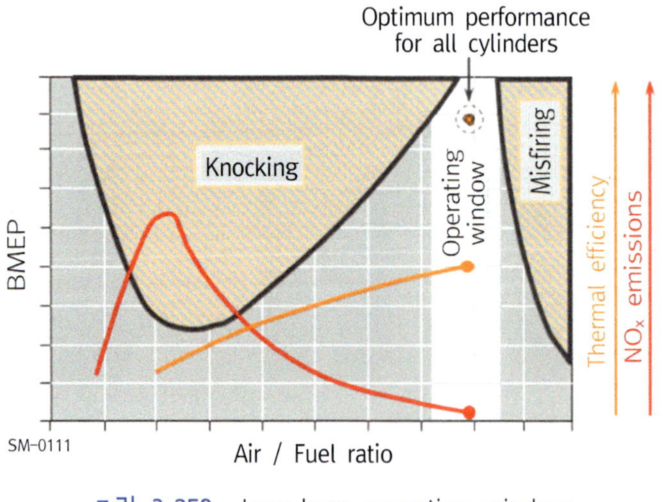

그림 3-258 Lean-burn operation window

모든 X-DF 엔진은 IMO SOLAS 협약의 IGC(International code for the construction and equipment of ships carrying liquefied gases in bulk) 코드와 IGF(International code for ships using gas or other low flashpoint fuels) 코드의 안전 규정을 따른다.

Gas mode 운전 중에 만약 연료 가스 공급 장치의 고장 또는 연료 가스 누설, Gas mode 운전에 관련된 주요 부품의 고장 등이 발생하면, 엔진은 감속이나 부하의 제한없이 즉시 Diesel mode로 전환(GT, Gas trip) 된다. 그리고 관련된 문제가 해결될 때까지 Gas mode 운전으로 전환할 수 없다(GI, Gas interlock).

운전자의 비상 Gas trip 요청 또는 연료 가스 누설, 화재 발생 등의 원인으로 인한 Gas trip의 경우에는 질소 등 불활성 기체가 연료 가스를 전체 가스 시스템에서 몰아낸다.

Gas mode 운전 중에 운전자의 비상 엔진 정지 요청 또는 취소가 불가능한 엔진 정지, 선내 정전 등으로 엔진이 정지된 경우에는 그림 3-259와 같이 배기관에 잔류할 수 있는 연료 가스의 환기를 위해, 전 기통 배기 밸브를 열고 Aux. blower 운전하는 기능을 자동으로 운전자에게 요청한다. 또한, 엔진 시동 시에는 시동 공기 공급 기간을 자동으로 연장한다. 추가하여, 해당 선급의 규정에 따라 Rupture discs 등 과압 방지 장치를 설치하여 배기관을 보호한다.

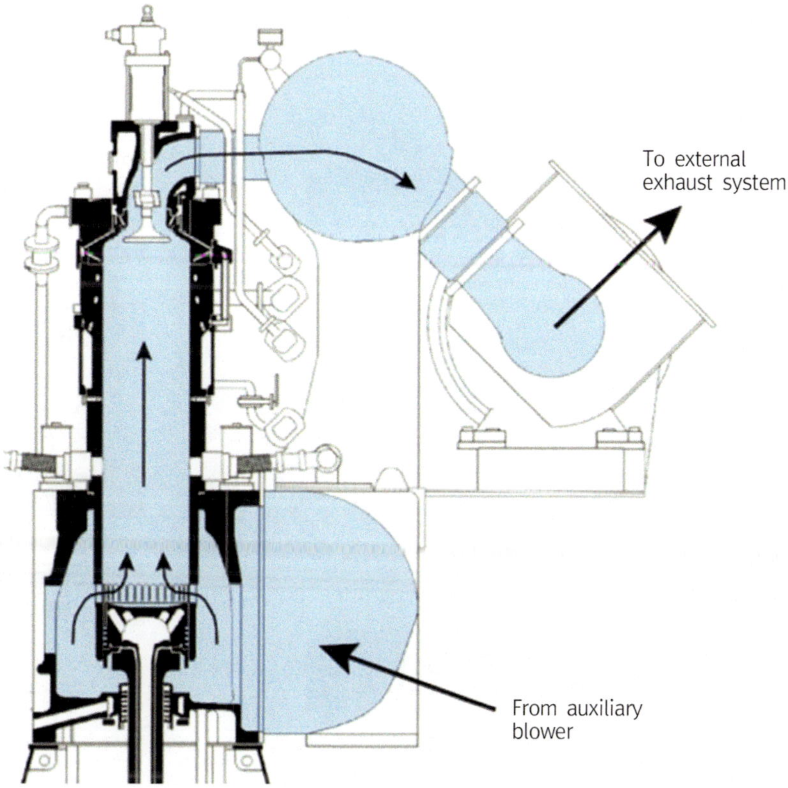

그림 3-259 Exhaust ventilation

MARPOL Annex VI의 ACD(Auxiliary control device) 규정에 따라, 엔진의 시동 및 정지, 후진 운전, 10% 미만의 저부하 운전, 연료 가스 공급 장치 고장 등 Gas mode 운전이 불가능한 응급 상황에서는 Diesel mode 운전이 가능하다.

UNIC-flex 전자 제어 X-DF 엔진의 Diesel mode 운전은 UNIC-flex 전자 제어 X 엔진과 동일하여 생략하며, 이 절에서는 Gas mode 운전에 관련된 부품들의 작동 및 추가된 UNIC-flex의 기능들에 대해서만 설명한다.

3.3.1 Gas Mode에 관련된 엔진의 주요 제어 부품 및 작동 방식

그림 3-260은 X-DF 엔진이 설치되는 대형 LNG 운반선에서의 주기관 5X72DF 2대와 발전용 DF 보조 엔진들로, 연료가스공급의 예시를 보여준다. LNG 화물 탱크에서 발생한 자연 기화 가스(NBOG, Natural boil-off gas) 또는 강제 기화 가스(FBOG, Forced boil-off gas)를 저압 방식의 연료가스공급장치(GFS, Gas feed system 또는 FGSS, Fuel gas supply system)로 공급한다. 연료가스공급장치는 가스 압력을 13 bar로 가압하여 엔진의 압력조절장치(GVU, Gas valve unit)로 공급한다.

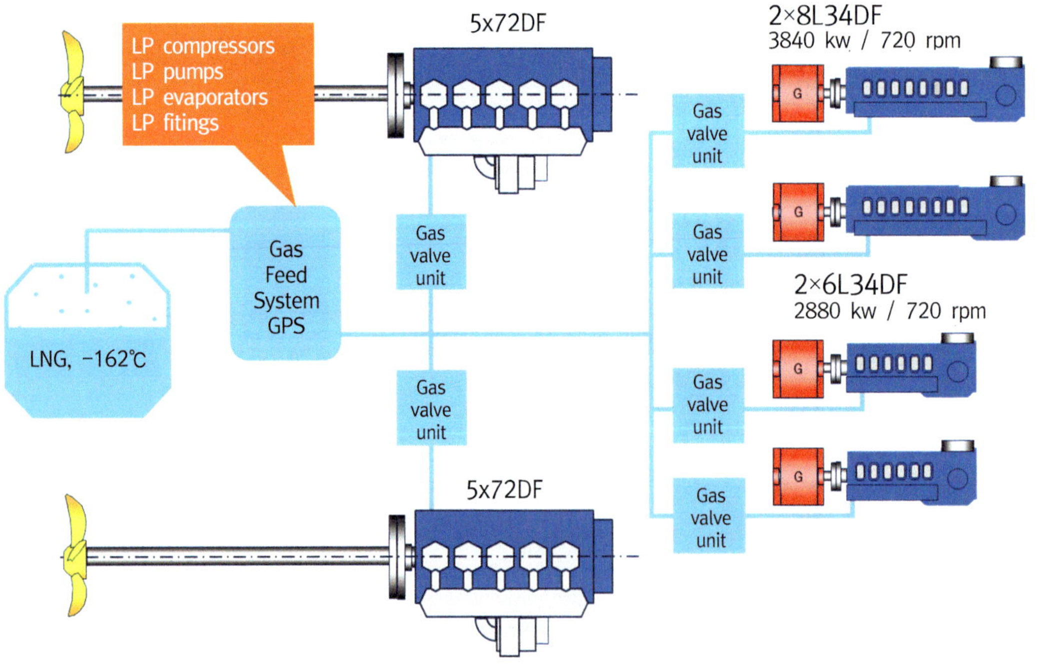

그림 3-260 Twin propulsion with 5×72DF M/E 2sets & DF A/Es in LNGC vessel

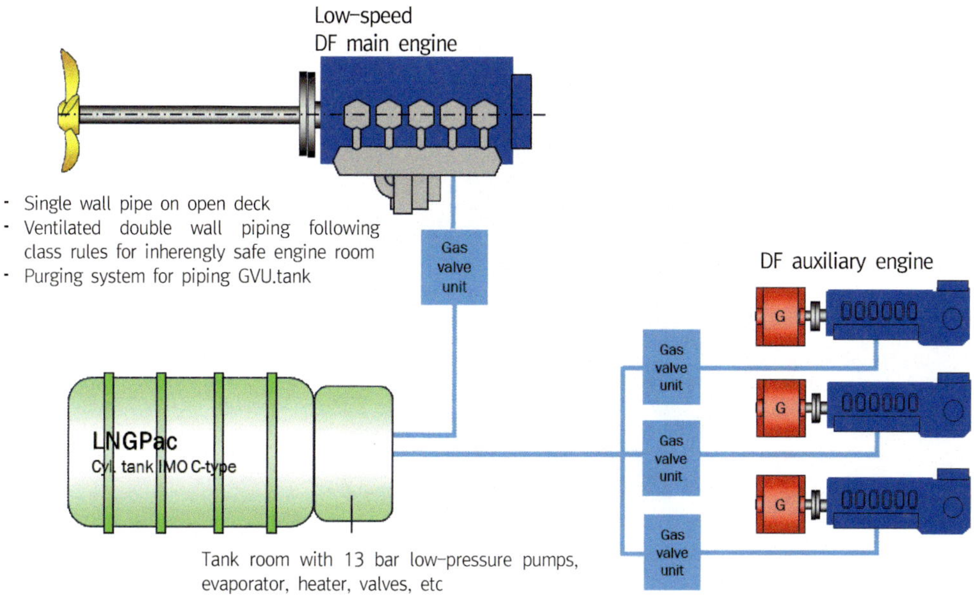

그림 3-261 X-DF M/E & DF A/Es in LNG fueled vessel

그림 3-261은 LNG 운반선을 제외한 일반 상선에서의 X-DF 주기관과 발전용 DF 보조 엔진들로 연료가스공급의 예시를 보여준다. X-DF 엔진의 연료 가스를 저장하는 저압 LNG 연료 탱크에서 저압 방식의 가스공급장치로 공급된다. 저압 LNG의 저장 및 공급장치를 1개의 패키지(Package)로 제작하여 공급하는 타입이 많으며, 그림의 LNGPac은 Wärtsilä사의 LNG 저장 및 공급하는 패키시 장치이다. 가스 압력을 13 bar로 가압하여 엔진의 압력조절장치로 공급한다.

통상, 엔진의 압력조절장치 전의 연료 가스의 저장 및 공급장치는 조선소에서 선정 및 설치하며, 엔진과 압력조절장치는 엔진 제작사에서 공급한다.

1) 연료 가스 압력 조절 장치(GVU, Gas valve unit)

연료 가스 공급 장치(GFS, Gas feed system 또는 FGSS, Fuel gas supply system)에서 오는 13 bar의 연료 가스는 연료 가스 압력 조정 장치로 연결되며, 엔진에서 요구되는 연료 가스 압력으로 빠른 시간 내에 조정하여 엔진에 공급된다.

GVU는 Wärtsilä사의 GVU-ED™(Enclosed design) 및 GVU-OD™(Open design), 2가지 사양이 있으며, 조선소의 설계에 따라 선택된다.

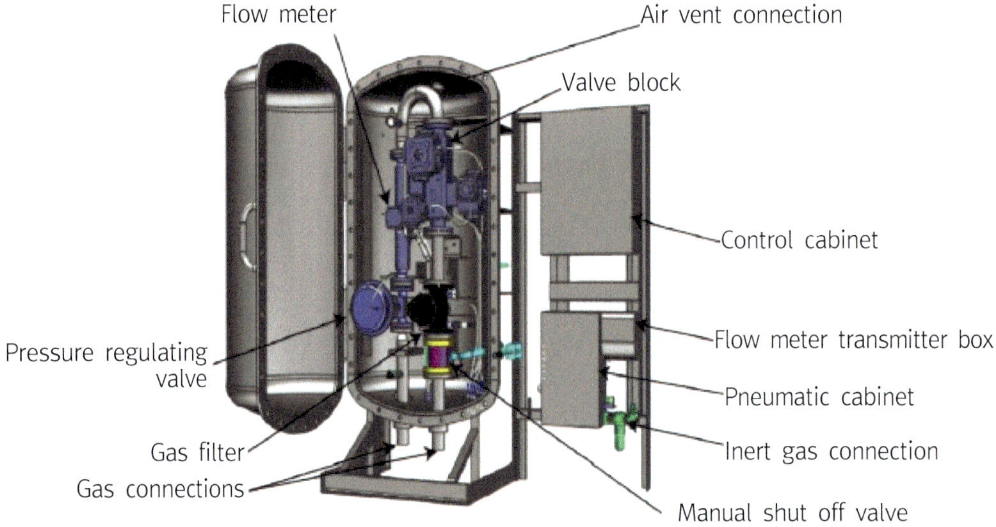

그림 3-262 Parts of GVU-ED™

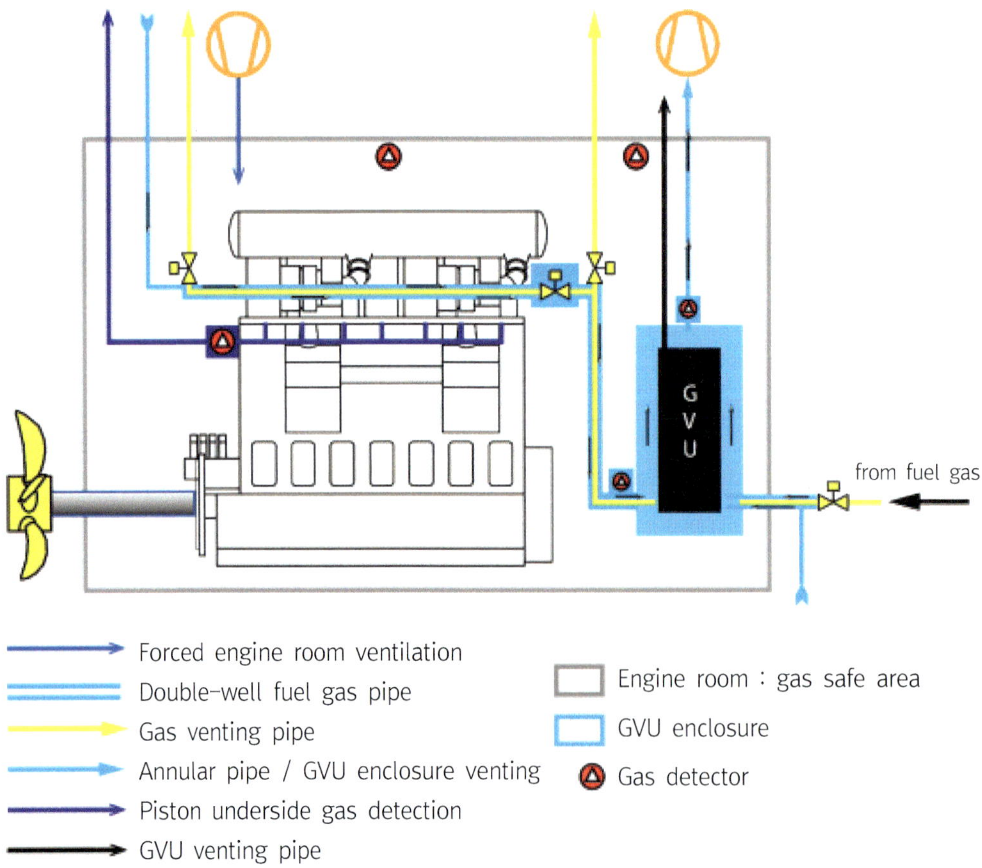

그림 3-263 Double-walled fuel gas piping system & leakage monitoring with GVU-ED™

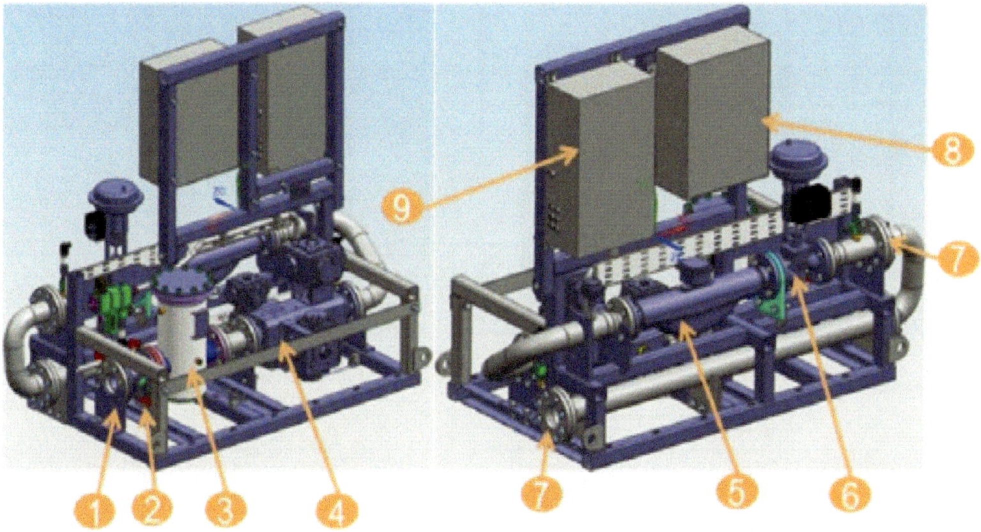

1. Gas Inlet
1. Manual Valve
2. Gas Valve
3. Valve block
4. Flow meter
5. Pressure regulating valve
6. Gas outlet
7. Junction box
8. Solenoid valve cabinet

그림 3-264 Parts of GVU-OD™

그림 3-262는 GVU-ED™ 부품들의 개요를 보여주며, GVU-ED™ 자체로 가스 밀봉 및 2중관의 기능을 하므로, 엔진 근처의 기관실에 설치할 수 있다. 그림 3-263과 같이 GVU-ED™를 포함한 연료 가스관은 2중관으로 설계되어 있으며, 내 외부 파이프의 환형 공간은 환기용 팬(Ventilation fan)을 통해 지속적으로 공기는 배출되고, 배출구 측에 설치된 가스 탐지기들이 연료 가스의 누설을 감시한다. 또한, 기관실 및 엔진의 소기실에 설치된 가스 탐지기들이 연료 가스의 누설을 지속적으로 감시한다.

그림 3-264는 GVU-OD™ 부품들의 개요를 보여주며, 가스 밀봉 및 2중관의 기능이 없는 간단한 설계이며 가격도 싸다. GVU-OD™는 기관실이 아닌 별도의 공간(GVU room)에 설치된다. 그림 3-265는 GVU room에 설치된 GVU-OD™을 보여주며, 기관실과 GVU room 사이에는 각 공간 측에 문을 2중으로 설치하여 기밀을 유지한다. GVU room의 환기용 팬(Ventilation fan)을 통해 연료 가스 2중관의 환형 공간에서 공기는 지속적으로 배출되며, GVU room에 설치된 가스 탐지기로 연료 가스의 누설을 지속적으로 감시한다. 또한, 기관실 및 엔진의 소기실에 설치된 가스 탐지기들이 연료 가스의 누설을 지속적으로 감시한다.

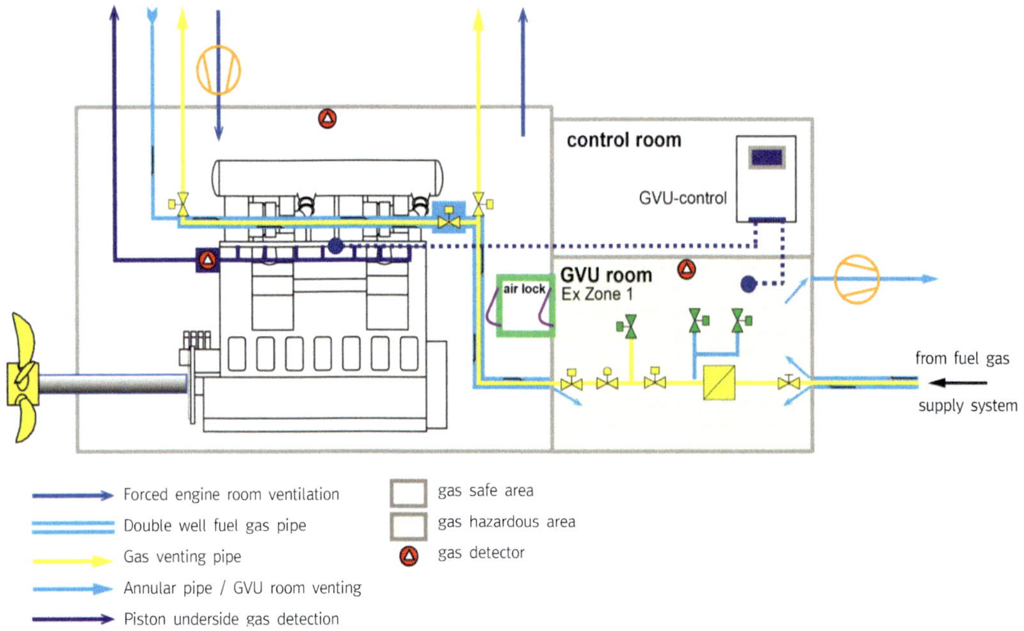

그림 3-265 Double-walled fuel gas piping system & leakage monitoring with GVU-OD™

GVU의 주요 기능은 다음과 같다.

- 연료 가스 압력 조정: 엔진의 제어 시스템(ECS, Engine control system)이 요구하는 연료 가스 압력을 RCS를 통해 전달받아 압력을 조정하여 엔진에 공급한다.
- 내부 누설 점검: 연료 가스 공급 요청을 받으면, 우선 내부 누설 점검을 진행하여 정상 상태임을 확인한 후에 요구되는 압력으로 연료 가스를 공급한다. 만약 내부 누설이 발생한 경우에는 GVU는 가스 공급을 차단하고, 엔진은 Gas interlock 상태가 된다.
- 연료 가스 배출 및 비활성 가스 공급: 현재 엔진의 상태에 따라, 자동으로 연료 가스 배출 및 비활성 가스를 엔진에 공급한다.
- 연료 가스의 공급 상태 점검: 내부에 설치된 온도 및 압력 센서를 통해 FGSS에서 공급되는 연료 가스의 상태를 점검하며, 만약 정상 운전 범위를 벗어나면 AMS를 통한 경보 발생 및 엔진은 Gas trip 된다.

GVU의 제어 시스템은 UNIC control module들로 구성이 되며, 그림 3-266 같이 GVU control cabinet에 설치된다. GVU의 LDU-20을 통해 현재 GVU 상태와 밸브의 위치, 센서들을 통해 측정된 연료 가스의 상태, 고장 발생 및 이력 조회가 가능하다.

그림 3-267 및 3-268은 GVU의 주요 구성 부품들을 보여준다. 연료 가스 입구 측의 수동 차단 밸브를 제외한 다른 모든 밸브들은 제어 공기에 의해 작동된다. 그림 3-269는 개폐 기능을 가진 밸브들이 설치된 밸브 블록이며, GVU 제어 시스템이 그림 3-270의 Solenoid valves를 작동시켜 밸브들을 열고 닫는다.

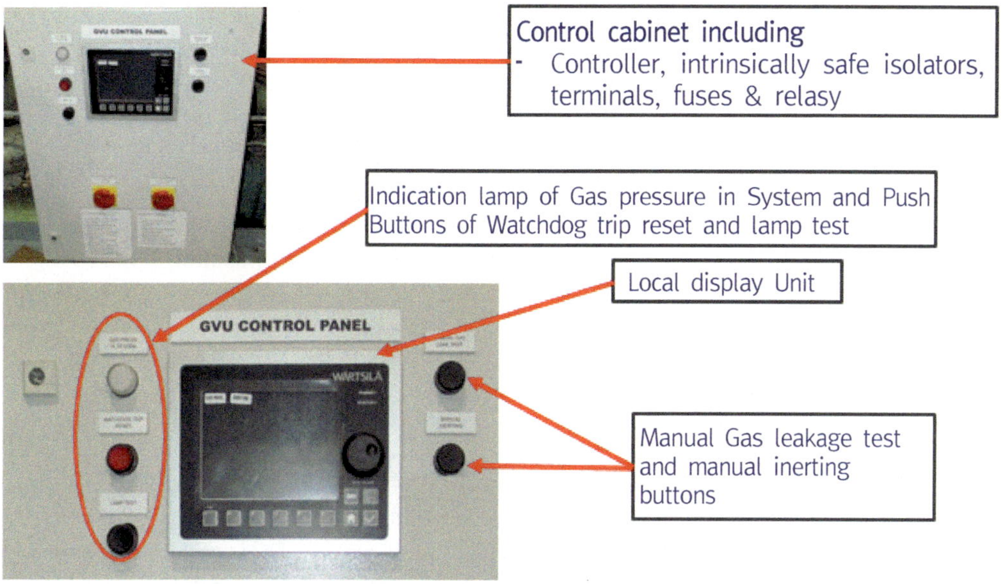

그림 3-266 GVU Control panel

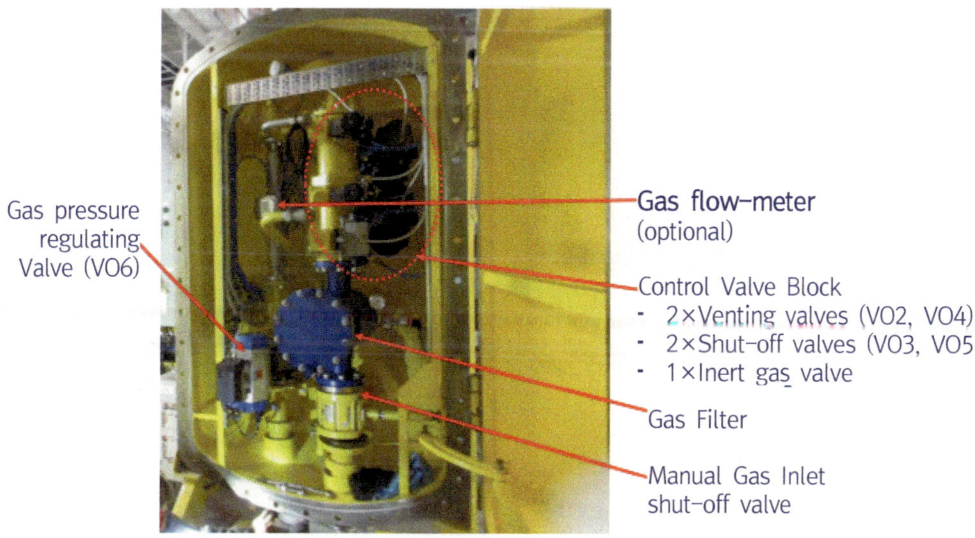

그림 3-267 Internal parts of GVU-ED™

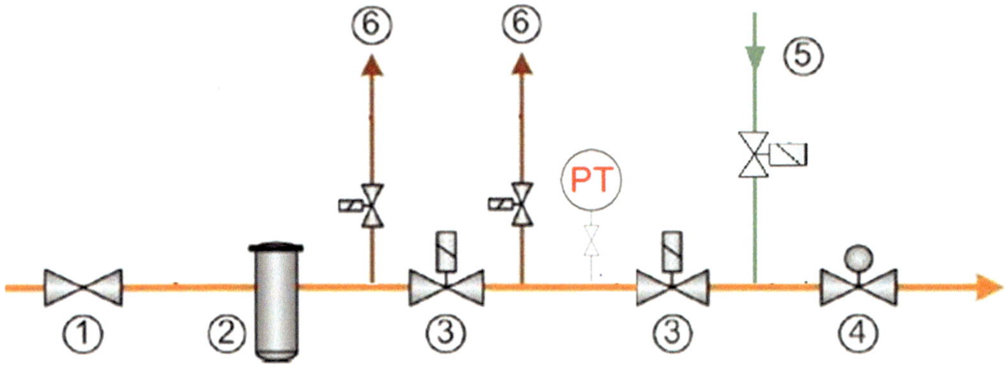

1 Gas inlet manual shut-off valve
2 Gas filter
3 Automatic shut-off valves
4 Gas regulating valve
5 Inert gas connection
6 Venting lines from venting valves

그림 3-268 Internal main parts of GVU

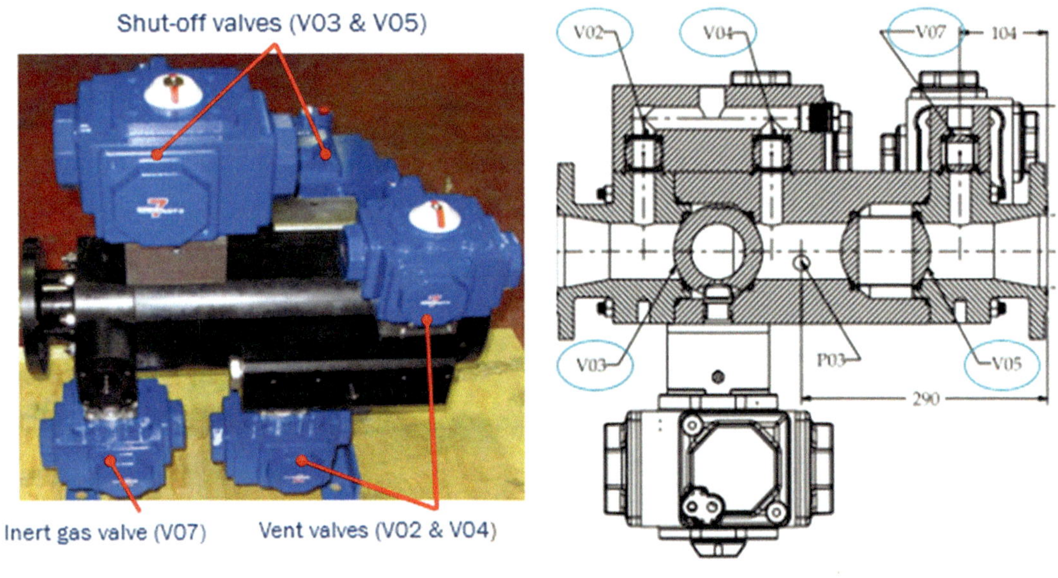

그림 3-269 GVU Valve block

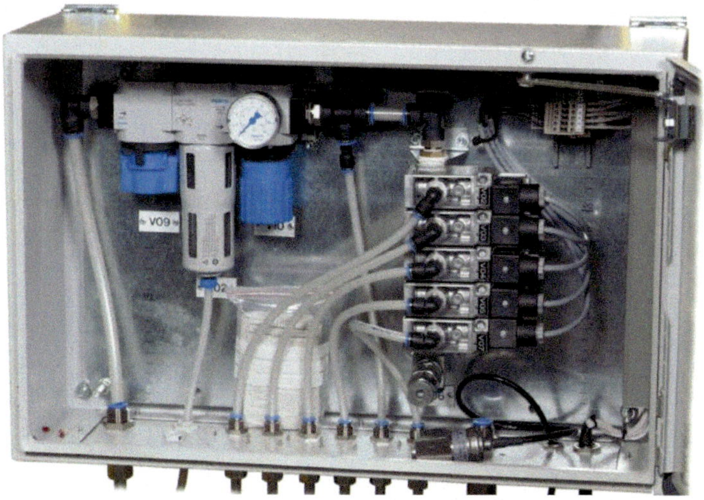

그림 3-270 GVU Pneumatic cabinet and solenoid valves

2) 엔진의 연료 가스 시스템

엔진의 제어 시스템(ECS, Engine control system)이 그림 3-271과 3-272의 연료 가스 시스템을 제어한다. GVU에서 공급된 연료 가스는 입구 측의 2개의 Shut-off valves를 통해 Exhaust side & Fuel side의 2개의 Gas rail로 연결된다. Gas mode 운전으로 전환 시에 Gas rail로부터 공기 배출 및 Gas rail 압력 조정, Gas mode 운전 종료 시에 연료 가스 배출, 엔진에 비활성 기체 공급을 위해 입구 측에 1개 및 각 Gas Rail 출구 측에 2개의 Vent valves가 설치된다. 만약 선내 정전이 발생한 경우에도 연료 가스를 안전하게 배출할 수 있도록 그림 3-273과 같이 2개의 Shut-off valves는 Normally-closed type 및 3개의 Vent valves는 Normally-open type으로 설치된다.

그림 3-274에서 3-276은 엔진의 연료 가스 파이프에 설치된 Shut-off valves & Vent valves의 사진들이다.

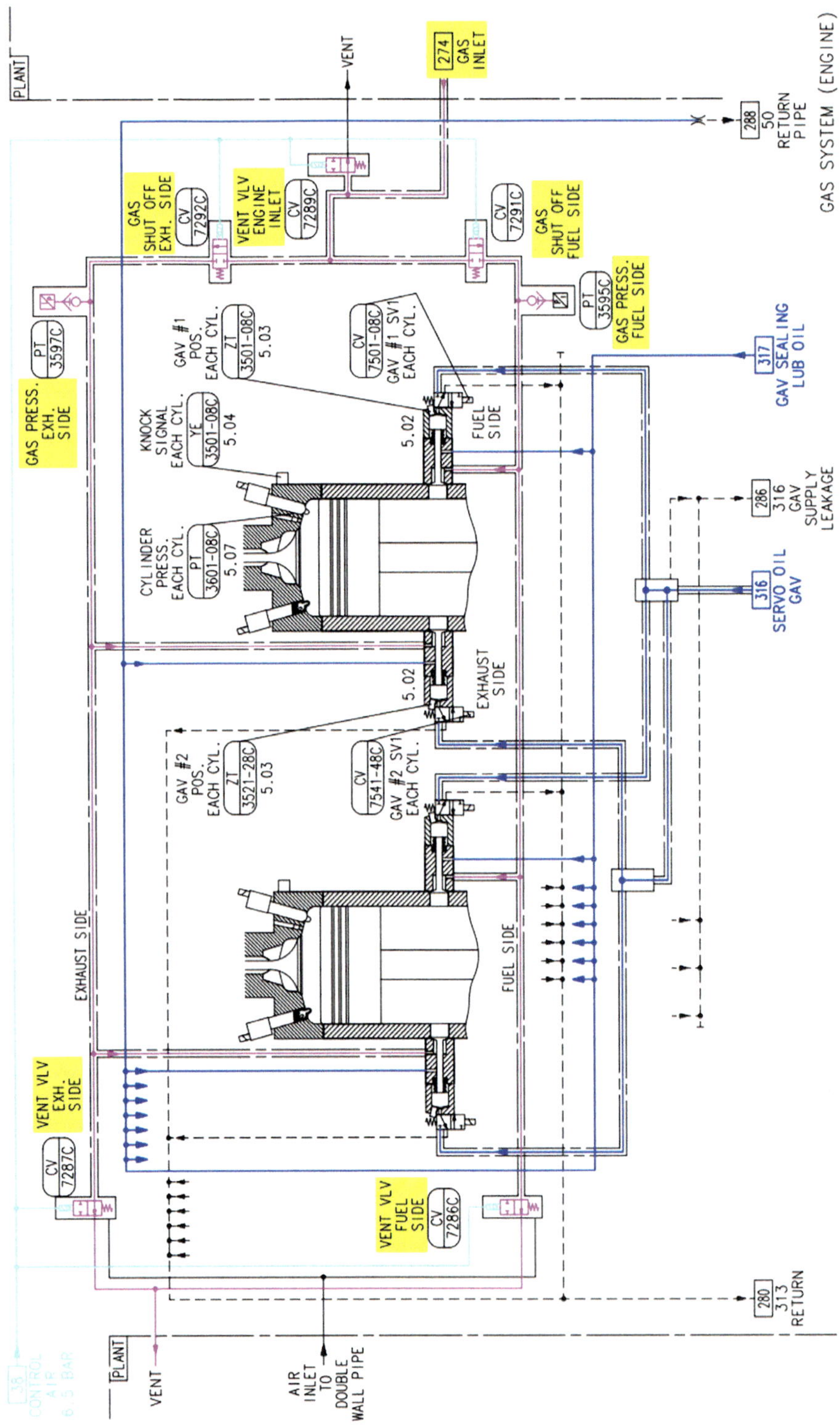

그림 3-271 Fuel gas system on engine side - 1

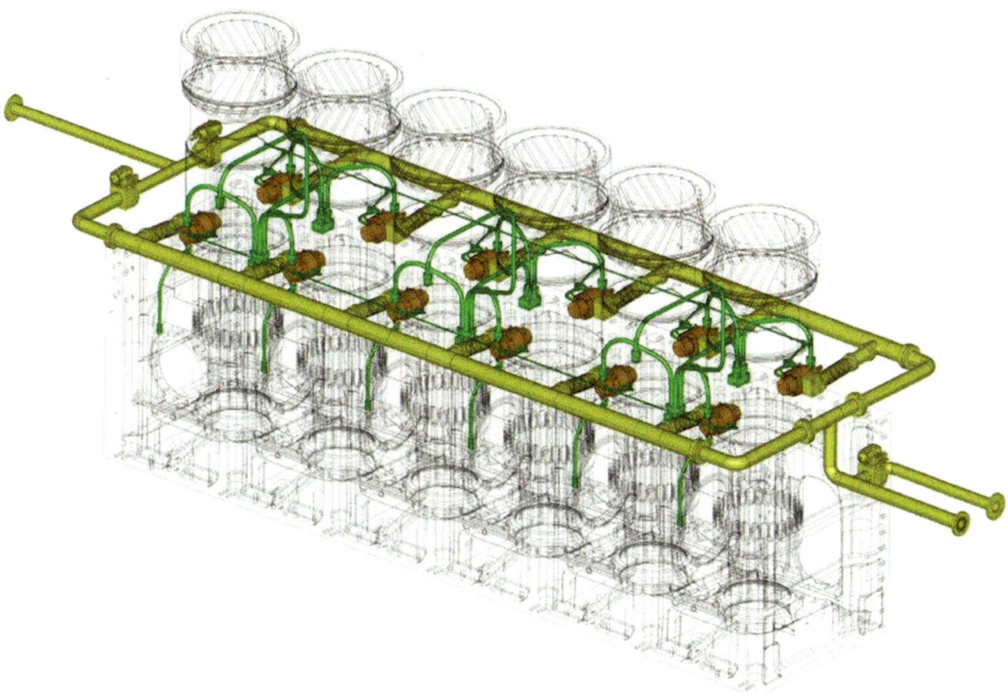

그림 3-272 Fuel gas system on engine side - 2

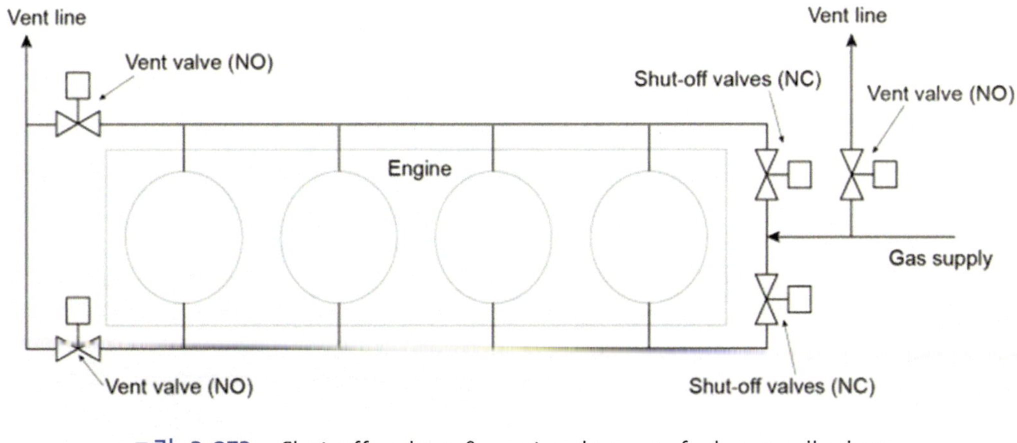

그림 3-273 Shut-off valves & vent valves on fuel gas rail pipes

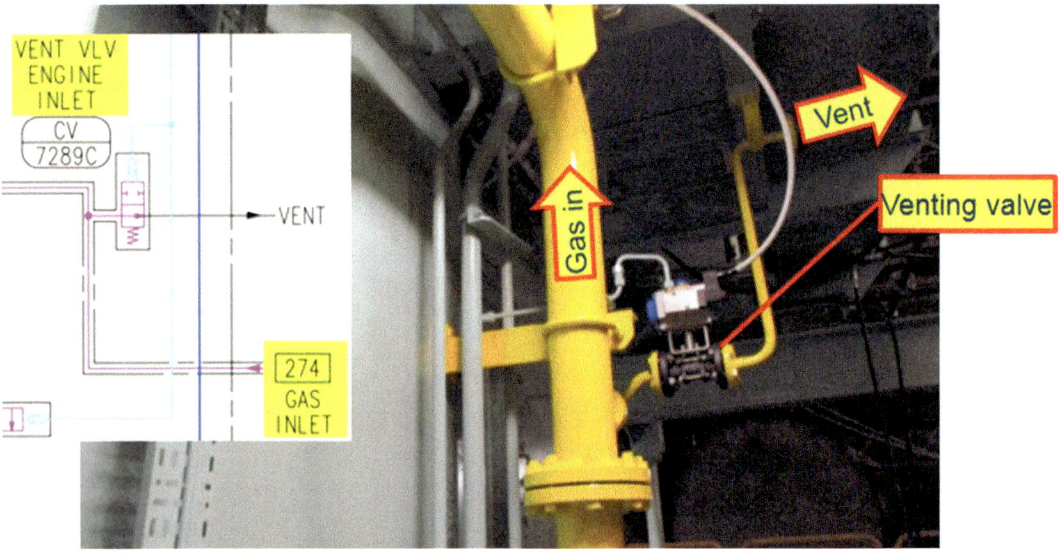

그림 3-274 Vent valve on fuel gas pipe inlet side

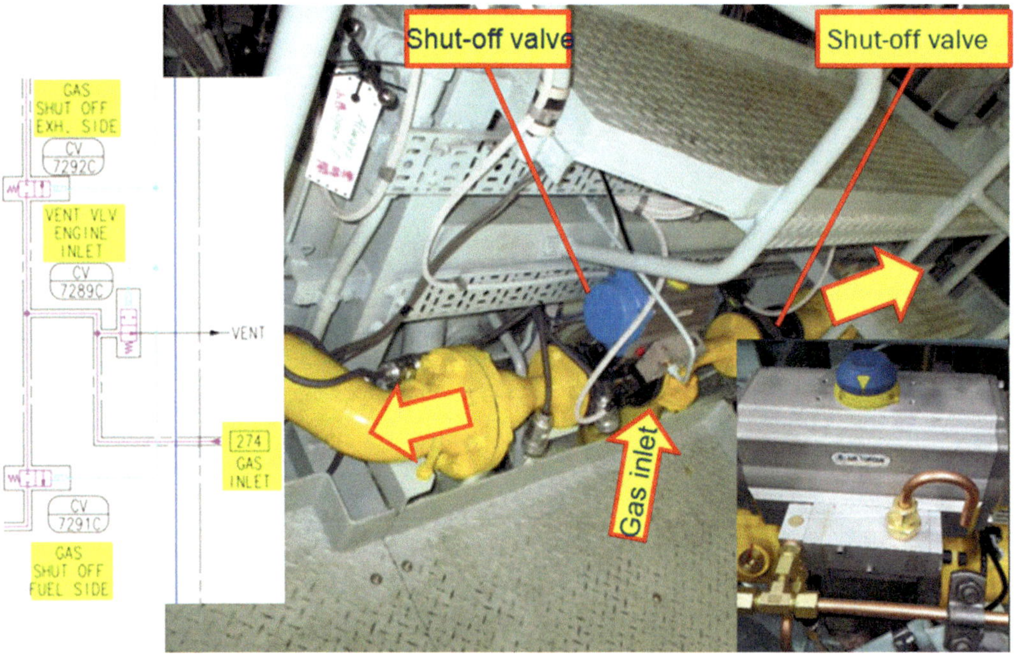

그림 3-275 Shut-off valves on fuel gas pipe inlet side

그림 3-276 Vent valves on fuel gas pipe outlet side

그림 3-277과 같이 엔진에 설치된 모든 연료 가스 파이프들은 2중관으로 제작되며, 내부 파이프에만 연료 가스가 흐르고, 내 외부 파이프의 환형 공간은 환기용 팬(Ventilation fan)을 통해 지속적으로 공기는 배출하면서 배출구 측에 설치된 가스 탐지기를 통해 연료 가스의 누설을 감시한다.

그림 3-278과 같이 Exhaust side & Fuel side의 2개의 Gas rail들의 압력 측정을 위한 센서들이 설치되어 측정값을 ECS에 전달한다. 이 센서들도 2중관의 구조에 설치된다.

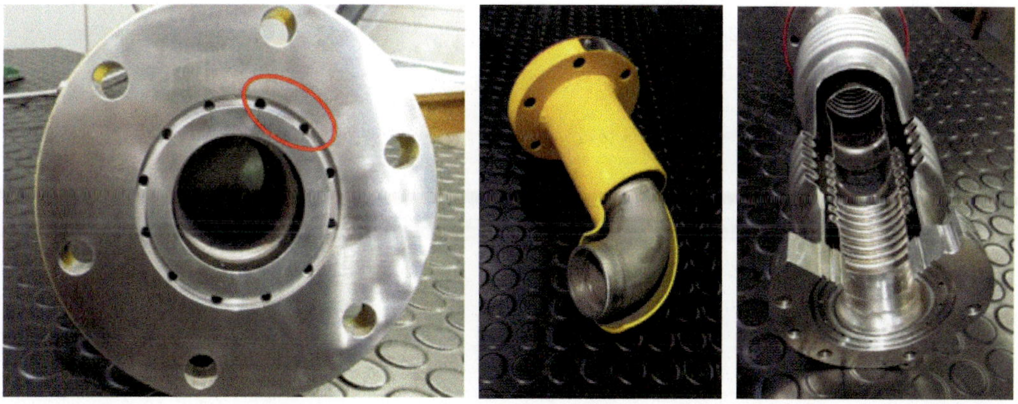

그림 3-277 Double-walled fuel gas pipes

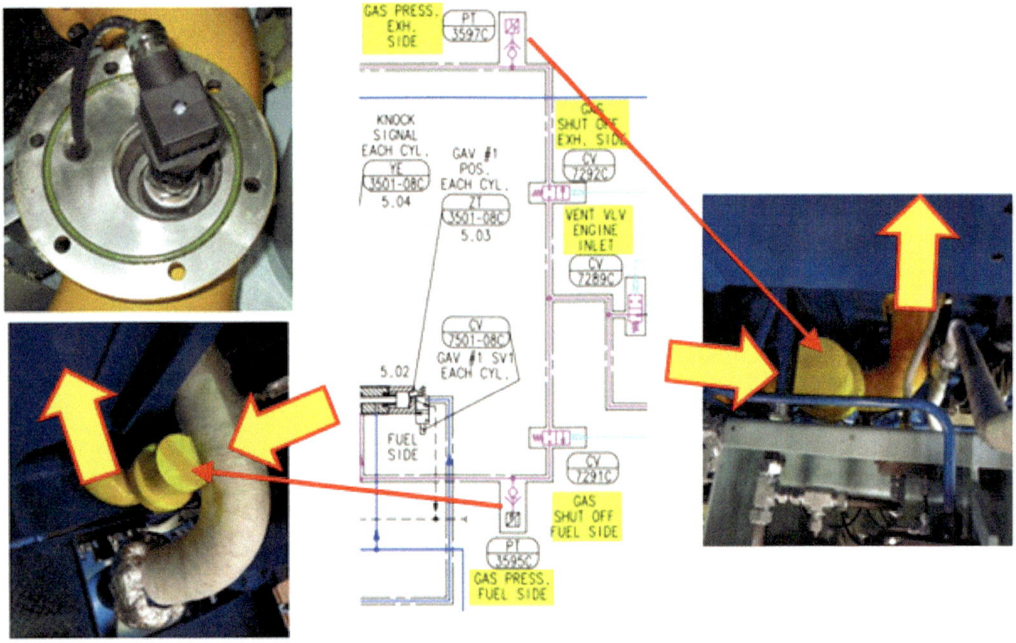

그림 3-278 Pressure transmitters on fuel gas rail pipes

그림 3-271 및 3-272와 같이 한 기통당 2개의 GAV(Gas admission valves)가 Exhaust side & Fuel side에 설치되어, 각 Gas rail에서 연료 가스를 실린더 내부로 공급한다.

GAV는 작동 유압에 의해 열리고 스프링 힘에 의해 닫힌다. 그림 3-281과 같이, GAV의 유압 작동유는 Servo oil rail에서 공급된다. RT-flex50DF 엔진의 경우에는 별도의 Connection block이 설치되어 Servo oil을 4개의 GAV에 공급하며, 그 외 DF엔진의 경우에는 1개의 VCU block을 통해 Servo oil을 4개의 GAV에 공급한다.

그림 3-279의 GAV에 설치된 Rail valve가 ECS의 신호에 따라 유압 작동유의 흐름(3/2 way)을 바꾸어 GAV를 열고 닫으며, Position sensor는 GAV의 움직임을 실시간으로 측정하여 ECS에 보고한다.

그림 3-280은 GAV의 단면도이며, 노란색의 화살표는 연료 가스의 흐름을 표시한다. Valve spindle과 Valve guide의 사이에는 밀봉 및 윤활의 목적으로 약 20 bar의 Sealing oil이 공급되며, 그림 3-282와 같이 Servo oil pipe에서 약 20 bar로 감압이 되며, ECS가 Sealing oil의 공급 및 압력 점검을 한다.

그림 3-279 GAV on cylinder liner

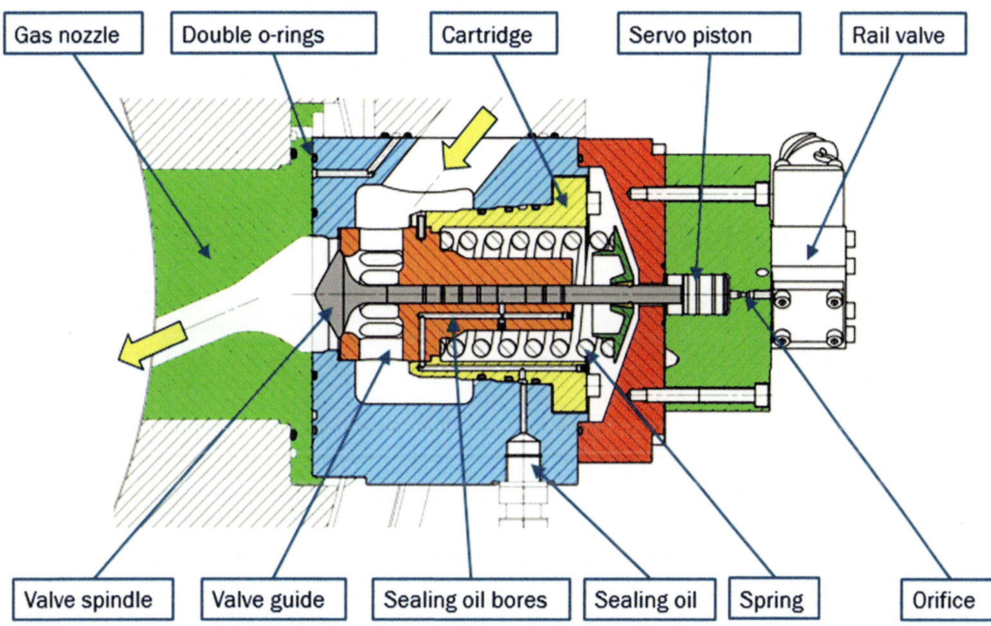

그림 3-280 Cross-section diagram & parts of GAV

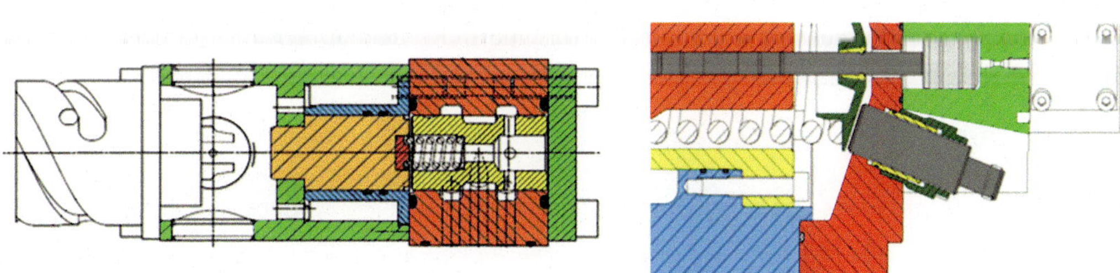

그림 3-281 Left: Rail valve and right: position monitoring sensor

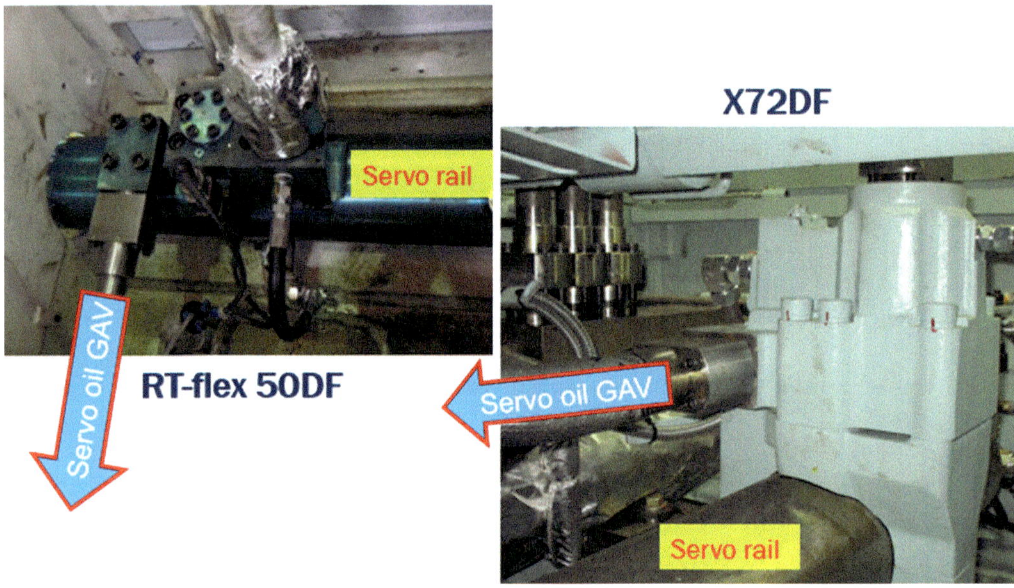

그림 3-282 Servo oil supply to GAV(left: RT-flex50DF, right: X72DF)

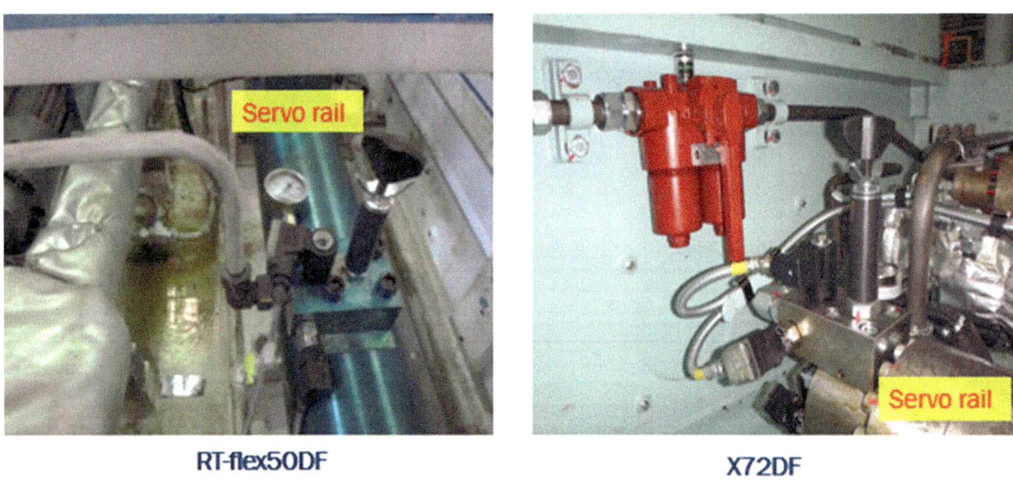

그림 3-283 Sealing oil supply to GAV(left: RT-flex50DF, right: X72DF)

3) Pilot fuel oil 시스템

그림 3-284는 엔진의 Pilot fuel oil 시스템을 보여준다. 기관실의 Booster pump에서 공급한 약 5 bar의 LFO를 전동 모터로 작동되는 그림 3-285의 PFOP(Pilot fuel oil pump)가 약 800~1,200 bar로 승압하여, 그림 3-286과 그림 3-287의 2중관 고압 파이프 연결을 거쳐, 각 기통당 2개씩 설치된 PFIV들에 공급한다. PFO의 압력은 엔진 운전 Mode 및 부하에 따라 결

정되며, ECS의 신호에 따라 비례 제어하는 FCV(Flow control valve)에 의해 펌프의 배출 압력은 조절된다. AMS는 차압 센서를 통해 펌프 입구 측의 필터 상태를 감지하고, ECS는 펌프 입구 측의 압력 및 온도 센서를 통해 공급되는 LFO의 상태를 점검한다. 또한, 2중관 PFO 고압 파이프의 누설은 ECS의 압력 센서를 통해 감지된다.

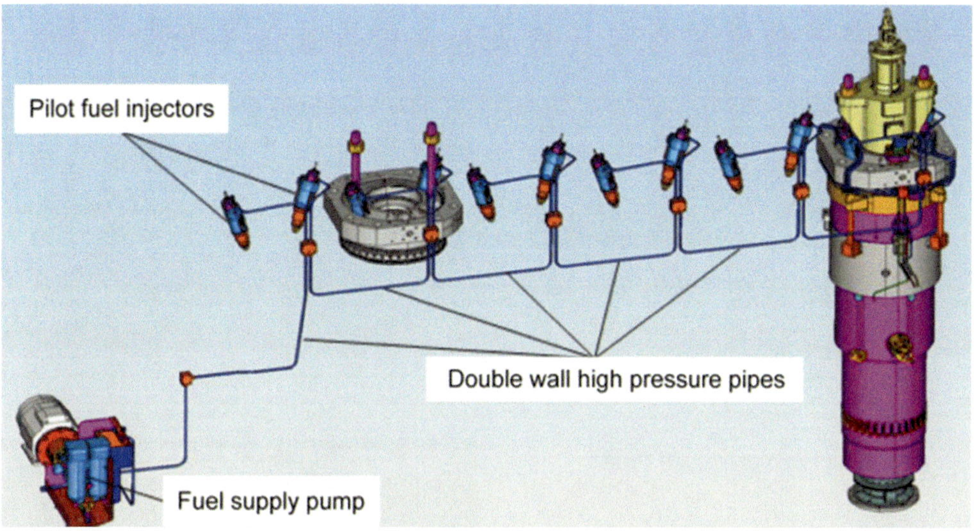

그림 3-284 Pilot fuel oil system

그림 3-285 Pilot fuel oil pump

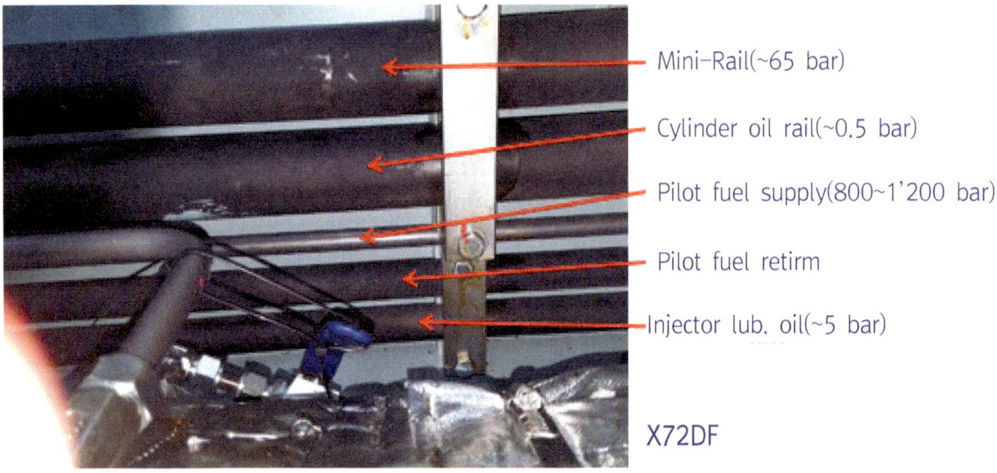

그림 3-286 Pilot fuel oil supply & return pipes in rail unit

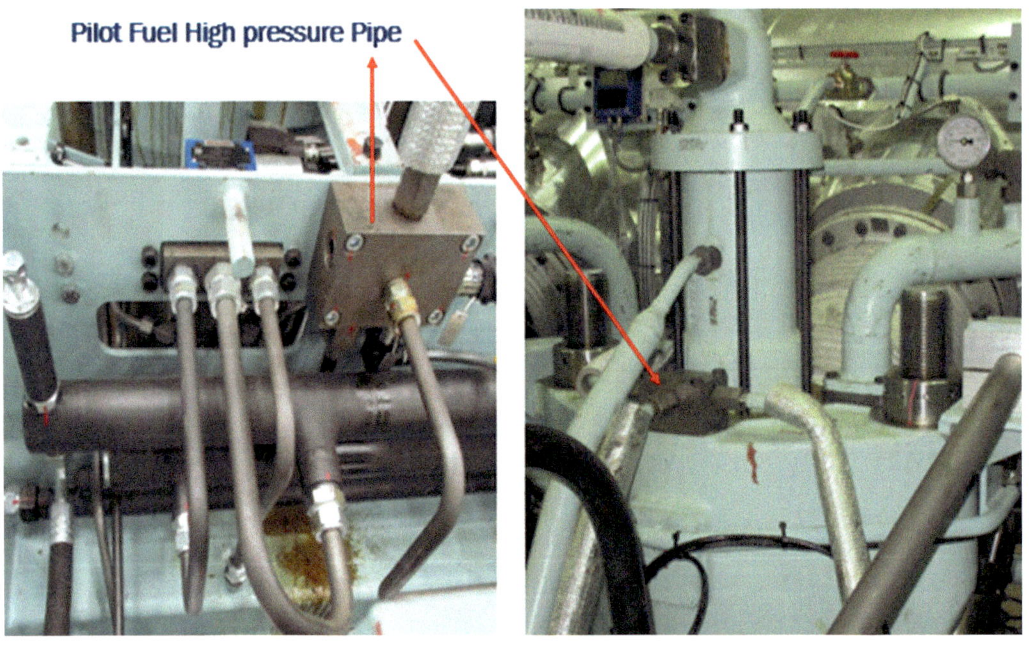

그림 3-287 High pressure pipes for pilot fuel oil

그림 3-288은 한 기통의 실린더 커버에 설치된 3개의 MFIVs(Main fuel injection valves)와 2개의 PFIVs(Pilot fuel injection valves)을 보여준다. X-DF 엔진에서는 PFIV와 구분하기 위해 Diesel mode 운전에 사용되는 FIV를 일반적으로 MFIV라 한다. PFIV도 MFIV와 같은 제작사(Woodward L'Orange) 이며 작동 방식도 동일하다. 즉, 펌프에서 공급된 고압의 PFO이 PFIV에 대기하며, ECS의 전기 신호를 보내 PFIV 내부의 Solenoid가 작동되어 Control fuel oil이 누설되어 PFO을 분사한다. 또한, PFIV의 제어 부분의 냉각 및 윤활을 위한 5 bar의 Main bearing oil이 순환을 한다. 만약 PFIV 내부 연료유 및 윤활유의 비정상 누설이 발생할 경우에는 AMS의 누설 감지 센서에 의해 경보가 발생된다.

앞에서 설명한 바와 같이 Gas mode 운전 시의 연료 가스는 Lean-burn, Otto cycle로 연소한다. Otto cycle의 가솔린 노킹을 방지하기 위해, 짧은 시간 내에 주 연소실의 연료 가스를 완전 연소할 수 있는 점화 장치가 필요하다. 별도의 전 연소실(Pre-chamber)를 설치하고, 이 작은 공간에 대비하여 많은 양의 PFO를 분사하면 Rich-burn 상태가 되어 원활한 압축 점화가 발생된다. 전 연소실에 발생된 화염이 주 연소실로 전달되어, 짧은 시간 내에 연료 가스를 완전 연소시켜 가솔린 노킹을 방지된다.

그림 3-290과 같이 전 연소실도 고온 환경에 있는 부품이며, 실린더 냉각수로 냉각을 한다.

Diesel mode 운전 중에도 PFIV 노즐의 폐색을 방지하기 위해서 PFIV는 계속 작동되며, Gas mode 운전과 비교할 때, PFO 압력은 800 bar로 낮고 PFIV의 분사 기간은 약 1 ms로 단축되어 PFO 소모량은 훨씬 적다.

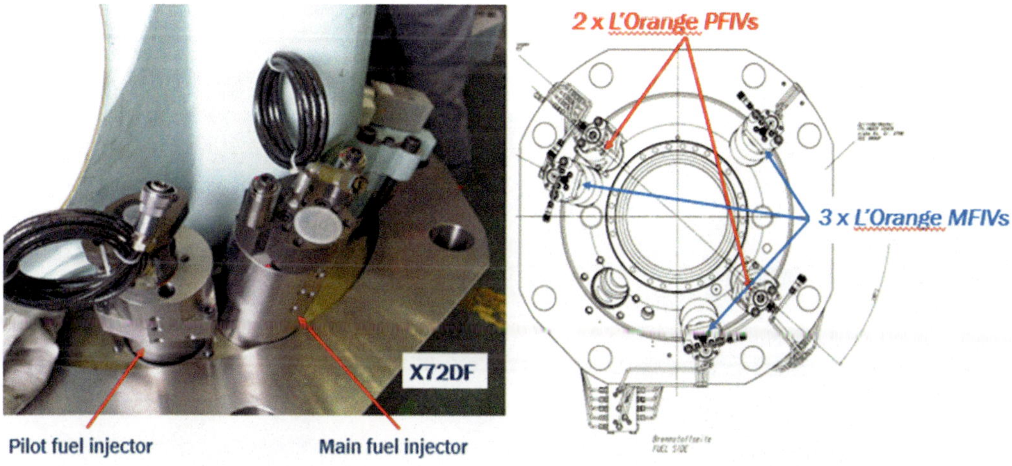

그림 3-288 MFIVs & PFIVs on cylinder cover

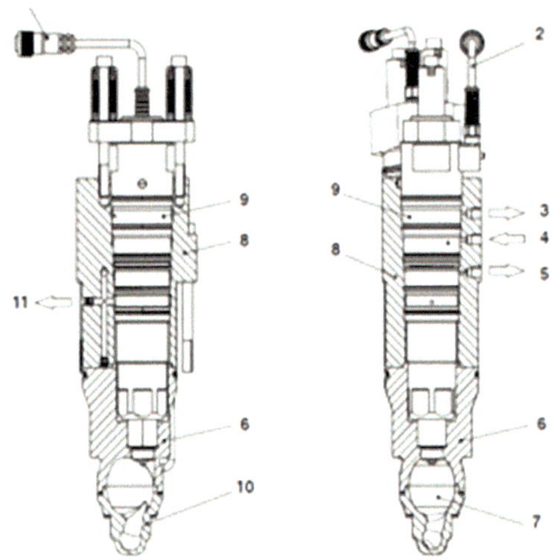

1. Pilot fuel inlet (from pilot fuel pump unit)
2. Electrical cable to solenoid valve
3. Lubricating oil outlet
4. Lubricating oil inlet
5. Lubricating oil and fuel leakage mixture
6. Top housing
7. Prechamber
8. Flange
9. Pilot injoction valve
10. Bottom housing
11. Pilot fuel return (pilot injection)
12. Connecting plate

그림 3-289 Pilot fuel injection valve & pre-chamber - 1

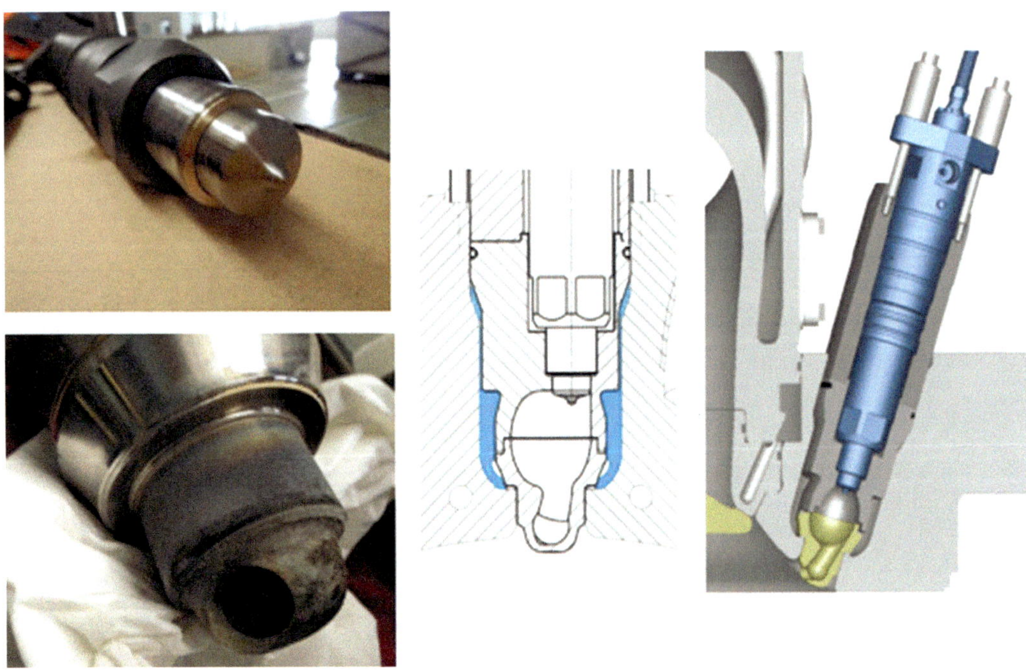

그림 3-290 Pilot fuel injection valve & pre-chamber - 2

4) Cylinder pressure sensor

X-DF 엔진도 X 디젤 엔진과 동일하게, ECS는 실린더 커버에 설치된 실린더 압력 센서를 통해 각 기통의 실린더 압력을 실시간으로 측정하여, 압축 압력 및 연소 압력을 자동으로 조절하는 ICC 기능이 있다. Gas mode 운전에서는 개별 기통의 연료 가스 공급량을 조절하여 전 기통 연소 압력의 평준화를 만든다.

또한, X-DF 엔진의 ECS는 실린더 압력 센서의 신호를 통해 Misfiring 및 Knocking, 현재 연소 상태를 실시간으로 점검하며, 그림 3-259의 최적화된 연소 상태에서의 Gas mode 운전을 위해 개별 기통의 공연비를 자동으로 조절한다.

X-DF 엔진의 연소실에는 연료 가스가 잔존할 수 있는 공간이 없어야 한다. 그러므로 그림 3-291과 같이 연소실에 직접 설치되는 Kistler 사의 압력 센서가 적용된다.

예를 들어, 엔진의 장기간 Diesel mode 운전 시, 센서 측정 부위의 퇴적된 이물질에 의해 정확한 압력 측정이 어렵게 된다. 센서의 정상 작동을 위해서는 센서의 측정 부위를 주기적으로 (약 1,500 ~ 2,000 운전시간마다) 소제해야 한다.

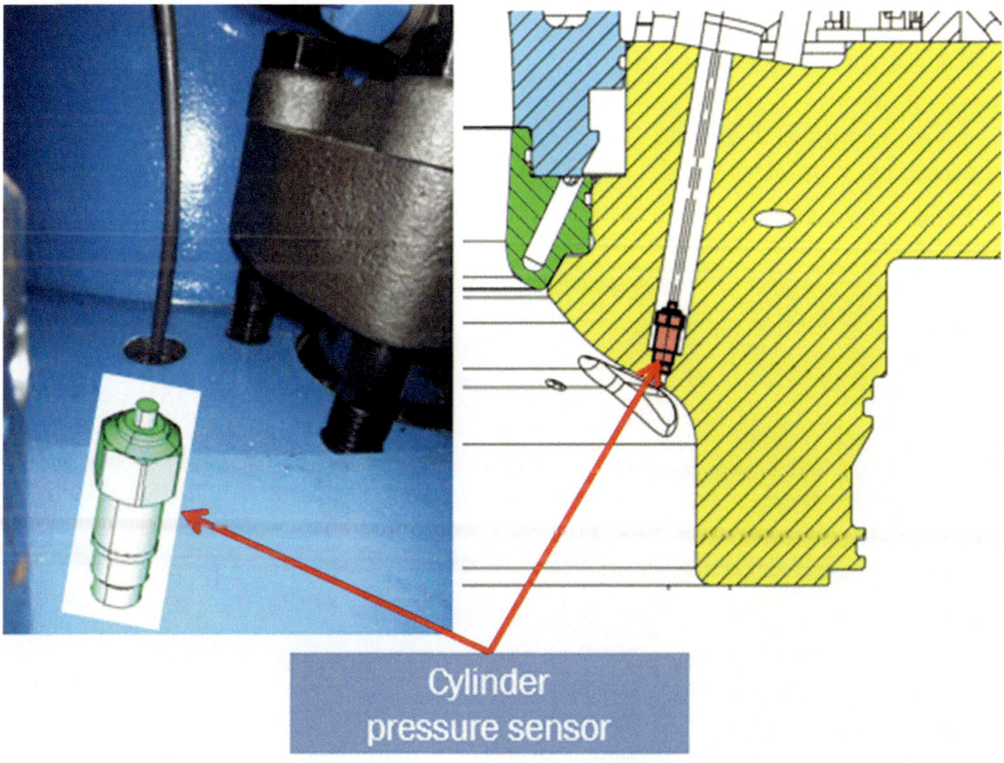

그림 3-291 Cylinder pressure sensor from Kistler

5) Knock sensor

X-DF 엔진의 ECS는 실린더 압력 센서의 신호에 추가하여, 그림 3-292의 실린더 커버 상부에 설치된 Knock 센서의 신호를 통해 Knocking 값을 계산한다.

그림 3-292 Knock sensor on cylinder cover top

6) 소기실에 설치된 가스 탐지기

그림 3-293과 같이 소기실에 가스 탐지기를 설치하여, 실시간으로 연료 가스의 농도를 측정한다. 그림 3-294와 같이, 천연 가스의 LEL(Lower explosion limit, 5% volume in air)을 100% 기준으로 하여, 20% LEL에 경보 및 40% LEL에 Gas trip 된다.

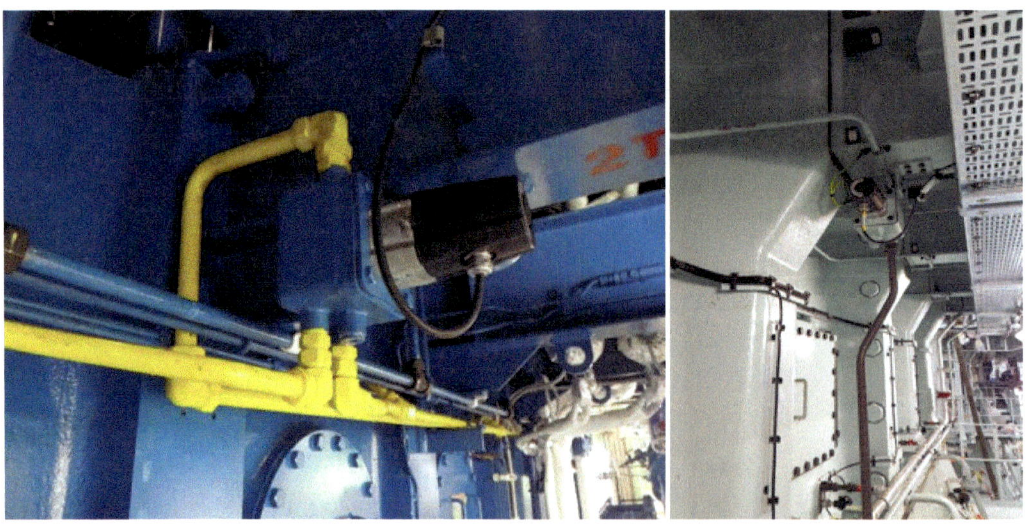

그림 3-293 Gas detector on charge air space

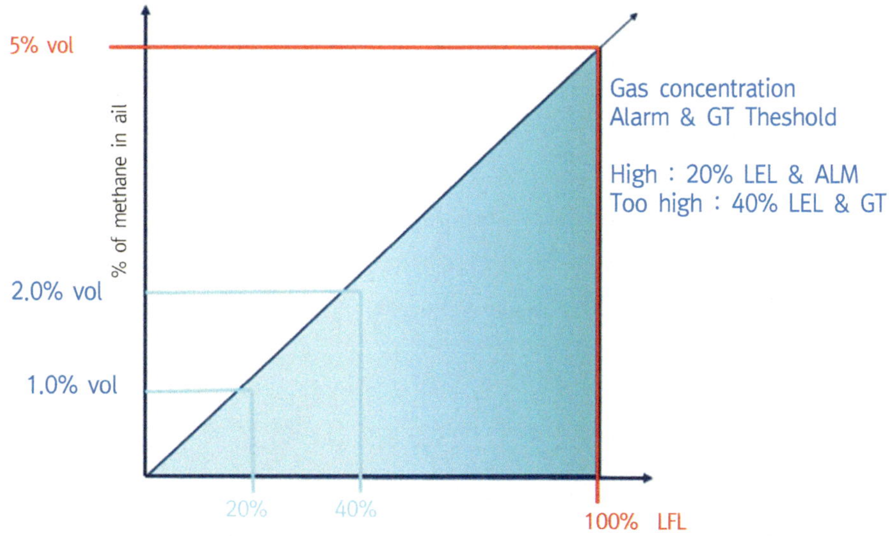

그림 3-294 LEL and alarm/gas trip levels in natural gas

7) EWG(Exhaust waste gate) valve

X 디젤 엔진도 선택된 튜닝 및 SCR 운전 등을 위해 EWG 밸브가 설치되기도 한다. 모든 X-DF 엔진에서는 그림 3-295의 최적화된 연소 상태에서 Gas mode 운전을 위해, EWG 밸브를 이용하여 소기 압력을 자동으로 조절한다.

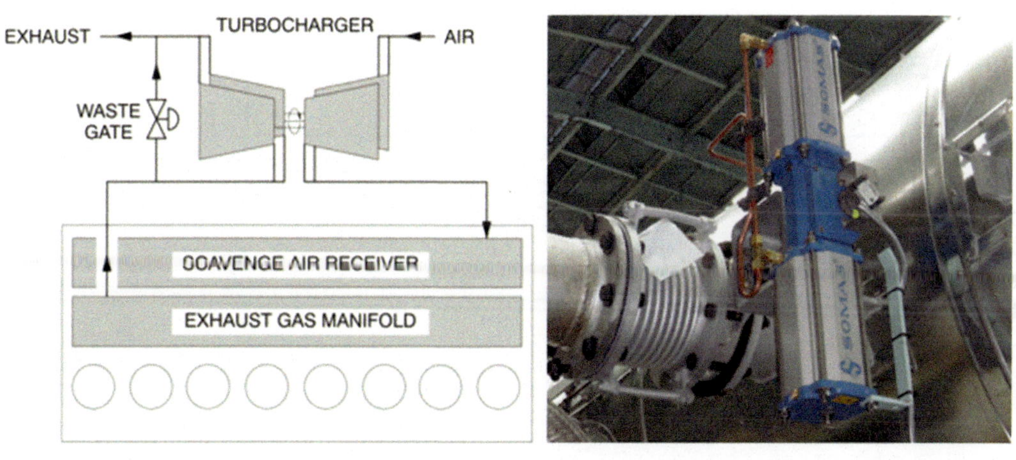

그림 3-295 Exhaust waste gate valve

8) 실린더 주유 시스템(Cylinder lubricating system) with iCAT

X-DF 엔진에도 X 디젤 엔진과 동일한 flexLube 펌프가 설치되며, 펌프의 작동 방식은 앞서 X 디젤 엔진에서 설명하였다.

X-DF 엔진에서는 Diesel mode 운전 시의 사용 연료유에 따라, iCAT(integrated cylinder lubrication automatic transfer) 기능을 선택하여, 엔진에 적용할 수 있다. 즉, Diesel mode 운전 시에 고유황의 HFO를 사용할 때에는 High BN(Base number) CLO(Cylinder lubrication oil)를 주유해야 하고, 반대로 Gas mode 운전 시에는 Low BN CLO를 주유해야 한다. 그림 3-296 및 3-297과 같이, iCAT이 적용된 엔진의 RU에는 High BN CLO와 Low BN CLO의 Rail pipe들이 설치되어, 개별 기통의 3-Way 밸브로 연결된다. 엔진의 운전 Mode 및 운전자가 입력한 연료유의 유황 함유량에 따라, ECS는 Solenoid 밸브를 작동시켜, 전 기통의 3-Way 밸브들로 연결된 제어 공기의 공급 및 배출을 통해 High BN CLO 또는 Low BN CLO을 선택하며, 3-Way 밸브는 해당 CLO를 flexLube 펌프에 공급한다. 개별 기통의 3-Way 밸브에는 High BN CLO 또는 Low BN CLO 절환을 측정하는 센서가 설치되어, 해당 기통이 현재 사용중인 CLO를 ECS에 보고한다.

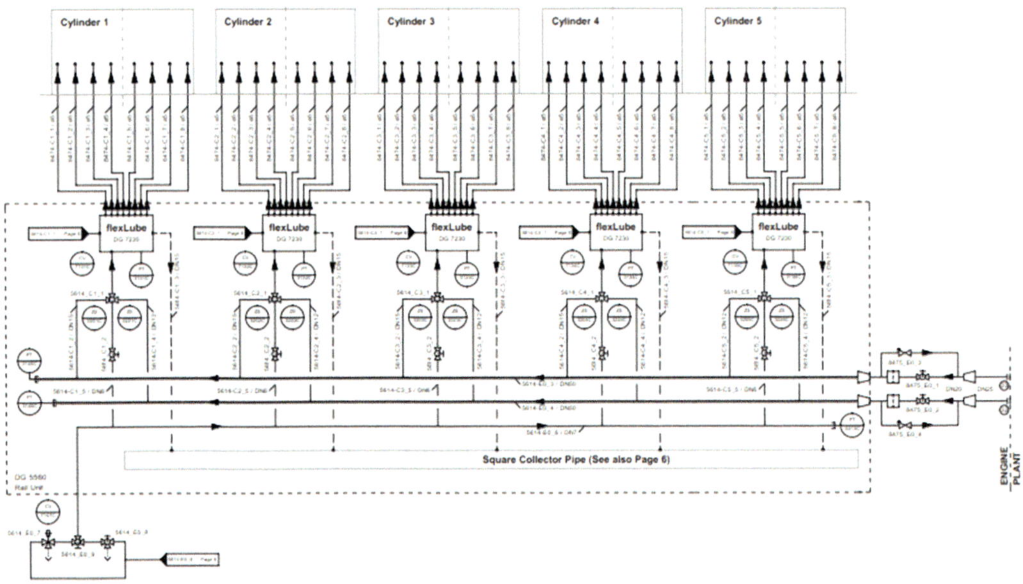

그림 3-296 Cylinder lubricating system with iCAT

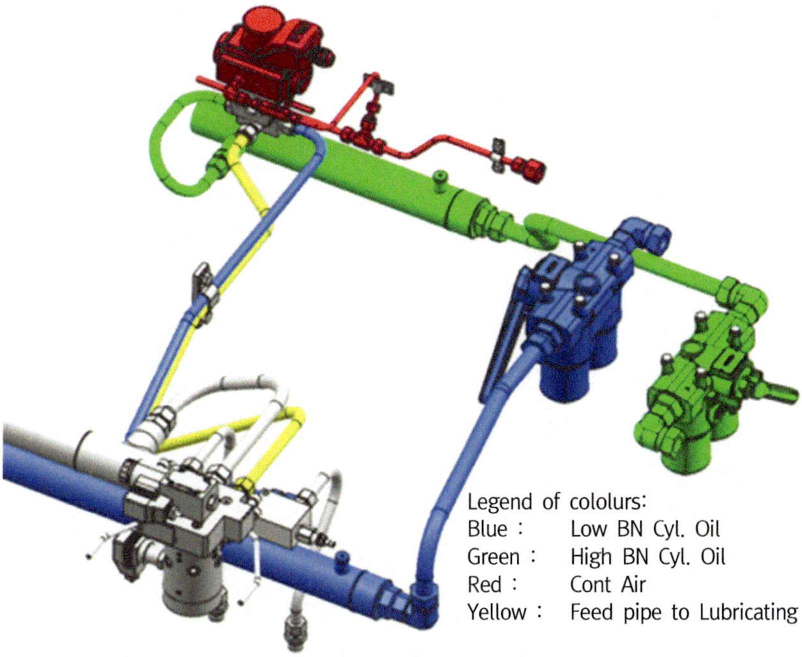

그림 3-297 iCAT system

3.3.2 ECS(Engine control system) 및 Gas mode 운전

WinGD 전자제어엔진은 외부의 자동화 업체에서 제공하는 PCS(Propulsion control system)과 AMS(Alarm monitoring system) 및 내부의 엔진 제어 시스템(ECS, Engine control system) UNIC-flex로 구성된다. 또한, PCS는 RCS(Remote control system, telegraph unit 포함) 및 ESS(Engine safety system)로 구성된다.

1) 엔진의 외부 추진 제어 시스템(PCS) 및 선박 경보 시스템(AMS)

PCS 및 AMS의 기능은 RTA 엔진에서의 그것과 기능 자체는 거의 동일하다. 다만, 작동 방식 및 감지 방식이 아래와 같이 차이가 나며, X-DF 엔진에서는 Gas mode 운전을 위한 추가 기능이 있다. 만약 PCS의 고장이 발생하면, Gas mode 운전은 불가능하며, LDU-20에서 Diesel mode 운전만 가능하다.

- RCS: 엔진의 원격 제어 장치로 제어 위치는 W/H(Wheel house)와 ECR(Engine control room)이며, 운전자가 Telegraph unit 을 통해 설정한 Maneuvering command (Ahead/ Astern start, Brake air, Stop, Air run, Slow turning & etc.)를 BUS 통신 라인을 통해 ECS 에 전달한다. 또한, 목표로 하는 엔진의 속도 값을 ECS 에 전달한다.
  운전자의 엔진 운전 Mode 전환(Diesel ↔ Gas) 요청을 ECS 및 ESS, GVU 등 관련 시스템에 전달한다. Gas mode 운전 시에는 GFS 및 GVU와 직접 다양한 신호를 주고받으며, ECS에서 요청한 연료 가스 압력을 GFS 및 GVU에 전달하고, GFS 및 GVU의 연료 가스 압력 및 현재 상태를 ECS에 전달한다.

- ESS: 엔진 및 관련 기기의 상태가 비정상인 경우에 SLD(Slowdown) 또는 SHD (Shutdown) 시킨다. SHD 경우에는 PCV 에 설치된 SHD solenoid valve 를 직접 작동시켜 Fuel rail 의 압력을 순식간에 떨어뜨리며, 동시에 SHD 신호를 BUS 통신 라인을 통해 ECS 에도 전달하여 전 기통의 연료 분사 차단 및 Fuel pump actuator 를 통해 연료유 공급을 차단한다.
  Gas mode 운전을 위해 GFS에 연료 가스 공급을 요청한다. Gas mode 운전 중에 운전자의 수동 GT(Gas trip) 요청 또는 ECS, GVU, GFS, GDS(Gas detection system)의 GT 요청을 ECS 및 GVU, GFS에 전달하여 GT를 작동시킨다. 또한, 운전자의 수동 GT 요청 또는 ECS의 추가 불활성 가스 공급 요청을 ECS, GVU 및 GFS에 전달하여, 전체 연료 가스 시스템에서 연료 가스를 배출하고, 전체 연료 가스 시스템에 불활성 가스를 공급 시킨다.
  Gas mode 운전 중에 취소가 가능한 SHD이 발생하면, 자동으로 Diesel mode로 전환되며, 운전자가 SHD 취소를 했다면, Diesel mode로 계속 운전된다. 취소가 불가능한 SHD이 발생하면, 엔진은 즉시 정지되며, ECS에서 그림 3-258의 엔진 배기관의 환기를 요청한다.

- AMS: 기존 RTA 엔진과 같이 AMS 센서들을 통해 직접 엔진을 감시하며, 추가로 ECS 내부 고장의 신호를 BUS 통신 라인을 통해 전달 받아 경보를 발생시킨다.
  Pilot fuel pump의 필터 차압 센서 등 Gas mode 운전에 필요한 추가 센서들이 설치되어 감시를 하며, GVU 및 GFS 등 Gas mode 운전에 관련된 추가 시스템으로부터 고장 신호를 전달 받아 경보를 발생시킨다.

그림 3-298은 엔진 내부 제어 시스템 ECS와 외부 제어 시스템 PCS 및 AMS, GVU, GFS, GDS 간의 신호 연결을 나타낸다.

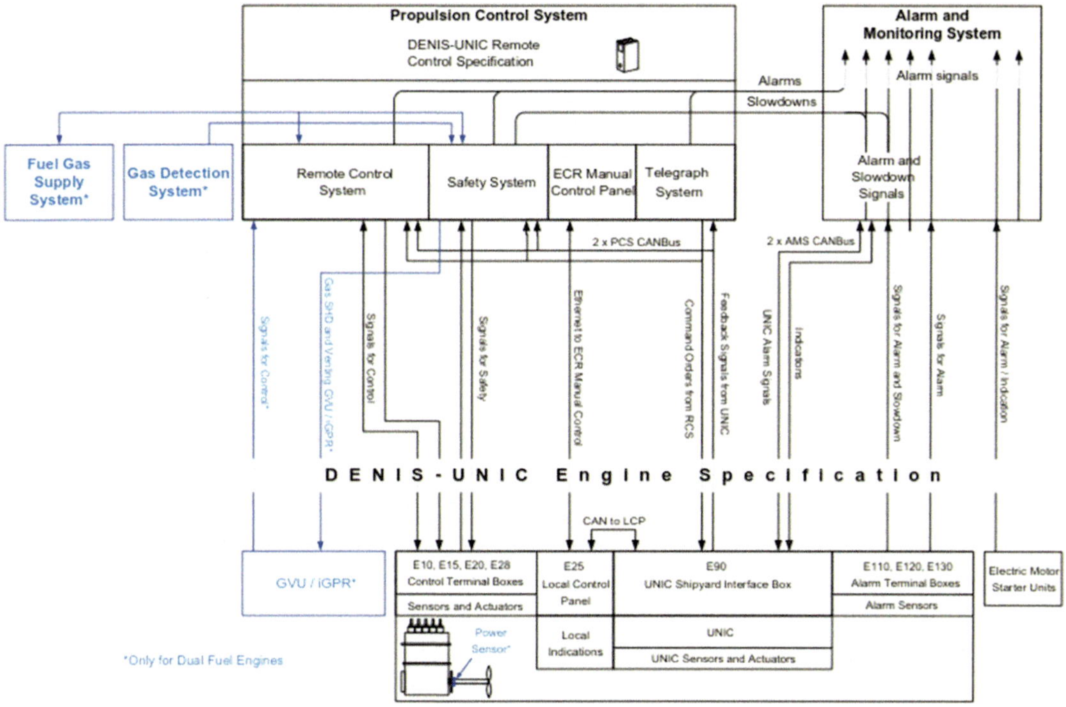

그림 3-298 Interface between UNIC-flex and external systems for X-DF

2) ECS, UNIC-flex 시스템의 구성 및 기능

X-DF 엔진 Diesel mode 운전 시의 UNIC-flex 시스템 기능은 동일하다. 각 기동에는 Gas mode 운전을 위한 Gas CCM-20들이 추가로 설치되며, MCM-11과 IOM-10은 Gas mode 운전을 위해 추가 기능을 한다. LDU-20의 경우에는, Gas mode 운전에 관련된 추가 페이지들이 있으며, 추가 페이지들은 따로 설명한다.

(1) Control modules

표 3-7은 MCM-11의 Engine-related control functions에 관련된 전기 신호이며, Gas mode 운전에 관련된 기능이 추가된다. 2중 프로펠러로 추진되는 선박에서 비상시 한대의 엔진으로만 운전해야 될 경우에는 그림 3-299와 같이 다른 엔진의 프로펠러 샤프트를 고정해야 하며, 2개의 센서가 설치되어 MCM-11과 IOM-10에 신호를 전달하고, 해당 엔진은 Start interlock이 된다.

Gas mode 운전 중에 만약 MCM-11의 고장이 발생하면, 즉시 GT되며 엔진의 제어 위치는 ECR LDU-20, 비상 운전 위치로 전환되며, 엔진 속도 및 부하의 제한없이 LDU-20의 Fuel control mode(Diesel mode)로만 운전된다.

표 3-7 Input & output signals for engine-related control functions in MCM-11 for X-DF

Input signals	Output signals
Diesel operation	
➢ Scavenge air pressure sensor #1 (PT4043C) ➢ Control air pressure engine inlet (PT4421C) ➢ Crosshead bearing oil pressure supply (PT2021C) ➢ Turning gear disengaged #1 (ZS5016C) ➢ Starting air pressure #1 before shut off valve(PT4301C) ➢ Turbo charger speed #1(ST5201C) ➢ Auxiliary blower #1 running(JS5031C) ➢ Starting air shut off valve manually closed(ZS5018C) ➢ HFO supply(XS3411C)	➢ Common start air valve #1(CV7013C) ➢ Auxiliary blower start signal #1 (CY7031C) ➢ Injector Lub. oil shut-off valve(CV7003) ➢ Supply speed sensor A
Gas operation	
➢ GAV sealing lubricating oil pressure (PT2091C) ➢ Exhaust waste gate position (XI7071C) ➢ Pilot fuel oil pressure B (PT3466C) ➢ Shaft locking device engaged (XS5075C)	➢ Servo oil service pump ON (XS2050C)

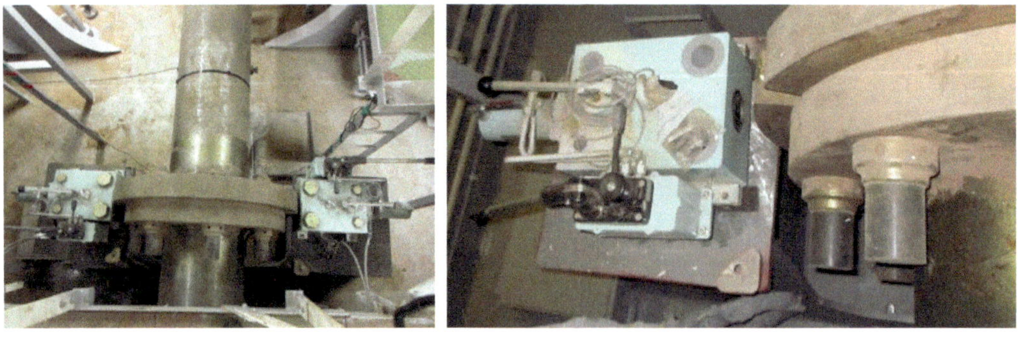

그림 3-299 2중 프로펠러 추진 선박의 Shaft locking device

표 3-8은 IOM-10의 Engine-related control functions에 관련된 전기 신호이며, Gas mode 운전에 관련된 기능이 추가된다.

표 3-8 Input & output signals for engine-related control functions in IOM-10 for X-DF

Input signals	Output signals
Diesel operation	
➢ Scavenge air pressure sensor #2 (PT4044C) ➢ Turning gear disengaged #2 (PT5017C) ➢ Starting air pressure #2 before shut-off valve (PT4302C) ➢ Cylinder cooling water pressure engine inlet (PT1101C) ➢ Auxiliary blower #2 running (JS5032C) ➢ Turbo charger speed #2 (ST5202C)	➢ Common start air valve #2 (CV7014C) ➢ Auxiliary blower #2 start signal (CY7032C)
ICC	
➢ Scavenge air temperature after cooler A (TE4045C) ➢ Scavenge air temperature after cooler B (TE4046C) ➢ Barometric pressure A (PT4002C) ➢ Barometric pressure B (PT4003C) ➢ TC compressor air inlet temperature A (TE4041C) ➢ TC compressor air inlet temperature B (TE4042C)	
Gas operation	
➢ Pilot fuel pressure inlet (PT3464C) ➢ Pilot fuel temperature inlet (TE3464C) ➢ Pilot fuel pressure A (PT3465C) ➢ Gas pressure fuel side (PT3595C) ➢ Gas pressure exhaust side (PT3597C) ➢ Shaft locking device engaged (XS5076C)	➢ Exhaust waste gate control valve (CV7077C)

CCM-20은 Rail unit 그림 3-300과 같이 각 기통당 2개가 설치가 되며, Diesel CCM-20의 기능은 X 디젤 엔진의 CCM-20의 기능과 동일하나, iCAT 시스템이 설치된 엔진에는 #A4 CCM-20(4번 기통의 Diesel CCM-20)이 Pilot fuel oil pump를 기동한다. 그림 3-301과 표 3-9는 Gas CCM-20의 Cylinder-related control functions 및 Engine- related control functions을 보여준다. 그림 3-302는 CAS unit pickup 센서들의 신호 연결이며, MCM-11과 Diesel CCM-20들의 연결은 X 디젤 엔진과 동일하며, 전 기통의 Gas CCM-20들로 TDC & BDC 센서 및 A & B 센서의 신호가 연결된다. 만약, Gas CCM-20이 연료 가스를 실린더에 공급한 직후 GT가 발생한 경우에는 Diesel CCM-20은 연료유 분사를 차단하여, 해당 회전에 2중 연료 공급을 방지한다.

Gas mode 운전 중에 만약 Gas CCM-20의 고장이 발생하면, 즉시 GT 되고 엔진 속도 및 부하의 제한 없이 Diesel mode로 운전된다.

Gas mode 운전 중에 만약 Diesel CCM-20의 고장이 발생하면, 즉시 GT 및 Diesel mode로 전환되며, ESS의 SLD가 발생된다.

그림 3-300 Left: Diesel CCM-20 and right: Gas CCM-20

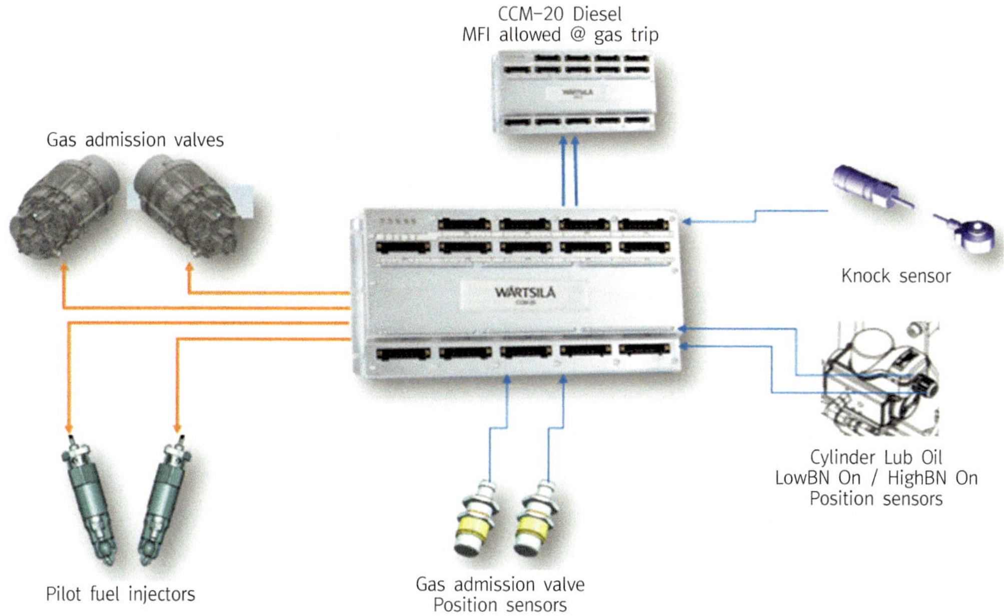

그림 3-301 Cylinder-related control functions in Gas CCM-20

표 3-9 Input & output signals for engine-related control functions in Gas CCM-20

Input signals	Output signals
CCM #G1 ➢ CYL. Lub. oil press low BN(PT3145C) for iCAT ➢ CYL. Lub. oil press high BN(PT3146C) for iCAT ➢ CTRL. air press. after changeover VLV (PT4413C) for iCAT	CCM #G1 ➢ Vent valve fuel side (CV7286C) ➢ CYL. lub.oil BN change-over valve(CV7147C) with iCAT
CCM #G2	CCM #G2 ➢ Vent valve exhaust side (CV7287C) ➢ GAV sealing oil shut off valve (CV7296C)
CCM #G3	CCM #G3 ➢ Gas shut off valve fuel side (CV7291C) ➢ Vent valve engine inlet (CV7289C)
CCM #G4 ➢ Gas concentration in piston underside(AE3315C)	CCM #G4 ➢ Gas shut off valve exhaust side (CV7292C) ➢ Pilot fuel pressure control valve (CV7239C) ➢ Pilot fuel oil pump start (XS3465C) without iCAT

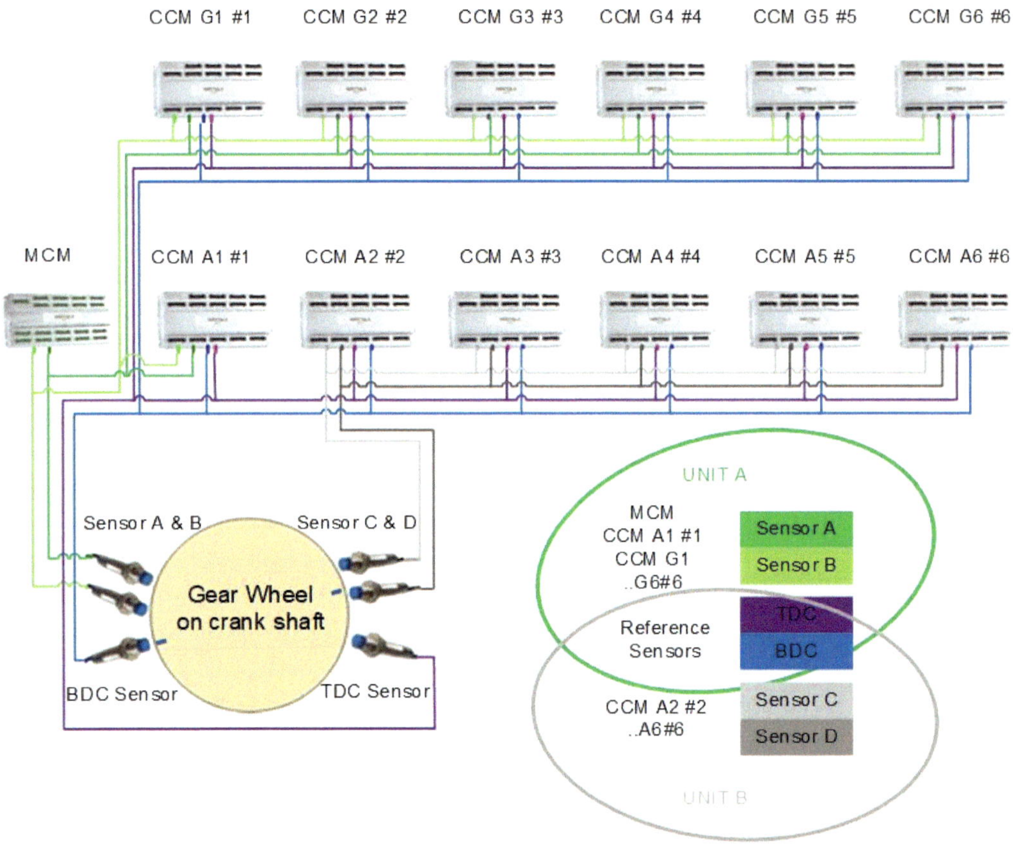

그림 3-302 Signal connections from CAS pickup sensors to UNIC-flex modules in X-DF

그림 3-303은 6기통 X-DF 엔진의 모든 UNIC-flex module들의 내 외부 통신망 및 CAS unit 센서 등, Diesel mode 및 Gas mode 운전에 관련된 Engine-related control functions의 모든 전기 신호를 보여준다.

그림 3-304와 같이 7기통 X-DF 엔진의 모든 UNIC-flex control module들은 중복되는 2개의 전원 공급 장치가 설치되어 있으며, 그 중의 2번째 전원은 본선 24 V 비상 전원(Battery, 무정전공급장치)에서 공급되므로 본선의 정전(Blackout)이 발생해도 모든 CCM-20들은 현재 크랭크 각도 값을 절대 잃지 않는다.

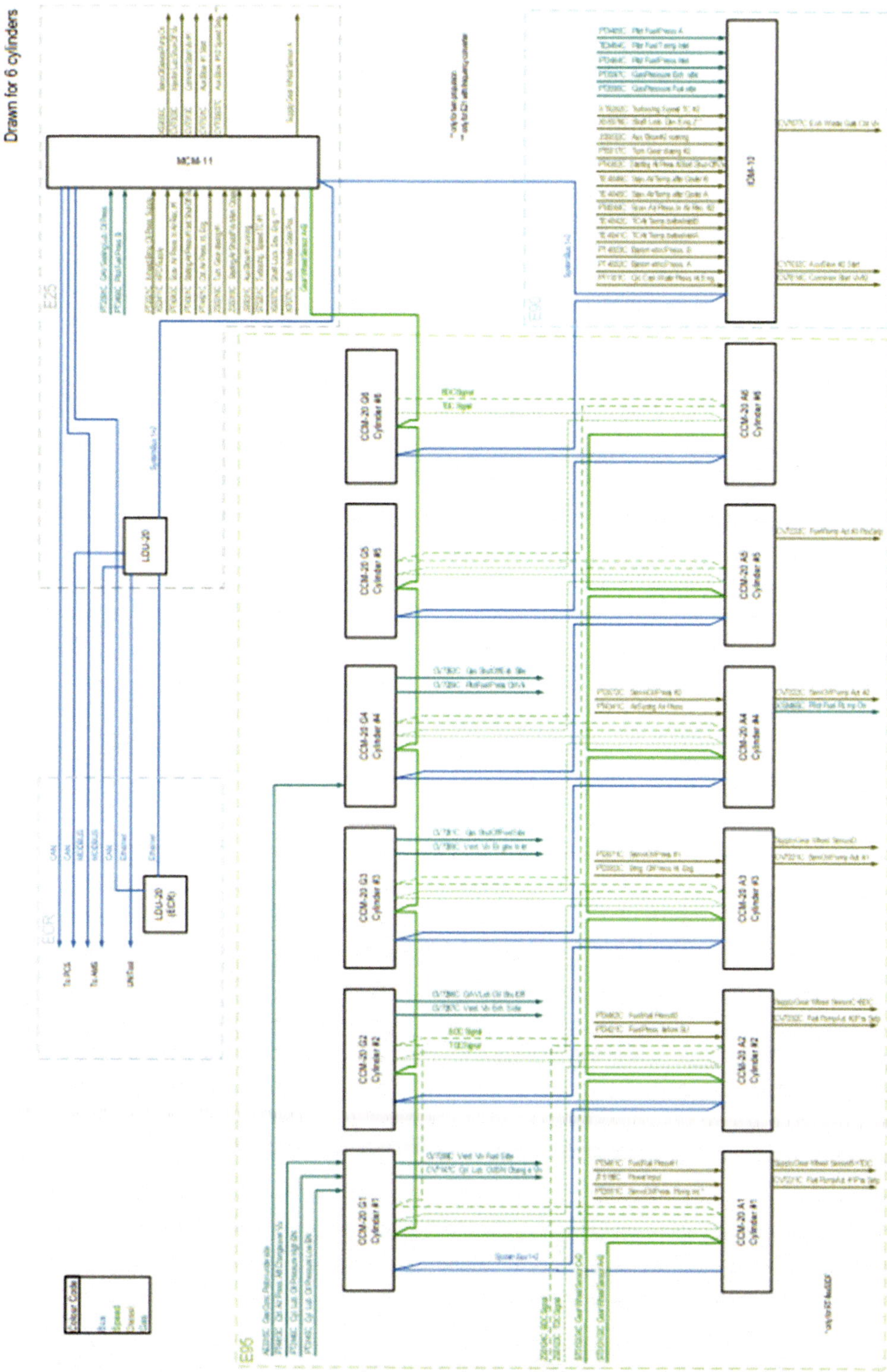

그림 3-303 Signal connections on UNIC-flex module for engine-related functions

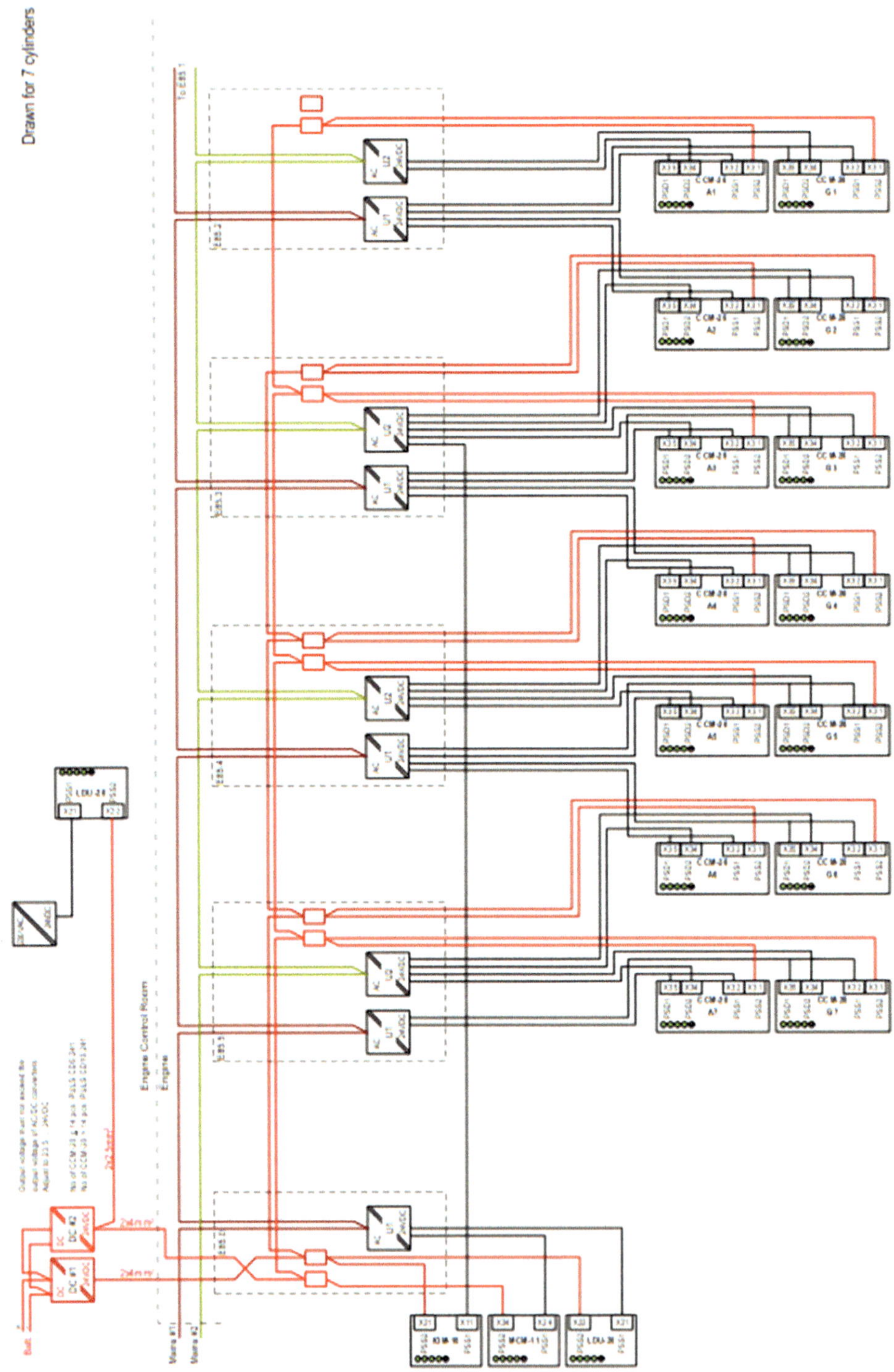

그림 3-304 Electric power supply with UPS to UNIC-flex modules in X-DF

(2) Gas mode 운전과 관련된 ECS, UNIC-flex의 기능

① Pilot fuel oil rail pressure control

그림 3-305는 Pilot fuel oil rail pressure control의 개요이다. 압력을 측정하는 2개의 센서는 현재 압력 값을 IOM-10 및 MCM-11에 전달하며, IOM-10과 MCM-11은 내부 통신망을 통해 ECS의 모든 Control module에 전달한다. #G4 CCM-20(4번 기통의 Gas CCM-20)은 엔진 부하에 따른 목표 압력 값과 현재 Rail의 압력 값을 비교하여, Pilot fuel oil pump의 배출 압력을 제어하는 Flow control valve에 신호를 보내 압력을 제어한다.

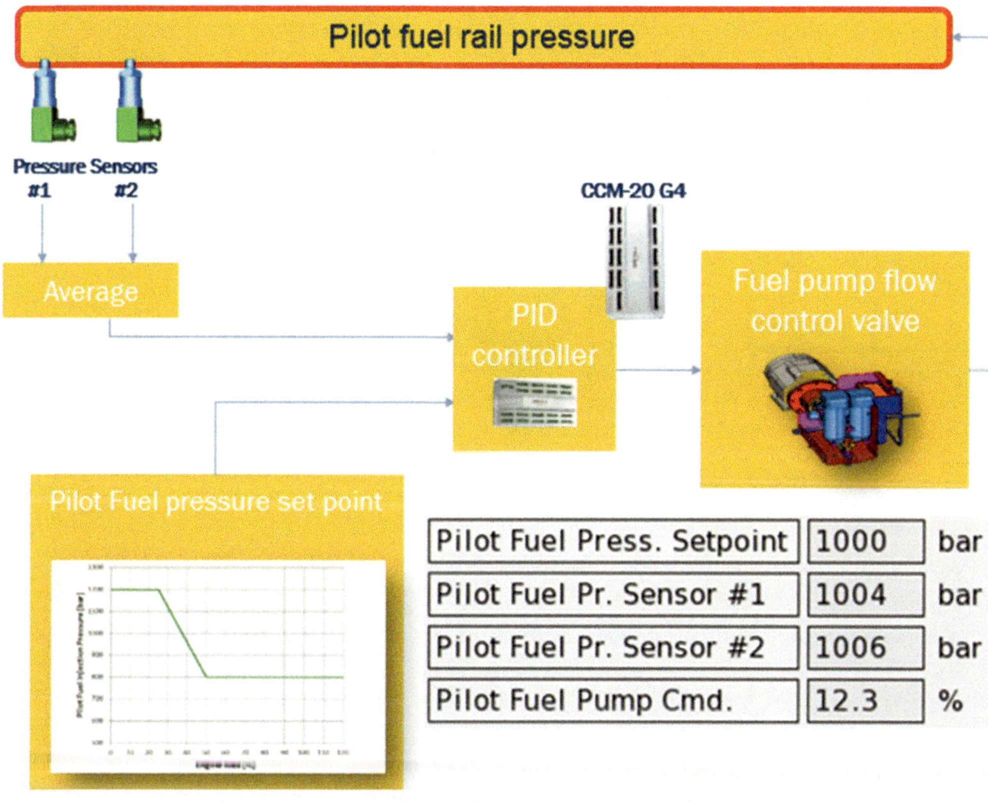

그림 3-305 Pilot fuel oil rail pressure control

② 연료 가스 Rail의 Shut-off valves & vent valves control

그림 3-306은 연료 가스 Gas rail의 Shut-off valves & Vent valves control 개요이다. 연료 가스 배출 또는 비활성 가스 공급, 연료 가스 공급, 누설 점검, 수동 테스트 등의 상황에 따라 Gas CCM-20들이 밸브들을 열고 닫는다.

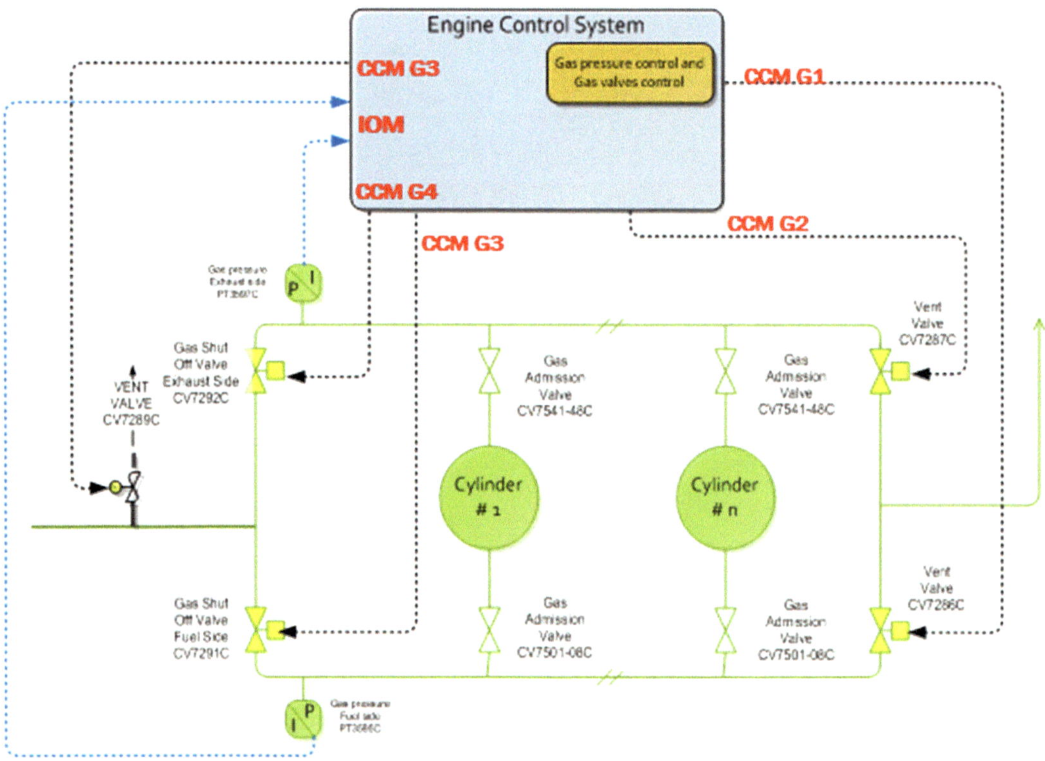

그림 3-306 Shut-off valves & vent valves control on fuel gas rail pipes

③ 연료 가스 압력 제어(Gas rail pressure control)

그림 3-307은 Gas rail pressure control의 개요이다. 압력을 측정하는 2개의 센서는 현재 압력 값을 IOM-10에게 전달하며, IOM-10은 내부 통신망을 통해 ECS의 모든 Control module에 전달한다. MCM-11은 그림 3-257의 엔진 부하 및 소기 압력에 따른 목표 압력 값과 현재 Rail의 압력 값을 비교하여 외부 통신망을 통해 PCS에 전달하며, PCS는 GVU에 전달하여 Gas rail 압력을 조정한다.

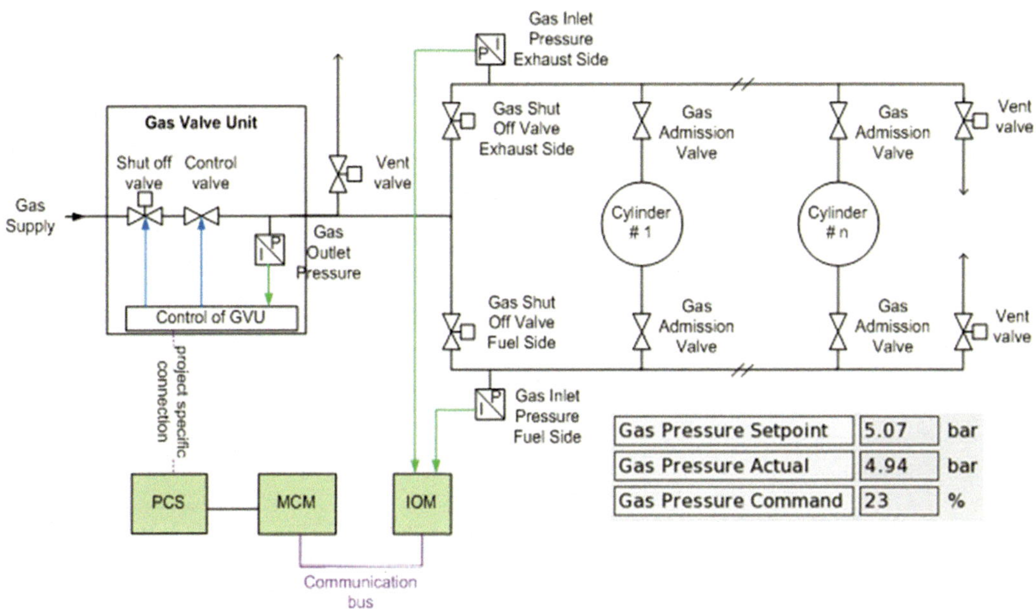

그림 3-307 Gas rail pressure control

④ 소기 압력 제어

그림 3-308은 소기 압력 Control의 개요이다. 압력을 측정하는 2개의 센서는 현재 압력 값을 MCM-11 및 IOM-10에 전달하며, MCM-11과 IOM-10은 내부 통신망을 통해 ECS의 모든 Control module에 전달한다. IOM-10은 엔진 부하 및 속도에 따른 목표 압력 값과 현재 소기 압력 값을 비교하여, EWG(Exhaust waste gate, 그림 3-299 참조) 밸브의 개도를 계산하여, EWG 밸브의 I/P convertor를 통해 제어한다. EWG 밸브의 개도를 측정하는 센서는 현재 밸브의 개도를 MCM-11에 전달한다.

또한, 엔진 시동 및 현재 소기 압력에 따라, MCM-11과 IOM-10은 Aux. blower를 작동시킨다.

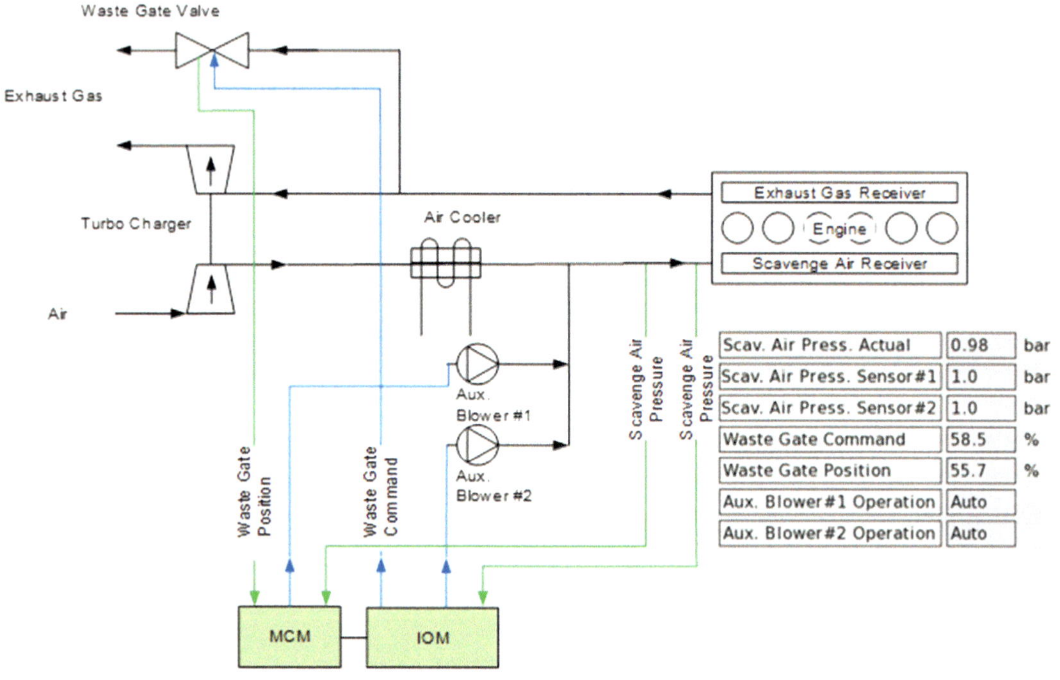

그림 3-308 Charge air pressure control

⑤ Gas mode 운전 시의 연소 제어(Combustion control)

그림 3-291의 실린더 압력 센서와 그림 3-292의 Knock 센서의 신호를 통해 ECS는 현재 연소 상태를 실시간으로 점검한다.

ECS는 실린더 압력 센서를 통해 계산된 IMEP(Indicated mean effective pressure)와 Shaft power meter에서 측정한 BMEP(Brake mean effective pressure)를 비교하여 Misfiring을 감지한다.

그림 3-309는 정상 연소 상태와 Knocking 상태에서의 실린더 압력 센서와 Knock 센서의 측정 값의 비교이다.

ECS는 그림 3-258의 Misfiring 또는 Knocking 영역에서 벗어나, 최적화된 연소 영역에서의 Gas mode 운전을 위해 개별 기통의 공연비를 자동으로 조절한다.

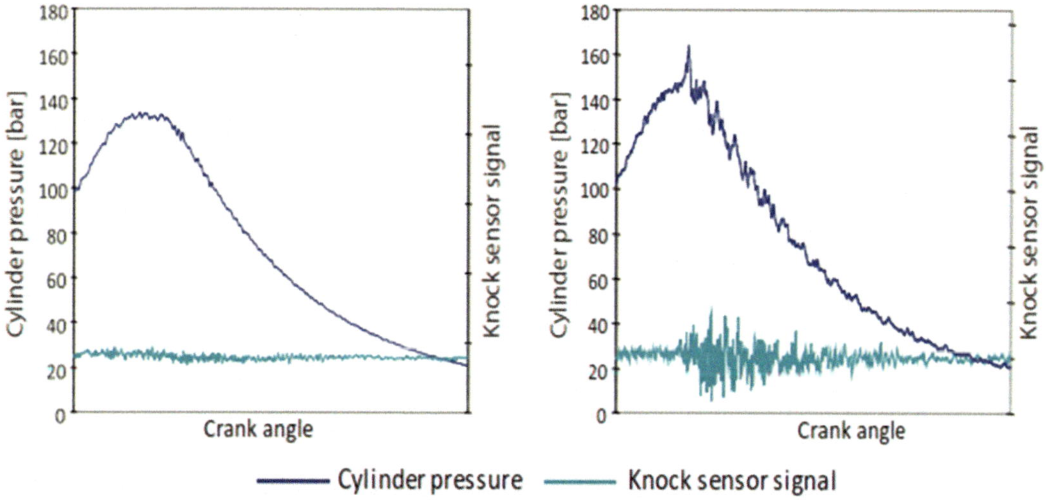

그림 3-309 Signals from cylinder pressure sensor & knock sensor(left: normal, right: knocking)

3) X-DF 엔진의 운전 Mode 전환 및 Gas mode operation

(1) 운전 Mode 전환(Fuel transfer)

그림 3-310은 Diesel mode와 Gas mode 간의 운전 모드 전환에 대한 개요이다. Diesel mode에서 Gas mode로 완전 전환될 때까지 약 1분정도의 시간이 필요하다. 그러나, Gas mode에서 Diesel mode로는 즉시 전환 가능하다.

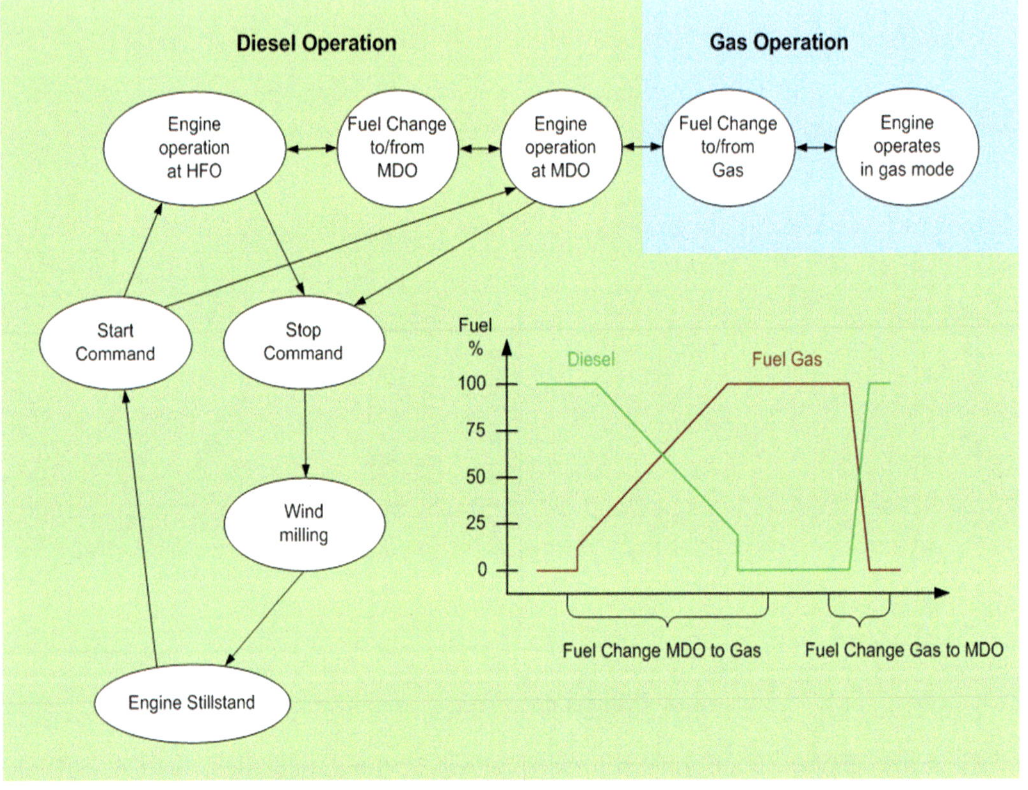

그림 3-310 Fuel mode transfer, Diesel mode ↔ Gas mode

① Diesel mode to gas mode

그림 3-311은 Diesel mode에서 Gas mode로 전환하기 위한 조건들과 진행 절차를 보여준다. 엔진의 제어 위치는 RCS이고, Ahead 방향으로 엔진 부하 10~80%로 운전되며, GT 또는 GI 상태가 아닌 상태에서 운전자가 Gas mode 운전을 요청하면, GFS와 GVU에 의해 요구되는 압력의 연료 가스가 엔진에 공급되고, Gas mode로 전환이 시작된다. 약 1분의 전환 절차를 완료하면, Gas mode로 정상 운전된다.

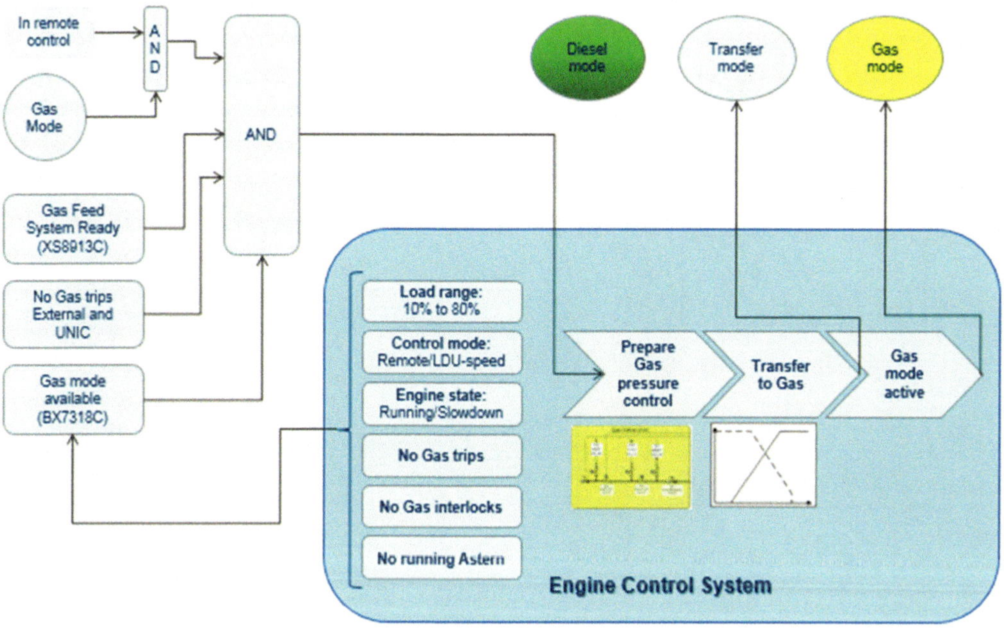

그림 3-311 Diesel mode to gas mode

② Gas mode to diesel mode

그림 3-312는 Gas mode에서 Diesel mode로 전환되는 진행 절차를 보여준다. 엔진의 제어 위치는 RCS이고, 운전자의 Diesel mode 요청 또는 수동 GT를 작동시키면, 즉시 Diesel mode로 전환된다.

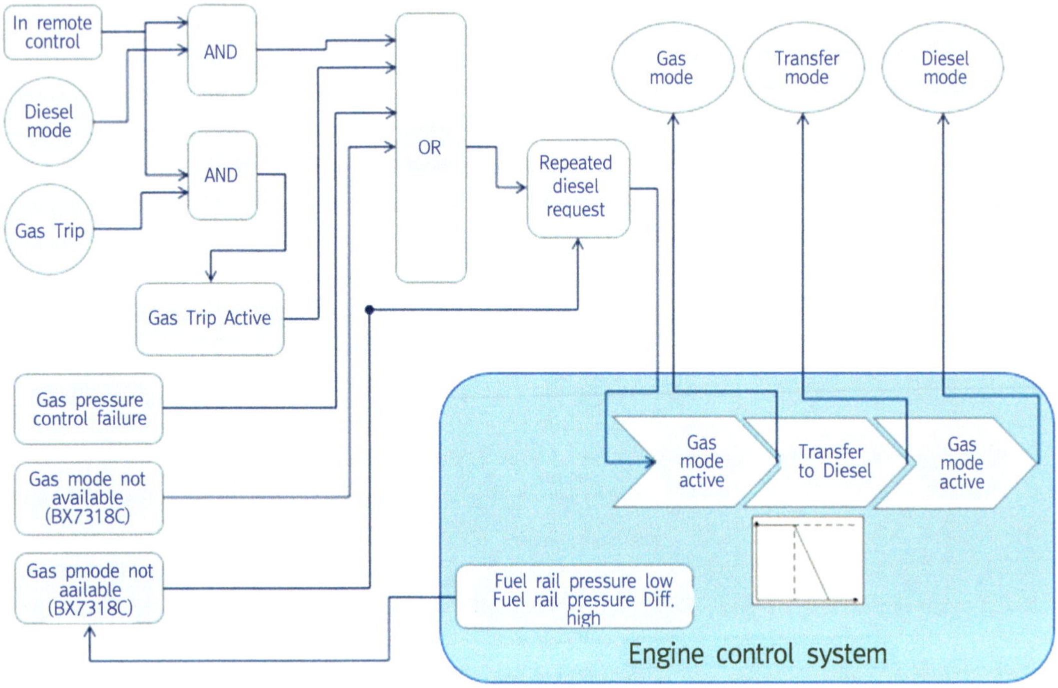

그림 3-312 Gas mode to diesel mode

(2) Fuel sharing mode

Gas mode는 약 1%의 Pilot fuel oil (LFO)과 99%의 가스 연료로 운전된다. 운전자가 RCS에 그림 3-313과 같이 연료유의 비율 5%에서 50% 사이에서 설정하여 Fuel sharing mode를 요청하면, ECS는 GAV를 통한 연료 가스 주입 및 MFIV를 통한 연료유의 분사, 즉 혼합 연료를 이용하여 운전한다. 이 기능을 통해 부족한 연료 가스의 증발량을 연료유로 보상하여 요구되는 선속을 유지할 수 있다. 다만, Fuel sharing mode는 IMO NOx Tier Ⅱ 조건에만 충족되므로, NECA 해역에서는 사용할 수 없다.

그림 3-314는 Diesel mode에서 Fuel sharing mode로 전환되는 예시이며, 운전자가 70%의 연료 가스와 30%의 연료유를 설정한 것이다.

그림 3-315는 Fuel sharing mode를 포함한 엔진의 운전 Mode 전환을 보여준다. Fuel sharing mode 운전시에는 HFO를 연료유로 사용할 수 있다. 그러나 Diesel mode 또는 Fuel sharing mode에서 Gas mode로 전환하기 위해서는 필히 LFO를 연료유로 사용해야 된다.

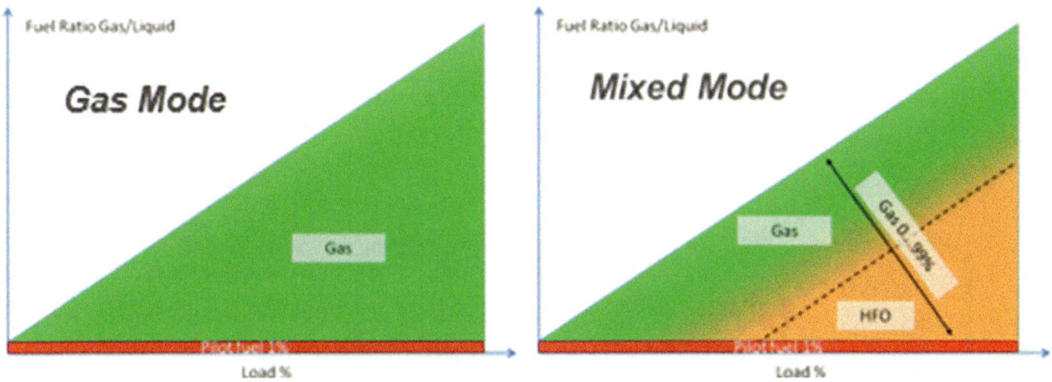

그림 3-313 Left: Gas mode and right: fuel sharing mode

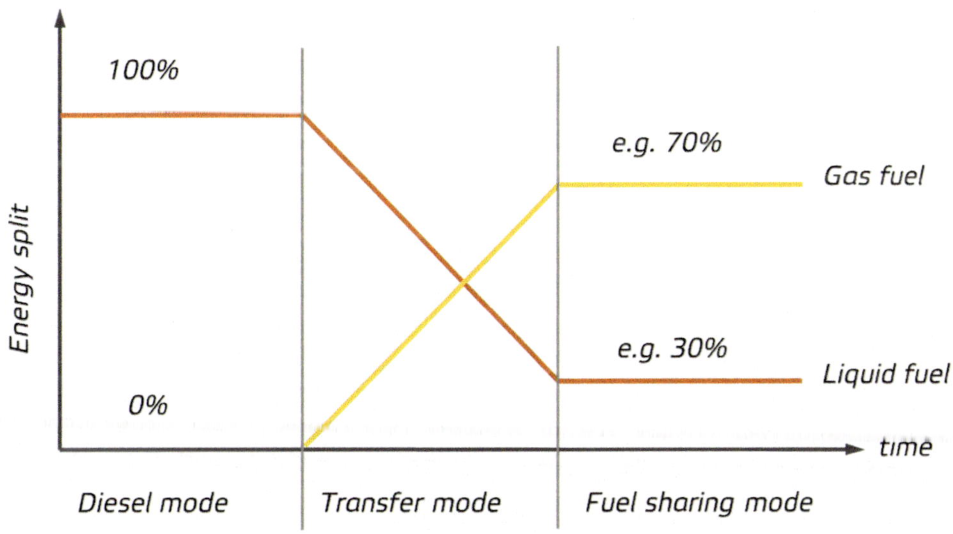

그림 3-314 Diesel mode to fuel sharing mode

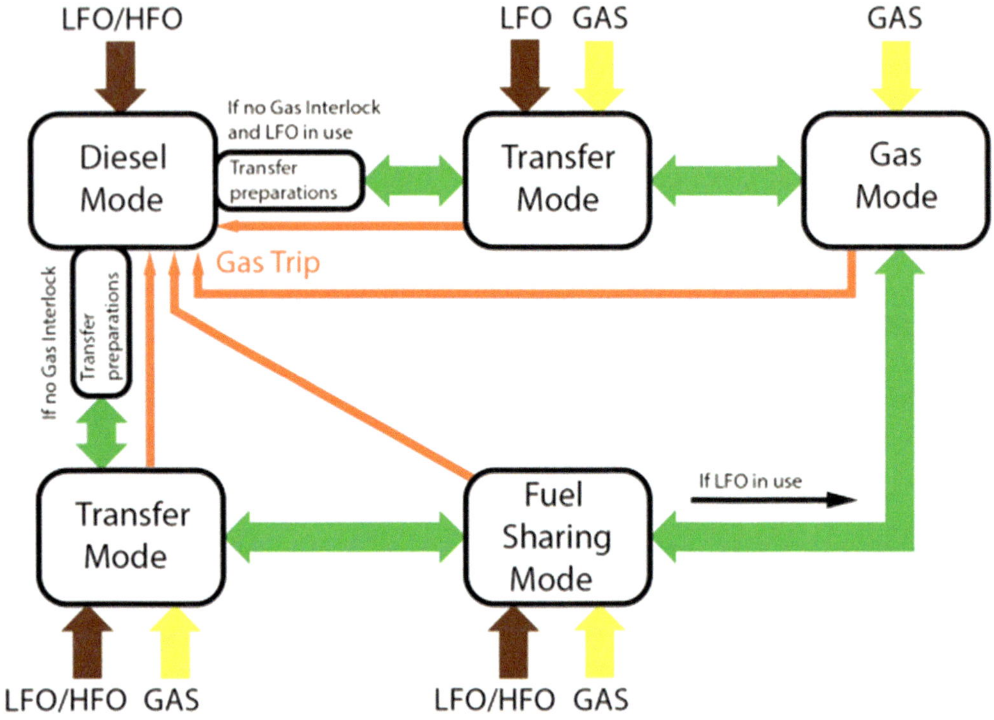

그림 3-315 Fuel mode transfer including fuel sharing mode

(3) DCC(Dynamic combustion control)

엔진의 모든 운전 조건에서 효율적인 연료 가스 연소 및 최대 출력을 보장하기 위해, ECS는 자동으로 DCC 기능을 작동시킨다. DCC는 효율적이고 안전한 수준으로 연소 압력을 유지하는 엔진 제어 기능이다. 그림 3-316과 같이 엔진 부하에 따라 DCC가 작동되도록 설정된 연소 압력 값보다 지속적으로 측정한 실린더 압력 값이 높을 경우에 자동으로 DCC 기능이 작동된다.

특히, 엔진의 고부하 및 고온 다습한 주변 환경, 낮은 MN(Methane number)에서 실린더 압력은 정상 작동 범위를 초과할 수 있다. 이 경우에 소량의 연료유(3%에서 15%사이)를 MFIV를 통해 분사하여, 연료 가스량을 줄임으로써 적합한 공연비를 만들고 Turbocharger로부터 공기 공급을 증가시키는 데 도움이 된다.

DCC 작동으로 인해 증가한 연료유 소모량과 동일한 비율로 연료 가스 소모량이 감소하므로, 엔진의 BSEC(Brake specific energy consumption)은 변함이 없다.

DCC는 IMO NOx Tier III 조건을 충족한다.

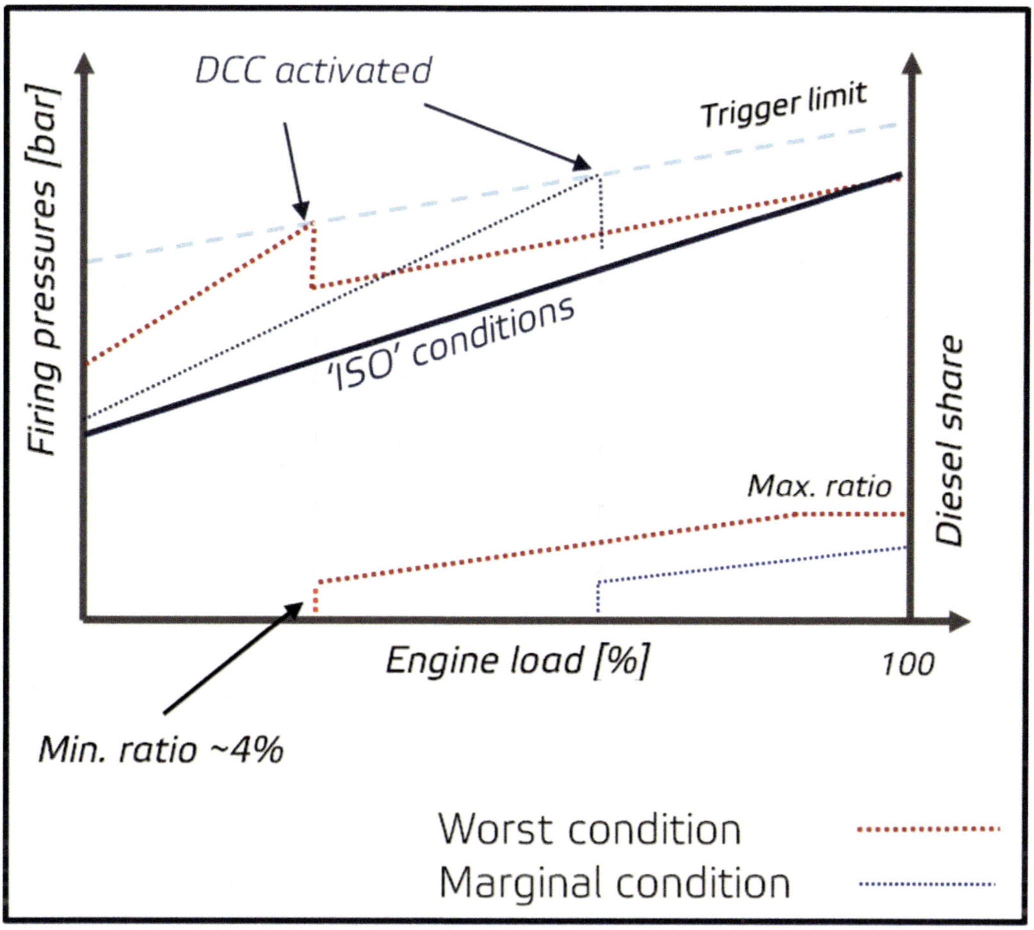

그림 3-316 DCC(Dynamic combustion control)

4) LDU-20의 구성 및 엔진 비상 운전과 Operator interface

LDU-20의 구성 및 엔진 비상 운전, Diesel mode 운전에 관련된 페이지들은 앞서 X 디젤 엔진에 설명했다. 여기서는 Gas mode 운전에 관련된 페이지들만 설명한다.

(1) Main 페이지

Main 페이지의 다른 모든 지시들은 X 디젤 엔진과 동일하나, X-DF 엔진에서는 현재 운전 Mode를 추가하여 지시한다(그림 3-317의 빨간색 표시 참조).

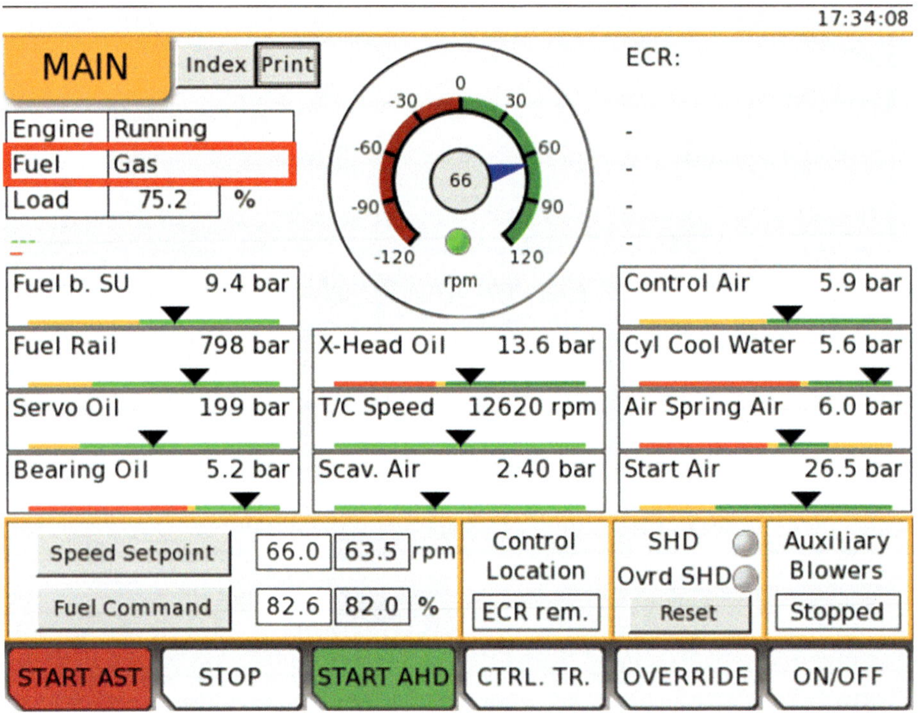

그림 3-317 Main page

(2) Page index

그림 3-318과 같이 X-DF 엔진의 LDU-20은 Gas mode 운전에 관련된 페이지가 추가되어 페이지 숫자가 많다.

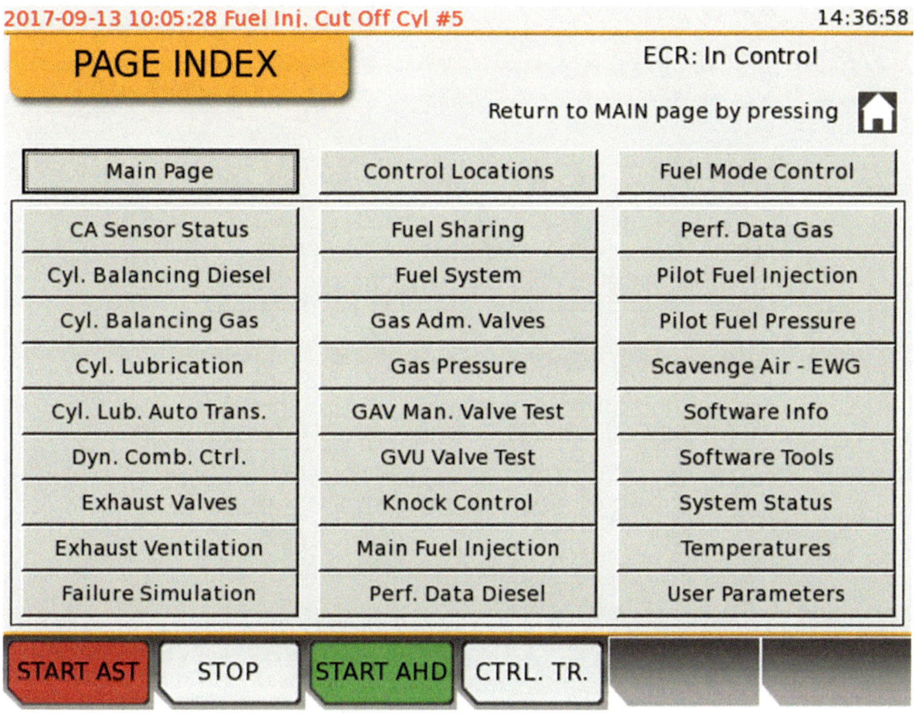

그림 3-318 Page index

(3) CA sensors status 페이지

그림 3-319, CA sensors status 페이지는 Gas CCM-20들을 추가하여, 개별 CCM-20에 연결된 Pickup 센서들의 상태를 나타낸다.

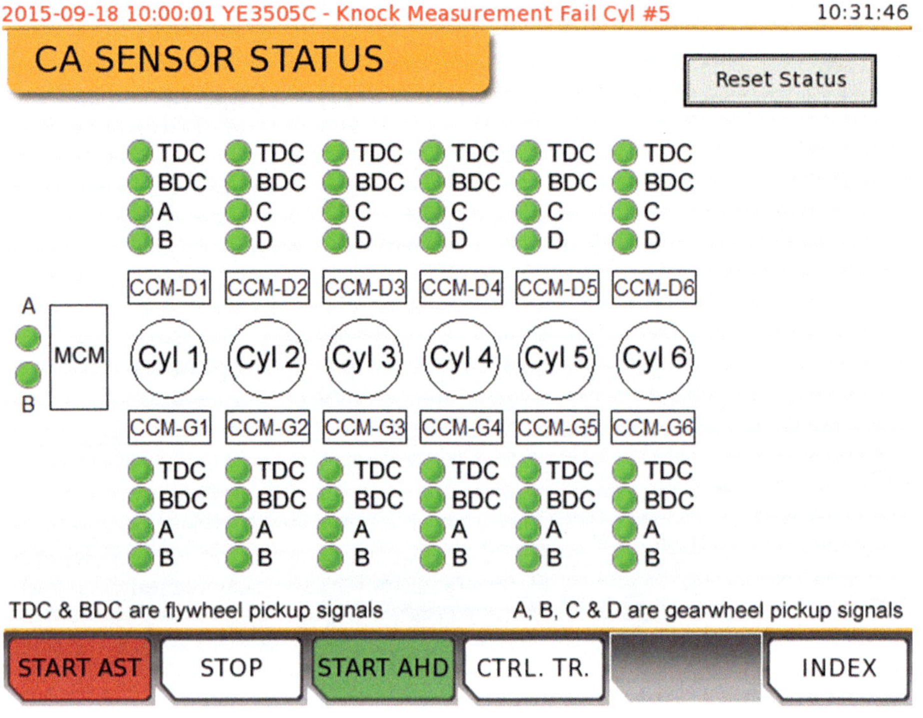

그림 3-319 CA Sensors status page

(4) Gas mode, cylinder balancing(ICC) 페이지

그림 3-320은 Gas mode 운전에서의 ICC 기능, 즉 Cylinder balancing과 관련된 페이지이다. Firing pressure balancing을 켜면, 연소 압력을 평준화를 위해 자동으로 Gas demand offset %, 그림 3-321의 개별 기통 GAV duration, 즉 연료 가스 주입량이 조정된다.

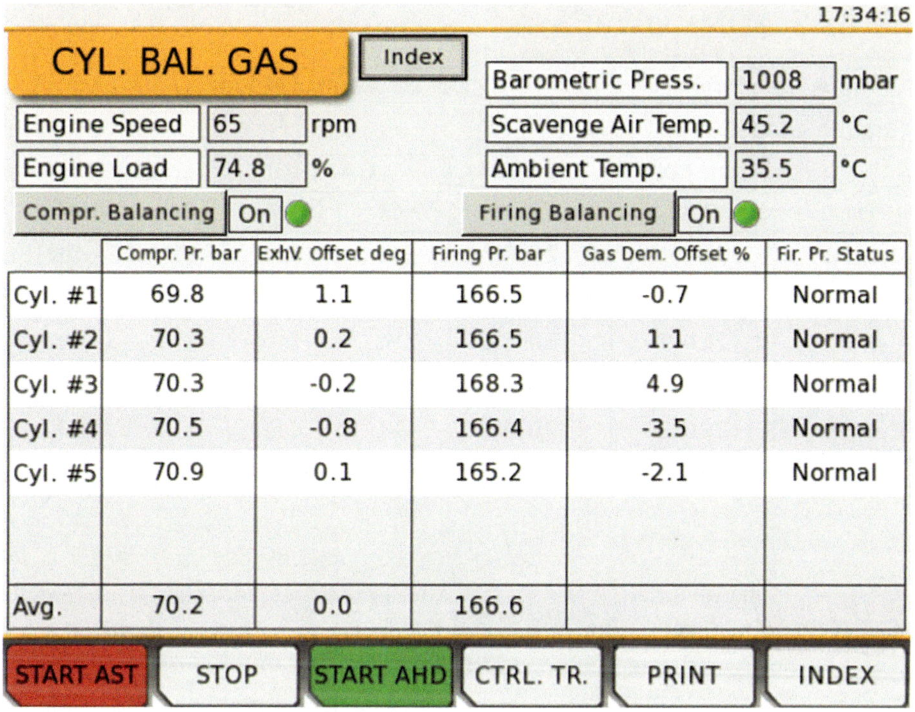

그림 3-320 Gas mode, Cylinder balancing page

(5) Gas admission valves 페이지

그림 3-321은 개별 기통 GAV의 연료 가스 주입이 시작되는 CA(Crank Angle) 및 주입 기간과 각 GAV의 Actuator, Rail valve 및 Position sensor의 상태를 지시하는 페이지이다.

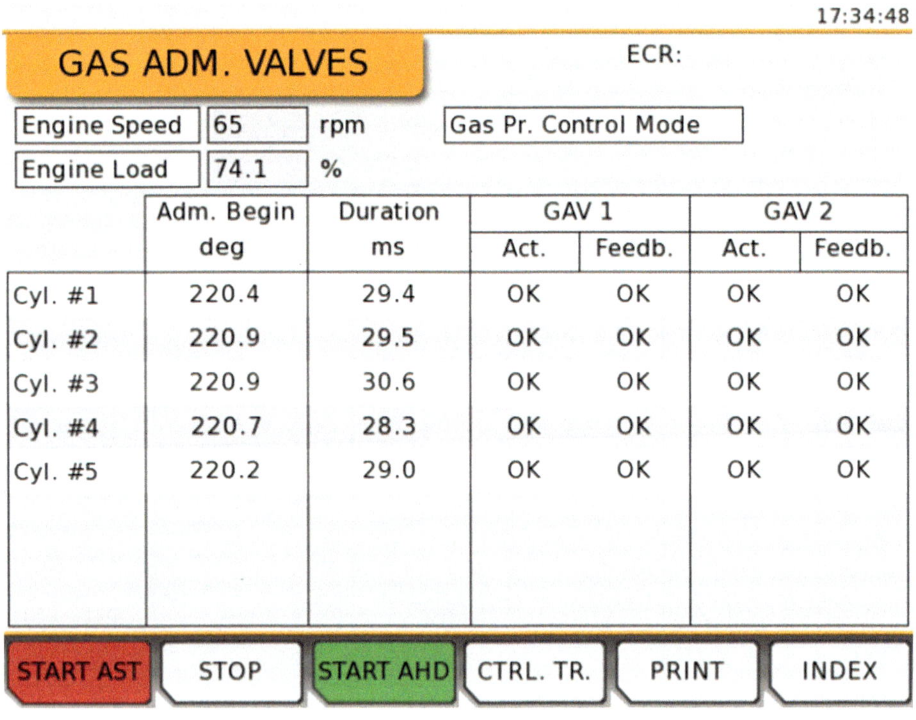

그림 3-321 Gas admission valves page

(6) GAV manual valve test 페이지

그림 3-322는 GAV manual valve test 페이지이며, 엔진 정지 중에만 테스트가 가능하다. 테스트를 위해 GAV sealing oil을 공급해야 되며, 그림 3-326 Cylinder lubrication 페이지에서 Aux. electric servo oil pump의 on / off 수동 버튼을 눌러 펌프를 기동한 후에, GAV manual test 페이지에서 GAV sealing oil shut-off 밸브를 수동 버튼으로 열어 Sealing oil 압력을 확인한다. 수동 테스트 요청 버튼을 눌러 테스트의 활성화를 확인한 후, 각 GAV의 작동 버튼을 눌러 GAV의 개폐를 확인한다.

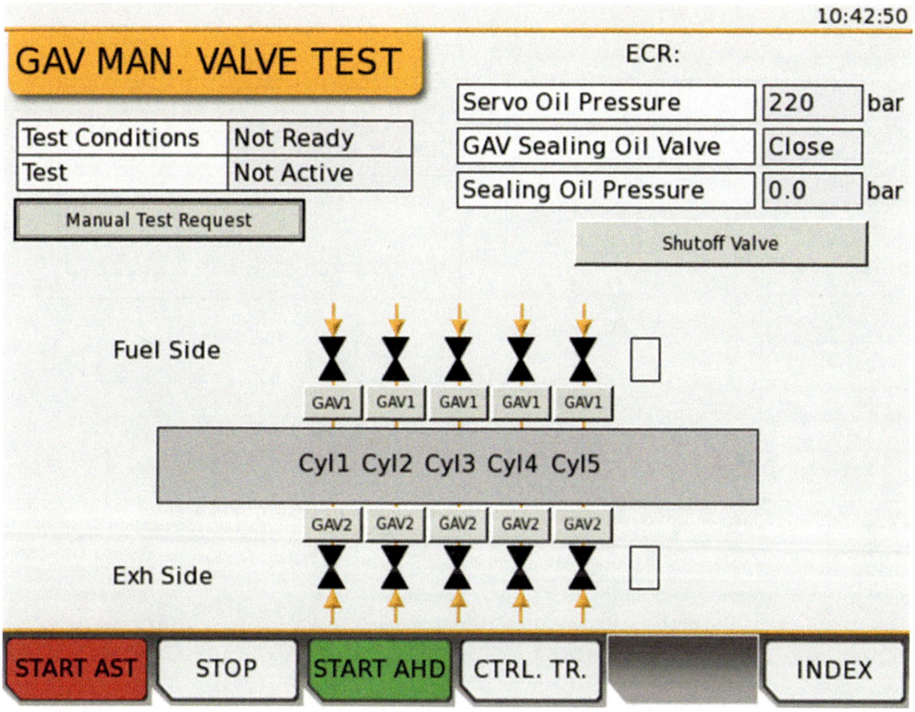

그림 3-322 GAV Manual valve test page

(7) GVU, GFS & Gas rail valve test 페이지

그림 3-323은 GVU, GFS & Gas rail valve test 페이지이며, 엔진 정지 중에만 테스트가 가능하다. 테스트를 위해 Test mode on/off 버튼을 눌러 테스트의 활성화를 확인한 후, 수동으로 GVU 및 GFS의 Shut-off 및 Vent 밸브 버튼을 눌러, 각 밸브가 정상 작동하는지 확인한다. Gas rail의 Shut-off 및 Vent 밸브의 경우에는 수동으로 버튼을 누른 다음, 현장에서 실제 밸브의 작동을 확인해야 한다.

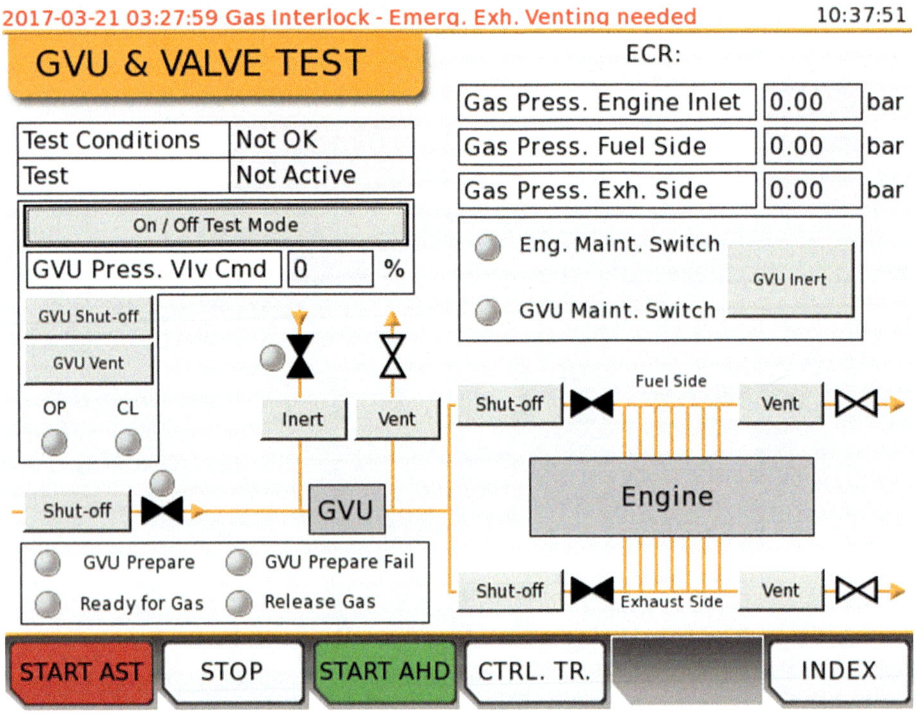

그림 3-323 GVU, GFS & Gas rail valve test page

(8) Gas pressure 페이지

그림 3-324는 Gas pressure 페이지이며, GFS에서 공급하는 압력 값과 Gas rail의 설정 압력 값 및 현재 압력 값, GVU로 전달되는 Gas pressure command 값을 지시한다. 또한, 현재 Gas pressure control mode를 보여주며, 제어 모드 작동의 실패 시에 실패 표시를 하며, 수동으로 Fail reset 버튼을 눌러 해제할 수 있다.

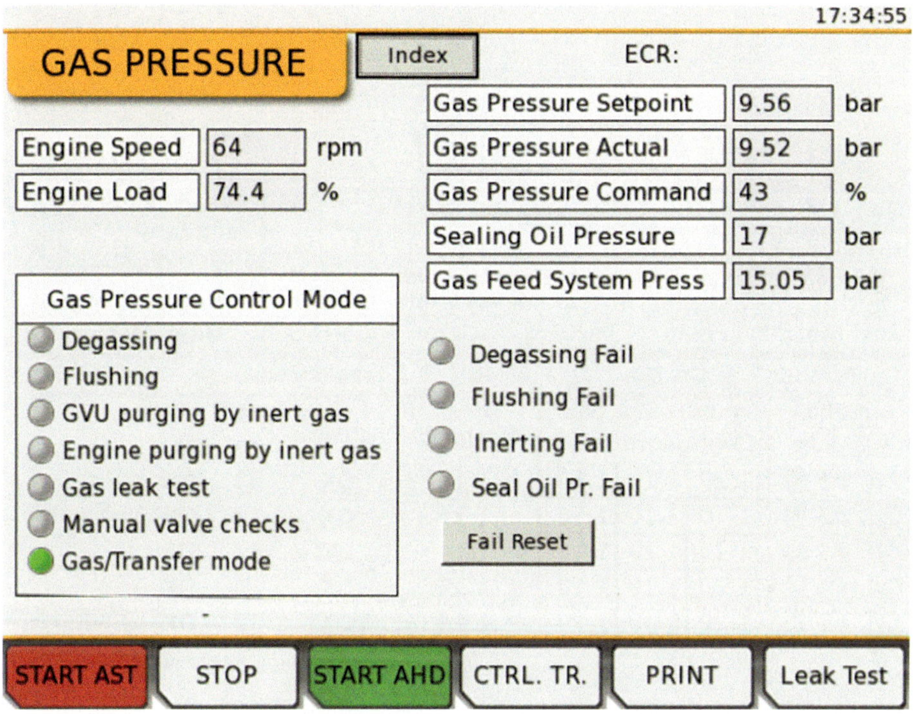

그림 3-324 Gas pressure page

(9) Cylinder lubrication 페이지

그림 3-325는 Cylinder lubrication 페이지에서 X-DF 엔진을 위한 추가 기능은 빨간색으로 표시한다. 수동 주유를 위해 Aux. electric servo oil pump의 on/off 수동 버튼을 눌러 펌프를 기동하고 압력을 확인할 수 있다. 현재 운전 Mode 및 사용 중인 연료 (HFO/MDO/Gas)를 표시하며, 사용 중인 실린더 오일의 BN 표시 및 올바른 실린더 오일의 사용 여부를 표시한다. 또한, 연료의 종류 (HFO/MDO/ Gas)에 따라, 각 기통의 주유율을 따로 조정한다.

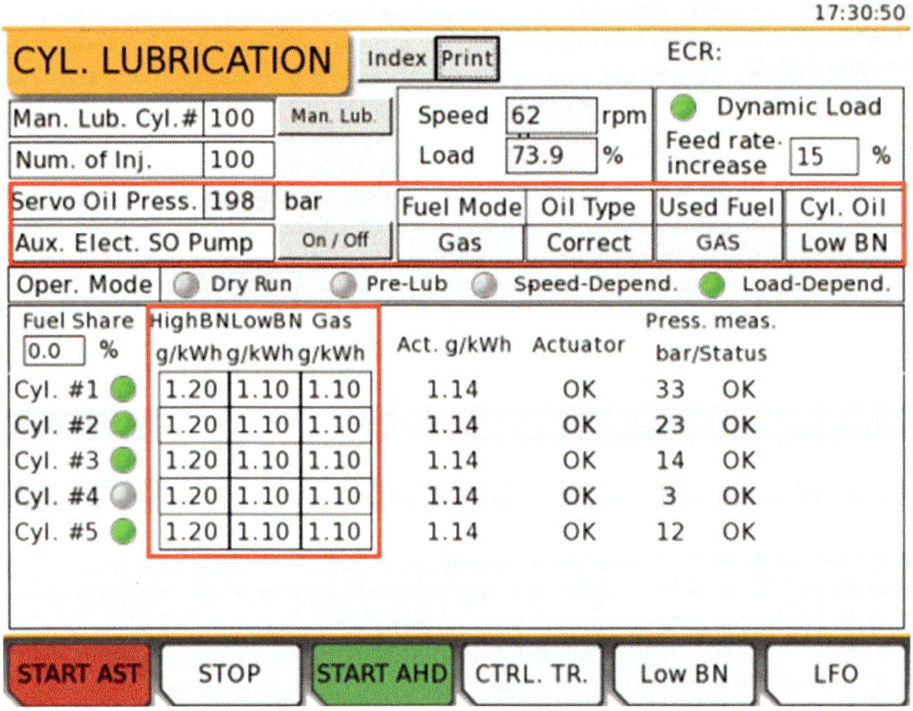

그림 3-325 Cylinder lubrication page

(10) Fuel mode control 페이지

그림 3-326은 현재 엔진의 운전 Mode를 보여주는 Fuel mode control 페이지이다. 현재 HFO를 사용하여 그림 3-327의 Fuel sharing mode로 운전되고 있으며, Gas mode로 전환이 불가능한 상태이다.

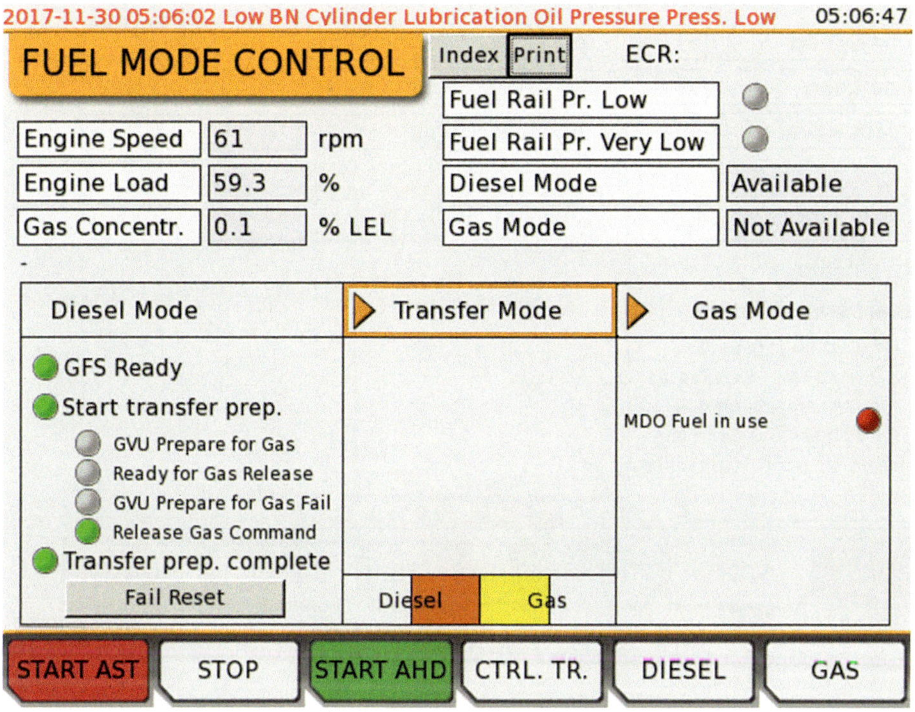

그림 3-326 Fuel mode control page

(11) Fuel sharing 페이지

그림 3-327은 HFO 50%와 연료 가스 50%의 Fuel sharing mode로 운전 중이다.

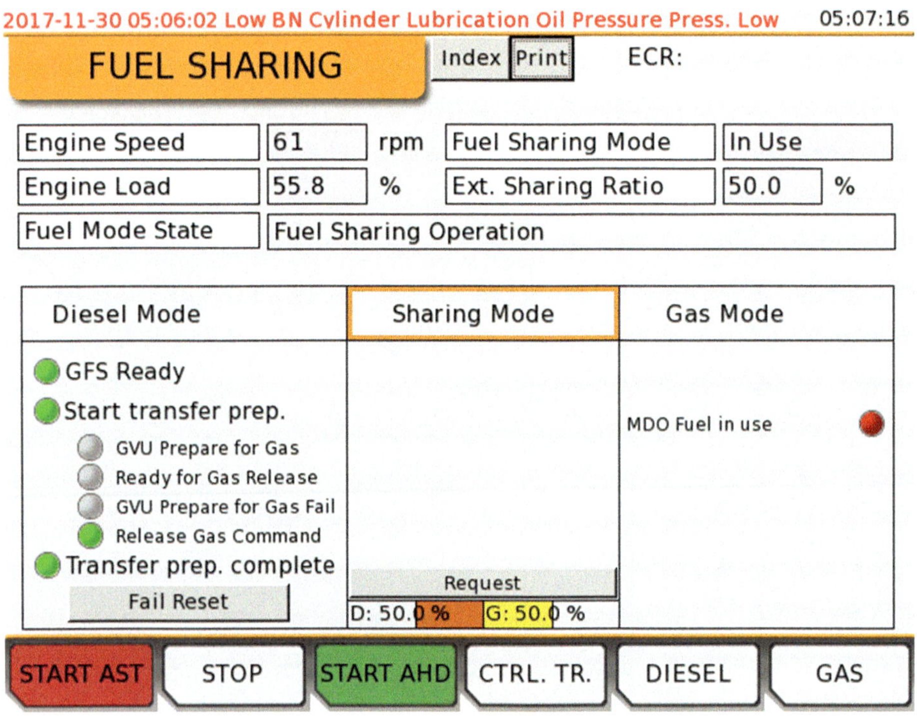

그림 3-327 Fuel sharing page

(12) Dynamic combustion control 페이지

그림 3-328은 DCC 작동 여부 및 연료유와 연료 가스의 비율을 보여주는 페이지이다. 또한, DCC가 작동되는 연소 압력과 계측한 엔진의 연소 압력을 보여준다.

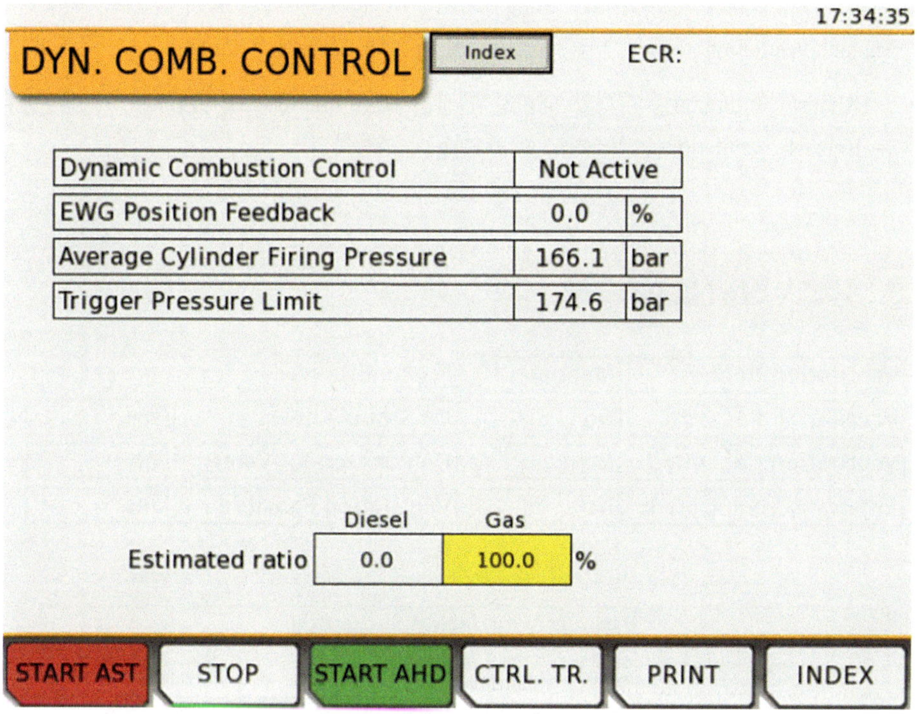

그림 3-328 Dynamic combustion control page

(13) Exhaust ventilation 페이지

Gas mode 운전 중에, 만약 선내 정전 등으로 엔진이 정지된 경우에는 배기관에 잔존할 수 있는 연소 가스를 배출하기 위해 Exhaust ventilation이 요청된다. 그림 3-329는 Exhaust ventilation 페이지이며, 이 페이지에서 수동으로 Start aux. blowers 버튼을 눌러 기동 시키고, Aux. Elect. SO Pump Start 버튼을 수동으로 눌러 펌프를 기동한 후에 Manual ventilation request 버튼을 수동으로 누르면, Exhaust ventilation이 작동된다.

Exhaust ventilation을 실행할 때까지 엔진은 Start interlock 상태가 된다. 응급 상황에서는 Exhaust ventilation을 취소하고 엔진 시동이 가능하다.

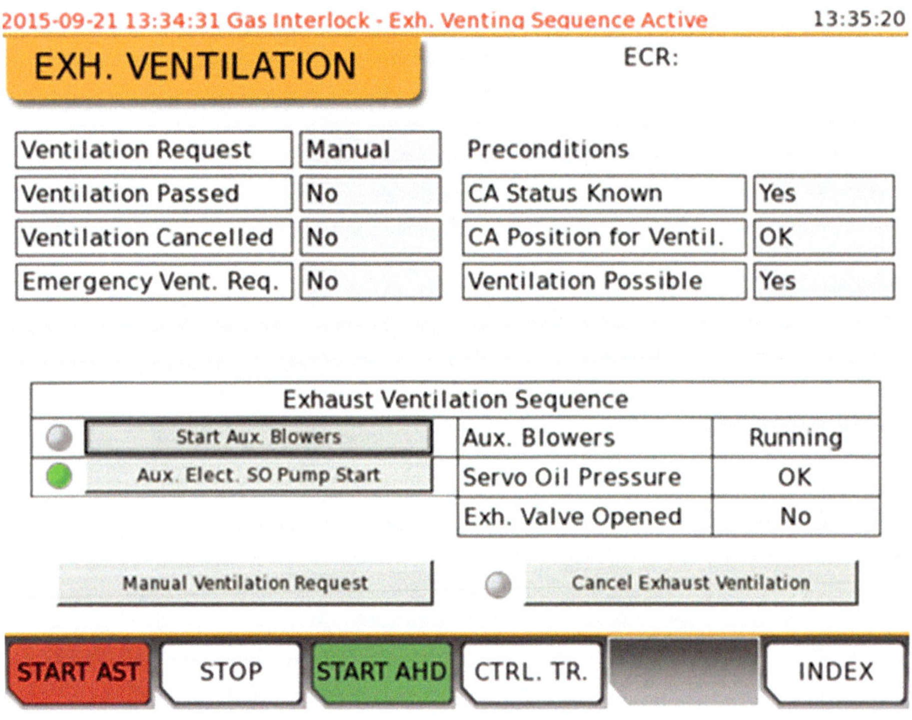

그림 3-329 Exhaust ventilation page

(14) Knock control 페이지

그림 3-330은 Knock control 페이지이며, 각 기통의 실린더 압력 센서와 Knock 센서로 측정한 Knock 상태를 나타낸다.

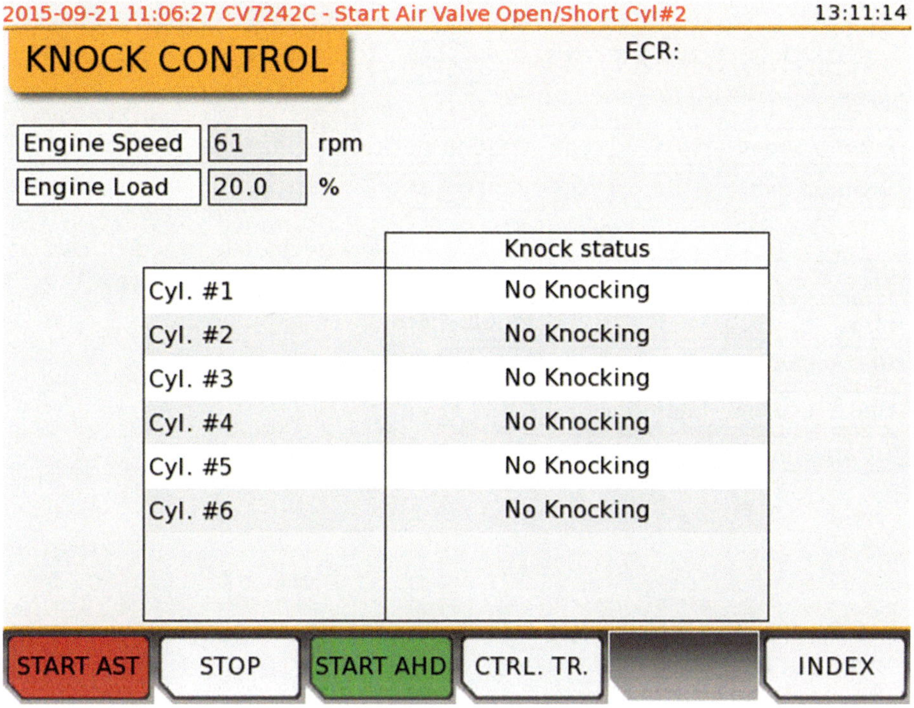

그림 3-330 Knock control page

(15) User parameters 페이지

X-DF 엔진에서는 그림 3-331 User parameters 페이지에서 MFIV 고압 파이프의 전기 열선을 켜고 끌 수 있다(빨간색 표시 참조).

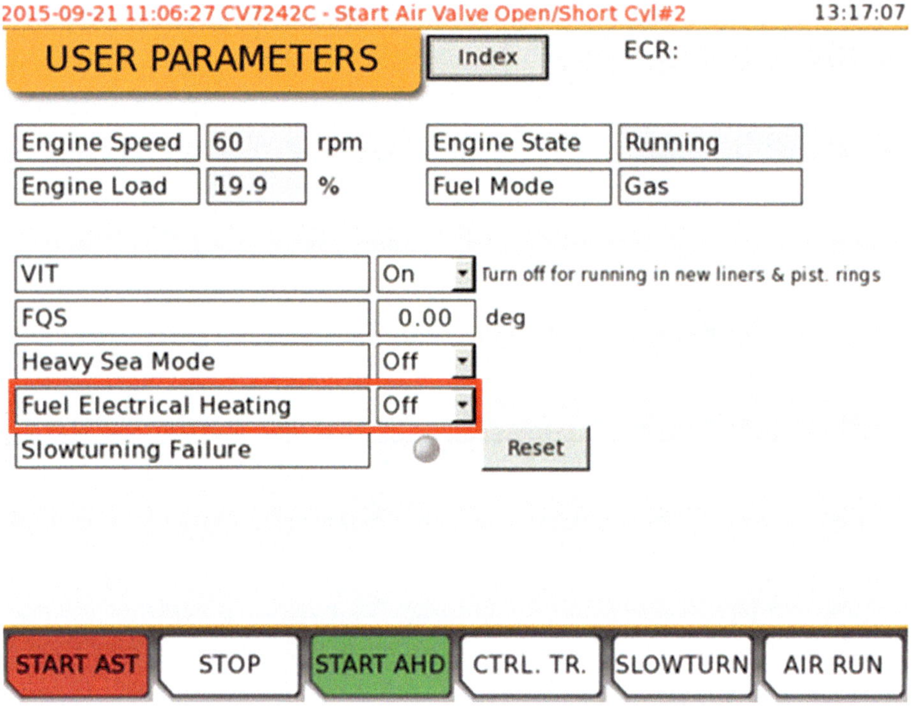

그림 3-331 User parameters page

(16) Pilot fuel pressure 페이지

그림 3-332는 Pilot fuel pressure 페이지이며, Pilot fuel 압력 제어에 관련된 지시 값들과 펌프의 상태를 나타낸다.

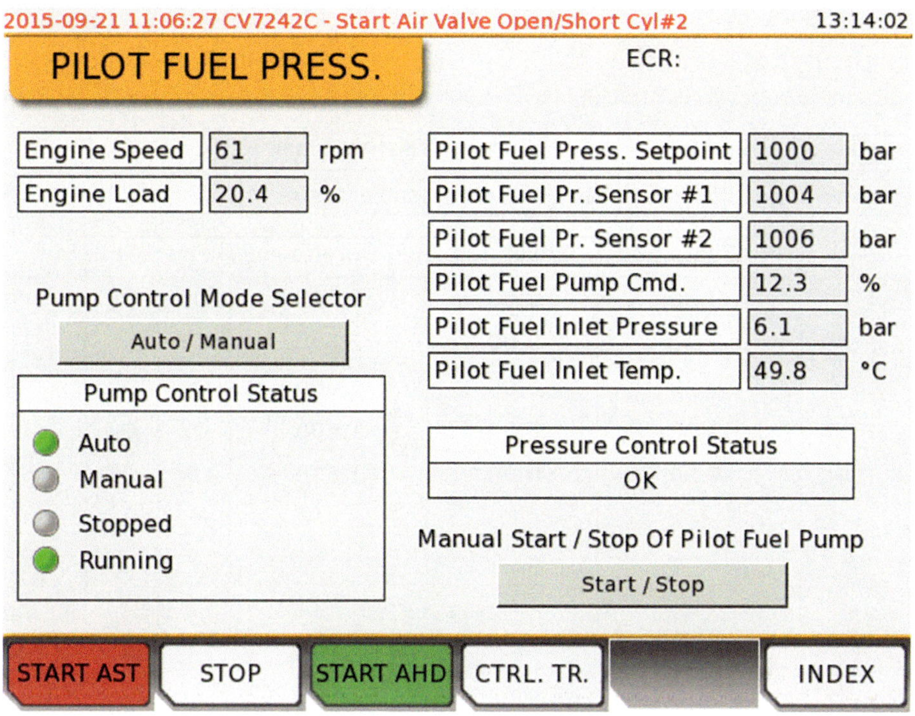

그림 3-332 Pilot fuel pressure page

(17) Pilot fuel injection 페이지

그림 3-333은 Pilot fuel injection 페이지이며, PFIV의 분사 시작 각도 및 분사 기간을 보여준다. 또한, 각 PFIV의 상태도 나타낸다.

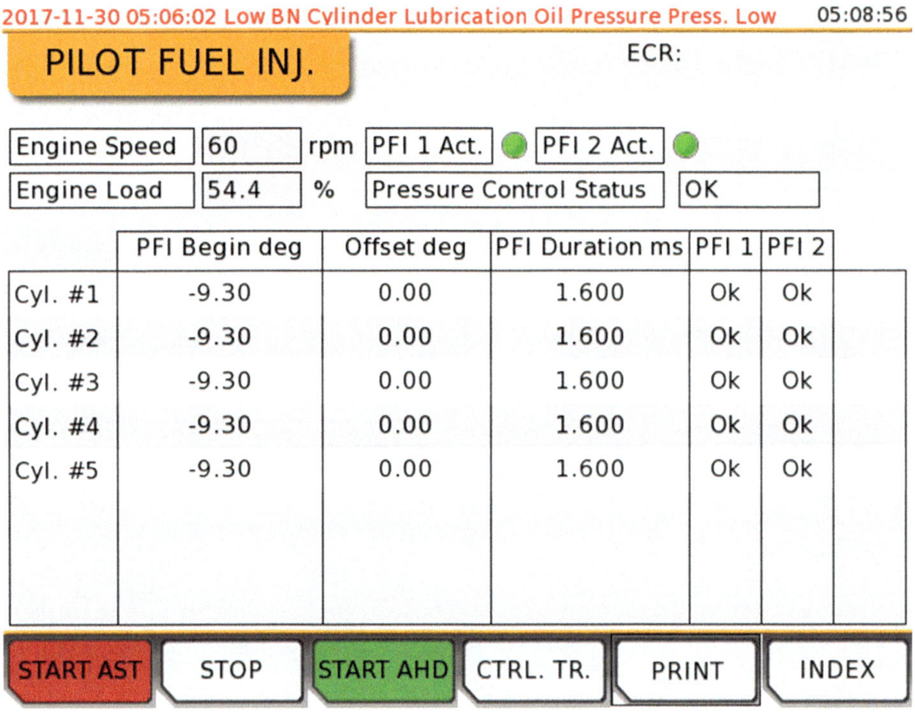

그림 3-333 Pilot fuel injection page

(18) Gas mode, Performance data 페이지

그림 3-334는 Gas mode, Performance data 페이지로 Gas mode 운전 시의 엔진 성능에 관련된 주요 지시 값들을 보여주는 페이지이다.

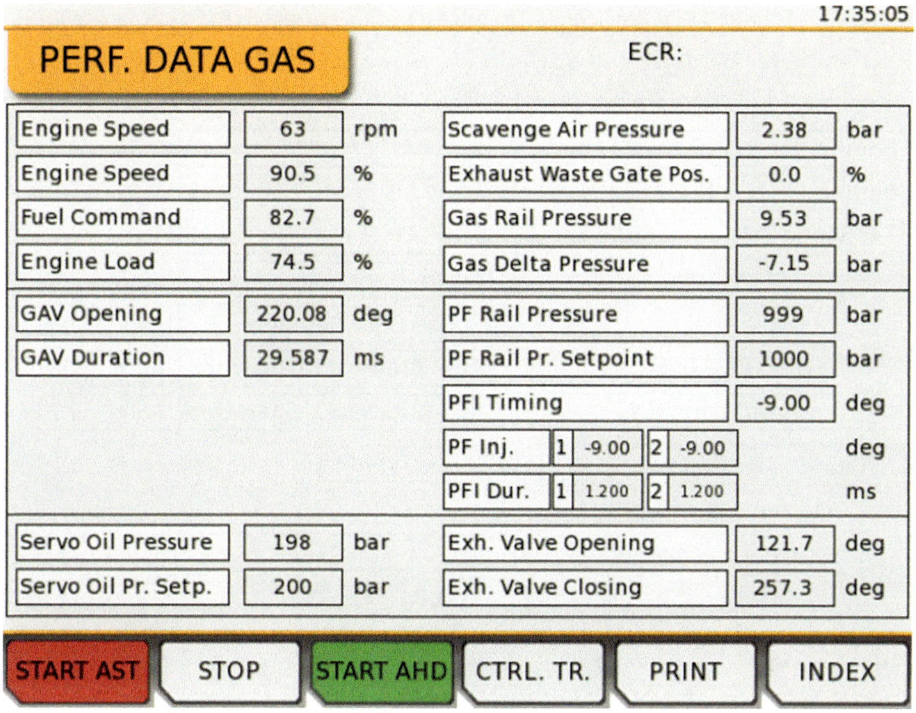

그림 3-334 Gas mode, Performance data page

(19) Scavenge air - EWG 페이지

그림 3-335의 Scavenge air - EWG 페이지는 소기 압력 제어를 위해, 측정 값 및 EWG 밸브 개도의 제어 및 측정 값을 보여준다. 또한, EWG 밸브를 수동 작동할 수 있다.

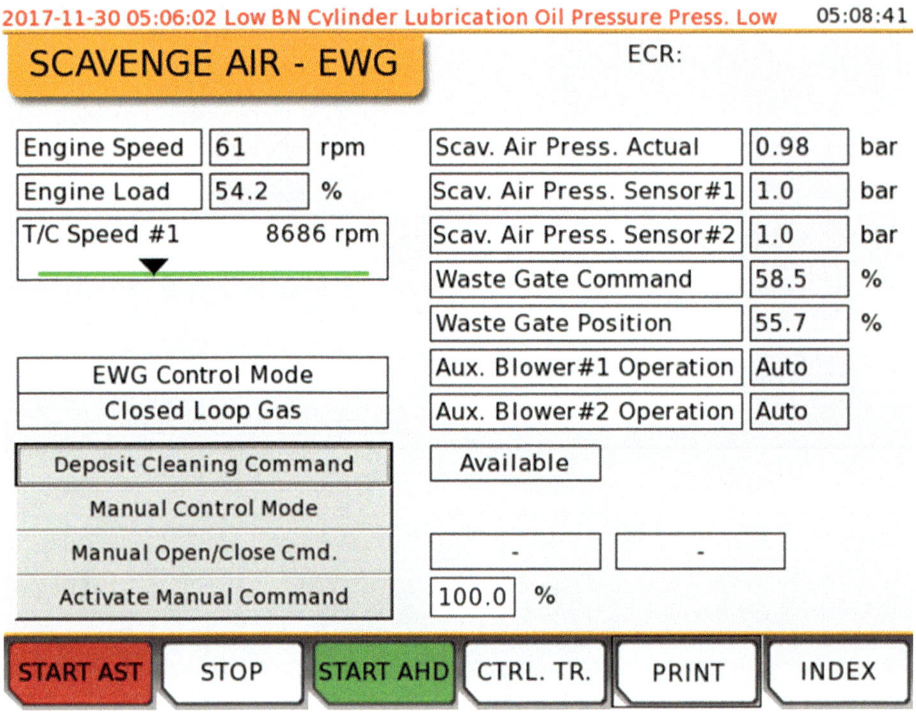

그림 3-335 Scavenge air – EWG(Exhaust waste gate) page

(20) UNIC-flex software & IMO CRC information 페이지

그림 3-336 및 그림 3-337은 엔진에 설치된 UNIC-flex software & IMO CRC의 정보를 보여준다.

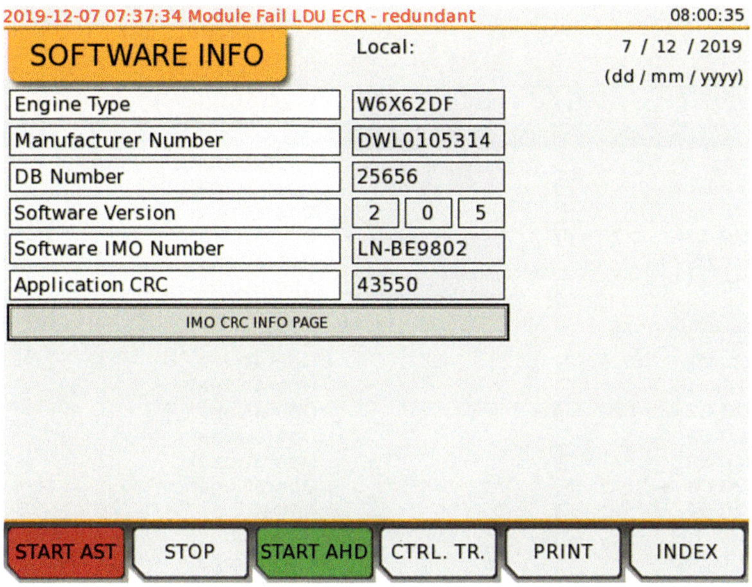

그림 3-336 UNIC-flex Software information page

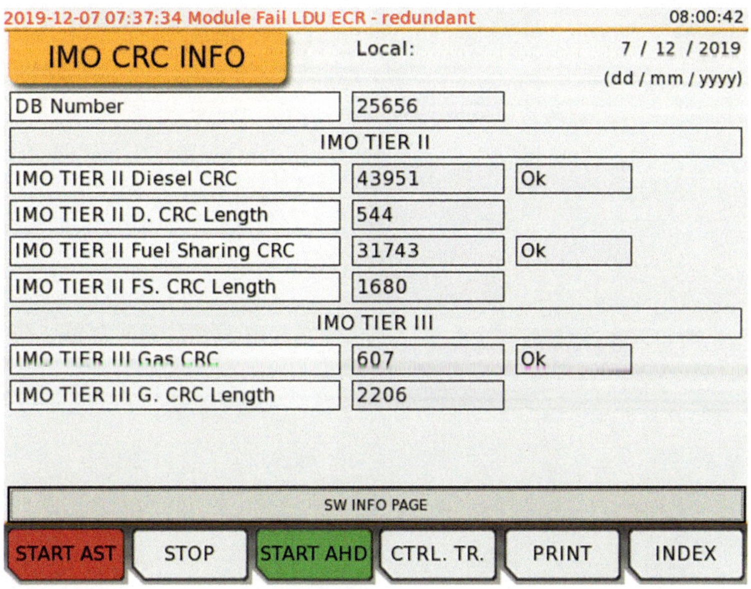

그림 3-337 UNIC-flex SW IMO CRC information page

(21) System status 페이지

그림 3-338은 Gas CCM-20을 포함하여, 엔진에 설치된 모든 UNIC-flex control module 들의 상태를 보여준다.

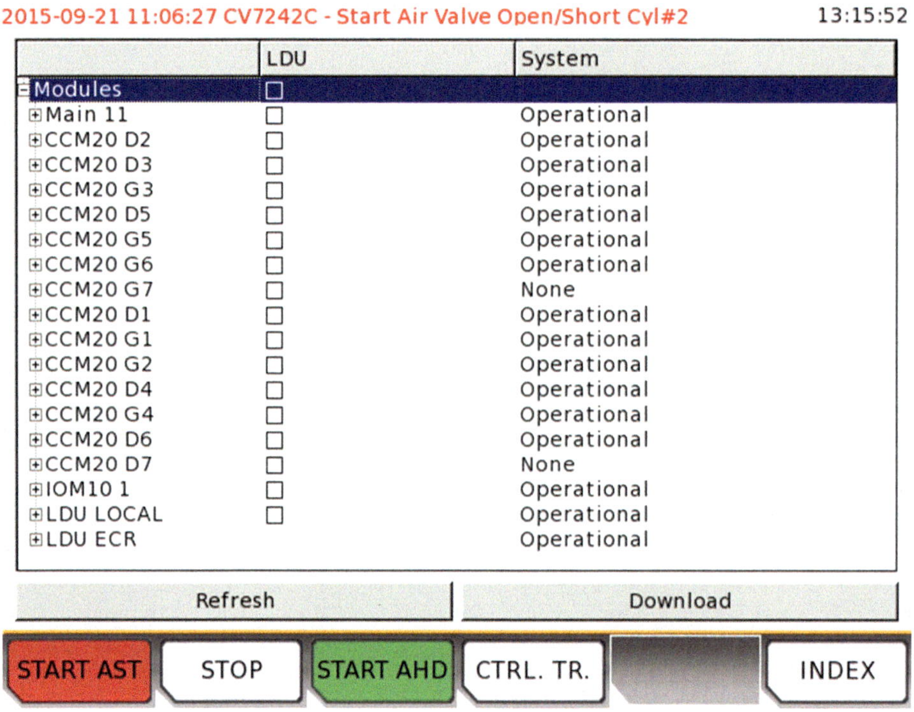

그림 3-338 System status page

Four-stroke DF engines

4

CHAPTER

4.1 Category of MAN Four-stroke engine

그림 4-1, 4-2와 같이 MAN-ES의 4 행정 엔진은 선박 추진용과 발전용 엔진으로 크게 두 가지로 나눌 수 있다.

추진용 엔진의 경우 선종 및 사용하는 연료의 종류에 따라서 엔진의 타입과 특성이 구분되며 필요로 하는 엔진 출력에 따라 실린더 개수가 정해진다. 일부 대형 엔진의 경우 실린더 개수가 많아짐에 따라 L형(직렬형)엔진 대신 V형 디자인이 적용되기도 한다.

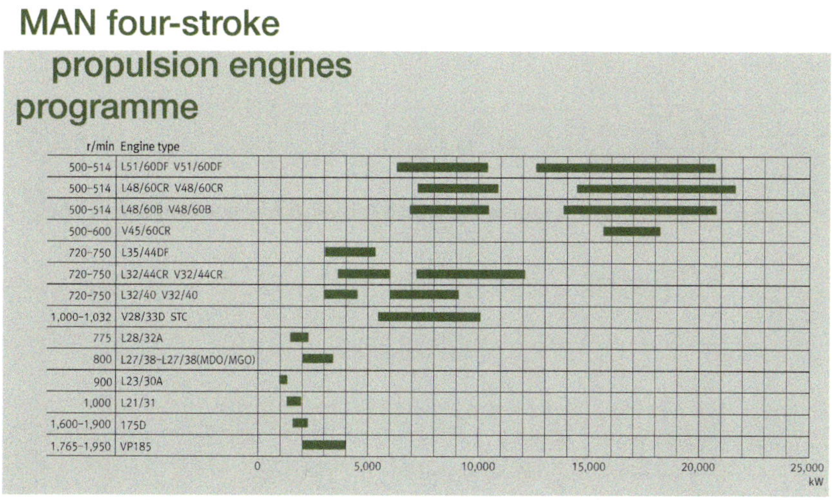

그림 4-1 MAN Four-stroke propulsion engine program

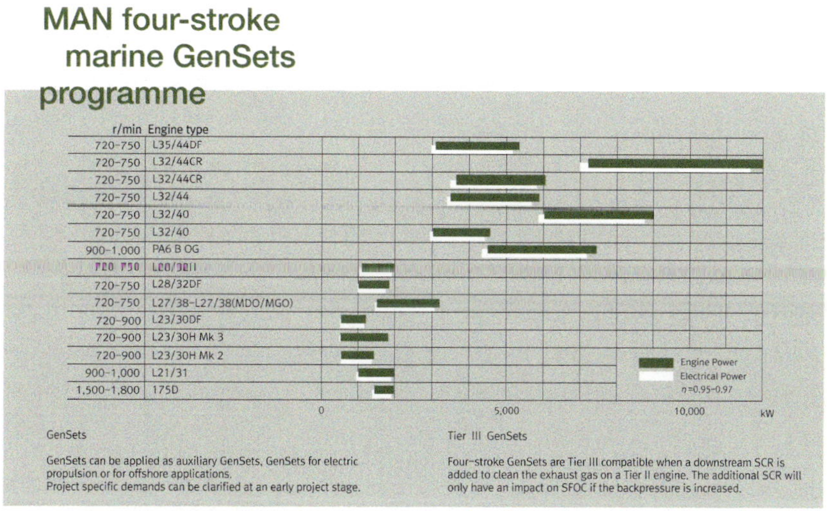

그림 4-2 MAN Four-stroke marine gen. sets program

발전용 엔진의 경우 필요한 엔진의 출력과 사용 연료에 따라 엔진의 크기 및 특성이 구분되며, 선박 추진용 엔진과 마찬가지로 일부 대형 엔진들은 실린더 개수가 많아지면 V형 디자인을 사용하기도 한다.

4.1.1 Engine type designations

Type designation 을 통하여 기본적인 엔진의 정보를 알 수 있다

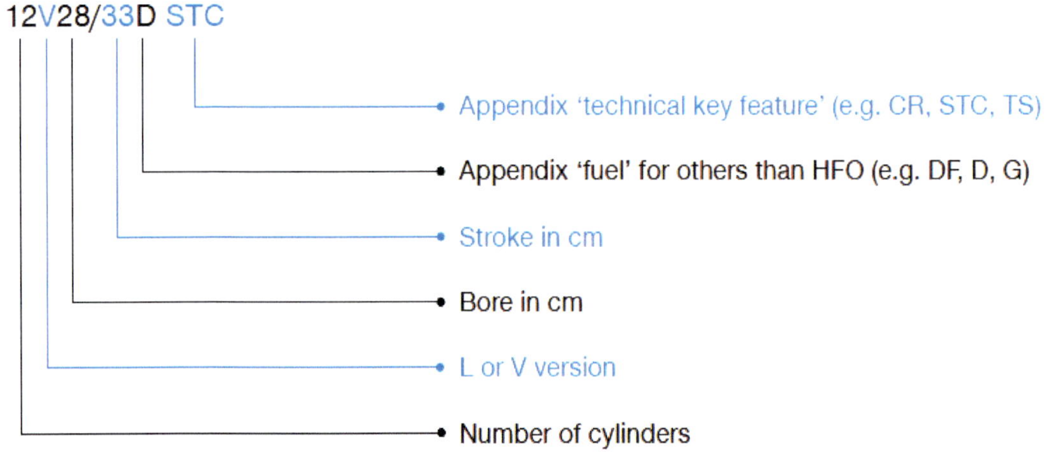

그림 4-3 Engine type designation

1) 실린더 개수 (Number of cylinders)

엔진의 전체 실린더의 개수를 뜻한다.

2) 엔진의 형태 (L or V)

L은 직렬형 엔진을 뜻한다. 일반적으로 실린더의 숫자가 6에서 9개의 실린더인 경우 직렬형 엔진(L)이 사용되며, 그보다 많은 12에서 18개의 실린더의 엔진은 크기를 줄이기 위해 V형이 적용된다.

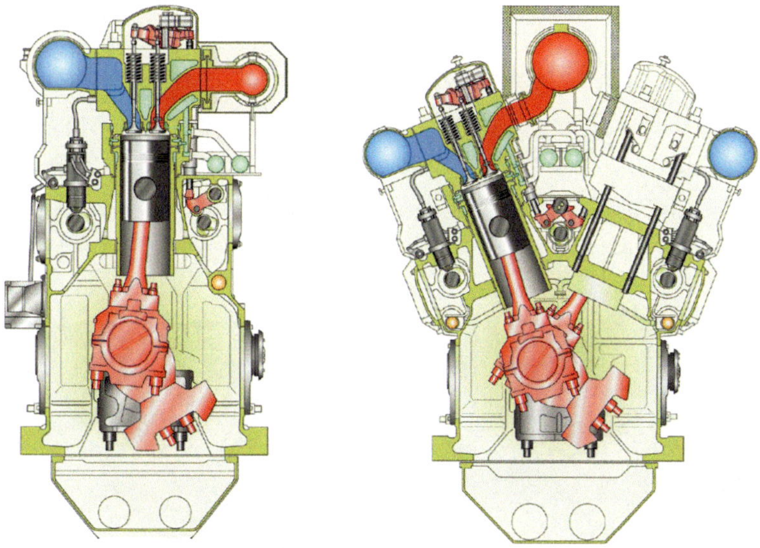

그림 4-4 Cross sections of L32/40(left) & V32/40(right)

3) 엔진의 실린더 내경 (Bore)

실린더 내경의 수치를 cm단위로 표시했다. 2019년 현재 가장 작은 엔진으로는 L21/31엔진이 있으며 가장 큰 엔진으로서는 L(V)51/60DF 엔진이 있다. L21/31, L23/30, L27/38, L28/32, V28/33 엔진들을 Small bore 엔진, L32/40, L32/44CR, L35/44DF, V45/60CR, L48/60CR, L51/60DF 엔진들을 Large bore 엔진으로 실린더 내경의 크기에 따라 구분하기도 한다.

그림 4-5 L21/31(left) & L51/60DF(right)

4) 엔진의 행정 (Stroke)

엔진 피스톤의 상사점(TDC)과 하사점(BDC) 사이의 거리를 뜻한다. 가장 짧은 행정을 가진 엔진은 L23/30 이며 가장 긴 행정을 가진 엔진은 L51/60DF 이다.

5) 엔진의 사용 연료

HFO(Heavy fuel oil)를 사용하지 않는 엔진의 경우에는 부가적인 기호로 표시된다. 예로 DF는 이중연료(Duel fuel)를 뜻하며 D는 Diesel oil, 즉 ISO 8217 DMA를 만족하는 소위 MGO(Marine gas oil)를 연료로써 사용하는 엔진을 뜻한다. G는 Gas를 뜻하며 천연 가스만을 연료로써 사용하기에 Diesel 운전, Duel fuel 운전 간의 전환이 가능한 DF 엔진과는 구분된다. V35/44G, V51/60G 엔진이 있다.

그림 4-6 20V35/44G

6) 엔진의 주요 특징

일반적인 구성요소의 작동 방식을 가지지 않은 경우에 부가적인 기호로써 표시한다. 예로 CR은 Common rail을 뜻하며 매 분사마다 실린더 별 Fuel pump를 통해 압력을 발생시켜 연소실 내에 직분사하는 일반적인 엔진과 달리 Rail uint에 항상 초고압의 압력을 유지하여 Control 밸브의 제어를 통해 분사하는 특징을 가진다. 연료의 분사시기, 분사량 제어가 자유롭고 더 높은 압력의 연료를 분사함으로써 일반적인 엔진과 비교했을 때 상대적으로 더 좋은 연소 상태와 성능을 나타낸다.

STC는 Sequential Turbocharging을 나타내며 두 개의 Turbocharger로 과급을 하며 필요한 소기의 양에 따라 두 번째 Turbocharger가 자동으로 on/off 함으로써 저부하 운전에도 효율적인 과급과 성능을 기대할 수 있다.

그림 4-7 V28/33D STC

4.1.2 IMO Tier Ⅲ with SCR

MAN 4행정 선박 추진용 엔진은 SCR의 운용을 통하여 질소산화물의 배출량을 줄이며 IMO Tier Ⅲ를 준수하고 있다. MAN은 모든 4행정 엔진에 대응하는 모듈화된 SCR kit을 기반으로 IMO Tier Ⅲ를 만족하는 4행정 해상 엔진을 도입하고 있으며, 이를 통하여 MAN-ES는 2014년에 최초의 IMO Tier Ⅲ EIAPP 인증서를 수여 받았다.

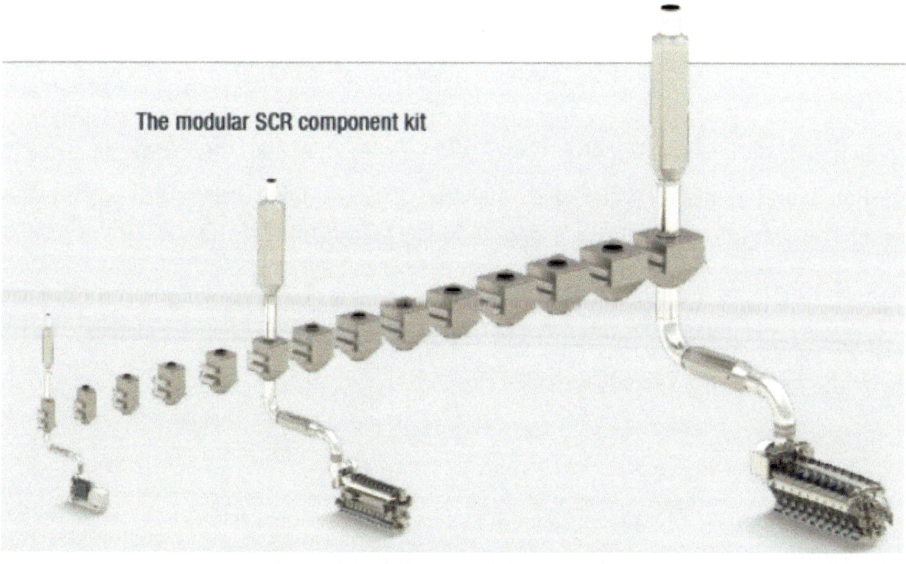

그림 4-8 The modular SCR component kit

4.1.3 Conventional injection engines

커먼레일(CR) 시스템 또는 이중연료(DF) 시스템이 사용되지 않고 MGO, MDO, HFO를 사용하는 일반적인 4행정 엔진을 가리킨다.

4.1.4 Common rail(CR) engines

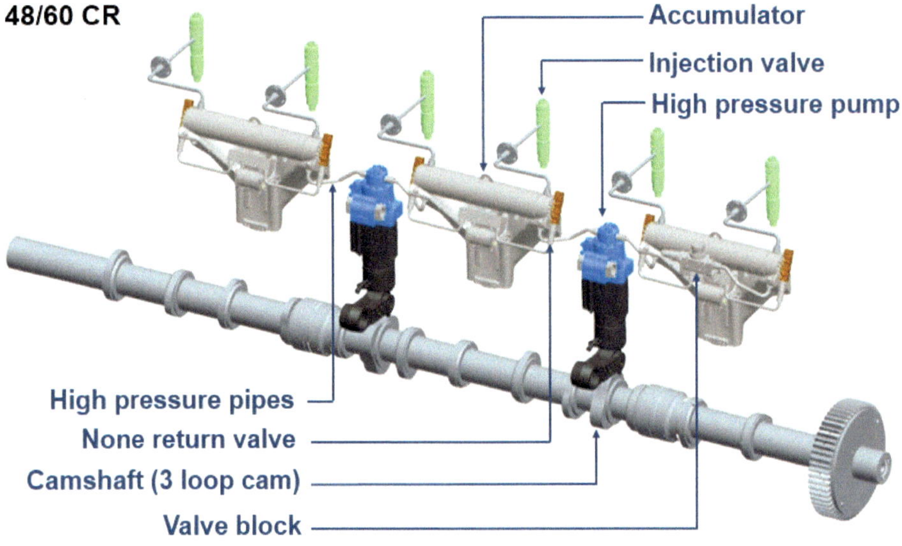

그림 4-9 System overview of 48/60CR

엔진 rpm에 따라 연료분사압력이 영향을 받는 일반적인 엔진과는 달리 Accumulator 역할을 하는 Rail unit에 rpm에 관계없이 최소 500 bar에서 최대 1,600 bar의 일정 압력이 유지되고 있어 연료분사시기와 연료분사압력의 제어가 자유로운 타입의 엔진이다.

MAN은 2001년에 Common rail injection 시스템 개발에 착수하여 2004년에 첫 Field test를 완료하고, 2008년에 처음으로 시장에 소개하였다. 2019년 현재 L32/44CR, V32/44CR, V45/60CR, L48/60CR, V48/60CR 등의 타입이 있다.

4.1.5 Diesel oil engines

HFO를 사용하지 않고 ISO 8217 DMA를 만족하는 Distilate fuel oil, MGO(Marine gas oil)을 연료로써 사용하는 엔진을 지칭하며 V28/33D STC가 이에 해당한다. 일반적으로 고속 페리, 해군함정 등에 추진용 엔진으로 사용되고 있다.

그림 4-10 V28/33D STC

4.2 Category of MAN Four-stroke DF engine

4.2.1 51/60DF

실린더 숫자에 따라 최소 5,850 kW에서 최대 18,000 kW 출력을 가지는 MAN 4 행정 엔진 중 가장 큰 크기와 출력을 가진 DF 엔진이며 주로 선박 추진 시스템에 사용되고 있다. LNG 운반선의 경우 연료로써 MDO 또는 HFO 등의 액체 연료를 사용하는 디젤 모드와 천연 가스를 사용하는 가스 모드로 사용할 수 있다. 두 가지 모드 공히 점화원으로 MDO를 사용하며 액체 연료와 천연 가스를 분담하여 사용할 수 있는 모드를 옵션으로 제공하고 있다.

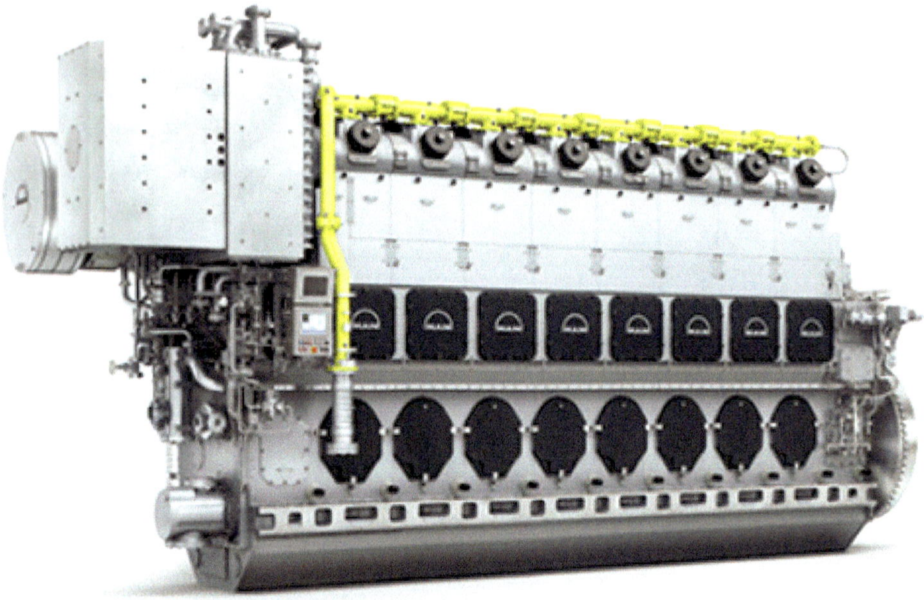

그림 4-11 51/60DF engine

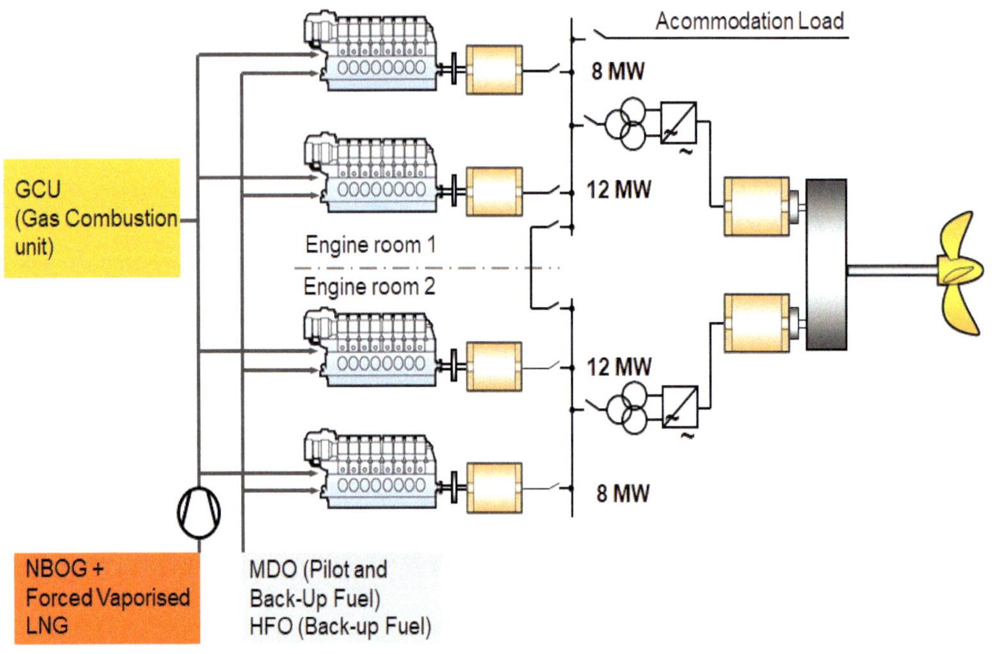

그림 4-12 51/60DF engine for electric propulsion system

4.2.2 L35/44DF

51/60DF엔진에 이어 MAN DF 엔진의 portfolio 확장의 일환으로 출시된 엔진이다. 전기추진 시스템, 기계추진 시스템 그리고 선박용 발전기 등에 사용되고 있다. 최소 3,060 kW 에서 최대 5,300 kW 출력을 가지고 있으며 각 실린더 당 530 kW 정도의 출력을 내고 있다. 기존 35/44CR-T2 엔진에서 많은 구성품을 공유하고 있어 35/44CR-T2에서 35/44DF 엔진으로 Retrofit이 가능하다. HFO, MDO, MGO와 같은 액체연료 운전 하에서 IMO Tier Ⅱ를 만족하며 LNG를 연료로 사용할 경우 추가적인 후처리 장치 없이 IMO Tier Ⅲ 조건을 만족한다.

그림 4-13 L35/44DF engine

4.2.3 L28/32DF

기존 L28/32H 엔신을 기반으로 DF 시스템이 추가된 엔진이다. 최소 1,000kW에서 최대 1,800 kW의 출력을 낼 수 있다. MDO 사용 시 가스 모드{MDO(10%) : LNG(90%)}와 디젤 모드로 운전되는 버전과 HFO 사용 시 가스 모드{HFO(30%) : LNG(70%)}와 디젤 모드로 운전되는 두 가지 버전의 엔진이 있다. MDO 또는 HFO와 같은 액체연료를 사용할 경우 IMO Tier Ⅱ를 만족하며 LNG를 사용하는 가스 모드에서 IMO Tier Ⅲ를 만족한다.

Common rail injection 시스템에 기반하여 별도의 Pilot injection 밸브의 설치가 요구되는 51/60DF, 35/44DF 엔진과는 달리 기존의 Fuel injection 밸브가 Pilot injection 밸브로써 역할을 수행함으로써 간단한 구조와 원리를 가지는 특징이 있다.

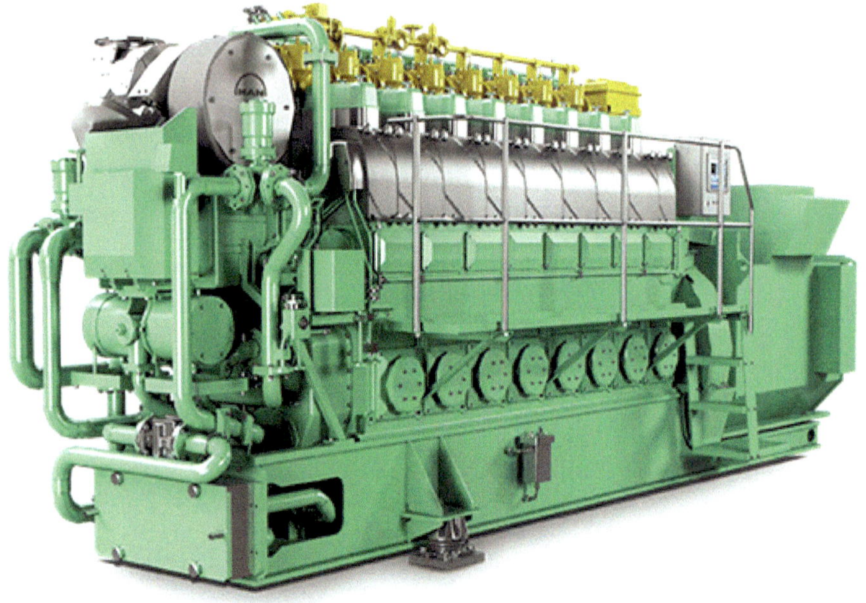

그림 4-14 L28/32DF engine

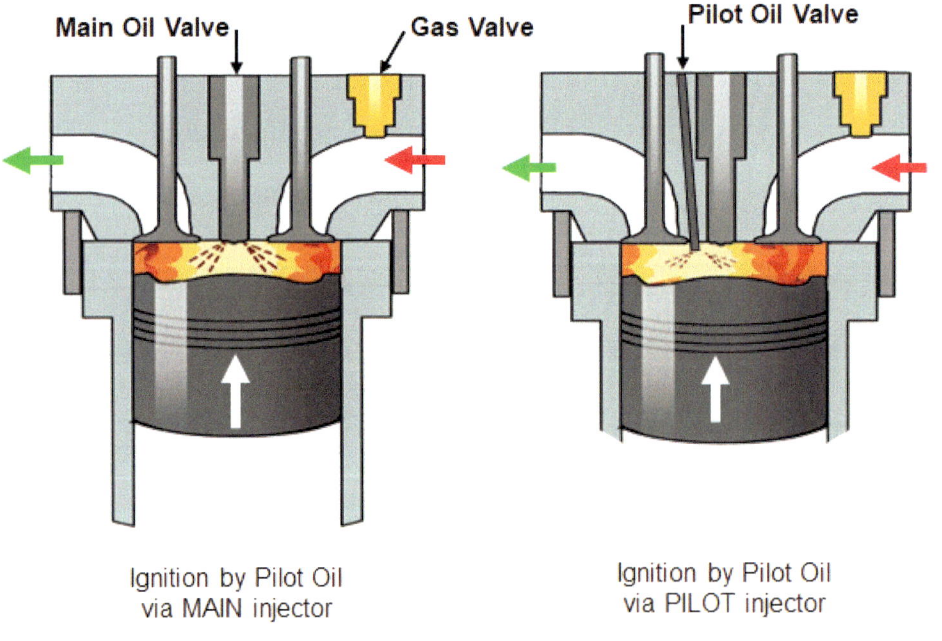

그림 4-15 Difference of pilot injection system

4.2.4 L23/30DF

L28/32DF와 같이 기존 L23/30H 엔진을 기반으로 DF 시스템이 추가되어 IMO Tier Ⅱ를 만족하는 디젤 모드와 IMO Tier Ⅲ를 만족하는 가스 모드를 지원한다.

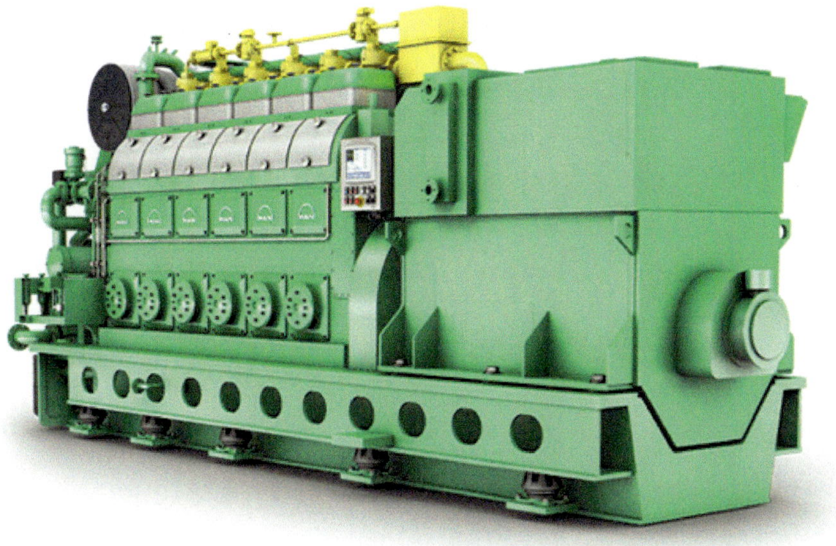

그림 4-16 23/30DF engine

4.3 Ingredients and traits for each DF engine

4.3.1 51/60DF engine

1) Operation mode - 디젤 모드

기존 48/60B 엔진에서 사용되는 Main injection 밸브를 통하여 전체 사용 연료 99% 이상의 비율로 MGO, MDO, HFO를 연소실 내에서 직분사하고 나머지 1% 미만의 MGO 또는 MDO가 별도의 연소실 내의 Pilot injection 밸브를 통하여 분사되어 점화원 역할을 수행한다. 파일럿 밸브가 독립적으로 설치되어 있기에 단독으로 교환이 가능하다는 장점이 있다.

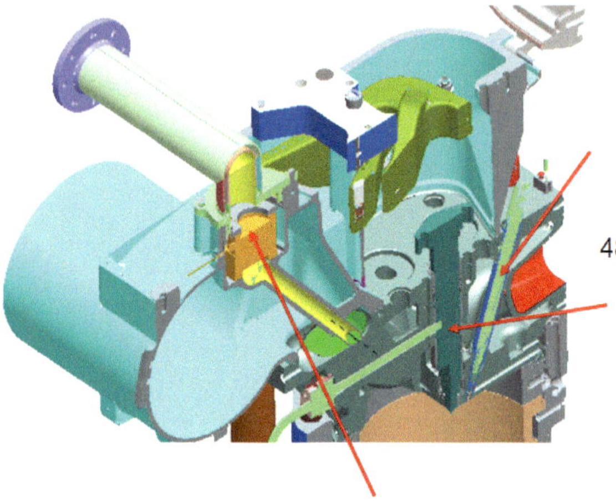

그림 4-17 Cylinder head of 51/60DF engine

2) Operation mode - 가스 모드

흡기 밸브 이전에 위치한 Gas admission 밸브를 통하여 전체 사용 연료의 99% 이상의 비율로 가스가 분사되어 공기와 혼합된 형태로 연소실에 전달되고 1% 미만의 MDO 또는 MGO가 연소실 내의 Pilot injection 밸브를 통하여 분사되어 점화원으로 사용된다. 파일럿 밸브의 경우 Common rail 시스템에 기반하여 독립적인 전기 모터를 사용하여 Fuel pump를 구동하고 압력을 유지한다. 캠을 사용하여 구동하는 방식은 운전 중 정비가 불가능한데 비하여, 모터를 사용함으로써 운전 중 정비가 가능해지고 드라이브 축에 비틀림 진동이 감소할 뿐만 아니라 엔진 정지 중에 누설 점검이 가능하다는 장점이 있다.

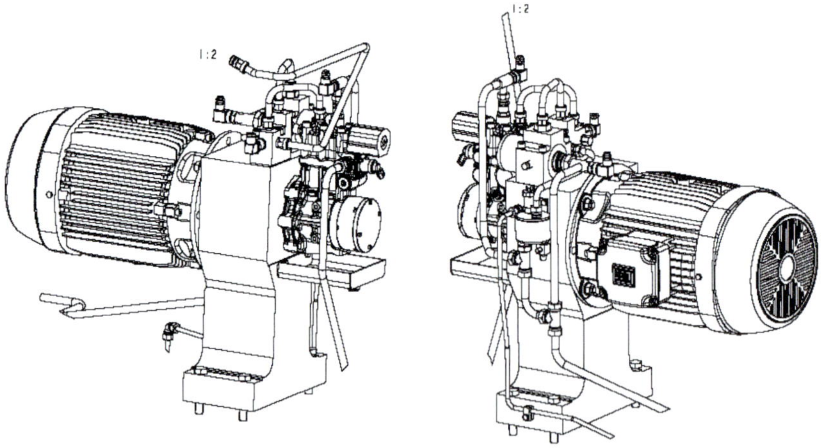

그림 4-18 Electrical driven CR fuel oil pump of 51/60DF engine

3) Operation mode - Backup mode

Main injection 밸브를 사용하여 MDO, HFO를 분사하여 운전한다. 이 경우 Pilot injection 밸브는 사용하지 않는다.

4) Methane Number와 엔진의 성능

메탄가(Methane Number)란 주어진 가스와 동일한 노크 강도를 불러일으키는 수소가 포함된 메탄가스의 부피 비율을 뜻한다. Uncontrolled ignition, 소위 노킹(Knocking)을 피하기 위해서는 MAN 4 행정 DF 엔진은 80 이상의 메탄가를 권장하고 있다. 70 이하 메탄가의 Fuel gas를 사용하는 경우 Knocking으로 인한 엔진 출력의 저하를 초래할 수 있으며, 그림 4-19에 나타난 바와 같이 약 1%/MN 정도의 출력저하 경향을 보인다.

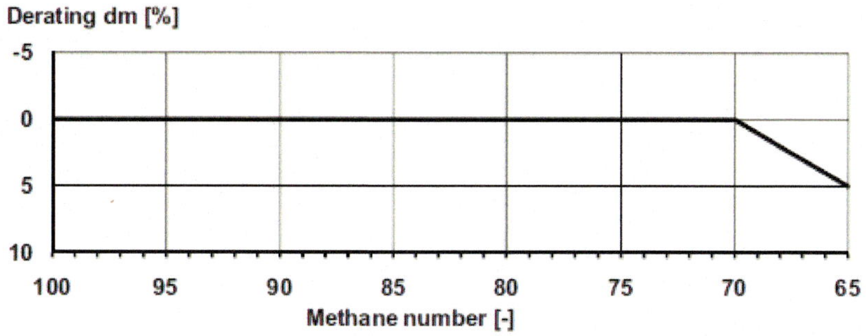

그림 4-19 Methane number & Derating dm[%]

5) 소기온도와 엔진의 성능

Air cooler의 효율 및 성능 저하로 인하여 소기 온도가 높아질 경우 엔진의 연소상태에 영향을 줄 수 있으며, 높은 온도로 인하여 Knocking과 출력 저하를 초래할 수 있다. 그림 4-20에 일정 이상의 온도에서 약 2%/1°C 정도의 출력 감소 경향을 보인다.

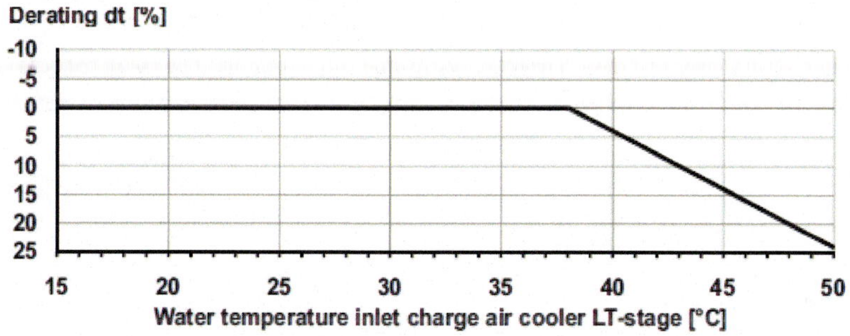

그림 4-20 Air cooler temperature & Derating dm[%]

6) 디젤 모드와 가스 모드 간의 전환

최소 15%에서 최대 100% 부하 구간에서 디젤 모드, 가스 모드 간의 전환이 가능하며 가스 모드 하에서 최대 110%의 부하까지 운전이 가능하다.

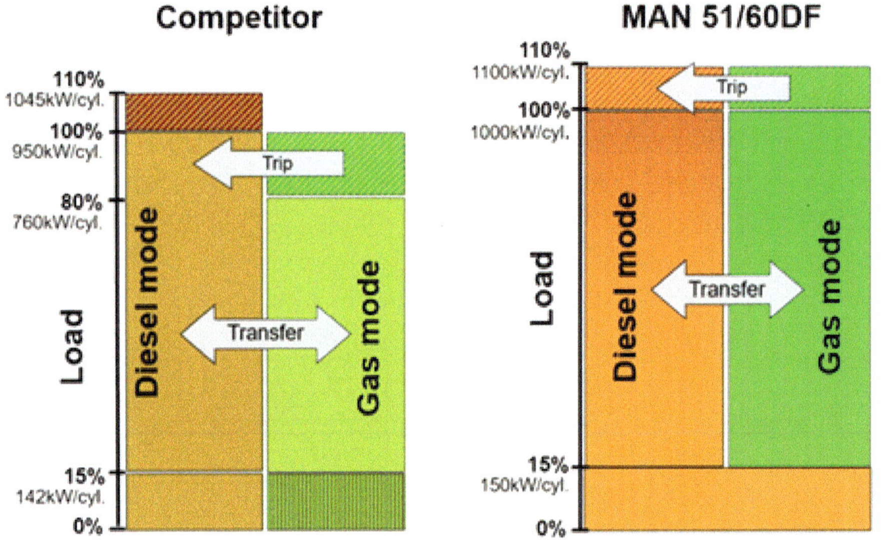

그림 4-21 Compare diesel mode with gas mode

4.3.2 35/44DF engine

1) 디젤 & 가스 모드

연소실 내의 Pilot fuel injection 밸브를 통하여 전체 사용 연료 1% 미만의 비율로 MGO를 Pilot fuel로 분사한다. 가스 모드일 경우, 나머지 99% 이상의 비율로 Gas를 흡기 밸브 이전에 위치한 Gas admission 밸브를 통해 분사하여 공기와 가스의 혼합된 형태로 연소실로 전달한다. 디젤 모드에서는 MDO 또는 HFO를 Main fuel injection 밸브를 통해 연소실 내에서 직분사한다.

51/60DF 엔진과 마찬가지로 Common rail 시스템에 기반한 Pilot fuel injection 밸브가 존재하며 별도의 전기 모터를 통하여 Common rail 시스템의 Fuel pump를 구동하는 것이 특징이다.

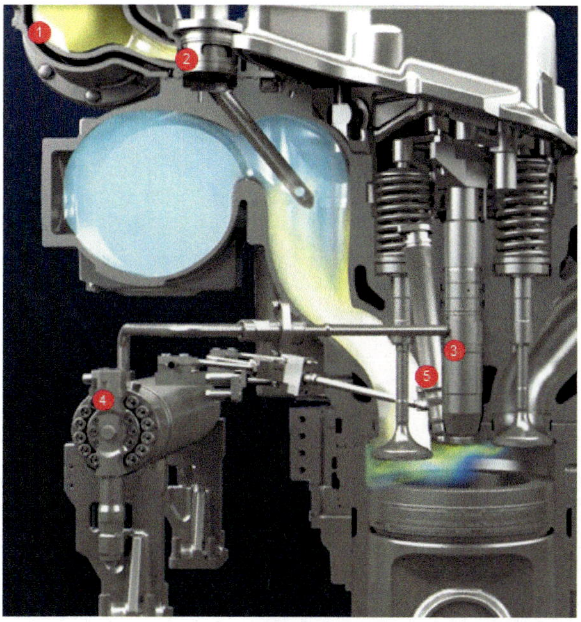

1. Gas pipe
2. Solenoid Gas Admission Valve (SOGAV)
3. Main fuel injection valve
4. Main fuel CR-system
5. Pilot fuel injection valve

그림 4-22 Cylinder head of 35/44D engine

그림 4-23 Electrical driven CR fuel oil pump of 35/44DF engine

2) 디젤 모드, 가스 모드 간의 전환

기본적으로 가스 모드로 엔진 운전 시 디젤 모드로의 전환은 자유로우며 최소 15%, 최대 100% 부하 사이의 부하에서 디젤 모드에서 가스 모드로의 전환이 가능하다. 사용 유종(HFO)에 따라 최소 부하를 20%를 요구하기도 한다.

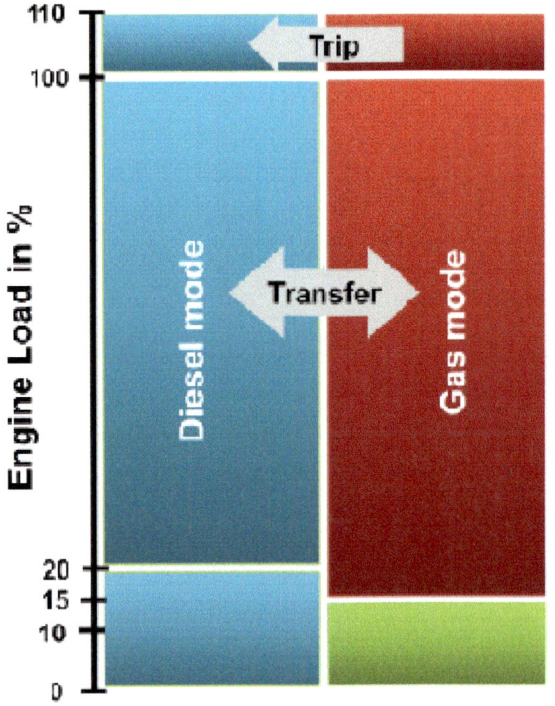

그림 4-24 Changeover for diesel mode & gas mode

3) Gas valve unit (GVU)

Fuel gas supply 시스템을 통하여 공급된 Gas는 엔진에 전달되기 전 Gas valve unit(GVU)에 공급되며 GVU는 다음과 같은 역할을 가진다.

① 엔진 시동 전 엔진 컨트롤 시스템에 의한 가스 누설 테스트

② DF 엔진에 공급되는 가스 압력 제어

③ 가스 모드 종료 또는 긴급 정지 시 가스 공급의 빠른 차단

④ 가스 모드 종료 후 Inert gas를 통한 잔존 가스 purge

⑤ 정비 목적을 위한 질소 가스를 통한 purge

또한 크랭크케이스 내 가스 누설로 인한 엔진 폭발을 방지하기 위하여 압력 센서와 모터제어를 통해 팬으로 크랭크케이스 내 공기를 빨아들여 항상 -2.5 mbar의 압력을 유지하여 가스로 인한 엔진 폭발의 위험을 방지한다.

배기 라인의 경우 압력 Relief 밸브로써 Rupture disc가 설치되어 있으며 가스 포켓의 형성을 피하기 위해 라인은 수직 형태로 만들어져 있다. 그리고 가스 모드 하에서 Shutdown 또는 수동 정지 시 Purging fan module을 통하여 배기 라인은 공기로 Purge 되게끔 디자인 되었다.

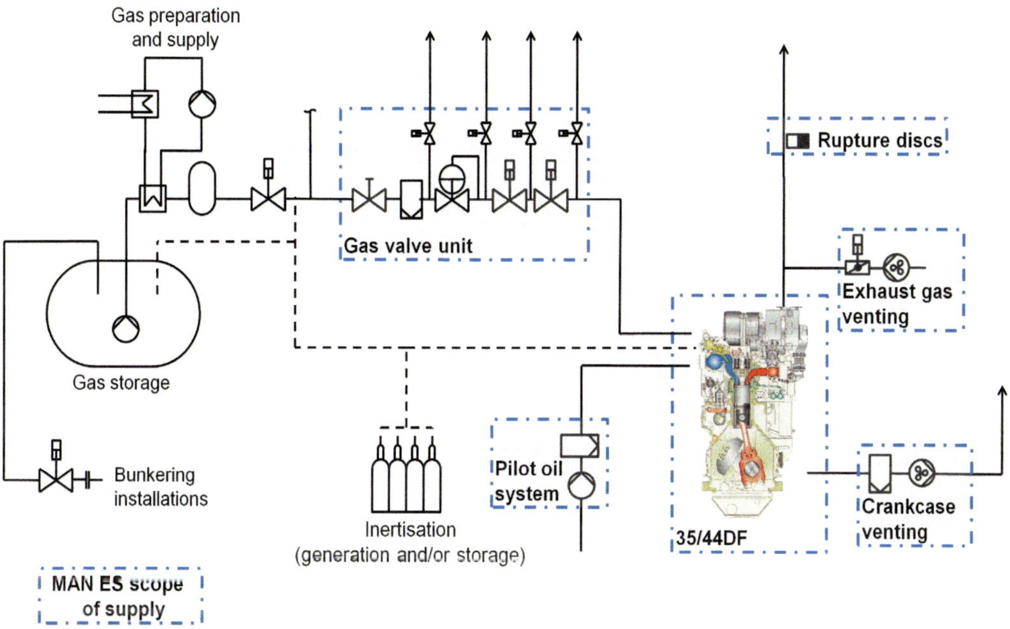

그림 4-25 System layout of 35/44DF engine

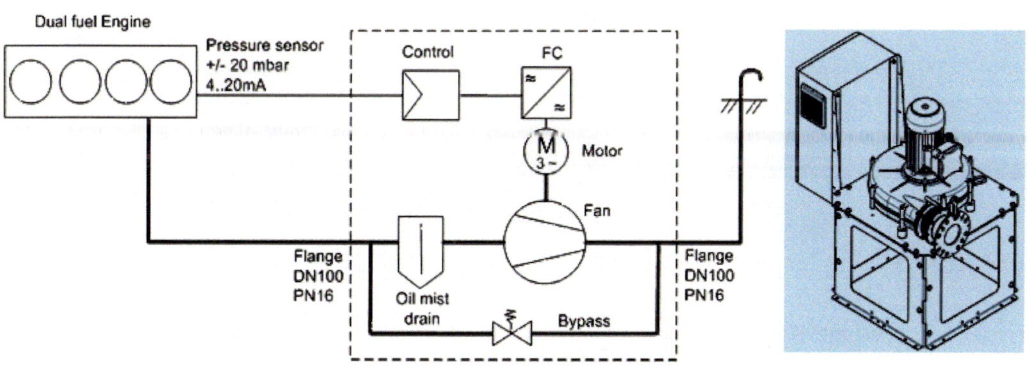

그림 4-26 Active crankcase ventilation system with variable speed fan

그림 4-27 Rupture disc

4.3.3 28/32DF & 23/30DF engine

앞서 소개한 51/60DF, 35/44DF 엔진의 경우, 기본 엔진인 48/60B 엔진, 32/44CR 엔진으로부터 Bore가 커짐에 따라 관련 부품의 변경이 요구되는 것에 비해 28/32DF, 23/30DF 엔진은 기존 28/32A와 23/30H에서 비교적 큰 변경이 없는 것이 특징이다. 또한 두 Large bore 엔진의 경우에는 Common rail 시스템을 사용한 Pilot injection 밸브가 필요하고 오직 점화원만 이용되는 것에 비해 28/33DF와 23/30DF 엔진은 연소실 내의 Main fuel injection 밸브를 파일럿 밸브로서 활용하는 것이 또 다른 특징이다. 이는 MAN 2 행정 엔진의 기존 ME-C 엔진에서 사용되는 Fuel injection 밸브를 DF엔진인 ME-GI 엔진에서 Pilot injection 밸브로 활용한 것과 비슷한 방식이다.

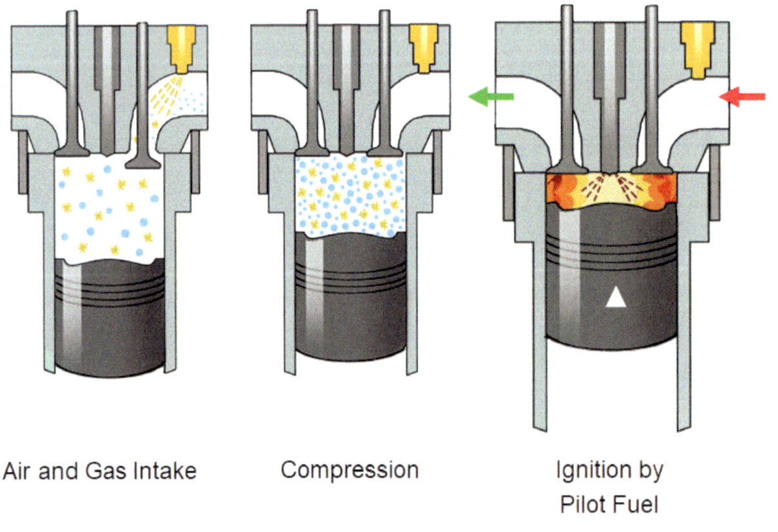

그림 4-28 Ignition method of 28/32DF engine

하지만 ME-GI 엔진이 디젤 사이클을 적용하여 Gas가 연소실 내에서 300 bar 이상의 고압으로 직분사 되는 것에 반해 28/32DF, 23/30DF 엔진은 다른 4 행정 DF엔진들과 마찬가지로 오토 사이클 방식을 적용하여 흡기 밸브 이전에 위치한 Gas admission 밸브를 통하여 저압으로 가스를 분사하여 혼합기를 연소실에 전달하는 것이 ME-GI엔진과의 차이점이라고 할 수 있겠다. 따라서 동일 크기의 28/30H 와 28/30DF 두 엔진을 비교했을 때 28/30DF 엔진이 5% 미만의 출력 감소를 가지는 차이점이 있다.

1) Gas pressure control valve

그림 4-29와 같이 엔진 입구 측에 설치되어 공급되는 가스의 압력을 항상 일정하게 유지시켜 주는 역할을 한다.

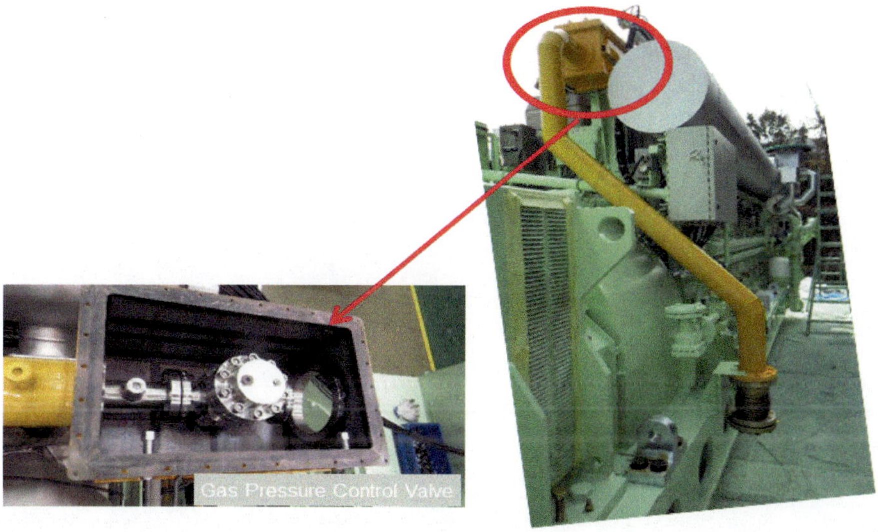

그림 4-29 Gas pressure control valve of 28/32DF engine

2) Knocking & Misfire

평균유효압력이 20 bar를 초과하거나 잘못된 공연비(Air to Fuel ratio)로 엔진이 운전하게 되면 그림 4-30에서와 같이 Knocking 또는 Misfire를 초래하게 되므로 이를 계측하고 적절하게 제어하는 것이 필요하다.

이를 위하여 그림 4-31과 같이 각 실린더에 Knocking을 감지하는 센서가 설치되어 있고, Waste gate는 배기가스를 바이패스 시켜 Turbocharger의 Compressor wheel 속도를 낮추고 과도한 소기압력 형성을 막기 위해 설치되어 있다.

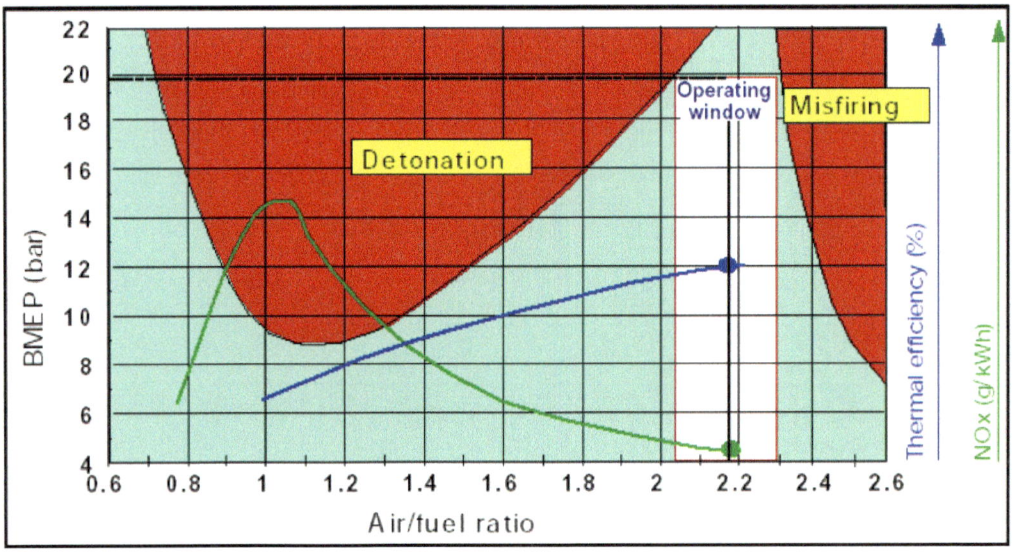

그림 4-30 Air to fuel ration VS MEP

그림 4-31 Knocking sensor (left) & Waste gate (right)

Emissions

5

CHAPTER

5.1 Regulations

국제해사기구(IMO: International Maritime Organization)는 1997년에 MARPOL 73/78 "선박으로부터의 대기오염방지를 위한 규정" (Regulation for the Prevention of Air Pollution from Ships)의 부속서 Ⅵ(MARPOL 73/78 Annex Ⅵ)을 결의하였다. 부속서 Ⅵ은 2005년 5월 19일 전 세계 톤수의 50% 이상을 대표하는 IMO의 15개 회원국의 비준을 받은 후 발효되었다(Tier1, 소급적용). 부속서 Ⅵ 규정13조와 규정14조에 NO_x와 SO_x에 대한 한계치가 설정되어 있다.

질소산화물에 대한 규정13조는 선박에 설치되는 출력 130 kW 이상의 모든 기관에 대하여(예외: 구명정용 기관, 비상용 디젤엔진) 적용되며, 2000년 1월 1일 또는 그 이후에 용골을 거치한 선박을 대상으로 한다. 그 외에 2000년 1월 1일부터 또는 그 이후에 큰 변경을 하는 선박에 설치되는 출력 130 kW 이상을 갖는 모든 기관에 적용된다.

이와 관련하여 "큰 변경"이란 다음과 같은 상황을 의미한다.

- 기관은 2000 년 1 월 1 일 또는 이후에 제작되는 기관으로 대체된다.
- 기관의 배기가스배출과 관련하는 변경을 한다.
- 기관의 공칭마력이 대략 10% 이상으로 증가한다.

5.1.1 NOx

NO_x는 공기중의 산소와 질소가 엔진의 연소실 내에서 연소과정 동안 화학반응에 의해 생성되는 것이 일반적이며 N_2O, NO, NO_2, N_2O_5을 총칭하여 NO_x라 부르고 있다. 이중에서 가장 문제시되는 것은 NO와 NO_2이며 NO는 혈액중의 헤모글로빈과 결합하여 중추신경계에 치명적인 장애를 유발할 수 있고 NO_2는 자극성이 강하여 산소 결핍증, 기관지계, 폐의 장애를 초래할 수 있기 때문에 환경에 악영향을 미치며 대기오염을 유발하는 NO_x에 대해 세계 각국에서는 규제를 강화하고 있다.

NO_x를 생성요인에 따라서 Thermal NO_x, Fuel NO_x, Prompt NO_x로 분류한다. 이 중에서 Fuel NO_x 는 연료중의 질소분을 기원으로 하고 Prompt NO_x와 Thermal NO_x는 공기중의 질소를 기원으로 하고 있다. 엔진에서 생성되는 NO_x는 Thermal NO_x가 대부분을 차지하고 이 NO_x중에서 NO_2, N_2O도 미량 생성되지만 NO가 전체 발생되는 NO_x의 95%를 차지한다. Zeldovich 기구(mechanism)에 따르면 Thermal NO는 1,800 K 이상의 고온에서 생성되고 최고 연소온도가 높을수록 기하급수적으로 발생량이 증가한다.

그림 5-1 Harmfulness of NOx

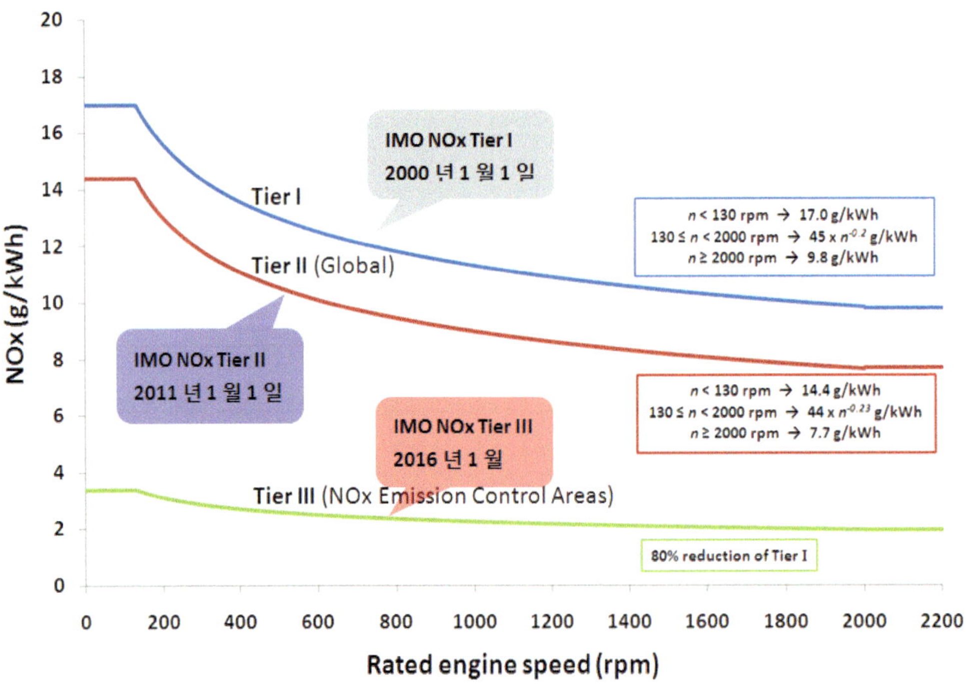

그림 5-2 Regulation of NOx

표 5-1 Regulation of NOx

Tier	Date	NOx limit, g/kWh		
		n < 130	130 ≤ n < 2000	n ≥ 2000
Tier Ⅰ	2000	17.0	45 • n-0.2	9.8
Tier Ⅱ	2011	14.4	44 • n-0.23	7.7
Tier Ⅲ	2016*	3.4	9 • n-0.2	1.96

* In NOx emission control areas (Tier Ⅱ standards apply outside of ECAs).
* n : 정격출력

그림 5-1은 NO_x의 유해성에 대해서 보여주고 있다.

표 5-1, 그림 5-2와 같은 질소산화물 배출 규제는 MARPOL 협약 부속서 VI 의 규칙13에 명시되어 있다. 규제는 선박의 건조 시기별로 단계적으로 적용되고 있으며, 선박 디젤엔진의 정격 기관속도에 따라 규제 제한치가 결정된다. Tier Ⅰ은 2000년 1월 1일 이후, Tier Ⅱ는 2011년 1월 1일 이후에 건조된 선박에 적용되고 있다. Tier Ⅲ는 2016년 1월 1일 이후 건조된 선박 중 ECAs(Emission control areas)지역에서 운항하는 선박에 한하여 적용된다.

5.1.2 SOx

SOx에 대한 규제는 표 5-2, 그림 5-3에서와 같이 연료에 대한 통제로 이루어지고 있다. 2012년 이후 선박에 사용하는 연료유에 황 함유량 3.5% m/m를 넘지 않도록 하였으며 SECAs (SOx emission control areas) 지역에서 운항하는 선박은 2015년 이후 연료유의 황 함유량 0.1% m/m를 넘지 않도록 규제하고 있다. 2020년 1월 1일부터는 특별해역을 제외한 모든 일반 해역에서 황 함유량 0/5% m/m 이하의 연료유를 사용하도록 규제가 강화되었다.

표 5-2 SOx Regulation of SOx

적용지역	규제치 (%, m/m)	규제시기	비고
일반해역	4.50	2012년 1월 1일 이전	2006. 06. 19 발효
	3.50	2012년 1월 1일 ~ 2020년 1월 1일	-
	0.50	2020년 1월 1일 이후	
SECAs	1.50	2010년 3월 1일 이전	발트해 : 2006. 06. 19 발효 북해 및 영국해협 2007.11.22 발효
	1.00	2010년 3월 1일 ~ 2014년 12월 31일	
	0.10	2015년 1월 1일 이후	

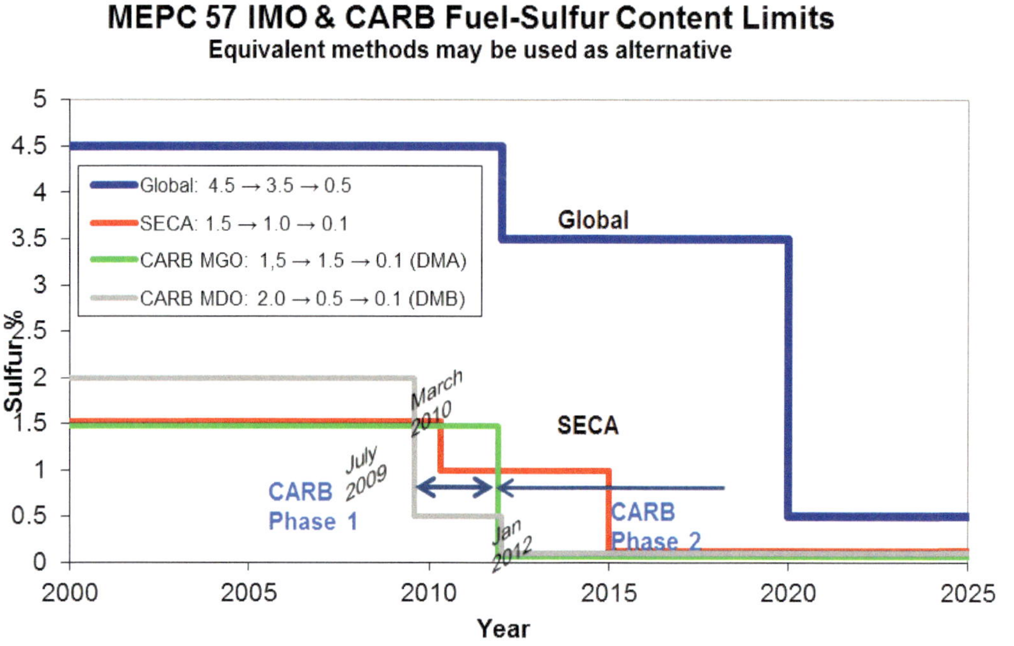

그림 5-3 Regulation of SOx

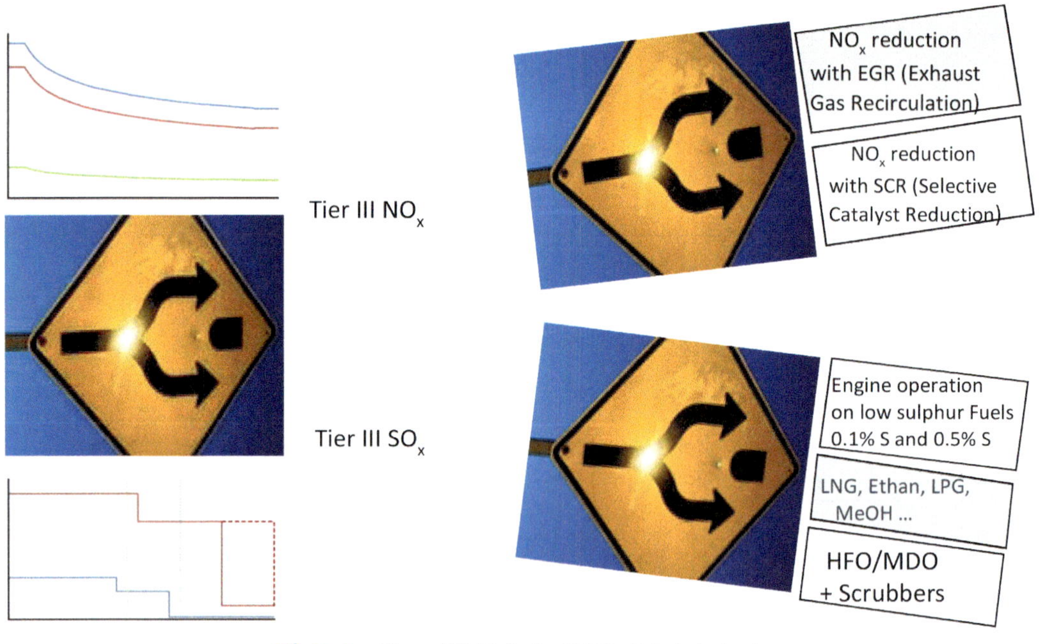

그림 5-4 Tier Ⅲ(NOx) & SECAs(SOx) Solutions

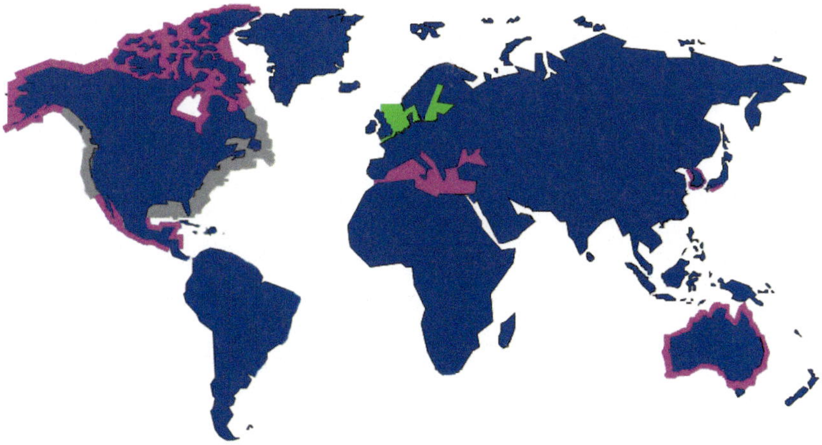

그림 5-5 SECAs, ECAs & discussed special areas

Tier Ⅲ(NOx) 및 SECAs(SOx) 규제를 만족시키는 방법은 그림 5-5와 같이 요약할 수 있다.

그림 5-5는 현재 설정되어 있는 특별해역(녹색 및 회색 영역) 및 검토 중인 특별해역(보라색 영역)을 보여주고 있다.

1) 그림 5-5의 녹색 영역을 그림 5-6에서 자세히 살펴보면, 2016년 6월 19일부터 특별해역으로 지정된 발틱해(Baltic sea)와 2007년 11월 22일부터 특별해역으로 지정된 북해(North sea)를 보여주고 있으며, 이 해역들은 2021년 1월 1일부터 ECAs로도 지정되어 Tier Ⅲ 수준으로 NO_x 규제를 받을 예정이다.

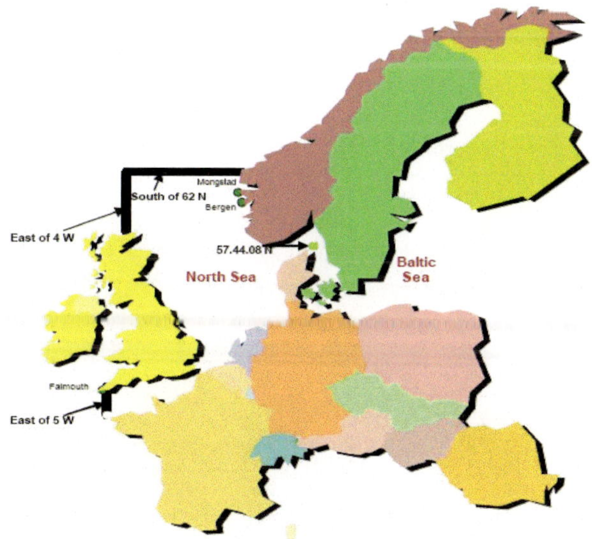

그림 5-6 SECAs for SOx

1) 그림 5-5의 회색 영역을 그림 5-7에서 자세히 살펴보면, 2012년 8월 1일부터 지정된 특별해역(ECAs)으로 2016년 1월 1일부터 Tier Ⅲ에 해당하는 NOx 규제를 적용하고 있으며, 연료 내 황 함유량은 0.1% 이하로 제한하고 있다.

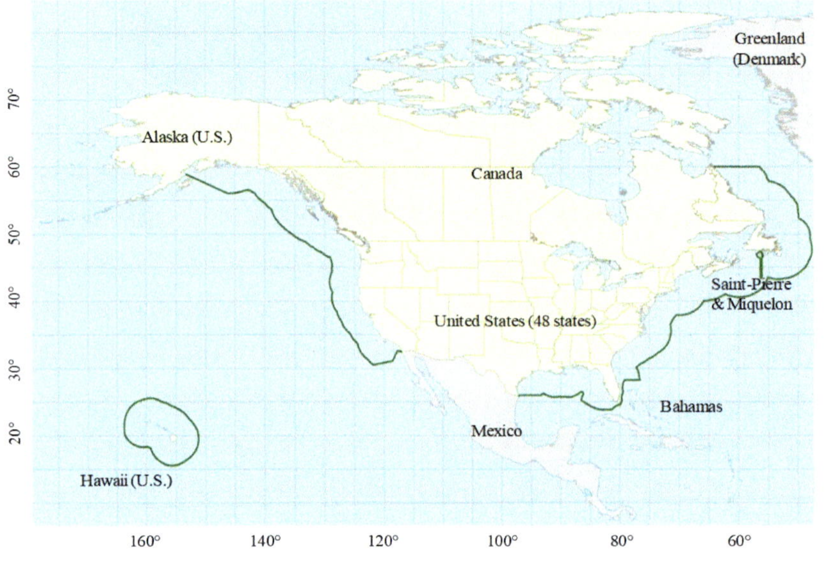

그림 5-7 ECAs(U.S/Canada) for NOx & SOx

2) 그림 5-5의 특별해역으로 검토 중이던 보라색 영역이 그림 5-8과 같이 일부 수정되어 나타내고 있으며, 특별해역 지정을 위해 논의 중인 해역으로 일본, 지중해, 노르웨이 해, 남아메리카, 바하마, 싱가포르 등을 나타내고 있다.

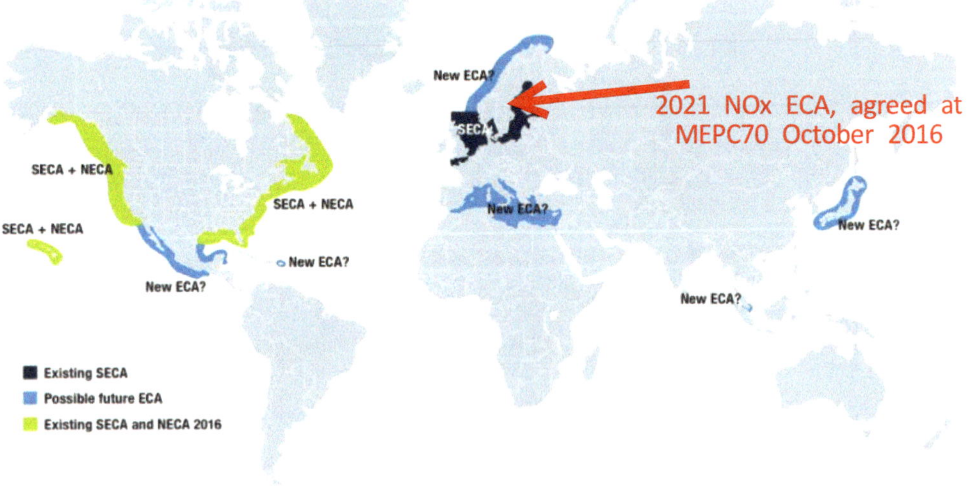

그림 5-8 NECAs and SECAs

5.1.3 CO_2

1) CO_2 규제

지구온난화 방지의 관점에서 지구온난화가스(GHG; Green house gas)의 저감이 세계적인 급선무가 되었으며, 이러한 움직임 속에서 국제해운은 선진국이나 신흥국을 구별하지 않고 각국 공통으로 GHG 저감계획을 2011년 7월의 IMO 해양환경보호위원회(MEPC 62th)에서 채택하였다. 이 GHG 저감계획은 기존의 MARPOL 협약 Annex Ⅵ의 개정으로 2013년 1월 1일부터 발효되었다. 이것은 선박으로부터의 GHG(CO_2) 배출을 규제하기 위한 것이며, 개정 MARPOL 협약 Annex Ⅵ은 에너지효율설계지수 EEDI(Energy efficiency design index)를 이용하여 신조선의 에너지 절약을 보일수 있게 하였다. 각 선박의 에너지효율을 개선함으로써 결과적으로 국제해운에서 GHG 배출량을 저감시키고, 선박에너지효율관리계획서 SEEMP(Ship energy efficiency management plan)를 이용한 에너지절약 운항을 촉진하는 것이 주요 골자이다. EEOI(Energy efficiency operational indicator)는 IMO가 제안하는 선박 운항선의 에너지 효율을 나타내는 지표이며, 실제로 소비한 연료와 운반한 화물량 및 항해 거리로부터 식 5.1로 산출된다.

$$EEOI = (CO_2\text{환산 계수} \times \text{연료소비량})/(\text{화물량} \times \text{항해거리}) \qquad (5.1)$$

SEEMP의 운용에 의한 에너지효율개선에 있어서는 [계획], [실시], [모니터링], [자기평가 및 개선]을 1사이클로 하여 이것을 되풀이하여 실시할 것이 요구된다. 즉 각 선박은 운항시의 에너지효율(EEOI, 연료소비량 등)을 정기적으로 자기 모니터링하면서 계획한 효율개선을 적절히 실행하고 그 결과를 평가함으로써 다음의 효율개선 계획에 피드백 할 것을 요구하고 있다.

개정 MARPOL Annex Ⅵ은 원칙적으로 국제항해에 종사하는 400GT 이상의 모든 선박에 적용되며, 조약에 적합함이 인정되는 선박에 대해서는 국제에너지효율증서, 통칭 IEE(International energy efficiency) 증서가 발급된다.

2) CO_2 저감을 위한 조치사항 및 Time schedule

그림 5-9는 CO_2 규제를 위한 MRV(Monitoring, Reporting, Verification) 시행시기 및 EEDI 규제를 위한 Phase의 Time schedule을 나타내고 있다.

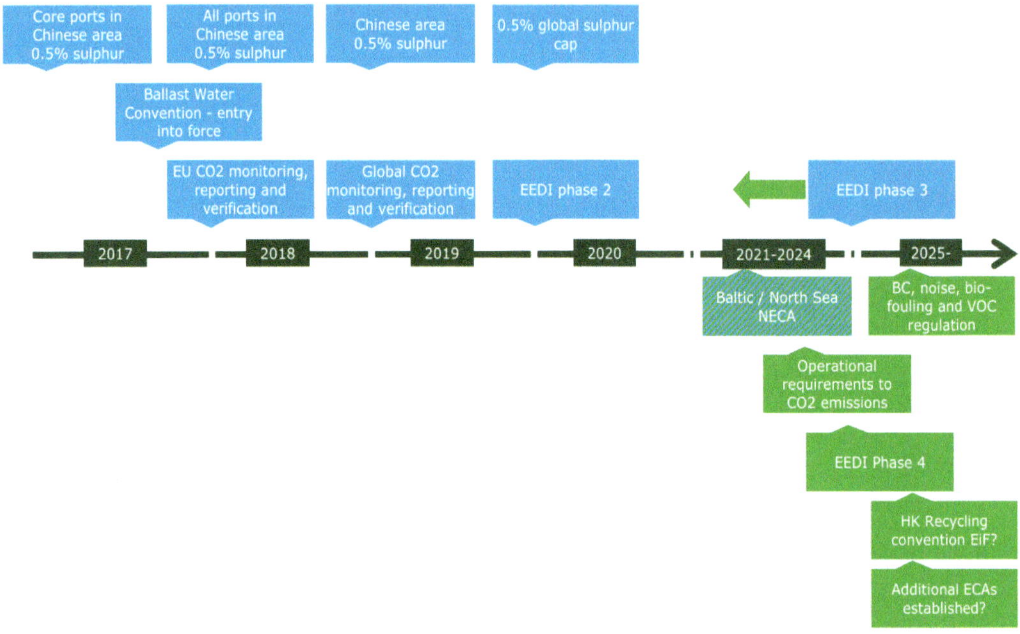

그림 5-9 CO_2 & EEDI phase time schedule

(1) 2015년 이후 : EEDI phase 1(EEDI 초기 기준치 대비 GHG 10% 감축)

(2) 2018년 부터 : EU CO_2 MRV 실시

(3) 2019년 부터 : Global CO_2 MRV 실시

(4) 2020년 이후 : EEDI phase 2 (EEDI 초기 기준치 대비 GHG 20% 감축)

(5) 2022년 이후 : EEDI phase 3 (EEDI 초기 기준치 대비 GHG 30% 감축)

- EEDI phase 3는 2025년 이후에 시행 예정이었으나, 조기시행 하기로 결정함.
- 대형 Container는 40% 감축(대형 Container를 제외한 모든 Container는 30% 감축)

(6) 2030년 이후 : EEDI phase 4 (EEDI 초기 기준치 대비 GHG 40% 감축)

2050년까지 Carbon free fuels 사용이 일반화 될 것으로 예상되며, 그에 알맞은 엔진 및 추진기술 개발이 이루어져야 할 것이다.

5.2 Technologies

5.2.1 EGR

1) 개요

NOx 제한치 규정을 만족하기 위해 MAN-ES에서는 기존의 산업용 및 자동차에 적용되어 있는 EGR(Exhaust gas recirculation)를 2행정 추진기관에 적합하게 사용하도록 적용하였다.

2) EGR type

EGR은 실린더 직경을 기준으로 크게 2가지 형식으로 나눌 수 있다.

- EGRBP : 70 bore 이하, EGB Type(by-pass)
- EGRTC : 80 bore 이상, TC-cut out type

(1) EGRBP

엔진 실린더 직경이 70 이하일 경우 설치되는 과급기가 1개이기 때문에 시스템이 비교적 간단하다(그림5-10). 엔진이 Tier Ⅱ 모드일 경우에는 SOV, CBV, BTV 모두 Close 상태이며, EGB만 SCU에 의해 제어된다. Tier Ⅲ 모드로 운전이 될 경우에는 EGB가 Close 되면서 SOV, CBV, BTV 모두 Open 된다. CBV는 Pscav를 높여줌으로써 EGR로 인해 떨어지는 효율을 올려주는 역할을 한다.

(2) EGRTC

엔진 실린더 직경이 80 이상일 경우 설치되는 T/C가 2개이기 때문에 추가 밸브들이 설치된다(그림 5-11).

엔진이 Tier Ⅱ 모드(Cut-in) 운전일 경우에는 TCV가 Open되면서 Cut-out T/C가 사용된다. Tier Ⅱ 모드이기 때문에 SOV, CBV가 Close 상태이며, Main T/C가 엔신 운선에 사용되어야하기 때문에 CCV는 Open 상태이다. EGR blower는 Stop 상태이기 때문에 BTV는 Close, BBV는 Open 상태이다. 즉 EGR string이 Cut-out T/C용 Normal cooler 역할을 한다.

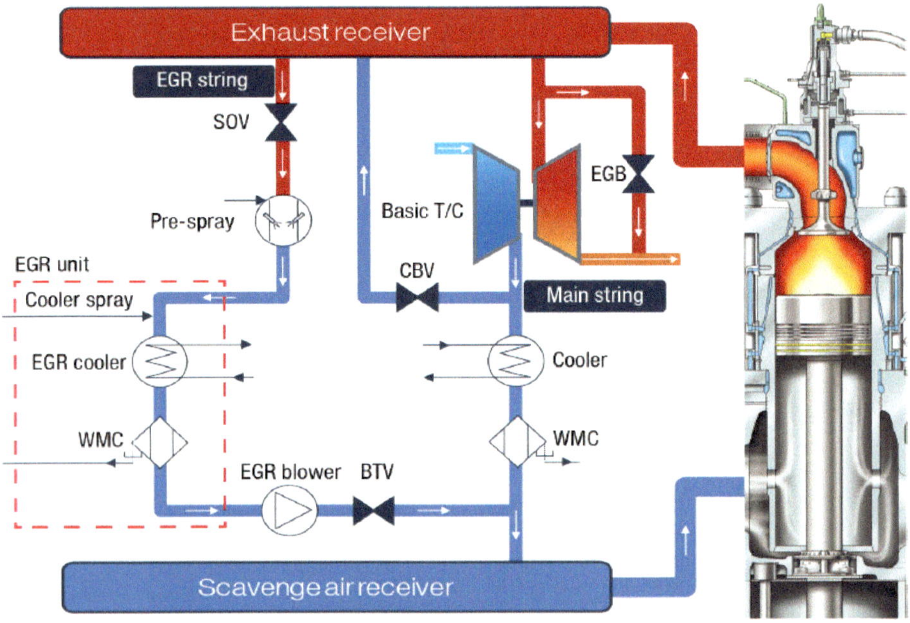

SOV – EGR Shut-off Valve　CBV – Cylinder Bypass Valve
BTV – Blower Throttle Valve　EGB – Exhaust Gas Bypass Valve

그림 5-10　EGR system until 70 bore(EGRBP)

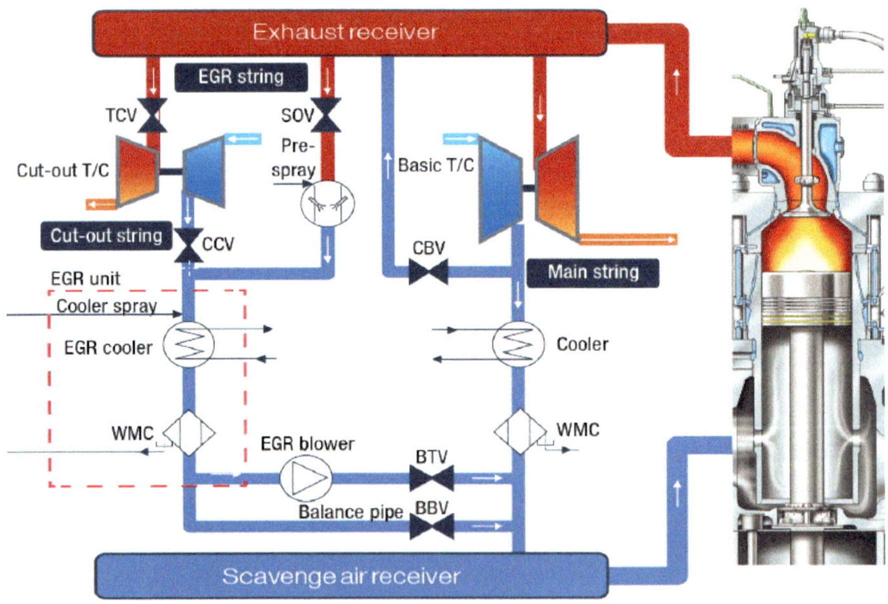

SOV – EGR Shut-off Valve　TCV – Turbine Cut/out Valve　BBV – Blower system Bypass Valve
BTV – Blower Throttle Valve　CCV – Compressor Cut/out Valve　CBV – Cylinder Bypass Valve

그림 5-11　EGR system from 80 bore(EGRTC)

엔진이 저부하로 운전이 될 때 효율을 높이기 위해 T/C cut-out이 가능하다. Tier Ⅱ 모드(cut-out) 운전일 경우에는 당연히 엔진 부하가 최대한 제한되며, 이 때 모든 밸브는 Close상태로 Main string만 사용된다.

엔진이 Tier Ⅲ 모드로 운전될 때에는 EGR가동을 위해서 TC cut-out이 필수다. TCV, CCV가 Close되며, EGR blower가 작동되어야 하기 때문에 BBV 역시 Close 상태가 된다. 이 때 SOV, CBV, BTV는 Open 된다.

(3) 공통사항

EGRBP나 EGRTC 모두 Blower나 BTV로 재순환되는 가스의 양을 제어하여, Chamber 내의 O_2 양을 제어한다. 이는 Scav. receiver 내의 O_2 농도를 3개의 O_2 센서를 통해 계측함으로써 가능하다. O_2 센서는 SUC(Sensor unit cabinet: 엔진 Lower gallery FWD에 위치) 내부에 설치되어 있으며, Scav. receiver에서 SUC까지 파이프로 연결되어 O_2 값을 측정한다.

EGR 시스템의 구성은 크게 EGR 가스와 EGR water로 나누어진다.

상기에서 설명된 과정은 EGR 가스라고 부르는 시스템이며, EGR의 Main operation 시스템이라 볼 수 있다. EGR 메인 시스템이 잘 작동하기 위해서는 Water handling 시스템이 필요하다. Water handling 시스템을 간단하게 EGR water라고 부른다.

EGR water는 또 다시 EGR unit, RTU, SU, WTS로 구성된다.

3) 각 부 시스템

(1) EGR unit : 실제 배기가스가 재순환되면서 Cleaning 되는 시스템.

(2) RTU(Return tank unit) : Cleaning을 위해 분사된 물이 드레인되어 재순환되는 시스템.

(3) SU(Supply unit) : pH가 너무 낮을 때 NaOH를 공급하는 Unit

(4) WTS(Water treatment system) : Cleaning에 사용된 Water를 처리하는 장치이며, 엔진 외부에 처리와 제어를 위한 장비가 설치된다.

(5) WHS(Water handling system)

황 성분이나 입자에 의해 엔진이 손상되는 것을 방지하기 위해 재순환되는 배기가스는 Cleaning이 필요하다. 재순환되는 FW를 Pre-spray나 Cooler spray를 통해 분사하여 Cleaning 및 Cooling 효과를 얻는다. WHS는 WTS, SU, RTU, EGR unit으로 구성된다.

- WTS

WTS는 일반적으로 Buffer tank, WTS pump, WTU, QC(Quality control)로 구성된다. WTS는 엔진 Load, Fuel type(특히 Sulphur contents)에 따라 Cleaning을 한다. 보통 1개나 여러 개의 Frame에 설치된다.

WTS의 주요 2가지 기능은 다음과 같다.

- a. EGR unit 으로부터 오는 Water cleaning.
- b. 과잉 Water 를 처리 및 선외로 배출

Bleed off water의 배출은 Buffer tank의 Water level을 일정 값 이하로 유지함으로써 조정된다.

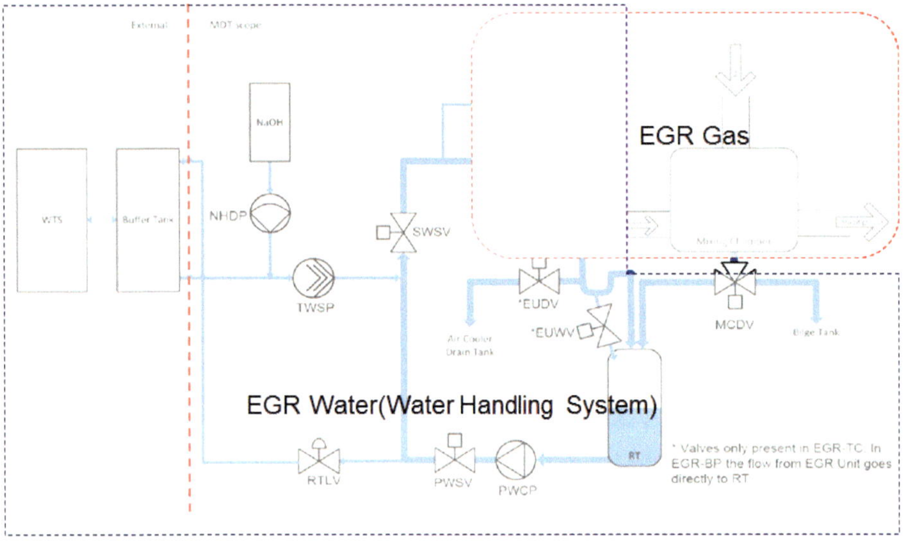

그림 5-12 EGR system

- RTU(Receiving tank unit)

RTU는 PWRT(Process water receiving tank), PWCP, RTLV로 구성이 되어 있다.

PWRT내부의 Level은 RTLV에 의해 조정되고, TWCP(Treated water circulation pump) 의 작동 또한 Level 제어에 관여한다.

pH 수치는 센서에 의해 감지되고, 이는 NaOH의 공급 양을 제어하는 기준으로 사용된다.

- Supply unit

Supply unit은 EGR에 NaOH를 공급해 주기 위하여 Supply pump, NaOH dosing pump가 설치된다. 산도(pH 값)에 따라 Pump가 제어된다.

(6) EGR SUC(Sensor unit cabinet)

EGR SUC는 소기의 O_2 농도를 측정한다. 이 값은 EGR blower를 제어하여 Process air 속에 최적의 O_2 농도를 갖도록 조정한다. EGR SUC는 독립된 EGR SPC(Sensor PLC cabinet)와 연결되며, EGR SPC는 PLC equipment를 포함한다. SPC는 SUC안의 Sol. 밸브의 Fail 및 알람 기능들을 다룬다. 운전 및 검교정시 최적의 정확성을 얻기 위해서는 3개의 O_2 센서가 동시에 계측이 되어야 한다. 각각의 센서는 Display 및 Transmitter와 연결되고, 검교정은 Transmitter를 통해 수행이 가능하다.

4) 구성품(Components)

(1) EGR 가스

- EGR 블로워(blower) : 배기가스 리시버에서 총 배기가스의 40% 정도를 소기 리시버로 보내주는 역할을 한다. 두 리시버 사이의 압력은 100% 엔진 부하에서 약 0.3 bar 정도 차이가 나며 Cleaning water 분사, Cooler 통과 Water mist catcher 통과 및 Pipe line 등으로 손실된 총 약 0.2~0.3 bar 정도의 압력까지 EGR 블로워가 보상해야 한다. 블로워 모터는 Frequency converter에 의해 rpm이 제어된다.
- BTV(Blower throttle valve) : Tier Ⅲ 모드에서 블로워 작동 시 Open되며, 블로워와 같이 유량을 제어한다. Fail 시 위치는 Close 상태이다.
- BBV(Blower system bypass valve) : EGRTC 사양에만 설치된다. Tier Ⅱ 모드인 TC cut-in 상태에서 EGR 블로워가 정지상태이므로 BBV가 Open 된다. Tier Ⅲ 모드에서 EGR 블로워가 충분한 유량을 보내주지 못할 경우, 이 밸브 누설이 원인일 수도 있다.
- SOV(Shut off valve) : On/off 제어이다. Fail 시 위치는 Close이며, EGR 작동 시는 Open 이다.
- CBV(Cylinder bypass valve) : 소기압을 올려줌으로써 EGR로 인해 떨어지는 효율을 보상해 준다. Fail 시 위치는 Close.
- EGB(By pass valve(EGRBP only) : 소기압 제어를 위한 By pass 밸브.
- Pre-spray : 수산화나트륨이 첨가된 Fresh water에 의해 배기가스가 청소되고, 황산화물(SO_x)에 의해 산성화된 Fresh water는 수산화나트륨을 첨가하여 중화한다. 약 65%의 물은 지속적으로 순환된다. 배기가스는 물의 증발로 인해 냉각이 되고, SO_x 및 PM 제거를 위해 물이 노즐을 통해 분사된다. 물의 일부는 증발 되고, 온도는 배기온도에서 약 80~100℃까지 떨어진다. Pre-spray를 지난 후 배기가스, 스팀 및 스크러버 워터의 혼합체는 EGR cooler로 간다.

- EGR cooler : EGR 가스를 냉각시킨다. Pre-scrubber 안의 증발된 물은 EGR cooler 안에서 응축된다. Cooler 는 온도를 소기온도 근처인 약 35~40℃까지 떨어뜨린다.
- EGR WMC : EGR 가스에서 Scrubber water 를 분리시키기 위한 장치이다. 일반 소기와 혼합하기 전 단계.
- SUC(Sensor unit cabinet) : 소기의 산소 농도를 측정한다. 이 값에 근거하여 EGRCS 는 최적의 O_2 농도를 위해 Blower speed 를 조절한다. SUC 는 EGRCS 와 O_2 센서의 Interface unit 이라 생각할 수 있다. 3 개의 센서 모두 Fail 시에도 EGR 은 된다.
- O_2 센서 : 소기 리시버안의 산소 농도를 체크하기 위한 센서는 엔진 로드나 모드에 따라 약 16~21% 정도 된다.

(2) EGR water

- WTS(Water treatment system) : 주된 목적은 EGR 가동 시 Water cleaning 과 Treatment 를 하는 보조기기를 제어하고 모니터링하기 위함이다. 오염된 물을 지속적으로 받고 깨끗한 물을 공급한다. 물의 양이 너무 많을 경우 물의 상태에 따라 슬러지나 드레인 탱크로 보내거나 선외로 배출한다. WTS 는 Buffer TK, WTS pump, Water treatment unit, Quality control 을 포함한다. 디자인 및 크기는 본선 기관실에 따라 다양하게 제작되며, 한 프레임에 제작이 되거나 2 개 이상 분리된 프레임에 탑재 될 수도 있다.

  WTS는 2가지 기능이 있다. 재순환된 EGR process water를 Cleaning하고 컨트롤 한다. 그리고 EGR process를 통해 일정 수준 이상 넘치는 물을 배출한다. WTS는 Self-monitoring하기 때문에 Fail시 WTS는 정지된다.
- EGR RTU(Receiving tank unit) : PWRT(Process water receiving tank), PWCP(Process water circulation pump) 및 PWSV(Process water sealing valve)를 포함한다. 보통 엔진 쪽에 설치가 되지만, 공간에 제약을 받을 경우 다른 곳에 설치될 수도 있다.
- PWCP : RTU 에서 EGR 로 Process water 를 순환시켜주는 Pump. ERCS 가 Set point (Start/Stop)로 Pump 를 제어한다. Fail 시 Pump stop 된다.
- RTLV(Receiving tank level valve) : Receiving tank 내부 Level 을 제어한다. Tank 내부 Level 의 Set point(%)로 제어한다. 이를 위한 Level 센서가 TK 에 설치되어 있다. Fail 시 Close.
- SU(Supply unit) : Clean water supply pump, NaOH dosing pump.
- TWSP(Treated water supply pump) : NaOH 에 의해 중화되고, WTS 에 의해 세정된 물을 공급하는 Pump ERCS 에 의해 제어. Fail 시 Stop.

- NaOH dosing pump : NaOH 를 함유하기 위한 Pump. Set point(L/H 유량)로 ERCS 에서 제어된다. 피드백 값은 pH value 가 되며, Fail 시 "NaOH dosing pump ready signal"이 꺼지며, Pump 는 정지된다.
- PWSV(Process water sealing valve) : EGR stop 시 Process water 의 누수를 방지한다. ERCS 가 제어. Fail 시 Close.
- SWSV(Spray water sealing valve) : Spray(Pre & Cooler)를 위한 Water 를 공급해주는 밸브. ERCS 에서 제어. Fail 시 Close.
- MCDV(Mixing chamber drain valve) : Mixing chamber 내부를 Drain 시켜주기 위한 밸브. ERCS 에서 제어.
- EUDV(EGR unit drain valve, EGRTC only) : EGR 가동 후 Process water 가 Air cooler drain 쪽으로 빠지지 않도록 막아주고 PWRT(Process water receiving tank)쪽으로 드레인 된다. EGR running 중 Open(PWRT 쪽으로 Open) 된다. EGR 정지 중에는 Close 상태가 된다. ERCS 에서 컨트롤하며, Fail 시 Open 된다. 리턴 탱크로 에어쿨러 드레인이 빠진다 해도 WTS 및 SU 가 있어 처리가능하다. 그러나 Process water 는 에어쿨러 드레인으로 빠지면 안된다.
- EUWV(EGR unit water trap valve. ERGTC only) : EGR 정지 시 open 되어 Trap 된 Process water 를 리턴탱크로 드레인 시킨다. 그렇지 않으면, Tier Ⅱ 모드에서 에어쿨러 드레인시 남아있는 Trap 된 Process water 가 에어쿨러 드레인으로 빠질 수 있다. ERCS 에서 제어하고, Fail 시 Close 됨.

(3) Control system

EGR 컨트롤 시스템은 그림 5-13과 같이 하드웨어로 구성된다.

- ERCS MOP / EMS / 센서와 케이블.
- MPC(EGR blower 가 1 대 일 경우 MPC 는 3 개, 블로워가 2 대 일 경우 MPC 는 4 개

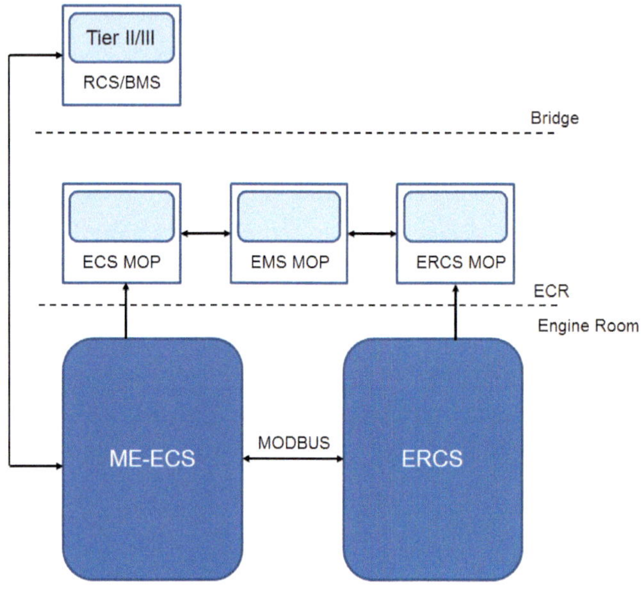

그림 5-13 ERCS hardware

5.2.2 SCR

1) 개요

SCR에는 HP-SCR과 LP-SCR의 두 종류가 있다. 기본적인 NO_x 저감 과정은 동일하나, 어떤 종류의 SCR이 설치되었는지에 따라, 설치되는 위치 및 설치되는 구성품들의 차이가 있다. HP-SCR(High pressure-SCR)은 T/C 전단에 설치되어 배기가스 리시버를 지난 고압의 가스를 바로 받고, LP-SCR(Low pressure-SCR)은 T/C 후단에 설치되어 상대적으로 저압의 가스를 받는다. SCR reactor 안에서는 Reducing agent인 암모니아와 촉매제로 인해 NO_x가 물과 질소로 환원된다. SCR process용 Reducing agent는 40% 농도의 요소수나 25% 농도의 암모니아가 사용될 수 있다. Reactor 안에는 촉매 작용을 할 수 있는 넓은 면적을 제공하는 Catalyst element(or Catalyst layer)가 설치되어 있어 그 안에서 NOx의 촉매환원작용이 일어난다. Catalyst element의 성분은 이산화티타늄(TiO_2) 또는 오산화바나듐(V_2O_5)이며, Reactor 안에 벌집 모양의 촘촘한 틈을 가진 디자인으로 설치되어 있다(그림5-14).

그림 5-14 Catalyst element

Reducing agent는 Vaporizer 내부에 Air와 함께 분사가 된다. 요소수의 경우, 암모니아와 이산화탄소로 분해가 되며, 여기서 발생된 암모니아가 환원작용을 한다.

SCR process에서 중요한 값은 가스의 온도이다. 배기가스의 온도는 여러 군데에서 계측되며, SCR reactor 내부에서 ABS(Ammonium bi sulphide : 암모니아 황산염)가 발생되는 것을 막기 위해 연료유의 황 함유량에 따라 각 엔진 부하에서 설정된다.

반면에 너무 높은 온도는 Reactor 안에서 삼산화황의 수치를 증가시키기 때문에 피해야 한다. 바꾸어 말하면, 충분한 SCR의 효과를 얻기 위해서는, 적절한 온도 범위 내에서 배기가스 온도가 유지되어야 한다.

2) SCR High pressure process

HP SCR은 SCR reactor, Vaporizer/mixer combine type, Dosing unit으로 구성이 되어있다(그림 5-15). Reducing agent는 Dosing unit에 의해 Vaporizer 내부로 분사가 되며, 배기가스와 혼합이 된다. 이렇게 혼합된 가스는 Reactor 내부로 공급되어 NO_x 환원작용을 갖는다.

SCR process에서 비교적 고온을 필요로 하기 때문에, T/C전단과 같이 High pressure 측에 SCR line을 설치하는 것이 편리할 수 있다. 그렇기 때문에 HP-SCR이 고안되었다. 엔진 부하에 따라 High pressure side의 배기가스의 온도는 Low pressure side보다 섭씨 50~170℃ 정도 높다.

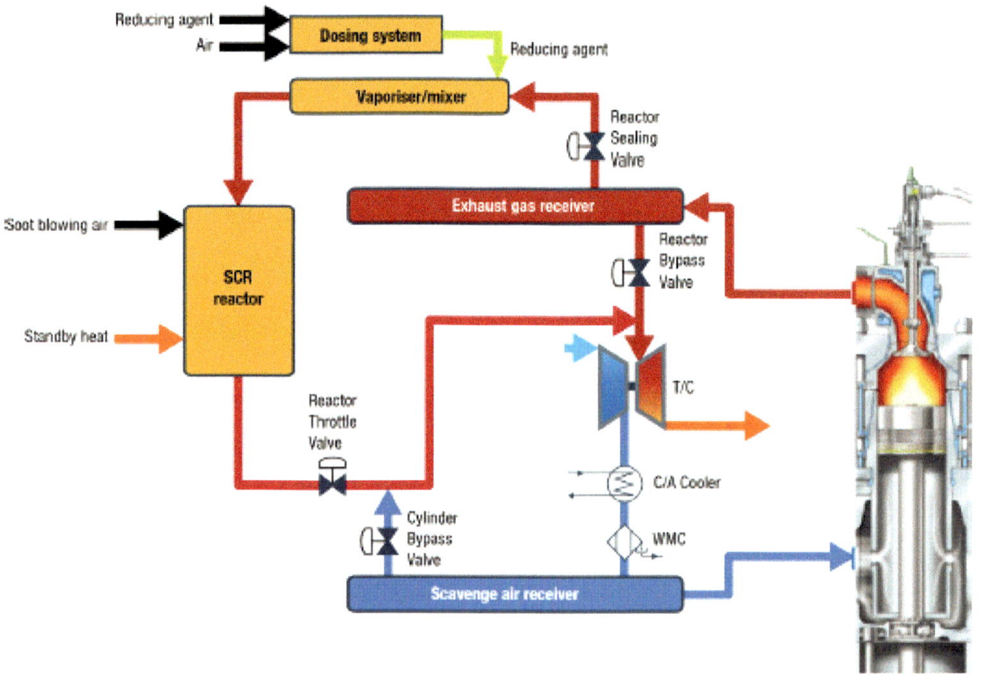

그림 5-15 HP-SCR

Tier Ⅱ 모드로 운전이 될 때(SCR not yet enabled, reactor bypassed)에는 RSV와 RTV에 의해 SCR 시스템은 Cut-off 된다. RBV는 열리면서 배기가스를 T/C쪽으로 직접 보내 준다. 이 때 SCR reactor 내부의 Cleaning을 위해 Venting 시스템은 가동된다. HP-SCR은 Tier Ⅱ 모드에서 Low load EGB tunning을 위해 EGB가 설치될 수도 있다.

Tier Ⅲ 모드로 운전이 될 때에는 배기가스 온도가 황산 응결한도(200℃) 이상인 경우 SCR이 Engage 된다. 그렇지 않으면, Stand by heating 시스템이 SCR 시스템의 응결한도 이상이 되도록 유지시켜 준다. 배기가스 온도가 조건이 만족되는 범위 안에 들면, RSV, RTV가 열리면서 SCR line은 열리며, RBV는 닫힌다. 배기가스는 바로 Reactor로 흐르며, Soot particle에 의해 Reactor가 막히는 것을 방지하기 위해 Soot blowing이 작동된다. Reactor가 터빈 전단에 위치한다 하더라도, 낮은 부하에서는 SCR process를 위한 배기가스의 온도가 충분치 않다. 온도를 높여주기 위해 소기 리시버에서 터빈 입구측으로 연결된 CBV가 설치되어 있어 'By pass'를 제어 한다. CBV를 열면 터빈 입구측 가스의 총량은 같기 때문에 T/C 성능은 동일하게 유지하면서 소기압도 동일하게 가져갈 수 있다. 그러나 실린더로 공급되는 공기 유량이 줄어들면서 배기가스 온도가 올라간다. 이 때 필요한 온도 상승분에 따라 다소 연료소모량이 증가한다. SCR line상의 모든 온도 센서들이 온도 범위 안의 값을 계측할 때, Reducing agent의 분사가 일어나 실제 NO_x 값이 줄어들기 시작한다.

3) SCR low pressure process

SCR운전 중 황 함유량이 0.1% 이하의 연료를 사용해야 하는 경우라면, LP-SCR 시스템을 설치하는 것이 가능하다. 이는 T/C 후단에 SCR이 설치되기 때문에 유연하게 설치가 가능하다. LP-SCR은 기본적으로 HP-SCR과 동일한 주요 구성품들이 설치된다(그림 5-16).

그러나 HP-SCR보다 배기가스 온도가 낮기 때문에, Reducing agent인 요소수를 직접 배기가스에 분사하는 것은 불가능하다. 그렇기에 LP-SCR은 메인 SCR 배기 덕트와는 별도로 요소수를 'Dosing'하고 'Vaporizing'하는 별도 시스템이 있다. 요소수는 혼합기 또는 AIG(Ammonia injection grid) 내부의 SCR 배기가스 외부에서 암모니아로 분해가 된다. 이런 별도의 분해 시스템은 버너, Blower, Vaporizer vessel 등과 같은 별도의 구성품들을 필요로 한다(그림 5-17).

Tier Ⅱ 모드로 운전이 될 때(SCR not yet enabled, reactor bypassed)에는 Reactor 전단 및 후단에 있는 밸브들로 인해 SCR 시스템은 Cut-off 된다. Reactor bypass 밸브는 Open 되며, 배기가스는 직접 통과한다. Tier Ⅲ 모드로 운전이 될 때는 Reactor 전단 및 후단 밸브들이 열리고, Reactor bypass 밸브는 닫히면서 'Engage' 된다. EGB는 T/C 후단의 온도를 올리기 위해 열린다.

SCR line의 모든 온도 센서들의 값이 규정치 이상 되면, Reducing agent가 분사되고, NO_x 값은 떨어지기 시작한다.

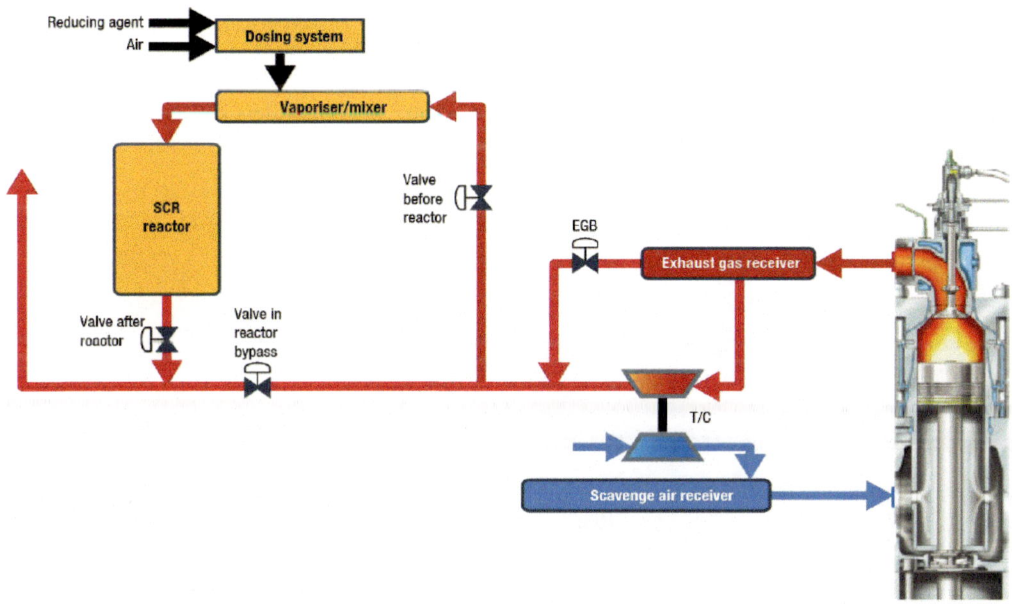

그림 5-16 LP-SCR

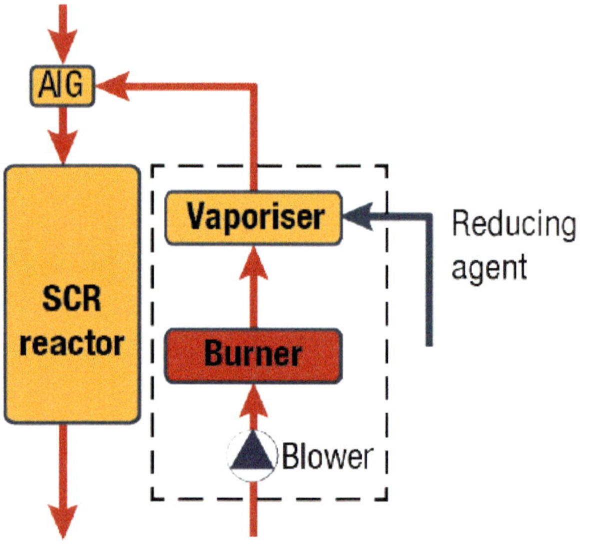

그림 5-17 Example of separate decomposition, LP-SCR

LP SCR은 엔진 성능에 영향을 비교적 덜 주기 때문에, Soot blowing control, Standby heat, Venting process는 엔진 개발사 Scope이 아니다. 그렇기에 엔진 개발사 Manual에서는 자세히 언급되지 않는다.

4) SCR system main component

- SCR reactor : NO_x 를 질소와 물로 환원시키는 장치이다. SCR reactor 가 갖추어야 할 중요한 4 가지 요소는 다음과 같다.
  a. 필요한 NO_x reduction 을 얻기 위해, 충분한 Catalyst material 을 함유할 수 있는 부피이어야 한다.
  b. 과도한 압력 강하는 바람직하지 않다.
  c. 배기가스의 원활한 분배가 필요하다.
  d. 기계적 강도와 기밀도는 저하되지 않아야 한다.
- Soot blowing 시스템 : Reactor element 의 오염을 방지하기 위해서 설치되어 있다. SCR reactor 를 통해 배기가스가 통과할 때 정해진 시간 간격으로 Soot blowing 이 작동한다. 이 때 Soot 는 Reactor 내부 Element 로 부터 불어나갈 때 배기가스와 함께 빠져나간다. SCR reactor 에 설치된 Soot blower 는 작동 시간 동안 SCR 시스템 전체의 압력 손실을 최소화 시켜줄 수 있도록 설계되었다. 즉, SCR 시스템의 압력 강하를 최대 압력 손실 이하로 유지한다.

- External dosing handling 시스템 : MAN 컨트롤 시스템에 의해 계산되고 정해진 Dosing 량에 따라 Reducing agent를 공급한다. 더욱이, Flushing을 통해 사용 후 자체적으로 Cleaning 한다.
- SCR control sensor unit(NO_x sensors) : SCR reactor와 T/C 후단의 NO_x 농도를 측정한다. Dosing 량이 너무 많거나 적게 공급되는 것을 막기 위해서다.

(1) Main components for HP SCR installation

- Vaporizer/Mixer : SCR reactor와 함께 HP SCR의 주요 구성품이다. Vaporizer 안에서는 증발하고 배기가스와 섞이는 Reducing agent가 분사됨으로써 촉매 과정이 준비된다. Prepared gas는 NOx 수치가 떨어지는 SCR reactor 안으로 흘러간다.
- Valves : 시스템 안에서 각 흐름을 제어하는 4개의 주요 밸브가 있다.

  이 밸브들은 시스템 안에서 측정된 온도에 의해 제어가 된다. 밸브들의 가장 중요한 기능은 T/C 측으로의 불충분한 에너지 전달과 같은 적절치 못한 동작으로 인해 엔진이 손상되지 않아야 된다는 것이다. 또한, 유량제어는 적절한 온도제어를 위해 촉매 환원 과정을 원활하게 한다. 밸브의 개수나, 설정은 T/C 대수에 따라 다양하다.
- Valve exercise function : 이 기능은 CBV, RTV, RBV에 적용이 되며, 2가지 다른 목적을 가지고 있다.

  a. 밸브의 고착여부를 확인하기 위함이며, 이는 다음과 같이 정의 된다.

  엔진 운전 중 하루에 한번 작동을 한다. 일정한 위치에서 약간 움직임으로 인해 고착되지 않음을 확인한다. 만약 고착되어 있으면, 밸브 deviation alarm이 발생한다. Tier Ⅱ 모드나 SCR stop 또는 Failure로 인해 SCR이 Disengage 되어 있을 때, RTV는 Close 되며, 배기가스가 빠져 나오도록 Venting air가 불어내 준다. 만약, By pass line 보다 SCR line의 압력이 낮으면, SCR line 상으로 배기가스가 정체되거나 밸브 고착을 방지하기 위해 RTV의 기능을 하도록 SCR 컨트롤 시스템은 잠시 대기한다.

  b. SCR 컨트롤 시스템이 이 밸브를 제어하고 있다는 것을 확인하기 위함이다. 항구에서 엔진이 기동될 때, 밸브들은 컨트롤 시스템의 제어를 확인하기 위해 작동을 한다. 엔진이 기동될 때 ECR에서 Prepare engine start signal을 SCR 컨트롤 시스템이 받으면 이 기능은 작동한다.

  - Tier Ⅱ harbor : RBV와 RTV는 Open, CBV는 Close 된다. RBV, CBV는 움직인다. SCR 시스템은 Disengage 되고 엔진 기동을 위해 RTV는 완전히 Close 된다.
  - Tier Ⅲ harbor : RBV는 Open, RTV와 CBV는 Close, 모든 밸브는 움직인다.
- RSV : SCR이 운전되지 않을 때, Heating이나 Venting 중 Reactor를 완전히 Sealing 하기 위해 사용된다. T/C 전단 압력과 비교하여 SCR Line상 압력이 너무 높으면 RSV는 Open 된다. SCR이 한달 또는 그 이상 작동되지 않으면 RSV는 수동으로

한 달에 한번 열어야 한다. 이는 고착 여부를 확인하기 위함이다. ERCS MOP 에서 SCR 이 작동되지 않을 때 Manual 모드로 변경하여 작동시킬 수 있다. Local 에서 육안으로 개/폐를 확인한다.

- RTV : Heating up 중 이 밸브를 작동시킴으로, 좀 더 많은 유량을 SCR reactor 를 통해 공급한다. 그래서 엔진의 적절한 운전을 위해 미리 설정된 터빈 입구에서의 배기가스 온도와 SCR inlet 에서의 배기가스 온도의 최대 온도 차와 배기가스의 최소 온도를 보장할 수 있다. 더욱이, SCR 연결 없이 운전 중 SCR line 의 압력이 By pass line 의 압력 보다 증가 할 때 압력을 맞추어 주기 위해 사용된다.
- RBV : 엔진이 급 가속 중이거나, Tier Ⅱ 모드에서 SCR reactor 를 By pass 하기 위해 사용된다. 그리고 Heating up 중 Process 가스를 제어하기 위해 사용되기도 한다. RTV 가 완전히 open 되면, RBV 는 천천히 close 되는데 이는 SCR line 상의 최대 온도 차를 보장하게 하기 위함이다. 이는 엔진 운전이 적절하게 되도록 충분한 에너지를 T/C 측에 보내주기 위함이다.
- CBV : Reactor 가 필요로 할 때, 배기가스 온도를 높이기 위해 사용된다. 보조 블로워를 정지하기에 앞서 SCR reactor 온도를 높임으로써 부드럽게 정지하도록 사용되기도 한다. 또한, 최종 온도의 파동을 부드럽게 하기 위해 사용된다.
- SiPart with integrated booster : SiPart PS_2 positioner 는 SCR 시스템상의 밸브들이 안전하고 확실하게 잘 조절하고 있는지를 확인하기 위해 사용된다. SiPart integrated booster 는 만족할 만하고 신뢰할 만한 신호를 확인하기 위해 사용된다. 밸브가 상대적으로 작은 설정에서는 Booster 가 필요하지 않다.
- Standby heat 시스템 : HP SCR 에서 정지 또는 기동 시 SCR reactor 안의 황산의 응축을 막기 위한 장치이다. Tier Ⅲ 영역에서 SCR reactor 의 온도를 황산의 응축 온도인 200℃ 이상 유지한다. 더욱이 이는 SCR 의 Heating 시간을 단축 시킨다.
- Venting 시스템 : HP SCR 에서 정지 또는 기동 시 SCR reactor 안의 황산의 응축을 막기 위한 장치이다. Tier Ⅱ 영역에서는 SCR 이 Disengage 상태에서 Fresh air 로 Reactor 를 Venting 시킨다. Venting 자체로는 황산의 응축을 방지할 수는 없다. SCR 시스템이 Error 인 경우, SCR line 은 Close 되며, Venting 시스템은 배기가스가 SCR line 상으로 들어오는 것을 방지하기 위해 계속 가동된다.
- Pressure 컨트롤 : HP SCR 에는 RTV, RSV 가 있다. 이는 어떤 환경에서 SCR 시스템을 Cut-off 할 수 있게 한다. SCR line 상의 압력은 Pipe, Reactor, Mixer, Gasket 등이 최소 정격압력 이하로 유지되어야 하기 때문에다. 선급 규정을 만족하기 위해, 모든 조건에서 SCR line 상의 초과 압력은 적절히 제어되어야 한다.
- Auxiliary blowers : HP SCR 에서 보조블로워는 약간 다른 기능을 가지며, 크기 또한 상대적으로 크다. SCR 기동 시 그리고, 설정온도 이상 또는 이하로 운전 시 보조블로워는 소기 리시버로 충분한 압력을 공급해 주어야 한다. SCR 정지 중에 SCR process 와는 별개로 블로워는 보통의 동작으로 복귀한다.
- Tank and compressor : SCR reactor 상에 충분한 공기를 공급하고 유지시켜 주기 위한 구성품이다.

(2) Main components for LP SCR installations.

LP SCR의 구성은 기본적으로 HP SCR의 구성과 같으나, LP SCR만의 독자적인 구성품들이 존재한다.

- External decomposition system for urea injection : Blower, Burner, Vaporizer vessel로 구성이 되어 있다. 배기가스 상에 Reduction agent를 직접 분사하기에는 T/C 후단의 배기가스 온도가 너무 낮기 때문에 Reducing agent를 적절하게 증발시키기 위해 필요하다.
- Burner : Reactor에서 일부의 가스를 받아서 일정 온도 이상으로 가열한다. 이는 Reducing agent의 분해 및 기화에 필요하다.
- Blower : 충분한 유량 제어를 위해 필요하다.
- Vaporizer : Reducing agent는 Vaporizer vessel 안으로 분사된다.

  Decomposition Unit의 각 구성품들은 SCR reactor를 재생, 유지하는 데도 사용된다. SCR Reactor의 온도를 350℃ 이상 가열시킴으로써 ABS를 태울 수 있기 때문에다.
- AIG(Ammonia injection grid) : DCU에서 가열된 가스는 분사되어 배기가스와 섞인다.

(3) SCR control sensor unit

SCR 컨트롤 센서 unit은 그림 5-18과 같이 NO_x cabinet 두 개의 센서를 갖는 NO_x junction box로 구성되어 있다. NO_x 센서는 보통 대형 트럭에 사용된다. 이 센서는 해양 규정에 만족할 수 있도록 디자인 및 수정을 통해 SCR reactor를 갖는 2행정 엔진에 적용된다. 배기가스에 직접 또는 소기 에어와 배기가스의 혼합물에 직접 노출이 되는 이 센서는 대략 2,000 시간의 수명을 가지기 때문에, MAN에서는 2개의 센서를 통해 지속적으로 모니터링하며, NO_x 값이 다른 문제를 대응하기도 한다. 그렇기에 본선에서 Spare를 구비하는 것이 좋다.

NO_x 센서는 데이터 전송을 위한 CAN 통신을 사용하기에, MPC와 직접 통신할 수 없다. 모든 시그널이 아날로그 및 디지털 시그널로 변환되어야 한다.

- 센서 교환 :

  각 NO_x 센서의 머리부는 Signal interface unit과 일체형으로 되어 있다. 그래서 외형으로 보면 커넥터로 되어 있어 분해가 가능할 것으로 보일 수 있으나, 머리부만 따로 분해하는 것은 불가하다. NO_x 센서 Fail시에는 교환이 필요하며, 이때 Signal interface unit도 함께 교환되어야 한다. 따라서 쉬운 교환을 위해 Silumin 재질의 NO_x junction box가 열리도록 되어 있다.

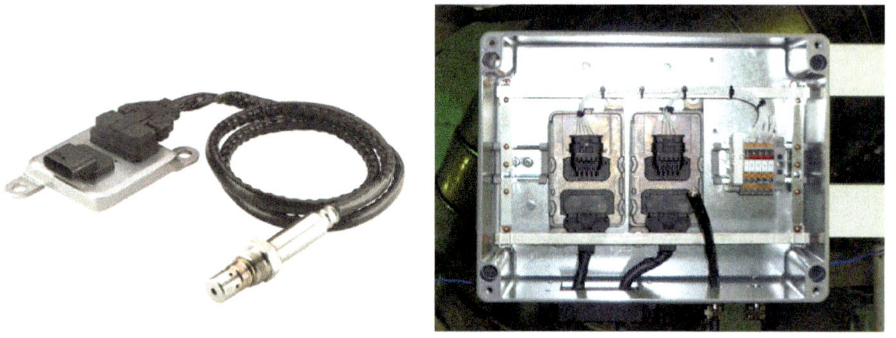

그림 5-18 NO_x sensor & Cabinet

5) Reducing agent

Reducing agent는 각각의 장단점이 있기 때문에 사용자에 따라 선택할 수 있다. 모든 상황에서 분사와 혼합이 효과적으로 수행되어야 하는 것은 필수적이다. 암모니아 슬립이라고 정의되는 프로세스 중 사용되지 않는 암모니아는 가스온도가 떨어질 때 배기가스와 쉽게 혼합하여 암모니아황산염(ABS: NH_4HSO_4)이 된다. 이 물질은 배기가스 보일러와 같은 배기 시스템에 축적된다.

Reducing agent는 요소수와 암모니아수 중 선택이 가능하다.

각 Reducing agent의 특성

- 요소수(40% 농도) : 인체에 크게 유해하지 않기 때문에 해상용으로 사용하는 데 편리하다. 본선에서 고체 또는 혼합 상태로 보관이 가능하다. 그러나 암모니아수 보다 사용하는 데 좀 더 복잡한 증발 및 혼합 과정이 필요하다. 그렇기에 시스템을 구성하는 데 좀 더 복잡할 수 있다.
- 암모니아 수(25% 이하 농도로 물에 용해된 암모니아) : 25% 농도 미만의 암모니아는 인체 및 환경에 유해하며 부식을 쉽게 일으키는 물질이지만 사전에 주의하여 요소수처럼 사용가능하다.

어느 것을 선택하든지, 분사는 압축 공기(Compressed air)와 함께 행해진다.

6) Control system

SCR 컨트롤 시스템은 아래와 같이 구성된다.

- ERCS MOP
- MPC(HP-SCR 은 2~3 개, LP-SCR 은 1 개)
- EMS
- 센서 및 관련 전선

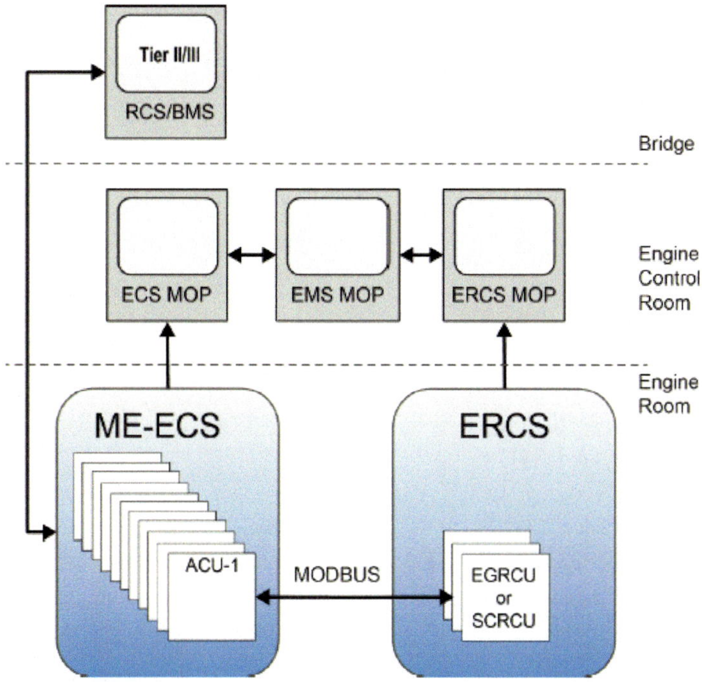

그림 5-19 Network linkup for ME-ECS, ERCS & EMS

ERCS MOP는 SCR 화면을 포함하는 HMI 이다. MPC는 제어용이며, 이들은 모두 네트워크로 연결되어 있다. SCR 컨트롤 시스템은 그림 5-19와 같이 ECS와 MODBUS로 통신한다. ECS는 구성되어 있는 MOP 및 MPC들과 네트워크로 연결되어 있는데 이는 ERCS 네트워크와는 다르게 구성되어 있다.

5.2.3 Scrubber

스크러버는 처리 방식에 따라 건식과 습식으로 나뉜다. 건식의 경우 SO_x 성분을 소석회(수산화칼슘:$Ca(OH)_2$) 등의 고체흡수제에 흡착시켜서 제거하므로 SO_x를 흡착한 후에 생기는 소석회를 해상에서 처리하는 것이 어렵다. 따라서 선박에서는 주로 액체흡수제(세정수)로 배기가스를 세정하여 SO_x를 흡착 제거하는 습식 SO_x 스크러버가 주류를 이루고 있다.

그러나 이 경우에도 a) 세정수와 배기가스와의 효율적인 접촉, b) 세정수의 산성화 대책, c) 황산부식, d) 배기가스 중의 PM(미립자) 제거와 오염된 세정수의 처리 등의 문제가 있다. 다만, 2원 연료의 경우 파일럿 연료의 황함유 여부, 2종 연료사용의 경우 고유황유에서 저유황유

에로의 변환, 또는 그의 역의 경우에 사용하는 윤활유 성상을 비롯한 엔진관리상의 어려움이 있기 때문에 이에 대한 대책도 고려할 필요가 있다.

한편 미립자(PM)는 주로 SO_x와 더불어 발생하기 때문에 SO_x 제거 시 함께 처리된다. 습식 스크러버에서는 배기가스가 연돌로 나가는 도중에 세정수로써 세정된다. 배기가스 흐름 속으로 세정수가 분사되며 스크러버의 바닥으로부터 배출된다. 황을 포함하는 연료로부터 발생하는 황산화물은 세정수에 용해되어 제거된다. 이 과정에 사용되는 세정수는 해수(Sea water), 또는 청수(Fresh water)를 사용하며 각기 다른 장치와 조작이 필요하다.

기본적으로 SO_x 스크러버는 해수를 이용하는 개방루프 시스템(Open loop system)과 청수를 사용하는 폐쇄루프 시스템(Closed loop system)으로 나누어진다. 더 나아가 고도의 유연성이 필요할 경우에는 그림 5-20과 같이 양자를 결합한 하이브리드 시스템(Hybrid system)도 고려될 수 있다.

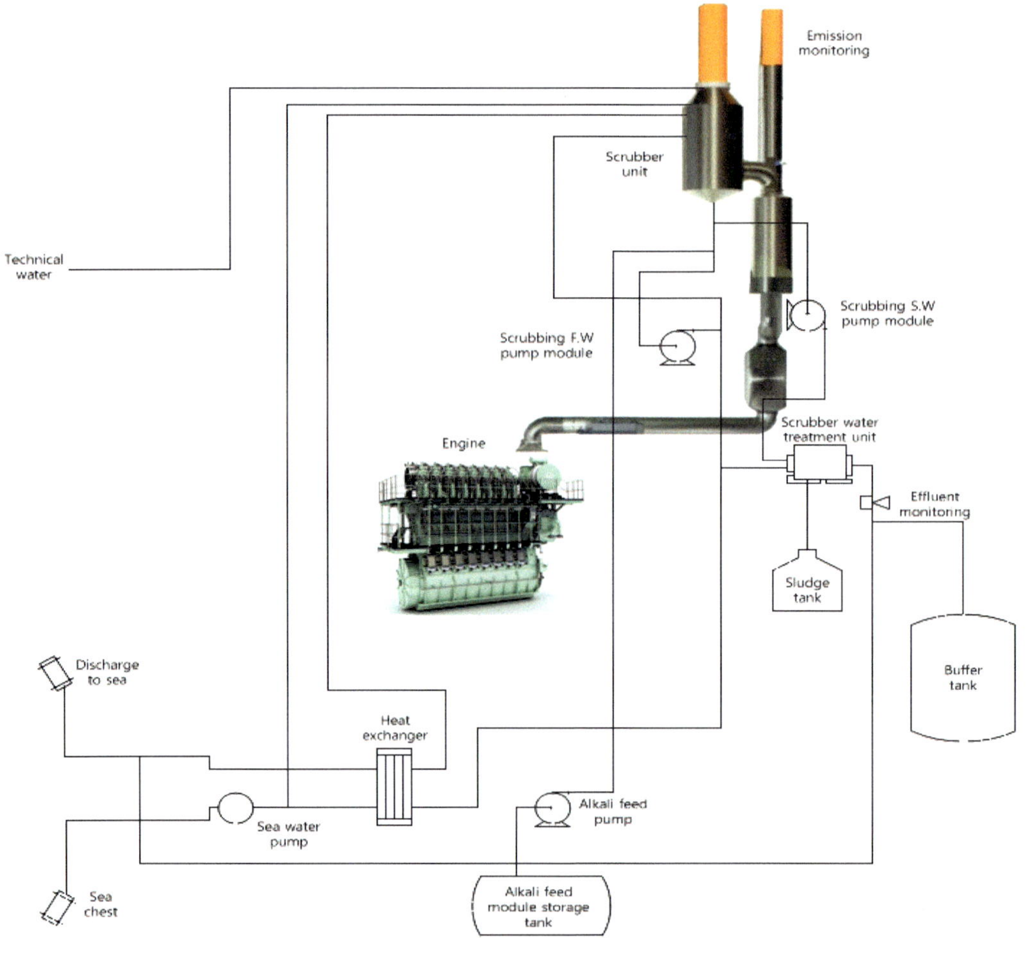

그림 5-20 Hybrid type scrubber

해수를 세정수로 사용할 경우에는 개방루프 시스템의 세정장치를 이용한다. 해수의 자연적인 성분은 SO_x를 중화한다. 직접 바다로부터 해수를 취하고 더 이상의 처리없이 스크러버로 인도된다. 토출시의 기준상태는 IMO의 기준에 맞도록 수류의 강도가 조절된다. 개방루프 시스템은 효과적인 세정에 충분한 염기성이 있는 공해(公海)상에서 사용된다. 시스템은 단순하고 설치 및 운전비용이 가장 저렴하다. 그러나 개방루프 시스템은 해역에 따라서는 해수의 낮은 염기성이나 제한된 세정수의 토출기준으로 시스템의 사용이 금지되거나 제한되는 경우에는 유연성이 부족하게 된다. 개방루프 시스템의 운전에는 2.7%의 황함유 연료유의 경우 대략 45 m^3/MWh의 해수가 필요하다.

세정에 청수가 사용될 경우에는 폐쇄루프 시스템이 이용되며, 스크러버에서 황산을 중화하기 위하여 화학물질의 첨가가 필요하다. 세정수내의 수산화나트륨(NaOH)이 황산과 만나 황산나트륨(Na_2SO_4)으로 변한다. 그러나 연소과정에서 생성되는 황화물과 미립자는 세정수내에 쌓이게 된다. 시스템의 오손을 피하기 위해서는 계속적으로 황화물과 미립자들을 제거하여야 한다. 이것은 시스템으로부터 세정수를 뽑아내고 청수를 그만큼 보충하여 주어야 한다. 대부분의 청수는 세정과정에서 연소과정의 응축수에 의하여 회수된다.

청수의 손실을 최소화하기 위하여 세정수는 스크러버로 분사되기 전에 냉각기를 통과한다. 물방울이 연돌로 빠져나가는 것을 방지하기 위하여 물방울 제거장치가 설치되며, 손실되는 물은 선박의 청수 공급 장치로부터 보충된다. 배출되는 물은 선외로 배출되기 전에 IMO기준에 맞도록 청정과정이 필요하다. 청정과정은 물 청정장치(Water cleaning unit)로 이루어지며 이때 발생하는 슬러지는 슬러지 탱크로 인도된다.

폐쇄루프 시스템은 해역에 따른 제약을 받지 않기 때문에 선박운항의 유연성이 뛰어나다. 그러나 개방루프 시스템에 비하여 부가적인 장비가 많기 때문에 초기투자비가 높을 뿐만 아니라 계속적인 화학적 첨가물의 투입 등으로 운전경비가 비싸다. 폐쇄루프 시스템의 유량은 개방루프 시스템의 대략 절반 정도인 30 m^3/MWh 정도이다. 폐쇄루프 시스템은 비록 어느 정도는 배출 없이 운전이 가능하지만 통상적으로는 0.1에서 0.3 m^3/MWh의 비율로 계속적으로 배출하는 것이 필요하다.

개방 및 폐쇄루프 시스템과 그들 각각의 운전 모드를 결합한 하이브리드 시스템(Hybrid system)이 있다. 양자의 결합 때문에 하이브리드 시스템은 복잡하지만 그것은 고도의 유연성을 제공한다. 개방루프 시스템은 주로 효과적인 세정에 충분한 염기성이 있는 공해상에서 사용된다. 폐쇄루프 시스템은 갇혀진 해역이나, 항만 또는 강 하구, 및 해수의 염기성이 낮은 곳에서 사용한다. 이러한 결합은 화학 물질의 소비를 최적화하고 민감한 영역에서 물 교환이 적기 때문에 배출에 있어서 문제가 없도록 한다.

하이브리드 시스템은 운전의 유연성을 얻기 위하여 개방루프 시스템과 폐쇄루프 시스템의 양 쪽 장비를 포함하기 때문에 초기투자가 고가로 된다. 그러나 하이브리드 시스템은 어느 경우에서나 가장 경제적인 모드를 선택할 수 있으므로 가장 낮은 운전경비를 제공한다. 각 운전 모드에 있어 세정수의 흐름은 당연히 개방 및 폐쇄루프 시스템에 규정된 흐름과 유사하다.

IMO MEPC 74차(2019. 5)에서는 개방루프 시스템의 세정수 배출을 금지하는 일부 국가(싱가포르, 중국 및 일부유럽 국가 등)들로 인하여 동 장비의 선택에 따른 산업계 우려가 있었으며, 객관적이고 신뢰성 있는 과학적 근거에 입각하지 아니한 세정수의 항만배출 금지조치는 지양되어야 한다는 의견이 제기되어 공감대를 형성하였다. 이에 대한 대응책으로 스크러버 세정수의 환경위해성 및 항만지역규제 등에 관련된 New output을 승인하고, PPR 전문위원회의 2020 ~ 2021년 격년 의제로 승인하였다.

5.2.4 Methods for CO_2 reducing

1) CO_2 저감을 위한 국제운송포럼(ITF)의 연구 내용(at IMO MEPC 72th)

- ITF(International transport forum): 우리나라를 포함하여 59개 국가가 참여하는 OECD 산하 운송분야 정부간 포럼회의체
- ITF 관련 보고서: https://www.itf-oecd.org 에서 다운로드 가능

본 보고서에 따르면, 2035년까지 해운부문 탄소배출 제로라는 목표를 설정하고 이를 위해 적용 가능한 감축 수단들(기술적, 운항적, 대체연료 등)의 종류를 표 5-3에 나타내고 있으며, 온실 가스 감축기여도 및 향후 정책 제안사항을 기술하고 있다.

기술적 수단(Technological measures)으로는 주로 선박 운항성능 개선과 관련된 사항으로서 선박 재질 경량화, 선형 개선, 마찰력 감소 등이 있으며 엔진 자체의 효율 향상 및 WHR(Waste heat recovery), Eco EGR, PTO 등의 시스템 기술들이 포함된다. 이러한 기술 수단들에 의한 온실가스 감축 여력은 그리 크지 않는 것으로 평가되며, 표 5-4에서 보이는 바와 같이 선형 개선에 의한 온실가스 감축 여력은 최대 15% 정도이다.

표 5-3 Overview of measures to reduce shipping's carbon emissions

Type of measures	Main measures
Technological	Light materials, Slender design, Less friction, Waste heat recovery
Operational	Lower speeds, Ship size, Ship-port interface
Alternative fuel/energy	Sustainable biofuels, Hydrogen, Ammonia, Electric ships, Wind assistance

표 5-4 Main technological measures

Measures	Potential fuel savings
Light materials	0~10%
Slender design	10~15%
Propulsion improvement devices	1~25%
Bulbous bow	2~7%
Air lubrication and hull surface	2~9%
Heat recovery	0~4%

표 5-5 Main operational measures

Measures	CO_2 emissions reduction potential
Speed	0~60%
Ship size	0~30%
Ship-port interface	1%
Onshore power	0~3%

표 5-6 Main measures related to alternative fuels and energy

Measures	CO_2 emissions reductions
Advanced biofuels	25~100%
LNG	0~20%
Hydrogen	0~100%
Ammonia	0~100%
Fuel cells	0~20%
Electricity	0~100%
Wind	1~32%
Solar	0~12%
Nuclear	0~100%

운항수단 (Operational measures)으로는 표 5-5에서 보이는 바와 같이 선박 운항속도 감속, 선박 대형화, 선박-항구 연계개선 등이 포함된다. 운항수단에 의해서 어느 정도 유의미한 감축을 이루는 것은 가능하나, 2035년 감축목표를 달성하기에 전체적으로 한계가 있다.

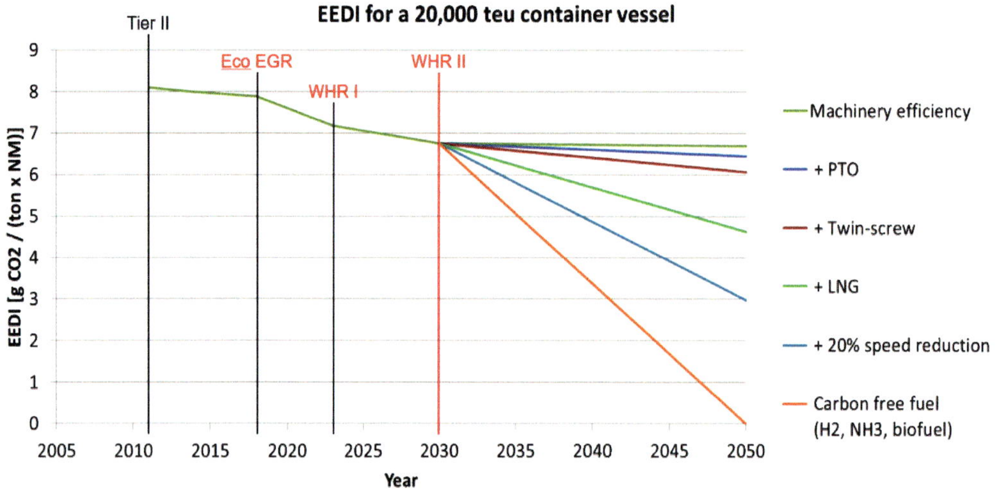

그림 5-21 EEDI by fuel & system

대체연료/신재생 에너지 활용(Alternative fuel/energy measures)은 표 5-6에서 보이는 바와 같이, 현재 중질유(HFO) 위주의 선박 연료유를 바이오유, 수소, 암모니아 등과 같은 대체 연료를 활용하는 방식으로 바꾸거나, 전기/전지 및 풍력 등을 활용하는 기술들을 포함한다.

ITF는 이들 대체연료/청정에너지를 기반으로 한 선박을 도입 해야만 2035년 해운부문 온실가스 감축목표를 달성할 수 있다고 주장하고 있으며, 특히 2035년경에는 전체 선박의 80%를 암모니아/수소 연료를 기반으로 하는 디젤 엔진의 필요성을 강조하였다.

그림 5-21과 같이 2050년까지 이산화탄소 Zero emission을 위해서는 앞에서 언급한 선체 선형의 개선, 운항경로의 효율화뿐만 아니라 선박추진 시스템의 사용 연료에 대한 변화가 요구된다. 즉, Carbon free fuel의 시대를 맞이하게 될 것이다.

- 예를 들어 현재 개발/상용화 추진 중인 LNG 선박은 온실가스 감축여력이 최대 20% 정도로 낮은 편이다(SO_x 등은 배출저감 가능 하나 메탄의 온실가스 유발효과는 이산화탄소의 20 배 이상으로 높음).

그림 5-22에 보이는 바와 같이 메탄올과 천연가스 외에도 수소 가스, 암모니아의 경우에도 높은 효율을 나타내면서 이산화탄소를 배출하지 않는 장점을 가지고 있다. 현재로서는 수소가스를 디젤엔진에 직접 분사하여 연소하는 엔진은 시장에 소개되고 있지 않지만, MAN-ES사에서는 암모니아를 연료로 한 엔진을 개발 중에 있다. 이는 기존의 전자제어엔진 시스템에 액화연료와 기존의 연료를 분사함으로써 동일한 엔진출력을 얻는 반면 황산화물과 이산화탄소의 배출을 Zero emission으로 하기 위한 기술인 것이다. 이를 위해 그림 5-23과 같이 LPG를 연료로 하는 ME-LGIP엔진의 시운전을 성공적으로 완료하였으며, 아울러 암모니아를 연료로 하는 디젤엔진을 시장에 선 보일 것으로 예상된다.

Technology	Pressure	Boiling Temperature	Density (Gje/m3)	P-to-X Efficiency	Safety
Liquid H_2	Ambient	-254	4.8	68%	Explosive, Cryogenic
Pressurized H_2	700	Ambient	2.8	76%	Explosive, very high pressure
CH_4	Ambient	-163	11.4	56%	Explosive, Cryogenic
MeOH (CH_3OH)	Ambient	Ambient	8.2	54%	Toxity, but much industrial experience
NH_3	Ambient	-33	6.8	65%	Toxity, but much industrial experience

그림 5-22 Ammonia as fuel

그림 5-23 ME-LGIP engine

2) CO_2 저감을 위한 LNG 추진선박 및 미래 엔진

그림 5-24는 각종규제(NO_x, SOx, CO_2) 만족을 위한 대응방법 및 기술을 보여주고 있으며, 현재 사용되고 있는 LNG 추진 선박도 25% 정도의 CO_2가 저감되고 있음이 보고되고 있다. 또한, 특별해역(ECAs, SECAs)의 NO_x 저감 기술로 EGR 시스템과 SCR 시스템이 상용화 되어 있으며, SO_x 저감 기술로는 LNG 추진선박과 Scrubber 기술이 상용화 되고 있다. 특히, LNG 추진선박은 CO_2 저감 외에도 NO_x 80~90% 저감, PM 90% 저감, SO_2 100% 저감 및 Noise 도 50%(by dB) 저감되는 것으로 보고되고 있다. 따라서, NO_x 및 SO_x는 물론이고, CO_2까지도 저감되는 LNG 추진선박의 Market sharing이 점점 더 증가하고 있는 추세에 있다.

CO_2 저감을 위해서 대부분의 해운선사에서는 Slow steaming으로 선박을 감속 운항하고 있으며, IMO MEPC에서는 최소 추진출력에 관한 연구를 진행해 오고 있다. 폐열회수 시스템 및 선박윤활 시스템 등이 소개되고 있으며, 계속적인 엔진성능 개선 및 선형 개발이 필요하다.

지난 IMO MEPC 72차 (2018년 4월)에서 선박의 연간 온실가스 총 배출량을 2008년 배출량 대비 2050년까지 50% 이상의 감축을 선언했기 때문에, 선박용으로 수소(H_2)를 활용한 Battery 엔진 개발이 진행되고 있으며, 탄소성분이 없는 암모니아(NH_3) 엔진도 개발해야 할 필요성이 제기되어 오고 있다. 가까운 미래에 암모니아 엔진의 탄생도 기대해 본다.

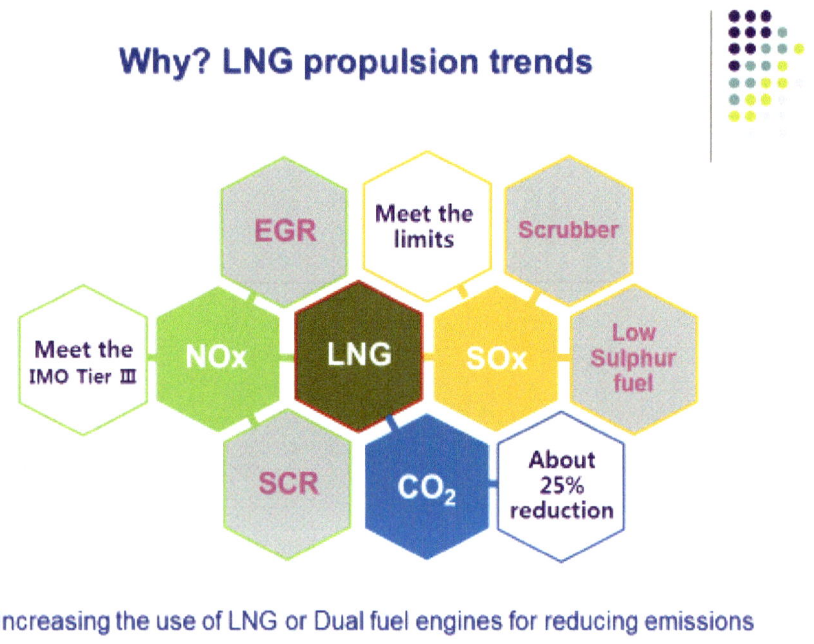

그림 5-24 Countermeasures for regulations(NOx, SOx, CO_2)

Index

(F)

(G)

(H)

(I)

(K)

(L)

(M)

(N)

(O)

(P)

선박용 전자제어엔진

2020년 8월 20일 초판 인쇄

2025년 2월 10일 2쇄 발행

저 자	김성완・남정길・류영현・류지호・박종식・박중식 이상득・이원주・이지웅・조권희・최재혁
발 행 인	송기수
발 행 처	도서출판 GS인터비전
편 집 처	도서출판 GS인터비전
인 쇄 처	트윈벨미디어
등록번호	제 25100-2016-000050 호
I S B N	979-11-5576-332-2(93530)

주 소 서울 은평구 증산로 15길 69 2층

전 화 02-976-7898

팩 스 02 6468-7898

홈페이지 gsintervision.kr

E-Mail gsinter7@gmail.com

정 가 40,000원

이 책의 무단전재, 복제, 복사는 저작권법 제 97조에 의거 5년 이하의 징역 또는 5천만원 이하의 벌금에 처하게 됩니다.